〈 이 책을 검토해 주신 선생님 〉

경기		울산		광주		경남		전남	
김경구	라포수학과학학원	강승철	최강수학과학학원	김동희	김동희수학학원	구성한	KAI학원	강성우	포스수학학원
김정홍	M&S Academy	권상수	호크마에듀학원	신주영	이룸수학학원	송창근	위더스영어수학학원	박효선	탑클래스수학2원
김형섭	안산탑클레스학원	서연주	샤수학전문학원	이대근	이대근수학전문학원	정윤희	유니크수학과학학원	윤해진	SK수학학원
민상기	한뜻학원								
박인애	분당파인만학원								
이상용	에스메틱스학원								
이정아	이정아수학전문학원								

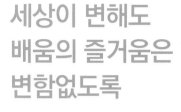

세상이 변해도
배움의 즐거움은
변함없도록

시대는 빠르게 변해도
배움의 즐거움은
변함없어야 하기에

어제의 비상은
남다른 교재부터
결이 다른 콘텐츠
전에 없던 교육 플랫폼까지

변함없는 혁신으로
교육 문화 환경의 새로운 전형을
실현해왔습니다.

비상은 오늘, 다시 한번
새로운 교육 문화 환경을 실현하기 위한
또 하나의 혁신을 시작합니다.

오늘의 내가 어제의 나를 초월하고
오늘의 교육이 어제의 교육을 초월하여
배움의 즐거움을 지속하는 혁신,

바로, 메타인지 기반 완전 학습을.

상상을 실현하는 교육 문화 기업 비상

메타인지 기반 완전 학습

초월을 뜻하는 meta와 생각을 뜻하는 인지가 결합한 메타인지는
자신이 알고 모르는 것을 스스로 구분하고 학습계획을 세우도록 하는
궁극의 학습 능력입니다. 비상의 메타인지 기반 완전 학습 시스템은
잠들어 있는 메타인지를 깨워 공부를 100% 내 것으로 만들도록 합니다.

01 / 평면좌표 8~21쪽

0001 4 0002 8 0003 3 0004 6 0005 5 0006 10

0007 $3\sqrt{2}$ 0008 $2\sqrt{5}$ 0009 -2 0010 2 0011 $\dfrac{1}{2}$ 0012 -1

0013 3 0014 $(1, -2)$ 0015 $(0, -1)$

0016 $\left(\dfrac{1}{2}, -\dfrac{3}{2}\right)$ 0017 $a=3$, $b=6$ 0018 $a=5$, $b=1$

0019 $\left(-\dfrac{4}{3}, 2\right)$ 0020 $(5, 4)$ 0021 $(0, 1)$

0022 -2 0023 ⑤ 0024 29 0025 3 0026 ⑤

0027 $(0, 3)$ 0028 $10\sqrt{2}$ 0029 ④ 0030 ③

0031 ③ 0032 ③ 0033 15 0034 3 0035 ④

0036 $(2, 6)$ 0037 ④ 0038 13 0039 ② 0040 ③

0041 (가) $-c$ (나) $2ac$ (다) a^2+b^2 0042 풀이 참조

0043 풀이 참조 0044 $(3, 3)$ 0045 ① 0046 $\sqrt{2}$

0047 ④ 0048 $\dfrac{2}{7}<a<\dfrac{5}{6}$ 0049 ③ 0050 3 0051 ②

0052 18 0053 ④ 0054 $6\sqrt{2}$ 0055 $(5, 0)$, $(8, 3)$ 0056 ⑤

0057 C$(-4, 6)$, D$(-2, -1)$ 0058 19 0059 ②

0060 $\left(-1, -\dfrac{4}{3}\right)$ 0061 13 0062 ③ 0063 -2 0064 7

0065 ⑤ 0066 $(-2, -3)$ 0067 12 0068 3 0069 ①

0070 $6x-5y-12=0$ 0071 $x-y+1=0$

0072 ② 0073 2 0074 ① 0075 ② 0076 ① 0077 2

0078 72 0079 ② 0080 (가) $2a$ (나) $\sqrt{3}a$ (다) $2\sqrt{3}a$

0081 160 0082 21 0083 ③ 0084 $(15, -10)$ 0085 ③

0086 ④ 0087 ⑤ 0088 $y=3x-5$ 0089 8 0090 5

0091 3

0092 7 0093 14 0094 ⑤ 0095 $\left(6, \dfrac{15}{7}\right)$

02 / 직선의 방정식 22~39쪽

0096 $y=2x+7$ 0097 $y=-3x+2$ 0098 $y=1$

0099 $x=-5$ 0100 $y=x-4$ 0101 $y=-\dfrac{1}{3}x+1$

0102 $x=2$ 0103 $y=-1$ 0104 $\dfrac{x}{3}+\dfrac{y}{5}=1$

0105 $-\dfrac{x}{6}+\dfrac{y}{2}=1$ 0106

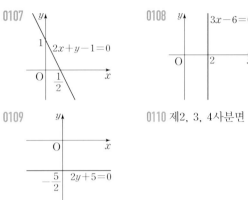

0107

0108

0109

0110 제2, 3, 4사분면

0111 제1, 3, 4사분면 0112 제1, 2사분면

0113 제2, 3사분면 0114 $(-1, 2)$ 0115 $(1, 5)$

0116 $2x-y=0$ 0117 $2x+y+2=0$ 0118 -5 0119 $-\dfrac{3}{4}$

0120 ㄱ 0121 ㄹ 0122 1 0123 -3 0124 $y=-2x+3$

0125 $y=-4x-7$ 0126 $5x-2y-15=0$

0127 $x+3y+16=0$ 0128 $\dfrac{3\sqrt{2}}{2}$ 0129 $\sqrt{5}$

0130 $\sqrt{10}$ 0131 1 0132 3 0133 5 0134 $\sqrt{10}$ 0135 2

0136 $y=-x+3$ 0137 ④ 0138 ⑤ 0139 $\dfrac{3}{2}$

0140 $y=2x$ 0141 ① 0142 5 0143 7 0144 ①

0145 ③ 0146 8 0147 4 0148 $2\sqrt{10}$ 0149 ④

0150 ③ 0151 ④ 0152 $\dfrac{3}{2}$ 0153 6 0154 ④ 0155 ②

0156 ⑤ 0157 ④ 0158 -9 0159 $y=3x+8$

0160 $(4, 1)$ 0161 ② 0162 ③ 0163 4

0164 $-3<m<-\dfrac{1}{2}$ 0165 1 0166 ⑤ 0167 ④

0168 ③ 0169 5 0170 ⑤ 0171 5 0172 ④ 0173 10

0174 ⑤ 0175 6 0176 ⑤ 0177 1 0178 ④ 0179 ①

0180 15 0181 $\dfrac{7}{2}$ 0182 ② 0183 0 0184 2 0185 $-\dfrac{15}{4}$

0186 2 0187 ④ 0188 ④ 0189 ⑤ 0190 3 0191 ③

0192 1 0193 ① 0194 ④ 0195 5 0196 ⑤ 0197 7

0198 ① 0199 ③ 0200 5

0201 ③ 0202 -1 0203 ② 0204 $y=3x+5$ 0205 ⑤

0206 ④ 0207 ③ 0208 $-2<m<-\dfrac{1}{4}$ 0209 ④

0210 ④ 0211 ② 0212 16 0213 ① 0214 6

0215 $7x-y-9=0$ 0216 ④ 0217 ① 0218 9

0219 $(0, 2)$ 0220 -1 0221 $\dfrac{3\sqrt{5}}{2}$

0222 ④ 0223 ① 0224 10 0225 $5x+y-9=0$

03 / 원의 방정식

0226 $(0, 0)$, $\sqrt{5}$ 0227 $(0, 3)$, 1 0228 $(-5, 0)$, $\sqrt{2}$

0229 $(2, -1)$, 3 0230 $x^2+y^2=16$

0231 $(x+3)^2+(y-1)^2=4$ 0232 $(x-1)^2+(y-2)^2=5$

0233 $x^2+(y-4)^2=25$ 0234 $(x-5)^2+(y-3)^2=9$

0235 $(x-2)^2+(y+4)^2=4$ 0236 $(x-3)^2+(y-3)^2=9$

0237 $(x+1)^2+(y-1)^2=1$ 0238 $x^2+(y+2)^2=4$

0239 $(x+1)^2+(y-3)^2=1$ 0240 $(x-5)^2+(y+5)^2=25$

0241 $(2, 0)$, 1 0242 $(0, 1)$, 2 0243 $(3, -4)$, 5

0244 $(-1, -2)$, $\sqrt{10}$ 0245 $k<8$

0246 $k<-2$ 또는 $k>2$ 0247 $3x-4y-1=0$

0248 $x^2+y^2+3x+y=0$

0249 서로 다른 두 점에서 만난다.   0250 만나지 않는다.

0251 한 점에서 만난다(접한다).   0252 만나지 않는다.

0253 한 점에서 만난다(접한다).

0254 서로 다른 두 점에서 만난다.   0255 2   0256 1

0257 (1) $-\sqrt{2}<k<\sqrt{2}$ (2) $k=\pm\sqrt{2}$ (3) $k<-\sqrt{2}$ 또는 $k>\sqrt{2}$

0258 $y=x\pm2\sqrt{2}$ 0259 $y=\sqrt{3}x\pm2$ 0260 $y=-2x\pm5$

0261 $y=2\sqrt{2}x\pm9$ 0262 $x-y+2=0$ 0263 $2x-3y-13=0$

0264 $3x+4y-25=0$ 0265 $3x+y+10=0$

0266 (1) $x_1x+y_1y=5$ (2) $x_1=-2$, $y_1=1$ 또는 $x_1=2$, $y_1=1$ (3) $2x-y+5=0$, $2x+y-5=0$

0267 ⑤   0268 -1 0269 ④   0270 ④   0271 10π 0272 ④

0273 ⑤   0274 2   0275 ⑤   0276 1   0277 4   0278 ②

0279 $2x-3y+7=0$ 0280 ③

0281 $-3\le k<-2$ 또는 $0<k\le1$ 0282 ③

0283 $x^2+y^2+x-3y=0$ 0284 4   0285 25π 0286 ②

0287 ①   0288 1   0289 $\dfrac{3}{2}$ 0290 ②   0291 $4\sqrt{2}$ 0292 ③

0293 6   0294 1   0295 ⑤   0296 ①   0297 169   0298 ②

0299 ③   0300 $x^2+y^2-y-6=0$ 0301 ③   0302 ⑤

0303 ④   0304 4   0305 ④   0306 $x^2+y^2-x+5y-6=0$

0307 ③   0308 ③   0309 $-2\sqrt{3}<k<2\sqrt{3}$ 0310 8

0311 12   0312 9   0313 $\dfrac{1}{6}$ 0314 ④   0315 ④   0316 ②

0317 $-\dfrac{3}{2}$ 0318 ③   0319 6   0320 ①   0321 20   0322 ④

0323 ③   0324 5   0325 ⑤   0326 ②   0327 ④   0328 22

0329 ⑤   0330 ⑤   0331 ③   0332 2π 0333 ④   0334 ①

0335 -3 0336 6   0337 8   0338 ②   0339 ①   0340 ⑤

0341 3

0342 $x^2+(y-1)^2=2$ 0343 2π 0344 ④   0345 25

0346 $-3<a<2$ 0347 ①   0348 ③   0349 ⑤   0350 2

0351 ③   0352 -1 0353 50   0354 ⑤   0355 ③   0356 ③

0357 ②   0358 49   0359 18   0360 -4 0361 4π

0362 $3x-y=10$

0363 4   0364 80   0365 4   0366 ④

04 / 도형의 이동

0367 $(1, -3)$ 0368 $(3, 1)$ 0369 $(-4, 0)$

0370 $(8, -4)$ 0371 $(-2, 5)$ 0372 $(1, 2)$

0373 $(3, 1)$ 0374 $(-5, -3)$ 0375 $(-1, 6)$

0376 $(4, 7)$ 0377 $(-2, 5)$ 0378 $(2, 2)$

0379 $x+3y+5=0$ 0380 $(x-1)^2+(y+1)^2=1$

0381 $y=(x-3)^2-1$ 0382 $3x-2y+8=0$

0383 $(x+1)^2+(y-5)^2=4$ 0384 $y=(x+3)^2$

0385 $x+2y-4=0$ 0386 $(x+7)^2+(y-1)^2=9$

0387 $y=-x^2-4x-3$ 0388 $(-5, -1)$

0389 $(5, 1)$ 0390 $(5, -1)$ 0391 $(1, -5)$

0392 $x-4y-1=0$ 0393 $x-4y+1=0$ 0394 $x+4y+1=0$

0395 $4x+y-1=0$ 0396 $(x+3)^2+(y+1)^2=1$

0397 $(x-3)^2+(y-1)^2=1$ 0398 $(x-3)^2+(y+1)^2=1$

0399 $(x-1)^2+(y+3)^2=1$ 0400 $y=-x^2-4x-1$

0401 $y=x^2-4x+1$ 0402 $y=-x^2+4x-1$

0403 $(-1, 5)$ 0404 $(1, -3)$ 0405 $(3, -5)$

0406 $(-8, -3)$

0407 (1) $(-5, 0)$ (2) $(9, 2)$ (3) $(x-9)^2+(y-2)^2=4$

0408 (1) $\left(\dfrac{a+1}{2}, \dfrac{b+3}{2}\right)$ (2) 1 (3) $(-1, 1)$

0409 ②   0410 ④   0411 $(5, -7)$ 0412 ⑤   0413 7

0414 ②   0415 ③   0416 ④   0417 ③   0418 -1 0419 14

0420 ④   0421 ③   0422 1   0423 ①   0424 ⑤   0425 ①

0426 $(0, 8)$ 0427 ⑤   0428 4   0429 ①   0430 ④

0431 제4사분면   0432 2   0433 ④   0434 ①   0435 ④

0436 -5 0437 ②   0438 $y=-x$ 0439 6   0440 ③

0441 3   0442 ④   0443 7   0444 -4 0445 $(-3, 0)$

0446 ⑤   0447 6   0448 $3\sqrt{5}$ 0449 ④   0450 $5\sqrt{2}$ 0451 ①

0452 ④   0453 $2\sqrt{10}$ 0454 ⑤   0455 ⑤   0456 ③

0457 ④   0458 1   0459 ①   0460 -4 0461 ④   0462 ①

0463 ⑤   0464 6   0465 76

0466 ⑤   0467 ③   0468 -3 0469 0   0470 ③   0471 $\dfrac{\sqrt{5}}{5}$

0472 ⑤   0473 7   0474 -2 0475 -2 0476 ④

0477 $(3, 3)$ 0478 ②   0479 ③   0480 ①   0481 4

0482 4   0483 14   0484 $\sqrt{26}$

0485 12   0486 5   0487 ③   0488 $3\sqrt{2}$

2

유형
만렙

기출로 다지는 필수 유형서

공통수학 2

Structure
구성과 특징

A 개념 확인

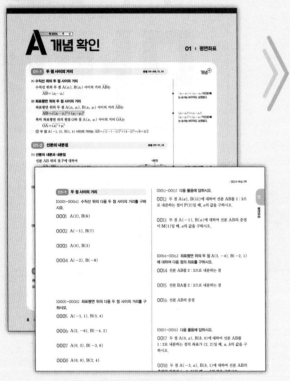

- 교과서 핵심 개념을 중단원별로 제공
- 개념을 익힐 수 있도록 충분한 기본 문제 제공
- 개념 이해를 도울 수 있는 예, 참고, TIP, 개념⁺ 등을 제공

B 유형 완성

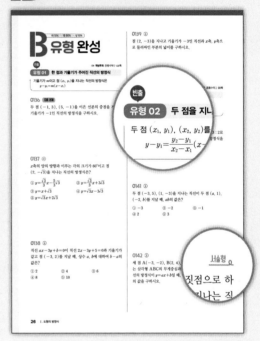

- 학교 기출 문제를 철저하게 분석하여 '개념, 발문 형태, 전략'에 따라 유형을 분류
- 학교 시험에 자주 출제되는 유형을 빈출로 구성
- 유형별로 문제를 해결하는 데 필요한 개념이나 풀이 전략 제공
- 유형별로 실력을 완성할 수 있게 유형 내 문제를 난이도 순서대로 구성
- 서술형으로 출제되는 문제는 답안 작성을 연습할 수 있도록 서술형 문제 구성
- 각 유형마다 실력을 탄탄히 다질 수 있게 개념루트 교재와 연계

AB 유형 점검

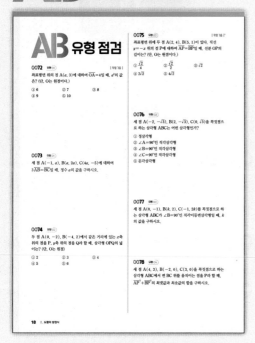

C 실력 향상

- 앞에서 학습한 A, B단계 문제를 풀어 실력 점검
- 틀린 문제는 해당 유형을 다시 점검할 수 있도록 문제마다 유형 제공
- 학교 시험에 자주 출제되는 서술형 문제 제공

- 사고력 문제를 풀어 고난도 시험 문제 대비

시험 직전 기출 400문제로 실전 대비

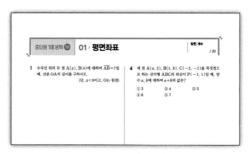

- 학교 시험에 자주 출제되는 문제로 실전 대비

Contents
차례

III

/

함수와 그래프

기출
BOOK

I

도형의 방정식

01-1 **두 점 사이의 거리** 유형 01~06, 11, 13 개념➕

(1) 수직선 위의 두 점 사이의 거리

수직선 위의 두 점 $A(x_1)$, $B(x_2)$ 사이의 거리 $\overline{AB}$는

$$\overline{AB}=|x_2-x_1|$$

(2) 좌표평면 위의 두 점 사이의 거리

좌표평면 위의 두 점 $A(x_1, y_1)$, $B(x_2, y_2)$ 사이의 거리 $\overline{AB}$는

$$\overline{AB}=\sqrt{(x_2-x_1)^2+(y_2-y_1)^2}$$

특히 좌표평면 위의 원점 O와 점 $A(x_1, y_1)$ 사이의 거리 $\overline{OA}$는

$$\overline{OA}=\sqrt{{x_1}^2+{y_1}^2}$$

예 두 점 $A(-1, 2)$, $B(1, 4)$ 사이의 거리는 $\overline{AB}=\sqrt{\{1-(-1)\}^2+(4-2)^2}=\sqrt{8}=2\sqrt{2}$

> $|x_2-x_1|=|x_1-x_2|$이므로 **빼** 는 순서는 바꾸어도 상관없다.

> $(x_2-x_1)^2=(x_1-x_2)^2$, $(y_2-y_1)^2=(y_1-y_2)^2$이므로 **빼** 는 순서는 바꾸어도 상관없다.

01-2 **선분의 내분점** 유형 07~11, 13

(1) 선분의 내분과 내분점

선분 AB 위의 점 P에 대하여

$$\overline{AP}:\overline{PB}=m:n \ (m>0, \ n>0)$$

일 때, 점 P는 선분 AB를 $m:n$으로 내분한다고 하고, 점 P를 선분 AB의 내분점이라 한다.

> $m\neq n$일 때, 선분 AB를 $m:n$으로 내분하는 점과 선분 BA를 $m:n$으로 내분하는 점은 다르다.

> 선분의 내분점은 그 선분 위에 있다.

(2) 수직선 위의 선분의 내분점

수직선 위의 두 점 $A(x_1)$, $B(x_2)$에 대하여 선분 AB를 $m:n(m>0, \ n>0)$으로 내분하는 점의 좌표는

$$\frac{mx_2+nx_1}{m+n} \rightarrow \underset{A(x_1) \ B(x_2)}{\overset{m \ : \ n}{\times}} \quad \text{대각선 방향으로 곱하여 더한다.}$$

특히 선분 AB의 중점의 좌표는 $\dfrac{x_1+x_2}{2}$

> 선분 AB의 중점은 선분 AB를 $1:1$로 내분하는 점이다.

(3) 좌표평면 위의 선분의 내분점

좌표평면 위의 두 점 $A(x_1, y_1)$, $B(x_2, y_2)$에 대하여 선분 AB를 $m:n(m>0, \ n>0)$으로 내분하는 점의 좌표는

$$\left(\frac{mx_2+nx_1}{m+n}, \ \frac{my_2+ny_1}{m+n}\right)$$

특히 선분 AB의 중점의 좌표는 $\left(\dfrac{x_1+x_2}{2}, \ \dfrac{y_1+y_2}{2}\right)$

01-3 **삼각형의 무게중심** 유형 12

좌표평면 위의 세 점 $A(x_1, y_1)$, $B(x_2, y_2)$, $C(x_3, y_3)$을 꼭짓점으로 하는 삼각형 ABC의 무게중심의 좌표는

$$\left(\frac{x_1+x_2+x_3}{3}, \ \frac{y_1+y_2+y_3}{3}\right)$$

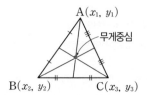

> 삼각형의 세 중선의 교점을 무게중심이라 한다. 삼각형의 무게중심은 세 중선을 각 꼭짓점으로부터 각각 $2:1$로 내분한다.

01-1 두 점 사이의 거리

[0001~0004] 수직선 위의 다음 두 점 사이의 거리를 구하시오.

0001 $A(2)$, $B(6)$

0002 $A(-1)$, $B(7)$

0003 $A(0)$, $B(3)$

0004 $A(-2)$, $B(-8)$

[0005~0008] 좌표평면 위의 다음 두 점 사이의 거리를 구하시오.

0005 $A(-1, 1)$, $B(3, 4)$

0006 $A(2, -6)$, $B(-4, 2)$

0007 $A(0, 3)$, $B(-3, 6)$

0008 $A(0, 0)$, $B(2, 4)$

01-2 선분의 내분점

[0009~0011] 수직선 위의 두 점 $A(-7)$, $B(8)$에 대하여 다음 점의 좌표를 구하시오.

0009 선분 AB를 $1 : 2$로 내분하는 점

0010 선분 AB를 $3 : 2$로 내분하는 점

0011 선분 AB의 중점

[0012~0013] 다음 물음에 답하시오.

0012 두 점 $A(a)$, $B(11)$에 대하여 선분 AB를 $1 : 3$으로 내분하는 점이 $P(2)$일 때, a의 값을 구하시오.

0013 두 점 $A(-1)$, $B(a)$에 대하여 선분 AB의 중점이 $M(1)$일 때, a의 값을 구하시오.

[0014~0016] 좌표평면 위의 두 점 $A(3, -4)$, $B(-2, 1)$에 대하여 다음 점의 좌표를 구하시오.

0014 선분 AB를 $2 : 3$으로 내분하는 점

0015 선분 BA를 $2 : 3$으로 내분하는 점

0016 선분 AB의 중점

[0017~0018] 다음 물음에 답하시오.

0017 두 점 $A(0, a)$, $B(b, 0)$에 대하여 선분 AB를 $1 : 2$로 내분하는 점의 좌표가 $(2, 2)$일 때, a, b의 값을 구하시오.

0018 두 점 $A(-3, a)$, $B(b, 1)$에 대하여 선분 AB의 중점의 좌표가 $(-1, 3)$일 때, a, b의 값을 구하시오.

01-3 삼각형의 무게중심

[0019~0021] 다음 세 점 A, B, C를 꼭짓점으로 하는 삼각형 ABC의 무게중심의 좌표를 구하시오.

0019 $A(0, 1)$, $B(-5, -3)$, $C(1, 8)$

0020 $A(4, 2)$, $B(8, 3)$, $C(3, 7)$

0021 $A(-3, 1)$, $B(1, -2)$, $C(2, 4)$

유형 완성 하 10% ···· 중 80% ···· 상 10%

◈◈ 개념루트 공통수학2 10쪽

빈출

유형 01 **두 점 사이의 거리**

좌표평면 위의 두 점 $A(x_1, y_1)$, $B(x_2, y_2)$ 사이의 거리는
$$\overline{AB}=\sqrt{(x_2-x_1)^2+(y_2-y_1)^2}$$

0022 대표문제

두 점 $A(a, -1)$, $B(-1, 4)$ 사이의 거리가 $5\sqrt{2}$일 때, 모든 a의 값의 합을 구하시오.

0023 중

네 점 $A(a, -1)$, $B(1, a)$, $C(0, 1)$, $D(2, -1)$에 대하여 $\overline{AB}=2\overline{CD}$일 때, 양수 a의 값은?

① $\sqrt{7}$ ② 3 ③ $\sqrt{11}$

④ $\sqrt{13}$ ⑤ $\sqrt{15}$

0024 중

| 학평 기출 |

좌표평면 위의 두 점 $A(-1, 3)$, $B(4, 1)$에 대하여 선분 AB를 한 변으로 하는 정사각형의 넓이를 구하시오.

0025 중

두 점 $A(1, -3)$, $B(k, 2-k)$에 대하여 선분 AB의 길이가 최소가 되도록 하는 k의 값을 구하시오.

빈출

◈◈ 개념루트 공통수학2 12쪽

유형 02 **같은 거리에 있는 점**

두 점 A, B에서 같은 거리에 있는 점 P의 좌표는 점 P의 위치에 따라 좌표를 다음과 같이 나타낸 후
$$\overline{AP}=\overline{BP}, \ 즉 \ \overline{AP}^2=\overline{BP}^2$$
임을 이용하여 구한다.
(1) x축 위의 점 ➡ $(a, 0)$
(2) y축 위의 점 ➡ $(0, b)$
(3) 직선 $y=mx+n$ 위의 점 ➡ $(a, ma+n)$
참고 삼각형 ABC의 외심 P에 대하여 $\overline{AP}=\overline{BP}=\overline{CP}$이다.

0026 대표문제

두 점 $A(-2, 2)$, $B(3, 1)$에서 같은 거리에 있는 점 $P(a, b)$가 직선 $y=x+1$ 위의 점일 때, $a+b$의 값은?

① -2 ② -1 ③ 0

④ 1 ⑤ 2

0027 하

두 점 $A(4, 1)$, $B(2, -1)$에서 같은 거리에 있는 y축 위의 점 P의 좌표를 구하시오.

0028 ⓒ

두 점 A(2, 4), B(6, 8)에서 같은 거리에 있는 x축 위의 점 P와 y축 위의 점 Q에 대하여 선분 PQ의 길이를 구하시오.

0029 ⓒ

세 점 A(1, 2), B(0, −1), C(4, 3)을 꼭짓점으로 하는 삼각형 ABC의 외심을 P(a, b)라 할 때, $a-b$의 값은?

① 1　　　　② 2　　　　③ 3
④ 4　　　　⑤ 5

0030 ⓒ

오른쪽 그림과 같이 학교 B는 학교 A에서 동쪽으로 6 km만큼 떨어진 위치에 있고, 학교 C는 학교 A에서 동쪽으로 2 km, 북쪽으로 4 km만큼 떨어진 위치에 있다. 세

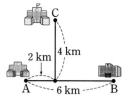

학교 A, B, C에서 같은 거리에 있는 지점에 박물관을 만들려고 할 때, 박물관에서 각 학교까지의 거리는?

① $2\sqrt{2}$ km　　② 3 km　　③ $\sqrt{10}$ km
④ $\sqrt{11}$ km　　⑤ $2\sqrt{3}$ km

유형 03 **세 변의 길이에 따른 삼각형의 모양 판단**

두 점 사이의 거리를 이용하여 세 변의 길이 a, b, c를 각각 구한 후 다음을 이용하여 삼각형의 모양을 판단한다.
(1) $a=b=c$ ➡ 정삼각형
(2) $a=b$ 또는 $b=c$ 또는 $c=a$ ➡ 이등변삼각형
(3) $c^2=a^2+b^2$ ➡ 빗변의 길이가 c인 직각삼각형

0031 **대표 문제**

세 점 A(1, 2), B(3, 0), C(−1, −2)를 꼭짓점으로 하는 삼각형 ABC는 어떤 삼각형인가?

① 정삼각형
② $\overline{AB}=\overline{BC}$인 이등변삼각형
③ $\overline{BC}=\overline{CA}$인 이등변삼각형
④ ∠C=90°인 직각삼각형
⑤ 둔각삼각형

0032 ⓒ

세 점 A(−1, 2), B(4, 1), C(1, k)를 꼭짓점으로 하는 삼각형 ABC가 ∠C=90°인 직각삼각형이 되도록 하는 양수 k의 값은?

① 2　　　　② 3　　　　③ 4
④ 5　　　　⑤ 6

0033 ⓒ

세 점 A(1, 0), B(−4, 5), C(−2, −3)을 꼭짓점으로 하는 삼각형 ABC의 넓이를 구하시오.

0034 (중)

세 점 $A(-1, 1)$, $B(1, -1)$, $C(a, b)$를 꼭짓점으로 하는 삼각형 ABC가 정삼각형일 때, ab의 값을 구하시오.

◆◈ 개념루트 공통수학2 16쪽

유형 04 거리의 제곱의 합의 최솟값

두 점 A, B와 임의의 점 P에 대하여 $\overline{AP}^2 + \overline{BP}^2$의 최솟값

➡ 두 점 사이의 거리를 이용하여 $\overline{AP}^2 + \overline{BP}^2$을 이차식으로 나타낸 후 이차함수의 최솟값을 구한다.

0035 대표 문제

두 점 $A(-2, 5)$, $B(4, 1)$과 x축 위의 점 P에 대하여 $\overline{AP}^2 + \overline{BP}^2$의 최솟값은?

① 32 ② 36 ③ 40
④ 44 ⑤ 48

0036 (중)

서술형

두 점 $A(3, 6)$, $B(2, 5)$와 직선 $y = x + 4$ 위의 점 P에 대하여 $\overline{AP}^2 + \overline{BP}^2$의 값이 최소일 때, 점 P의 좌표를 구하시오.

0037 (상)

세 점 $A(1, 2)$, $B(2, 5)$, $C(3, -1)$과 임의의 점 P에 대하여 $\overline{AP}^2 + \overline{BP}^2 + \overline{CP}^2$의 최솟값은?

① 14 ② 16 ③ 18
④ 20 ⑤ 22

◆◈ 개념루트 공통수학2 16쪽

유형 05 두 점 사이의 거리의 활용

(1) 실수 a, b, x, y에 대하여
$\sqrt{(x-a)^2 + (y-b)^2}$ ➡ 두 점 (a, b), (x, y) 사이의 거리

(2) 두 점 A, B와 임의의 점 P에 대하여 $\overline{AP} + \overline{BP}$의 값이 최소인 경우는 점 P가 $\overline{AB}$ 위에 있을 때이다.
➡ $\overline{AP} + \overline{BP} \geq \overline{AB}$

0038 대표 문제

실수 a, b에 대하여
$$\sqrt{(a-1)^2 + (b+1)^2} + \sqrt{(a-6)^2 + (b-11)^2}$$
의 최솟값을 구하시오.

0039 (중)

세 점 $O(0, 0)$, $A(a, b)$, $B(5, 3)$에 대하여
$$\sqrt{a^2 + b^2} + \sqrt{(a-5)^2 + (b-3)^2}$$
의 최솟값은?

① $4\sqrt{2}$ ② $\sqrt{34}$ ③ 6
④ $\sqrt{38}$ ⑤ $2\sqrt{10}$

0040 (중)

실수 x, y에 대하여
$$\sqrt{x^2 - 2x + 1 + y^2} + \sqrt{x^2 + y^2 + 4y + 4}$$
의 최솟값은?

① $\sqrt{3}$ ② 2 ③ $\sqrt{5}$
④ $\sqrt{6}$ ⑤ $\sqrt{7}$

◈◆ 개념루트 공통수학2 18쪽

유형 06 좌표를 이용한 도형의 성질

도형을 좌표평면 위에 나타내면 좌표를 이용하여 도형의 성질을
확인할 수 있다.
➡ 도형의 한 꼭짓점 또는 한 변이 좌표축 위에 오도록 좌표축을
　정한 후 두 점 사이의 거리를 이용하여 주어진 등식이 성립함
　을 보인다.

0041 　대표 문제

다음은 삼각형 ABC에서 변 BC의 중점을 M이라 할 때,

$$\overline{AB}^2 + \overline{AC}^2 = 2(\overline{AM}^2 + \overline{BM}^2)$$

이 성립함을 증명하는 과정이다. (개), (내), (대)에 들어갈 알맞
은 것을 구하시오.

┌─ 증명 ┐
오른쪽 그림과 같이 직선 BC를 x축,
점 M을 지나고 직선 BC에 수직인 직
선을 y축으로 하는 좌표평면을 잡으면
점 M은 원점이 된다.

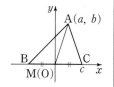

이때 A(a, b), C$(c, 0)$이라 하면
B$(\boxed{\text{(개)}}, 0)$이므로

$\overline{AB}^2 = a^2 + \boxed{\text{(내)}} + c^2 + b^2$

$\overline{AC}^2 = a^2 - \boxed{\text{(내)}} + c^2 + b^2$

$\overline{AM}^2 = \boxed{\text{(대)}}$

$\overline{BM}^2 = (-c)^2 = c^2$

$\therefore \overline{AB}^2 + \overline{AC}^2 = 2(\overline{AM}^2 + \overline{BM}^2)$
└─────────────────────┘

0042 　(중)

삼각형 ABC와 변 BC 위의 점 D에 대하여 $\overline{BD} = 2\overline{CD}$일 때,

$$\overline{AB}^2 + 2\overline{AC}^2 = 3(\overline{AD}^2 + 2\overline{CD}^2)$$

이 성립함을 증명하시오.

0043 　(중)

오른쪽 그림과 같이 직사각형
ABCD의 내부에 점 P가 있을 때,

$$\overline{AP}^2 + \overline{CP}^2 = \overline{BP}^2 + \overline{DP}^2$$

이 성립함을 증명하시오.

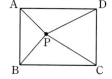

◈◆ 개념루트 공통수학2 26쪽

　빈출

유형 07 선분의 내분점

좌표평면 위의 두 점 A(x_1, y_1), B(x_2, y_2)에 대하여 선분 AB
를 $m:n \, (m>0, \, n>0)$으로 내분하는 점의 좌표는

$$\left(\frac{mx_2 + nx_1}{m+n}, \, \frac{my_2 + ny_1}{m+n} \right)$$

참고 선분 AB의 중점은 선분 AB를 $1:1$로 내분하는 점이다.

0044 　대표 문제

두 점 A$(7, 1)$, B$(-3, 6)$에 대하여 선분 AB를 $3:2$로
내분하는 점을 P, $1:4$로 내분하는 점을 Q라 할 때, 선분
PQ의 중점의 좌표를 구하시오.

0045 　(하)

두 점 A$(a, -1)$, B$(-2, b)$에 대하여 선분 AB를 $3:1$
로 내분하는 점의 좌표가 $(-1, 2)$일 때, $a+b$의 값은?

① 5　　　　　② 6　　　　　③ 7

④ 8　　　　　⑤ 9

0046 ⑧

두 점 $A(-4, 3)$, $B(6, -7)$에 대하여 선분 AB를 $3 : 2$로 내분하는 점을 P, 선분 AB의 중점을 M이라 할 때, 두 점 P, M 사이의 거리를 구하시오.

0047 ⑧

두 점 $A(-3, -1)$, $B(3, 5)$에 대하여 선분 AB를 삼등분하는 두 점을 각각 $C(a, b)$, $D(c, d)$라 할 때, $cd-ab$의 값은? (단, $a<c$)

① -5 ② -2 ③ 1
④ 4 ⑤ 7

빈출

◆◆ 개념루트 공통수학2 28쪽

유형 08 조건이 주어진 경우의 선분의 내분점

선분의 내분점 (a, b)에 대한 조건이 주어지면 다음을 이용한다.
(1) 특정 사분면 위의 점이면 ➡ a, b의 부호 이용
  참고 제1사분면: $(+, +)$, 제2사분면: $(-, +)$
     제3사분면: $(-, -)$, 제4사분면: $(+, -)$
(2) x축 위의 점이면 ➡ $(y$좌표$)=0$ ➡ $b=0$
   y축 위의 점이면 ➡ $(x$좌표$)=0$ ➡ $a=0$
   직선 $y=mx+n$ 위의 점이면 ➡ $b=ma+n$

0048 대표 문제

두 점 $A(-2, 5)$, $B(5, -1)$에 대하여 선분 AB를 $a : (1-a)$로 내분하는 점이 제1사분면 위에 있을 때, 실수 a의 값의 범위를 구하시오.

0049 ⑧

두 점 $A(a, 0)$, $B(2, -4)$에 대하여 선분 AB를 $3 : 1$로 내분하는 점이 y축 위에 있을 때, 선분 AB의 길이는?

① $2\sqrt{5}$ ② $3\sqrt{5}$ ③ $4\sqrt{5}$
④ $5\sqrt{5}$ ⑤ $6\sqrt{5}$

0050 ⑧

서술형

두 점 $A(5, 2)$, $B(2, -3)$에 대하여 선분 AB가 x축에 의하여 $2 : k$로 내분될 때, 실수 k의 값을 구하시오.

0051 ⑧

두 점 $A(3, -2)$, $B(-2, 3)$에 대하여 선분 AB를 $a : 1$로 내분하는 점이 직선 $3x+y+1=0$ 위에 있을 때, 실수 a의 값은?

① 3 ② 4 ③ 5
④ 6 ⑤ 7

유형 09 등식을 만족시키는 선분의 연장선 위의 점

선분 AB의 연장선 위의 점 C가 서로소인 자연수 m, n에 대하여 $m\overline{AB}=n\overline{BC}$를 만족시키면 $\overline{AB}:\overline{BC}=n:m$이므로

(1) $m<n$일 때

점 B는 선분 AC를 $n:m$으로 내분하는 점이다.

(2) $m>n$일 때

① 점 B는 선분 AC를 $n:m$으로 내분하는 점이다.

② 점 A는 선분 BC를 $n:(m-n)$으로 내분하는 점이다.

0052 대표 문제

두 점 $A(-5, 1)$, $B(4, 2)$를 이은 선분 AB의 연장선 위에 $2\overline{AB}=\overline{BC}$를 만족시키는 점 $C(a, b)$가 있을 때, $a-b$의 값을 구하시오. (단, $a>0$)

0053 중

두 점 $A(1, -2)$, $B(4, 4)$를 이은 선분 AB의 연장선 위의 점 C에 대하여 $2\overline{AB}=3\overline{BC}$일 때, 점 C의 좌표는?

① $(-1, -6)$ ② $(0, -4)$ ③ $(5, 6)$
④ $(6, 8)$ ⑤ $(7, 10)$

0054 중   서술형

두 점 $A(3, 6)$, $B(4, 5)$를 이은 선분 AB의 연장선 위에 있고 $3\overline{AB}=\overline{BP}$를 만족시키는 점 P는 두 개이다. 이때 이 두 점 사이의 거리를 구하시오.

0055 상

두 점 $A(2, -3)$, $B(6, 1)$을 지나는 직선 위에 있고 $\overline{AC}=3\overline{BC}$를 만족시키는 점 C의 좌표를 모두 구하시오.

유형 10 사각형에서 중점의 활용

(1) 평행사변형

➡ 두 대각선의 중점이 일치한다.

(2) 마름모

➡ 두 대각선의 중점이 일치하고, 네 변의 길이가 모두 같다.

0056 대표 문제

세 점 $A(7, 8)$, $B(0, 5)$, $C(4, -1)$에 대하여 사각형 ABCD가 평행사변형이 되도록 하는 점 D의 좌표는?

① $(3, 9)$ ② $(5, 8)$ ③ $(7, 6)$
④ $(9, 4)$ ⑤ $(11, 2)$

0057 중

평행사변형 ABCD의 두 꼭짓점 A, B의 좌표가 각각 $(4, 0)$, $(2, 7)$이고, 대각선 AC의 중점의 좌표가 $(0, 3)$일 때, 두 꼭짓점 C, D의 좌표를 구하시오.

0058 중 | 학평 기출 |

세 양수 a, b, c에 대하여 좌표평면 위에 서로 다른 네 점 $O(0, 0)$, $A(a, 7)$, $B(b, c)$, $C(5, 5)$가 있다. 사각형 OABC가 선분 OB를 대각선으로 하는 마름모일 때, $a+b+c$의 값을 구하시오. (단, 네 점 O, A, B, C 중 어느 세 점도 한 직선 위에 있지 않다.)

0059 ⊛

네 점 (a, b), $(-3, -1)$, $(-1, 5)$, $(1, 3)$을 꼭짓점으로 하는 사각형이 평행사변형일 때, 모든 ab의 값의 합은?

① 22　　　　② 25　　　　③ 28

④ 30　　　　⑤ 33

◈ 개념루트 공통수학 2 32쪽

유형 11　**삼각형의 내각의 이등분선**

삼각형 ABC에서 ∠A의 이등분선이 변 BC와 만나는 점을 D라 하면
$$\overline{AB} : \overline{AC} = \overline{BD} : \overline{CD}$$
➡ 점 D는 변 BC를 $\overline{AB} : \overline{AC}$로 내분하는 점이다.

[참고] 삼각형의 세 내각의 이등분선의 교점을 내심이라 한다.

0060　[대표문제]

오른쪽 그림과 같이 세 점
A$(-1, 4)$, B$(-7, -4)$,
C$(2, 0)$을 꼭짓점으로 하는 삼각형 ABC에서 ∠A의 이등분선이 변 BC와 만나는 점을 D라 할 때, 점 D의 좌표를 구하시오.

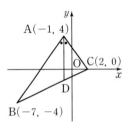

0061 ⊛　　　　　　　　　　　서술형

원점 O와 두 점 A$(-4, 3)$, B$(12, 5)$에 대하여 ∠AOB의 이등분선과 선분 AB의 교점의 x좌표를 $\dfrac{b}{a}$라 할 때, $a+b$의 값을 구하시오. (단, a, b는 서로소인 자연수)

0062 ⊛

세 점 A$(2, -1)$, B$(-8, 4)$, C$(4, 3)$을 꼭짓점으로 하는 삼각형 ABC의 내심을 I라 하자. 직선 AI와 변 BC가 만나는 점의 좌표를 (a, b)라 할 때, $a+b$의 값은?

① 3　　　　② $\dfrac{24}{7}$　　　　③ $\dfrac{27}{7}$

④ $\dfrac{30}{7}$　　　　⑤ $\dfrac{33}{7}$

◈ 개념루트 공통수학 2 36쪽

[빈출]

유형 12　**삼각형의 무게중심**

좌표평면 위의 세 점 A(x_1, y_1), B(x_2, y_2), C(x_3, y_3)을 꼭짓점으로 하는 삼각형 ABC의 무게중심의 좌표는
$$\left(\frac{x_1+x_2+x_3}{3}, \frac{y_1+y_2+y_3}{3} \right)$$

[참고] 삼각형 ABC의 세 변을 각각 $m:n\,(m>0, n>0)$으로 내분하는 점을 꼭짓점으로 하는 삼각형 DEF의 무게중심은 삼각형 ABC의 무게중심과 일치한다.

0063　[대표문제]

세 점 A$(-3, 4)$, B$(a-1, b+1)$, C$(-2b, a)$를 꼭짓점으로 하는 삼각형 ABC의 무게중심의 좌표가 $(-3, 3)$일 때, $a-b$의 값을 구하시오.

0064 ⊛　　　　　　　　　　　| 학평 기출 |

좌표평면 위의 세 점 A$(2, 6)$, B$(4, 1)$, C$(8, a)$에 대하여 삼각형 ABC의 무게중심이 직선 $y=x$ 위에 있을 때, 상수 a의 값을 구하시오.

(단, 점 C는 제1사분면 위의 점이다.)

0065 ⑧ | 학평 기출 |

좌표평면 위의 세 점 A, B, C를 꼭짓점으로 하는 삼각형 ABC에서 점 A의 좌표가 $(1, 1)$, 변 BC의 중점의 좌표가 $(7, 4)$이다. 삼각형 ABC의 무게중심의 좌표가 (a, b)일 때, $a+b$의 값은?

① 4   ② 5   ③ 6
④ 7   ⑤ 8

0066 ⑧

세 점 $A(4, 6)$, $B(x_1, y_1)$, $C(x_2, y_2)$를 꼭짓점으로 하는 삼각형 ABC의 무게중심이 원점일 때, 선분 BC의 중점의 좌표를 구하시오.

0067 ⑧

세 점 $A(-1, 4)$, $B(7, 2)$, $C(3, 6)$을 꼭짓점으로 하는 삼각형 ABC에서 $\overline{AB}$, $\overline{BC}$, $\overline{CA}$의 중점을 각각 P, Q, R라 하자. 삼각형 PQR의 무게중심의 좌표를 (a, b)라 할 때, ab의 값을 구하시오.

0068 ⑧ 서술형

세 점 $A(1, 2)$, $B(3, 4)$, $C(-1, 3)$을 꼭짓점으로 하는 삼각형 ABC와 세 점 $D(a, -1)$, $E(3, 2)$, $F(5, b)$를 꼭짓점으로 하는 삼각형 DEF의 무게중심이 일치할 때, $a+b$의 값을 구하시오.

유형 13 점이 나타내는 도형의 방정식

(1) 점 P가 어떤 등식을 만족시킨다.
   ➡ $P(x, y)$라 하고 x, y 사이의 관계식을 구한다.
(2) 점 P가 직선 $y=mx+n$ 위를 움직인다.
   ➡ $P(a, b)$라 하고 $b=ma+n$임을 이용하여 점이 나타내는 도형의 방정식을 구한다.

0069 대표 문제

점 P가 직선 $y=-4x+2$ 위를 움직일 때, 원점 O에 대하여 선분 OP를 $1:2$로 내분하는 점 Q가 나타내는 도형의 방정식은 $y=mx+n$이다. 이때 상수 m, n에 대하여 $m+n$의 값은?

① $-\dfrac{10}{3}$ ② -3 ③ $-\dfrac{8}{3}$
④ $-\dfrac{7}{3}$ ⑤ -2

0070 ⑧

두 점 $A(-1, 3)$, $B(5, -2)$에 대하여 $\overline{AP}^2-\overline{BP}^2=5$를 만족시키는 점 P가 나타내는 도형의 방정식을 구하시오.

0071 ⑧

두 점 $A(1, 4)$, $B(3, 2)$로부터 같은 거리에 있는 점이 나타내는 도형의 방정식을 구하시오.

AB 유형 점검

0072 유형 01
| 학평 기출 |

좌표평면 위의 점 $A(a, 3)$에 대하여 $\overline{OA}=4$일 때, a^2의 값은? (단, O는 원점이다.)

① 6   ② 7   ③ 8
④ 9   ⑤ 10

0073 유형 01

세 점 $A(-1, a)$, $B(a, 2a)$, $C(4a, -5)$에 대하여 $3\overline{AB}=\overline{BC}$일 때, 정수 a의 값을 구하시오.

0074 유형 02

두 점 $A(0, -2)$, $B(-4, 2)$에서 같은 거리에 있는 x축 위의 점을 P, y축 위의 점을 Q라 할 때, 삼각형 OPQ의 넓이는? (단, O는 원점)

① 2   ② 3   ③ 4
④ 5   ⑤ 6

0075 유형 02
| 학평 기출 |

좌표평면 위에 두 점 $A(2, 4)$, $B(5, 1)$이 있다. 직선 $y=-x$ 위의 점 P에 대하여 $\overline{AP}=\overline{BP}$일 때, 선분 OP의 길이는? (단, O는 원점이다.)

① $\dfrac{\sqrt{2}}{4}$ ② $\dfrac{\sqrt{2}}{2}$ ③ $\sqrt{2}$
④ $2\sqrt{2}$ ⑤ $4\sqrt{2}$

0076 유형 03

세 점 $A(-2, -\sqrt{3})$, $B(2, -\sqrt{3})$, $C(0, \sqrt{3})$을 꼭짓점으로 하는 삼각형 ABC는 어떤 삼각형인가?

① 정삼각형
② $\angle A=90°$인 직각삼각형
③ $\angle B=90°$인 직각삼각형
④ $\angle C=90°$인 직각삼각형
⑤ 둔각삼각형

0077 유형 03

세 점 $A(0, -1)$, $B(k, 2)$, $C(-1, 2k)$를 꼭짓점으로 하는 삼각형 ABC가 $\angle B=90°$인 직각이등변삼각형일 때, k의 값을 구하시오.

0078 유형 04

세 점 $A(4, 3)$, $B(-2, 0)$, $C(3, 0)$을 꼭짓점으로 하는 삼각형 ABC에서 변 BC 위를 움직이는 점을 P라 할 때, $\overline{AP}^2+\overline{BP}^2$의 최댓값과 최솟값의 합을 구하시오.

0079 유형 05

실수 a, b에 대하여

$$\sqrt{(a-1)^2+(b+2)^2}+\sqrt{(a-5)^2+(b-2)^2}$$

의 최솟값은?

① $2\sqrt{7}$
② $4\sqrt{2}$
③ 6
④ $2\sqrt{10}$
⑤ $3\sqrt{5}$

0080 유형 06

다음은 선분 AB를 삼등분하는 두 점을 점 A에 가까운 순서대로 C, D라 할 때, 선분 AD를 한 변으로 하는 정삼각형 ADE와 선분 DB를 한 변으로 하는 정삼각형 DBF에 대하여 삼각형 ECF가 정삼각형임을 증명하는 과정이다. ㈎, ㈏, ㈐에 들어갈 알맞은 것을 구하시오.

(단, 두 점 E, F는 같은 사분면 위의 점이다.)

> **증명**
>
> 오른쪽 그림과 같이 직선 AB를 x축, 점 A를 지나고 직선 AB에 수직인 직선을 y축으로 하는 좌표평면을 잡으면 점 A는 원점이 된다.
>
>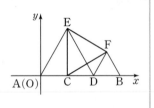
>
> B$(6a, 0)$이라 하면 C$(2a, 0)$, D$(4a, 0)$, E$(\boxed{\ ㈎\ }, 2\sqrt{3}a)$, F$(5a, \boxed{\ ㈏\ })$이므로
>
> $\overline{EC}=\overline{CF}=\overline{FE}=\boxed{\ ㈐\ }$
>
> 따라서 삼각형 ECF는 정삼각형이다.

0081 유형 07 | 학평 기출 |

좌표평면 위의 두 점 A, B에 대하여 선분 AB의 중점의 좌표가 $(1, 2)$이고, 선분 AB를 $3:1$로 내분하는 점의 좌표가 $(4, 3)$일 때, $\overline{AB}^2$의 값을 구하시오.

0082 유형 07

두 점 A$(4, -8)$, B$(-12, a)$에 대하여 선분 AB를 $3:b$로 내분하는 점의 좌표가 $(-2, 1)$일 때, $a+b$의 값을 구하시오.

0083 유형 08

두 점 A$(-2, 3)$, B$(6, -2)$에 대하여 선분 AB를 $t:(1-t)$로 내분하는 점이 제4사분면 위에 있을 때, 실수 t의 값의 범위가 $a<t<b$이다. 이때 $a+b$의 값은?

① $\dfrac{3}{5}$
② 1
③ $\dfrac{8}{5}$
④ 2
⑤ $\dfrac{12}{5}$

0084 유형 09

두 점 A$(-1, 2)$, B$(3, -1)$을 이은 선분 AB의 연장선 위의 점 C에 대하여 $3\overline{AB}=\overline{BC}$일 때, 점 C의 좌표를 구하시오. (단, 점 C의 x좌표는 양수이다.)

0085 유형 10

네 점 A$(4, 2)$, B$(1, 5)$, C$(a, 2)$, D$(b, -1)$을 꼭짓점으로 하는 사각형 ABCD가 마름모일 때, $a+2b$의 값은?

① -5
② -3
③ 0
④ 2
⑤ 5

0086 유형 11

세 점 $A(2, 3)$, $B(14, 8)$, $C(-4, -5)$를 꼭짓점으로 하는 삼각형 ABC에서 $\angle A$의 이등분선이 변 BC와 만나는 점을 D라 하자. 삼각형 ABD와 삼각형 ACD의 넓이를 각각 S_1, S_2라 할 때, $\dfrac{S_1}{S_2}$의 값은?

① $\dfrac{5}{12}$ ② $\dfrac{10}{13}$ ③ $\dfrac{12}{13}$

④ $\dfrac{13}{10}$ ⑤ $\dfrac{12}{5}$

0087 유형 12 | 학평 기출 |

좌표평면에 세 점 $A(-2, 0)$, $B(0, 4)$, $C(a, b)$를 꼭짓점으로 하는 삼각형 ABC가 있다. $\overline{AC} = \overline{BC}$이고 삼각형 ABC의 무게중심이 y축 위에 있을 때, $a + b$의 값은?

① $\dfrac{1}{2}$ ② 1 ③ $\dfrac{3}{2}$

④ 2 ⑤ $\dfrac{5}{2}$

0088 유형 13

점 P가 직선 $y = 3x + 8$ 위를 움직일 때, 점 $A(6, 0)$에 대하여 선분 AP의 중점이 나타내는 도형의 방정식을 구하시오.

서술형

0089 유형 01

두 점 $A(a, 1)$, $B(2, a)$ 사이의 거리가 5 이하가 되도록 하는 정수 a의 개수를 구하시오.

0090 유형 08

두 점 $A(-3, 5)$, $B(6, -1)$에 대하여 선분 AB를 $m : n$으로 내분하는 점이 x축 위에 있을 때, $\dfrac{m}{n}$의 값을 구하시오.

0091 유형 11

세 점 $A(-2, 1)$, $B(1, -1)$, $C(10, 5)$를 꼭짓점으로 하는 삼각형 ABC에서 $\angle B$의 이등분선이 변 AC와 만나는 점을 D라 할 때, 선분 BD의 길이를 구하시오.

C 실력 향상

하 …… 중 …… 상100%

0092

오른쪽 그림과 같이 O 지점에서 수직으로 만나는 일직선 모양의 두 도로가 있다. A, B 두 사람이 각각 O 지점으로부터 서쪽으로 5 km 떨어진 지점과 남쪽으로 10 km 떨어진 지점에서 동시에 출발하여 A는 동쪽 방향으로 시속 4 km의 속력으로, B는 북쪽 방향으로 시속 3 km의 속력으로 걸어가고 있다. 두 사람 사이의 거리가 가장 가까워지는 것은 출발한 지 a시간 후이고 그때의 거리는 d km일 때, $a+d$의 값을 구하시오.

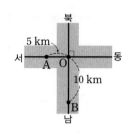

0093

| 학평 기출 |

곡선 $y=x^2-2x$와 직선 $y=3x+k\,(k>0)$이 두 점 P, Q에서 만난다. 선분 PQ를 $1:2$로 내분하는 점의 x좌표가 1일 때, 상수 k의 값을 구하시오. (단, 점 P의 x좌표는 점 Q의 x좌표보다 작다.)

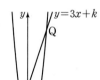

0094

| 학평 기출 |

세 꼭짓점의 좌표가 A$(0, 3)$, B$(-5, -9)$, C$(4, 0)$인 삼각형 ABC가 있다. 그림과 같이 $\overline{AC}=\overline{AD}$가 되도록 점 D를 선분 AB 위에 잡는다. 점 A를 지나면서 선분 DC와 평행인 직선이 선분 BC의 연장선과 만나는 점을 P라 하자. 이때 점 P의 좌표는?

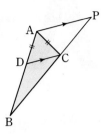

① $\left(\dfrac{61}{8}, \dfrac{29}{8}\right)$ ② $\left(\dfrac{65}{8}, \dfrac{33}{8}\right)$ ③ $\left(\dfrac{69}{8}, \dfrac{37}{8}\right)$

④ $\left(\dfrac{73}{8}, \dfrac{41}{8}\right)$ ⑤ $\left(\dfrac{77}{8}, \dfrac{45}{8}\right)$

0095

오른쪽 그림과 같이 직선 $y=5x$ 위의 점 A, 직선 $y=\dfrac{1}{8}x$ 위의 점 B에 대하여 세 점 O, A, B를 꼭짓점으로 하는 삼각형 AOB의 두 변 OA, OB의 중점을 각각 C, D라 하면 두 선분 AD, BC는 점 P$(6, 4)$에서 만난다. 이때 선분 CD를 $5:2$로 내분하는 점의 좌표를 구하시오. (단, O는 원점)

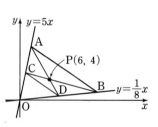

🔾 기출 BOOK 2쪽

02-1 직선의 방정식

유형 01~05, 10, 11, 12, 16

개념 ⊕

(1) 한 점과 기울기가 주어진 직선의 방정식

점 (x_1, y_1)을 지나고 기울기가 m인 직선의 방정식은

$$y - y_1 = m(x - x_1)$$

참고 (1) 점 (x_1, y_1)을 지나고

① x축에 평행한 직선의 방정식은 $y = y_1$

② y축에 평행한 직선의 방정식은 $x = x_1$

(2) 기울기가 m인 직선이 x축의 양의 방향과 이루는 각의 크기가 θ일 때, $m = \tan \theta$이다.

● 기울기가 m이고 y절편이 n인 직선의 방정식은
$$y = mx + n$$

● y축의 방정식은 $x = 0$, x축의 방정식은 $y = 0$이다.

(2) 서로 다른 두 점을 지나는 직선의 방정식

서로 다른 두 점 $\mathrm{A}(x_1, y_1)$, $\mathrm{B}(x_2, y_2)$를 지나는 직선의 방정식은

① $x_1 \neq x_2$일 때, $y - y_1 = \dfrac{y_2 - y_1}{x_2 - x_1}(x - x_1)$

② $x_1 = x_2$일 때, $x = x_1$

(3) x절편과 y절편이 주어진 직선의 방정식

x절편이 a이고 y절편이 b인 직선의 방정식은

$$\frac{x}{a} + \frac{y}{b} = 1 \ (단, a \neq 0, b \neq 0)$$

● x절편이 a, y절편이 b인 직선은 두 점 $(a, 0)$, $(0, b)$를 지나는 직선과 같다.

02-2 일차방정식 $ax+by+c=0$이 나타내는 도형

유형 06

x, y에 대한 일차방정식 $ax + by + c = 0 \ (a \neq 0$ 또는 $b \neq 0)$이 나타내는 도형은 직선이다.

(1) $a \neq 0$, $b \neq 0$일 때, $y = -\dfrac{a}{b}x - \dfrac{c}{b}$ → 기울기가 $-\dfrac{a}{b}$, y절편이 $-\dfrac{c}{b}$인 직선

(2) $a \neq 0$, $b = 0$일 때, $x = -\dfrac{c}{a}$ → y축에 평행한 직선

(3) $a = 0$, $b \neq 0$일 때, $y = -\dfrac{c}{b}$ → x축에 평행한 직선

02-3 두 직선의 교점을 지나는 직선

유형 07, 08, 09

(1) 정점을 지나는 직선

두 직선 $ax + by + c = 0$, $a'x + b'y + c' = 0$이 한 점에서 만날 때, 방정식

$$ax + by + c + k(a'x + b'y + c') = 0$$

의 그래프는 실수 k의 값에 관계없이 항상 두 직선 $ax + by + c = 0$, $a'x + b'y + c' = 0$의 교점을 지나는 직선이다.

(2) 두 직선의 교점을 지나는 직선의 방정식

한 점에서 만나는 두 직선 $ax + by + c = 0$, $a'x + b'y + c' = 0$의 교점을 지나는 직선 중 직선 $a'x + b'y + c' = 0$을 제외한 직선은 직선의 방정식

$$ax + by + c + k(a'x + b'y + c') = 0 \ (k는 실수)$$

꼴로 나타낼 수 있다.

● 다항식 A, B와 실수 k에 대하여 $Ak + B = 0$이 k의 값에 관계없이 항상 성립하면
$$A = 0, B = 0$$

02-1 직선의 방정식

[0096~0099] 다음 직선의 방정식을 구하시오.

0096 점 $(-2, 3)$을 지나고 기울기가 2인 직선

0097 점 $(3, -7)$을 지나고 기울기가 -3인 직선

0098 점 $(4, 1)$을 지나고 x축에 평행한 직선

0099 점 $(-5, 2)$를 지나고 y축에 평행한 직선

[0100~0103] 다음 두 점을 지나는 직선의 방정식을 구하시오.

0100 $(4, 0), (2, -2)$

0101 $(-3, 2), (-6, 3)$

0102 $(2, -4), (2, 5)$

0103 $(3, -1), (1, -1)$

[0104~0105] 다음 직선의 방정식을 구하시오.

0104 x절편이 3이고 y절편이 5인 직선

0105 x절편이 -6이고 y절편이 2인 직선

02-2 일차방정식 $ax+by+c=0$이 나타내는 도형

[0106~0109] 다음 일차방정식이 나타내는 도형을 좌표평면 위에 나타내시오.

0106 $x-y-4=0$

0107 $2x+y-1=0$

0108 $3x-6=0$

0109 $2y+5=0$

[0110~0113] 상수 a, b, c가 다음을 만족시킬 때, 직선 $ax+by+c=0$이 지나는 사분면을 모두 구하시오.

0110 $a>0, b>0, c>0$

0111 $a>0, b<0, c<0$

0112 $a=0, b<0, c>0$

0113 $a<0, b=0, c<0$

02-3 두 직선의 교점을 지나는 직선

[0114~0115] 다음 일차방정식이 나타내는 직선이 실수 k의 값에 관계없이 항상 지나는 점의 좌표를 구하시오.

0114 $(x-y+3)+k(x+y-1)=0$

0115 $kx-y-k+5=0$

[0116~0117] 다음 직선의 방정식을 구하시오.

0116 두 직선 $3x+y-5=0$, $x-2y+3=0$의 교점과 원점을 지나는 직선

0117 두 직선 $2x-y+2=0$, $x+y+1=0$의 교점과 점 $(0, -2)$를 지나는 직선

02-4 두 직선의 평행과 수직
유형 10~13
개념 +

(1) 두 직선 $y=mx+n$, $y=m'x+n'$이
　① 서로 평행하다. ➡ $m=m'$, $n \neq n'$ → 기울기가 같고 y절편이 다르다.
　② 서로 수직이다. ➡ $mm'=-1$ → 두 직선의 기울기의 곱이 -1이다.
　예 두 직선 $y=3x+1$, $y=mx+2$가
　　① 서로 평행하면 $m=3$
　　② 서로 수직이면 $3 \times m=-1$ ∴ $m=-\dfrac{1}{3}$

(2) 두 직선 $ax+by+c=0$, $a'x+b'y+c'=0$이
　① 서로 평행하다. ➡ $\dfrac{a}{a'}=\dfrac{b}{b'} \neq \dfrac{c}{c'}$
　② 서로 수직이다. ➡ $aa'+bb'=0$
　참고 두 직선의 방정식 $ax+by+c=0$, $a'x+b'y+c'=0$의 x, y의 계수가 모두 0이 아닐 때,
　　$$y=-\dfrac{a}{b}x-\dfrac{c}{b}, \quad y=-\dfrac{a'}{b'}x-\dfrac{c'}{b'}$$
　　꼴로 변형하면 두 직선의 기울기는 각각 $-\dfrac{a}{b}$, $-\dfrac{a'}{b'}$이고 y절편은 각각 $-\dfrac{c}{b}$, $-\dfrac{c'}{b'}$이다.
　　① 두 직선이 서로 평행하면
　　　$$-\dfrac{a}{b}=-\dfrac{a'}{b'}, \quad -\dfrac{c}{b} \neq -\dfrac{c'}{b'} \qquad ∴ \dfrac{a}{a'}=\dfrac{b}{b'} \neq \dfrac{c}{c'}$$
　　② 두 직선이 서로 수직이면
　　　$$-\dfrac{a}{b} \times \left(-\dfrac{a'}{b'}\right)=-1 \qquad ∴ aa'+bb'=0$$

▸ 두 직선 $y=mx+n$, $y=m'x+n'$이
① 한 점에서 만난다.
➡ $m \neq m'$
② 일치한다.
➡ $m=m'$, $n=n'$

▸ 두 직선 $ax+by+c=0$, $a'x+b'y+c'=0$이
① 한 점에서 만난다.
➡ $\dfrac{a}{a'} \neq \dfrac{b}{b'}$
② 일치한다.
➡ $\dfrac{a}{a'}=\dfrac{b}{b'}=\dfrac{c}{c'}$

02-5 점과 직선 사이의 거리
유형 14~17

(1) **점과 직선 사이의 거리**
　점 $P(x_1, y_1)$과 직선 $ax+by+c=0$ 사이의 거리는
　　$$\dfrac{|ax_1+by_1+c|}{\sqrt{a^2+b^2}}$$
　특히 원점과 직선 $ax+by+c=0$ 사이의 거리는
　　$$\dfrac{|c|}{\sqrt{a^2+b^2}}$$
　예 점 $(2, -1)$과 직선 $3x+4y+3=0$ 사이의 거리는
　　$$\dfrac{|3 \times 2+4 \times (-1)+3|}{\sqrt{3^2+4^2}}=1$$

▸ 점과 직선 사이의 거리는 그 점에서 직선에 내린 수선의 발까지의 거리이다.

(2) **평행한 두 직선 사이의 거리**
　평행한 두 직선 l과 l' 사이의 거리는 직선 l 위의 한 점과 직선 l' 사이의 거리와 같다.

　예 평행한 두 직선 $x+2y-1=0$, $x+2y-6=0$ 사이의 거리는 직선 $x+2y-1=0$ 위의 한 점 $(1, 0)$과 직선 $x+2y-6=0$ 사이의 거리와 같으므로
　　$$\dfrac{|1 \times 1+2 \times 0-6|}{\sqrt{1^2+2^2}}=\sqrt{5}$$

▸ 한 직선 위의 임의의 점을 택할 때, 좌표가 간단한 정수인 점이나 x축 또는 y축 위의 점을 택하면 계산이 간편하다.

02-4 두 직선의 평행과 수직

[0118~0119] 두 직선 $y=-4x+3$, $y=(m+1)x+6$의 위치 관계가 다음과 같을 때, 상수 m의 값을 구하시오.

0118 평행하다.

0119 수직이다.

[0120~0121] 직선 $4x+y-1=0$과 위치 관계가 다음과 같은 직선인 것만을 보기에서 있는 대로 고르시오.

> **보기**
> ㄱ. $4x+y+2=0$ ㄴ. $4x-y+1=0$
> ㄷ. $x+4y-3=0$ ㄹ. $x-4y=0$

0120 평행하다.

0121 수직이다.

[0122~0123] 두 직선 $ax-y-1=0$, $2x+(a-3)y-1=0$의 위치 관계가 다음과 같을 때, 상수 a의 값을 구하시오.

0122 평행하다.

0123 수직이다.

[0124~0125] 다음 직선의 방정식을 구하시오.

0124 직선 $y=-2x+1$에 평행하고 점 $(4, -5)$를 지나는 직선

0125 직선 $y=\dfrac{1}{4}x-3$에 수직이고 점 $(-2, 1)$을 지나는 직선

[0126~0127] 다음 직선의 방정식을 구하시오.

0126 직선 $5x-2y+2=0$에 평행하고 점 $(3, 0)$을 지나는 직선

0127 직선 $3x-y-1=0$에 수직이고 점 $(-1, -5)$를 지나는 직선

02-5 점과 직선 사이의 거리

[0128~0131] 다음 점과 직선 사이의 거리를 구하시오.

0128 점 $(-1, 6)$, 직선 $x+y-2=0$

0129 점 $(1, -4)$, 직선 $2x+y-3=0$

0130 점 $(3, 1)$, 직선 $x+3y+4=0$

0131 원점, 직선 $3x-4y-5=0$

[0132~0133] 점 $(2, -3)$과 다음 직선 사이의 거리를 구하시오.

0132 직선 $x=-1$

0133 직선 $y=2$

[0134~0135] 다음 평행한 두 직선 사이의 거리를 구하시오.

0134 $x+3y=0$, $x+3y+10=0$

0135 $3x+4y+4=0$, $3x+4y-6=0$

유형 완성

◆◆ 개념루트 공통수학2 46쪽

유형 01 | 한 점과 기울기가 주어진 직선의 방정식

점 (x_1, y_1)을 지나고 기울기가 m인 직선의 방정식은
$$y-y_1=m(x-x_1)$$

0136 [대표 문제]

두 점 $(-1, 3)$, $(5, -1)$을 이은 선분의 중점을 지나고 기울기가 -1인 직선의 방정식을 구하시오.

0137 (하)

x축의 양의 방향과 이루는 각의 크기가 $60°$이고 점 $(2, -\sqrt{3})$을 지나는 직선의 방정식은?

① $y=\dfrac{\sqrt{3}}{3}x-\dfrac{5}{3}\sqrt{3}$ ② $y=\dfrac{\sqrt{3}}{3}x+3\sqrt{3}$

③ $y=x+\sqrt{3}$ ④ $y=\sqrt{3}x-3\sqrt{3}$

⑤ $y=\sqrt{3}x+2\sqrt{3}$

0138 (중)

직선 $ax-3y+b=0$이 직선 $2x-3y+5=0$과 기울기가 같고 점 $(-3, 2)$를 지날 때, 상수 a, b에 대하여 $b-a$의 값은?

① 2   ② 4   ③ 6
④ 8   ⑤ 10

0139 (중)

점 $(2, -3)$을 지나고 기울기가 -3인 직선과 x축 및 y축으로 둘러싸인 부분의 넓이를 구하시오.

◆◆ 개념루트 공통수학2 46쪽

유형 02 | 두 점을 지나는 직선의 방정식

두 점 (x_1, y_1), (x_2, y_2)를 지나는 직선의 방정식은
$$y-y_1=\frac{y_2-y_1}{x_2-x_1}(x-x_1) \text{ (단, } x_1 \neq x_2)$$

0140 [대표 문제]

두 점 $A(-1, 1)$, $B(4, 6)$에 대하여 선분 AB를 $3:2$로 내분하는 점과 점 $(-1, -2)$를 지나는 직선의 방정식을 구하시오.

0141 (중)

두 점 $(-3, 5)$, $(1, -3)$을 지나는 직선이 두 점 $(a, 1)$, $(-2, b)$를 지날 때, ab의 값은?

① -3 ② -2 ③ -1
④ 2   ⑤ 3

0142 (중)   서술형

세 점 $A(-3, -2)$, $B(2, 4)$, $C(4, 7)$을 꼭짓점으로 하는 삼각형 ABC의 무게중심과 점 $(-1, 1)$을 지나는 직선의 방정식이 $y=ax+b$일 때, 상수 a, b에 대하여 a^2+b^2의 값을 구하시오.

0143 ⓢ

오른쪽 그림과 같이 세 점 A(1, 3), B(5, 4), C(6, 8)을 꼭짓점으로 하는 삼각형 ABC에서 선분 AC 위의 한 점 P에 대하여 삼각형 PAB와 삼각형 PBC의 넓이의 비가 3 : 2일 때, 두 점 B, P를 지나는 직선의 x절편을 구하시오.

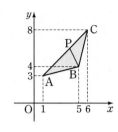

◆◈ 개념루트 공통수학2 48쪽

유형 03 x절편과 y절편이 주어진 직선의 방정식

x절편이 a이고 y절편이 b인 직선의 방정식은
$$\frac{x}{a}+\frac{y}{b}=1 \ (단, a\neq0, b\neq0)$$

0144 대표 문제

x절편이 3이고 y절편이 -6인 직선이 점 $(a, -4)$를 지날 때, a의 값은?

① 1   ② 3   ③ 5
④ 7   ⑤ 9

0145 ⓢ

점 $(4, -1)$을 지나는 직선의 x절편이 y절편의 2배일 때, 이 직선의 방정식은? (단, y절편은 0이 아니다.)

① $\frac{x}{2}-\frac{y}{4}=1$ ② $\frac{x}{2}-y=1$ ③ $\frac{x}{2}+y=1$
④ $\frac{x}{2}+\frac{y}{2}=1$ ⑤ $\frac{x}{2}+\frac{y}{4}=1$

0146 ⓢ

직선 $\frac{x}{a}+\frac{y}{2}=1$과 x축 및 y축으로 둘러싸인 부분의 넓이가 8일 때, 양수 a의 값을 구하시오.

◆◈ 개념루트 공통수학2 48쪽

유형 04 세 점이 한 직선 위에 있을 조건

세 점 A(x_1, y_1), B(x_2, y_2), C(x_3, y_3)이 한 직선 위에 있다.
➡ (직선 AB의 기울기)=(직선 BC의 기울기)
　　　　　　　　=(직선 AC의 기울기)
➡ $\frac{y_2-y_1}{x_2-x_1}=\frac{y_3-y_2}{x_3-x_2}=\frac{y_3-y_1}{x_3-x_1}$ (단, $x_1\neq x_2, x_2\neq x_3, x_3\neq x_1$)
참고 한 직선 위에 있는 세 점은 삼각형을 이루지 않는다.

0147 대표 문제

세 점 A(1, -1), B(2, -k), C(k-2, -9)가 한 직선 위에 있도록 하는 모든 k의 값의 합을 구하시오.

0148 ⓢ 서술형

점 A(1, 1)이 두 점 B(2, 4), C(k+1, 2k-1)을 지나는 직선 위에 있을 때, 두 점 A, C 사이의 거리를 구하시오.

0149 ⓢ

세 점 A(k, -1), B(-3, 3k-4), C(2, 8)이 삼각형을 이루지 않도록 하는 양수 k의 값은?

① 1   ② 3   ③ 5
④ 7   ⑤ 9

유형 05 도형의 넓이를 이등분하는 직선의 방정식

(1) 삼각형 ABC의 꼭짓점 A를 지나면서 그 넓이를 이등분하는 직선
   ➡ $\overline{BC}$의 중점을 지난다.
(2) 직사각형의 넓이를 이등분하는 직선
   ➡ 직사각형의 두 대각선의 교점을 지난다.

0150 대표 문제

세 점 $A(3, 3)$, $B(-1, -5)$, $C(5, -3)$을 꼭짓점으로 하는 삼각형 ABC에 대하여 점 A를 지나고 삼각형 ABC의 넓이를 이등분하는 직선의 방정식은?

① $y=-7x-21$　　　② $y=-7x+24$

③ $y=7x-18$　　　④ $y=7x+18$

⑤ $y=7x+21$

0151 중

직선 $\dfrac{x}{3}+\dfrac{y}{6}=1$과 x축 및 y축으로 둘러싸인 부분의 넓이를 직선 $y=mx$가 이등분할 때, 상수 m의 값은?

① $\dfrac{1}{3}$　　　② $\dfrac{1}{2}$　　　③ 1

④ 2　　　⑤ 3

0152 중　　　서술형

오른쪽 그림과 같은 마름모의 넓이를 이등분하고 점 $(0, -2)$를 지나는 직선의 x절편을 구하시오.

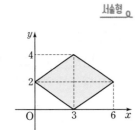

0153 상

오른쪽 그림과 같이 색칠한 두 직사각형의 넓이를 동시에 이등분하는 직선의 방정식이 $x+ay+b=0$일 때, 상수 a, b에 대하여 $a-b$의 값을 구하시오.

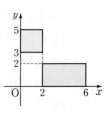

유형 06 직선의 개형

방정식 $ax+by+c=0$ $(b\neq0)$이 나타내는 직선의 개형은 다음과 같은 순서로 알아본다.

(1) 주어진 방정식을 $y=-\dfrac{a}{b}x-\dfrac{c}{b}$ 꼴로 변형한다.

(2) 기울기 $-\dfrac{a}{b}$와 y절편 $-\dfrac{c}{b}$의 부호를 구한다.

(3) 기울기와 y절편의 부호에 따라 직선의 개형을 그린다.

0154 대표 문제

$ab<0$, $bc<0$일 때, 직선 $ax+by+c=0$이 지나지 않는 사분면은?

① 제1사분면　　　② 제2사분면

③ 제3사분면　　　④ 제4사분면

⑤ 제2, 4사분면

0155 중

$ab=0$, $ac<0$일 때, 직선 $ax+by+c=0$이 지나는 사분면은?

① 제1, 3사분면　　　② 제1, 4사분면

③ 제2, 3사분면　　　④ 제2, 4사분면

⑤ 제3, 4사분면

0156 중

직선 $ax+by+c=0$의 개형이 오른쪽 그림과 같을 때, 직선 $cx+ay+b=0$의 개형은? (단, a, b, c는 상수)

① 　② 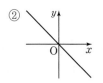　③

④ 　⑤

◆◆ 개념루트 공통수학2 54쪽

유형 07　**정점을 지나는 직선**

직선 $(ax+by+c)+k(a'x+b'y+c')=0$은 실수 k의 값에 관계없이 항상 두 직선 $ax+by+c=0$, $a'x+b'y+c'=0$의 교점을 지난다.

참고 두 직선 $ax+by+c=0$, $a'x+b'y+c'=0$의 교점의 좌표는 연립방정식 $\begin{cases} ax+by+c=0 \\ a'x+b'y+c'=0 \end{cases}$ 의 해와 같다.

0157 대표 문제

직선 $(k+3)x+(k+1)y-2k+6=0$이 실수 k의 값에 관계없이 항상 점 (a, b)를 지날 때, a^2+b^2의 값은?

① 34　　② 41　　③ 45

④ 52　　⑤ 61

0158 중

직선 $(k+1)x+(2k-1)y+3k+a=0$이 실수 k의 값에 관계없이 항상 점 $(3, b)$를 지날 때, 상수 a, b에 대하여 $a+b$의 값을 구하시오.

0159 중　　　　서술형

직선 $(k+1)x+(3k-1)y-4k+4=0$이 실수 k의 값에 관계없이 항상 점 P를 지날 때, 기울기가 3이고 점 P를 지나는 직선의 방정식을 구하시오.

0160 상

직선 $2x-y=3$ 위의 점 (a, b)에 대하여 직선 $ax-2by=6$이 항상 지나는 점의 좌표를 구하시오.

◆◆ 개념루트 공통수학2 56쪽

유형 08　**정점을 지나는 직선의 활용**

직선 $y-b=m(x-a)$, 즉 $m(x-a)-(y-b)=0$은 실수 m의 값에 관계없이 항상 점 (a, b)를 지난다.

0161 대표 문제

두 직선 $x+y-3=0$, $mx-y-5m+4=0$이 제1사분면에서 만나도록 하는 실수 m의 값의 범위가 $\alpha<m<\beta$일 때, $\alpha\beta$의 값은?

① $\dfrac{1}{5}$　　② $\dfrac{2}{5}$　　③ $\dfrac{1}{2}$

④ 2　　⑤ $\dfrac{5}{2}$

0162 ⑧

직선 $kx-y+k+2=0$이 두 점 A$(1, -1)$, B$(2, 8)$을 이은 선분 AB와 한 점에서 만나도록 하는 정수 k의 개수는?

① 2   ② 3   ③ 4
④ 5   ⑤ 6

0163 ⑧

서술형

직선 $y=kx+2k-2$가 오른쪽 그림과 같은 정사각형과 만나도록 하는 실수 k의 최댓값을 M, 최솟값을 m이라 할 때, $M+m$의 값을 구하시오.

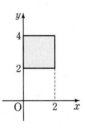

0164 ㈜

직선 $mx-y-3m+2=0$이 세 점 A$(1, 3)$, B$(4, -1)$, C$(-1, 1)$을 꼭짓점으로 하는 심각형 ABC와 만나지 않도록 하는 실수 m의 값의 범위를 구하시오.

유형 09 **두 직선의 교점을 지나는 직선의 방정식**

두 직선 $ax+by+c=0$, $a'x+b'y+c'=0$의 교점을 지나는 직선의 방정식은
$$ax+by+c+k(a'x+b'y+c')=0 \text{ (단, } k \text{는 실수)}$$

0165 대표 문제

두 직선 $x+2y+4=0$, $2x-3y-5=0$의 교점과 점 $(2, 1)$을 지나는 직선의 방정식이 $ax+by-6=0$일 때, 상수 a, b에 대하여 $a+b$의 값을 구하시오.

0166 ⑧

다음 중 두 직선 $2x-y+4=0$, $x+4y-3=0$의 교점과 점 $(3, 2)$를 지나는 직선 위의 점인 것은?

① $(-5, 1)$ ② $(-2, -1)$ ③ $(4, 2)$
④ $(6, -1)$ ⑤ $(8, 3)$

0167 ⑧

오른쪽 그림과 같이 두 직선 $3x-y+3=0$, $x+y-7=0$이 x축과 만나는 점을 각각 A, B라 하고, 두 직선의 교점을 C라 하자. 점 C를 지나고 삼각형 ABC의 넓이를 이등분하는 직선의 방정식이 $ax+by-9=0$일 때, 상수 a, b에 대하여 a^2+b^2의 값은?

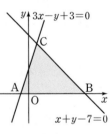

① 4   ② 6   ③ 8
④ 10   ⑤ 12

유형 10 한 직선에 평행 또는 수직인 직선의 방정식

(1) 두 직선이 서로 평행하다.
  ➡ 두 직선의 기울기는 같고 y절편은 다르다.
(2) 두 직선이 서로 수직이다.
  ➡ 두 직선의 기울기의 곱이 -1이다.

0168 대표 문제

두 점 $A(1, 2)$, $B(4, 8)$을 지나는 직선에 수직이고 선분 AB를 $2:1$로 내분하는 점을 지나는 직선의 x절편은?

① 5 　　　　② 10 　　　　③ 15
④ 20 　　　　⑤ 25

0169 하

두 점 $(-2, -3)$, $(2, 1)$을 지나는 직선에 평행하고 x절편이 -3인 직선이 점 $(2, k)$를 지날 때, k의 값을 구하시오.

0170 중

| 학평 기출 |

두 직선 $3x+2y-5=0$, $3x+y-1=0$의 교점을 지나고 직선 $2x-y+4=0$에 평행한 직선의 y절편은?

① 2 　　　　② 3 　　　　③ 4
④ 5 　　　　⑤ 6

0171 중

| 서술형 |

오른쪽 그림과 같이 점 $A(4, 2)$에서 직선 $3x-2y+5=0$에 내린 수선의 발을 $H(a, b)$라 할 때, $a+b$의 값을 구하시오.

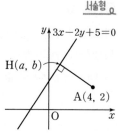

0172 중

| 학평 기출 |

그림과 같이 좌표평면에서 점 $A(-2, 3)$과 직선 $y=m(x-2)$ 위의 서로 다른 두 점 B, C가 $\overline{AB}=\overline{AC}$를 만족시킨다. 선분 BC의 중점이 y축 위에 있을 때, 양수 m의 값은?

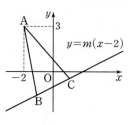

① $\dfrac{1}{3}$ 　　　　② $\dfrac{5}{12}$ 　　　　③ $\dfrac{1}{2}$
④ $\dfrac{7}{12}$ 　　　　⑤ $\dfrac{2}{3}$

유형 11 두 직선이 평행 또는 수직일 조건

두 직선 $ax+by+c=0$, $a'x+b'y+c'=0$이
(1) 서로 평행하다. ➡ $\dfrac{a}{a'}=\dfrac{b}{b'}\neq\dfrac{c}{c'}$
(2) 서로 수직이다. ➡ $aa'+bb'=0$

0173 대표 문제

직선 $x+3y-2=0$이 직선 $ax-by+3=0$에 수직이고, 직선 $x-ay-1=0$에 평행할 때, 상수 a, b에 대하여 a^2+b^2의 값을 구하시오.

0174 ⊚

좌표평면 위의 점 $(1, a)$를 지나고 직선 $4x-2y+1=0$과 평행한 직선의 방정식이 $bx-y+5=0$일 때, 두 상수 a, b에 대하여 $a \times b$의 값은?

① 6   ② 8   ③ 10
④ 12   ⑤ 14

0175 ⊚
서술형

두 직선 $3x+(k+3)y-5=0$, $2x+(k-4)y+1=0$이 서로 평행하도록 하는 상수 k의 값을 α, 서로 수직이 되도록 하는 상수 k의 값을 β라 할 때, $\dfrac{\alpha}{\beta}$의 값을 구하시오.

(단, $\beta>0$)

0176 ⊚

두 직선 $kx+y-3=0$, $5x+(k-4)y+1=0$의 교점이 존재하지 않도록 하는 모든 상수 k의 값의 합은?

① 0   ② 1   ③ 2
④ 3   ⑤ 4

0177 ⊚

점 $(4, 0)$을 지나는 직선과 직선 $(k+3)x-y+1=0$이 y축에서 수직으로 만날 때, 실수 k의 값을 구하시오.

◈ 개념루트 공통수학2 64쪽

유형 12 선분의 수직이등분선의 방정식

선분 AB의 수직이등분선을 l이라 하면
(1) 직선 l과 직선 AB의 기울기의 곱은 -1이다.
(2) 직선 l은 선분 AB의 중점을 지난다.

0178 대표 문제

두 점 $A(-1, 2)$, $B(5, 4)$를 이은 선분 AB의 수직이등분선이 점 $(a, 6)$을 지날 때, a의 값은?

① -3 ② -1 ③ 1
④ 3   ⑤ 5

0179 ⊚

직선 $2x+y-4=0$이 x축, y축과 만나는 점을 각각 A, B라 할 때, 선분 AB의 수직이등분선의 방정식은?

① $x-2y+3=0$ ② $x-2y+5=0$
③ $x-2y+8=0$ ④ $2x+y-5=0$
⑤ $2x+y-3=0$

0180 ⊚

두 점 $A(1, 3)$, $B(5, a)$를 이은 선분 AB의 수직이등분선의 방정식이 $y=-2x+b$일 때, 상수 a, b에 대하여 $a+b$의 값을 구하시오.

◈ 개념루트 공통수학2 64쪽

유형 13 **세 직선의 위치 관계**

세 직선의 위치 관계는 다음과 같다.

(1) 모두 평행하다.

(2) 두 직선이 서로 평행하다.

(3) 두 직선끼리 만난다.

(4) 한 점에서 만난다.

[참고] 세 직선이 삼각형을 이루지 않는 것은 (1), (2), (4)이다.

0181 [대표 문제]

세 직선 $x+y=0$, $x-2y+3=0$, $ax+y+2=0$이 삼각형을 이루지 않도록 하는 모든 상수 a의 값의 합을 구하시오.

0182 ⓈⒽ

세 직선 $3x+y-6=0$, $2x-y-3=0$, $ax+2y+1=0$에 의하여 생기는 교점이 2개가 되도록 하는 모든 상수 a의 값의 합은?

① -1　　　② 2　　　③ 4

④ 5　　　⑤ 7

0183 ⓈⒽ

서로 다른 세 직선 $ax-y-3=0$, $4x+by-5=0$, $2x+y+5=0$이 좌표평면을 4개의 영역으로 나눌 때, 상수 a, b에 대하여 $a+b$의 값을 구하시오.

0184 상

세 직선 $3x+2y=0$, $x+2y-4=0$, $ax-y+2=0$으로 둘러싸인 도형이 직각삼각형이 되도록 하는 정수 a의 값을 구하시오.

서술형

[빈출] ◈ 개념루트 공통수학2 72쪽

유형 14 **점과 직선 사이의 거리**

점 (x_1, y_1)과 직선 $ax+by+c=0$ 사이의 거리는

$$\frac{|ax_1+by_1+c|}{\sqrt{a^2+b^2}}$$

0185 [대표 문제]

직선 $3x-4y+17=0$에 평행하고 점 $(-1, -2)$로부터의 거리가 2인 직선의 y절편을 구하시오.

(단, y절편은 음수이다.)

0186 ⓈⒽ

점 $(-2, 3)$과 직선 $4x+3y-k=0$ 사이의 거리가 1이 되도록 하는 모든 상수 k의 값의 합을 구하시오.

0187 ⓈⒽ

직선 $(k+2)x+2(k-1)y+3=0$이 실수 k의 값에 관계없이 항상 점 P를 지날 때, 점 P와 직선 $3x+4y-9=0$ 사이의 거리는?

① $\dfrac{1}{2}$　　　② 1　　　③ $\dfrac{3}{2}$

④ 2　　　⑤ $\dfrac{5}{2}$

0188 (중)

x축 위의 점 P에서 두 직선 $2x-y+3=0$, $x-2y-6=0$에 이르는 거리가 같을 때, 보기에서 점 P의 좌표가 될 수 있는 것만을 있는 대로 고른 것은?

| 보기 |
| ㄱ. $(-9, 0)$ ㄴ. $(-5, 0)$ |
| ㄷ. $(1, 0)$ ㄹ. $(7, 0)$ |

① ㄱ, ㄴ   ② ㄱ, ㄷ   ③ ㄱ, ㄹ
④ ㄴ, ㄷ   ⑤ ㄷ, ㄹ

0189 (중) | 학평 기출 |

그림과 같이 좌표평면 위에 점 A$(a, 6)$ $(a>0)$과 두 점 $(6, 0)$, $(0, 3)$을 지나는 직선 l이 있다. 직선 l 위의 서로 다른 두 점 B, C와 제1사분면 위의 점 D를 사각형 ABCD가 정사각형이 되도록 잡는다. 정사각형 ABCD의 넓이가 $\frac{81}{5}$일 때, a의 값은?

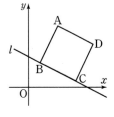

① 2   ② $\frac{9}{4}$ ③ $\frac{5}{2}$
④ $\frac{11}{4}$ ⑤ 3

0190 (상)

점 $(2, 5)$와 직선 $kx+2y-2k-4=0$ 사이의 거리를 $f(k)$라 할 때, $f(k)$의 최댓값을 구하시오. (단, k는 상수)

유형 15   평행한 두 직선 사이의 거리

> 평행한 두 직선 l_1, l_2 사이의 거리는 직선 l_1 위의 한 점 (x_1, y_1)과 직선 l_2 사이의 거리와 같다.

0191 대표 문제

두 직선 $7x+y=0$, $7x+y+a=0$ 사이의 거리가 $3\sqrt{2}$일 때, 양수 a의 값은?

① 20   ② 25   ③ 30
④ 35   ⑤ 40

0192 (중)   서술형

두 직선 $2x-4y+a=0$, $x+by-1=0$이 서로 평행하고, 두 직선 사이의 거리가 $\frac{\sqrt{5}}{2}$일 때, 상수 a, b에 대하여 $a+b$의 값을 구하시오. (단, $a>0$)

0193 (중)

네 점 A$(0, 2)$, B$(2, 0)$, C$(5, 1)$, D$(3, 3)$을 꼭짓점으로 하는 평행사변형 ABCD가 있다. 두 직선 AD, BC 사이의 거리는?

① $\frac{4\sqrt{10}}{5}$ ② $\sqrt{10}$ ③ $\frac{6\sqrt{10}}{5}$
④ $\frac{7\sqrt{10}}{5}$ ⑤ $\frac{8\sqrt{10}}{5}$

유형 16 세 꼭짓점의 좌표가 주어진 삼각형의 넓이

세 점 A, B, C를 꼭짓점으로 하는 삼각형 ABC의 넓이는 다음과 같은 순서로 구한다.

(1) 변 BC의 길이와 직선 BC의 방정식을 구한다.

(2) 점 A와 직선 BC 사이의 거리 h를 구한다.

(3) $\triangle \mathrm{ABC} = \dfrac{1}{2} \times \overline{\mathrm{BC}} \times h$를 구한다.

0194 대표 문제

세 점 A$(1, 0)$, B$(3, 2)$, C$(2, 5)$를 꼭짓점으로 하는 삼각형 ABC의 넓이는?

① $\dfrac{5}{2}$　　　② 3　　　③ $\dfrac{7}{2}$

④ 4　　　⑤ $\dfrac{9}{2}$

0195 중

세 점 A$(2, 0)$, B$(0, 2)$, C$(3, a)$를 꼭짓점으로 하는 삼각형 ABC의 넓이가 6일 때, 양수 a의 값을 구하시오.

0196 중

오른쪽 그림과 같이 두 점 O$(0, 0)$, A$(3, 2)$와 직선 $2x-3y+12=0$ 위의 한 점 P를 꼭짓점으로 하는 삼각형 OAP의 넓이를 구하시오.

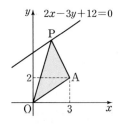

0197 상   서술형

세 직선 $x-2y=0$, $2x+3y-21=0$, $4x-y-7=0$으로 둘러싸인 도형의 넓이를 구하시오.

유형 17 두 직선이 이루는 각의 이등분선의 방정식

두 직선이 이루는 각의 이등분선의 방정식은 다음과 같은 순서로 구한다.

(1) 각의 이등분선 위의 임의의 점을 P(x_1, y_1)로 놓는다.

(2) 점 P에서 각을 이루는 두 직선에 이르는 거리가 같음을 이용하여 x, y에 대한 방정식을 구한다.

0198 대표 문제

두 직선 $x+3y+2=0$, $3x+y-2=0$이 이루는 각의 이등분선 중 y절편이 음수인 직선의 방정식은?

① $x-y-2=0$　　　② $x-y-1=0$

③ $x+y+1=0$　　　④ $x+y+2=0$

⑤ $x+y+3=0$

0199 중

점 P에서 두 직선 $3x+2y+1=0$, $2x-3y-5=0$에 이르는 거리가 같을 때, 보기에서 점 P가 나타내는 도형의 방정식인 것만을 있는 대로 고른 것은?

> 보기
> ㄱ. $x+5y-2=0$　　　ㄴ. $x+5y+6=0$
> ㄷ. $5x-y-4=0$　　　ㄹ. $5x+y+8=0$

① ㄱ, ㄴ　　② ㄱ, ㄹ　　③ ㄴ, ㄷ

④ ㄴ, ㄹ　　⑤ ㄷ, ㄹ

0200 중

두 직선 $x+2y+1=0$, $2x+y+3=0$이 이루는 각의 이등분선이 점 $(3, a)$를 지날 때, 정수 a의 값을 구하시오.

AB 유형 점검

0201 유형 01

점 $(2, 4)$를 지나고 기울기가 3인 직선의 방정식이 $y=mx+n$일 때, 상수 m, n에 대하여 $m+n$의 값은?

① -3 ② -1 ③ 1
④ 3 ⑤ 5

0202 유형 02

세 점 $A(1, 4)$, $B(7, -1)$, $C(3, 13)$에 대하여 점 A와 선분 BC의 중점을 지나는 직선의 방정식이 $ax+by+7=0$일 때, $a+b$의 값을 구하시오.(단, a, b는 상수)

0203 유형 03

x절편과 y절편의 절댓값이 같고 부호가 반대인 직선이 점 $(-1, 2)$를 지날 때, 이 직선의 x절편은?

① -6 ② -3 ③ 1
④ 3 ⑤ 6

0204 유형 04

세 점 $A(-2, -1)$, $B(k, 8)$, $C(2, 5k+6)$이 직선 l 위에 있을 때, 직선 l의 방정식을 구하시오. (단, $k>0$)

0205 유형 05

오른쪽 그림과 같은 직사각형의 넓이를 이등분하고 점 $(1, -2)$를 지나는 직선의 방정식이 $y=ax+b$일 때, 상수 a, b에 대하여 $a-b$의 값은?

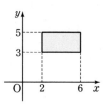

① 2 ② 3
③ 4 ④ 5
⑤ 6

0206 유형 06

직선 $ax+by+c=0$에 대한 설명으로 옳은 것만을 보기에서 있는 대로 고른 것은?

> **보기**
> ㄱ. $ac>0$, $bc<0$이면 제1, 2, 3사분면을 지난다.
> ㄴ. $ab<0$, $bc>0$이면 제2, 3, 4사분면을 지난다.
> ㄷ. $ab>0$, $bc=0$이면 제2, 4사분면을 지난다.

① ㄱ   ② ㄷ   ③ ㄱ, ㄴ
④ ㄱ, ㄷ   ⑤ ㄱ, ㄴ, ㄷ

0207 유형 07

직선 $(4k+1)x+(k-2)y-2k-5=0$이 실수 k의 값에 관계없이 항상 점 P를 지날 때, 점 P와 원점 사이의 거리는?

① $\sqrt{3}$　　　　② 2　　　　③ $\sqrt{5}$

④ $\sqrt{6}$　　　　⑤ $\sqrt{7}$

0208 유형 08

두 직선 $3x-2y+6=0$, $mx-y-2m-1=0$이 제2사분면에서 만나도록 하는 실수 m의 값의 범위를 구하시오.

0209 유형 09　　　　| 학평 기출 |

좌표평면에서 두 직선 $x-2y+2=0$, $2x+y-6=0$이 만나는 점과 점 $(4, 0)$을 지나는 직선의 y절편은?

① $\dfrac{5}{2}$　　　　② 3　　　　③ $\dfrac{7}{2}$

④ 4　　　　⑤ $\dfrac{9}{2}$

0210 유형 10

다음 중 점 $(1, 3)$을 지나고 직선 $2x-y+3=0$에 평행한 직선 위의 점인 것은?

① $(-1, 0)$　　② $\left(-\dfrac{1}{2}, 1\right)$　　③ $\left(0, \dfrac{3}{2}\right)$

④ $\left(\dfrac{1}{2}, 2\right)$　　⑤ $\left(\dfrac{3}{2}, 5\right)$

0211 유형 10　　　　| 학평 기출 |

자연수 n에 대하여 좌표평면에서 점 A$(0, 2)$를 지나는 직선과 점 B$(n, 2)$를 지나는 직선이 서로 수직으로 만나는 점을 P라 하자. 점 P의 좌표가 $(4, 4)$일 때, 삼각형 ABP의 무게중심의 좌표를 (a, b)라 하자. $a+b$의 값은?

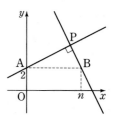

① 5　　　　② $\dfrac{17}{3}$　　　　③ $\dfrac{19}{3}$

④ 7　　　　⑤ $\dfrac{23}{3}$

0212 유형 11

직선 $ax-2y+1=0$이 직선 $bx-3y+2=0$에 수직이고 직선 $(b+2)x+2y+4=0$에 평행할 때, 상수 a, b에 대하여 a^2+b^2의 값을 구하시오.

0213 유형 12

직선 $2x+y-1=0$이 두 점 A$(1, 4)$, B(a, b)를 이은 선분 AB를 수직이등분할 때, $a-b$의 값은?

① -5　　　　② -3　　　　③ -1

④ 0　　　　⑤ 1

0214 유형 13

세 직선 $3x-y-1=0$, $x+y-7=0$, $y=mx-3$이 좌표평면을 6개의 영역으로 나눌 때, 모든 상수 m의 값의 합을 구하시오.

0215 유형 14

점 $(0, 1)$로부터의 거리가 $\sqrt{2}$이고 기울기가 양수인 직선이 점 $(1, -2)$를 지날 때, 이 직선의 방정식을 구하시오.

0216 유형 15

오른쪽 그림과 같이 평행한 두 직선 $x+ky+4=0$, $kx+y-2=0$ 위에 사각형 ABCD가 정사각형이 되도록 네 점 A, B, C, D를 잡을 때, 정사각형 ABCD의 넓이는? (단, $k>0$)

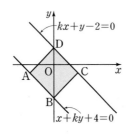

① 9 　　　② 12 　　　③ 16
④ 18 　　　⑤ 25

0217 유형 16

직선 $2x+y-12=0$과 두 직선 $y=x$, $y=2x$가 만나는 점을 각각 A, B라 할 때, 삼각형 OAB의 넓이는? (단, O는 원점)

① 6 　　　② 7 　　　③ 8
④ 9 　　　⑤ 10

0218 유형 17

직선 $3x-4y+7=0$과 y축이 이루는 각의 이등분선의 방정식을 $ax+4y+b=0$이라 할 때, 상수 a, b에 대하여 $a-b$의 값을 구하시오. (단, $a>0$)

서술형

0219 유형 02

오른쪽 그림과 같이 네 점 $O(0, 0)$, $A(4, 0)$, $B(0, 4)$, $C(-2, 3)$을 꼭짓점으로 하는 사각형 OABC의 두 대각선의 교점의 좌표를 구하시오.

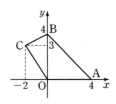

0220 유형 08

직선 $y=kx-k+2$가 오른쪽 그림과 같은 삼각형과 만나도록 하는 실수 k의 최댓값을 M, 최솟값을 m이라 할 때, Mm의 값을 구하시오.

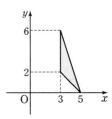

0221 유형 12 + 14

오른쪽 그림과 같이 정사각형 ABCD의 두 꼭짓점 A, C의 좌표가 각각 $(3, 6)$, $(9, 3)$일 때, 원점 O와 직선 BD 사이의 거리를 구하시오.

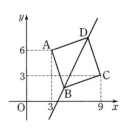

C 실력 향상

하 ─ 중 ─ 상100%

0222

| 학평 기출 |

그림과 같이 좌표평면 위의 세 점
A(3, 5), B(0, 1), C(6, −1)을 꼭
짓점으로 하는 삼각형 ABC에 대하여
선분 AB 위의 한 점 D와 선분 AC 위
의 한 점 E가 다음 조건을 만족시킨다.

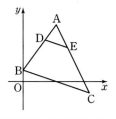

(가) 선분 DE와 선분 BC는 평행하다.

(나) 삼각형 ADE와 삼각형 ABC의 넓이의 비는 1 : 9이다

직선 BE의 방정식이 $y = kx + 1$일 때, 상수 k의 값은?

① $\dfrac{1}{8}$ ② $\dfrac{1}{4}$ ③ $\dfrac{3}{8}$

④ $\dfrac{1}{2}$ ⑤ $\dfrac{5}{8}$

0223

| 학평 기출 |

좌표평면 위에 두 점 A(2, 0), B(0, 6)이 있다. 다음 조
건을 만족시키는 두 직선 l, m의 기울기의 합의 최댓값은?
(단, O는 원점이다.)

(가) 직선 l은 점 O를 지난다.

(나) 두 직선 l과 m은 선분 AB 위의 점 P에서 만난다.

(다) 두 직선 l과 m은 삼각형 OAB의 넓이를 삼등분한다.

① $\dfrac{3}{4}$ ② $\dfrac{4}{5}$ ③ $\dfrac{5}{6}$

④ $\dfrac{6}{7}$ ⑤ $\dfrac{7}{8}$

0224

오른쪽 그림과 같이 네 점 O(0, 0),
A(6, 0), B(6, 3), C(3, 6)을 꼭
짓점으로 하는 사각형 OABC에
서 두 변 OA, BC를 각각 1 : 2로
내분하는 점을 D, F라 하고, 두
변 AB, CO를 각각 2 : 1로 내분
하는 점을 E, G라 하자. 이때 사각형 DEFG의 넓이를 구
하시오.

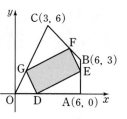

0225

세 점 A(−1, 1), B(2, −1), C(4, 2)를 꼭짓점으로 하
는 삼각형 ABC에 대하여 점 B와 삼각형 ABC의 내심을
지나는 직선의 방정식을 구하시오.

🔵 기출 BOOK 8쪽

03-1 원의 방정식

유형 01~10

(1) 원의 방정식

중심이 점 (a, b)이고 반지름의 길이가 r인 원의 방정식은

$(x-a)^2+(y-b)^2=r^2$ → 원의 방정식의 표준형

특히 중심이 원점이고 반지름의 길이가 r인 원의 방정식은

$x^2+y^2=r^2$

> 원은 평면 위의 한 점에서 일정한 거리에 있는 모든 점으로 이루어진 도형이다.

(2) 좌표축에 접하는 원의 방정식

① 중심이 점 (a, b)이고 x축에 접하는 원의 방정식은

$(x-a)^2+(y-b)^2=b^2$ ┗→ (반지름의 길이)$=$ |(중심의 y좌표)|

② 중심이 점 (a, b)이고 y축에 접하는 원의 방정식은

$(x-a)^2+(y-b)^2=a^2$ ┗→ (반지름의 길이)$=$ |(중심의 x좌표)|

③ 반지름의 길이가 r이고 x축과 y축에 동시에 접하는 원의 방정식은

$(x\pm r)^2+(y\pm r)^2=r^2$ ┗→ (반지름의 길이)$=$ |(중심의 x좌표)| $=$ |(중심의 y좌표)|

(3) 이차방정식 $x^2+y^2+Ax+By+C=0$이 나타내는 도형

x, y에 대한 이차방정식 $x^2+y^2+Ax+By+C=0\,(A^2+B^2-4C>0)$은 중심이 점

$\left(-\dfrac{A}{2}, -\dfrac{B}{2}\right)$, 반지름의 길이가 $\dfrac{\sqrt{A^2+B^2-4C}}{2}$인 원을 나타낸다.

> 원의 방정식은 x^2과 y^2의 계수가 같고 xy항이 없는 x, y에 대한 이차방정식이다.

참고 $x^2+y^2+Ax+By+C=0$에서

$\left(x+\dfrac{A}{2}\right)^2+\left(y+\dfrac{B}{2}\right)^2=\dfrac{A^2+B^2-4C}{4}$ ...... ㉠

이때 $A^2+B^2-4C>0$이면 ㉠이 나타내는 도형은 중심이 점 $\left(-\dfrac{A}{2}, -\dfrac{B}{2}\right)$, 반지름의 길이가

$\dfrac{\sqrt{A^2+B^2-4C}}{2}$인 원이다. 또 $A^2+B^2-4C=0$이면 ㉠은 점 $\left(-\dfrac{A}{2}, -\dfrac{B}{2}\right)$를 나타내고,

$A^2+B^2-4C<0$이면 ㉠을 만족시키는 실수 x, y가 존재하지 않는다.

> 원의 방정식의 일반형은 표준형으로 변형하여 중심의 좌표와 반지름의 길이를 구한다.

03-2 두 원의 교점을 지나는 도형의 방정식

유형 11, 12

(1) 두 원의 교점을 지나는 직선의 방정식

서로 다른 두 점에서 만나는 두 원

$x^2+y^2+Ax+By+C=0,\ x^2+y^2+A'x+B'y+C'=0$

의 교점을 지나는 직선의 방정식은

$x^2+y^2+Ax+By+C-(x^2+y^2+A'x+B'y+C')=0$

$\therefore (A-A')x+(B-B')y+C-C'=0$

(2) 두 원의 교점을 지나는 원의 방정식

서로 다른 두 점에서 만나는 두 원

$O: x^2+y^2+Ax+By+C=0,\ O': x^2+y^2+A'x+B'y+C'=0$

의 교점을 지나는 원 중에서 원 O'을 제외한 원의 방정식은

$x^2+y^2+Ax+By+C+k(x^2+y^2+A'x+B'y+C')=0$ (단, $k\neq -1$인 실수)

> $k=-1$이면 두 원의 교점을 지나는 직선의 방정식을 나타낸다.

03-1 원의 방정식

[0226~0229] 다음 방정식이 나타내는 원의 중심의 좌표와 반지름의 길이를 차례대로 구하시오.

0226 $x^2+y^2=5$

0227 $x^2+(y-3)^2=1$

0228 $(x+5)^2+y^2=2$

0229 $(x-2)^2+(y+1)^2=9$

[0230~0233] 다음 원의 방정식을 구하시오.

0230 중심이 원점이고 반지름의 길이가 4인 원

0231 중심이 점 $(-3, 1)$이고 반지름의 길이가 2인 원

0232 중심이 점 $(1, 2)$이고 원점을 지나는 원

0233 중심이 점 $(0, 4)$이고 점 $(3, 0)$을 지나는 원

[0234~0237] 다음 그림이 나타내는 원의 방정식을 구하시오.

0234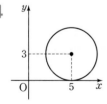

0235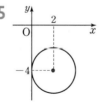

0236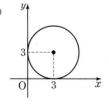

0237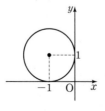

[0238~0240] 다음 원의 방정식을 구하시오.

0238 중심이 점 $(0, -2)$이고 x축에 접하는 원

0239 중심이 점 $(-1, 3)$이고 y축에 접하는 원

0240 중심이 점 $(5, -5)$이고 x축과 y축에 동시에 접하는 원

[0241~0244] 다음 방정식이 나타내는 원의 중심의 좌표와 반지름의 길이를 차례대로 구하시오.

0241 $x^2+y^2-4x+3=0$

0242 $x^2+y^2-2y-3=0$

0243 $x^2+y^2-6x+8y=0$

0244 $x^2+y^2+2x+4y-5=0$

[0245~0246] 다음 방정식이 원을 나타낼 때, 실수 k의 값의 범위를 구하시오.

0245 $x^2+y^2+4x-4y+k=0$

0246 $x^2+y^2-2kx-8y+20=0$

03-2 두 원의 교점을 지나는 도형의 방정식

[0247~0248] 다음 도형의 방정식을 구하시오.

0247 두 원 $x^2+y^2+4y=0$, $x^2+y^2+3x-1=0$의 교점을 지나는 직선

0248 두 원 $x^2+y^2=1$, $x^2+y^2-6x-2y-3=0$의 교점과 원점을 지나는 원

03-3 원과 직선의 위치 관계

유형 13~18

개념⁺

(1) 이차방정식의 판별식 이용

원의 방정식과 직선의 방정식을 연립하여 얻은 이차방정식의 판별식을 D라 하면 원과 직선의 위치 관계는 다음과 같다.

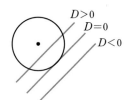

① $D>0$이면 서로 다른 두 점에서 만난다.

② $D=0$이면 한 점에서 만난다(접한다).

③ $D<0$이면 만나지 않는다.

(2) 원의 중심과 직선 사이의 거리 이용

반지름의 길이가 r인 원의 중심과 직선 사이의 거리를 d라 하면 원과 직선의 위치 관계는 다음과 같다.

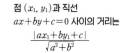

● 점 (x_1, y_1)과 직선 $ax+by+c=0$ 사이의 거리는 $\dfrac{|ax_1+by_1+c|}{\sqrt{a^2+b^2}}$

① $d<r$이면 서로 다른 두 점에서 만난다.

② $d=r$이면 한 점에서 만난다(접한다).

③ $d>r$이면 만나지 않는다.

> **TIP** 직선의 방정식을 원의 방정식에 대입했을 때 식이 복잡해지면 이차방정식의 판별식을 이용하는 것보다 원의 중심과 직선 사이의 거리를 이용하는 것이 더 편리하다.

03-4 원의 접선의 방정식

유형 19~21

(1) 기울기가 주어진 원의 접선의 방정식

원 $x^2+y^2=r^2$에 접하고 기울기가 m인 직선의 방정식은

$$y=mx\pm r\sqrt{m^2+1}$$

● 한 원에서 기울기가 같은 접선은 두 개이다.

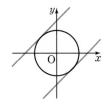

예 원 $x^2+y^2=4$에 접하고 기울기가 3인 직선의 방정식은

$y=3x\pm2\sqrt{3^2+1}$ ∴ $y=3x\pm2\sqrt{10}$

(2) 원 위의 점에서의 접선의 방정식

원 $x^2+y^2=r^2$ 위의 점 (x_1, y_1)에서의 접선의 방정식은

$$x_1x+y_1y=r^2$$

예 원 $x^2+y^2=5$ 위의 점 $(-1, 2)$에서의 접선의 방정식은

$-1\times x+2\times y=5$ ∴ $x-2y+5=0$

(3) 원 밖의 한 점에서 원에 그은 접선의 방정식

원 밖의 한 점 P에서 원에 그은 접선의 방정식은 다음과 같은 방법으로 구할 수 있다.

● 원 밖의 한 점에서 원에 그을 수 있는 접선은 두 개이다.

[방법 1] 원 위의 점에서의 접선의 방정식 이용

접점의 좌표를 (x_1, y_1)이라 할 때, 이 점에서의 접선이 점 P를 지남을 이용한다.

[방법 2] 원의 중심과 직선 사이의 거리 이용

접선의 기울기를 m이라 할 때, 기울기가 m이고 점 P를 지나는 접선과 원의 중심 사이의 거리가 원의 반지름의 길이와 같음을 이용한다.

[방법 3] 판별식 이용

접선의 기울기를 m이라 할 때, 기울기가 m이고 점 P를 지나는 접선의 방정식과 원의 방정식을 연립하여 얻은 이차방정식의 판별식 D에 대하여 $D=0$임을 이용한다.

> **TIP** 중심이 원점이 아닌 원의 접선의 방정식은
> ① 기울기가 주어지면 원의 중심과 직선 사이의 거리 또는 판별식을 이용한다.
> ② 접점이 주어지면 원의 중심과 접점을 지나는 직선이 접선과 수직임을 이용한다.

03-3 원과 직선의 위치 관계

[0249~0251] 이차방정식의 판별식을 이용하여 다음 원과 직선의 위치 관계를 말하시오.

0249 $x^2+y^2=3$, $y=x-1$

0250 $x^2+y^2=1$, $2x+y-3=0$

0251 $x^2+y^2=2$, $x+y-2=0$

[0252~0254] 원의 중심과 직선 사이의 거리를 이용하여 다음 원과 직선의 위치 관계를 말하시오.

0252 $(x-1)^2+(y+3)^2=1$, $y=-x$

0253 $x^2+(y-2)^2=4$, $3x+4y+2=0$

0254 $x^2+y^2+2x-8=0$, $x+2y-4=0$

[0255~0256] 다음 원과 직선의 교점의 개수를 구하시오.

0255 $x^2+y^2=5$, $y=2x+3$

0256 $(x+1)^2+(y+1)^2=2$, $x-y-2=0$

0257 원 $x^2+y^2=1$과 직선 $x-y+k=0$의 위치 관계가 다음과 같을 때, 실수 k의 값 또는 범위를 구하시오.

(1) 서로 다른 두 점에서 만난다.

(2) 한 점에서 만난다.

(3) 만나지 않는다.

03-4 원의 접선의 방정식

[0258~0261] 다음 직선의 방정식을 구하시오.

0258 원 $x^2+y^2=4$에 접하고 기울기가 1인 직선

0259 원 $x^2+y^2=1$에 접하고 기울기가 $\sqrt{3}$인 직선

0260 원 $x^2+y^2=5$에 접하고 기울기가 -2인 직선

0261 원 $x^2+y^2=9$에 접하고 기울기가 $2\sqrt{2}$인 직선

[0262~0265] 다음 접선의 방정식을 구하시오.

0262 원 $x^2+y^2=2$ 위의 점 $(-1,\ 1)$에서의 접선

0263 원 $x^2+y^2=13$ 위의 점 $(2,\ -3)$에서의 접선

0264 원 $x^2+y^2=25$ 위의 점 $(3,\ 4)$에서의 접선

0265 원 $x^2+y^2=10$ 위의 점 $(-3,\ -1)$에서의 접선

0266 점 $(0,\ 5)$에서 원 $x^2+y^2=5$에 그은 접선의 방정식을 구하려고 한다. 다음 물음에 답하시오.

(1) 접점의 좌표를 $(x_1,\ y_1)$이라 할 때, 접선의 방정식을 구하시오.

(2) (1)에서 구한 접선이 점 $(0,\ 5)$를 지남을 이용하여 x_1, y_1의 값을 구하시오.

(3) 접선의 방정식을 구하시오.

B 유형 완성

◆◇ 개념루트 공통수학2 86쪽

빈출

유형 01 중심의 좌표가 주어진 원의 방정식

중심이 점 (a, b)이고 점 (x_1, y_1)을 지나는 원의 방정식을 $(x-a)^2+(y-b)^2=r^2$으로 놓고 점 (x_1, y_1)의 좌표를 대입하여 구한다.

0267 [대표 문제]

원 $(x+3)^2+(y-5)^2=12$와 중심이 같고 점 $(0, -1)$을 지나는 원의 넓이는?

① 25π　　　　② 30π　　　　③ 35π
④ 40π　　　　⑤ 45π

0268 ⓗ

중심이 점 $(-1, 2)$이고 원 $(x-1)^2+(y-3)^2=9$와 반지름의 길이가 같은 원이 점 $(a, 5)$를 지날 때, a의 값을 구하시오.

0269 ⓢ

두 점 $A(-4, 3)$, $B(1, -2)$를 이은 선분 AB를 3 : 2로 내분하는 점을 중심으로 하고 점 A를 지나는 원의 방정식은?

① $x^2+(y-1)^2=9$　　② $x^2+(y+1)^2=18$
③ $(x-1)^2+y^2=9$　　④ $(x+1)^2+y^2=18$
⑤ $(x+1)^2+(y+1)^2=18$

빈출

◆◇ 개념루트 공통수학2 86쪽

유형 02 두 점을 지름의 양 끝 점으로 하는 원의 방정식

두 점 A, B를 지름의 양 끝 점으로 하는 원의 방정식은 다음을 이용하여 구한다.
(1) (원의 중심)=(선분 AB의 중점)
(2) (반지름의 길이)$=\frac{1}{2}\overline{AB}$

0270 [대표 문제]

두 점 $A(5, -3)$, $B(3, 1)$을 지름의 양 끝 점으로 하는 원의 방정식이 $(x-a)^2+(y-b)^2=c$일 때, 상수 a, b, c에 대하여 $a+b+c$의 값은?

① 2　　　　② 4　　　　③ 6
④ 8　　　　⑤ 10

0271 ⓢ　　　　　　　　　　　　　　　서술형

직선 $4x+3y-24=0$이 x축, y축과 만나는 점을 각각 A, B라 할 때, 두 점 A, B를 지름의 양 끝 점으로 하는 원의 둘레의 길이를 구하시오.

0272 ⓢ

두 점 $(-1, 3)$, $(5, -1)$을 지름의 양 끝 점으로 하는 원이 y축과 만나는 두 점을 P, Q라 할 때, 선분 PQ의 길이는?

① 5　　　　② $3\sqrt{3}$　　　　③ $4\sqrt{2}$
④ 6　　　　⑤ $2\sqrt{10}$

◈ 개념루트 공통수학 2 88쪽

유형 03 중심이 직선 위에 있는 원의 방정식

(1) 중심이 x축 위에 있는 원의 방정식
  ➡ $(x-a)^2+y^2=r^2$
(2) 중심이 y축 위에 있는 원의 방정식
  ➡ $x^2+(y-a)^2=r^2$
(3) 중심이 직선 $y=f(x)$ 위에 있는 원의 방정식
  ➡ $(x-a)^2+\{y-f(a)\}^2=r^2$

0273 대표 문제

중심이 x축 위에 있고 두 점 $(2, 3)$, $(-5, 4)$를 지나는 원의 방정식은?

① $(x-3)^2+y^2=21$ ② $(x-2)^2+y^2=5$
③ $(x-2)^2+y^2=25$ ④ $(x+2)^2+y^2=5$
⑤ $(x+2)^2+y^2=25$

0274 ⑧

중심이 직선 $y=x$ 위에 있고 반지름의 길이가 $\sqrt{2}$이며 원점을 지나는 원의 방정식이 $(x-a)^2+(y-b)^2=c$일 때, 상수 a, b, c에 대하여 abc의 값을 구하시오.

0275 ⑧

중심이 직선 $y=x-2$ 위에 있고 두 점 $(1, 2)$, $(3, -2)$를 지나는 원의 넓이는?

① π ② 2π ③ 3π
④ 4π ⑤ 5π

 빈출

◈ 개념루트 공통수학 2 90쪽

유형 04 이차방정식 $x^2+y^2+Ax+By+C=0$이 나타내는 도형

이차방정식 $x^2+y^2+Ax+By+C=0$ $(A^2+B^2-4C>0)$이 나타내는 도형
  ➡ $(x-a)^2+(y-b)^2=r^2$ 꼴로 변형하면 중심이 점 (a, b)이고 반지름의 길이가 r인 원이다.

0276 대표 문제

원 $x^2+y^2+2x-8y+13=0$의 중심의 좌표가 (a, b), 반지름의 길이가 r일 때, $a+b-r$의 값을 구하시오.

0277 ⑧ 서술형

원 $x^2+y^2+6x-2y+2k-1=0$의 반지름의 길이가 $\sqrt{3}$일 때, 상수 k의 값을 구하시오.

0278 ⑧ | 학평 기출 |

두 상수 a, b에 대하여 이차함수 $y=x^2-4x+a$의 그래프의 꼭짓점을 A라 할 때, 점 A는 원 $x^2+y^2+bx+4y-17=0$의 중심과 일치한다. $a+b$의 값은?

① -1 ② -2 ③ -3
④ -4 ⑤ -5

0279 ⑧

두 원 $x^2+y^2+4x-2y-4=0$, $x^2+y^2-2x-6y+6=0$의 넓이를 동시에 이등분하는 직선의 방정식을 구하시오.

03

원의 방정식

유형 05 원이 되기 위한 조건

이차방정식 $x^2+y^2+Ax+By+C=0$이 원을 나타내려면 $(x-a)^2+(y-b)^2=c$ 꼴로 변형했을 때, $c>0$이어야 한다.

참고 원의 방정식은 x^2과 y^2의 계수가 같고 xy항이 없는 x, y에 대한 이차방정식이다.

0280 대표 문제

방정식 $x^2+y^2-4x+4ky+5k^2-5k+4=0$이 원을 나타내도록 하는 정수 k의 개수는?

① 2   ② 3   ③ 4
④ 5   ⑤ 6

0281 중   서술형

방정식 $x^2+y^2-2ky-2k^2-6k=0$이 반지름의 길이가 3 이하인 원을 나타낼 때, 실수 k의 값의 범위를 구하시오.

0282 상

방정식 $x^2+y^2-6kx+2ky+11k^2-2k-3=0$이 원을 나타낼 때, 원의 넓이가 최대가 되도록 하는 원의 반지름의 길이는? (단, k는 실수)

① 1   ② $\dfrac{3}{2}$ ③ 2
④ $\dfrac{5}{2}$ ⑤ 3

유형 06 세 점을 지나는 원의 방정식

(1) 원점과 두 점을 지나는 원의 방정식
→ 원의 방정식을 $x^2+y^2+Ax+By+C=0$으로 놓고 원점과 두 점의 좌표를 대입하여 A, B, C의 값을 구한다.
(2) 원점이 아닌 세 점을 지나는 원의 방정식
→ 원의 중심을 $P(a, b)$로 놓고 원이 지나는 세 점 A, B, C에 대하여 $\overline{AP}=\overline{BP}=\overline{CP}$임을 이용하여 원의 중심의 좌표와 반지름의 길이를 구한다.

0283 대표 문제

원점과 두 점 $(1, 2)$, $(-1, 3)$을 지나는 원의 방정식을 구하시오.

0284 중

네 점 $(0, 0)$, $(-2, 4)$, $(2, 6)$, $(p, 2)$가 한 원 위에 있을 때, 양수 p의 값을 구하시오.

0285 중

세 점 $A(-3, 1)$, $B(-2, -6)$, $C(1, 3)$을 지나는 원의 넓이를 구하시오.

0286 상

세 직선 $x+3y=0$, $2x+y=0$, $x-2y+5=0$으로 둘러싸인 삼각형의 외접원의 방정식은?

① $x^2+y^2+3x+y=0$ ② $x^2+y^2+3x-y=0$
③ $x^2+y^2-x+3y=0$ ④ $x^2+y^2-x-3y=0$
⑤ $x^2+y^2-3x-y=0$

유형 07 x축 또는 y축에 접하는 원의 방정식

(1) 중심이 점 (a, b)이고 x축에 접하는 원의 방정식
➡ (반지름의 길이)=|(중심의 y좌표)|
$\quad\quad = |b|$
➡ $(x-a)^2+(y-b)^2=b^2$

(2) 중심이 점 (a, b)이고 y축에 접하는 원의 방정식
➡ (반지름의 길이)=|(중심의 x좌표)|
$\quad\quad = |a|$
➡ $(x-a)^2+(y-b)^2=a^2$

0287 대표 문제

중심이 직선 $y=x+3$ 위에 있고 점 $(1, 2)$를 지나는 두 원이 모두 x축에 접할 때, 이 두 원의 넓이의 합은?

① 104π
② 109π
③ 116π
④ 125π
⑤ 136π

0288 ⓒ

두 점 $(0, 2)$, $(1, 3)$을 지나고 y축에 접하는 원의 반지름의 길이를 구하시오.

0289 ⓒ

서술형 ₀

x축에 접하는 원 $x^2+y^2+4kx-4y+9=0$의 중심이 제2사분면 위에 있을 때, 상수 k의 값을 구하시오.

0290 ⓒ

원 $x^2+y^2-2ax-4y-b+2=0$이 y축에 접하고 점 $(6, 2)$를 지날 때, 상수 a, b에 대하여 ab의 값은?

① -8
② -6
③ -4
④ -2
⑤ -1

유형 08 x축과 y축에 동시에 접하는 원의 방정식

반지름의 길이가 r이고 x축과 y축에 동시에 접하는 원
➡ (반지름의 길이)
$\quad = |$(중심의 x좌표)$|$
$\quad = |$(중심의 y좌표)$|$
$\quad = r$
➡ $(x\pm r)^2+(y\pm r)^2=r^2$

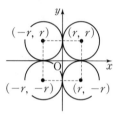

0291 대표 문제

점 $(-1, 2)$를 지나고 x축과 y축에 동시에 접하는 두 원의 중심 사이의 거리를 구하시오.

0292 ⓒ

중심이 직선 $3x+y-4=0$ 위에 있고 x축과 y축에 동시에 접하는 원의 넓이는?

(단, 원의 중심은 제4사분면 위에 있다.)

① π
② 2π
③ 4π
④ 9π
⑤ 16π

0293 (중) 서술형

원 $x^2+y^2+6x+2ay+6-b=0$이 x축과 y축에 동시에 접할 때, 상수 a, b에 대하여 $a-b$의 값을 구하시오.

(단, $a>0$)

0294 (상) | 학평 기출 |

곡선 $y=x^2-x-1$ 위의 점 중 제2 사분면에 있는 점을 중심으로 하고, x축과 y축에 동시에 접하는 원의 방정식은 $x^2+y^2+ax+by+c=0$ 이다. $a+b+c$의 값을 구하시오.

(단, a, b, c는 상수이다.)

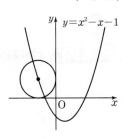

◆◆ 개념루트 공통수학2 98쪽

유형 09 원 밖의 한 점과 원 위의 점 사이의 거리

원 밖의 점 A와 원의 중심 사이의 거리를 d, 원의 반지름의 길이를 r라 하면 점 A와 원 위의 점 사이의 거리의 최댓값과 최솟값은

(1) 최댓값 ➡ $d+r$
(2) 최솟값 ➡ $d-r$

0295 대표 문제

점 A$(-2, 3)$과 원 $x^2+y^2-2x-1=0$ 위의 점 P에 대하여 선분 AP의 길이의 최댓값을 M, 최솟값을 m이라 할 때, Mm의 값은?

① $6\sqrt{2}$ ② 9 ③ $8\sqrt{2}$
④ 12 ⑤ 16

0296 (하) | 학평 기출 |

좌표평면에서 점 A$(4, 3)$과 원 $x^2+y^2=16$ 위의 점 P에 대하여 선분 AP의 길이의 최솟값은?

① 1 ② 2 ③ 3
④ 4 ⑤ 5

0297 (상)

원 $x^2+y^2=9$ 위의 점 P(a, b)에 대하여 $(a-6)^2+(b-8)^2$의 최댓값을 구하시오.

◆◆ 개념루트 공통수학2 98쪽

유형 10 점이 나타내는 도형의 방정식

조건을 만족시키는 점의 좌표를 (x, y)라 하고 x, y 사이의 관계식을 구한다.

0298 대표 문제

두 점 A$(3, 2)$, B$(6, -1)$에 대하여 $\overline{AP}:\overline{BP}=1:2$를 만족시키는 점 P가 나타내는 도형의 방정식은?

① $x^2+y^2-4x-6y-5=0$
② $x^2+y^2-4x-6y+5=0$
③ $x^2+y^2-4x+6y+5=0$
④ $x^2+y^2+4x-6y-5=0$
⑤ $x^2+y^2+4x+4y+5=0$

0299 ⑤

두 점 $A(-1, 0)$, $B(3, 0)$에 대하여 $\overline{AP}^2 + \overline{BP}^2 = 26$을 만족시키는 점 P가 나타내는 도형의 둘레의 길이는?

① 5π ② $\dfrac{11}{2}\pi$ ③ 6π

④ $\dfrac{13}{2}\pi$ ⑤ 7π

0300 ⑧

점 $A(2, -2)$와 원 $x^2 + y^2 + 4x - 6y - 12 = 0$ 위의 점 P에 대하여 선분 AP의 중점 Q가 나타내는 도형의 방정식을 구하시오.

◆◆ 개념루트 공통수학 2 100쪽

유형 11   두 원의 교점을 지나는 직선의 방정식

서로 다른 두 점에서 만나는 두 원
$$x^2 + y^2 + Ax + By + C = 0,\ x^2 + y^2 + A'x + B'y + C' = 0$$
의 교점을 지나는 직선의 방정식은
$$x^2 + y^2 + Ax + By + C - (x^2 + y^2 + A'x + B'y + C') = 0$$
$$\therefore (A - A')x + (B - B')y + C - C' = 0$$

0301 대표 문제

두 원 $x^2 + y^2 = 4$, $x^2 + y^2 - 2x + 6y + 7 = 0$의 교점을 지나는 직선의 방정식이 $2x + ay + b = 0$일 때, 상수 a, b에 대하여 $a - b$의 값은?

① 1 ② 3 ③ 5

④ 7 ⑤ 9

0302 ⑧

두 원 $x^2 + y^2 + 6x - y + 4 = 0$, $x^2 + y^2 + ax - 2y + 1 = 0$의 교점을 지나는 직선의 기울기가 -2일 때, 상수 a의 값은?

① -4 ② -2 ③ 1

④ 2 ⑤ 4

0303 ⑧

두 원 $x^2 + y^2 + ax - 4y + 3 = 0$, $x^2 + y^2 - ax - 8y + 7 = 0$의 교점을 지나는 직선이 점 $(1, 0)$을 지날 때, 상수 a의 값은?

① -2 ② -1 ③ 1

④ 2 ⑤ 4

0304 ⑧   서술형

두 원 $x^2 + y^2 = 16$, $(x-2)^2 + (y+1)^2 = 13$의 교점을 지나는 직선이 x축, y축과 만나는 점을 각각 A, B라 할 때, 삼각형 OAB의 넓이를 구하시오. (단, O는 원점)

유형 12 두 원의 교점을 지나는 원의 방정식

서로 다른 두 점에서 만나는 두 원
$$x^2+y^2+Ax+By+C=0, \quad x^2+y^2+A'x+B'y+C'=0$$
의 교점을 지나는 원의 방정식은
$$x^2+y^2+Ax+By+C+k(x^2+y^2+A'x+B'y+C')=0$$
(단, $k \neq -1$인 실수)

0305 대표 문제

두 원 $x^2+y^2=2$, $x^2+y^2-2x+4y+2=0$의 교점과 원점을 지나는 원의 방정식이 $x^2+y^2+ax+by=0$일 때, 상수 a, b에 대하여 $a+b$의 값은?

① -2 ② -1 ③ 0
④ 1 ⑤ 2

0306 중

두 원 $x^2+y^2-2ax-5=0$, $x^2+y^2-6x+10y-7=0$의 교점과 두 점 $(0, 1)$, $(1, 1)$을 지나는 원의 방정식을 구하시오. (단, a는 상수)

0307 중

두 원 $x^2+y^2-4=0$, $x^2+y^2+ax-2y-2=0$의 교점과 원점을 지나는 원의 넓이가 20π일 때, 양수 a의 값은?

① 1 ② 2 ③ 4
④ 6 ⑤ 8

유형 13 원과 직선이 서로 다른 두 점에서 만날 때

원과 직선이 서로 다른 두 점에서 만나면
(1) 원의 방정식과 직선의 방정식을 연립하여 얻은 이차방정식의 판별식을 D라 할 때 ➡ $D>0$
(2) 반지름의 길이가 r인 원의 중심과 직선 사이의 거리를 d라 할 때 ➡ $d<r$

0308 대표 문제

원 $(x-1)^2+(y-2)^2=5$와 직선 $x-2y+n=0$이 서로 다른 두 점에서 만나도록 하는 정수 n의 개수는?

① 5 ② 7 ③ 9
④ 11 ⑤ 13

0309 하

원 $x^2+y^2=6$과 직선 $x-y+k=0$이 서로 다른 두 점에서 만나도록 하는 실수 k의 값의 범위를 구하시오.

0310 중   서술형

중심이 x축 위에 있고 두 점 $A(4, 3)$, $B(-1, 2)$를 지나는 원과 직선 $2x+3y+a=0$이 서로 다른 두 점에서 만나도록 하는 정수 a의 최댓값을 구하시오.

◈ 개념루트 공통수학2 106쪽

빈출

유형 14 원과 직선이 접할 때

원과 직선이 접하면
(1) 원의 방정식과 직선의 방정식을 연립하여 얻은 이차방정식의 판별식을 D라 할 때 ➡ $D=0$
(2) 반지름의 길이가 r인 원의 중심과 직선 사이의 거리를 d라 할 때 ➡ $d=r$

0311 대표 문제

원 $(x-1)^2+(y-3)^2=10$과 직선 $y=-3x+k$가 접하도록 하는 모든 실수 k의 값의 합을 구하시오.

0312 하

원 $x^2+y^2=a$와 직선 $\sqrt{3}x+y-6=0$이 한 점에서 만날 때, 실수 a의 값을 구하시오. (단, $a>0$)

0313 중

중심이 제1사분면 위에 있고 x축과 y축에 동시에 접하는 원이 직선 $3x-4y+1=0$과 접할 때, 이 원의 반지름의 길이를 구하시오.

0314 중

| 학평 기출 |

좌표평면에서 두 점 $(-3, 0)$, $(1, 0)$을 지름의 양 끝 점으로 하는 원과 직선 $kx+y-2=0$이 오직 한 점에서 만나도록 하는 양수 k의 값은?

① $\dfrac{1}{3}$　　② $\dfrac{2}{3}$　　③ 1

④ $\dfrac{4}{3}$　　⑤ $\dfrac{5}{3}$

◈ 개념루트 공통수학2 106쪽

유형 15 원과 직선이 만나지 않을 때

원과 직선이 만나지 않으면
(1) 원의 방정식과 직선의 방정식을 연립하여 얻은 이차방정식의 판별식을 D라 할 때 ➡ $D<0$
(2) 반지름의 길이가 r인 원의 중심과 직선 사이의 거리를 d라 할 때 ➡ $d>r$

0315 대표 문제

원 $(x-2)^2+y^2=18$과 직선 $y=x+n$이 만나지 않도록 하는 자연수 n의 최솟값은?

① 2　　　　② 3　　　　③ 4

④ 5　　　　⑤ 6

0316 하

다음 직선 중 원 $x^2+y^2=4$와 만나지 않는 것은?

① $y=x$　　　② $y=2x-5$　　　③ $y=2x+1$

④ $y=3x+5$　　⑤ $y=4x-1$

0317 중

서술형

원 $(x-k)^2+y^2=17$과 직선 $4x+y+3=0$이 만나지 않도록 하는 실수 k의 값의 범위가 $k<\alpha$ 또는 $k>\beta$일 때, $\alpha+\beta$의 값을 구하시오.

◆◆ 개념루트 공통수학2 108쪽

유형 16 현의 길이

원과 직선이 서로 다른 두 점 A, B에서 만날 때, 원의 중심과 직선 사이의 거리를 d, 원의 반지름의 길이를 r라 하면
$$\overline{AB}=2\sqrt{r^2-d^2}$$

0318 대표 문제

원 $(x-3)^2+(y-2)^2=25$와 직선 $4x+3y-3=0$이 두 점 P, Q에서 만날 때, 선분 PQ의 길이는?

① 4   ② 6   ③ 8

④ 10   ⑤ 12

0319 하

원 $x^2+y^2-6x-2y-8=0$과 y축이 만나서 생기는 현의 길이를 구하시오.

0320 중

그림과 같이 좌표평면에서 원 $x^2+y^2-2x-4y+k=0$과 직선 $2x-y+5=0$이 두 점 A, B에서 만난다. $\overline{AB}=4$일 때, 상수 k의 값은?

| 학평 기출 |

① -4 ② -3

③ -2 ④ -1

⑤ 0

0321 중 서술형

원 $x^2+y^2-8x-2y-33=0$이 직선 $3x-y+9=0$과 만나는 두 점을 A, B라 하고 원의 중심을 C라 할 때, 삼각형 ABC의 넓이를 구하시오.

0322 상

두 원 $x^2+y^2=16$, $x^2+y^2-2x-4y-6=0$의 공통인 현의 길이는?

① $\sqrt{5}$ ② $\sqrt{11}$ ③ $2\sqrt{5}$

④ $2\sqrt{11}$ ⑤ $3\sqrt{11}$

◆◆ 개념루트 공통수학2 108쪽

유형 17 원의 접선의 길이

중심이 점 O인 원 밖의 한 점 P에서 원에 그은 접선의 접점을 Q라 하면 직각삼각형 OPQ에서
$$\overline{PQ}=\sqrt{\overline{OP}^2-\overline{OQ}^2}$$

0323 대표 문제

점 P$(5, -4)$에서 원 $x^2+y^2=9$에 그은 접선이 원과 만나는 점을 Q라 할 때, 선분 PQ의 길이는?

① $2\sqrt{2}$ ② $3\sqrt{2}$ ③ $4\sqrt{2}$

④ $5\sqrt{2}$ ⑤ $6\sqrt{2}$

0324 ⑧ 서술형

점 $A(0, 2)$에서 원 $x^2+y^2-6x-2y+k=0$에 그은 두 접선이 원과 만나는 점을 각각 P, Q라 하고, 원의 중심을 C라 하자. 사각형 APCQ가 정사각형일 때, 상수 k의 값을 구하시오.

0325 ⑧

점 $A(4, -5)$에서 원 $(x+1)^2+(y-1)^2=9$에 그은 두 접선이 원과 만나는 점을 각각 P, Q라 하고, 원의 중심을 C라 할 때, 사각형 APCQ의 넓이는?

① $2\sqrt{13}$ ② $3\sqrt{13}$ ③ $4\sqrt{13}$
④ $5\sqrt{13}$ ⑤ $6\sqrt{13}$

빈출

◆◈ 개념루트 공통수학2 110쪽

유형 18   원 위의 점과 직선 사이의 거리

원과 직선이 만나지 않을 때, 원의 중심과 직선 사이의 거리를 d, 원의 반지름의 길이를 r라 하면 원 위의 점과 직선 사이의 거리의 최댓값과 최솟값은
(1) 최댓값 ➡ $d+r$
(2) 최솟값 ➡ $d-r$

0326   대표 문제

원 $(x-1)^2+(y+3)^2=5$ 위의 점과 직선 $2x+y+11=0$ 사이의 거리의 최댓값을 M, 최솟값을 m이라 할 때, Mm의 값은?

① 10   ② 15   ③ 20
④ $10\sqrt{5}$ ⑤ $15\sqrt{5}$

0327 ⑧

원 $x^2+y^2-10y=0$ 위의 점 중 직선 $3x-4y-15=0$까지의 거리가 자연수인 점의 개수는?

① 16   ② 18   ③ 20
④ 22   ⑤ 24

0328 ⑧ | 학평 기출 |

좌표평면 위의 점 $(3, 4)$를 지나는 직선 중에서 원점과의 거리가 최대인 직선을 l이라 하자. 원 $(x-7)^2+(y-5)^2=1$ 위의 점 P와 직선 l 사이의 거리의 최솟값을 m이라 할 때, $10m$의 값을 구하시오.

0329 ⑧

오른쪽 그림과 같이 원 $x^2+y^2=2$ 위의 점 A와 직선 $y=x+4$ 위의 두 점 B, C에 대하여 삼각형 ABC가 정삼각형일 때, 삼각형 ABC의 넓이의 최댓값은?

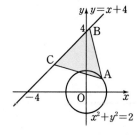

① $6\sqrt{2}$ ② 9
③ $3\sqrt{10}$ ④ 10
⑤ $6\sqrt{3}$

◆◈ 개념루트 공통수학2 114쪽

유형 19 기울기가 주어진 원의 접선의 방정식

(1) 원 $x^2+y^2=r^2$에 접하고 기울기가 m인 직선의 방정식
  ➡ $y=mx \pm r\sqrt{m^2+1}$
(2) 원 $(x-a)^2+(y-b)^2=r^2$에 접하고 기울기가 m인 직선의 방정식
  ➡ 구하는 직선의 방정식을 $y=mx+n$, 즉 $mx-y+n=0$으로 놓고 원의 중심 (a, b)와 이 직선 사이의 거리가 원의 반지름의 길이 r와 같음을 이용한다.

0330 대표 문제

직선 $2x-y+3=0$에 평행하고 원 $x^2+y^2=9$에 접하는 직선의 방정식이 $y=mx+n$일 때, 상수 m, n에 대하여 m^2+n^2의 값은?

① 41 ② 43 ③ 45
④ 47 ⑤ 49

0331 ⓝ

원 $(x-1)^2+(y+2)^2=8$에 접하고 기울기가 1인 두 직선의 x절편의 차는?

① 4 ② 6 ③ 8
④ 10 ⑤ 12

0332 ⓝ

서술형

점 $(3, 1)$을 지나고 x축의 양의 방향과 이루는 각의 크기가 $45°$인 직선이 중심의 좌표가 $(3, -1)$인 원에 접할 때, 이 원의 넓이를 구하시오.

0333 ⓝ

원 $x^2+y^2-2x=0$에 접하고 직선 $x+2y+3=0$에 수직인 두 직선이 y축과 만나는 점을 각각 A, B라 할 때, 선분 AB의 길이는?

① 3 ② $2\sqrt{3}$ ③ 4
④ $2\sqrt{5}$ ⑤ $3\sqrt{3}$

◆◈ 개념루트 공통수학2 116쪽

유형 20 원 위의 점에서의 접선의 방정식

(1) 원 $x^2+y^2=r^2$ 위의 점 (x_1, y_1)에서의 접선의 방정식
  ➡ $x_1 x + y_1 y = r^2$
(2) 원 $(x-a)^2+(y-b)^2=r^2$ 위의 점 (x_1, y_1)에서의 접선의 방정식
  ➡ 두 점 (a, b), (x_1, y_1)을 지나는 직선이 접선과 수직임을 이용한다.

0334 대표 문제

원 $x^2+y^2=20$ 위의 점 $(2, -4)$에서의 접선의 방정식이 $y=mx+n$일 때, 상수 m, n에 대하여 $4m+n$의 값은?

① -3 ② -2 ③ -1
④ 2 ⑤ 3

0335 ⓝ

원 $x^2+y^2=10$ 위의 점 (a, b)에서의 접선의 기울기가 3일 때, ab의 값을 구하시오.

0336 ㉗ 　　　　　　　　　　　　서술형 ♀

원 $x^2+y^2-8x+4y+10=0$ 위의 점 P(3, 1)에서의 접선이 점 $(a, 2)$를 지날 때, a의 값을 구하시오.

0337 ㉗ 　　　　　　　　　　　| 학평 기출 |

좌표평면에서 원 $x^2+y^2=25$ 위의 점 $(3, -4)$에서의 접선이 원 $(x-6)^2+(y-8)^2=r^2$과 만나도록 하는 자연수 r의 최솟값을 구하시오.

빈출

◈◆ 개념루트 공통수학2 118쪽

유형 21　원 밖의 한 점에서 원에 그은 접선의 방정식

원 밖의 점 (a, b)에서 원에 그은 접선의 방정식

[방법1] 접점의 좌표를 (x_1, y_1)이라 하고 원 위의 점에서의 접선의 방정식을 세운 후 이 직선이 점 (a, b)를 지남을 이용한다.

[방법2] 접선의 기울기를 m이라 하면 접선의 방정식은
$y-b=m(x-a)$, 즉 $mx-y-ma+b=0$이므로 원의 중심과 이 직선 사이의 거리가 원의 반지름의 길이와 같음을 이용한다.

참고 원의 중심이 원점일 때는 **[방법1]**을, 원의 중심이 원점이 아닐 때는 **[방법2]**를 이용하는 것이 편리하다.

0338 　대표 문제

점 $(4, -2)$에서 원 $x^2+y^2=4$에 그은 접선의 방정식이 $ax+by-10=0$일 때, 상수 a, b에 대하여 $a+b$의 값은?

(단, $a \neq 0$)

① 6　　　　　② 7　　　　　③ 8
④ 9　　　　　⑤ 10

0339 ㉗

원점에서 원 $x^2+y^2-2x-6y+8=0$에 그은 두 접선의 기울기의 곱은?

① -7　　　　② -6　　　　③ -5
④ -4　　　　⑤ -3

0340 ㉗

점 P(6, 0)에서 원 $x^2+y^2=6$에 그은 두 접선이 y축과 만나는 점을 각각 A, B라 할 때, 삼각형 PAB의 넓이는?

① $\dfrac{7\sqrt{6}}{2}$　　　② $\dfrac{23\sqrt{3}}{3}$　　　③ $\dfrac{31\sqrt{5}}{5}$
④ $\dfrac{35\sqrt{6}}{6}$　　　⑤ $\dfrac{36\sqrt{5}}{5}$

0341 ㉘

점 $(0, a)$에서 원 $(x-1)^2+y^2=5$에 그은 두 접선이 서로 수직일 때, 양수 a의 값을 구하시오.

AB 유형 점검

0342 유형 01

세 점 A(1, 2), B(3, 6), C(−4, −5)를 꼭짓점으로 하는 삼각형 ABC의 무게중심을 G라 할 때, 점 G를 중심으로 하고 선분 AG를 반지름으로 하는 원의 방정식을 구하시오.

0343 유형 02

두 점 A(2, −4), B(−10, 8)에 대하여 선분 AB의 중점과 선분 AB를 1 : 2로 내분하는 점을 지름의 양 끝 점으로 하는 원의 넓이를 구하시오.

0344 유형 03

중심이 y축 위에 있고 두 점 (4, 0), (3, 7)을 지나는 원에 대하여 보기에서 옳은 것만을 있는 대로 고른 것은?

> **보기**
> ㄱ. 중심의 좌표는 (0, 3)이다.
> ㄴ. 지름의 길이는 5이다.
> ㄷ. 점 (5, 3)을 지난다.

① ㄱ   ② ㄴ   ③ ㄷ
④ ㄱ, ㄷ   ⑤ ㄴ, ㄷ

0345 유형 04

| 학평 기출 |

원 $x^2+y^2-8x+6y=0$의 넓이는 $k\pi$이다. k의 값을 구하시오.

0346 유형 05

방정식 $x^2+y^2+2(a-1)y+2a^2-a-5=0$이 원을 나타내도록 하는 실수 a의 값의 범위를 구하시오.

0347 유형 07

원 $x^2+y^2-8x+2y=0$과 중심이 같고 x축에 접하는 원의 반지름의 길이는?

① 1   ② 2   ③ 3
④ 4   ⑤ 5

0348 유형 08

중심이 점 (3, −3)이고 x축과 y축에 동시에 접하는 원이 점 $(k, -2)$를 지날 때, 모든 k의 값의 합은?

① 2   ② 4   ③ 6
④ 8   ⑤ 10

0349 유형 09

점 A$(4, -2)$와 원 $x^2+y^2-2x-4y-11=0$ 위의 점 P에 대하여 선분 AP의 길이를 l이라 할 때, l의 값이 될 수 있는 자연수의 개수는?

① 5 　　　 ② 6 　　　 ③ 7
④ 8 　　　 ⑤ 9

0350 유형 11

원 $x^2+y^2-ax-4y-3=0$이 원 $x^2+y^2-2x-4ay+13=0$의 둘레의 길이를 이등분할 때, 정수 a의 값을 구하시오.

0351 유형 12

두 원 $x^2+y^2-4x+2y-3=0$, $x^2+y^2-2y-5=0$의 교점과 점 $(-1, -1)$을 지나는 원의 넓이는?

① 4π 　　　 ② $\dfrac{9}{2}\pi$ 　　　 ③ 5π
④ $\dfrac{11}{2}\pi$ 　　　 ⑤ 6π

0352 유형 13 + 14

원 $x^2+y^2=2$와 직선 $y=mx+2$가 만나도록 하는 실수 m의 값의 범위가 $m \le \alpha$ 또는 $m \ge \beta$일 때, $\alpha\beta$의 값을 구하시오.

0353 유형 14 　　　 | 학평 기출 |

직선 $y=x$ 위의 점을 중심으로 하고, x축과 y축에 동시에 접하는 원 중에서 직선 $3x-4y+12=0$과 접하는 원의 개수는 2이다. 두 원의 중심을 각각 A, B라 할 때, $\overline{AB}^2$의 값을 구하시오.

0354 유형 13 + 15

직선 $x-y+n=0$이 원 $(x-1)^2+(y-3)^2=8$과 만나지 않고 원 $x^2+y^2-8x-6y+7=0$과 서로 다른 두 점에서 만날 때, 정수 n의 최솟값은?

① -2 　　　 ② -3 　　　 ③ -4
④ -5 　　　 ⑤ -6

0355 유형 16 　　　 | 학평 기출 |

그림은 원 $(x+1)^2+(y-3)^2=4$와 직선 $y=mx+2$를 좌표평면 위에 나타낸 것이다. 원과 직선의 두 교점을 각각 A, B라 할 때, 선분 AB의 길이가 $2\sqrt{2}$가 되도록 하는 상수 m의 값은? (단, O는 원점이다.)

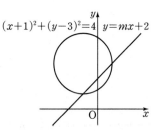

① $\dfrac{\sqrt{3}}{3}$ 　　　 ② $\dfrac{\sqrt{2}}{2}$ 　　　 ③ 1
④ $\sqrt{2}$ 　　　 ⑤ $\sqrt{3}$

0356 유형 17

점 A$(4, 3)$에서 원 $x^2+y^2=9$에 그은 두 접선의 접점을 각각 P, Q라 할 때, 선분 PQ의 길이는?

① 4 ② $\dfrac{22}{5}$ ③ $\dfrac{24}{5}$

④ $\dfrac{26}{5}$ ⑤ $\dfrac{28}{5}$

0357 유형 18

원 $x^2+y^2-4x+8y+2=0$ 위의 점과 직선 $x-y+k=0$ 사이의 거리의 최댓값이 $8\sqrt{2}$일 때, 양수 k의 값은?

① 3 ② 4 ③ 5

④ 6 ⑤ 7

0358 유형 19

직선 $y=\dfrac{1}{3}x-1$에 수직이고 원 $x^2+y^2=4$에 접하는 직선의 방정식이 $y=mx+n$일 때, 상수 m, n에 대하여 m^2+n^2의 값을 구하시오.

0359 유형 21 | 학평 기출 |

점 $(0, 3)$에서 원 $x^2+y^2=1$에 그은 접선이 x축과 만나는 점의 x좌표를 k라 할 때, $16k^2$의 값을 구하시오.

서술형

0360 유형 06

세 점 $(0, 2)$, $(-2, 2)$, $(0, -4)$를 지나는 원이 점 $(a, -2)$를 지날 때, 음수 a의 값을 구하시오.

0361 유형 10

두 점 A$(3, 1)$, B$(3, -1)$에 대하여 $\overline{\mathrm{AP}}^2+\overline{\mathrm{BP}}^2=10$을 만족시키는 점 P가 나타내는 도형의 넓이를 구하시오.

0362 유형 20

직선 $2x+y-5=0$과 원 $x^2+y^2=10$의 교점에서의 원의 접선 중에서 제2사분면을 지나지 않는 접선의 방정식을 구하시오.

C 실력 향상

하 ···· 중 ···· 상100%

0363

오른쪽 그림과 같이 원 $x^2+(y+2)^2=16$을 선분 AB를 접는 선으로 하여 접으면 점 $P(0, -1)$에서 y축에 접할 때, 직선 AB의 기울기를 구하시오.

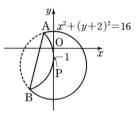

0364

| 학평 기출 |

그림과 같이 x축과 직선 $l: y=mx\ (m>0)$에 동시에 접하는 반지름의 길이가 2인 원이 있다. x축과 원이 만나는 점을 P, 직선 l과 원이 만나는 점을 Q, 두 점 P, Q를 지나는 직선이 y축과 만나는 점을 R라 하자. 삼각형 ROP의 넓이가 16일 때, $60m$의 값을 구하시오.

(단, 원의 중심은 제1사분면 위에 있고, O는 원점이다.)

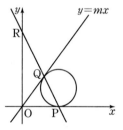

0365

다음 그림과 같이 점 $P(a, 0)$을 지나는 두 직선 l_1, l_2가 두 원 $C_1: x^2+(y-b)^2=3$, $C_2: (x-6)^2+(y-4)^2=12$에 모두 접할 때, 두 직선 l_1, l_2의 기울기의 합을 c라 하자. 이때 $a+b+11c$의 값을 구하시오. (단, $a<0$, $b>0$)

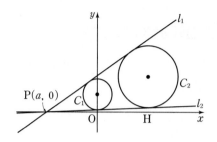

0366

| 학평 기출 |

그림과 같이 좌표평면에 원 $C: x^2+y^2=4$와 점 $A(-2, 0)$이 있다. 원 C 위의 제1사분면 위의 점 P에서의 접선이 x축과 만나는 점을 B, 점 P에서 x축에 내린 수선의 발을 H라 하자. $2\overline{AH}=\overline{HB}$일 때, 삼각형 PAB의 넓이는?

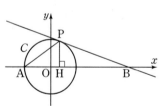

① $\dfrac{10\sqrt{2}}{3}$ ② $4\sqrt{2}$ ③ $\dfrac{14\sqrt{2}}{3}$

④ $\dfrac{16\sqrt{2}}{3}$ ⑤ $6\sqrt{2}$

◔ 기출 BOOK 14쪽

04-1 점의 평행이동   유형 01, 09   개념⊕

(1) **평행이동**: 도형을 모양과 크기를 바꾸지 않고 일정한 방향으로 일정한 거리만큼 옮기는 것
(2) **점의 평행이동**

점 $P(x, y)$를 x축의 방향으로 a만큼, y축의 방향으로 b만큼 평행이 동한 점의 좌표는

$$(x+a, y+b)$$

예 점 $(-3, 2)$를 x축의 방향으로 4만큼, y축의 방향으로 -3만큼 평행이동 한 점의 좌표는

$(-3+4, 2-3)$ ∴ $(1, -1)$

참고 점 (x, y)를 x축의 방향으로 a만큼, y축의 방향으로 b만큼 평행이동하는 것을 $(x, y) \longrightarrow (x+a, y+b)$와 같이 나타낸다.

> x축의 방향으로 a만큼 평행이동한 다는 것은 $a > 0$일 때는 양의 방향으로, $a < 0$일 때는 음의 방향으로 $|a|$만큼 평행이동함을 뜻한다.

04-2 도형의 평행이동   유형 02, 03, 04, 09, 11

방정식 $f(x, y)=0$이 나타내는 도형을 x축의 방향으로 a만큼, y축 의 방향으로 b만큼 평행이동한 도형의 방정식은

$$f(x-a, y-b)=0$$
   └ x 대신 $x-a$를, y 대신 $y-b$를 대입

예 직선 $2x-y+1=0$을 x축의 방향으로 -2만큼, y축의 방향으로 1만큼 평행이동한 직선의 방정식은

$2(x+2)-(y-1)+1=0$ ∴ $2x-y+6=0$

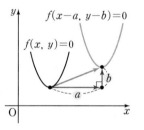

참고 점 (x, y)를 x축의 방향으로 a만큼, y축의 방향으로 b만큼 평행이동하면 점 $(x+a, y+b)$가 되고, 도형 $f(x, y)=0$을 x축의 방향으로 a만큼, y축의 방향으로 b만큼 평행이동하면 도형 $f(x-a, y-b)=0$ 이 된다.

> 방정식 $f(x, y)=0$은 일반적으로 좌표평면 위의 도형을 나타낸다.

> 평행이동에 의하여 점은 점, 직선 은 기울기가 같은 직선, 원은 반지 름의 길이가 같은 원으로 옮겨진다.

04-3 점의 대칭이동   유형 05, 09, 10

(1) **대칭이동**: 도형을 한 점 또는 한 직선에 대하여 대칭인 도형으로 이동하는 것
(2) **점의 대칭이동**

점 $P(x, y)$를 x축, y축, 원점, 직선 $y=x$에 대하여 대칭이동한 점의 좌표는 다음과 같다.

① x축에 대한 대칭이동	② y축에 대한 대칭이동	③ 원점에 대한 대칭이동	④ 직선 $y=x$에 대한 대칭이동
(그림)	(그림)	(그림)	(그림)
$(x, y) \longrightarrow (x, -y)$	$(x, y) \longrightarrow (-x, y)$	$(x, y) \longrightarrow (-x, -y)$	$(x, y) \longrightarrow (y, x)$
➡ y좌표의 부호가 바뀐다.	➡ x좌표의 부호가 바뀐다.	➡ x, y좌표의 부호가 바뀐다.	➡ x, y좌표가 서로 바뀐다.

> 원점에 대하여 대칭이동한 것은 x 축에 대하여 대칭이동한 후 y축에 대하여 대칭이동(또는 y축에 대하 여 대칭이동한 후 x축에 대하여 대 칭이동)한 것과 같다.

> 점 (x, y)를 직선 $y=-x$에 대하 여 대칭이동한 점의 좌표는
> $(-y, -x)$

04-1 점의 평행이동

[0367~0370] 다음 점을 x축의 방향으로 1만큼, y축의 방향으로 -3만큼 평행이동한 점의 좌표를 구하시오.

0367 $(0, 0)$　　　0368 $(2, 4)$

0369 $(-5, 3)$　　0370 $(7, -1)$

[0371~0374] 평행이동 $(x, y) \longrightarrow (x-3, y+2)$에 의하여 다음 점이 옮겨지는 점의 좌표를 구하시오.

0371 $(1, 3)$　　　0372 $(4, 0)$

0373 $(6, -1)$　　0374 $(-2, -5)$

[0375~0378] 평행이동 $(x, y) \longrightarrow (x+1, y-4)$에 의하여 다음 점으로 옮겨지는 점의 좌표를 구하시오.

0375 $(0, 2)$　　　0376 $(5, 3)$

0377 $(-1, 1)$　　0378 $(3, -2)$

04-2 도형의 평행이동

[0379~0381] 다음 도형을 x축의 방향으로 2만큼, y축의 방향으로 -3만큼 평행이동한 도형의 방정식을 구하시오.

0379 $x+3y-2=0$

0380 $(x+1)^2+(y-2)^2=1$

0381 $y=(x-1)^2+2$

[0382~0384] 평행이동 $(x, y) \longrightarrow (x-1, y+2)$에 의하여 다음 도형이 옮겨지는 도형의 방정식을 구하시오.

0382 $3x-2y+1=0$

0383 $x^2+(y-3)^2=4$

0384 $y=(x+2)^2-2$

[0385~0387] 도형 $f(x, y)=0$을 도형 $f(x+3, y-1)=0$으로 옮기는 평행이동에 의하여 다음 도형이 옮겨지는 도형의 방정식을 구하시오.

0385 $x+2y-5=0$

0386 $(x+4)^2+y^2=9$

0387 $y=-x^2+2x-1$

04-3 점의 대칭이동

[0388~0391] 점 $(-5, 1)$을 다음에 대하여 대칭이동한 점의 좌표를 구하시오.

0388 x축

0389 y축

0390 원점

0391 직선 $y=x$

04-4 도형의 대칭이동

유형 06~09, 11

방정식 $f(x, y)=0$이 나타내는 도형을 x축, y축, 원점, 직선 $y=x$에 대하여 대칭이동한 도형의 방정식은 다음과 같다.

(1) x축에 대한 대칭이동	(2) y축에 대한 대칭이동
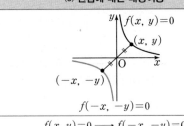	
$f(x, y)=0 \longrightarrow f(x, -y)=0$	$f(x, y)=0 \longrightarrow f(-x, y)=0$
➡ y 대신 $-y$를 대입한다.	➡ x 대신 $-x$를 대입한다.
(3) 원점에 대한 대칭이동	(4) 직선 $y=x$에 대한 대칭이동
$f(x, y)=0 \longrightarrow f(-x, -y)=0$	$f(x, y)=0 \longrightarrow f(y, x)=0$
➡ x 대신 $-x$를, y 대신 $-y$를 대입한다.	➡ x 대신 y를, y 대신 x를 대입한다.

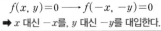

예 직선 $x+2y+1=0$을 대칭이동한 도형의 방정식을 구하면
(1) x축에 대한 대칭이동 ➡ $x-2y+1=0$
(2) y축에 대한 대칭이동 ➡ $-x+2y+1=0$ ∴ $x-2y-1=0$
(3) 원점에 대한 대칭이동 ➡ $-x-2y+1=0$ ∴ $x+2y-1=0$
(4) 직선 $y=x$에 대한 대칭이동 ➡ $2x+y+1=0$

04-5 점에 대한 대칭이동

유형 12

(1) 점 $\mathrm{P}(x, y)$를 점 (a, b)에 대하여 대칭이동한 점을 P'이라 하면
$$\mathrm{P}'(2a-x, 2b-y)$$
(2) 방정식 $f(x, y)=0$이 나타내는 도형을 점 (a, b)에 대하여 대칭이동
한 도형의 방정식은
$$f(2a-x, 2b-y)=0$$

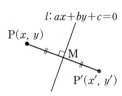

04-6 직선에 대한 대칭이동

유형 13

점 $\mathrm{P}(x, y)$를 직선 $l: ax+by+c=0$에 대하여 대칭이동한 점을
$\mathrm{P}'(x', y')$이라 하면 점 P'의 좌표는 다음 두 조건을 이용하여 구할 수
있다.

(1) **중점 조건**: 선분 PP'의 중점 $\mathrm{M}\left(\dfrac{x+x'}{2}, \dfrac{y+y'}{2}\right)$이 직선 l 위의 점
이다.
$$\Rightarrow a \times \frac{x+x'}{2} + b \times \frac{y+y'}{2} + c = 0$$

(2) **수직 조건**: 직선 PP'과 직선 l은 서로 수직이다.
$$\Rightarrow \frac{y'-y}{x'-x} \times \left(-\frac{a}{b}\right) = -1$$

개념+

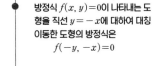

도형 $y=f(x)$를 x축, y축, 원점, 직선 $y=x$에 대하여 대칭이동한 도형의 방정식은 다음과 같다.
(1) x축: $y=-f(x)$
(2) y축: $y=f(-x)$
(3) 원점: $y=-f(-x)$
(4) 직선 $y=x$: $x=f(y)$

방정식 $f(x, y)=0$이 나타내는 도형을 직선 $y=-x$에 대하여 대칭이동한 도형의 방정식은
$$f(-y, -x)=0$$

점 (a, b)가 선분 PP'의 중점이므로 $\mathrm{P}'(x', y')$이라 하면
$$a=\frac{x+x'}{2}, b=\frac{y+y'}{2}$$
$$\therefore x'=2a-x, y'=2b-y$$
$$\therefore \mathrm{P}'(2a-x, 2b-y)$$

수직인 두 직선의 기울기의 곱은 -1이다.

04-4 도형의 대칭이동

[0392~0395] 직선 $x+4y-1=0$을 다음에 대하여 대칭이동한 직선의 방정식을 구하시오.

0392 x축

0393 y축

0394 원점

0395 직선 $y=x$

[0396~0399] 원 $(x+3)^2+(y-1)^2=1$을 다음에 대하여 대칭이동한 원의 방정식을 구하시오.

0396 x축

0397 y축

0398 원점

0399 직선 $y=x$

[0400~0402] 포물선 $y=x^2+4x+1$을 다음에 대하여 대칭이동한 포물선의 방정식을 구하시오.

0400 x축

0401 y축

0402 원점

04-5 점에 대한 대칭이동

[0403~0404] 다음 두 점이 점 P에 대하여 대칭일 때, 점 P의 좌표를 구하시오.

0403 $(1, 4)$, $(-3, 6)$

0404 $(0, -5)$, $(2, -1)$

[0405~0406] 다음 점의 좌표를 구하시오.

0405 점 $(-1, 7)$을 점 $(1, 1)$에 대하여 대칭이동한 점

0406 점 $(4, 3)$을 점 $(-2, 0)$에 대하여 대칭이동한 점

0407 원 $C: (x+5)^2+y^2=4$를 점 $(2, 1)$에 대하여 대칭이동한 원 C'의 방정식을 구하려고 할 때, 다음 물음에 답하시오.

(1) 원 C의 중심의 좌표를 구하시오.

(2) 원 C의 중심을 점 $(2, 1)$에 대하여 대칭이동한 점의 좌표를 구하시오.

(3) 원 C'의 방정식을 구하시오.

04-6 직선에 대한 대칭이동

0408 점 A$(1, 3)$을 직선 $x+y-2=0$에 대하여 대칭이동한 점 B의 좌표를 구하려고 할 때, 다음 물음에 답하시오.

(1) 점 B의 좌표를 (a, b)로 놓고 선분 AB의 중점의 좌표를 a, b로 나타내시오.

(2) 직선 AB의 기울기를 구하시오.

(3) 점 B의 좌표를 구하시오.

B 유형 완성

◆ 개념루트 공통수학2 126쪽

유형 01 점의 평행이동

> 점 (x, y)를 x축의 방향으로 m만큼, y축의 방향으로 n만큼 평행이동한 점의 좌표
> ➡ x 대신 $x+m$을, y 대신 $y+n$을 대입
> ➡ $(x+m, y+n)$

0409 대표 문제

점 $(a, 3)$을 x축의 방향으로 2만큼, y축의 방향으로 -5만큼 평행이동한 점의 좌표가 $(3, b)$일 때, $a+b$의 값은?

① -2 ② -1 ③ 0
④ 1   ⑤ 2

0410 ⓗ

평행이동 $(x, y) \longrightarrow (x-2, y+a)$에 의하여 점 $(1, 3)$이 점 $(b, 5)$로 옮겨질 때, $a+b$의 값은?

① -2 ② -1 ③ 0
④ 1   ⑤ 2

0411 ⓒ

점 $(-1, 2)$를 점 $(3, -4)$로 옮기는 평행이동에 의하여 점 $(1, -1)$이 옮겨지는 점의 좌표를 구하시오.

0412 ⓒ

| 학평 기출 |

좌표평면 위의 점 $\mathrm{P}(a, a^2)$을 x축의 방향으로 $-\dfrac{1}{2}$만큼, y축의 방향으로 2만큼 평행이동한 점이 직선 $y=4x$ 위에 있을 때, 상수 a의 값은?

① -2 ② -1 ③ 0
④ 1   ⑤ 2

0413 ⓒ

서술형

평행이동 $(x, y) \longrightarrow (x+2, y-2)$에 의하여 점 $\mathrm{A}(4, 3)$이 점 B로 옮겨질 때, 삼각형 AOB의 넓이를 구하시오.
(단, O는 원점)

◆ 개념루트 공통수학2 128쪽

유형 02 도형의 평행이동 - 직선

> 직선 $ax+by+c=0$을 x축의 방향으로 m만큼, y축의 방향으로 n만큼 평행이동한 직선의 방정식
> ➡ x 대신 $x-m$을, y 대신 $y-n$을 대입
> ➡ $a(x-m)+b(y-n)+c=0$

0414 대표 문제

직선 $y=-3x+k$를 x축의 방향으로 4만큼, y축의 방향으로 -2만큼 평행이동한 직선의 방정식이 $y=-3x+5$일 때, 상수 k의 값은?

① -10 ② -5 ③ 0
④ 5   ⑤ 10

0415 (하)

직선 $y=2x+1$을 x축의 방향으로 -2만큼, y축의 방향으로 1만큼 평행이동한 직선의 y절편은?

① 4 　　　② 5 　　　③ 6
④ 7 　　　⑤ 8

0416 (중)

평행이동 $(x, y) \longrightarrow (x+p, y-p)$에 의하여 직선 $y=4x+2$가 직선 $y=4x-8$로 옮겨질 때, p의 값은?

① -2 　　　② -1 　　　③ 1
④ 2 　　　⑤ 3

0417 (중)

방정식 $f(x, y)=0$이 나타내는 도형을 방정식 $f(x+1, y-4)=0$이 나타내는 도형으로 옮기는 평행이동에 의하여 직선 $2x+y-1=0$이 직선 $2x+ay+b=0$으로 옮겨질 때, 상수 a, b에 대하여 ab의 값은?

① -6 　　　② -5 　　　③ -3
④ -1 　　　⑤ 1

0418 (중)　　　　　　　　　　　　서술형

직선 $y=2x+3$을 x축의 방향으로 1만큼, y축의 방향으로 -2만큼 평행이동한 직선이 원 $(x-m)^2+(y+3)^2=5$의 넓이를 이등분할 때, 상수 m의 값을 구하시오.

0419 (중)　　　　　　　　　　　　| 학평 기출 |

직선 $y=2x+k$를 x축의 방향으로 2만큼, y축의 방향으로 -3만큼 평행이동한 직선이 원 $x^2+y^2=5$와 한 점에서 만날 때, 모든 상수 k의 값의 합을 구하시오.

빈출　　　　　　　　　　　◆◆ 개념루트 공통수학2 130쪽

유형 03　도형의 평행이동 – 원

원 $(x-a)^2+(y-b)^2=r^2$을 x축의 방향으로 m만큼, y축의 방향으로 n만큼 평행이동한 원의 방정식
➡ x 대신 $x-m$을, y 대신 $y-n$을 대입
➡ $(x-m-a)^2+(y-n-b)^2=r^2$

참고 원의 평행이동은 원의 중심의 평행이동으로 생각할 수 있다.

0420 [대표 문제]

원 $(x-1)^2+(y+b)^2=4$를 x축의 방향으로 a만큼, y축의 방향으로 2만큼 평행이동한 원의 방정식이 $x^2+y^2+2x+c-1=0$일 때, 상수 a, b, c에 대하여 abc의 값은?

① -16 　　　② -8 　　　③ 0
④ 8 　　　⑤ 16

0421 ⑤

원점을 점 $(2, -3)$으로 옮기는 평행이동에 의하여 원 $x^2+y^2-2x+4y+4=0$이 옮겨지는 원의 중심의 좌표는?

① $(-3, 5)$ ② $(-2, 1)$ ③ $(3, -5)$
④ $(3, 5)$ ⑤ $(-5, 3)$

0422 ⑤

원 $x^2+(y-1)^2=9$를 x축의 방향으로 2만큼, y축의 방향으로 -3만큼 평행이동한 원이 직선 $3x-4y+k=0$과 만나도록 하는 상수 k의 최댓값을 구하시오.

0423 ⑤

| 학평 기출 |

좌표평면에서 두 양수 a, b에 대하여 원 $(x-a)^2+(y-b)^2=b^2$을 x축의 방향으로 3만큼, y축의 방향으로 -8만큼 평행이동한 원을 C라 하자. 원 C가 x축과 y축에 동시에 접할 때, $a+b$의 값은?

① 5   ② 6   ③ 7
④ 8   ⑤ 9

유형 04 **도형의 평행이동 – 포물선**

포물선 $y=ax^2+bx+c$를 x축의 방향으로 m만큼, y축의 방향으로 n만큼 평행이동한 포물선의 방정식

➡ x 대신 $x-m$을, y 대신 $y-n$을 대입
➡ $y-n=a(x-m)^2+b(x-m)+c$

참고 포물선의 평행이동은 포물선의 꼭짓점의 평행이동으로 생각할 수 있다.

0424 대표 문제

평행이동 $(x, y) \longrightarrow (x-1, y+2)$에 의하여 포물선 $y=x^2+1$이 옮겨지는 포물선이 점 $(3, p)$를 지날 때, p의 값은?

① 11   ② 13   ③ 15
④ 17   ⑤ 19

0425 ⑤

점 $(1, 3)$을 점 $(-1, 2)$로 옮기는 평행이동에 의하여 포물선 $y=x^2+2x-1$이 옮겨지는 포물선의 꼭짓점의 좌표가 (a, b)일 때, $a+b$의 값은?

① -6 ② -4 ③ -2
④ 2   ⑤ 4

0426 ⑤

포물선 $y=x^2+2x+6a$를 x축의 방향으로 a만큼, y축의 방향으로 3만큼 평행이동한 포물선의 꼭짓점이 y축 위에 있을 때, 꼭짓점의 좌표를 구하시오.

66 I. 도형의 방정식

◈ 개념루트 공통수학2 138쪽

유형 05 점의 대칭이동

점 (x, y)를 x축, y축, 원점, 직선 $y=x$에 대하여 대칭이동한 점의 좌표는 다음과 같다.

(1) x축: y좌표의 부호만 바꾼다. ➡ $(x, -y)$
(2) y축: x좌표의 부호만 바꾼다. ➡ $(-x, y)$
(3) 원점: x좌표, y좌표의 부호를 모두 바꾼다. ➡ $(-x, -y)$
(4) 직선 $y=x$: x좌표와 y좌표를 서로 바꾼다. ➡ (y, x)

0427 대표 문제

점 $(3, 4)$를 x축에 대하여 대칭이동한 점을 P, 직선 $y=x$에 대하여 대칭이동한 점을 Q라 할 때, 선분 PQ의 길이는?

① 6
② $3\sqrt{5}$
③ $4\sqrt{3}$
④ 7
⑤ $5\sqrt{2}$

0428 하

점 $(-2, 5)$를 원점에 대하여 대칭이동한 점과 직선 $3x-4y-6=0$ 사이의 거리를 구하시오.

0429 중

| 학평 기출 |

좌표평면 위의 점 $(1, a)$를 직선 $y=x$에 대하여 대칭이동한 점을 A라 하자. 점 A를 x축에 대하여 대칭이동한 점의 좌표가 $(2, b)$일 때, $a+b$의 값은?

① 1
② 2
③ 3
④ 4
⑤ 5

0430 중

| 학평 기출 |

좌표평면에서 세 점 A$(1, 3)$, B$(a, 5)$, C(b, c)가 다음 조건을 만족시킨다.

(가) 두 직선 OA, OB는 서로 수직이다.
(나) 두 점 B, C는 직선 $y=x$에 대하여 서로 대칭이다.

직선 AC의 y절편은? (단, O는 원점이다.)

① $\dfrac{9}{2}$
② $\dfrac{11}{2}$
③ $\dfrac{13}{2}$
④ $\dfrac{15}{2}$
⑤ $\dfrac{17}{2}$

0431 상

서술형

점 (a, b)를 x축에 대하여 대칭이동한 점이 제3사분면 위에 있을 때, 점 $(a-b, ab)$를 y축에 대하여 대칭이동한 점은 어느 사분면 위에 있는지 구하시오.

◈ 개념루트 공통수학2 140쪽

유형 06 도형의 대칭이동 – 직선

직선 $ax+by+c=0$을 x축, y축, 원점, 직선 $y=x$에 대하여 대칭이동한 직선의 방정식은 다음과 같다.

(1) x축: y 대신 $-y$를 대입한다. ➡ $ax-by+c=0$
(2) y축: x 대신 $-x$를 대입한다. ➡ $-ax+by+c=0$
(3) 원점: x 대신 $-x$를, y 대신 $-y$를 대입한다.
  ➡ $-ax-by+c=0$
(4) 직선 $y=x$: x 대신 y를, y 대신 x를 대입한다.
  ➡ $bx+ay+c=0$

0432 대표 문제

직선 $ax+(2a-1)y+7=0$을 원점에 대하여 대칭이동한 직선이 점 $(-1, 3)$을 지날 때, 상수 a의 값을 구하시오.

0433 ⓒ

직선 $x+3y-5=0$을 y축에 대하여 대칭이동한 후 직선 $y=x$에 대하여 대칭이동한 직선의 방정식은?

① $x-3y-5=0$ ② $x-3y+5=0$
③ $x+3y+5=0$ ④ $3x-y-5=0$
⑤ $3x+y-5=0$

0434 ⓒ | 학평 기출 |

직선 $x-2y=9$를 직선 $y=x$에 대하여 대칭이동한 도형이 원 $(x-3)^2+(y+5)^2=k$에 접할 때, 실수 k의 값은?

① 80 ② 83 ③ 85
④ 88 ⑤ 90

0435 ⓢ

직선 $l: y=4x+2$를 x축, y축, 원점에 대하여 대칭이동한 직선을 각각 m, n, o라 할 때, 네 직선 l, m, n, o로 둘러싸인 도형의 넓이는?

① $\dfrac{1}{4}$ ② $\dfrac{1}{2}$ ③ 1
④ 2 ⑤ 4

유형 07 도형의 대칭이동 – 원

원 $x^2+y^2+Ax+By+C=0$을 x축, y축, 원점, 직선 $y=x$에 대하여 대칭이동한 원의 방정식은 다음과 같다.
(1) x축: y 대신 $-y$를 대입한다. ➡ $x^2+y^2+Ax-By+C=0$
(2) y축: x 대신 $-x$를 대입한다. ➡ $x^2+y^2-Ax+By+C=0$
(3) 원점: x 대신 $-x$를, y 대신 $-y$를 대입한다.
 ➡ $x^2+y^2-Ax-By+C=0$
(4) 직선 $y=x$: x 대신 y를, y 대신 x를 대입한다.
 ➡ $x^2+y^2+Bx+Ay+C=0$
참고 원을 대칭이동하여도 원의 반지름의 길이는 변하지 않는다.

0436 대표 문제

원 $x^2+y^2-2ax+6y+a^2=0$을 직선 $y=x$에 대하여 대칭이동한 원의 중심이 직선 $2x-y+1=0$ 위에 있을 때, 상수 a의 값을 구하시오.

0437 ⓒ

원 $x^2+y^2-2x+4y-4=0$을 직선 $y=x$에 대하여 대칭이동한 후 원점에 대하여 대칭이동한 원이 점 $(2, a)$를 지날 때, 양수 a의 값은?

① 1 ② 2 ③ 3
④ 4 ⑤ 5

0438 ⓒ   서술형 ₒ

원 $(x+1)^2+(y-1)^2=16$을 x축에 대하여 대칭이동한 원을 C_1, y축에 대하여 대칭이동한 원을 C_2라 할 때, 두 원 C_1, C_2의 교점을 지나는 직선의 방정식을 구하시오.

◇◆ 개념루트 공통수학2 140쪽

유형 08 도형의 대칭이동 – 포물선

포물선 $y=ax^2+bx+c$를 x축, y축, 원점에 대하여 대칭이동한 포물선의 방정식은 다음과 같다.

(1) x축: y 대신 $-y$를 대입한다.
➡ $-y=ax^2+bx+c$ ∴ $y=-ax^2-bx-c$

(2) y축: x 대신 $-x$를 대입한다. ➡ $y=ax^2-bx+c$

(3) 원점: x 대신 $-x$를, y 대신 $-y$를 대입한다.
➡ $-y=ax^2-bx+c$ ∴ $y=-ax^2+bx-c$

참고 포물선을 대칭이동하여도 포물선의 폭은 변하지 않는다.

0439 대표 문제

포물선 $y=x^2-4x+k$를 원점에 대하여 대칭이동한 포물선의 꼭짓점의 좌표가 $(a, -4)$일 때, $a+k$의 값을 구하시오. (단, k는 상수)

0440 하

포물선 $y=x^2+3x-2$를 x축에 대하여 대칭이동한 포물선이 점 $(1, a)$를 지날 때, a의 값은?

① -4 ② -3 ③ -2
④ -1 ⑤ 0

0441 중 서술형

포물선 $y=x^2-2x-6$을 원점에 대하여 대칭이동한 후 y축에 대하여 대칭이동한 포물선의 꼭짓점이 직선 $y=4x+a$ 위에 있을 때, 상수 a의 값을 구하시오.

◇◆ 개념루트 공통수학2 142쪽

유형 09 평행이동과 대칭이동

점 또는 도형의 평행이동과 대칭이동을 연속으로 하는 경우에는 이동하는 순서에 주의하여 점과 도형을 이동한 후 점의 좌표와 도형의 방정식을 구한다.

0442 대표 문제

점 $(a-2, -a)$를 x축의 방향으로 -1만큼, y축의 방향으로 2만큼 평행이동한 후 원점에 대하여 대칭이동한 점이 직선 $2x-y+4=0$ 위에 있을 때, a의 값은?

① -3 ② -1 ③ 2
④ 4 ⑤ 6

0443 중

원 $(x-2)^2+(y+1)^2=9$를 x축에 대하여 대칭이동한 후 x축의 방향으로 -4만큼, y축의 방향으로 3만큼 평행이동한 원의 방정식이 $x^2+y^2+ax+by+c=0$일 때, $a+b+c$의 값을 구하시오. (단, a, b, c는 상수)

0444 중

직선 $y=2x+1$을 x축에 대하여 대칭이동한 후 x축의 방향으로 3만큼, y축의 방향으로 a만큼 평행이동한 직선을 y축에 대하여 대칭이동하면 처음 직선 $y=2x+1$이 될 때, a의 값을 구하시오.

0445 (종)

포물선 $y=x^2-2$를 x축의 방향으로 3만큼, y축의 방향으로 2만큼 평행이동한 후 y축에 대하여 대칭이동한 포물선이 x축과 만나는 점의 좌표를 구하시오.

0446 (종)

|학평 기출|

이차함수 $y=-x^2$의 그래프를 x축에 대하여 대칭이동한 후, x축의 방향으로 4만큼, y축의 방향으로 m만큼 평행이동한 그래프가 직선 $y=2x+3$에 접할 때, 상수 m의 값은?

① 8   ② 9   ③ 10

④ 11   ⑤ 12

0447 (상)

서술형

중심이 점 $(0, -3)$이고 반지름의 길이가 $\sqrt{10}$인 원을 x축의 방향으로 -1만큼, y축의 방향으로 5만큼 평행이동한 후 직선 $y=-x$에 대하여 대칭이동한 원이 x축과 만나는 두 점 사이의 거리를 구하시오.

◆ 개념루트 공통수학2 144쪽

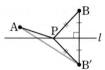

유형 10 **선분의 길이의 합의 최솟값**

오른쪽 그림과 같이 두 점 A, B와 직선 l 위의 점 P에 대하여 점 B를 직선 l에 대하여 대칭이동한 점을 B′이라 하면

➡ $\overline{AP}+\overline{BP}=\overline{AP}+\overline{B'P}\geq\overline{AB'}$

➡ $\overline{AP}+\overline{BP}$의 최솟값은 $\overline{AB'}$의 길이이다.

0448 [대표 문제]

두 점 A$(2, 4)$, B$(5, 2)$와 x축 위를 움직이는 점 P에 대하여 $\overline{AP}+\overline{BP}$의 최솟값을 구하시오.

0449 (종)

두 점 A$(6, 3)$, B$(7, 4)$와 직선 $y=x$ 위를 움직이는 점 P에 대하여 $\overline{AP}+\overline{BP}$의 최솟값은?

① $2\sqrt{2}$ ② $2\sqrt{3}$ ③ 4

④ $2\sqrt{5}$ ⑤ $2\sqrt{6}$

0450 (종)

서술형

오른쪽 그림과 같이 두 점 A$(1, 3)$, B$(4, 2)$와 y축 위를 움직이는 점 P, x축 위를 움직이는 점 Q에 대하여 $\overline{AP}+\overline{PQ}+\overline{QB}$의 최솟값을 구하시오.

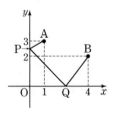

0451 ^중

원 $(x-6)^2+(y+3)^2=4$ 위의 점 P와 x축 위의 점 Q가 있다. 점 A$(0, -5)$에 대하여 $\overline{AQ}+\overline{QP}$의 최솟값은?

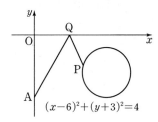

① 8 　　　② 9 　　　③ 10
④ 11 　　　⑤ 12

0452 ^중

그림과 같이 좌표평면 위에 두 점 A$(2, 3)$, B$(-3, 1)$이 있다. 서로 다른 두 점 C와 D가 각각 x축과 직선 $y=x$ 위에 있을 때, $\overline{AD}+\overline{CD}+\overline{BC}$의 최솟값은?

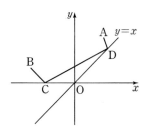

① $\sqrt{42}$ 　　② $\sqrt{43}$ 　　③ $2\sqrt{11}$
④ $3\sqrt{5}$ 　　⑤ $\sqrt{46}$

0453 ^상

오른쪽 그림과 같이 점 A$(2, 4)$와 y축 위를 움직이는 점 P, 직선 $y=x$ 위를 움직이는 점 Q에 대하여 삼각형 APQ의 둘레의 길이의 최솟값을 구하시오.

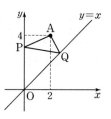

유형 11 그래프로 주어진 도형의 평행이동과 대칭이동

(1) $f(x, y)=0 \longrightarrow f(x-a, y-b)=0$
　➡ x축의 방향으로 a만큼, y축의 방향으로 b만큼 평행이동
(2) $f(x, y)=0 \longrightarrow f(x, -y)=0$
　➡ x축에 대하여 대칭이동
(3) $f(x, y)=0 \longrightarrow f(-x, y)=0$
　➡ y축에 대하여 대칭이동
(4) $f(x, y)=0 \longrightarrow f(-x, -y)=0$
　➡ 원점에 대하여 대칭이동
(5) $f(x, y)=0 \longrightarrow f(y, x)=0$
　➡ 직선 $y=x$에 대하여 대칭이동

0454 대표 문제

방정식 $f(x, y)=0$이 나타내는 도형이 오른쪽 그림과 같을 때, 다음 중 방정식 $f(-x, y+1)=0$이 나타내는 도형은?

①

②

③
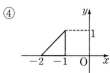

④

⑤

0455 ⑤

방정식 $f(x, y) = 0$이 나타내는 도형이
오른쪽 그림과 같을 때, 다음 중 방정식
$f(y, -x) = 0$이 나타내는 도형은?

①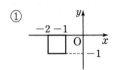

②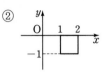

③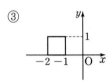

④

⑤

0456 ⑤

방정식 $f(x, y) = 0$이 나타내는 도형이 [그림 1]과 같을 때,
보기에서 [그림 2]와 같은 도형을 나타내는 방정식인 것만을
있는 대로 고른 것은?

[그림 1]

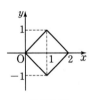

[그림 2]

> **보기**
> ㄱ. $f(x-1, y) = 0$
> ㄴ. $f(-x+1, -y) = 0$
> ㄷ. $f(y+1, x) = 0$

① ㄱ   ② ㄷ   ③ ㄱ, ㄴ

④ ㄴ, ㄷ   ⑤ ㄱ, ㄴ, ㄷ

유형 12 **점에 대한 대칭이동**

점 $P(x, y)$를 점 $A(a, b)$에 대하여 대칭
이동한 점을 $P'(x', y')$이라 하면 점 A는
선분 PP'의 중점이다.

➡ $a = \dfrac{x+x'}{2}$, $b = \dfrac{y+y'}{2}$

0457 대표 문제

점 $(2a-1, -4)$를 점 $(4, -5)$에 대하여 대칭이동한 점
의 좌표가 $(3, b+1)$일 때, $a+b$의 값은?

① -7 ② -6 ③ -5

④ -4 ⑤ -3

0458 ⑤   서술형 ₀

원 $x^2+y^2-4x-6y+4=0$을 점 (a, b)에 대하여 대칭이
동한 원의 방정식이 $x^2+y^2+8x+14y+56=0$일 때,
$a-b$의 값을 구하시오.

0459 ⑤

다음 중 원 $(x-1)^2+(y-2)^2=4$를 점 $(-1, 5)$에 대하
여 대칭이동한 원 위의 점인 것은?

① $(-3, 6)$ ② $(-2, 7)$ ③ $(-1, 9)$

④ $(1, 5)$ ⑤ $(2, 8)$

0460 （중）

두 포물선 $y=x^2-2x+3$, $y=-x^2-6x+a$가 점 $(b, 4)$에 대하여 대칭일 때, $a+b$의 값을 구하시오.

(단, a, b는 상수)

0461 （상）

직선 $y=2x+3$을 점 $(-2, 4)$에 대하여 대칭이동한 직선의 방정식은?

① $y=2x+7$ ② $y=2x+9$ ③ $y=2x+11$
④ $y=2x+13$ ⑤ $y=2x+15$

◈◈ 개념루트 공통수학2 150쪽

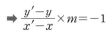 **유형 13** **직선에 대한 대칭이동**

점 $\mathrm{P}(x, y)$를 직선 $y=mx+n$에 대하여 대칭이동한 점을 $\mathrm{P}'(x', y')$이라 하면
(1) 선분 PP'의 중점은 직선 $y=mx+n$ 위에 있다.
(2) 직선 PP'은 직선 $y=mx+n$에 수직이다.

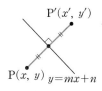

$\Rightarrow \dfrac{y'-y}{x'-x} \times m = -1$

0462 대표 문제

점 $(-3, 1)$을 직선 $x-y-2=0$에 대하여 대칭이동한 점의 좌표가 (a, b)일 때, ab의 값은?

① -15 ② -10 ③ 10
④ 15 ⑤ 20

0463 （중）

원 $x^2+y^2-2x+6y+9=0$을 직선 $ax+by-1=0$에 대하여 대칭이동한 원의 방정식이 $x^2+y^2-8x+15=0$일 때, $a+b$의 값은? (단, a, b는 상수)

① -2 ② -1 ③ 0
④ 1 ⑤ 2

0464 （중） 서술형

직선 $y=3x+a$를 직선 $y=x-1$에 대하여 대칭이동한 직선의 방정식이 $x-by-6=0$일 때, ab의 값을 구하시오.

(단, a, b는 상수)

0465 （상）

원 $C_1 : (x-3)^2+(y+1)^2=1$을 직선 $2x-y+3=0$에 대하여 대칭이동한 원을 C_2라 하자. 원 C_1 위의 임의의 점 P와 원 C_2 위의 임의의 점 Q에 대하여 두 점 P, Q 사이의 거리의 최댓값을 M, 최솟값을 m이라 할 때, Mm의 값을 구하시오.

AB 유형 점검

0466 유형 01

평행이동 $(x, y) \longrightarrow (x-4, y+3)$에 의하여 점 $(2, k)$가 직선 $y=-x+6$ 위의 점으로 옮겨질 때, k의 값은?

① -4 ② -2 ③ -1
④ 3 ⑤ 5

0467 유형 01

점 (a, b)를 x축의 방향으로 4만큼, y축의 방향으로 3만큼 평행이동한 점과 점 (c, d)를 x축의 방향으로 -1만큼, y축의 방향으로 -3만큼 평행이동한 점이 일치할 때, $a-b-c+d$의 값은?

① -3 ② -1 ③ 1
④ 3 ⑤ 5

0468 유형 02

직선 $3x+y-1=0$을 x축의 방향으로 a만큼, y축의 방향으로 b만큼 평행이동하면 원래의 직선과 일치할 때, $\dfrac{b}{a}$의 값을 구하시오. (단, $a \neq 0$, $b \neq 0$)

0469 유형 03

원 $x^2+y^2-4x-2y-4=0$을 x축의 방향으로 a만큼, y축의 방향으로 b만큼 평행이동한 원의 중심이 원점이고 반지름의 길이가 r일 때, $a+b+r$의 값을 구하시오.

0470 유형 03 | 학평 기출 |

좌표평면에서 원 $x^2+(y-1)^2=9$를 x축의 방향으로 m만큼, y축의 방향으로 n만큼 평행이동한 원을 C라 할 때, 보기에서 옳은 것만을 있는 대로 고른 것은?

> **보기**
> ㄱ. 원 C의 반지름의 길이가 3이다.
> ㄴ. 원 C가 x축에 접하도록 하는 실수 n의 값은 1개이다.
> ㄷ. $m \neq 0$일 때, 직선 $y=\dfrac{n+1}{m}x$는 원 C의 넓이를 이등분한다.

① ㄱ   ② ㄴ   ③ ㄱ, ㄷ
④ ㄴ, ㄷ   ⑤ ㄱ, ㄴ, ㄷ

0471 유형 02 + 04

포물선 $y=x^2-4x$를 포물선 $y=x^2-6x+6$으로 옮기는 평행이동에 의하여 직선 $l: 2x-y=0$이 직선 l'으로 옮겨질 때, 두 직선 l, l' 사이의 거리를 구하시오.

0472 유형 05 | 학평 기출 |

직선 $3x+4y-12=0$이 x축, y축과 만나는 점을 각각 A, B라 하자. 선분 AB를 $2:1$로 내분하는 점을 P라 할 때, 점 P를 x축, y축에 대하여 대칭이동한 점을 각각 Q, R라 하자. 삼각형 RQP의 무게중심의 좌표를 (a, b)라 할 때, $a+b$의 값은?

① $\dfrac{2}{9}$ ② $\dfrac{4}{9}$ ③ $\dfrac{2}{3}$

④ $\dfrac{8}{9}$ ⑤ $\dfrac{10}{9}$

0473 유형 06

직선 $x+3y-1=0$을 x축에 대하여 대칭이동한 후 직선 $y=x$에 대하여 대칭이동한 직선이 점 $(2, p)$를 지날 때, p의 값을 구하시오.

0474 유형 07

원 $x^2+y^2-2x+2ay-6=0$을 직선 $y=x$에 대하여 대칭이동한 원의 중심이 포물선 $y=x^2-4x+5$의 꼭짓점과 일치할 때, 상수 a의 값을 구하시오.

0475 유형 08

포물선 $y=-x^2+2x+1$을 원점에 대하여 대칭이동하면 직선 $y=kx-5$에 접할 때, 음수 k의 값을 구하시오.

0476 유형 09 | 학평 기출 |

좌표평면 위의 점 $A(-3, 4)$를 직선 $y=x$에 대하여 대칭이동한 점을 B라 하고, 점 B를 x축의 방향으로 2만큼, y축의 방향으로 k만큼 평행이동한 점을 C라 하자. 세 점 A, B, C가 한 직선 위에 있을 때, 실수 k의 값은?

① -5 ② -4 ③ -3

④ -2 ⑤ -1

0477 유형 10

두 점 $A(4, 1)$, $B(5, 2)$와 직선 $y=x$ 위를 움직이는 점 P에 대하여 $\overline{AP}+\overline{BP}$가 최솟값을 갖는 점 P의 좌표를 구하시오.

0478 유형 11 | 학평 기출 |

좌표평면에서 방정식 $f(x, y)=0$이 나타내는 도형이 그림과 같은 ㄱ 모양일 때, 다음 중 방정식 $f(x+1, 2-y)=0$이 좌표평면에 나타내는 도형은?

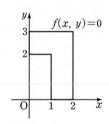

①
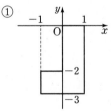

②
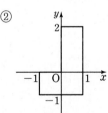

③
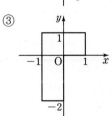

④
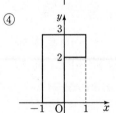

⑤
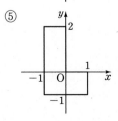

0479 유형 12

점 $P(2, a)$를 점 $(3, -2)$에 대하여 대칭이동한 점이 $Q(b, -3)$일 때, 선분 PQ의 길이는?

① $\sqrt{2}$ ② 2 ③ $2\sqrt{2}$
④ 3 ⑤ $2\sqrt{3}$

0480 유형 13

두 점 $(-4, 2)$, $(12, -2)$가 직선 $y = mx + n$에 대하여 대칭일 때, $m + n$의 값은? (단, m, n은 상수)

① -12 ② -6 ③ -2
④ 4 ⑤ 8

0481 유형 13

직선 $y = -2x + 1$을 직선 $y = x + 1$에 대하여 대칭이동한 직선의 방정식이 $x + ay + b = 0$일 때, $a - b$의 값을 구하시오. (단, a, b는 상수)

서술형

0482 유형 02

직선 $y = -2x$를 x축의 방향으로 a만큼 평행이동한 직선이 원 $(x-3)^2 + (y-1)^2 = 5$와 서로 다른 두 점에서 만나도록 하는 정수 a의 개수를 구하시오.

0483 유형 09

포물선 $y = x^2 - 4x + 2$를 x축의 방향으로 1만큼, y축의 방향으로 -9만큼 평행이동한 후 y축에 대하여 대칭이동한 포물선이 점 $(2, a)$를 지날 때, a의 값을 구하시오.

0484 유형 10

두 점 $A(2, 3)$, $B(-1, 2)$와 직선 $y = x - 1$ 위를 움직이는 점 P에 대하여 $\overline{AP} + \overline{BP}$의 최솟값을 구하시오.

C 실력 향상

하 ⋯⋯ 중 ⋯⋯ 상100%

0485

| 학평 기출 |

두 양수 a, b에 대하여 원 C : $(x-1)^2+y^2=r^2$을 x축의 방향으로 a만큼, y축의 방향으로 b만큼 평행이동한 원을 C'이라 할 때, 두 원 C, C'이 다음 조건을 만족시킨다.

> (가) 원 C'은 원 C의 중심을 지난다.
> (나) 직선 $4x-3y+21=0$은 두 원 C, C'에 모두 접한다.

$a+b+r$의 값을 구하시오. (단, r는 양수이다.)

0486

자연수 n에 대하여 두 점 A_n, B_n은 다음과 같은 규칙에 따라 이동한다.

> (가) $A_1(3, 2)$
> (나) 점 B_n은 점 A_n을 원점에 대하여 대칭이동한 점이다.
> (다) 점 A_{n+1}은 점 B_n을 직선 $y=x$에 대하여 대칭이동한 점이다.

점 A_{35}의 x좌표를 α, 점 B_{30}의 x좌표를 β라 할 때, $\alpha+\beta$의 값을 구하시오.

0487

| 학평 기출 |

그림과 같이 좌표평면 위에 두 원
$$C_1 : (x-8)^2+(y-2)^2=4,$$
$$C_2 : (x-3)^2+(y+4)^2=4$$
와 직선 $y=x$가 있다. 점 A는 원 C_1 위에 있고, 점 B는 원 C_2 위에 있다. 점 P는 x축 위에 있고, 점 Q는 직선 $y=x$ 위에 있을 때, $\overline{AP}+\overline{PQ}+\overline{QB}$의 최솟값은?

(단, 세 점 A, P, Q는 서로 다른 점이다.)

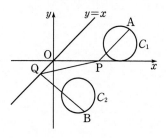

① 7 ② 8 ③ 9
④ 10 ⑤ 11

0488

오른쪽 그림과 같이 $\angle AOB=45°$이고 $\overline{OA}=\overline{OB}$인 이등변삼각형 AOB에서 점 R는 변 AB 위의 점이고, 두 점 P, Q는 각각 두 변 OA, OB 위를 움직이는 점이다. $\overline{OR}=3$일 때, 삼각형 PQR의 둘레의 길이의 최솟값을 구하시오.

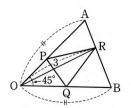

🔖 기출 BOOK 20쪽

II

집합과 명제

05-1 집합의 뜻과 표현 유형 01~04, 07 개념⁺

(1) 집합과 원소

① 집합: 주어진 조건에 따라 대상을 분명하게 정할 수 있을 때, 그 대상들의 모임

② 원소: 집합을 이루는 대상 하나하나

(2) 집합과 원소 사이의 관계

① a가 집합 A의 원소일 때, a는 집합 A에 속한다고 한다.　[기호] $a \in A$

② b가 집합 A의 원소가 아닐 때, b는 집합 A에 속하지 않는다고 한다.　[기호] $b \notin A$

[예] 8의 양의 약수의 집합을 A라 할 때

　① 1, 2, 4, 8은 집합 A의 원소이므로 $1 \in A$, $2 \in A$, $4 \in A$, $8 \in A$

　② 3, 5는 집합 A의 원소가 아니므로 $3 \notin A$, $5 \notin A$

> 일반적으로 집합은 알파벳 대문자 A, B, C, ...로 나타내고, 원소는 알파벳 소문자 a, b, c, ...로 나타낸다.
>
> 기호 $\in$는 원소를 뜻하는 Element의 첫 글자이다.

(3) 집합의 표현 방법

① 원소나열법: 집합에 속하는 모든 원소를 기호 { } 안에 나열하여 집합을 나타내는 방법

② 조건제시법: 집합에 속하는 원소의 공통된 성질을 조건으로 제시하여 집합을 나타내는 방법

③ 벤 다이어그램: 집합을 나타내는 그림

[예] 6의 양의 약수의 집합을 A라 할 때, 집합 A는 다음과 같이 나타낼 수 있다.

원소나열법	조건제시법	벤 다이어그램
$A = \{1, 2, 3, 6\}$	$A = \{x \mid x$는 6의 양의 약수$\}$	A 안에 1 2 3 6

> 집합을 원소나열법으로 나타낼 때
> ① 원소를 나열하는 순서는 관계 없다.
> ② 같은 원소는 중복하여 쓰지 않는다.
> ③ 원소가 많고 원소 사이에 일정한 규칙이 있을 때는 '...'을 사용하여 원소 중 일부를 생략할 수 있다.

05-2 집합의 원소의 개수 유형 05, 06

(1) 원소의 개수에 따른 집합의 분류

① 유한집합: 원소가 유한개인 집합

② 무한집합: 원소가 무수히 많은 집합

③ 공집합: 원소가 하나도 없는 집합　[기호] $\varnothing$

[예] ① $\{2, 4, 6, 8\}$ ➡ 원소가 유한개이다. ➡ 유한집합

　② $\{1, 2, 3, 4, ...\}$ ➡ 원소가 무수히 많다. ➡ 무한집합

　③ $\{x \mid x$는 $2 < x < 3$인 정수$\}$ ➡ 원소가 하나도 없다. ➡ 공집합

> 공집합은 원소의 개수가 0이므로 유한집합이다.

(2) 유한집합의 원소의 개수

집합 A가 유한집합일 때, 집합 A의 원소의 개수를 기호로 $n(A)$와 같이 나타낸다.

[예] $A = \{x \mid x$는 7 이하의 홀수$\}$ ➡ $A = \{1, 3, 5, 7\}$ ➡ $n(A) = 4$

> 기호 $n(A)$에서 n은 수를 뜻하는 number의 첫 글자이다.

[TIP] 집합 $\varnothing$, $\{\varnothing\}$, $\{0\}$의 원소의 개수

　• $\varnothing$ ➡ 원소가 하나도 없다. ➡ $n(\varnothing) = 0$

　• $\{\varnothing\}$ ➡ 원소는 $\varnothing$의 1개이다. ➡ $n(\{\varnothing\}) = 1$

　• $\{0\}$ ➡ 원소는 0의 1개이다. ➡ $n(\{0\}) = 1$

05-1 집합의 뜻과 표현

[0489~0494] 다음 중 집합인 것은 'O'를, 집합이 아닌 것은 '×'를 ( ) 안에 써넣으시오.

0489 5보다 작은 자연수의 모임 ( )

0490 맛있는 음식의 모임 ( )

0491 10에 가까운 수의 모임 ( )

0492 3보다 큰 짝수의 모임 ( )

0493 우리나라에서 높은 산의 모임 ( )

0494 2보다 작은 소수의 모임 ( )

[0495~0496] 다음 집합의 원소를 모두 구하시오.

0495 12의 양의 약수의 집합

0496 10보다 작은 홀수인 자연수의 집합

[0497~0500] 10의 양의 약수의 집합을 A라 할 때, 다음 □ 안에 기호 $\in$, $\notin$ 중 알맞은 것을 써넣으시오.

0497 $0 \square A$ **0498** $2 \square A$

0499 $5 \square A$ **0500** $6 \square A$

0501 15 이하의 3의 양의 배수의 집합을 A라 할 때, 집합 A를 다음과 같은 방법으로 나타내시오.

(1) 원소나열법

(2) 조건제시법

(3) 벤 다이어그램

05-2 집합의 원소의 개수

[0502~0505] 다음 집합이 유한집합이면 '유'를, 무한집합이면 '무'를 ( ) 안에 써넣으시오. 또 공집합이면 '공'을 함께 써넣으시오.

0502 $\{1, 3, 5, 7, 9, \ldots\}$ ( )

0503 $\{5, 10, 15, \ldots, 50\}$ ( )

0504 $\{x \,|\, x는 2 < x < 4인 짝수\}$ ( )

0505 $\{x \,|\, x는 1 이하의 정수\}$ ( )

[0506~0509] 다음 집합 A에 대하여 $n(A)$를 구하시오.

0506 $A = \{5, 6, 7, 8\}$

0507 $A = \{1, 2, 3, 4, \ldots, 20\}$

0508 $A = \{x \,|\, x는 x^2 + 1 = 0인 실수\}$

0509 $A = \{x \,|\, x는 x^2 - 4 \leq 0인 정수\}$

05-3 부분집합

유형 07, 08, 09

개념⁺

(1) 부분집합

두 집합 A, B에 대하여 A의 모든 원소가 B에 속할 때, A를 B의 부분집합이라 한다.

① A가 B의 부분집합일 때, 기호로 $A \subset B$와 같이 나타낸다.

② A가 B의 부분집합이 아닐 때, 기호로 $A \not\subset B$와 같이 나타낸다.

(예) ① 두 집합 $A = \{1, 2\}$, $B = \{1, 2, 3\}$에서 $A \subset B$
② 두 집합 $A = \{1, 3\}$, $B = \{2, 3, 4\}$에서 $A \not\subset B$

● 집합 A가 집합 B의 부분집합이 아니면 A의 원소 중에서 B에 속하지 않는 것이 있다.

(2) 부분집합의 성질

세 집합 A, B, C에 대하여

① $\varnothing \subset A$ → 공집합은 모든 집합의 부분집합이다.

② $A \subset A$ → 모든 집합은 자기 자신의 부분집합이다.

③ $A \subset B$이고 $B \subset C$이면 $A \subset C$이다.

05-4 서로 같은 집합

유형 08, 10

(1) 서로 같은 집합

두 집합 A, B에 대하여 $A \subset B$이고 $B \subset A$일 때, A와 B는 서로 같다고 한다.

① A와 B가 서로 같은 집합일 때, 기호로 $A = B$와 같이 나타낸다.

② A와 B가 서로 같은 집합이 아닐 때, 기호로 $A \neq B$와 같이 나타낸다.

(예) 두 집합 $A = \{1, 2, 5, 10\}$, $B = \{x \mid x$는 10의 양의 약수$\}$에서 $A = B$
$\qquad\qquad\qquad\qquad\qquad\qquad = \{1, 2, 5, 10\}$

● 두 집합이 서로 같으면 두 집합의 모든 원소가 같다.

(2) 진부분집합

두 집합 A, B에 대하여 $A \subset B$이고 $A \neq B$일 때, A를 B의 **진부분집합**이라 한다.

(예) 집합 $A = \{1, 2\}$에서
· A의 부분집합 ➡ $\varnothing$, $\{1\}$, $\{2\}$, $\{1, 2\}$
· A의 진부분집합 ➡ $\varnothing$, $\{1\}$, $\{2\}$

● 진부분집합은 부분집합 중에서 자기 자신을 제외한 모든 부분집합이다.

참고 · $A \subset B$는 집합 A가 집합 B의 진부분집합이거나 $A = B$임을 뜻한다.
· 집합 A가 집합 B의 진부분집합이면 $A \subset B$이지만 B의 원소 중에서 A의 원소가 아닌 것이 있다.

05-5 부분집합의 개수

유형 11~14

집합 $A = \{a_1, a_2, a_3, a_4, \ldots, a_n\}$에 대하여

(1) 집합 A의 부분집합의 개수 ➡ 2^n

(2) 집합 A의 진부분집합의 개수 ➡ $2^n - 1$

(3) 집합 A의 원소 중에서 특정한 원소 k개를 반드시 원소로 갖는 부분집합의 개수
➡ 2^{n-k} (단, $k < n$)

(4) 집합 A의 원소 중에서 특정한 원소 l개를 원소로 갖지 않는 부분집합의 개수
➡ 2^{n-l} (단, $l < n$)

● 집합 A의 원소 중에서 특정한 원소 k개는 반드시 원소로 갖고 특정한 원소 l개는 원소로 갖지 않는 부분집합의 개수
➡ 2^{n-k-l} (단, $k + l < n$)

(예) 집합 $A = \{1, 2, 3, 4, 5\}$에 대하여

(1) 집합 A의 부분집합의 개수는 $2^5 = 32$

(2) 집합 A의 진부분집합의 개수는 $2^5 - 1 = 32 - 1 = 31$

(3) 집합 A의 부분집합 중에서 1, 2를 반드시 원소로 갖는 부분집합의 개수는 $2^{5-2} = 2^3 = 8$

(4) 집합 A의 부분집합 중에서 1, 3, 5를 원소로 갖지 않는 부분집합의 개수는 $2^{5-3} = 2^2 = 4$

05-3 부분집합

[0510~0513] 다음 두 집합 A, B 사이의 포함 관계를 기호 $\subset$를 사용하여 나타내시오.

0510 $A=\{2, 4, 6\}$, $B=\{2, 4, 6, 8\}$

0511 $A=\{-3\}$, $B=\{x \mid x^2=9\}$

0512 $A=\{x \mid x$는 15 이하의 소수$\}$,
$B=\{x \mid x$는 $2<x<8$인 홀수$\}$

0513 $A=\{x \mid x$는 3의 양의 배수$\}$,
$B=\{x \mid x$는 6의 양의 배수$\}$

[0514~0517] 집합 $\{1, 2, 3\}$의 부분집합 중 다음을 모두 구하시오.

0514 원소가 하나도 없는 것

0515 원소가 1개인 것

0516 원소가 2개인 것

0517 원소가 3개인 것

[0518~0519] 다음 집합의 부분집합을 모두 구하시오.

0518 $\{a, b\}$

0519 $\{0, 1, 2\}$

05-4 서로 같은 집합

[0520~0523] 다음 두 집합 A, B 사이의 관계를 기호 $=$ 또는 $\neq$를 사용하여 나타내시오.

0520 $A=\{1, 3, 5\}$,
$B=\{x \mid x$는 5 미만의 홀수$\}$

0521 $A=\{x \mid x$는 7의 양의 배수$\}$,
$B=\{7, 14, 21, 28, \ldots\}$

0522 $A=\{x \mid x^2-5x+6=0\}$, $B=\{2, 3\}$

0523 $A=\{x \mid x^2=1\}$,
$B=\{x \mid -1 \leq x \leq 1, x$는 정수$\}$

[0524~0525] 다음 집합의 진부분집합을 모두 구하시오.

0524 $\{x \mid x$는 4의 양의 약수$\}$

0525 $\{x \mid 2<x<7, x$는 자연수$\}$

05-5 부분집합의 개수

[0526~0529] 집합 $A=\{1, 2, 4, 8\}$에 대하여 다음을 구하시오.

0526 집합 A의 부분집합의 개수

0527 집합 A의 진부분집합의 개수

0528 집합 A의 부분집합 중에서 4를 반드시 원소로 갖는 부분집합의 개수

0529 집합 A의 부분집합 중에서 1, 2를 원소로 갖지 않는 부분집합의 개수

유형 완성

하 10% ··· 중 80% ··· 상 10%

◆◈ 개념루트 공통수학2 158쪽

빈출

유형 01 집합의 뜻

(1) 기준이 명확하여 그 대상을 분명하게 정할 수 있다.
➡ 집합이다.
(2) 기준이 명확하지 않아 그 대상을 분명하게 정할 수 없다.
➡ 집합이 아니다.

0530 대표 문제

보기에서 집합인 것만을 있는 대로 고른 것은?

┌ 보기 ┐
ㄱ. 1보다 작은 자연수의 모임
ㄴ. 수학을 잘하는 학생의 모임
ㄷ. 유명한 농구 선수의 모임
ㄹ. 3에 가장 가까운 자연수의 모임
└────────┘

① ㄱ, ㄴ　　　② ㄱ, ㄷ　　　③ ㄱ, ㄹ
④ ㄴ, ㄷ　　　⑤ ㄴ, ㄹ

0531 하

다음 중 집합이 <u>아닌</u> 것은?

① 태양계 행성의 모임
② 가장 작은 소수의 모임
③ 15의 양의 약수의 모임
④ 우리 반에서 시력이 좋은 학생의 모임
⑤ 우리 반에서 생일이 3월인 여학생의 모임

0532 하

보기에서 집합인 것의 개수를 구하시오.

┌ 보기 ┐
ㄱ. 인구가 많은 도시의 모임
ㄴ. 큰 짝수의 모임
ㄷ. 우리 반에서 혈액형이 O형인 학생의 모임
ㄹ. 3으로 나누었을 때의 나머지가 2인 자연수의 모임
└────────┘

◆◈ 개념루트 공통수학2 158쪽

유형 02 집합과 원소 사이의 관계

(1) a가 집합 A의 원소이면 ➡ $a \in A$
(2) b가 집합 A의 원소가 아니면 ➡ $b \notin A$

0533 대표 문제

18의 양의 약수의 집합을 A라 할 때, 다음 중 옳은 것은?

① $1 \notin A$　　　② $4 \in A$　　　③ $6 \notin A$
④ $9 \in A$　　　⑤ $18 \notin A$

0534 중

방정식 $x^3 - x^2 - 2x = 0$의 해의 집합을 A라 할 때, 다음 중 옳지 <u>않은</u> 것은?

① $-2 \in A$　　　② $-1 \in A$　　　③ $0 \in A$
④ $1 \notin A$　　　⑤ $2 \in A$

0535 중

유리수 전체의 집합을 Q, 실수 전체의 집합을 R라 할 때, 다음 중 옳은 것은?

① $\sqrt{2} \in Q$　　　② $3 \notin Q$　　　③ $\dfrac{2}{5} \notin R$
④ $\sqrt{3} \in R$　　　⑤ $1 + \sqrt{2} \notin R$

◇◆ 개념루트 공통수학 2 160쪽

유형 03 집합의 표현

(1) 원소나열법: { } 안에 모든 원소를 나열
(2) 조건제시법: {x|x의 조건}
(3) 벤 다이어그램: 집합을 나타내는 그림

0536 대표 문제

다음 중 오른쪽 벤 다이어그램의 집합 A를 조건제시법으로 바르게 나타낸 것은?

① A={x|x는 4의 양의 약수}
② A={x|x는 8의 양의 약수}
③ A={x|x는 16의 양의 약수}
④ A={x|x는 16 이하의 2의 양의 배수}
⑤ A={x|x는 20 이하의 4의 양의 배수}

0537 하

다음 집합 중 나머지 넷과 다른 하나는?

① {1, 2, 3, 4, ..., 10}
② {x|x<11, x는 자연수}
③ {x|x는 10 이하의 자연수}
④ {x|x는 한 자리의 자연수}
⑤ {x|1≤x≤10, x는 정수}

0538 중

집합 A={4, 8, 12, 16, 20}을 조건제시법으로 나타내면
$$A=\{x|x는\ k보다\ 작은\ 4의\ 양의\ 배수\}$$
일 때, 자연수 k의 최댓값을 구하시오.

◇◆ 개념루트 공통수학 2 162쪽

유형 04 조건제시법으로 주어진 집합의 원소

주어진 집합의 원소를 이용하여 새로운 집합의 원소를 구할 때는 주어진 집합의 원소를 모두 사용한다.
➡ 두 집합 A, B에 대하여 집합 {a+b|a∈A, b∈B}를 구할 때는 A, B의 모든 원소에 대하여 (A의 원소)+(B의 원소)의 값을 빠짐없이 구한 후 중복되지 않도록 나열한다.

0539 대표 문제

두 집합 A={0, 1, 2}, B={2, 4, 6}에 대하여 집합
$$C=\{a+b|a\in A,\ b\in B\}$$
라 할 때, 집합 C를 원소나열법으로 나타내시오.

0540 중 서술형

집합 A={-2, -1, 0, 1}에 대하여 집합
$$B=\{ab|a\in A,\ b\in A\}$$
라 할 때, 집합 B의 모든 원소의 합을 구하시오.

0541 중

집합 A={x|x는 자연수}에 대하여 집합
$$B=\{x|x=2^a\times 3^b,\ a\in A,\ b\in A\}$$
라 할 때, 다음 중 집합 B의 원소가 아닌 것은?

① 6 ② 9 ③ 12
④ 18 ⑤ 24

유형 05 유한집합과 무한집합

(1) 유한집합: 원소가 유한개인 집합
(2) 무한집합: 원소가 무수히 많은 집합
(3) 공집합($\varnothing$): 원소가 하나도 없는 집합
참고 공집합은 유한집합이다.

0542 대표 문제

다음 중 무한집합인 것은?

① $\{x \mid x$는 가장 작은 자연수$\}$
② $\{x \mid x$는 두 자리의 짝수$\}$
③ $\{x \mid x$는 $x^2 < 1$인 유리수$\}$
④ $\{x \mid x$는 $0 < x < 1$인 자연수$\}$
⑤ $\{x \mid x^2 - 2x - 3 = 0\}$

0543 하

보기에서 유한집합인 것만을 있는 대로 고른 것은?

┌ 보기 ┐
ㄱ. $\{x \mid x$는 2보다 작은 소수$\}$
ㄴ. $\{x \mid x^2 = 0\}$
ㄷ. $\{x \mid x = 4n, n$은 자연수$\}$
ㄹ. $\{x \mid x$는 $x^2 > 4$인 자연수$\}$
└─────────────────────────────┘

① ㄱ, ㄴ   ② ㄱ, ㄷ   ③ ㄴ, ㄷ
④ ㄴ, ㄹ   ⑤ ㄷ, ㄹ

0544 중

다음 중 공집합인 것은?

① $\{\varnothing\}$
② $\{x \mid x$는 짝수인 소수$\}$
③ $\{x \mid |x| < 2, x$는 정수$\}$
④ $\{x \mid x^2 + 4x + 3 < 0, x$는 자연수$\}$
⑤ $\{ab \mid 0 \le a \le 1, 0 \le b \le 1\}$

유형 06 유한집합의 원소의 개수

유한집합 A의 원소의 개수는 기호 $n(A)$로 나타낸다.
➡ 집합 A가 조건제시법으로 주어지면 집합 A를 원소나열법으로 나타낸 후 $n(A)$를 구한다.
참고 $n(\varnothing) = 0$, $n(\{\varnothing\}) = 1$, $n(\{0\}) = 1$

0545 대표 문제

두 집합
$$A = \{x \mid x$는 $1 \le x \le 10$인 소수$\},$$
$$B = \{x \mid x$는 50 이하의 3의 양의 배수$\}$$
에 대하여 $n(A) + n(B)$의 값을 구하시오.

0546 하

다음 중 옳지 않은 것은?

① $n(\varnothing) = 0$
② $n(\{0\}) = 1$
③ $n(\{a, b, c\}) = 3$
④ $n(\{4\}) + n(\{5\}) = 2$
⑤ $n(\{1, 2, 3\}) - n(\{1, 2\}) = 3$

0547 중

집합 $A = \{(x, y) \mid x^2 + y^2 = 1, x, y$는 정수$\}$에 대하여 $n(A)$는?

① 2   ② 4   ③ 6
④ 8   ⑤ 10

0548 중   서술형

두 집합
$$A = \{x \mid x$는 6의 양의 약수$\},$$
$$B = \{x \mid x$는 k 이하의 자연수, k는 자연수$\}$$
에 대하여 $n(A) + n(B) = 9$일 때, k의 값을 구하시오.

0549 (상)

| 학평 기출 |

집합 $A=\{z\,|\,z=i^n,\ n$은 자연수$\}$에 대하여 집합
$B=\{z_1{}^2+z_2{}^2\,|\,z_1\in A,\ z_2\in A\}$일 때, 집합 B의 원소의 개
수를 구하시오. (단, $i=\sqrt{-1}$)

◆◆ 개념루트 공통수학2 168쪽

유형 07 기호 ∈, ⊂의 사용

(1) 집합과 원소 사이의 관계는 ∈, ∉를 이용하여 나타낸다.
➡ (원소)∈(집합), (원소)∉(집합)
(2) 집합과 집합 사이의 관계는 ⊂, ⊄를 사용하여 나타낸다.
➡ (집합)⊂(집합), (집합)⊄(집합)

0550 대표 문제

집합 $A=\{a,\ b,\ \{b,\ c\},\ d\}$에 대하여 보기에서 옳은 것만
을 있는 대로 고른 것은?

보기
ㄱ. $a\in A$ ㄴ. $c\in A$
ㄷ. $\{a,\ b\}\subset A$ ㄹ. $\{b,\ c\}\subset A$

① ㄱ, ㄴ   ② ㄱ, ㄷ   ③ ㄴ, ㄷ
④ ㄴ, ㄹ   ⑤ ㄷ, ㄹ

0551 (하)

두 집합
$$A=\{x\,|\,x=3n,\ n$은 4 이하의 자연수$\},$$
$$B=\{x\,|\,x$는 12의 양의 약수$\}$$
에 대하여 다음 중 옳지 <u>않은</u> 것은?

① $9\in A$ ② $10\notin B$
③ $\{3,\ 6\}\subset A$ ④ $\{2,\ 4,\ 9\}\not\subset B$
⑤ $\{1,\ 2,\ 4,\ 8\}\subset B$

0552 (중)

집합 $A=\{\varnothing,\ 1,\ 2,\ 3\}$에 대하여 다음 중 옳지 <u>않은</u> 것은?

① $\varnothing\in A$ ② $1\in A$ ③ $\varnothing\subset A$
④ $\{\varnothing\}\in A$ ⑤ $\{2,\ 3\}\subset A$

0553 (중)

집합 $A=\{\{\varnothing\},\ 1,\ 2,\ \{3\},\ \{1,\ 2\}\}$에 대하여 다음 중 옳
지 <u>않은</u> 것은?

① $\{\varnothing\}\in A$ ② $\{\varnothing\}\subset A$ ③ $3\notin A$
④ $\{1,\ 2\}\in A$ ⑤ $\{1,\ 2\}\subset A$

유형 08 집합 사이의 포함 관계

두 집합 $A,\ B$에 대하여
(1) $A\subset B$ ➡ A는 B의 부분집합
(2) $A\subset B$이고 $B\subset A$ ➡ $A=B$
(3) $A\subset B$이고 $A\ne B$ ➡ A는 B의 진부분집합

0554 대표 문제

다음 중 세 집합 $A=\{0,\ 1,\ 2\}$, $B=\{x+y\,|\,x\in A,\ y\in A\}$,
$C=\{xy\,|\,x\in A,\ y\in A\}$ 사이의 포함 관계를 바르게 나타
낸 것은?

① $A\subset B\subset C$ ② $A\subset C\subset B$ ③ $B\subset C\subset A$
④ $C\subset A\subset B$ ⑤ $C\subset B\subset A$

0555 (하)

집합 $\{x\,|\,x$는 9의 양의 약수$\}$의 진부분집합을 모두 구하시오.

0556 (중)

다음 중 세 집합 $A=\{-2,\ -1,\ 0,\ 1,\ 2\}$, $B=\{x\,|\,x^2=1\}$, $C=\{x\,|\,|x|\leq 1,\ x$는 정수$\}$ 사이의 포함 관계를 바르게 나타낸 것은?

① $A\subset B\subset C$ ② $A\subset C\subset B$ ③ $B\subset A\subset C$

④ $B\subset C\subset A$ ⑤ $C\subset A\subset B$

0557 (중)

다음 중 두 집합 A, B에 대하여 $A\subset B$이고 $B\subset A$인 것은?

① $A=\{2,\ 4,\ 6,\ 8,\ 10\}$, $B=\{x\,|\,x$는 짝수$\}$
② $A=\{1,\ 2,\ 3,\ 4\}$, $B=\{x\,|\,x$는 5보다 작은 자연수$\}$
③ $A=\{x\,|\,x$는 10 이하의 소수$\}$, $B=\{1,\ 2,\ 3,\ 5,\ 7\}$
④ $A=\{x\,|\,x^2-x=0\}$, $B=\{x\,|\,-2<x<2,\ x$는 정수$\}$
⑤ $A=\{x\,|\,x$는 6의 양의 약수$\}$, $B=\{x\,|\,x$는 3의 양의 배수$\}$

유형 09 집합 사이의 포함 관계를 이용하여 미지수 구하기 – $A\subset B$인 경우

두 집합 A, B에 대하여 $A\subset B$일 때, 집합 A의 원소는 모두 집합 B의 원소임을 이용하여 미지수를 구한다.
이때 집합이 부등식으로 주어지면 각 집합을 수직선 위에 나타내어 포함 관계가 성립할 조건을 찾는다.

0558 대표 문제

두 집합 $A=\{x\,|\,a<x<9\}$, $B=\{x\,|\,-4\leq x\leq -3a\}$에 대하여 $A\subset B$가 성립하도록 하는 상수 a의 값의 범위를 구하시오.

0559 (하)

두 집합 $A=\{2,\ a\}$, $B=\{x\,|\,x$는 6의 양의 약수$\}$에 대하여 $A\subset B$가 성립하도록 하는 모든 자연수 a의 값의 합을 구하시오.

0560 (중)

세 집합 $A=\{x\,|\,x\leq 3\}$, $B=\{x\,|\,x<a\}$, $C=\{x\,|\,x\leq 7\}$에 대하여 $A\subset B\subset C$가 성립하도록 하는 정수 a의 개수는?

① 3   ② 4   ③ 5
④ 6   ⑤ 7

0561 (종)

두 집합 $A=\{1,\ a+2\}$, $B=\{4,\ a-1,\ 2a-1\}$에 대하여 $A \subset B$일 때, 상수 a의 값은?

① -2 ② -1 ③ 1
④ 2 ⑤ 4

0562 (종)

두 집합 $A=\{2a+3,\ 8\}$, $B=\{-1,\ a^2-2a,\ 11\}$에 대하여 $A \subset B$가 성립하도록 하는 모든 상수 a의 값의 곱은?

① -8 ② -3 ③ 0
④ 3 ⑤ 8

0563 (종)

두 집합 $A=\{x\,|\,x^2-5x-6 \le 0\}$, $B=\{x\,|\,|x-1| \le a\}$에 대하여 $A \subset B$가 성립하도록 하는 양수 a의 최솟값은?

① 4 ② 5 ③ 6
④ 7 ⑤ 8

◈ 개념루트 공통수학2 168쪽

유형 10 집합 사이의 포함 관계를 이용하여 미지수 구하기 - $A=B$인 경우

두 집합 A, B에 대하여 $A=B$일 때, 두 집합의 모든 원소가 서로 같음을 이용하여 미지수를 구한다.

0564 [대표 문제]

두 집합 $A=\{6,\ 9,\ a,\ a+2\}$, $B=\{1,\ 6,\ 9,\ b-1\}$에 대하여 $A=B$일 때, $a+b$의 값을 구하시오. (단, a, b는 양수)

0565 (하) | 학평 기출 |

두 집합 $A=\{1,\ 2,\ a\}$, $B=\{1,\ 4,\ b\}$에 대하여 $A=B$일 때, $a \times b$의 값은? (단, a, b는 상수이다.)

① 7 ② 8 ③ 9
④ 10 ⑤ 11

0566 (종)   서술형

두 집합 $A=\{x\,|\,x^2+x+a=0\}$, $B=\{b,\ 4\}$에 대하여 $A=B$일 때, ab의 값을 구하시오. (단, a, b는 상수)

0567 (종)

두 집합 $A=\{2,\ 9,\ a^2-2a+3\}$, $B=\{2a+4,\ 5-4a,\ 6\}$에 대하여 $A \subset B$이고 $B \subset A$일 때, 상수 a의 값을 구하시오.

유형 11 부분집합의 개수

원소의 개수가 n인 집합 A에 대하여
(1) 집합 A의 부분집합의 개수 ➡ 2^n
(2) 집합 A의 진부분집합의 개수 ➡ 2^n-1

0568 대표 문제

집합 $A=\{x\,|\,x$는 36의 양의 약수$\}$의 부분집합의 개수는?

① 64   ② 128   ③ 256
④ 512   ⑤ 1024

0569 하

집합 $A=\{x\,|\,x$는 15 미만의 소수$\}$의 진부분집합의 개수는?

① 3   ② 7   ③ 15
④ 31   ⑤ 63

0570 중

집합 A의 부분집합의 개수가 128이고, 집합 B의 진부분집합의 개수가 255일 때, $n(A)+n(B)$의 값은?

① 12   ② 13   ③ 14
④ 15   ⑤ 16

유형 12 특정한 원소를 갖거나 갖지 않는 부분집합의 개수

집합 $A=\{a_1,\ a_2,\ a_3,\ a_4,\ \ldots,\ a_n\}$에 대하여
(1) 집합 A의 원소 중에서 특정한 원소 k개를 반드시 원소로 갖는(또는 갖지 않는) 부분집합의 개수
  ➡ 2^{n-k} (단, $k<n$)
(2) 집합 A의 원소 중에서 특정한 원소 k개는 반드시 원소로 갖고, 특정한 원소 l개는 원소로 갖지 않는 부분집합의 개수
  ➡ 2^{n-k-l} (단, $k+l<n$)

0571 대표 문제

집합 $A=\{x\,|\,x$는 50의 양의 약수$\}$의 부분집합 중에서 1, 5를 반드시 원소로 갖는 부분집합의 개수를 구하시오.

0572 중

집합 $A=\{x\,|\,x=2n,\ n$은 7 이하의 자연수$\}$의 진부분집합 중에서 6의 배수를 반드시 원소로 갖는 부분집합의 개수는?

① 31   ② 32   ③ 63
④ 64   ⑤ 127

0573 중

집합 $A=\{a,\ b,\ c,\ d,\ e,\ f\}$에 대하여 $a\in X$, $c\in X$, $e\notin X$를 만족시키는 집합 A의 부분집합 X의 개수를 구하시오.

0574 상

자연수 k에 대하여 집합 $A=\{x\,|\,x$는 k 이하의 자연수$\}$일 때, 집합 A의 부분집합 중에서 2, 7은 반드시 원소로 갖고 3, 4, 5는 원소로 갖지 않는 부분집합의 개수가 64이다. 이때 k의 값을 구하시오.

◈◆ 개념루트 공통수학2 172쪽   ◈◆ 개념루트 공통수학2 172쪽

유형 13 $A \subset X \subset B$를 만족시키는 집합 X의 개수

$A \subset X \subset B$를 만족시키는 집합 X의 개수
➡ 집합 B의 부분집합 중에서 집합 A의 모든 원소를 반드시 원소로 갖는 부분집합의 개수

0575 대표 문제

두 집합 $A = \{1, 2\}$, $B = \{1, 2, 3, 4, 5\}$에 대하여 $A \subset X \subset B$를 만족시키는 집합 X의 개수는?

① 4   ② 8   ③ 16

④ 32   ⑤ 64

0576 중   서술형

집합 $A = \{x \mid x$는 24의 양의 약수$\}$에 대하여 다음 조건을 모두 만족시키는 집합 X의 개수를 구하시오.

㈎ $\{1, 2\} \subset X \subset A$ ㈏ $X \neq A$

0577 하

두 집합 $A = \{1, 2, 3, 4, ..., n\}$, $B = \{1, 2, 3, 6\}$에 대하여 $B \subset X \subset A$를 만족시키는 집합 X의 개수가 32일 때, 자연수 n의 값을 구하시오.

유형 14 여러 가지 부분집합의 개수

⑴ 특정한 원소 k개 중에서 적어도 한 개를 원소로 갖는 부분집합의 개수
➡ (모든 부분집합의 개수)
   −(특정한 원소 k개를 원소로 갖지 않는 부분집합의 개수)
⑵ a 또는 b를 원소로 갖는 부분집합의 개수
➡ (모든 부분집합의 개수)
   −(a, b를 모두 원소로 갖지 않는 부분집합의 개수)

0578 대표 문제

집합 $A = \{x \mid x = 3n - 1, n$은 7 이하의 자연수$\}$의 부분집합 중에서 5 또는 8을 원소로 갖는 부분집합의 개수는?

① 48   ② 64   ③ 96

④ 112   ⑤ 120

0579 중

집합 $A = \{x \mid x$는 10 이하의 자연수$\}$의 부분집합 중에서 소수인 원소만으로 이루어진 부분집합의 개수를 구하시오.

0580 중

집합 $A = \{x \mid x$는 30 이하의 5의 양의 배수$\}$의 부분집합 중에서 적어도 1개의 홀수를 원소로 갖는 부분집합의 개수를 구하시오.

0581 하

집합 $A = \{x \mid x$는 20의 양의 약수$\}$의 부분집합 중에서 짝수인 원소가 2개 이상인 부분집합의 개수를 구하시오.

AB 유형 점검

0582 유형 01

다음 중 집합이 <u>아닌</u> 것은?

① 36의 소인수의 모임
② 세계에서 가장 높은 건물의 모임
③ 3의 양의 배수의 모임
④ 우리 반에서 영어를 못하는 학생의 모임
⑤ 우리 반에서 안경을 낀 학생의 모임

0583 유형 02

4의 양의 배수의 집합을 A, 32의 양의 약수의 집합을 B라 할 때, 다음 중 옳지 <u>않은</u> 것은?

① $4 \in A$　　　② $10 \notin A$　　　③ $16 \in B$
④ $18 \notin B$　　　⑤ $24 \in B$

0584 유형 03

다음 중 집합 $\{1, 2, 3, 4, 6, 8, 12, 24\}$를 조건제시법으로 바르게 나타낸 것은?

① $\{x \,|\, x$는 8의 양의 약수$\}$
② $\{x \,|\, x$는 12의 양의 약수$\}$
③ $\{x \,|\, x$는 24의 양의 약수$\}$
④ $\{x \,|\, x$는 24 이하의 2의 양의 배수$\}$
⑤ $\{x \,|\, x$는 24 이하의 4의 양의 배수$\}$

0585 유형 03

집합 $A = \{x \,|\, x^2 - 2x - 3 < 0,\ x$는 정수$\}$의 모든 원소의 합은?

① 3　　　② 4　　　③ 5
④ 6　　　⑤ 7

0586 유형 04

두 집합 $A = \{-2, 0, 2\}$, $B = \{1, 2\}$에 대하여 집합 $C = \{ab \,|\, a \in A,\ b \in B\}$를 원소나열법으로 나타내시오.

0587 유형 05

보기에서 무한집합인 것만을 있는 대로 고른 것은?

┌ 보기 ┐
ㄱ. $\{x \,|\, x$는 100의 양의 약수$\}$
ㄴ. $\{x \,|\, x$는 1보다 작은 양의 실수$\}$
ㄷ. $\{x \,|\, x$는 세 자리의 홀수$\}$
ㄹ. $\{x \,|\, |x| > 0,\ x$는 정수$\}$
└──────────┘

① ㄱ, ㄴ　　　② ㄱ, ㄷ　　　③ ㄴ, ㄷ
④ ㄴ, ㄹ　　　⑤ ㄷ, ㄹ

0588 유형 06

다음 중 옳지 않은 것은?

① $n(\{\emptyset\})=1$
② $n(\{2, 4, 8\})=3$
③ $n(\{x \mid x\text{는 49의 양의 약수}\})=3$
④ $n(\{0, 1, 2, 3\})-n(\{0, 1, 2\})=1$
⑤ $n(\{1, 2, \{3, 4\}\})=4$

0589 유형 06 | 학평 기출 |

두 집합 $A=\{1, 2, 3, 4, a\}$, $B=\{1, 3, 5\}$에 대하여 집합 $X=\{x+y \mid x\in A, y\in B\}$라 할 때, $n(X)=10$이 되도록 하는 자연수 a의 최댓값을 구하시오.

0590 유형 07

집합 $A=\{\emptyset, \{\emptyset\}, 1, \{2, 3\}\}$에 대하여 보기에서 옳은 것만을 있는 대로 고른 것은?

┌ 보기 ┐
ㄱ. $\emptyset\in A$ ㄴ. $\{\emptyset\}\notin A$
ㄷ. $\{2, 3\}\subset A$ ㄹ. $\{1, \{2, 3\}\}\subset A$
└────────────────┘

① ㄱ, ㄴ   ② ㄱ, ㄷ   ③ ㄱ, ㄹ
④ ㄴ, ㄹ   ⑤ ㄷ, ㄹ

0591 유형 08

정수 전체의 집합을 Z, 유리수 전체의 집합을 Q, 실수 전체의 집합을 R라 할 때, 다음 중 세 집합 Z, Q, R 사이의 포함 관계를 바르게 나타낸 것은?

① $Z\subset Q\subset R$ ② $Z\subset R\subset Q$ ③ $Q\subset Z\subset R$
④ $Q\subset R\subset Z$ ⑤ $R\subset Z\subset Q$

0592 유형 09

세 집합
$$A=\{x \mid 0<x\leq a\},$$
$$B=\{x \mid (x-1)(x-2)\leq 0\},$$
$$C=\{x \mid x^2-4x-12<0\}$$
에 대하여 $B\subset A\subset C$가 성립하도록 하는 정수 a의 개수를 구하시오.

0593 유형 10 | 학평 기출 |

두 집합 $A=\{a+2, a^2-2\}$, $B=\{2, 6-a\}$에 대하여 $A=B$일 때, a의 값은?

① -2 ② -1 ③ 0
④ 1 ⑤ 2

0594 유형 11

집합 $A=\{x \mid x\text{는 30보다 작은 소수}\}$의 부분집합의 개수를 a, 진부분집합의 개수를 b라 할 때, $a+b$의 값을 구하시오.

0595 유형 11

자연수 k에 대하여 집합 $A=\{x\,|\,x$는 k보다 작은 소수$\}$의 진부분집합의 개수가 31이 되도록 하는 모든 k의 값의 합은?

① 20   ② 25   ③ 30
④ 35   ⑤ 40

0596 유형 12

집합 $A=\{x\,|\,x$는 40 이하의 4의 배수$\}$의 부분집합 중에서 4, 20은 반드시 원소로 갖고 8, 16, 24는 원소로 갖지 않는 부분집합의 개수는?

① 2   ② 4   ③ 8
④ 16   ⑤ 32

0597 유형 13

두 집합 $A=\{x\,|\,x$는 4의 양의 약수$\}$,
$B=\{x\,|\,x$는 12의 양의 약수$\}$에 대하여 $A\subset X\subset B$를 만족시키는 집합 X의 개수를 구하시오.

0598 유형 14

집합 $A=\{x\,|\,x$는 18의 양의 약수$\}$의 부분집합 중에서 적어도 1개의 짝수를 원소로 갖는 부분집합의 개수를 구하시오.

서술형

0599 유형 06

집합 $A=\{x\,|\,x^2-4x+k=0\}$에 대하여 $n(A)=1$이 되도록 하는 실수 k의 값을 구하시오.

0600 유형 09

두 집합
$\qquad A=\{x\,|\,x^2-x-6=0\}$,
$\qquad B=\{x\,|\,x$는 a보다 작은 정수$\}$
에 대하여 $A\subset B$가 성립하도록 하는 정수 a의 최솟값을 구하시오.

0601 유형 14

두 집합 $A=\{1,\ 5,\ 9,\ 13\}$, $B=\{x\,|\,x$는 20 이하의 홀수$\}$에 대하여 다음 조건을 모두 만족시키는 집합 X의 개수를 구하시오.

(가) $A\subset X\subset B$	(나) $n(X)\geq 6$

0602

자연수 전체의 집합의 부분집합 A에 대하여

'$a \in A$이면 $\dfrac{16}{a} \in A$'

를 만족시키는 집합 A의 개수를 구하시오. (단, $A \neq \varnothing$)

0603

집합 $A = \{6, 7, 8, 9, 10\}$의 부분집합 중에서 원소의 합이 25 이상인 부분집합의 개수는?

① 8   ② 9   ③ 10
④ 11   ⑤ 12

0604

| 학평 기출 |

집합 $A = \{3, 4, 5, 6, 7\}$에 대하여 다음 조건을 만족시키는 집합 A의 모든 부분집합 X의 개수는?

> (개) $n(X) \geq 2$
> (내) 집합 X의 모든 원소의 곱은 6의 배수이다.

① 18   ② 19   ③ 20
④ 21   ⑤ 22

0605

집합 X의 모든 원소의 곱을 $f(X)$라 할 때, 집합 $A = \{1, 2, 4, 8\}$의 부분집합 중에서 공집합이 아닌 모든 부분집합 $A_1, A_2, \ldots, A_{15}$에 대하여

$$f(A_1) \times f(A_2) \times \cdots \times f(A_{15}) = 2^k$$

을 만족시키는 상수 k의 값을 구하시오.

↪ 기출 BOOK 26쪽

06-1 **합집합과 교집합**   유형 01, 02, 04, 05, 06, 12, 13, 14   개념⁺

(1) 합집합

두 집합 A, B에 대하여 A에 속하거나 B에 속하는 모든 원소로 이루어진 집합을 A와 B의 **합집합**이라 하고, 기호로 $A \cup B$와 같이 나타낸다.

➡ $A \cup B = \{x \mid x \in A$ 또는 $x \in B\}$

● $A \subset (A \cup B)$, $B \subset (A \cup B)$

● '~이거나', '또는' ➡ 합집합

(2) 교집합

두 집합 A, B에 대하여 A에도 속하고 B에도 속하는 모든 원소로 이루어진 집합을 A와 B의 **교집합**이라 하고, 기호로 $A \cap B$와 같이 나타낸다.

➡ $A \cap B = \{x \mid x \in A$ 그리고 $x \in B\}$

● $(A \cap B) \subset A$, $(A \cap B) \subset B$

● '~이고', '~와' ➡ 교집합

(3) 서로소

두 집합 A, B에 대하여 A와 B의 공통인 원소가 하나도 없을 때, 즉 $A \cap B = \varnothing$일 때, A와 B는 **서로소**라 한다.

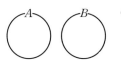

● 공집합은 모든 집합과 서로소이다.

예 세 집합 $A = \{1, 2, 3, 4, 5\}$, $B = \{3, 4, 5, 6\}$, $C = \{6, 7, 8\}$에 대하여
(1) $A \cup B = \{1, 2, 3, 4, 5, 6\}$
(2) $A \cap B = \{3, 4, 5\}$
(3) $A \cap C = \varnothing$ ➡ A와 C는 서로소

06-2 **여집합과 차집합**   유형 03~06, 12, 14

(1) 전체집합

어떤 집합에 대하여 그 부분집합을 생각할 때, 처음에 주어진 집합을 **전체집합**이라 하고, 기호로 U와 같이 나타낸다.

● 기호 U는 전체를 뜻하는 Universal의 첫 글자이다.

(2) 여집합

집합 A가 전체집합 U의 부분집합일 때, U의 원소 중에서 A에 속하지 않는 모든 원소로 이루어진 집합을 U에 대한 A의 **여집합**이라 하고, 기호로 A^c와 같이 나타낸다.

➡ $A^c = \{x \mid x \in U$ 그리고 $x \notin A\}$

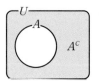

● A^c에서 기호 C는 여집합을 뜻하는 Complement의 첫 글자이다.

(3) 차집합

두 집합 A, B에 대하여 A에는 속하지만 B에는 속하지 않는 모든 원소로 이루어진 집합을 A에 대한 B의 **차집합**이라 하고, 기호로 $A - B$와 같이 나타낸다.

➡ $A - B = \{x \mid x \in A$ 그리고 $x \notin B\}$

● 집합 A의 여집합 A^c는 전체집합 U에 대한 집합 A의 차집합으로 생각할 수 있다.
➡ $A^c = U - A$

예 전체집합 $U = \{1, 2, 3, 4, 5, 6, 7\}$의 두 부분집합 $A = \{1, 3, 5\}$, $B = \{1, 2, 4, 7\}$에 대하여
$A^c = \{2, 4, 6, 7\}$, $B^c = \{3, 5, 6\}$
$A - B = \{3, 5\}$, $B - A = \{2, 4, 7\}$ → $A - B \neq B - A$

06-1 합집합과 교집합

[0606~0609] 다음 두 집합 A, B에 대하여 집합 $A \cup B$를 구하시오.

0606 $A=\{2, 4, 5, 8, 10\}$, $B=\{4, 8, 12\}$

0607 $A=\{a, b, c\}$, $B=\{d, e, f\}$

0608 $A=\{x|x$는 10의 양의 약수$\}$,
$B=\{x|x$는 12의 양의 약수$\}$

0609 $A=\{x|x$는 2의 양의 배수$\}$,
$B=\{x|x$는 4의 양의 배수$\}$

[0610~0613] 다음 두 집합 A, B에 대하여 집합 $A \cap B$를 구하시오.

0610 $A=\{1, 3, 5, 7, 9\}$, $B=\{3, 6, 9\}$

0611 $A=\{a, c, e\}$, $B=\{b, d, f, h\}$

0612 $A=\{x|x$는 10 이하의 자연수$\}$,
$B=\{x|x$는 5의 양의 배수$\}$

0613 $A=\{x|-2 \leq x \leq 3\}$, $B=\{x|0 \leq x \leq 7\}$

[0614~0617] 다음 중 두 집합 A, B가 서로소인 것은 'O'를, 서로소가 아닌 것은 '×'를 ( ) 안에 써넣으시오.

0614 $A=\{1, 2, 3\}$, $B=\varnothing$ ( )

0615 $A=\{2, 3, 5, 7\}$, $B=\{1, 2, 6\}$ ( )

0616 $A=\{x|2<x<4\}$, $B=\{x|x \geq 4\}$ ( )

0617 $A=\{x|x$는 3의 양의 배수$\}$,
$B=\{x|x$는 12의 양의 약수$\}$ ( )

06-2 여집합과 차집합

[0618~0621] 전체집합 $U=\{x|x$는 10 이하의 자연수$\}$의 네 부분집합 A, B, C, D가 다음과 같을 때, 각 집합의 여집합을 구하시오.

0618 $A=\varnothing$

0619 $B=\{1, 2, 4, 8\}$

0620 $C=\{x|x$는 홀수$\}$

0621 $D=\{x|x$는 $x \leq 10$인 자연수$\}$

[0622~0625] 다음 두 집합 A, B에 대하여 집합 $A-B$를 구하시오.

0622 $A=\{a, b, c, d, e\}$, $B=\{c, e\}$

0623 $A=\{2, 4, 6, 8\}$, $B=\{1, 3, 5, 7\}$

0624 $A=\{x|x$는 15의 양의 약수$\}$,
$B=\{x|x$는 20의 양의 약수$\}$

0625 $A=\{x|x$는 8의 양의 배수$\}$,
$B=\{x|x$는 4의 양의 배수$\}$

[0626~0631] 오른쪽 벤 다이어그램은 전체집합 U의 두 부분집합 A, B를 나타낸 것이다. 다음을 구하시오.

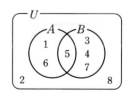

0626 A^C **0627** B^C

0628 $A-B$ **0629** $B-A$

0630 $(A \cup B)^C$ **0631** $(A \cap B)^C$

06-3 **집합의 연산의 성질** 　　　　　　　　　　　　　　유형 07~12　　　개념 ⁺

전체집합 U의 두 부분집합 A, B에 대하여

(1) $A \cup A = A$, $A \cap A = A$

(2) $A \cup \varnothing = A$, $A \cap \varnothing = \varnothing$

(3) $A \cup U = U$, $A \cap U = A$

(4) $A \cup A^C = U$, $A \cap A^C = \varnothing$

(5) $U^C = \varnothing$, $\varnothing^C = U$

(6) $(A^C)^C = A$

(7) $A - B = A \cap B^C$

참고　전체집합 U의 두 부분집합 A, B에 대하여

　　　(1) $A \subset B$와 같은 표현

　　　　① $A \cap B = A$ 　　　　② $A \cup B = B$

　　　　③ $A - B = \varnothing$ 　　　④ $A \cap B^C = \varnothing$

　　　　⑤ $B^C \subset A^C$ 　　　　⑥ $B^C - A^C = \varnothing$

　　　(2) $A \cap B = \varnothing$과 같은 표현

　　　　① $A - B = A$ 　　　　② $B - A = B$

　　　　③ $A \subset B^C$ 　　　　④ $B \subset A^C$

$A - B = A \cap B^C$
　　　$= A - (A \cap B)$
　　　$= (A \cup B) - B$

$(A \cup B) - (A \cap B)$
$= (A - B) \cup (B - A)$

06-4 **집합의 연산 법칙** 　　　　　　　　　　　　　　유형 09~13

세 집합 A, B, C에 대하여

(1) **교환법칙**: $A \cup B = B \cup A$, $A \cap B = B \cap A$

(2) **결합법칙**: $(A \cup B) \cup C = A \cup (B \cup C)$, $(A \cap B) \cap C = A \cap (B \cap C)$

(3) **분배법칙**: $A \cap (B \cup C) = (A \cap B) \cup (A \cap C)$, $A \cup (B \cap C) = (A \cup B) \cap (A \cup C)$

세 집합의 연산에서 결합법칙이 성립하므로 괄호를 생략하여 $A \cup B \cup C$, $A \cap B \cap C$로 나타내기도 한다.

06-5 **드모르간 법칙** 　　　　　　　　　　　　　　유형 09~12

전체집합 U의 두 부분집합 A, B에 대하여 다음이 성립하고 이것을 **드모르간 법칙**이라 한다.

(1) $(A \cup B)^C = A^C \cap B^C$

(2) $(A \cap B)^C = A^C \cup B^C$

$(A \cup B)^C = A^C \cap B^C$

$(A \cap B)^C = A^C \cup B^C$

참고

$(A \cup B)^C$ 　 $=$ 　 A^C 　 $\cap$ 　 B^C

$(A \cap B)^C$ 　 $=$ 　 A^C 　 $\cup$ 　 B^C

06-6 **유한집합의 원소의 개수** 　　　　　　　　　　유형 15, 16, 17

전체집합 U의 세 부분집합 A, B, C에 대하여

(1) $n(A \cup B) = n(A) + n(B) - n(A \cap B)$

(2) $n(A \cup B \cup C)$
$= n(A) + n(B) + n(C) - n(A \cap B) - n(B \cap C) - n(C \cap A) + n(A \cap B \cap C)$

(3) $n(A^C) = n(U) - n(A)$

(4) $n(A - B) = n(A) - n(A \cap B) = n(A \cup B) - n(B)$

두 집합 A, B가 서로소, 즉 $A \cap B = \varnothing$이면 $n(A \cap B) = 0$ 이므로
　　$n(A \cup B) = n(A) + n(B)$

일반적으로
　　$n(A - B) \neq n(A) - n(B)$
임에 유의한다.

06-3 집합의 연산의 성질

[0632~0637] 전체집합 U의 부분집합 A에 대하여 다음 □ 안에 알맞은 집합을 써넣으시오.

0632 $A \cup \varnothing = \square$ **0633** $A \cap \varnothing = \square$

0634 $A \cup U = \square$ **0635** $A \cap U = \square$

0636 $A \cup A^c = \square$ **0637** $A \cap A^c = \square$

[0638~0641] 전체집합 $U = \{1, 2, 3, 4, 5, 6, 7\}$의 두 부분집합 $A = \{1, 3, 5\}$, $B = \{3, 6\}$에 대하여 다음을 구하시오.

0638 $A \cap B^c$ **0639** $B \cap A^c$

0640 $A - B^c$ **0641** $B - A^c$

06-4 집합의 연산 법칙

0642 세 집합 A, B, C에 대하여 $A \cap B = \{2, 3, 5\}$, $C = \{1, 2, 3, 4\}$일 때, 집합 $A \cap (B \cap C)$를 구하시오.

0643 세 집합 A, B, C에 대하여 $A = \{2, 3, 4, 5\}$, $B \cap C = \{3, 5, 7\}$일 때, 집합 $(A \cup B) \cap (A \cup C)$를 구하시오.

0644 세 집합 A, B, C에 대하여 $A \cup B = \{1, 2, 4, 8\}$, $A \cup C = \{2, 4, 6\}$일 때, 집합 $A \cup (B \cap C)$를 구하시오.

06-5 드모르간 법칙

[0645~0648] 전체집합 $U = \{x \mid x$는 7 이하의 자연수$\}$의 두 부분집합 $A = \{1, 3, 5, 7\}$, $B = \{1, 2, 3, 6\}$에 대하여 다음을 구하시오.

0645 $(A \cup B)^c$ **0646** $A^c \cap B^c$

0647 $(A \cap B)^c$ **0648** $A^c \cup B^c$

0649 다음은 전체집합 U의 두 부분집합 A, B에 대하여 $(A \cup B) \cap (B - A)^c = A$임을 보이는 과정이다. ㉠, ㉡, ㉢에 이용된 연산 법칙을 구하시오.

$$\begin{aligned}
(A \cup B) \cap (B - A)^c &= (A \cup B) \cap (B \cap A^c)^c \quad \bigr\}㉠ \\
&= (A \cup B) \cap (B^c \cup A) \quad \bigr\}㉡ \\
&= (A \cup B) \cap (A \cup B^c) \quad \bigr\}㉢ \\
&= A \cup (B \cap B^c) \\
&= A \cup \varnothing = A
\end{aligned}$$

06-6 유한집합의 원소의 개수

0650 두 집합 A, B에 대하여
$n(A) = 25$, $n(B) = 20$, $n(A \cup B) = 35$
일 때, $n(A \cap B)$를 구하시오.

[0651~0654] 전체집합 U의 두 부분집합 A, B에 대하여
$n(U) = 50$, $n(A) = 27$, $n(B) = 30$, $n(A \cap B) = 12$
일 때, 다음을 구하시오.

0651 $n(A^c)$ **0652** $n(B - A)$

0653 $n(A \cap B^c)$ **0654** $n(A^c \cup B^c)$

0655 전체집합 U의 두 부분집합 A, B에 대하여
$n(U) = 45$, $n(A) = 20$, $n(B) = 22$, $n(A \cap B) = 7$
일 때, $n(A^c \cap B^c)$를 구하시오.

0656 세 집합 A, B, C에 대하여
$n(A) = 16$, $n(B) = 18$, $n(C) = 21$, $n(A \cap B) = 3$,
$n(B \cap C) = 6$, $n(C \cap A) = 5$, $n(A \cap B \cap C) = 2$
일 때, $n(A \cup B \cup C)$를 구하시오.

B 유형 완성

유형 01 합집합과 교집합

(1) $A \cup B = \{x \mid x \in A$ 또는 $x \in B\}$
(2) $A \cap B = \{x \mid x \in A$ 그리고 $x \in B\}$

0657 대표 문제

세 집합
$$A = \{x \mid x \text{는 9 미만의 홀수인 자연수}\},$$
$$B = \{x \mid x \text{는 18의 양의 약수}\},$$
$$C = \{x \mid x \text{는 24의 양의 약수}\}$$
에 대하여 집합 $A \cup (B \cap C)$를 구하시오.

0658 하

세 집합 $A = \{2, 4, 6\}$, $B = \{4, 5, 6, 7\}$,
$C = \{x \mid x \text{는 14의 양의 약수}\}$에 대하여 다음 중 옳지 않은 것은?

① $A \cap B = \{4, 6\}$
② $B \cap C = \{7\}$
③ $A \cup C = \{1, 2, 4, 6, 7, 14\}$
④ $(A \cap B) \cup C = \{1, 2, 4, 6, 7, 14\}$
⑤ $A \cup (B \cap C) = \{1, 2, 4, 6, 7\}$

0659 중

집합 $A = \{0, 1, 2\}$에 대하여 집합
$$B = \{ab \mid a \in A, b \in A\}$$
라 할 때, 집합 $A \cap B$의 모든 원소의 합을 구하시오.

유형 02 서로소인 집합

두 집합 A, B가 서로소이다.
➡ 두 집합 A, B에 공통인 원소가 하나도 없다.
➡ $A \cap B = \varnothing$

참고 공집합은 모든 집합과 서로소이다.

0660 대표 문제

다음 중 집합 $\{x \mid x \text{는 8의 양의 약수}\}$와 서로소인 집합은?

① $\{-2, 2\}$
② $\{3, 5, 7\}$
③ $\{4, 6, 8\}$
④ $\{x \mid x \text{는 8의 양의 배수}\}$
⑤ $\{x \mid x \text{는 10보다 작은 홀수}\}$

0661 하

다음 중 두 집합 A, B가 서로소가 아닌 것은?

① $A = \{x \mid x \text{는 짝수}\}$, $B = \{x \mid x \text{는 홀수}\}$
② $A = \{x \mid x \text{는 유리수}\}$, $B = \{x \mid x \text{는 무리수}\}$
③ $A = \{x \mid x \text{는 자연수}\}$, $B = \{x \mid x \text{는 정수}\}$
④ $A = \{x \mid x \text{는 6의 양의 약수}\}$, $B = \{x \mid x \text{는 4의 양의 배수}\}$
⑤ $A = \{x \mid x^2 + x = 0\}$, $B = \{x \mid x^2 - 3x + 2 = 0\}$

0662 중

집합 $A = \{a, b, c, d, e\}$의 부분집합 중에서 집합 $B = \{d, e\}$와 서로소인 집합의 개수는?

① 4
② 8
③ 16
④ 32
⑤ 64

유형 03 여집합과 차집합

(1) $A^C = \{x \mid x \in U$ 그리고 $x \notin A\}$
(2) $A - B = \{x \mid x \in A$ 그리고 $x \notin B\}$

0663 대표 문제

전체집합 $U = \{x \mid x$는 12 이하의 자연수$\}$의 두 부분집합
$A = \{x \mid x$는 12의 약수$\}$, $B = \{x \mid x$는 4의 배수$\}$
에 대하여 집합 $A^C - B$의 모든 원소의 합은?

① 36   ② 38   ③ 40
④ 42   ⑤ 44

0664 중

전체집합 $U = \{1, 2, 3, 4, \ldots, 10\}$의 두 부분집합
$A = \{x \mid x = 2k+1, k$는 자연수$\}$,
$B = \{x \mid x = 3k-1, k$는 자연수$\}$
에 대하여 집합 $(A-B)^C$의 원소의 개수는?

① 5   ② 6   ③ 7
④ 8   ⑤ 9

0665 중   서술형

전체집합 $U = \{x \mid |x| \leq 5\}$의 두 부분집합
$A = \{x \mid -2 \leq x < 3\}$, $B = \{x \mid 1 < x \leq 4\}$
에 대하여 집합 $A^C \cup B$의 원소 중 정수인 모든 원소의 합을 구하시오.

유형 04 집합의 연산과 벤 다이어그램

주어진 연산이 나타내는 집합을 벤 다이어그램으로 나타낸 후 주어진 벤 다이어그램과 비교한다.

0666 대표 문제

다음 중 오른쪽 벤 다이어그램의 색칠한 부분을 나타내는 집합은?

① $A \cap B \cap C$ ② $A \cup (B \cap C)$
③ $A - (B \cap C)$ ④ $A - (B \cup C)$
⑤ $A - (B - C)$

0667 중

다음 중 오른쪽 벤 다이어그램의 색칠한 부분을 나타내는 집합은?

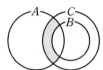

① $A \cap (B \cap C)$
② $(A \cup C) - B$
③ $(A \cap B) - C$
④ $(A \cap C) - B$
⑤ $(A - C) - B$

0668 중

보기에서 오른쪽 벤 다이어그램의 색칠한 부분을 나타내는 집합인 것만을 있는 대로 고른 것은?

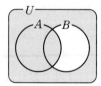

보기
ㄱ. $(A-B)^C$ ㄴ. $(B-A)^C$
ㄷ. $A^C \cup B$ ㄹ. $A \cup B^C$

① ㄱ, ㄴ   ② ㄱ, ㄷ   ③ ㄴ, ㄷ
④ ㄴ, ㄹ   ⑤ ㄷ, ㄹ

유형 05 집합의 연산을 만족시키는 집합 구하기

주어진 조건을 만족시키도록 벤 다이어그램에 원소를 써넣어 집합을 구한다.

0669 대표 문제

전체집합 $U=\{x\,|\,x$는 10 이하의 자연수$\}$의 두 부분집합 A, B에 대하여

$A-B=\{1, 2, 8\}$, $A\cap B=\{3, 7\}$,

$(A\cup B)^C=\{6, 10\}$

일 때, 집합 B를 구하시오.

0670 하

두 집합 A, B에 대하여

$A=\{2, 3, 4, 5\}$, $A\cap B=\{2, 5\}$,

$A\cup B=\{2, 3, 4, 5, 6, 7\}$

일 때, 집합 B를 구하시오.

0671 중

두 집합 A, B에 대하여

$A=\{1, 2, 4, 5, 7, 8\}$,

$(A-B)\cup(B-A)=\{1, 3, 4, 6, 7, 9\}$

일 때, 집합 B의 모든 원소의 합은?

① 30   ② 31   ③ 32

④ 33   ⑤ 34

 빈출

유형 06 집합의 연산을 만족시키는 미지수 구하기

(1) 주어진 조건을 이용하여 미지수의 값을 구한다.

(2) 미지수의 값을 대입하여 각 집합의 원소를 구하고, 구한 집합이 주어진 조건을 만족시키는지 확인한다.

0672 대표 문제

두 집합 $A=\{3, 5, a^2-2a-1\}$, $B=\{2, 4, 3a-4\}$에 대하여 $B-A=\{4\}$일 때, 상수 a의 값을 구하시오.

0673 중   서술형

두 집합 $A=\{-2, 1, 2a+b\}$, $B=\{3, 5, a-b\}$에 대하여 $A\cap B=\{-2, 5\}$일 때, $a+b$의 값을 구하시오.

(단, a, b는 상수)

0674 중 | 학평 기출 |

두 집합 $A=\{1, a^3-3a\}$, $B=\{a+2, a^2-a\}$에 대하여 $A\cap B=\{2\}$가 되도록 상수 a의 값을 정할 때, 집합 $A\cup B$의 모든 원소의 합은?

① 3   ② 4   ③ 5

④ 6   ⑤ 7

0675 중

두 집합 $A=\{3, 4, a-2\}$, $B=\{-2, a+1, 2a-3\}$에 대하여 $A\cup B=\{-2, 1, 3, 4\}$일 때, 상수 a의 값을 구하시오.

유형 07 집합의 연산의 성질과 포함 관계

전체집합 U의 두 부분집합 A, B에 대하여
(1) $A \cup A = A$, $A \cap A = A$ (2) $A \cup \varnothing = A$, $A \cap \varnothing = \varnothing$
(3) $A \cup U = U$, $A \cap U = A$ (4) $A \cup A^C = U$, $A \cap A^C = \varnothing$
(5) $U^C = \varnothing$, $\varnothing^C = U$ (6) $(A^C)^C = A$
(7) $A - B = A \cap B^C$

참고 $A \subset B$이면
➡ $A \cup B = B$, $A \cap B = A$, $A - B = \varnothing$, $B^C \subset A^C$

0676 대표 문제

전체집합 U의 두 부분집합 A, B에 대하여 $A \cup B = A$일 때, 보기에서 항상 옳은 것만을 있는 대로 고른 것은?

보기
ㄱ. $A \subset B$ ㄴ. $A \cap B = B$
ㄷ. $A^C \subset B^C$ ㄹ. $B^C - A^C = \varnothing$

① ㄱ, ㄴ   ② ㄱ, ㄹ   ③ ㄴ, ㄷ
④ ㄷ, ㄹ   ⑤ ㄱ, ㄴ, ㄷ

0677 하

전체집합 U의 두 부분집합 A, B에 대하여 다음 중 옳지 않은 것은?

① $U^C = \varnothing$ ② $A \cup A^C = U$
③ $U - A^C = A$ ④ $A - B = A^C \cap B$
⑤ $A \cup (U \cap B) = A \cup B$

0678 중

전체집합 U의 두 부분집합 A, B에 대하여 $A - B = A$일 때, 다음 중 항상 옳은 것은?

① $A \cap B = A$ ② $B - A = \varnothing$ ③ $A \subset B$
④ $A \subset B^C$ ⑤ $B^C \subset A^C$

0679 중

전체집합 U의 공집합이 아닌 서로 다른 두 부분집합 A, B에 대하여 다음 중 나머지 넷과 다른 하나는?

① $A \cap B$ ② $A - B^C$
③ $A \cup (B \cap B^C)$ ④ $(U - A^C) \cap B$
⑤ $(A \cap B) \cap (A \cup A^C)$

0680 중

전체집합 U의 서로 다른 두 부분집합 A, B에 대하여 $B^C \subset A^C$일 때, 다음 중 나머지 넷과 다른 하나는?

① $A \cup B$ ② $B - A^C$ ③ $B \cap (A \cup B)$
④ $B \cup (A \cap B)$ ⑤ $B \cup (A - B)$

유형 08 집합의 연산을 만족시키는 부분집합의 개수

주어진 조건을 이용하여 집합 사이의 포함 관계를 구한 후 집합이 반드시 갖는 원소와 갖지 않는 원소를 찾는다.

0681 대표 문제

두 집합 $A = \{1, 3, 5, 7, 9\}$, $B = \{2, 3, 5, 7\}$에 대하여
$$(A \cap B) \cup X = X, \quad (A \cup B) \cap X = X$$
를 만족시키는 집합 X의 개수를 구하시오.

0682 중   서술형

전체집합 $U = \{x \mid x$는 10 이하의 자연수$\}$의 두 부분집합 A, X에 대하여 $A = \{x \mid x$는 짝수$\}$일 때, $A \cup X = U$를 만족시키는 집합 X의 개수를 구하시오.

0683 ⑧

전체집합 $U=\{1, 2, 3, \ldots, 10\}$의 두 부분집합
$$A=\{1, 2, 3, 4, 5\}, \quad B=\{1, 3, 5, 7, 9\}$$
에 대하여 $A\cup C=B\cup C$를 만족시키는 U의 부분집합 C의 개수를 구하시오.

0684 ⑧

전체집합 $U=\{x \,|\, x$는 50 이하의 자연수$\}$의 두 부분집합 $A=\{x \,|\, x$는 6의 배수$\}$, $B=\{x \,|\, x$는 4의 배수$\}$에 대하여 $A\cup X=A$, $B\cap X=\varnothing$을 만족시키는 집합 X의 개수를 구하시오.

0685 ⑧

두 집합 $A=\{x \,|\, x$는 18의 양의 약수$\}$,
$B=\{x \,|\, x$는 12의 양의 약수$\}$에 대하여 $X\subset A$, $n(X\cap B)=3$을 만족시키는 집합 X의 개수를 구하시오.

0686 ⑧

전체집합 $U=\{x \,|\, x$는 20의 양의 약수$\}$의 두 부분집합 $A=\{1, 2, 5\}$, $B=\{5, 10\}$에 대하여
$$(A-B)\cap X=\{2\}, \quad B\cup X=X$$
를 만족시키는 집합 U의 부분집합 X의 개수는?

① 4   ② 8   ③ 16
④ 32   ⑤ 64

빈출

유형 09 집합의 연산 법칙과 드모르간 법칙

전체집합 U의 세 부분집합 A, B, C에 대하여
(1) **교환법칙**: $A\cup B=B\cup A$, $A\cap B=B\cap A$
(2) **결합법칙**: $(A\cup B)\cup C=A\cup(B\cup C)$,
　　　　　　　$(A\cap B)\cap C=A\cap(B\cap C)$
(3) **분배법칙**: $A\cap(B\cup C)=(A\cap B)\cup(A\cap C)$,
　　　　　　　$A\cup(B\cap C)=(A\cup B)\cap(A\cup C)$
(4) **드모르간 법칙**: $(A\cup B)^c=A^c\cap B^c$, $(A\cap B)^c=A^c\cup B^c$

0687 대표 문제

전체집합 U의 세 부분집합 A, B, C에 대하여 다음 중 집합 $(A-C)-(B-C)$와 항상 같은 집합은?

① $A-B$ ② $(A\cap B)-C$ ③ $(A\cup B)-C$
④ $A-(B\cap C)$ ⑤ $A-(B\cup C)$

0688 ⑧

전체집합 U의 두 부분집합 A, B에 대하여
$$\{(A-B)\cup B\}^c=\varnothing$$
일 때, 다음 중 항상 옳은 것은?

① $A\subset B$ ② $B\subset A$ ③ $A\subset B^c$
④ $A\cap B=\varnothing$ ⑤ $A\cup B=U$

0689 ⑧

전체집합 U의 세 부분집합 A, B, C에 대하여 다음 중 옳지 <u>않은</u> 것은?

① $A\cap(A^c\cup B)=A\cap B$
② $(A-B)\cup(A-C)=A-(B\cup C)$
③ $A-(B-C)=(A-B)\cup(A\cap C)$
④ $(A\cup B)\cap(A^c\cap B^c)=\varnothing$
⑤ $(A\cap B)-(A\cap C)=(A\cap B)-C$

◇◆ 개념루트 공통수학2 192쪽

유형 10 집합의 연산 법칙과 포함 관계

> 주어진 조건을 집합의 연산 법칙을 이용하여 간단히 한 후 두 집합 A, B 사이의 포함 관계를 확인한다.

0690 대표 문제

전체집합 U의 두 부분집합 A, B에 대하여

$$\{(A \cap B) \cup (A-B)\} \cup B = B$$

일 때, 다음 중 항상 옳은 것은?

① $B \subset A$ ② $A \cap B = B$ ③ $A - B = \varnothing$
④ $B \cap A^c = B$ ⑤ $A^c \cup B = A^c$

0691 ⑧

전체집합 U의 두 부분집합 A, B에 대하여

$$(A^c \cap B^c) \cup A = U$$

일 때, 다음 중 항상 옳은 것은?

① $B^c \subset A^c$ ② $A \cap B = A$ ③ $A \cup B = A$
④ $A - B = \varnothing$ ⑤ $A^c \cup B = U$

0692 ⑧   서술형 ₀

두 집합 $A = \{x \mid a \le x \le a+4\}$, $B = \{x \mid -3 < x < 7\}$에 대하여

$$\{(A \cup B) \cap (A^c - B^c)^c\} \cap B = A$$

일 때, 정수 a의 개수를 구하시오.

유형 11 집합의 연산 법칙을 이용하여 집합 구하기

> 주어진 조건을 집합의 연산 법칙을 이용하여 간단히 한 후 벤 다이어그램으로 나타내어 구하는 집합의 원소를 찾는다.

0693 대표 문제

전체집합 $U = \{1, 2, 3, 4, 5, 6, 7\}$의 두 부분집합 A, B에 대하여

$$A = \{1, 3, 5, 7\},$$
$$(A \cup B) \cap (A^c \cup B^c) = \{1, 2, 3\}$$

일 때, 집합 B의 원소의 개수를 구하시오.

0694 ⑧ | 학평 기출 |

전체집합 $U = \{x \mid x$는 9 이하의 자연수$\}$의 두 부분집합 A, B에 대하여

$$A \cap B = \{1, 2\}, \ A^c \cap B = \{3, 4, 5\},$$
$$A^c \cap B^c = \{8, 9\}$$

를 만족시키는 집합 A의 모든 원소의 합은?

① 8   ② 10   ③ 12
④ 14   ⑤ 16

0695 ⑧ | 학평 기출 |

전체집합 $U = \{x \mid x$는 20 이하의 자연수$\}$의 두 부분집합

$$A = \{x \mid x$는 4의 배수$\},$$
$$B = \{x \mid x$는 20의 약수$\}$$

에 대하여 집합 $(A^c \cup B)^c$의 모든 원소의 합을 구하시오.

유형 12 **새롭게 정의된 집합의 연산**

집합에서 새롭게 정의된 연산은 집합의 연산 법칙을 이용하거나 벤 다이어그램을 이용한다.

0696 대표 문제

전체집합 U의 두 부분집합 A, B에 대하여 연산 ☆를
$$A☆B=(A-B)\cup(B-A)$$
라 할 때, 다음 중 옳지 <u>않은</u> 것은?

① $A☆\varnothing=A$ ② $U☆A=A^C$ ③ $A☆A^C=\varnothing$
④ $U☆\varnothing=U$ ⑤ $A☆B=B☆A$

0697 중

전체집합 U의 두 부분집합 A, B에 대하여 연산 ◎를
$$A◎B=(A\cup B)\cap(A\cup B^C)$$
라 할 때, 다음 중 $(B◎A)◎A$와 항상 같은 집합은?

① A ② B ③ $A\cup B$
④ $A\cap B$ ⑤ $A-B$

0698 중

전체집합 U의 두 부분집합 A, B에 대하여 연산 △를
$$A△B=(A\cup B)-(A\cap B)$$
라 할 때, 보기에서 옳은 것만을 있는 대로 고른 것은?

> 보기
> ㄱ. $A△B=B△A$
> ㄴ. $(A△B)^C=A^C△B^C$
> ㄷ. $(A△B)△C=A△(B△C)$
>   (단, 집합 C는 전체집합 U의 부분집합이다.)

① ㄱ   ② ㄱ, ㄴ   ③ ㄱ, ㄷ
④ ㄴ, ㄷ   ⑤ ㄱ, ㄴ, ㄷ

유형 13 **배수 또는 약수의 집합의 연산**

(1) 자연수 k의 양의 배수의 집합을 A_k라 하고 두 자연수 m, n의 최소공배수를 p라 하면
  ➡ $A_m\cap A_n=A_p$
  참고 m이 n의 배수이면 $A_m\subset A_n$이므로
    ➡ $A_m\cap A_n=A_m$, $A_m\cup A_n=A_n$
(2) 자연수 k의 양의 약수의 집합을 B_k라 하고 두 자연수 m, n의 최대공약수를 q라 하면
  ➡ $B_m\cap B_n=B_q$
  참고 m이 n의 약수이면 $B_m\subset B_n$이므로
    ➡ $B_m\cap B_n=B_m$, $B_m\cup B_n=B_n$

0699 대표 문제

자연수 k의 양의 배수의 집합을 A_k라 할 때,
$$(A_2\cap A_3)\cap(A_8\cup A_{16})=A_n$$
을 만족시키는 자연수 n의 값을 구하시오.

0700 중

자연수 n의 양의 약수의 집합을 A_n이라 할 때, 다음 중 집합 $A_{16}\cap A_{24}\cap A_{32}$에 속하는 원소가 <u>아닌</u> 것은?

① 1   ② 2   ③ 4
④ 6   ⑤ 8

0701 중

전체집합 $U=\{x|x$는 100 이하의 자연수$\}$의 부분집합 $A_k=\{x|x$는 자연수 k의 배수$\}$에 대하여 집합 $A_6\cap(A_3\cup A_4)$의 원소의 개수는?

① 14   ② 15   ③ 16
④ 17   ⑤ 18

0702 (상)

두 집합

$A_m=\{x|x$는 자연수 m의 양의 배수$\}$,

$B_n=\{x|x$는 자연수 n의 양의 약수$\}$

에 대하여 $A_p{\subset}(A_4{\cap}A_5)$를 만족시키는 자연수 p의 최솟값과 $B_q{\subset}(B_{20}{\cap}B_{30})$을 만족시키는 자연수 q의 최댓값의 합을 구하시오.

유형 14 방정식 또는 부등식의 해의 집합의 연산

(1) 방정식의 해의 집합의 연산이 주어진 경우
   ➡ 각 집합을 원소나열법으로 나타낸 후 주어진 조건을 이용한다.
(2) 부등식의 해의 집합의 연산이 주어진 경우
   ➡ 각 부등식의 해의 집합을 수직선 위에 나타낸 후 교집합은 공통 범위, 합집합은 합친 범위임을 이용한다.

0703 대표 문제

두 집합 $A=\{x|x^2-x-6{\le}0\}$, $B=\{x|x^2+ax+b{\le}0\}$ 에 대하여

$A{\cap}B=\{x|1{\le}x{\le}3\}$, $A{\cup}B=\{x|-2{\le}x{\le}5\}$

일 때, $a-b$의 값은? (단, a, b는 상수)

① -11　　　② -10　　　③ -9
④ -8　　　⑤ -7

0704 (중)

서술형

두 집합

$A=\{x|x^2-5x+6=0\}$,

$B=\{x|x^3-ax^2-4a(x-1)=0\}$

에 대하여 $A-B=\{3\}$일 때, 집합 $B-A$의 모든 원소의 합을 구하시오. (단, a는 상수)

0705 (상)

두 집합 $A=\{x|x^2-7x+6<0\}$,

$B=\{x|x^2-2(k+1)x+4k<0\}$에 대하여 $A{\cap}B=B$일 때, 실수 k의 최댓값을 구하시오. (단, $k>1$)

빈출

◆ 개념루트 공통수학2 198쪽

유형 15 유한집합의 원소의 개수

전체집합 U의 세 부분집합 A, B, C에 대하여
(1) $n(A{\cup}B)=n(A)+n(B)-n(A{\cap}B)$
(2) $n(A{\cup}B{\cup}C)$
$=n(A)+n(B)+n(C)-n(A{\cap}B)-n(B{\cap}C)$
$-n(C{\cap}A)+n(A{\cap}B{\cap}C)$
(3) $n(A^C)=n(U)-n(A)$
(4) $n(A-B)=n(A)-n(A{\cap}B)$
$=n(A{\cup}B)-n(B)$

0706 대표 문제

전체집합 U의 두 부분집합 A, B에 대하여

$n(U)=30$, $n(A)=12$, $n(B)=15$, $n(A{\cap}B^C)=5$

일 때, $n(A^C{\cap}B^C)$는?

① 10　　　② 11　　　③ 12
④ 13　　　⑤ 14

0707 (중)

두 집합 A, B에 대하여

$n(A)=15$, $n(B)=10$, $n(A-B)=10$

일 때, $n(A{\cup}B)$를 구하시오.

0708 ⑧

전체집합 U의 두 부분집합 A, B에 대하여
$$n(U)=25,\ n(A^C \cup B^C)=20,\ n(A^C)=16$$
일 때, $n(A-B)$는?

① 2   ② 4   ③ 6

④ 8   ⑤ 10

0709 ⑧ | 학평 기출 |

전체집합 U의 두 부분집합 A, B에 대하여
$$n(U)=50,\ n(A \cap B)=12,\ n(A^C \cap B^C)=5$$
일 때, $n((A-B) \cup (B-A))$의 값은?

① 30   ② 31   ③ 32

④ 33   ⑤ 34

0710 ⑧

세 집합 A, B, C에 대하여 $A \cap B = \varnothing$이고
$$n(A)=8,\ n(B)=9,\ n(C)=14,$$
$$n(A \cup C)=16,\ n(B \cup C)=18$$
일 때, $n(A \cup B \cup C)$는?

① 18   ② 20   ③ 22

④ 24   ⑤ 26

◆◈ 개념루트 공통수학2 200쪽

유형 16   **유한집합의 원소의 개수의 활용**

주어진 조건을 전체집합 U와 그 부분집합 A, B로 나타낸 후 다음을 이용한다.
(1) '또는', '적어도 하나는 ~하는' ➡ $A \cup B$
(2) '모두 ~하는' ➡ $A \cap B$
(3) '둘 다 ~하지 않는' ➡ $(A \cup B)^C$
(4) '둘 중 하나만 ~하는' ➡ $(A-B) \cup (B-A)$

0711 대표 문제

어느 반 학생 35명 중에서 축구를 좋아하는 학생이 23명, 농구를 좋아하는 학생이 16명, 축구와 농구 중 어느 것도 좋아하지 않는 학생이 7명일 때, 축구와 농구를 모두 좋아하는 학생 수는?

① 5   ② 7   ③ 9

④ 11   ⑤ 13

0712 ⑧

어느 반 학생 40명 중에서 수학 참고서를 가지고 있는 학생이 32명, 영어 참고서를 가지고 있는 학생이 24명, 두 참고서를 모두 가지고 있는 학생이 18명일 때, 두 참고서 중 어느 것도 가지고 있지 않은 학생 수를 구하시오.

0713 ⑧   서술형 ♀

어느 반 학생 50명 중에서 피자를 좋아하는 학생이 22명, 피자와 햄버거 중 어느 것도 좋아하지 않는 학생이 13명이었다. 이때 햄버거만 좋아하는 학생 수를 구하시오.

0714 (상)

| 학평 기출 |

어느 고등학교의 2학년 학생 212명을 대상으로 문학 체험, 역사 체험, 과학 체험의 신청자 수를 조사한 결과 다음과 같은 사실을 알게 되었다.

⑺ 문학 체험을 신청한 학생은 80명, 역사 체험을 신청한 학생은 90명이다.
⑷ 문학 체험과 역사 체험을 모두 신청한 학생은 45명이다.
⑸ 세 가지 체험 중 어느 것도 신청하지 않은 학생은 12명이다.

과학 체험만 신청한 학생 수를 구하시오.

◆◆ 개념루트 공통수학2 202쪽

유형 17 유한집합의 원소의 개수의 최댓값과 최솟값

전체집합 U의 두 부분집합 A, B에 대하여
⑴ $n(A \cap B)$가 최대인 경우 (단, $n(A) \le n(B)$)
➡ $A \subset B$
➡ $n(A \cap B) = n(A)$
⑵ $n(A \cap B)$가 최소인 경우
➡ $n(A \cup B)$가 최대
➡ $A \cup B = U$, 즉 $n(A \cup B) = n(U)$

0715 대표 문제

전체집합 U의 두 부분집합 A, B에 대하여
$$n(U)=50,\ n(A^C)=16,\ n(B)=28$$
일 때, $n(A \cap B)$의 최댓값을 M, 최솟값을 m이라 하자. 이때 $M-m$의 값은?

① 16 　　② 18 　　③ 20
④ 22 　　⑤ 24

0716 (중)

서술형

전체집합 U의 두 부분집합 A, B에 대하여
$$n(U)=35,\ n(A)=20,\ n(B)=25$$
일 때, $n(B-A)$의 최솟값을 구하시오.

0717 (중)

어느 기념품 가게를 방문한 고객 28명 중에서 손거울을 구매한 고객이 16명, 책갈피를 구매한 고객이 12명이었다. 이때 손거울과 책갈피 중 어느 것도 구매하지 않은 고객 수의 최댓값은?

① 8 　　② 9 　　③ 10
④ 11 　　⑤ 12

0718 (상)

전체집합 U의 두 부분집합 A, B에 대하여
$$n(A)=8,\ n(B)=15,\ n(A \cap B) \ge 3$$
일 때, $n(A \cup B)$의 최댓값을 M, 최솟값을 m이라 하자. 이때 $M+m$의 값은?

① 20 　　② 25 　　③ 30
④ 35 　　⑤ 40

AB 유형 점검

0719 유형 01

세 집합 $A=\{x|x$는 10 이하의 소수$\}$,
$B=\{x|x$는 30의 양의 약수$\}$, $C=\{x|x$는 4의 양의 약수$\}$
에 대하여 집합 $(A\cap B)\cup C$의 원소의 개수를 구하시오.

0720 유형 02

집합 $A=\{1, 2, 3, 4, 5\}$의 부분집합 중에서 집합
$B=\{x|x$는 한 자리의 홀수$\}$와 서로소인 집합의 개수는?

① 4   ② 8   ③ 16
④ 32   ⑤ 64

0721 유형 03

전체집합 $U=\{x|x$는 8 이하의 자연수$\}$의 두 부분집합
$A=\{x|x$는 8의 약수$\}$, $B=\{x|x$는 4의 배수$\}$
에 대하여 집합 $A-B^C$의 모든 원소의 합은?

① 4   ② 6   ③ 8
④ 10   ⑤ 12

0722 유형 04

다음 중 오른쪽 벤 다이어그램의 색칠
한 부분을 나타내는 집합은?

① $U-A$
② $(A\cap B)^C$
③ $(A-B)^C$
④ $(A-B)\cup(B-A)$
⑤ $(A\cup B^C)\cap(A^C\cup B)$

0723 유형 05

전체집합 $U=\{x|x$는 10보다 작은 자연수$\}$의 두 부분집합
A, B에 대하여
$$A-B=\{3, 6\},\ B-A=\{5, 9\},$$
$$(A\cup B)^C=\{2, 4, 8\}$$
일 때, 집합 $A\cap B$는?

① $\{1, 7\}$ ② $\{3, 8\}$ ③ $\{1, 2, 7\}$
④ $\{2, 3, 8\}$ ⑤ $\{1, 2, 3, 7\}$

0724 유형 06

두 집합 $A=\{3, 4, 7, a+b\}$, $B=\{4, 5, -a+3b\}$에 대하여 $A-B=\{3\}$일 때, ab의 값은? (단, a, b는 상수)

① 3   ② 5   ③ 6
④ 8   ⑤ 9

0725 유형 07

전체집합 U의 두 부분집합 A, B에 대하여
$$(A^c \cap B) \cup (A \cap B^c) = \varnothing$$
일 때, 다음 중 항상 옳은 것은?

① $A \subset B^c$　　② $A = B$　　③ $A \cap B = \varnothing$
④ $B - A = B$　　⑤ $A \cup B = U$

0726 유형 08 | 학평 기출 |

전체집합 $U = \{x \,|\, x$는 10 이하의 자연수$\}$의 두 부분집합 A, B에 대하여 $A = \{2, 3, 5, 6\}$일 때, $A \cap B = \varnothing$을 만족시키는 집합 B의 개수는?

① 8　　　　② 16　　　　③ 32
④ 64　　　　⑤ 128

0727 유형 09

전체집합 U의 두 부분집합 A, B에 대하여 보기에서 항상 옳은 것만을 있는 대로 고른 것은?

┌ 보기 ┌
ㄱ. $(A \cap B^c) \cup B = B$
ㄴ. $(A - B)^c \cap A = A \cap B$
ㄷ. $(A \cap B) \cup (A^c \cup B)^c = A$

① ㄱ　　　　② ㄴ　　　　③ ㄱ, ㄷ
④ ㄴ, ㄷ　　　⑤ ㄱ, ㄴ, ㄷ

0728 유형 10

전체집합 U의 두 부분집합 A, B에 대하여
$(A - B)^c \cap B^c = A^c$일 때, 다음 중 항상 옳은 것은?

① $A \subset B$　　② $B \subset A^c$　　③ $A \cap B = A$
④ $A - B = A$　　⑤ $A \cup B^c = U$

0729 유형 11

전체집합 $U = \{x \,|\, x$는 5 이하의 자연수$\}$의 두 부분집합 A, B에 대하여
$$A^c \cup B^c = \{1, 2, 4, 5\}, \quad B \cap (A \cap B)^c = \{5\}$$
일 때, 집합 B^c는?

① $\{1, 2\}$　　② $\{3, 5\}$　　③ $\{1, 2, 4\}$
④ $\{1, 2, 5\}$　　⑤ $\{1, 3, 5\}$

0730 유형 12

전체집합 U의 두 부분집합 A, B에 대하여 연산 $\triangleright$를
$$A \triangleright B = (A \cup B) \cap (A^c \cup B)$$
라 할 때, 다음 중 $(A \triangleright B) \triangleright C$와 항상 같은 집합은?
(단, 집합 C는 전체집합 U의 부분집합이다.)

① A　　　　② B　　　　③ C
④ $A \cup B \cup C$　　⑤ $A \cap B \cap C$

0731 유형 13

자연수 k의 양의 배수의 집합을 A_k라 할 때,
$$A_n \cap A_2 = A_{2n}, \quad A_n - A_3 = \varnothing$$
을 만족시키는 30 이하의 자연수 n의 개수를 구하시오.

0732 유형 14

실수 전체의 집합 R의 세 부분집합

$A=\{x\,|\,x^2-6x+8>0\}$,
$B=\{x\,|\,x^2+ax+b\leq0\}$,
$C=\{x\,|\,x^2+2x+4>0\}$

에 대하여 $A\cup B=C$, $A\cap B=\{x\,|\,-1\leq x<2\}$일 때, $a+b$의 값을 구하시오. (단, a, b는 상수)

0733 유형 15

전체집합 U의 두 부분집합 A, B에 대하여

$n(A)=21$, $n(A^c\cap B)=7$,
$n((A-B)\cup(B-A))=14$

일 때, $n(A\cap B)$를 구하시오.

0734 유형 16

어느 반 학생 36명을 대상으로 두 영화 A, B를 관람한 학생 수를 조사하였더니 영화 A는 관람하였지만 영화 B는 관람하지 않은 학생이 20명, 두 영화 중 어느 것도 관람하지 않은 학생이 4명이었다. 이때 영화 B를 관람한 학생 수를 구하시오.

0735 유형 17

전체집합 U의 두 부분집합 A, B에 대하여

$n(U)=28$, $n(A)=14$, $n(B)=18$

일 때, $n(A\cap B)$의 최댓값과 최솟값의 차를 구하시오.

서술형

0736 유형 08

전체집합 $U=\{x\,|\,x$는 10 이하의 자연수$\}$의 두 부분집합 $A=\{x\,|\,x$는 10의 약수$\}$, $B=\{x\,|\,x$는 8의 약수$\}$에 대하여

$(A-B)\cup X=X$, $B\cup X=X$

를 만족시키는 집합 U의 부분집합 X의 개수를 구하시오.

0737 유형 06 + 11

전체집합 $U=\{x\,|\,x$는 정수$\}$의 두 부분집합

$A=\{0,\,3,\,a^2-3a+3\}$, $B=\{a-1,\,a,\,a+2\}$

에 대하여 $A\cap B=\{1\}$일 때, 집합
$(A\cap B^c)\cup(A^c\cap B^c)^c$의 모든 원소의 합을 구하시오.

(단, a는 상수)

0738 유형 15

전체집합 U의 두 부분집합 A, B에 대하여

$n(U)=42$, $n(A\cap B)=16$, $n(A^c\cap B^c)=24$

일 때, $n(A)+n(B)$의 값을 구하시오.

C 실력 향상

하 ─ 중 ─ 상100%

0739 | 학평 기출 |

전체집합 $U=\{x\,|\,x$는 10 이하의 자연수$\}$의 두 부분집합
$$A=\{1,\ 2,\ 3,\ 4,\ 5\},\ B=\{3,\ 4,\ 5,\ 6,\ 7\}$$
에 대하여 집합 U의 부분집합 X가 다음 조건을 만족시킬 때, 집합 X의 모든 원소의 합의 최솟값은?

> (가) $n(X)=6$
> (나) $A-X=B-X$
> (다) $(X-A)\cap(X-B)\neq\varnothing$

① 26   ② 27   ③ 28
④ 29   ⑤ 30

0740 | 학평 기출 |

두 자연수 k, m $(k\geq m)$에 대하여 전체집합
$$U=\{x\,|\,x$는 k 이하의 자연수$\}$$
의 두 부분집합 $A=\{x\,|\,x$는 m의 약수$\}$, B가 다음 조건을 만족시킨다.

> (가) $B-A=\{4,\ 7\}$, $n(A\cup B^{C})=7$
> (나) 집합 A의 모든 원소의 합과 집합 B의 모든 원소의 합은 서로 같다.

집합 $A^{C}\cap B^{C}$의 모든 원소의 합은?

① 18   ② 19   ③ 20
④ 21   ⑤ 22

0741

전체집합 $U=\{x\,|\,x$는 실수$\}$의 두 부분집합
$$A=\{x\,|\,|x|<2\},\ B=\{x\,|\,|x-k|<3\}$$
에 대하여 집합 $A\cap B$에 속하는 정수가 1개가 되도록 하는 상수 k의 값의 범위를 구하시오.

0742

100명의 학생을 대상으로 한국사 체험 학습과 과학 체험 학습을 신청한 학생 수를 조사하였더니 한국사 체험 학습을 신청한 학생은 과학 체험 학습을 신청한 학생보다 10명이 많았고, 어느 체험 학습도 신청하지 않은 학생은 적어도 하나의 체험 학습을 신청한 학생보다 40명이 적었다. 이때 과학 체험 학습만 신청한 학생 수의 최댓값은?

① 30   ② 32   ③ 34
④ 36   ⑤ 38

○ 기출 BOOK 32쪽

07-1 명제와 조건

유형 01, 02, 03

(1) **명제**: 참인지 거짓인지를 분명하게 판별할 수 있는 문장이나 식
(2) **조건**: 변수를 포함한 문장이나 식 중에서 변수의 값에 따라 참, 거짓이 판별되는 것
(3) **진리집합**: 전체집합 U의 원소 중에서 조건이 참이 되게 하는 모든 원소의 집합
(4) **부정**: 명제 또는 조건 p에 대하여 'p가 아니다.'를 p의 **부정**이라 한다. **기호** $\sim p$

　① 명제 p가 참이면 $\sim p$는 거짓이고, 명제 p가 거짓이면 $\sim p$는 참이다.
　② 전체집합 U에 대하여 조건 p의 진리집합을 P라 할 때, $\sim p$의 진리집합은 P^C이다.
　③ 명제 또는 조건 p에 대하여 $\sim p$의 부정은 p이다. ➡ $\sim(\sim p)=p$

> **개념⁺**
> 명제와 조건은 보통 알파벳 소문자 p, q, r, …로 나타낸다.
>
> 특별한 말이 없으면 전체집합 U는 실수 전체의 집합이다.
>
> 두 조건 p, q의 진리집합을 각각 P, Q라 하면
> ① 조건 'p 또는 q'
> 　• 진리집합은 $P\cup Q$
> 　• 부정은 '$\sim p$ 그리고 $\sim q$'
> ② 조건 'p 그리고 q'
> 　• 진리집합은 $P\cap Q$
> 　• 부정은 '$\sim p$ 또는 $\sim q$'

07-2 명제 $p \longrightarrow q$의 참, 거짓

유형 04, 05, 06

(1) **가정과 결론**: 두 조건 p, q로 이루어진 명제 'p이면 q이다.'를 기호로
　$p \longrightarrow q$와 같이 나타내고, p를 **가정**, q를 **결론**이라 한다.

$$\underset{\text{가정}}{p} \longrightarrow \underset{\text{결론}}{q}$$

(2) **명제 $p \longrightarrow q$의 참, 거짓**: 두 조건 p, q의 진리집합을 각각 P, Q라 할 때
　① $P\subset Q$이면 명제 $p \longrightarrow q$는 참이고, 명제 $p \longrightarrow q$가 참이면 $P\subset Q$이다.
　② $P\not\subset Q$이면 명제 $p \longrightarrow q$는 거짓이고, 명제 $p \longrightarrow q$가 거짓이면 $P\not\subset Q$이다.

> 명제 $p \longrightarrow q$가 거짓임을 보일 때에는 가정 p는 만족시키지만 결론 q는 만족시키지 않는 예가 하나라도 있음을 보이면 된다.
> 이와 같은 예를 반례라 한다.

07-3 '모든'이나 '어떤'을 포함한 명제

유형 07

(1) **'모든'이나 '어떤'을 포함한 명제의 참, 거짓**
　전체집합 U에 대하여 조건 p의 진리집합을 P라 할 때
　① '모든 x에 대하여 p이다.' ➡ $P=U$이면 참이고, $P\neq U$이면 거짓이다.
　② '어떤 x에 대하여 p이다.' ➡ $P\neq\varnothing$이면 참이고, $P=\varnothing$이면 거짓이다.

(2) **'모든'이나 '어떤'을 포함한 명제의 부정**
　① '모든 x에 대하여 p이다.'의 부정은 '어떤 x에 대하여 $\sim p$이다.'이다.
　② '어떤 x에 대하여 p이다.'의 부정은 '모든 x에 대하여 $\sim p$이다.'이다.

> 일반적으로 조건은 명제가 아니지만 문자 x의 앞에 '모든'이나 '어떤'이 있으면 참, 거짓을 판별할 수 있으므로 명제가 된다.
>
> '모든'을 포함한 명제는 성립하지 않는 예가 하나만 있어도 거짓이고, '어떤'을 포함하는 명제는 성립하는 예가 하나만 있어도 참이다.

07-4 명제의 역과 대우

유형 08, 09, 10

(1) **명제의 역과 대우**: 명제 $p \longrightarrow q$에 대하여
　① **역**: $q \longrightarrow p$ → 가정과 결론의 위치를 서로 바꾼 명제
　② **대우**: $\sim q \longrightarrow \sim p$ → 가정과 결론을 각각 부정하고 위치를 서로 바꾼 명제

$$
\begin{array}{ccc}
p \longrightarrow q & \overset{\text{역}}{\longleftrightarrow} & q \longrightarrow p \\[4pt]
& \text{대우} & \\[4pt]
\sim p \longrightarrow \sim q & \overset{\text{역}}{\longleftrightarrow} & \sim q \longrightarrow \sim p
\end{array}
$$

(2) **명제와 그 대우의 참, 거짓**
　① 명제 $p \longrightarrow q$가 참이면 그 대우 $\sim q \longrightarrow \sim p$도 참이다.
　② 명제 $p \longrightarrow q$가 거짓이면 그 대우 $\sim q \longrightarrow \sim p$도 거짓이다.

(3) **삼단논법**
　세 조건 p, q, r에 대하여 두 명제 $p \longrightarrow q$, $q \longrightarrow r$가 모두 참이면 명제 $p \longrightarrow r$가 참이다.

> 명제 $p \longrightarrow q$가 참이라고 해서 그 역 $q \longrightarrow p$가 반드시 참인 것은 아니다.
>
> 세 조건 p, q, r의 진리집합을 각각 P, Q, R라 할 때, $P\subset Q$이고 $Q\subset R$이면 $P\subset R$이다.

07-1 명제와 조건

[0743~0746] 다음 중 명제인 것은 'O'를, 명제가 아닌 것은 '×'를 ( ) 안에 써넣으시오.

0743 $3+5=10$ ( )

0744 $2x-1 \geq 7$ ( )

0745 6과 9의 최소공배수는 54이다. ( )

0746 여름은 기온이 높다. ( )

[0747~0748] 전체집합 $U=\{x \mid x$는 10 이하의 자연수$\}$에 대하여 다음 조건의 진리집합을 구하시오.

0747 p: x는 소수이다.

0748 q: $x^2-3x-4 \leq 0$

[0749~0750] 다음 명제의 부정을 말하고, 그것의 참, 거짓을 판별하시오.

0749 정수는 유리수이다.

0750 $\sqrt{9}$는 무리수이다.

[0751~0752] 전체집합 $U=\{1, 2, 4, 6, 8, 10, 12\}$에 대하여 다음 조건의 부정을 말하고, 그것의 진리집합을 구하시오.

0751 p: x는 12의 약수이다.

0752 q: $x^2-10x+24=0$

07-2 명제 $p \longrightarrow q$의 참, 거짓

[0753~0754] 다음 명제의 가정과 결론을 말하시오.

0753 6의 배수이면 2의 배수이다.

0754 x가 소수이면 x는 홀수이다.

[0755~0756] 다음 명제의 참, 거짓을 판별하시오.

0755 $|x|=5$이면 $x=5$이다.

0756 자연수 x, y에 대하여 x 또는 y가 짝수이면 xy가 짝수이다.

07-3 '모든'이나 '어떤'을 포함한 명제

[0757~0758] 다음 명제의 참, 거짓을 판별하시오.

0757 모든 실수 x에 대하여 $|x|>0$이다.

0758 어떤 실수 x에 대하여 $\sqrt{x} \leq 0$이다.

[0759~0760] 다음 명제의 부정을 말하고, 그것의 참, 거짓을 판별하시오.

0759 모든 실수 x에 대하여 $3x+5>8$이다.

0760 어떤 실수 x에 대하여 $x^2+4=0$이다.

07-4 명제의 역과 대우

[0761~0762] 다음 명제의 역, 대우를 말하고, 각각의 참, 거짓을 판별하시오.

0761 $xy=0$이면 $x=0$이고 $y=0$이다. (단, x, y는 실수)

0762 정삼각형이면 이등변삼각형이다.

07-5   충분조건과 필요조건   유형 11~14

(1) 충분조건과 필요조건

명제 $p \longrightarrow q$가 참일 때, 기호로 $p \Longrightarrow q$와 같이 나타내고

    p는 q이기 위한 **충분조건**, q는 p이기 위한 **필요조건**

이라 한다.

(2) 필요충분조건

명제 $p \longrightarrow q$에 대하여 $p \Longrightarrow q$이고 $q \Longrightarrow p$일 때, 기호로 $p \Longleftrightarrow q$와 같이 나타내고

    p는 q이기 위한 **필요충분조건**   → q도 p이기 위한 필요충분조건이다.

이라 한다.

(3) 충분조건, 필요조건과 진리집합 사이의 관계

두 조건 p, q의 진리집합을 각각 P, Q라 할 때

① $P \subset Q$이면 $p \Longrightarrow q$이므로 p는 q이기 위한 충분조건, q는 p이기 위한 필요조건이다.

② $P = Q$이면 $p \Longleftrightarrow q$이므로 p는 q이기 위한 필요충분조건이다.

> ● p는 q이기 위한 필요충분조건임을 보이려면 명제 $p \longrightarrow q$와 그 역인 $q \longrightarrow p$가 모두 참임을 보이면 된다.

> ● $P = Q$이면 $P \subset Q$, $Q \subset P$이므로 $p \Longleftrightarrow q$이다.

07-6   명제의 증명   유형 15, 16

(1) 정의와 정리

① **정의**: 용어의 뜻을 명확하게 정한 문장

② **정리**: 참임이 증명된 명제 중에서 기본이 되는 것이나 다른 명제를 증명할 때 이용할 수 있는 것

(2) 명제의 증명

① **대우를 이용한 명제의 증명**: 명제 $p \longrightarrow q$가 참임을 증명할 때 그 대우 $\sim q \longrightarrow \sim p$가 참임을 보여서 증명하는 방법

② **귀류법**: 명제를 증명하는 과정에서 명제 또는 명제의 결론을 부정하여 가정이나 이미 알려진 사실에 모순됨을 보여서 그 명제가 참임을 증명하는 방법

> ● 증명: 명제의 가정과 이미 알려진 성질을 근거로 그 명제가 참임을 논리적으로 밝히는 과정

> ● 명제를 직접 증명하기 어려울 때, 간접적인 방법인 대우를 이용하거나 귀류법을 이용하여 증명할 수 있다.

07-7   절대부등식   유형 17~21

(1) 절대부등식: 부등식의 문자에 어떤 실수를 대입하여도 항상 성립하는 부등식

(2) 부등식의 증명에 이용되는 실수의 성질: a, b가 실수일 때

① $a > b \Longleftrightarrow a - b > 0$ ② $a^2 \geq 0$

③ $a^2 + b^2 \geq 0$ ④ $a^2 + b^2 = 0 \Longleftrightarrow a = b = 0$

⑤ $a > 0$, $b > 0$일 때, $a > b \Longleftrightarrow a^2 > b^2$ ⑥ $|a|^2 = a^2$, $|a||b| = |ab|$, $|a| \geq a$

(3) 여러 가지 절대부등식: a, b, c가 실수일 때

① $a^2 \pm ab + b^2 \geq 0$ (단, 등호는 $a = b = 0$일 때 성립)

② $a^2 + b^2 + c^2 - ab - bc - ca \geq 0$ (단, 등호는 $a = b = c$일 때 성립)

③ $|a| + |b| \geq |a + b|$ (단, 등호는 $ab \geq 0$일 때 성립)

(4) 산술평균과 기하평균의 관계

$a > 0$, $b > 0$일 때, $\dfrac{a+b}{2} \geq \sqrt{ab}$ (단, 등호는 $a = b$일 때 성립)

(5) 코시–슈바르츠의 부등식

a, b, x, y가 실수일 때, $(a^2 + b^2)(x^2 + y^2) \geq (ax + by)^2$ (단, 등호는 $ay = bx$일 때 성립)

> ● 양수 a, b에 대하여 $\dfrac{a+b}{2}$를 a와 b의 산술평균, $\sqrt{ab}$를 a와 b의 기하평균이라 한다.

07-5 충분조건과 필요조건

[0763~0765] 두 조건 p, q가 다음과 같을 때, p는 q이기 위한 어떤 조건인지 말하시오.

0763 p: $|x|<1$, q: $-1\leq x\leq 1$

0764 p: x는 12의 양의 약수, q: x는 4의 양의 약수

0765 p: $x=-1$ 또는 $x=3$, q: $x^2-2x-3=0$

07-6 명제의 증명

0766 다음은 명제 '자연수 a, b에 대하여 $a+b$가 홀수이면 a, b 중 적어도 하나는 홀수이다.'가 성립함을 대우를 이용하여 증명하는 과정이다. 이때 ㈎, ㈏, ㈐에 들어갈 알맞은 것을 구하시오.

> ┌ 증명 ┐
> 주어진 명제의 대우 '자연수 a, b에 대하여 a, b가 모두 ㈎ 이면 $a+b$는 ㈏ 이다.'가 참임을 보이면 된다.
> a, b가 모두 ㈎ 이면
> $a=2k$, $b=2l$ (k, l은 자연수)
> 로 나타낼 수 있으므로
> $a+b=2($ ㈐ $)$
> 이때 ㈐ 은 자연수이므로 $a+b$는 ㈏ 이다.
> 따라서 주어진 명제의 대우가 참이므로 주어진 명제도 참이다.

0767 다음은 명제 '실수 a, b에 대하여 $a^2+b^2=0$이면 $a=0$이고 $b=0$이다.'가 참임을 귀류법으로 증명하는 과정이다. 이때 ㈎, ㈏, ㈐에 들어갈 알맞은 것을 구하시오.

> ┌ 증명 ┐
> 주어진 명제의 결론을 부정하여 $a\neq 0$ 또는 ㈎ 이라 가정하면
> a^2+b^2 ㈏ 0
> 그런데 이것은 a^2+b^2 ㈐ 0이라는 가정에 모순이다.
> 따라서 실수 a, b에 대하여 $a^2+b^2=0$이면 $a=0$이고 $b=0$이다.

07-7 절대부등식

[0768~0771] 다음 중 절대부등식인 것은 'O'를, 절대부등식이 아닌 것은 'x'를 ( ) 안에 써넣으시오.

0768 $x-2\geq 0$　　　　　　　　(　)

0769 $|x-3|>0$　　　　　　　　(　)

0770 $x^2+5>0$　　　　　　　　(　)

0771 $x^2+x+1\geq 0$　　　　　　(　)

0772 다음은 $a>0$, $b>0$일 때, 부등식 $\dfrac{a+b}{2}\geq\sqrt{ab}$가 성립함을 증명하는 과정이다. 이때 ㈎, ㈏, ㈐에 들어갈 알맞은 것을 구하시오.

> ┌ 증명 ┐
> $$\frac{a+b}{2}-\sqrt{ab}=\frac{(\sqrt{a})^2-\boxed{㈎}+(\sqrt{b})^2}{2}$$
> $$=\frac{(\boxed{㈏})^2}{2}\geq 0$$
> $\therefore \dfrac{a+b}{2}\geq\sqrt{ab}$ (단, 등호는 ㈐ 일 때 성립)

[0773~0774] $x>0$일 때, 다음 식의 최솟값을 구하시오.

0773 $x+\dfrac{1}{x}$　　　　　**0774** $9x+\dfrac{4}{x}$

0775 다음은 a, b, x, y가 실수일 때, 부등식 $(a^2+b^2)(x^2+y^2)\geq(ax+by)^2$이 성립함을 증명하는 과정이다. 이때 ㈎, ㈏에 들어갈 알맞은 것을 구하시오.

> ┌ 증명 ┐
> $(a^2+b^2)(x^2+y^2)-(ax+by)^2$
> $=a^2x^2+a^2y^2+b^2x^2+b^2y^2-(a^2x^2+2abxy+b^2y^2)$
> $=b^2x^2-2abxy+a^2y^2$
> $=(\boxed{㈎})^2\geq 0$
> $\therefore (a^2+b^2)(x^2+y^2)\geq(ax+by)^2$
> 이때 등호는 $ay=$ ㈏ 일 때 성립한다.

B 유형 완성

하 10% ⋯⋯ 중 80% ⋯⋯ 상 10%

◇◆ 개념루트 공통수학2 210쪽

유형 01 명제

(1) 참, 거짓을 명확하게 판별할 수 있는 문장이나 식 ➡ 명제이다.
(2) 참, 거짓을 판별할 수 없는 문장이나 식 ➡ 명제가 아니다.

0776 대표 문제

다음 중 명제인 것은?

① $x-1\leq 2x$　　　　② 꽃은 향기롭다.
③ 0은 자연수이다.　　④ x는 5의 약수이다.
⑤ 농구 선수는 키가 크다.

0777 하

다음 중 명제가 <u>아닌</u> 것은?

① $3+4=5$　　　　② $2x-4=0$
③ $x-1=x+2$　　④ $5x=2x+3x$
⑤ $3(x-2)>3x-2$

0778 하

보기에서 명제인 것만을 있는 대로 고른 것은?

┌ 보기 ┐
ㄱ. $x=2$
ㄴ. 5의 배수는 10의 배수이다.
ㄷ. $\sqrt{2}$는 유리수이다.
ㄹ. 아이스크림은 차갑다.
└─────┘

① ㄱ, ㄴ　　　② ㄱ, ㄷ　　　③ ㄴ, ㄷ
④ ㄴ, ㄹ　　　⑤ ㄷ, ㄹ

유형 02 명제와 조건의 부정

(1) p의 부정 ➡ p가 아니다 ➡ $\sim p$
(2) $\sim(\sim p)=p$

참고　• '$x=a$'의 부정 ➡ $x\neq a$
　　　• '$a<x<b$'의 부정 ➡ $x\leq a$ 또는 $x\geq b$
　　　• '또는'의 부정 ➡ 그리고
　　　• '그리고'의 부정 ➡ 또는

0779 대표 문제

두 조건 p: $x^2-3x-4\geq 0$, q: $x^2-1\leq 0$에 대하여 조건 'p 그리고 $\sim q$'의 부정은?

① $x>-1$　　　② $x>4$　　　③ $-1<x<4$
④ $-1\leq x<4$　　⑤ $-1\leq x\leq 4$

0780 하

보기에서 그 부정이 참인 명제인 것만을 있는 대로 고르시오.

┌ 보기 ┐
ㄱ. $3>5$
ㄴ. 2는 소수이다.
ㄷ. 6은 12의 약수가 아니다.
ㄹ. 정사각형은 평행사변형이다.
└─────┘

0781 중

실수 a, b, c에 대하여 다음 중 조건
　　　'$(a-b)^2+(b-c)^2+(c-a)^2\neq 0$'
의 부정과 서로 같은 것은?

① $a=b=c$
② $a\neq b$, $b\neq c$, $c\neq a$
③ $(a-b)(b-c)(c-a)=0$
④ $(a-b)(b-c)(c-a)\neq 0$
⑤ a, b, c 중 서로 다른 것이 적어도 하나 있다.

유형 03 진리집합

두 조건 p, q의 진리집합을 각각 P, Q라 할 때

(1) $\sim p$의 진리집합 ➡ P^C

(2) 'p 또는 q'의 진리집합 ➡ $P \cup Q$

(3) 'p 그리고 q'의 진리집합 ➡ $P \cap Q$

0782 대표 문제

전체집합 $U=\{x \mid |x| \leq 4, x$는 정수$\}$에 대하여 두 조건 p, q가

$$p: x^2+2x-8=0, \quad q: x^3-4x=0$$

일 때, 조건 'p 또는 $\sim q$'의 진리집합을 구하시오.

0783 하

전체집합 $U=\{1, 2, 3, 4, 5, 6, 7\}$에 대하여 조건 p가

$$p: x는 홀수이다.$$

일 때, 조건 $\sim p$의 진리집합의 원소의 개수는?

① 2   ② 3   ③ 4

④ 5   ⑤ 6

0784 중

실수 전체의 집합에서 두 조건 $p: x>2$, $q: x \geq -4$의 진리집합을 각각 P, Q라 할 때, 다음 중 조건 '$-4 \leq x \leq 2$'의 진리집합을 나타내는 것은?

① $P \cup Q$ ② $P \cap Q$ ③ $P^C \cup Q$

④ $P^C \cap Q$ ⑤ $(P \cap Q)^C$

유형 04 명제의 참, 거짓

두 조건 p, q의 진리집합을 각각 P, Q라 할 때

(1) $P \subset Q$이면 명제 $p \longrightarrow q$는 참이다.

(2) $P \not\subset Q$이면 명제 $p \longrightarrow q$는 거짓이다.

참고 명제가 거짓임을 보일 때에는 가정 p는 만족시키지만 결론 q는 만족시키지 않는 예, 즉 반례가 하나라도 있음을 보이면 된다.

0785 대표 문제

다음 중 거짓인 명제는?

① $x=-\sqrt{2}$이면 $x^2=2$이다.

② $x<-2$이면 $x^2-4>0$이다.

③ x, y가 모두 정수이면 $x+y$는 정수이다.

④ x가 10의 양의 약수이면 x는 5의 양의 약수이다.

⑤ 삼각형 ABC에서 $\overline{AB}=\overline{AC}$이면 $\angle B=\angle C$이다.

0786 하

자연수 n에 대하여 다음 중 명제

'n이 소수이면 n^2은 홀수이다.'

가 거짓임을 보이는 반례는?

① 2   ② 3   ③ 5

④ 7   ⑤ 11

0787 중

실수 x, y에 대하여 다음 중 참인 명제는?

① $|x|>2$이면 $x^2>1$이다.

② $x^2=1$이면 $x=1$이다.

③ $xy=0$이면 $x^2+y^2=0$이다.

④ $x+y>0$이면 $xy>0$이다.

⑤ $x^2=y^2$이면 $x=y$이다.

유형 05 **명제의 참, 거짓과 진리집합 사이의 포함 관계**

두 조건 p, q의 진리집합을 각각 P, Q라 할 때
(1) 명제 $p \longrightarrow q$가 참이면 $P \subset Q$이다.
(2) $P \subset Q$이면 명제 $p \longrightarrow q$가 참이다.

0788 대표 문제

전체집합 U에 대하여 두 조건 p, q의 진리집합을 각각 P, Q라 하자. 명제 $q \longrightarrow p$가 참일 때, 다음 중 항상 옳은 것은?

① $P \subset Q^C$ ② $Q \subset P^C$ ③ $P \cap Q = \varnothing$
④ $P \cup Q = U$ ⑤ $P^C \cap Q^C = P^C$

0789 종

전체집합 U에 대하여 두 조건 p, q의 진리집합을 각각 P, Q라 하자. 두 집합 P, Q가 서로소일 때, 다음 중 항상 참인 명제는?

① $p \longrightarrow q$ ② $p \longrightarrow \sim q$ ③ $q \longrightarrow p$
④ $\sim p \longrightarrow q$ ⑤ $\sim q \longrightarrow p$

0790 종

전체집합 U에 대하여 두 조건 p, q의 진리집합을 각각 P, Q라 할 때, 다음 중 명제 'p이면 $\sim q$이다.'가 거짓임을 보이는 원소가 속하는 집합은?

① $P \cap Q$ ② $P \cap Q^C$ ③ $P^C \cap Q$
④ $P^C \cap Q^C$ ⑤ $P^C \cup Q^C$

0791 종

전체집합 U에 대하여 세 조건 p, q, r의 진리집합을 각각 P, Q, R라 하자. 세 집합 P, Q, R 사이의 포함 관계가 오른쪽 벤 다이어그램과 같을 때, 보기에서 항상 참인 명제인 것만을 있는 대로 고르시오.

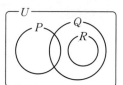

┌ 보기 ┐
ㄱ. $p \longrightarrow \sim r$ ㄴ. $q \longrightarrow \sim p$
ㄷ. $q \longrightarrow r$ ㄹ. $r \longrightarrow q$

0792 상   서술형

전체집합 $U = \{x \mid x$는 10 이하의 자연수$\}$에 대하여 세 조건 p, q, r의 진리집합을 각각 P, Q, R라 하자. 두 조건 p, q가

     p: x는 홀수, q: x는 소수

일 때, 명제 'p 또는 q이면 r이다.'가 참이 되도록 하는 집합 R의 개수를 구하시오.

빈출   ◆◆ 개념루트 공통수학2 218쪽

유형 06 **명제가 참이 되도록 하는 상수 구하기**

두 조건 p, q의 진리집합을 각각 P, Q라 할 때, 명제 $p \longrightarrow q$가 참이 되도록 하는 미지수의 값은 $P \subset Q$가 되도록 두 집합 P, Q를 수직선 위에 나타내어 구한다.

0793 대표 문제

두 조건 p: $|x-1| \leq a$, q: $x \geq -2$에 대하여 명제 $p \longrightarrow q$가 참이 되도록 하는 양수 a의 최댓값을 구하시오.

0794 중

명제 '$a-2 \leq x < a+3$이면 $-1 < x < 5$이다.'가 참이 되도록 하는 실수 a의 값의 범위는?

① $a < 1$　　　② $1 < a \leq 2$　　　③ $1 \leq a < 2$

④ $a > 2$　　　⑤ $a < 1$ 또는 $a \geq 2$

0795 중

두 조건 p: $a \leq x \leq 3$, q: $x < 1$에 대하여 명제 $p \longrightarrow \sim q$가 참이 되도록 하는 실수 a의 최솟값을 구하시오.

0796 중　　　| 학평 기출 |

두 조건 p, q의 진리집합을 각각 P, Q라 하고

$$P = \{x \mid (x+4)(x-5) \leq 0\}, \quad Q = \{x \mid |x| > a\}$$

일 때, 명제 $\sim p \longrightarrow q$가 참이기 위한 자연수 a의 개수는?

① 1　　　② 2　　　③ 3

④ 4　　　⑤ 5

0797 상　　　서술형

세 조건

$$p: -2 \leq x \leq 1 \text{ 또는 } x \geq 3, \quad q: x < a, \quad r: x \geq b$$

에 대하여 두 명제 $\sim q \longrightarrow p$, $p \longrightarrow r$가 모두 참이 되도록 하는 실수 a의 최솟값을 m, 실수 b의 최댓값을 M이라 할 때, $m+M$의 값을 구하시오.

유형 07 '모든'이나 '어떤'을 포함한 명제의 참, 거짓

전체집합 U에 대하여 조건 p의 진리집합을 P라 할 때

(1) 명제 '모든 x에 대하여 p이다.'
 ➡ $P = U$이면 참이고, $P \neq U$이면 거짓이다.
 ➡ p를 만족시키지 않는 x가 하나라도 존재하면 거짓이다.

(2) 명제 '어떤 x에 대하여 p이다.'
 ➡ $P \neq \varnothing$이면 참이고, $P = \varnothing$이면 거짓이다.
 ➡ p를 만족시키는 x가 하나라도 존재하면 참이다.

> **참고** • '모든 x에 대하여 p이다.'의 부정
> 　➡ '어떤 x에 대하여 $\sim p$이다.'
> • '어떤 x에 대하여 p이다.'의 부정
> 　➡ '모든 x에 대하여 $\sim p$이다.'

0798 대표 문제

전체집합 $U = \{-2, -1, 0, 1, 2\}$에 대하여 $x \in U$일 때, 보기에서 참인 명제인 것만을 있는 대로 고른 것은?

> **보기**
> ㄱ. 어떤 x에 대하여 $x^2 - x < 0$이다.
> ㄴ. 모든 x에 대하여 $|x| \geq x$이다.
> ㄷ. 모든 x에 대하여 $2x+1 \geq -3$이다.
> ㄹ. 어떤 x에 대하여 $x-2 > 0$이다.

① ㄱ, ㄴ　　　② ㄱ, ㄹ　　　③ ㄴ, ㄷ

④ ㄴ, ㄹ　　　⑤ ㄷ, ㄹ

0799 중

전체집합 U에 대하여 조건 p의 진리집합을 P라 할 때, 보기에서 항상 옳은 것만을 있는 대로 고른 것은?

(단, $U \neq \varnothing$)

> **보기**
> ㄱ. $P = U$이면 명제 '어떤 x에 대하여 p이다.'는 참이다.
> ㄴ. $P \neq \varnothing$이면 명제 '모든 x에 대하여 p이다.'는 거짓이다.
> ㄷ. $P \neq U$이면 명제 '어떤 x에 대하여 p이다.'는 참이다.

① ㄱ　　　② ㄴ　　　③ ㄷ

④ ㄱ, ㄴ　　　⑤ ㄴ, ㄷ

0800 ⓒ

다음 중 참인 명제는?

① 모든 소수는 홀수이다.
② 모든 실수 x에 대하여 $x^2>0$이다.
③ 어떤 실수 x에 대하여 $x^2<x$이다.
④ 어떤 실수 x에 대하여 $x^2+2x+2<0$이다.
⑤ 모든 무리수 x에 대하여 x^2은 유리수이다.

0801 ⓒ

명제 '어떤 실수 x에 대하여 $x^2-8x+k<0$이다.'의 부정이 참이 되도록 하는 실수 k의 최솟값은?

① -8 ② -4 ③ 2
④ 8 ⑤ 16

◆◇ 개념루트 공통수학2 226쪽

유형 08   명제의 역과 대우의 참, 거짓

(1) 명제 $p \longrightarrow q$에 대하여
　① 역: $q \longrightarrow p$ ② 대우: $\sim q \longrightarrow \sim p$
(2) 명제가 참이면 그 대우도 참이고, 명제가 거짓이면 그 대우도 거짓이다.

0802 대표 문제

실수 x, y, z에 대하여 보기에서 그 역이 참인 명제인 것만을 있는 대로 고른 것은?

┌ 보기 ┐
ㄱ. $x+y<0$이면 $x<0$이고 $y<0$이다.
ㄴ. $x<y$이면 $z-x<z-y$이다.
ㄷ. $|x|+|y|=0$이면 $xy=0$이다.

① ㄱ   ② ㄴ   ③ ㄷ
④ ㄱ, ㄴ   ⑤ ㄴ, ㄷ

0803 ⓒ

두 조건 p, q에 대하여 명제 $p \longrightarrow \sim q$의 역이 참일 때, 다음 중 항상 참인 명제는?

① $p \longrightarrow q$ ② $q \longrightarrow p$ ③ $q \longrightarrow \sim p$
④ $\sim p \longrightarrow q$ ⑤ $\sim p \longrightarrow \sim q$

0804 ⓒ

실수 x, y에 대하여 다음 중 그 대우가 거짓인 명제는?

① $x=2$이고 $y=3$이면 $xy=6$이다.
② $x^2+y^2=0$이면 $x=0$이고 $y=0$이다.
③ $x\leq1$ 또는 $x\geq2$이면 $x^2-3x+2\geq0$이다.
④ $xy>0$이면 $x>0$이고 $y>0$이다.
⑤ $x+y$가 무리수이면 x 또는 y는 무리수이다.

0805 ⓒ

실수 x, y에 대하여 다음 중 그 역과 대우가 모두 참인 명제는?

① $x>0$이면 $x>1$이다.
② $x^2=4$이면 $x=2$이다.
③ $x=y$이면 $x^2=y^2$이다.
④ $x>y$이면 $x^2>y^2$이다.
⑤ $xy\neq0$이면 $x\neq0$이고 $y\neq0$이다.

◇◆ 개념루트 공통수학2 226쪽

유형 09 **명제의 대우를 이용하여 상수 구하기**

두 조건 p, q의 진리집합을 구하는 것보다 $\sim p$, $\sim q$의 진리집합을 구하는 것이 쉬운 경우에는 명제 $p \longrightarrow q$가 참이면 그 대우 $\sim q \longrightarrow \sim p$도 참임을 이용한다.

0806 대표문제

실수 a, b에 대하여 명제

'$a+b<5$이면 $a<k$ 또는 $b<3$이다.'

가 참일 때, 실수 k의 최솟값을 구하시오.

0807 하 | 학평 기출 |

명제 '$x^2-6x+5\neq0$이면 $x-a\neq0$이다.'가 참이 되기 위한 모든 상수 a의 값의 합은?

① 6   ② 7   ③ 8
④ 9   ⑤ 10

0808 중   서술형

두 조건 p: $|x-a|\geq3$, q: $|x-2|\geq1$에 대하여 명제 $p \longrightarrow q$가 참이 되도록 하는 정수 a의 개수를 구하시오.

◇◆ 개념루트 공통수학2 228쪽

유형 10 **삼단논법**

세 조건 p, q, r에 대하여 두 명제 $p \longrightarrow q$, $q \longrightarrow r$가 모두 참이면 명제 $p \longrightarrow r$도 참이다.

0809 대표문제

세 조건 p, q, r에 대하여 두 명제 $r \longrightarrow \sim p$, $\sim r \longrightarrow q$가 모두 참일 때, 다음 명제 중 반드시 참이라고 할 수 <u>없는</u> 것은?

① $p \longrightarrow q$ ② $p \longrightarrow r$ ③ $p \longrightarrow \sim r$
④ $\sim q \longrightarrow r$ ⑤ $\sim q \longrightarrow \sim p$

0810 중

네 조건 p, q, r, s에 대하여 세 명제 $p \longrightarrow \sim q$, $q \longrightarrow r$, $s \longrightarrow q$가 모두 참일 때, 보기에서 항상 참인 명제인 것만을 있는 대로 고르시오.

┌ 보기 ┐
ㄱ. $q \longrightarrow p$ ㄴ. $s \longrightarrow r$ ㄷ. $p \longrightarrow \sim s$

0811 중

네 조건 p, q, r, s에 대하여 두 명제 $p \longrightarrow q$, $r \longrightarrow \sim s$가 모두 참일 때, 다음 중 명제 $p \longrightarrow \sim r$가 참임을 보이기 위해 필요한 참인 명제는?

① $p \longrightarrow r$ ② $q \longrightarrow r$ ③ $\sim p \longrightarrow \sim s$
④ $\sim s \longrightarrow q$ ⑤ $\sim s \longrightarrow \sim q$

0812 상

다음 두 명제가 모두 참일 때, 항상 참인 명제는?

⑺ 축구를 좋아하는 학생은 농구를 좋아한다.
⑷ 축구를 좋아하지 않는 학생은 달리기를 좋아하지 않는다.

① 축구를 좋아하는 학생은 달리기를 좋아한다.
② 농구를 좋아하는 학생은 달리기를 좋아한다.
③ 축구를 좋아하지 않는 학생은 농구를 좋아하지 않는다.
④ 농구를 좋아하지 않는 학생은 달리기를 좋아하지 않는다.
⑤ 달리기를 좋아하는 학생은 농구를 좋아하지 않는다.

유형 11 충분조건, 필요조건, 필요충분조건

(1) $p \Longrightarrow q$ ➡ p는 q이기 위한 충분조건
q는 p이기 위한 필요조건
(2) $p \Longleftrightarrow q$ ➡ p는 q이기 위한 필요충분조건

0813 대표 문제

두 조건 p, q에 대하여 다음 중 p가 q이기 위한 필요조건이지만 충분조건은 아닌 것은? (단, x, y는 실수)

① p: $xy=0$ q: $x=0$ 또는 $y=0$
② p: $x^2=y^2$ q: $x=y$
③ p: $x^2+y^2=0$ q: $xy=0$
④ p: $|x|>|y|$ q: $x^2>y^2$
⑤ p: $x \geq 0$, $y \geq 0$ q: $|x+y|=|x|+|y|$

0814 〈중〉

실수 a, b에 대하여 ㈎, ㈏에 들어갈 알맞은 것을 구하시오.

- $ab<0$은 $a<0$ 또는 $b<0$이기 위한 ㈎ 조건이다.
- $ab=0$은 $|a|+|b|=0$이기 위한 ㈏ 조건이다.

0815 〈중〉

두 조건 p, q에 대하여 보기에서 p가 q이기 위한 필요충분조건인 것만을 있는 대로 고른 것은? (단, x, y는 실수)

보기
ㄱ. p: $|xy|=xy$ q: $x>0$, $y>0$
ㄴ. p: $|x|=y$ q: $x^2=y^2$
ㄷ. p: $x \neq y$ q: $x^3 \neq y^3$
ㄹ. p: $x+y>0$ q: $x^2+y^2>0$

① ㄱ   ② ㄷ   ③ ㄱ, ㄹ
④ ㄴ, ㄷ   ⑤ ㄴ, ㄹ

유형 12 충분조건, 필요조건과 명제의 참, 거짓

(1) p는 q이기 위한 충분조건이면 명제 $p \longrightarrow q$는 참이다.
(2) p는 q이기 위한 필요조건이면 명제 $q \longrightarrow p$는 참이다.

0816 대표 문제

세 조건 p, q, r에 대하여 p는 q이기 위한 충분조건이고 $\sim r$는 $\sim p$이기 위한 필요조건일 때, 보기에서 항상 참인 명제인 것만을 있는 대로 고르시오.

보기
ㄱ. $p \longrightarrow q$ ㄴ. $r \longrightarrow \sim p$ ㄷ. $\sim q \longrightarrow \sim r$

0817 〈중〉

세 조건 p, q, r에 대하여 q는 p이기 위한 필요조건이고 r는 $\sim q$이기 위한 충분조건일 때, 다음 중 옳지 <u>않은</u> 것은?

① p는 $\sim r$이기 위한 충분조건이다.
② q는 $\sim r$이기 위한 충분조건이다.
③ q는 r이기 위한 필요조건이다.
④ $\sim p$는 $\sim q$이기 위한 필요조건이다.
⑤ $\sim p$는 r이기 위한 필요조건이다.

유형 13 충분조건, 필요조건과 진리집합 사이의 관계

두 조건 p, q의 진리집합을 각각 P, Q라 할 때
(1) p는 q이기 위한 충분조건이면 $p \Longrightarrow q$이므로 $P \subset Q$
(2) p는 q이기 위한 필요조건이면 $q \Longrightarrow p$이므로 $Q \subset P$
(3) p는 q이기 위한 필요충분조건이면 $p \Longleftrightarrow q$이므로 $P=Q$

0818 대표 문제

전체집합 U에 대하여 두 조건 p, q의 진리집합을 각각 P, Q라 하자. q는 p이기 위한 필요조건일 때, 다음 중 항상 옳은 것은?

① $P \cup Q=P$ ② $P \cap Q=Q$ ③ $Q-P=\varnothing$
④ $P \cup Q^C=U$ ⑤ $P \cap Q^C=\varnothing$

0819 (중)

전체집합 U에 대하여 세 조건 p, q, r의 진리집합을 각각 P, Q, R라 하자. p는 q이기 위한 충분조건이고 $\sim q$는 $\sim r$이기 위한 필요조건일 때, 다음 중 옳지 <u>않은</u> 것은?

① $P \subset Q$ ② $P \subset R$ ③ $R^C \subset Q^C$
④ $P \subset (Q \cup R)$ ⑤ $(Q \cap R) \subset P$

0820 (중)

전체집합 U에 대하여 세 조건 p, q, r의 진리집합을 각각 P, Q, R라 하자. 세 집합 P, Q, R 사이의 포함 관계가 오른쪽 벤 다이어그램과 같을 때, 보기에서 항상 옳은 것만을 있는 대로 고른 것은?

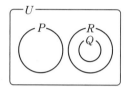

┌ **보기** ─────────────────────
│ ㄱ. p는 $\sim r$이기 위한 충분조건이다.
│ ㄴ. $\sim q$는 p이기 위한 필요조건이다.
│ ㄷ. $\sim r$는 $\sim q$이기 위한 필요조건이다.
└──────────────────────────

① ㄱ   ② ㄴ   ③ ㄱ, ㄴ
④ ㄱ, ㄷ   ⑤ ㄴ, ㄷ

0821 (상)

전체집합 U에 대하여 세 조건 p, q, r의 진리집합을 각각 P, Q, R라 하자. $(P-Q) \cup (Q-R^C) = \varnothing$이 성립할 때, 다음 중 항상 옳은 것은? (단, P, Q, R는 공집합이 아니다.)

① p는 q이기 위한 필요조건이다.
② q는 r이기 위한 충분조건이다.
③ r는 p이기 위한 필요조건이다.
④ $\sim p$는 r이기 위한 충분조건이다.
⑤ $\sim r$는 p이기 위한 필요조건이다.

 빈출

◆ 개념루트 공통수학 2 234쪽

유형 14 **충분조건, 필요조건이 되도록 하는 상수 구하기**

충분조건, 필요조건을 만족시키는 두 조건 p, q의 진리집합 사이의 포함 관계를 이용한다.

0822 (대표 문제)

두 조건 p: $x^2-3x-4 \leq 0$, q: $|x-a|<1$에 대하여 q가 p이기 위한 충분조건이 되도록 하는 정수 a의 개수를 구하시오.

0823 (중)

$x-2 \neq 0$이 $x^2-ax-8 \neq 0$이기 위한 필요조건일 때, 상수 a의 값을 구하시오.

0824 (중)

| 학평 기출 |

실수 x에 대한 두 조건 p, q가 다음과 같다.

　　p: $x^2-4x-12=0$,
　　q: $|x-3|>k$

p가 $\sim q$이기 위한 충분조건이 되도록 하는 자연수 k의 최솟값은?

① 3   ② 4   ③ 5
④ 6   ⑤ 7

0825 (상)

서술형

세 조건 p: $-2<x<3$ 또는 $x>5$, q: $x \geq a$, r: $x \leq b$에 대하여 q는 p이기 위한 필요조건이고 $\sim r$는 p이기 위한 충분조건일 때, 실수 a의 최댓값과 실수 b의 최솟값의 합을 구하시오.

유형 15 **대우를 이용한 증명**

명제 'p이면 q이다.'가 참임을 직접 증명하기 어려울 때에는 그 대우 '$\sim q$이면 $\sim p$이다.'가 참임을 보여 증명한다.

0826 대표 문제

다음은 명제 '자연수 n에 대하여 n^2이 3의 배수이면 n도 3의 배수이다.'가 참임을 대우를 이용하여 증명하는 과정이다. 이때 (가), (나), (다)에 들어갈 알맞은 것을 구하시오.

┌ 증명 ┐
주어진 명제의 대우 '자연수 n에 대하여 n이 3의 배수가 아니면 n^2도 3의 배수가 아니다.'가 참임을 보이면 된다.
n이 3의 배수가 아니면
$n=$ (가) 또는 $n=3k-1$ (k는 자연수)
로 나타낼 수 있으므로
$n^2=3($ (나) $)+1$ 또는 $n^2=3($ (다) $)+1$
이때 (나) , (다) 는 0 또는 자연수이므로 n^2은 3의 배수가 아니다.
따라서 주어진 명제의 대우가 참이므로 주어진 명제도 참이다.

0827 ⑧

다음은 명제 '자연수 x, y에 대하여 xy가 짝수이면 x, y 중 적어도 하나는 짝수이다.'가 참임을 대우를 이용하여 증명하는 과정이다. 이때 (가), (나), (다)에 들어갈 알맞은 것을 차례대로 나열한 것은?

┌ 증명 ┐
주어진 명제의 대우 '자연수 x, y에 대하여 x, y가 모두 (가) 이면 xy도 (가) 이다.'가 참임을 보이면 된다.
x, y가 모두 (가) 이면
$x=2m-1, y=$ (나) (m, n은 자연수)
로 나타낼 수 있으므로
$xy=(2m-1)($ (나) $)=2($ (다) $)+1$
이때 (다) 은 0 또는 자연수이므로 xy는 (가) 이다.
따라서 주어진 명제의 대우가 참이므로 주어진 명제도 참이다.

① 홀수, $2n$, $2mn-n$
② 홀수, $2n-1$, $2mn-m-n$
③ 홀수, $2n+1$, $2mn+m-n$
④ 짝수, $2n$, $2mn-n$
⑤ 짝수, $2n-1$, $2mn-m-n$

유형 16 **귀류법을 이용한 증명**

직접 증명하기 어려운 명제는 명제 또는 명제의 결론을 부정하여 가정이나 이미 알려진 사실에 모순됨을 보여 원래의 명제가 참임을 증명한다.

0828 대표 문제

다음은 $\sqrt{2}$가 무리수임을 귀류법을 이용하여 증명하는 과정이다. 이때 (가), (나), (다)에 들어갈 알맞은 것을 구하시오.

┌ 증명 ┐
$\sqrt{2}$가 (가) 라 가정하면
$\sqrt{2}=\dfrac{a}{b}$ (a, b는 서로소인 자연수)
로 나타낼 수 있다.
양변을 제곱하여 정리하면
$a^2=2b^2$ ····· ㉠
이때 a^2이 (나) 이므로 a도 (나) 이다.
a가 짝수이면 $a=$ (다) (k는 자연수)로 나타낼 수 있으므로 ㉠에 대입하면
$($ (다) $)^2=2b^2$　　∴ $b^2=2k^2$
이때 b^2이 (나) 이므로 b도 (나) 이다.
그런데 a, b가 모두 (나) 이면 a, b가 서로소라는 가정에 모순이므로 $\sqrt{2}$는 무리수이다.

0829 ⑧

다음은 $\sqrt{5}$가 무리수임을 이용하여 명제 '유리수 a, b에 대하여 $a+b\sqrt{5}=0$이면 $a=b=0$이다.'가 참임을 귀류법을 이용하여 증명하는 과정이다. 이때 (가), (나), (다)에 들어갈 알맞은 것을 차례대로 나열한 것은?

┌ 증명 ┐
$b\neq0$이라 가정하면 $a+b\sqrt{5}=0$에서
$\sqrt{5}=-\dfrac{a}{b}$
a, b가 유리수이므로 $-\dfrac{a}{b}$, 즉 $\sqrt{5}$는 유리수이다.
이는 $\sqrt{5}$가 (가) 라는 사실에 모순이므로 (나) 이다.
$a+b\sqrt{5}=0$에 (나) 을 대입하면 $a=0$이다.
따라서 유리수 a, b에 대하여 $a+b\sqrt{5}=0$이면 (다) 이다.

① 유리수, $b=0$, $a=b$
② 유리수, $b=0$, $a=b=0$
③ 무리수, $a=0$, $a=b$
④ 무리수, $a=0$, $a=b=0$
⑤ 무리수, $b=0$, $a=b=0$

◈◆ 개념루트 공통수학2 244쪽

유형 17 절대부등식의 증명

두 실수 A, B에 대하여 부등식 $A \geq B$가 성립함을 증명할 때

(1) A, B가 다항식이면
→ $A - B$를 완전제곱식으로 변형하여 (실수)$^2 \geq 0$임을 이용한다.

(2) A, B가 절댓값 기호나 근호를 포함한 식이면
→ $A \geq B$의 양변을 제곱하여 $A^2 - B^2 \geq 0$임을 보인다.

이때 등호가 포함되면 등호가 성립하는 경우도 보인다.

0830 대표 문제

다음은 실수 x, y에 대하여 부등식 $x^2 + 3y^2 \geq 2xy$가 성립함을 증명하는 과정이다. 이때 ㈎, ㈏, ㈐에 들어갈 알맞은 것을 구하시오.

┌ 증명 ┐
$x^2 + 3y^2 - 2xy = (\boxed{\quad ㈎ \quad})^2 + 2y^2 \geq 0$

$\therefore x^2 + 3y^2 \boxed{\ ㈏\ } 2xy$

이때 등호는 $x = y = \boxed{\ ㈐\ }$ 일 때 성립한다.

0831 ⟨중⟩

실수 x, y에 대하여 보기에서 항상 참인 것만을 있는 대로 고르시오.

┌ 보기 ┐
ㄱ. $x^2 + 16 > 8x$
ㄴ. $x^2 - xy + y^2 \geq 0$
ㄷ. $x + y > \sqrt{x^2 + y^2}$ (단, $x > 0$, $y > 0$)

0832 ⟨중⟩

다음은 양수 a, b에 대하여 부등식 $\sqrt{ab} \geq \dfrac{2ab}{a+b}$가 성립함을 증명하는 과정이다. 이때 ㈎, ㈏에 들어갈 알맞은 것을 구하시오.

┌ 증명 ┐
$\sqrt{ab} - \dfrac{2ab}{a+b} = \dfrac{\sqrt{ab}(a+b) - 2ab}{a+b} = \dfrac{\sqrt{ab}(\boxed{\ ㈎\ })^2}{a+b} \geq 0$

$\therefore \sqrt{ab} \geq \dfrac{2ab}{a+b}$

이때 등호는 $\boxed{\ ㈏\ }$ 일 때 성립한다.

0833 ⟨중⟩

다음은 실수 a, b에 대하여 부등식 $|a| + |b| \geq |a+b|$가 성립함을 증명하는 과정이다. 이때 ㈎, ㈏에 들어갈 알맞은 것을 차례대로 나열한 것은?

┌ 증명 ┐
$(|a| + |b|)^2 - |a+b|^2 = 2(\boxed{\ ㈎\ }) \geq 0$

따라서 $(|a| + |b|)^2 \geq |a+b|^2$이다.

그런데 $|a| + |b| \geq 0$, $|a+b| \geq 0$이므로

$|a| + |b| \geq |a+b|$

이때 등호는 $\boxed{\ ㈏\ }$ 일 때 성립한다.

① $ab - |ab|$, $ab \geq 0$ ② $ab - |ab|$, $ab \leq 0$
③ $ab + |ab|$, $ab \geq 0$ ④ $|ab| - ab$, $ab \geq 0$
⑤ $|ab| - ab$, $ab \leq 0$

◈◆ 개념루트 공통수학2 246쪽

빈출

유형 18 산술평균과 기하평균의 관계
－합 또는 곱이 일정한 경우

$a > 0$, $b > 0$일 때, $a + b \geq 2\sqrt{ab}$이므로

(1) $a + b = k$이면 $\sqrt{ab} \leq \dfrac{k}{2}$ (단, 등호는 $a = b$일 때 성립)
→ 등호가 성립할 때 ab는 최댓값을 갖는다.

(2) $ab = k$이면 $a + b \geq 2\sqrt{k}$ (단, 등호는 $a = b$일 때 성립)
→ 등호가 성립할 때 $a + b$는 최솟값을 갖는다.

0834 대표 문제

양수 x, y에 대하여 $3x + 4y = 24$일 때, xy의 최댓값을 α, 그때의 x, y의 값을 각각 β, γ라 하자. 이때 $\alpha + \beta + \gamma$의 값을 구하시오.

0835 ⟨하⟩

양수 a, b에 대하여 $ab = 8$일 때, $2a + 4b$의 최솟값은?

① 12 ② 14 ③ 16
④ 18 ⑤ 20

0836 ⑧

양수 a, b에 대하여 $a^2+4b^2=8$일 때, ab의 최댓값을 p, 그때의 a, b의 값을 각각 q, r라 하자. 이때 $p+q-r$의 값을 구하시오.

0837 ⑧

양수 a, b에 대하여 $4a+3b=12$일 때, $\dfrac{3}{a}+\dfrac{4}{b}$의 최솟값을 구하시오.

◇◆ 개념루트 공통수학2 248쪽

유형 19 산술평균과 기하평균의 관계
－식을 전개하거나 변형하는 경우

두 식의 곱이 상수가 되도록 식을 전개 또는 변형한 후 산술평균과 기하평균의 관계를 이용한다.
➡ $\dfrac{b}{a}+\dfrac{a}{b}\ (a>0,\ b>0)$ 또는 $f(x)+\dfrac{1}{f(x)}\ (f(x)>0)$ 꼴을 포함하도록 식을 변형한다.

0838 대표문제

양수 a, b에 대하여 $\left(a+\dfrac{1}{b}\right)\left(b+\dfrac{9}{a}\right)$는 $ab=p$일 때, 최솟값 q를 갖는다. 이때 $p+q$의 값은?

① 15 　　　　② 16 　　　　③ 17
④ 18 　　　　⑤ 19

0839 ⑧ 　　　　　　　　　　　서술형

$x>-2$일 때, $x+\dfrac{16}{x+2}$의 최솟값을 m, 그때의 x의 값을 n이라 하자. 이때 mn의 값을 구하시오.

0840 ⑧

$a>0$, $b>0$, $c>0$일 때, $\dfrac{a+b}{c}+\dfrac{b+c}{a}+\dfrac{c+a}{b}$의 최솟값은?

① 4 　　　　② 5 　　　　③ 6
④ 7 　　　　⑤ 8

0841 ⑧

이차방정식 $x^2-2x+a=0$이 허근을 가질 때, 실수 a에 대하여 $4a+\dfrac{1}{a-1}$의 최솟값을 구하시오.

0842 ⑧ 　　　　　　　　　　　| 학평 기출 |

$x>0$인 실수 x에 대하여

$$4x+\dfrac{a}{x}\ (a>0)$$

의 최솟값이 2일 때, 상수 a의 값은?

① $\dfrac{1}{4}$ 　　　　② $\dfrac{1}{2}$ 　　　　③ $\dfrac{3}{4}$
④ 1 　　　　⑤ $\dfrac{5}{4}$

0843 ⑧

$a>b$이고 $c>0$일 때, $(a-b+c)\left(\dfrac{1}{a-b}+\dfrac{1}{c}\right)$의 최솟값을 구하시오.

0844 ⓢ

$x > 4$일 때, $\dfrac{x^2 - 4x + 9}{x - 4}$의 최솟값을 구하시오.

◈ 개념루트 공통수학2 250쪽

유형 20 **코시–슈바르츠의 부등식**

a, b, x, y가 실수일 때, $(a^2 + b^2)(x^2 + y^2) \geq (ax + by)^2$이 항상 성립함을 이용한다. (단, 등호는 $ay = bx$일 때 성립)

0845 [대표 문제]

실수 x, y에 대하여 $x^2 + y^2 = 13$일 때, $2x + 3y$의 최댓값을 구하시오.

0846 ⓗ

실수 x, y에 대하여 $\dfrac{x}{3} + \dfrac{y}{4} = \dfrac{5}{4}$일 때, $x^2 + y^2$의 최솟값은?

① 1   ② 4   ③ 9
④ 16   ⑤ 25

0847 ⓜ

실수 x, y에 대하여 $x^2 + y^2 = 5$일 때, $x^2 + x + y^2 + 2y$의 최댓값을 구하시오.

◈ 개념루트 공통수학2 252쪽

유형 21 **절대부등식의 도형에의 활용**

선분의 길이는 양수이므로 조건을 만족시키는 식을 세운 후 산술평균과 기하평균의 관계 또는 코시–슈바르츠 부등식을 이용한다.

0848 [대표 문제]

길이가 80 m인 철망을 모두 사용하여 오른쪽 그림과 같이 3개의 작은 직사각형으로 이루어진 구역을 만들려고 한다. 이때 구역의 전체 넓이의 최댓값을 구하시오. (단, 철망의 두께는 무시한다.)

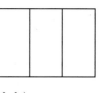

0849 ⓜ

서술형 ⓞ

오른쪽 그림과 같이 반지름의 길이가 $\sqrt{2}$인 원에 내접하는 직사각형의 둘레의 길이의 최댓값을 구하시오.

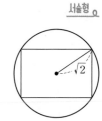

0850 ⓜ

| 학평 기출 |

$\angle C = 90°$인 직각삼각형 ABC에 대하여 삼각형 ABC의 넓이가 16일 때, $\overline{AB}^2$의 최솟값은?

① 48   ② 56   ③ 64
④ 72   ⑤ 80

AB 유형 점검

0851 유형 01

다음 중 명제가 <u>아닌</u> 것은?

① $x+3=2x+1$
② $2x+1>2(x-3)$
③ 4의 배수는 2의 배수이다.
④ 12는 20의 약수이다.
⑤ 삼각형의 세 내각의 크기의 합은 $180°$이다.

0852 유형 02

두 조건 p: $x>1$, q: $x\geq5$에 대하여 조건 '$\sim p$ 또는 q'의 부정은?

① $x\leq1$ ② $x<5$ ③ $1<x<5$
④ $1<x\leq5$ ⑤ $1\leq x\leq5$

0853 유형 03

전체집합 $U=\{x\,|\,x$는 10 이하의 자연수$\}$에 대하여 두 조건 p, q가

    p: x는 소수, q: x는 짝수

일 때, 조건 'p 그리고 $\sim q$'의 진리집합의 모든 원소의 합을 구하시오.

0854 유형 04

x, y, z가 실수일 때, 보기에서 참인 명제인 것만을 있는 대로 고른 것은?

> 보기
> ㄱ. $x^2+y^2=0$이면 $xy=0$이다.
> ㄴ. $xy=yz=zx=0$이면 $x=y=z=0$이다.
> ㄷ. $x+y=2$, $x^2+y^2=2$이면 $x=y=1$이다.

① ㄱ   ② ㄷ   ③ ㄱ, ㄴ
④ ㄱ, ㄷ   ⑤ ㄱ, ㄴ, ㄷ

0855 유형 05

전체집합 U에 대하여 두 조건 p, q의 진리집합을 각각 P, Q라 하자. 명제 $p \longrightarrow \sim q$가 참일 때, 다음 중 항상 옳은 것은?

① $P\subset Q$ ② $Q\subset P$ ③ $P\cap Q=\varnothing$
④ $P\cup Q=U$ ⑤ $P-Q=\varnothing$

0856 유형 07

전체집합 $U=\{1,\ 2,\ 4,\ 8\}$에 대하여 $x\in U$일 때, 다음 중 거짓인 명제는?

① 모든 x에 대하여 $x+2\leq10$이다.
② 모든 x에 대하여 $2x\in U$이다.
③ 모든 x에 대하여 x는 8의 양의 약수이다.
④ 어떤 x에 대하여 $\sqrt{x}$는 유리수이다.
⑤ 어떤 x에 대하여 x는 홀수이다.

0857 유형 08

실수 x, y에 대하여 다음 중 그 역이 거짓인 명제는?

① $x^2=1$이면 $x=1$이다.
② xy가 유리수이면 x, y는 모두 유리수이다.
③ $x+y$가 짝수이면 xy는 홀수이다.
④ $x+y \leq 6$이면 $x \leq 3$이고 $y \leq 3$이다.
⑤ $x>0$ 또는 $y>0$이면 $x^2+y^2>0$이다.

0858 유형 09

실수 x, y에 대하여 명제

'$x+y>10$이면 $x>-2$ 또는 $y>a$이다.'

가 참일 때, 실수 a의 최댓값을 구하시오.

0859 유형 10

세 조건 p, q, r에 대하여 두 명제 $p \longrightarrow r$, $q \longrightarrow \sim r$가 모두 참일 때, 다음 명제 중 반드시 참이라고 할 수 없는 것은?

① $p \longrightarrow \sim q$ ② $q \longrightarrow \sim p$ ③ $r \longrightarrow \sim q$
④ $\sim p \longrightarrow q$ ⑤ $\sim r \longrightarrow \sim p$

0860 유형 11

두 조건 p, q에 대하여 다음 중 p가 q이기 위한 필요조건이지만 충분조건은 아닌 것은? (단, x는 실수)

① $p: x^3=1$ $q: x^2=1$
② $p: x^2=9$ $q: |x|=3$
③ $p: x^2>4$ $q: x>2$
④ $p: x+2=3$ $q: x^2-2x+1=0$
⑤ $p: x$, y는 모두 정수 $q: x+y$는 정수

0861 유형 12

세 조건 p, q, r에 대하여 두 명제 $p \longrightarrow \sim q$, $\sim r \longrightarrow q$가 모두 참일 때, 보기에서 옳은 것만을 있는 대로 고른 것은?

> 보기
> ㄱ. p는 r이기 위한 충분조건이다.
> ㄴ. q는 $\sim p$이기 위한 필요조건이다.
> ㄷ. r는 $\sim q$이기 위한 필요조건이다.

① ㄱ ② ㄴ ③ ㄱ, ㄷ
④ ㄴ, ㄷ ⑤ ㄱ, ㄴ, ㄷ

0862 유형 13

전체집합 U에 대하여 세 조건 p, q, r의 진리집합을 각각 P, Q, R라 하자. p는 q이기 위한 필요조건이고 p는 r이기 위한 충분조건일 때, 다음 중 항상 옳은 것은?

① $P=Q=R$ ② $P \subset Q \subset R$ ③ $P \subset R \subset Q$
④ $Q \subset P \subset R$ ⑤ $Q \subset R \subset P$

0863 유형 14 | 학평 기출 |

실수 x에 대한 두 조건

$p: |x| \leq n$,
$q: x^2+2x-8 \leq 0$

에 대하여 p가 q이기 위한 필요조건이 되도록 하는 자연수 n의 최솟값은?

① 1 ② 2 ③ 3
④ 4 ⑤ 5

0864 유형 17

다음은 $a>b>0$일 때, 부등식 $\sqrt{a-b}>\sqrt{a}-\sqrt{b}$가 성립함을 증명하는 과정이다. 이때 (가), (나), (다)에 들어갈 알맞은 것을 구하시오.

> **증명**
> $(\sqrt{a-b})^2-(\sqrt{a}-\sqrt{b})^2=2\sqrt{ab}-2b$
> $\qquad\qquad\qquad\qquad\quad=2\sqrt{b}(\boxed{\text{(가)}})>0$
> 따라서 $(\sqrt{a-b})^2>(\sqrt{a}-\sqrt{b})^2$이다.
> 그런데 $\sqrt{a-b}\boxed{\text{(나)}}0$, $\sqrt{a}-\sqrt{b}\boxed{\text{(다)}}0$이므로
> $\sqrt{a-b}>\sqrt{a}-\sqrt{b}$

0865 유형 19

양수 a에 대하여 $\left(a-\dfrac{2}{a}\right)\left(2a-\dfrac{1}{a}\right)$의 최솟값을 m, 그때의 a의 값을 α라 할 때, $m+\alpha$의 값을 구하시오.

0866 유형 20

실수 x, y에 대하여 $4x^2+y^2=10$일 때, $2x+3y$의 최댓값과 최솟값의 차를 구하시오.

0867 유형 21 | 학평 기출 |

양수 m에 대하여 직선 $y=mx+2m+3$이 x축, y축과 만나는 점을 각각 A, B라 하자. 삼각형 OAB의 넓이의 최솟값은? (단, O는 원점이다.)

① 8   ② 9   ③ 10
④ 11   ⑤ 12

서술형

0868 유형 06

두 조건 p: $|x-1|>k$, q: $|x+1|\leq 5$에 대하여 명제 $\sim p \longrightarrow q$가 참이 되도록 하는 양수 k의 최댓값을 구하시오.

0869 유형 15

명제 '자연수 n에 대하여 n^2이 홀수이면 n도 홀수이다.'가 참임을 대우를 이용하여 증명하시오.

0870 유형 18

양수 x, y에 대하여 $x+y=16$일 때, $\dfrac{x^2+4}{x}+\dfrac{y^2+4}{y}$의 최솟값을 구하시오.

C 실력 향상

하 ···· 중 ···· 상 100%

0871

| 학평 기출 |

실수 x에 대한 두 조건

$$p: |x-k| \leq 2,\ q: x^2-4x-5 \leq 0$$

이 있다. 명제 $p \longrightarrow q$와 명제 $p \longrightarrow \sim q$가 모두 거짓이 되도록 하는 모든 정수 k의 값의 합은?

① 14　　　　② 16　　　　③ 18

④ 20　　　　⑤ 22

0872

| 학평 기출 |

실수 x에 대한 두 조건

$$p: x^2+2ax+1 \geq 0,$$
$$q: x^2+2bx+9 \leq 0$$

이 있다. 다음 두 문장이 모두 참인 명제가 되도록 하는 정수 a, b의 순서쌍 (a, b)의 개수는?

- 모든 실수 x에 대하여 p이다.
- p는 $\sim q$이기 위한 충분조건이다.

① 15　　　　② 18　　　　③ 21

④ 24　　　　⑤ 27

0873

양수 x, y에 대하여 $2x+3y=8$일 때, $\sqrt{2x}+\sqrt{3y}$의 최댓값은?

① $\sqrt{2}$　　　　② 2　　　　③ $2\sqrt{2}$

④ 4　　　　⑤ $4\sqrt{2}$

0874

실수 x, y, z에 대하여 $x-y-2z=-3$, $x^2+y^2+z^2=9$일 때, x의 최댓값은?

① -2　　　　② -1　　　　③ 0

④ 1　　　　⑤ 2

◐ 기출 BOOK 38쪽

III

함수와 그래프

08-1 함수

유형 01~05 ㅣ개념➕

집합 X의 원소 중에서 대응하지 않고 남아 있는 원소가 있거나 집합 X의 한 원소에 집합 Y의 원소가 두 개 이상 대응하면 그 대응은 함수가 아니다.

(1) 대응

공집합이 아닌 두 집합 X, Y에 대하여 X의 원소에 Y의 원소를 짝 지어 주는 것을 집합 X에서 집합 Y로의 **대응**이라 한다. 이때 집합 X의 원소 x에 집합 Y의 원소 y가 짝 지어지면 x에 y가 대응한다고 하고, 이것을 기호로 $x \longrightarrow y$와 같이 나타낸다.

(2) 함수

공집합이 아닌 두 집합 X, Y에 대하여 X의 각 원소에 Y의 원소가 오직 하나씩 대응할 때, 이 대응을 집합 X에서 집합 Y로의 함수라 하고, 이 함수 f를 기호로 $f : X \longrightarrow Y$와 같이 나타낸다.

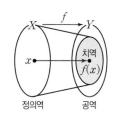

① **정의역**: 집합 X
② **공역**: 집합 Y
③ **치역**: 함숫값 전체의 집합, 즉 $\{f(x)|x \in X\}$

> **참고** 함수 f의 정의역이나 공역이 주어지지 않은 경우 정의역은 $f(x)$가 정의되는 모든 실수 x의 집합으로, 공역은 실수 전체의 집합으로 한다.

(3) 서로 같은 함수

두 함수 f, g의 정의역과 공역이 각각 같고, 정의역의 모든 원소 x에 대하여 $f(x)=g(x)$일 때, 두 함수 f와 g는 서로 같다고 하고, 기호로 $f=g$와 같이 나타낸다.

두 함수 f, g가 서로 같지 않을 때, 기호로 $f \neq g$와 같이 나타낸다.

(4) 함수의 그래프

함수 $f : X \longrightarrow Y$에서 정의역 X의 각 원소 x와 이에 대응하는 함숫값 $f(x)$의 순서쌍 $(x, f(x))$ 전체의 집합 $\{(x, f(x))|x \in X\}$를 함수 f의 그래프라 한다.

함수의 그래프는 정의역의 각 원소 k에 대하여 y축에 평행한 직선 $x=k$와 오직 한 점에서 만난다.

> **참고** 함수 $y=f(x)$의 정의역과 공역이 실수 전체의 부분집합일 때, 함수의 그래프는 순서쌍 $(x, f(x))$를 좌표로 하는 점을 좌표평면 위에 나타내어 그릴 수 있다.

08-2 여러 가지 함수

유형 06~10

(1) 일대일함수: 함수 $f : X \longrightarrow Y$에서 정의역 X의 임의의 두 원소 x_1, x_2에 대하여 $x_1 \neq x_2$이면 $f(x_1) \neq f(x_2)$인 함수

일대일함수의 그래프는 치역의 각 원소 k에 대하여 x축에 평행한 직선 $y=k$와 오직 한 점에서 만난다.

> **참고** 함수 f가 일대일함수임을 보이기 위해서는 '$x_1 \neq x_2$이면 $f(x_1) \neq f(x_2)$' 또는 그 대우 '$f(x_1)=f(x_2)$이면 $x_1=x_2$'가 침임을 보이면 된다.

(2) 일대일대응: 함수 $f : X \longrightarrow Y$가 일대일함수이고 치역과 공역이 같은 함수

(3) 항등함수: 함수 $f : X \longrightarrow X$에서 정의역 X의 임의의 원소 x에 대하여 $f(x)=x$인 함수

(4) 상수함수: 함수 $f : X \longrightarrow Y$에서 정의역 X의 모든 원소 x에 공역 Y의 오직 하나의 원소 c가 대응하는 함수, 즉 $f(x)=c$ (c는 상수)인 함수

일대일대응이면 일대일함수이지만 일대일함수라고 해서 모두 일대일대응인 것은 아니다.

항등함수는 모두 일대일대응이고, 상수함수의 치역은 원소가 1개인 집합이다.

예

일대일함수

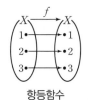
일대일대응

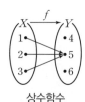
항등함수

상수함수

08-1 함수

[0875~0878] 다음 대응이 집합 X에서 집합 Y로의 함수인지 아닌지 말하고, 함수인 경우 정의역, 공역, 치역을 구하시오.

0875

0876

0877

0878

[0879~0880] 두 집합 $X=\{-1, 0, 1\}$, $Y=\{-1, 0, 1, 2, 3\}$에 대하여 함수 $f : X \longrightarrow Y$가 다음과 같을 때, 함수 f의 치역을 구하시오.

0879 $f(x)=-2x+1$

0880 $f(x)=x^3+2$

[0881~0884] 다음 함수의 치역을 구하시오.

0881 $y=3x+5$

0882 $y=(x-3)^2$

0883 $y=-x^2+2$

0884 $y-|2x|-7$

[0885~0886] 집합 $X=\{-1, 1\}$을 정의역으로 하는 다음 두 함수 f, g가 서로 같은 함수인지 아닌지 말하시오.

0885 $f(x)=x^2$, $g(x)=|x|$

0886 $f(x)=x-1$, $g(x)=2x$

08-2 여러 가지 함수

[0887~0890] 정의역과 공역이 모두 집합 $\{1, 2, 3, 4\}$인 보기의 함수의 그래프 중에서 다음에 해당하는 것만을 있는 대로 고르시오.

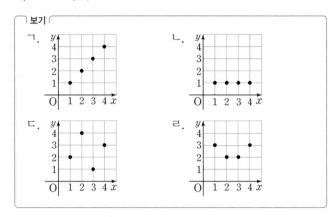

0887 일대일함수

0888 일대일대응

0889 항등함수

0890 상수함수

[0891~0894] 보기의 함수 중에서 다음에 해당하는 것만을 있는 대로 고르시오.

보기
ㄱ. $y=1$ ㄴ. $y=x$
ㄷ. $y=-x+1$ ㄹ. $y=x^2$

0891 일대일함수

0892 일대일대응

0893 항등함수

0894 상수함수

08-3 합성함수

유형 11~15, 19, 21

(1) 합성함수

두 함수 $f : X \longrightarrow Z$, $g : Z \longrightarrow Y$가 주어질 때, 집합 X의 각
원소 x에 집합 Y의 원소 $g(f(x))$를 대응시키는 함수를 f와 g
의 **합성함수**라 하고, 기호로 $g \circ f$와 같이 나타낸다. 즉,

$$g \circ f : X \longrightarrow Y, \ (g \circ f)(x) = g(f(x))$$

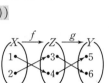

예 오른쪽 그림과 같은 두 함수 f, g에 대하여
$(g \circ f)(1) = g(f(1)) = g(4) = 5$
$(g \circ f)(2) = g(f(2)) = g(3) = 6$

> 함수 f의 치역이 함수 g의 정의역
> 의 부분집합일 때 합성함수 $g \circ f$
> 를 정의할 수 있다.

(2) 합성함수의 성질

세 함수 f, g, h에 대하여

① $g \circ f \neq f \circ g$ → 교환법칙이 성립하지 않는다.

② $h \circ (g \circ f) = (h \circ g) \circ f$ → 결합법칙이 성립한다.

③ $f \circ I = I \circ f = f$ (단, I는 항등함수)

> 세 함수 f, g, h에 대하여 결합법
> 칙이 성립하므로 $f \circ (g \circ h)$,
> $(f \circ g) \circ h$를 $f \circ g \circ h$로 나타내
> 기도 한다.

08-4 역함수

유형 16~22

(1) 역함수

함수 $f : X \longrightarrow Y$가 일대일대응일 때, 집합 Y의 각 원소 y에 대하여
$y = f(x)$인 집합 X의 원소 x를 대응시키는 함수를 **역함수**라 하고,
기호로 f^{-1}와 같이 나타낸다. 즉,

$$f^{-1} : Y \longrightarrow X, \ \underset{\Longleftrightarrow y = f(x)}{x = f^{-1}(y)}$$

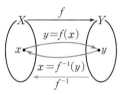

> 함수 f의 역함수가 존재하기 위한
> 필요충분조건은 f가 일대일대응
> 인 것이다.

(2) 역함수 구하기

함수 $y = f(x)$가 일대일대응일 때, 역함수 $y = f^{-1}(x)$는 다음과 같은 순서로 구한다.

① $y = f(x)$를 x에 대하여 풀어 $x = f^{-1}(y)$로 나타낸다.

② $x = f^{-1}(y)$에서 x와 y를 서로 바꾸어 $y = f^{-1}(x)$로 나타낸다.

(3) 역함수의 성질

함수 $f : X \longrightarrow Y$가 일대일대응일 때, 그 역함수 $f^{-1} : Y \longrightarrow X$에 대하여

① $(f^{-1})^{-1} = f$

② $(f^{-1} \circ f)(x) = x$ (단, $x \in X$) → $f^{-1} \circ f$는 X에서의 항등함수

    $(f \circ f^{-1})(y) = y$ (단, $y \in Y$) → $f \circ f^{-1}$는 Y에서의 항등함수

③ 함수 $g : Y \longrightarrow Z$가 일대일대응이고 그 역함수가 g^{-1}일 때,

$$(g \circ f)^{-1} = f^{-1} \circ g^{-1}$$

> $f^{-1} \circ f$는 정의역이 X인 항등함수
> 이고, $f \circ f^{-1}$는 정의역이 Y인 항
> 등함수이므로 일반적으로 두 합성
> 함수는 같은 함수가 아니다.

(4) 함수와 그 역함수의 그래프의 성질

함수 $y = f(x)$의 그래프와 그 역함수 $y = f^{-1}(x)$의 그래프는 직선
$y = x$에 대하여 대칭이다.

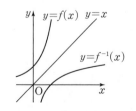

08-3 합성함수

[0895~0898] 두 함수 $f : X \longrightarrow Y$, $g : Y \longrightarrow X$가 아래 그림과 같을 때, 다음을 구하시오.

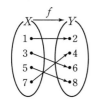 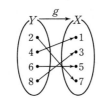

0895 $(g \circ f)(3)$ **0896** $(g \circ f)(7)$

0897 $(f \circ g)(2)$ **0898** $(f \circ g)(4)$

[0899~0902] 세 함수 $f(x)=2x$, $g(x)=x+3$, $h(x)=x^2-1$에 대하여 다음 합성함수를 구하시오.

0899 $(f \circ g)(x)$

0900 $(g \circ h)(x)$

0901 $((f \circ g) \circ h)(x)$

0902 $(f \circ (g \circ h))(x)$

08-4 역함수

0903 보기에서 함수 $f : X \longrightarrow Y$의 역함수가 존재하는 것만을 있는 대로 고르시오.

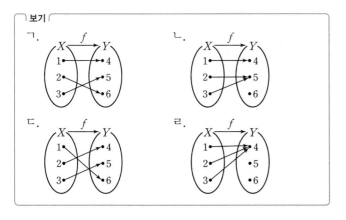

[0904~0906] 함수 $f : X \longrightarrow Y$가 오른쪽 그림과 같을 때, 다음을 구하시오.

0904 $f^{-1}(4)$

0905 $f^{-1}(6)$

0906 $f(2)+f^{-1}(5)$

[0907~0908] 함수 $f(x)=-x+5$에 대하여 다음 등식을 만족시키는 상수 a의 값을 구하시오.

0907 $f^{-1}(3)=a$

0908 $f^{-1}(a)=-2$

[0909~0910] 다음 함수의 역함수를 구하시오.

0909 $y=3x+6$

0910 $y=\dfrac{1}{4}x+\dfrac{3}{2}$

[0911~0914] 함수 $f : X \longrightarrow Y$가 오른쪽 그림과 같을 때, 다음을 구하시오.

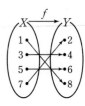

0911 $(f^{-1})^{-1}(1)$

0912 $(f^{-1})^{-1}(5)$

0913 $(f^{-1} \circ f)(3)$

0914 $(f \circ f^{-1})(2)$

B 유형 완성

◆◆ 개념루트 공통수학2 262쪽

유형 01 함수의 뜻과 그래프

(1) 집합 X에서 집합 Y로의 대응이 함수이려면
 ➡ X의 각 원소에 Y의 각 원소가 오직 하나씩 대응해야 한다.
(2) 함수의 그래프는 정의역의 각 원소 k에 대하여 직선 $x=k$와 오직 한 점에서 만난다.

0915 대표 문제

두 집합 $X=\{0, 1, 2\}$, $Y=\{0, 1, 2, 3, 4\}$에 대하여 보기에서 X에서 Y로의 함수인 것만을 있는 대로 고른 것은?

보기
ㄱ. $f(x)=x$ ㄴ. $g(x)=x+3$
ㄷ. $h(x)=2x-1$ ㄹ. $i(x)=x^2$

① ㄱ, ㄴ ② ㄱ, ㄷ ③ ㄱ, ㄹ
④ ㄴ, ㄷ ⑤ ㄴ, ㄹ

0916 하

다음 대응 중 집합 X에서 집합 Y로의 함수가 아닌 것은?

① 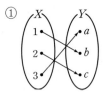 ② ③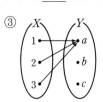

④ ⑤

0917 중

다음 중 함수의 그래프인 것은?

① ② ③

④ ⑤

◆◆ 개념루트 공통수학2 262쪽

유형 02 함숫값

함수 $f(x)$에서 $x=k$일 때 함숫값 $f(k)$
 ➡ x 대신 k를 대입하여 구한다.

0918 대표 문제

실수 전체의 집합에서 정의된 함수 f가
$$f(x)=\begin{cases} -3x+1 & (x\text{는 유리수}) \\ x^2+4 & (x\text{는 무리수}) \end{cases}$$
일 때, $f(3)+f(\sqrt{5})$의 값은?

① 1 ② 3 ③ 5
④ 7 ⑤ 9

0919 중 서술형

실수 전체의 집합에서 정의된 함수 f가
$$f(x)=\begin{cases} -1 & (x<0) \\ 2x-1 & (x\geq0) \end{cases}$$
일 때, $f(2)-f(-1)$의 값을 구하시오.

0920 ⑧

자연수 전체의 집합에서 정의된 함수 f가
$$f(x) = (x\text{의 양의 약수의 개수})$$
일 때, $f(2)+f(3)+f(4)+\cdots+f(10)$의 값은?

① 18   ② 20   ③ 22

④ 24   ⑤ 26

◈ 개념루트 공통수학2 262쪽

유형 03   함수의 정의역, 공역, 치역

함수 $f : X \longrightarrow Y$에서
(1) 정의역: 집합 X
(2) 공역: 집합 Y
(3) 치역: 함숫값 전체의 집합 $\{f(x)\,|\,x\in X\}$

0921 [대표 문제]

두 집합 $X=\{x\,|\,-2\le x\le 3\}$, $Y=\{y\,|\,-3\le y\le 2\}$에 대하여 X에서 Y로의 함수 $f(x)=ax+b$의 공역과 치역이 서로 같다. 이때 상수 a, b에 대하여 $a+b$의 값은?

(단, $a<b$)

① -2 ② -1 ③ 0

④ 1 ⑤ 2

0922 ⑨

집합 $X=\{x\,|\,-3\le x<2,\ x\text{는 정수}\}$를 정의역으로 하는 함수 $f(x)=|x+1|$의 치역을 구하시오.

0923 ⑧

서술형

집합 $X=\{-1,0,1,2\}$를 정의역으로 하는 함수 $f(x)=ax^2+1$의 치역의 모든 원소의 합이 13일 때, 상수 a의 값을 구하시오.

0924 ⑧

두 집합 $X=\{1,2,3\}$, $Y=\{3,4,5,6\}$에 대하여 X에서 Y로의 함수 $f(x)=|x-1|+k$가 정의되도록 하는 모든 실수 k의 값의 곱은?

① 4   ② 6   ③ 8

④ 10   ⑤ 12

0925 ⑧

집합 $X=\{x\,|\,x\le k\}$에 대하여 X에서 X로의 함수 $f(x)=-x^2+6$의 공역과 치역이 서로 같을 때, 상수 k의 값은? (단, $k<6$)

① -3 ② -2 ③ -1

④ 2 ⑤ 3

유형 04 조건을 이용하여 함숫값 구하기

$f(x+y)=f(x)f(y)$ 또는 $f(x+y)=f(x)+f(y)$ 등과 같은 조건이 주어지면 양변의 x, y에 적당한 수를 대입하여 구하려는 함숫값을 유도한다.

0926 대표 문제

임의의 실수 x, y에 대하여 함수 f가
$$f(x+y)=f(x)+f(y)$$
를 만족시키고 $f(1)=3$일 때, $f(-1)+f(-2)$의 값을 구하시오.

0927 중

임의의 양수 x, y에 대하여 함수 f가
$$f(xy)=f(x)+f(y)$$
를 만족시키고 $f(4)=6$일 때, $f(8)$의 값을 구하시오.

0928 상

임의의 양수 x, y에 대하여 함수 f가
$$f(xy)=f(x)f(y)$$
를 만족시키고 $f(2)=-4$일 때, 보기에서 옳은 것만을 있는 대로 고른 것은?

┌ 보기 ┐
ㄱ. $f(1)-1$
ㄴ. $f(4)=8$
ㄷ. 자연수 n에 대하여 $f(4^n)=4^{2n}$
└────┘

① ㄱ   ② ㄴ   ③ ㄷ
④ ㄱ, ㄴ   ⑤ ㄱ, ㄷ

유형 05 서로 같은 함수

두 함수 f, g가 서로 같은 함수, 즉 $f=g$이면
(1) 두 함수의 정의역과 공역이 각각 같다.
(2) 정의역의 모든 원소 x에 대하여 $f(x)=g(x)$이다.

0929 대표 문제

집합 $X=\{-2, 1\}$을 정의역으로 하는 두 함수
$f(x)=ax+b$, $g(x)=x^2+4x+2$에 대하여 $f=g$일 때, a^2+b^2의 값은? (단, a, b는 상수)

① 5   ② 13   ③ 25
④ 41   ⑤ 61

0930 하

집합 $X=\{-1, 0, 1\}$을 정의역으로 하는 두 함수 f, g가 보기와 같을 때, $f=g$인 것만을 있는 대로 고른 것은?

┌ 보기 ┐
ㄱ. $f(x)=x$, $g(x)=x^3$
ㄴ. $f(x)=|x|$, $g(x)=\sqrt{x^2}$
ㄷ. $f(x)=2x-1$, $g(x)=\begin{cases} -3 & (x<0) \\ x^2-1 & (x\geq0) \end{cases}$
└────┘

① ㄱ   ② ㄴ   ③ ㄷ
④ ㄱ, ㄴ   ⑤ ㄱ, ㄷ

0931 중   서술형

집합 $X=\{a, b\}$를 정의역으로 하는 두 함수
$f(x)=x^2+3x-8$, $g(x)=5x+7$에 대하여 $f=g$이다. 이때 실수 a, b에 대하여 $a+b$의 값을 구하시오.

◆◆ 개념루트 공통수학2 268쪽

유형 06 일대일함수와 일대일대응

(1) 함수 $f : X \longrightarrow Y$가 일대일함수
  ➡ 정의역의 임의의 두 원소 x_1, x_2에 대하여
     $x_1 \neq x_2$이면 $f(x_1) \neq f(x_2)$
(2) 함수 $f : X \longrightarrow Y$가 일대일대응
  ➡ 정의역의 임의의 두 원소 x_1, x_2에 대하여
     $x_1 \neq x_2$이면 $f(x_1) \neq f(x_2)$, (치역)=(공역)

0932 대표 문제

실수 전체의 집합에서 정의된 보기의 함수에서 일대일대응인 것만을 있는 대로 고르시오.

보기
ㄱ. $f(x)=x$ ㄴ. $f(x)=x^2$
ㄷ. $f(x)=-2x+3$ ㄹ. $f(x)=|x|$

0933 ㉻

다음 중 일대일대응의 그래프인 것은?
(단, 정의역과 공역은 모두 실수 전체의 집합이다.)

①   ② 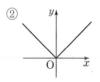   ③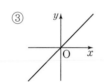

④   ⑤

0934 ㉷

보기의 함수의 그래프에서 일대일함수이지만 일대일대응은 아닌 것만을 있는 대로 고르시오.
(단, 정의역과 공역은 모두 실수 전체의 집합이다.)

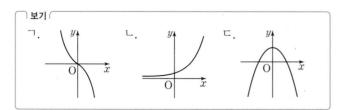

빈출   ◆◆ 개념루트 공통수학2 270쪽

유형 07 일대일대응이 되기 위한 조건

함수 f가 일대일대응이려면
(1) x의 값이 증가할 때, $f(x)$의 값은 항상 증가하거나 항상 감소해야 한다.
(2) 정의역이 $\{x | a \leq x \leq b\}$이면 치역의 양 끝 값이 $f(a)$, $f(b)$이다.

0935 대표 문제

두 집합 $X=\{x | 1 \leq x \leq 3\}$, $Y=\{y | -2 \leq y \leq 0\}$에 대하여 X에서 Y로의 함수 $f(x)=ax+b\,(a>0)$가 일대일대응일 때, ab의 값을 구하시오. (단, a, b는 상수)

0936 ㉻

실수 전체의 집합에서 정의된 함수
$$f(x)=\begin{cases} x+a & (x<0) \\ 2x-4 & (x \geq 0) \end{cases}$$
가 일대일대응일 때, 상수 a의 값을 구하시오.

0937 ㉷

두 집합 $X=\{x | x \geq 2\}$, $Y=\{y | y \geq -1\}$에 대하여 X에서 Y로의 함수 $f(x)=x^2+2x+k$가 일대일대응일 때, 상수 k의 값은?

① -9 ② -5 ③ -1
④ 3 ⑤ 7

실수 전체의 집합에서 정의된 함수

$$f(x)=\begin{cases}(a+3)x+1 & (x<0)\\(2-a)x+1 & (x\geq0)\end{cases}$$

이 일대일대응이 되도록 하는 모든 정수 a의 개수는?

① 1   ② 2   ③ 3
④ 4   ⑤ 5

집합 $X=\{-3,\ 1\}$에 대하여 X에서 X로의 함수

$$f(x)=\begin{cases}2x+a & (x<0)\\x^2-2x+b & (x\geq0)\end{cases}$$

이 항등함수일 때, $a\times b$의 값은? (단, a, b는 상수이다.)

① 4   ② 6   ③ 8
④ 10   ⑤ 12

빈출

◆◆ 개념루트 공통수학 2 272쪽

유형 08   여러 가지 함수의 함숫값

(1) 일대일대응
  ➡ 일대일함수이고 치역과 공역이 같다.
(2) 항등함수
  ➡ 함수 $f:X\longrightarrow X$에서 $f(x)=x$ (단, $x\in X$)
(3) 상수함수
  ➡ 함수 $f:X\longrightarrow Y$에서 $f(x)=c$
                        (단, $x\in X$, $c\in Y$, c는 상수)

0939   대표 문제

실수 전체의 집합에서 정의된 두 함수 f, g에 대하여 함수 f는 항등함수이고, 함수 g는 상수함수이다.
$f(3)+g(3)=8$일 때, $f(-1)+g(-1)$의 값을 구하시오.

0942 (종)

집합 X를 정의역으로 하는 함수 $f(x)=x^3+2x^2-4x-6$이 항등함수가 되도록 하는 집합 X의 개수는? (단, $X\neq\varnothing$)

① 5   ② 6   ③ 7
④ 8   ⑤ 9

0940 (하)

자연수 전체의 집합에서 정의된 함수 f는 상수함수이고 $f(3)=4$일 때, $f(1)+f(2)+f(3)+\cdots+f(10)$의 값은?

① 10   ② 20   ③ 30
④ 40   ⑤ 50

0943 (종)   서술형

집합 $X=\{1,\ 2,\ 3\}$에 대하여 X에서 X로의 세 함수 f, g, h가 각각 일대일대응, 항등함수, 상수함수이고
$$f(1)=g(2)=h(3),\ f(1)+f(3)=f(2)$$
일 때, $f(3)+g(1)+h(2)$의 값을 구하시오.

◈ 개념루트 공통수학2 274쪽

유형 09 여러 가지 함수의 개수

두 집합 X, Y의 원소의 개수가 각각 m, n일 때, X에서 Y로의 함수에 대하여

(1) 함수의 개수 ➡ n^m

(2) 일대일함수의 개수 ➡ $_n\mathrm{P}_m$ (단, $m \le n$)

(3) 일대일대응의 개수 ➡ $n!$ (단, $m=n$)

(4) 상수함수의 개수 ➡ n

0944 대표 문제

두 집합 $X=\{a, b, c\}$, $Y=\{1, 2, 3\}$에 대하여 X에서 Y로의 함수의 개수를 p, 일대일대응의 개수를 q, 상수함수의 개수를 r라 할 때, $p+q+r$의 값은?

① 32　　　　② 33　　　　③ 34

④ 35　　　　⑤ 36

0945 하

집합 $X=\{1, 2, 3, 4, 5, 6\}$에 대하여 함수 $f:X \longrightarrow X$ 중에서 $f(1)=4$, $f(4)=1$이고 일대일대응인 f의 개수는?

① 20　　　　② 24　　　　③ 28

④ 32　　　　⑤ 36

0946 중

두 집합 $X=\{a, b, c\}$, $Y=\{a, b\}$에 대하여 X에서 Y로의 함수 중 공역과 치역이 같은 함수의 개수를 구하시오.

 빈출

◈ 개념루트 공통수학2 274쪽

유형 10 조건을 만족시키는 함수의 개수

실수를 원소로 갖는 두 집합 X, Y의 원소의 개수가 각각 m, n ($m \le n$)이고 함수 $f:X \longrightarrow Y$가

$x_1 \in X$, $x_2 \in X$에 대하여 $x_1 < x_2$이면 $f(x_1) < f(x_2)$

(또는 $f(x_1) > f(x_2)$)

를 만족시킬 때, 함수 f의 개수는 ➡ $_n\mathrm{C}_m$

0947 대표 문제

두 집합 $X=\{1, 2, 3, 4, 5\}$, $Y=\{1, 2, 3, 4, 5, 6, 7\}$에 대하여 함수 $f:X \longrightarrow Y$ 중에서 다음 조건을 만족시키는 함수 f의 개수는?

$x_1 \in X$, $x_2 \in X$일 때, $x_1 < x_2$이면 $f(x_1) > f(x_2)$이다.

① 12　　　　② 15　　　　③ 18

④ 21　　　　⑤ 24

0948 중

학평 기출

집합 $X=\{1, 2, 3, 4\}$일 때 함수 $f:X \longrightarrow X$ 중에서 집합 X의 모든 원소 x에 대하여 $x+f(x) \ge 4$를 만족시키는 함수 f의 개수를 구하시오.

0949 중

서술형

집합 $X=\{1, 2, 3, 4, 5\}$에 대하여 함수 $f:X \longrightarrow X$ 중에서 $f(2) < f(3) < f(4)$를 만족시키는 함수 f의 개수를 구하시오.

0950 중

두 집합 $X=\{1, 2, 3, 4, 5\}$, $Y=\{-3, -2, -1, 0, 1, 2, 3\}$ 에 대하여 함수 $f : X \longrightarrow Y$ 중에서 다음 조건을 모두 만족시키는 함수 f의 개수는?

> (가) $x_1 \in X$, $x_2 \in X$일 때, $x_1 < x_2$이면 $f(x_1) < f(x_2)$이다.
> (나) $f(4) = 1$

① 8   ② 10   ③ 12
④ 14   ⑤ 16

0951 중

두 집합 $X=\{1, 2, 3\}$, $Y=\{2, 4, 6, 8, 10\}$에 대하여 다음 조건을 모두 만족시키는 함수 $f : X \longrightarrow Y$의 개수는?

> (가) $x_1 \in X$, $x_2 \in X$일 때, $x_1 \neq x_2$이면 $f(x_1) \neq f(x_2)$이다.
> (나) $f(2) = 6$

① 8   ② 10   ③ 12
④ 14   ⑤ 16

◆ 개념루트 공통수학2 282쪽

유형 11 **합성함수의 함숫값**

두 함수 f, g에 대하여 $(f \circ g)(a)$의 값을 구하려면 $(f \circ g)(a) = f(g(a))$이므로 $g(a)$의 값을 구한 후 $f(x)$의 x 대신 $g(a)$의 값을 대입한다.

0952 대표 문제

두 함수 $f(x) = 2x^2 - 3$, $g(x) = \begin{cases} -x+2 & (x<3) \\ 2x-7 & (x \geq 3) \end{cases}$ 에 대하여 $(f \circ g)(2) + (g \circ f)(-2)$의 값을 구하시오.

0953 하

오른쪽 그림과 같은 함수 $f : X \longrightarrow X$에 대하여 $f(1) + (f \circ f)(2) + (f \circ f \circ f)(4)$의 값을 구하시오.

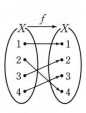

0954 하

두 함수 $f(x) = -3x^2 + 10$, $g(x) = 5x - 6$에 대하여 $(f \circ g \circ f)(\sqrt{3})$의 값을 구하시오.

0955 중 | 학평 기출 |

두 함수
$$f(x) = 2x - 1, \ g(x) = x^2 - 1$$
에 대하여 $(f \circ g)(a) = 5$를 만족시키는 양수 a의 값은?

① 1   ② 2   ③ 3
④ 4   ⑤ 5

0956 중

세 함수 f, g, h에 대하여
$$(f \circ g)(x) = x^2 + 3x - 1, \ h(x) = \frac{1}{2}x + 2$$
일 때, $(f \circ (g \circ h))(-2)$의 값은?

① -3 ② -1 ③ 1
④ 3   ⑤ 5

0957 （중）

두 함수 $f(x)=x^2-2x-15$, $g(x)=x-1$에 대하여 함수 $y=(f\circ g)(x)$가 $-1\le x\le 6$에서 최댓값 M, 최솟값 m을 가질 때, $M-m$의 값을 구하시오.

0958 （상） 서술형

집합 $X=\{1,\ 2,\ 3\}$에 대하여 X에서 X로의 일대일대응인 두 함수 f, g가 다음 조건을 모두 만족시킬 때, $f(1)+g(3)$의 값을 구하시오.

> ㈎ $f(2)=g(1)=3$
> ㈏ $(f\circ g)(2)=(g\circ f)(3)=3$

◈ 개념루트 공통수학2 284쪽

유형 12 합성함수를 이용하여 상수 구하기

함수 $f(x)$, $g(x)$가 미지수를 포함한 식이고 합성함수 $f\circ g$에 대한 조건이 주어진 경우
➡ $(f\circ g)(x)$를 미지수를 포함한 식으로 나타낸 후 주어진 조건을 만족시키는 미지수의 값 또는 범위를 구한다.

0959 대표 문제

두 함수 $f(x)=ax-4$, $g(x)=-x+2$에 대하여 $f\circ g=g\circ f$가 성립할 때, 상수 a의 값은?

① 4 　　　　② $\dfrac{9}{2}$ 　　　　③ 5

④ $\dfrac{11}{2}$ 　　　　⑤ 6

0960 （중）

함수 $f(x)=ax+3$에 대하여 $(f\circ f)(2)=12$일 때, $f(4)$의 값은? (단, $a>0$)

① -9 　　　　② -6 　　　　③ -3
④ 6 　　　　⑤ 9

0961 （중）

두 함수 $f(x)=ax+4$, $g(x)=x^2+3x+2$가 모든 실수 x에 대하여 $(f\circ g)(x)>0$을 만족시킬 때, 실수 a의 값의 범위를 구하시오.

0962 （중） | 학평 기출 |

집합 $X=\{2,\ 3\}$을 정의역으로 하는 함수 $f(x)=ax-3a$와 함수 $f(x)$의 치역을 정의역으로 하고 집합 X를 공역으로 하는 함수 $g(x)=x^2+2x+b$가 있다. 함수 $g\circ f:X\longrightarrow X$가 항등함수일 때, $a+b$의 값을 구하시오. (단, a, b는 상수이다.)

0963 （상） 서술형

서로 다른 두 함수 $f(x)=ax+2b$, $g(x)=bx+2a$에 대하여 $f\circ g=g\circ f$가 성립할 때, $f(1)+g(1)$의 값을 구하시오. (단, a, b는 상수)

유형 13 $f \circ g = h$를 만족시키는 함수 f 또는 g 구하기

세 함수 f, g, h가 $f \circ g = h$를 만족시킬 때
(1) 두 함수 $f(x)$, $h(x)$가 주어진 경우
➡ $f(g(x)) = h(x)$임을 이용하여 $g(x)$를 구한다.
(2) 두 함수 $g(x)$, $h(x)$가 주어진 경우
➡ $f(g(x)) = h(x)$에서 $g(x) = t$로 치환하여 $f(t)$를 구한다.

0964 대표 문제

두 함수 $f(x) = x - 1$, $g(x) = 2x^2 + 3$에 대하여
$f \circ h = g$를 만족시키는 함수 $h(x)$는?

① $h(x) = x^2 + 2$ ② $h(x) = x^2 + 4$
③ $h(x) = 2x^2 - 4$ ④ $h(x) = 2x^2 + 2$
⑤ $h(x) = 2x^2 + 4$

0965 ⑤ | 학평 기출 |

실수 전체의 집합에서 정의된 함수 $f(x)$가
$f(x-3) = x^2 - 5$를 만족시킬 때, $f(2)$의 값을 구하시오.

0966 ⑤

세 함수 f, g, h에 대하여
$(h \circ g)(x) = 2x - 3$, $(h \circ g \circ f)(x) = 4x + 5$
일 때, $f(-1)$의 값은?

① 2   ② 4   ③ 6
④ 8   ⑤ 10

0967 ⑤

두 함수 $f(x) = -2x + 1$, $g(x) = 3x - 1$에 대하여
$h \circ f = g$를 만족시키는 함수 $h(x)$를 구하시오.

유형 14 f^n 꼴의 합성함수

함수 f에 대하여 $f^1 = f$, $f^{n+1} = f \circ f^n$(n은 자연수)일 때, $f^n(a)$의 값은
[방법1] $f^2(x)$, $f^3(x)$, $f^4(x)$, ...를 구하여 규칙을 찾아 $f^n(x)$를 구한 후 $x = a$를 대입한다.
[방법2] $f^1(a)$, $f^2(a)$, $f^3(a)$, ...의 값에서 규칙을 찾아 $f^n(a)$의 값을 구한다.

0968 대표 문제

함수 $f(x) = 2x$에 대하여
$f^1 = f$, $f^{n+1} = f \circ f^n$ (n은 자연수)
으로 정의할 때, $f^9(-2)$의 값은?

① -2^{10} ② -2^9 ③ 2^9
④ 2^{10} ⑤ 2^{11}

0969 ⑤

집합 $A = \{x \mid -1 \leq x \leq 1\}$에 대하여 A에서 A로의 함수 f가
$$f(x) = \begin{cases} x+1 & (-1 \leq x < 0) \\ x-1 & (0 \leq x \leq 1) \end{cases}$$
이고 $f^1 = f$, $f^{n+1} = f \circ f^n$(n은 자연수)으로 정의할 때,
$f^{10}\left(\frac{1}{2}\right) + f^{11}\left(\frac{1}{2}\right) + f^{12}\left(\frac{1}{2}\right) + \cdots + f^{50}\left(\frac{1}{2}\right)$의 값을 구하시오.

0970 ⑤

자연수 전체의 집합에서 정의된 함수 f가
$$f(x) = \begin{cases} \dfrac{x}{2} & (x\text{는 짝수}) \\ x+1 & (x\text{는 홀수}) \end{cases}$$
이고 $f^1 = f$, $f^{n+1} = f \circ f^n$으로 정의할 때, $f^n(100) = 7$을 만족시키는 자연수 n의 값을 구하시오.

0971 (중)

$0 \leq x \leq 3$에서 정의된 함수 $y=f(x)$의 그래프가 오른쪽 그림과 같고,

$$f^1=f,\ f^{n+1}=f \circ f^n\ (n은\ 자연수)$$

으로 정의할 때, $f^{200}(1)$의 값을 구하시오.

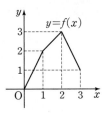

서술형

◈◆ 개념루트 공통수학2 286쪽

0972 (대표 문제)

$-1 \leq x \leq 1$에서 정의된 함수 $f(x)$가

$$f(x)=\begin{cases} -x & (-1 \leq x < 0) \\ -x^2 & (0 \leq x \leq 1) \end{cases}$$

일 때, 다음 중 함수 $y=(f \circ f)(x)$의 그래프로 알맞은 것은?

① 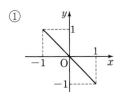 ②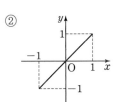

③ 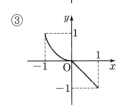 ④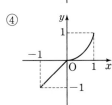

⑤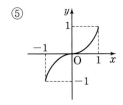

0973 (상)

$0 \leq x \leq 2$에서 정의된 두 함수 $y=f(x)$, $y=g(x)$의 그래프가 다음 그림과 같을 때, 함수 $y=(f \circ g)(x)$의 그래프와 x축 및 y축으로 둘러싸인 부분의 넓이는?

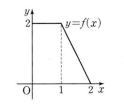 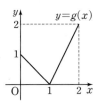

① 2 ② $\dfrac{5}{2}$ ③ 3

④ $\dfrac{7}{2}$ ⑤ 4

빈출

◈◆ 개념루트 공통수학2 294쪽

0974 (대표 문제)

함수 $f(x)=ax+b$에 대하여 $f^{-1}(1)=3$, $f^{-1}(-1)=5$일 때, $f(-3)$의 값을 구하시오. (단, a, b는 상수)

0975 (중)

함수 f에 대하여 $f\left(\dfrac{3-x}{4}\right)=x-2$일 때, $f^{-1}(5)$의 값은?

① -2 ② -1 ③ 0

④ 1 ⑤ 2

0976 ⑧

서술형

일차함수 $f(x)$에 대하여 $f^{-1}(2)=1$, $(f \circ f)(1)=6$일 때, $f(4)+f^{-1}(10)$의 값을 구하시오.

0977 ⑧

정의역이 $\{x|x \geq 1\}$인 함수 $f(x)=x^2-2x-1$에 대하여 $f^{-1}(7)$의 값은?

① 2   ② 4   ③ 6
④ 8   ⑤ 10

0978 ⑧

함수 $f(x)=\begin{cases} x-1 & (x<2) \\ x^2-4x+5 & (x \geq 2) \end{cases}$에 대하여

$f^{-1}(0)+f^{-1}(10)$의 값은?

① 4   ② 5   ③ 6
④ 7   ⑤ 8

◆◈ 개념루트 공통수학2 296쪽

유형 17 역함수가 존재하기 위한 조건

함수 f의 역함수가 존재한다.
➡ f가 일대일대응이다.

0979 대표 문제

두 집합 $X=\{x|-1 \leq x \leq 2\}$, $Y=\{y|2 \leq y \leq a\}$에 대하여 X에서 Y로의 함수 $f(x)=-3x+b$의 역함수가 존재할 때, $a+b$의 값은? (단, a, b는 상수)

① -8 ② -2 ③ 5
④ 12   ⑤ 19

0980 ⑧

함수 $f(x)=x+k|x-2|+4$의 역함수가 존재하도록 하는 상수 k의 값의 범위를 구하시오.

0981 ⑧

집합 $X=\{x|x \geq a\}$에 대하여 X에서 X로의 함수 $f(x)=x^2-4x-36$의 역함수가 존재할 때, 상수 a의 값을 구하시오.

0982 ⑧

| 학평 기출 |

집합 $X=\{1, 2, 3, 4\}$에 대하여 X에서 X로의 함수 f가
$$f(x)=\begin{cases} x^2 & (x=1, 2) \\ x+a & (x=3, 4) \end{cases} (a는 상수)$$
이고 함수 f의 역함수 g가 존재한다. $g^1(x)=g(x)$, $g^{n+1}=g(g^n(x))$ $(n=1, 2, 3, \cdots)$라 할 때, $a+g^{10}(2)+g^{11}(2)$의 값은?

① 4   ② 5   ③ 6
④ 7   ⑤ 8

◈ 개념루트 공통수학2 296쪽

유형 18 역함수 구하기

일대일대응인 함수 $y=f(x)$의 역함수 $y=f^{-1}(x)$는 다음과 같은 순서로 구한다.

(1) $y=f(x)$를 x에 대하여 풀어 $x=f^{-1}(y)$로 나타낸다.

(2) x와 y를 서로 바꾸어 $y=f^{-1}(x)$로 나타낸다.

> **참고** 함수 f의 치역이 역함수 f^{-1}의 정의역이 되고, 함수 f의 정의역이 역함수 f^{-1}의 치역이 된다.

0983 대표 문제

일차함수 $f(x)=ax+3$의 역함수가 $f^{-1}(x)=\dfrac{1}{3}x+b$일 때, 상수 a, b에 대하여 $a+b$의 값은?

① -2 ② 0 ③ 2
④ 4 ⑤ 8

0984 종

두 함수 $f(x)=3x-1$, $g(x)=-x+2$에 대하여 함수 $h(x)=(g \circ f)(x)$의 역함수 $h^{-1}(x)$를 구하시오.

0985 종

서술형

일차함수 $f(x)=ax+1$에 대하여 $f=f^{-1}$일 때, 상수 a의 값을 구하시오.

0986 종

함수 f에 대하여 $f(2x+3)=4x+2$일 때, 함수 $f(x)$의 역함수 $f^{-1}(x)$를 구하시오.

유형 19 합성함수와 역함수

두 함수 f, g와 그 역함수 f^{-1}, g^{-1}에 대하여

(1) $(f^{-1} \circ g)(a)$의 값을 구하는 경우
➡ $f^{-1}(g(a))=k$로 놓고 $f(k)=g(a)$를 만족시키는 k의 값을 구한다.

(2) $(f \circ g^{-1})(a)$의 값을 구하는 경우
➡ $g^{-1}(a)=k$로 놓고 $g(k)=a$를 만족시키는 k의 값을 구한 후 $f(k)$의 값을 구한다.

0987 대표 문제

두 함수 $f(x)=\dfrac{1}{2}x-1$, $g(x)=2x+3$에 대하여 $(f^{-1} \circ g)(a)=4$를 만족시키는 실수 a의 값을 구하시오.

0988 하

| 학평 기출 |

그림은 두 함수 $f : X \longrightarrow Y$, $g : Y \longrightarrow Y$를 나타낸 것이다.

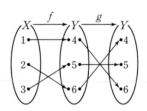

$(f^{-1} \circ g)(4)$의 값은?

① 1 ② 2 ③ 3
④ 4 ⑤ 5

0989 종

| 학평 기출 |

두 함수
$$f(x)=4x-5, \ g(x)=3x+1$$
에 대하여 $(f \circ g^{-1})(k)=7$을 만족시키는 실수 k의 값은?

① 4 ② 7 ③ 10
④ 13 ⑤ 16

0990 ⑧ 　　　　　　　　　　　　　　　서술형

두 함수 $f(x)=2x+3$, $g(x)=3x+4$에 대하여 $(f \circ g^{-1} \circ f)(a)=5$를 만족시키는 실수 a의 값을 구하시오.

0991 ⑧

두 함수 $f(x)=\begin{cases} 3x-2 & (x<0) \\ 2x^2-2 & (x \geq 0) \end{cases}$, $g(x)=2x-4$에 대하여 $(f^{-1} \circ g)(3)$의 값은?

① 1 　　　　　② $\sqrt{2}$ 　　　　　③ 2

④ $2\sqrt{2}$ 　　　　⑤ 4

◆◆ 개념루트 공통수학 2 298쪽

유형 20 **역함수의 성질**

두 함수 f, g의 역함수가 각각 f^{-1}, g^{-1}일 때
(1) $(f^{-1})^{-1}=f$
(2) $(f^{-1} \circ f)(x)=x$, $(f \circ f^{-1})(y)=y$
(3) $(g \circ f)^{-1}=f^{-1} \circ g^{-1}$

0992 대표 문제

두 함수 $f(x)=3x-2$, $g(x)=5x-4$에 대하여 $(f \circ (f^{-1} \circ g)^{-1} \circ f^{-1})(6)$의 값을 구하시오.

0993 ⑧

두 함수 $f(x)=4x-1$, $g(x)=5x+3$에 대하여 $(f^{-1} \circ g)(-1)+(f^{-1} \circ g)^{-1}(1)$의 값은?

① $-\dfrac{1}{2}$ 　　　　② $-\dfrac{1}{4}$ 　　　　③ 0

④ $\dfrac{1}{4}$ 　　　　⑤ $\dfrac{1}{2}$

0994 ⑧ 　　　　　　　　　　　　　　　서술형

두 함수 f, g에 대하여 $f^{-1}(x)=x+3$, $g^{-1}(x)=2x-5$이다. $(g^{-1} \circ (f \circ g^{-1})^{-1} \circ g)(x)=ax+b$일 때, ab의 값을 구하시오. (단, a, b는 상수)

0995 ⑤

두 함수 $f(x)=\begin{cases} x & (x<1) \\ 2x-1 & (x \geq 1) \end{cases}$, $g(x)=x+1$에 대하여 $f \circ h=g^{-1}$을 만족시키는 함수 $h(x)$를 구하시오.

◈ 개념루트 공통수학2 300쪽

유형 21 그래프를 이용하여 합성함수와 역함수의 함숫값 구하기

(1) 함수 $y=f(x)$의 그래프가 두 점 (a, b), (b, c)를 지나면
  ➡ $(f \circ f)(a)=f(f(a))=f(b)=c$
(2) 함수 $y=f(x)$의 그래프가 점 (a, b)를 지나면 그 역함수 $y=f^{-1}(x)$의 그래프는 점 (b, a)를 지난다.
  ➡ $f^{-1}(b)=a$

0996 대표 문제

함수 $y=f(x)$의 그래프와 직선 $y=x$가 오른쪽 그림과 같을 때, $(f \circ f)(6)+(f^{-1} \circ f^{-1})(6)$의 값을 구하시오. (단, 모든 점선은 x축 또는 y축에 평행하다.)

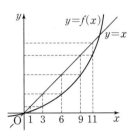

0997 종

$x \geq 0$에서 정의된 두 함수 $y=f(x)$, $y=g(x)$의 그래프와 직선 $y=x$가 오른쪽 그림과 같을 때, $(g \circ f)^{-1}(c)$의 값은? (단, 모든 점선은 x축 또는 y축에 평행하다.)

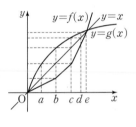

① a　　　　　② b　　　　　③ c
④ d　　　　　⑤ e

◈ 개념루트 공통수학2 300쪽

유형 22 역함수의 그래프의 성질

함수 $y=f(x)$의 그래프와 그 역함수 $y=f^{-1}(x)$의 그래프는 직선 $y=x$에 대하여 대칭이다.

0998 대표 문제

함수 $f(x)=2x-1$의 그래프와 그 역함수 $y=f^{-1}(x)$의 그래프의 교점의 좌표가 (a, b)일 때, $a+b$의 값을 구하시오.

0999 하

함수 $f(x)=3x+a$의 그래프와 그 역함수 $y=f^{-1}(x)$의 그래프의 교점의 좌표가 $(2, b)$일 때, 상수 a, b에 대하여 $a+b$의 값은?

① -2　　　　② -1　　　　③ 0
④ 1　　　　　⑤ 2

1000 중

함수 $f(x)=x^2-6x+12 \ (x \geq 3)$의 그래프와 그 역함수 $y=f^{-1}(x)$의 그래프가 만나는 두 점 사이의 거리는?

① 1　　　　　② $\sqrt{2}$　　　　③ $\sqrt{3}$
④ 2　　　　　⑤ $\sqrt{5}$

1001 상

함수 $f(x)=\begin{cases} 3x+2 & (x<0) \\ \dfrac{1}{2}x+2 & (x \geq 0) \end{cases}$의 그래프와 그 역함수 $y=f^{-1}(x)$의 그래프로 둘러싸인 부분의 넓이를 구하시오.

AB 유형 점검

1002 유형 01

두 집합 $X=\{x|-2\le x\le 2,\ x는\ 정수\}$,
$Y=\{y|y\le 4,\ y는\ 정수\}$에 대하여 다음 중 X에서 Y로의
함수가 <u>아닌</u> 것은?

① $x \longrightarrow x$　　　　② $x \longrightarrow 2x-1$
③ $x \longrightarrow -2x$　　　④ $x \longrightarrow x^2-1$
⑤ $x \longrightarrow |x^3-4|$

1003 유형 02

자연수 전체의 집합 N에 대하여 함수 $f:N \longrightarrow N$을
$$f(x)=(7^x의\ 일의\ 자리의\ 숫자)$$
라 할 때, $f(1)+f(2)+f(3)+\cdots+f(10)$의 값은?

① 52　　　　② 54　　　　③ 56
④ 58　　　　⑤ 60

1004 유형 03

집합 $X=\{x|-1\le x\le 1\}$에 대하여 X에서 X로의 함수
$f(x)=ax^2+b$의 공역과 치역이 서로 같을 때, a^2+b^2의
값을 구하시오. (단, a, b는 상수)

1005 유형 04

임의의 실수 x, y에 대하여 함수 f가
$$f(x+y)=f(x)f(y)$$
를 만족시키고 $f(1)=4$일 때, $f(-3)$의 값을 구하시오.

1006 유형 05 ｜학평 기출｜

두 집합 $X=\{0,\ 1,\ 2\}$, $Y=\{1,\ 2,\ 3,\ 4\}$에 대하여 두 함
수 $f:X \longrightarrow Y$, $g:X \longrightarrow Y$를
$$f(x)=2x^2-4x+3,\ g(x)=a|x-1|+b$$
라 하자. 두 함수 f와 g가 서로 같도록 하는 상수 a, b에
대하여 $2a-b$의 값은?

① -3　　　　② -1　　　　③ 1
④ 3　　　　　⑤ 5

1007 유형 06

보기의 함수의 그래프에서 일대일함수의 그래프인 것의 개
수를 a, 일대일대응의 그래프인 것의 개수를 b라 할 때,
$a+b$의 값을 구하시오.
　　　　　　(단, 정의역과 공역은 모두 실수 전체의 집합이다.)

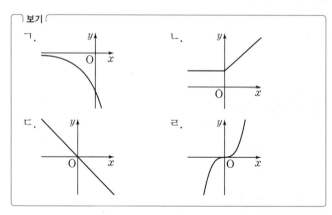

1008 유형 07 | 학평 기출 |

두 집합

$$X=\{x|-3\le x\le5\}, \quad Y=\{y||y|\le a, \ a>0\}$$

에 대하여 X에서 Y로의 함수 $f(x)=2x+b$가 일대일대응이다. 두 상수 a, b에 대하여 a^2+b^2의 값은?

① 66 ② 68 ③ 70
④ 72 ⑤ 74

1009 유형 09

두 집합 $X=\{1, 2\}$, $Y=\{1, 2, 3, 4\}$에 대하여 X에서 Y로의 함수의 개수를 a, 일대일함수의 개수를 b, 상수함수의 개수를 c라 할 때, $a+b+c$의 값을 구하시오.

1010 유형 10

두 집합 $X=\{1, 2, 3, 4, 5\}$, $Y=\{6, 7, 8, 9, 10\}$에 대하여 함수 $f:X\longrightarrow Y$ 중에서 다음 조건을 모두 만족시키는 함수 f의 개수를 구하시오.

> (가) $f(1)+f(2)=16$
> (나) 치역과 공역이 일치한다.

1011 유형 11

세 함수 f, g, h에 대하여

$$f(x)=3x^2-2, \quad (h\circ g)(x)=\begin{cases} -2x+4 & (x<2) \\ x-2 & (x\ge2) \end{cases}$$

일 때, $(h\circ(g\circ f))(\sqrt{2})$의 값은?

① -6 ② -4 ③ -2
④ 2 ⑤ 4

1012 유형 13

두 함수 f, g에 대하여

$$f(x)=2x+3, \quad (g\circ f)(x)=x^2+x$$

일 때, $g(-3)$의 값을 구하시오.

1013 유형 14 + 16

집합 $A=\{1, 2, 3, 4\}$에 대하여 A에서 A로의 함수 f가 일대일대응이고 $f(1)=4$, $f(2)=1$, $f^{-1}(3)=4$이다. $f^1=f$, $f^{n+1}=f\circ f^n$ (n은 자연수)으로 정의할 때, $f^{2025}(1)+f^{2026}(1)$의 값을 구하시오.

1014 유형 17 | 학평 기출 |

실수 전체의 집합에서 정의된 함수

$$f(x)=\begin{cases} (a+7)x-1 & (x<1) \\ (-a+5)x+2a+1 & (x\ge1) \end{cases}$$

의 역함수가 존재하도록 하는 모든 정수 a의 개수는?

① 10 ② 11 ③ 12
④ 13 ⑤ 14

1015 유형 18

함수 $f(x)=ax+b$의 역함수가 $f^{-1}(x)=6bx-4ab$일 때, 양수 a, b에 대하여 $a-b$의 값은?

① $\dfrac{1}{6}$ ② $\dfrac{1}{3}$ ③ $\dfrac{1}{2}$
④ $\dfrac{2}{3}$ ⑤ $\dfrac{5}{6}$

1016 유형 19

두 함수 $f(x)=3x+2$, $g(x)=-2x+a$에 대하여
$(f \circ g \circ f^{-1})(5)=8$일 때, 상수 a의 값은?

① -4　　　② -2　　　③ 1
④ 2　　　⑤ 4

1017 유형 20

두 함수 $f(x)=-x+4$, $g(x)=3x-1$에 대하여
$(f^{-1} \circ g)^{-1}(-1)+(g \circ (f \circ g)^{-1})(1)$의 값을 구하시오.

1018 유형 21

두 함수 $y=f(x)$, $y=g^{-1}(x)$의 그래프와 직선 $y=x$가 다음 그림과 같을 때, $(f^{-1} \circ (g^{-1} \circ f)^{-1})(b)$의 값은?
(단, 모든 점선은 x축 또는 y축에 평행하다.)

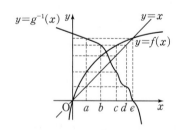

① a　　　② c　　　③ e
④ $a+d$　　　⑤ $b+c$

1019 유형 08

실수 전체의 집합에서 정의된 세 함수 f, g, h에 대하여 함수 f, g가 각각 항등함수, 상수함수이고
$$h(x)=f(x)+g(x),\ f(4)=g(-5)$$
일 때, $h(2)+h(-3)$의 값을 구하시오.

1020 유형 12

함수 $f(x)=ax+b$에 대하여 $(f \circ f)(x)=4x-3$이다.
이때 상수 a, b에 대하여 ab의 값을 구하시오. (단, $a<0$)

1021 유형 22

함수 $f(x)=-2x+6$의 그래프와 그 역함수 $y=f^{-1}(x)$의 그래프의 교점을 P라 할 때, 신분 OP의 길이를 구하시오.
(단, O는 원점)

C 실력 향상

하 ···· 중 ···· 상100%

1022

집합 $X=\{x|x$는 20 이하의 자연수$\}$의 부분집합 A에 대하여 A에서 X로의 함수 f가

$f(x)=(3^x$을 4로 나누었을 때의 나머지$)$

일 때, 함수 f의 치역이 $\{3\}$이 되도록 하는 집합 A의 개수는? (단, $A\neq\varnothing$)

① 127 ② 255 ③ 511
④ 1023 ⑤ 2047

1023

| 학평 기출 |

실수 전체의 집합에서 정의된 함수

$$f(x)=\begin{cases} 2x+2 & (x<2) \\ x^2-7x+16 & (x\geq2) \end{cases}$$

에 대하여 $(f\circ f)(a)=f(a)$를 만족시키는 모든 실수 a의 값의 합을 구하시오.

1024

| 학평 기출 |

집합 $S=\{n|1\leq n\leq100, n$은 9의 배수$\}$의 공집합이 아닌 부분집합 X와 집합 $Y=\{0, 1, 2, 3, 4, 5, 6\}$에 대하여 함수 $f:X\longrightarrow Y$를

$f(n)$은 'n을 7로 나눈 나머지'

로 정의하자. 함수 $f(n)$의 역함수가 존재하도록 하는 집합 X의 개수를 구하시오.

1025

함수 $f(x)=x^2-4x+k (x\geq2)$의 그래프와 그 역함수 $y=f^{-1}(x)$의 그래프가 서로 다른 두 점에서 만나도록 하는 실수 k의 값의 범위를 구하시오.

⊙ 기출 BOOK 44쪽

09-1 유리식의 뜻과 성질

(1) **유리식**: 두 다항식 A, B $(B \neq 0)$에 대하여 $\dfrac{A}{B}$ 꼴로 나타내어지는 식

  예 $\underbrace{-2x+7, \ \dfrac{3x^2-1}{5}}_{\text{다항식}}, \ \underbrace{\dfrac{2}{x+1}, \ \dfrac{2x+1}{4x+3}}_{\text{분수식}}$ ➡ 유리식

  참고 B가 0이 아닌 상수이면 $\dfrac{A}{B}$는 다항식이므로 다항식도 유리식이다

(2) **유리식의 성질**

세 다항식 A, B, C $(BC \neq 0)$에 대하여

① $\dfrac{A}{B} = \dfrac{A \times C}{B \times C}$ ② $\dfrac{A}{B} = \dfrac{A \div C}{B \div C}$

  참고 두 개 이상의 유리식을 통분할 때는 ①의 성질을, 약분할 때는 ②의 성질을 이용한다.

개념+

> 다항식이 아닌 유리식을 분수식이라 한다.
>
>

09-2 유리식의 계산

유형 01~07

(1) **유리식의 사칙연산**

네 다항식 A, B, C, D $(CD \neq 0)$에 대하여

① 덧셈과 뺄셈: 분모를 통분하여 분자끼리 계산한다.

  ➡ $\dfrac{A}{C} \pm \dfrac{B}{C} = \dfrac{A \pm B}{C}$, $\dfrac{A}{C} \pm \dfrac{B}{D} = \dfrac{AD \pm BC}{CD}$ (복부호 동순)

② 곱셈과 나눗셈: 곱셈은 분모는 분모끼리, 분자는 분자끼리 곱하고, 나눗셈은 나누는 식의 분자, 분모를 바꾸어 곱하여 계산한다.

  ➡ $\dfrac{A}{B} \times \dfrac{C}{D} = \dfrac{AC}{BD}$, $\dfrac{A}{B} \div \dfrac{C}{D} = \dfrac{A}{B} \times \dfrac{D}{C} = \dfrac{AD}{BC}$ (단, $B \neq 0$)

(2) **여러 가지 형태의 유리식의 계산**

① (분자의 차수)≥(분모의 차수)인 경우: 분자를 분모로 나누어 (분자의 차수)<(분모의 차수)가 되도록 변형한다.

② 분모가 두 개 이상의 인수의 곱인 경우: 부분분수로 변형한다.

  ➡ $\dfrac{1}{AB} = \dfrac{1}{B-A}\left(\dfrac{1}{A} - \dfrac{1}{B}\right)$ (단, $A \neq B$, $AB \neq 0$)

③ 분모 또는 분자가 분수식인 경우: 분자에 분모의 역수를 곱하여 계산한다.

  ➡ $\dfrac{\dfrac{A}{B}}{\dfrac{C}{D}} = \dfrac{A}{B} \div \dfrac{C}{D} = \dfrac{A}{B} \times \dfrac{D}{C} = \dfrac{AD}{BC}$ (단, $BCD \neq 0$)

④ 비례식이 주어진 경우: 0이 아닌 실수 k에 대하여

  (i) $a:b=c:d \iff \dfrac{a}{b} = \dfrac{c}{d} \iff a=bk, \ c=dk$

                   $\iff \dfrac{a}{c} = \dfrac{b}{d} \iff a=ck, \ b=dk$

  (ii) $a:b:c=d:e:f \iff \dfrac{a}{d} = \dfrac{b}{e} = \dfrac{c}{f} \iff a=dk, \ b=ek, \ c=fk$

> 유리식의 덧셈에 대하여 교환법칙, 결합법칙이 성립한다.

> 유리식의 곱셈에 대하여 교환법칙, 결합법칙이 성립한다.

> $\dfrac{1}{R-A}\left(\dfrac{1}{A} - \dfrac{1}{B}\right)$
> $= \dfrac{1}{B-A} \times \dfrac{B-A}{AB}$
> $= \dfrac{1}{AB}$

> 분모 또는 분자에 또 다른 분수식을 포함한 유리식을 번분수식이라 한다.

> $\dfrac{\dfrac{A}{B}}{\dfrac{C}{D}} \Rightarrow \dfrac{AD}{BC}$

09-1 유리식의 뜻과 성질

[1026~1027] 보기에서 다음에 해당하는 것만을 있는 대로 고르시오.

보기
ㄱ. $3x+2$
ㄴ. $\dfrac{5}{x+2}$
ㄷ. $\dfrac{x^3}{4}+x^2$
ㄹ. $\dfrac{x^2+2}{x^3+1}$
ㅁ. $-\dfrac{2}{x}$
ㅂ. $\dfrac{2x+1}{x-1}$

1026 다항식

1027 다항식이 아닌 유리식

[1028~1029] 다음 두 유리식을 통분하시오.

1028 $\dfrac{2y}{3a^2bx^2}, \dfrac{2}{5ab^2x}$

1029 $\dfrac{3x}{x^2-1}, \dfrac{4}{x^2-x-2}$

[1030~1031] 다음 유리식을 약분하시오.

1030 $\dfrac{21xy^3z^4}{14x^3y^2z^2}$

1031 $\dfrac{x^2-5x+4}{x^3-7x+6}$

09-2 유리식의 계산

[1032~1035] 다음 식을 계산하시오.

1032 $\dfrac{2}{x+3}+\dfrac{4}{x-2}$

1033 $\dfrac{2x}{x^2-1}-\dfrac{2}{x-1}$

1034 $\dfrac{x+1}{2x^2+7x+3} \times \dfrac{x^2+3x}{x^2-3x-4}$

1035 $\dfrac{x^2-6x+8}{3x^2+13x-10} \div \dfrac{x^2-9x+20}{6x^2-7x+2}$

[1036~1037] 다음 식을 계산하시오.

1036 $\dfrac{x-3}{x+1}+\dfrac{4x+3}{2x-1}$

1037 $\dfrac{x^2-6}{x+3}-\dfrac{x^2-3x+1}{x-3}$

[1038~1039] 다음 식을 계산하시오.

1038 $\dfrac{1}{(x+2)(x+3)}+\dfrac{1}{(x+3)(x+4)}$

1039 $\dfrac{1}{(x+1)(x+3)}+\dfrac{1}{(x+3)(x+5)}$

[1040~1041] 다음 식을 간단히 하시오.

1040 $\dfrac{1}{1-\dfrac{1}{x}}$

1041 $\dfrac{x-\dfrac{1}{x}}{\dfrac{x-1}{x^2}}$

[1042~1043] 다음 물음에 답하시오.

1042 $x:y=3:5$일 때, $\dfrac{2(x+y)}{y-x}$의 값을 구하시오.

1043 $\dfrac{a}{3}=\dfrac{b}{2}$일 때, $\dfrac{a^2+ab-b^2}{a^2+b^2}$의 값을 구하시오.

(단, $ab \neq 0$)

09-3 유리함수

(1) 유리함수

함수 $y=f(x)$에서 $f(x)$가 x에 대한 유리식인 함수를 **유리함수**라 한다.

특히 $f(x)$가 x에 대한 다항식일 때, 이 함수를 **다항함수**라 한다.

> **예** $\underbrace{y=2x+5,\ y=\dfrac{1-x}{3},}_{\text{다항함수}}\ \underbrace{y=\dfrac{2}{x},\ y=\dfrac{x+2}{x^2+x+6}}_{\text{분수함수}}$ ➡ 유리함수

$y=f(x)$에서 $f(x)$가 x에 대한 분수식인 함수를 분수함수라 한다.

```
        ┌── 유리함수 ──┐
        │ 다항함수 │ 분수함수 │
        └──────────┘
```

(2) 유리함수에서 정의역이 주어져 있지 않은 경우에는 분모가 0이 되지 않도록 하는 실수 전체의 집합을 정의역으로 생각한다.

> **예** 함수 $y=\dfrac{1}{x^2+1}$의 정의역 ➡ $\{x\,|\,x$는 모든 실수$\}$
> └ 분모를 0으로 만드는 실수 x의 값은 존재하지 않는다.
>
> 함수 $y=\dfrac{1}{x-1}$의 정의역 ➡ $\{x\,|\,x\neq1$인 실수$\}$
> └ $x-1=0$에서 $x=1$

09-4 유리함수 $y=\dfrac{k}{x}\,(k\neq0)$의 그래프

(1) 점근선

곡선이 어떤 직선에 한없이 가까워질 때, 이 직선을 그 곡선의 **점근선**이라 한다.

(2) 유리함수 $y=\dfrac{k}{x}\,(k\neq0)$의 그래프

① 정의역: $\{x\,|\,x\neq0$인 실수$\}$, 치역: $\{y\,|\,y\neq0$인 실수$\}$

② $k>0$이면 그래프는 제1사분면, 제3사분면에 있고 $k<0$이면 그래프는 제2사분면, 제4사분면에 있다.

③ 점근선은 x축, y축이다.

④ 원점에 대하여 대칭이고, 두 직선 $y=x$, $y=-x$에 대하여 대칭이다.

⑤ $|k|$의 값이 커질수록 그래프는 원점에서 멀어진다.

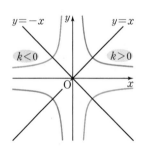

함수 $y=\dfrac{k}{x}\,(k\neq0)$의 그래프가 직선 $y=x$에 대하여 대칭이므로 $y=\dfrac{k}{x}$의 역함수는 자기 자신이다.

09-5 유리함수 $y=\dfrac{k}{x-p}+q\,(k\neq0)$의 그래프

유형 08~20

(1) 유리함수 $y=\dfrac{k}{x-p}+q\,(k\neq0)$의 그래프는 $y=\dfrac{k}{x}$의 그래프를 x축의 방향으로 p만큼, y축의 방향으로 q만큼 평행이동한 것이다.

(2) 정의역: $\{x\,|\,x\neq p$인 실수$\}$, 치역: $\{y\,|\,y\neq q$인 실수$\}$

(3) 점근선은 두 직선 $x=p$, $y=q$이다.

(4) 점 $(p,\ q)$에 대하여 대칭이고, 두 직선 $y=(x-p)+q$, $y=-(x-p)+q$에 대하여 대칭이다.

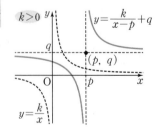

점 $(p,\ q)$는 두 점근선의 교점이다.

> **TIP** 함수 $y=\dfrac{ax+b}{cx+d}\,(ad-bc\neq0,\ c\neq0)$의 그래프는 $y=\dfrac{k}{x-p}+q\,(k\neq0)$ 꼴로 변형하여 그린다.
>
> **예** $y=\dfrac{3x-2}{x-1}=\dfrac{3(x-1)+1}{x-1}=\dfrac{1}{x-1}+3$이므로 $y=\dfrac{3x-2}{x-1}$의 그래프는 $y=\dfrac{1}{x}$의 그래프를 x축의 방향으로 1만큼, y축의 방향으로 3만큼 평행이동한 것이다.

09-3 유리함수

[1044~1045] 보기에서 다음에 해당하는 것을 있는 대로 고르시오.

보기

ㄱ. $y=\dfrac{3}{x}$ ㄴ. $y=\dfrac{x^2}{2}+x$ ㄷ. $y=-x+\dfrac{1}{9}$

ㄹ. $y=\dfrac{2x^2}{x+3}$ ㅁ. $y=\dfrac{(x+1)^2}{4}$ ㅂ. $y=\dfrac{6}{x-3}+5$

1044 다항함수

1045 다항함수가 아닌 유리함수

[1046~1049] 다음 함수의 정의역을 구하시오.

1046 $y=\dfrac{1}{x-2}$ **1047** $y=\dfrac{5-2x}{x+5}$

1048 $y=\dfrac{4}{x^2-1}$ **1049** $y=\dfrac{x+1}{x^2+3}$

09-4 유리함수 $y=\dfrac{k}{x}\,(k\neq0)$의 그래프

[1050~1053] 다음 함수의 그래프를 그리시오.

1050 $y=\dfrac{1}{x}$

1051 $y=-\dfrac{1}{x}$

1052 $y=\dfrac{1}{3x}$

1053 $y=-\dfrac{3}{x}$

09-5 유리함수 $y=\dfrac{k}{x-p}+q\,(k\neq0)$의 그래프

[1054~1055] 다음 함수의 그래프를 x축의 방향으로 p만큼, y축의 방향으로 q만큼 평행이동한 그래프의 식을 구하시오.

1054 $y=\dfrac{1}{x}$ $[p=-2,\ q=1]$

1055 $y=-\dfrac{3}{2x}$ $[p=3,\ q=-4]$

[1056~1059] 다음 함수의 그래프를 그리고 정의역, 치역, 점근선의 방정식을 구하시오.

1056 $y=\dfrac{1}{x}-2$

1057 $y=-\dfrac{3}{x+1}$

1058 $y=\dfrac{2}{x-4}+6$

1059 $y=-\dfrac{1}{x+5}-3$

[1060~1061] 다음 함수를 $y=\dfrac{k}{x-p}+q$ 꼴로 나타내시오.

(단, k, p, q는 상수)

1060 $y=\dfrac{3x+7}{x+1}$ **1061** $y=\dfrac{9-2x}{x-3}$

[1062~1063] 다음 함수의 그래프를 그리고 정의역, 치역, 점근선의 방정식을 구하시오.

1062 $y=\dfrac{3x+4}{x-1}$

1063 $y=\dfrac{-4x-1}{2x-1}$

B 유형 완성

◈ 개념루트 공통수학2 308쪽

유형 01 유리식의 사칙연산

(1) 세 다항식 A, B, C $(C \neq 0)$에 대하여
$$\frac{A}{C} \pm \frac{B}{C} = \frac{A \pm B}{C} \text{ (복부호 동순)}$$
(2) 네 다항식 A, B, C, D $(BD \neq 0)$에 대하여
① $\dfrac{A}{B} \times \dfrac{C}{D} = \dfrac{AC}{BD}$
② $\dfrac{A}{B} \div \dfrac{C}{D} = \dfrac{A}{B} \times \dfrac{D}{C} = \dfrac{AD}{BC}$ (단, $C \neq 0$)

1064 대표 문제

$\dfrac{x}{x+y} + \dfrac{y}{x-y} - \dfrac{2xy}{x^2-y^2}$ 를 계산하면?

① $\dfrac{x}{x-y}$ ② $\dfrac{y}{x-y}$ ③ $\dfrac{x+y}{x-y}$

④ $\dfrac{x-y}{x+y}$ ⑤ $\dfrac{2x+y}{x+y}$

1065 중

다음 중 옳지 <u>않은</u> 것은?

① $\dfrac{x+4}{x^2-x-2} - \dfrac{x}{x^2-3x+2} = \dfrac{2}{(x+1)(x-1)}$

② $\dfrac{x-3}{x+2} \times \dfrac{x^2+x-2}{x^2-3x} = \dfrac{x-1}{x}$

③ $\dfrac{2}{x+1} - \dfrac{1}{x-1} = \dfrac{x-3}{(x+1)(x-1)}$

④ $\dfrac{x^2+2x}{x-1} \div \dfrac{x^2-4}{x^2-1} = \dfrac{x(x-1)}{x-2}$

⑤ $\dfrac{x-1}{x-2} + \dfrac{3x}{x^2-2x} = \dfrac{x+2}{x-2}$

1066 중

$\dfrac{x^2-9}{x^2+3x+9} \times \dfrac{x^2+4x+3}{x^2-6x+9} \div \dfrac{x+3}{x^3-27}$ 을 계산하면?

① x^2-5x+4 ② x^2-3x-4

③ x^2+4x+1 ④ x^2+4x+3

⑤ x^2+5x+6

◈ 개념루트 공통수학2 310쪽

유형 02 유리식을 포함한 항등식

유리식을 포함한 항등식이 주어진 경우
➡ 각 변의 분모를 통분하거나 양변에 적당한 식을 곱하여 정리한 후 동류항의 계수를 비교한다.

1067 대표 문제

$x \neq 1$인 모든 실수 x에 대하여
$$\frac{x+2}{x^3-1} = \frac{ax-1}{x^2+x+1} + \frac{b}{x-1}$$
가 성립할 때, ab의 값을 구하시오. (단, a, b는 상수)

1068 중   서술형

$x \neq 1$인 모든 실수 x에 대하여
$$\frac{x+1}{x^2-2x+1} = \frac{a}{x-1} + \frac{b}{(x-1)^2} + \frac{c}{(x-1)^3}$$
가 성립할 때, $a+b-c$의 값을 구하시오.
(단, a, b, c는 상수)

1069 (중)

분모를 0으로 만들지 않는 모든 실수 x에 대하여

$$\frac{x^2-5x-5}{x^3+3x^2-4}=\frac{ax+b}{(x+2)^2}-\frac{b}{x-1}$$

가 성립할 때, $a+b$의 값은? (단, a, b는 상수)

① 1   ② 3   ③ 5

④ 7   ⑤ 9

◈◈ 개념루트 공통수학2 312쪽

유형 03 (분자의 차수)≥(분모의 차수)인 유리식

분자의 차수가 분모의 차수보다 크거나 같은 유리식이 주어진 경우

➡ 분자를 분모로 나누어 분자의 차수가 분모의 차수보다 작게 식을 변형한 후 계산한다.

1070 대표 문제

분모를 0으로 만들지 않는 모든 실수 x에 대하여

$$\frac{x+1}{x}-\frac{x+2}{x+1}+\frac{x-1}{x-2}-\frac{x-2}{x-3}$$

$$=\frac{ax+b}{x(x+1)(x-2)(x-3)}$$

가 성립할 때, $b-a$의 값은? (단, a, b는 상수)

① -12 ② -6 ③ -1

④ 6   ⑤ 12

1071 (중)

$$\frac{3x^2-3x+2}{x-1}-\frac{3x^2+6x-5}{x+2}$$를 계산하시오.

1072 (상)

$$\frac{x^3+2x^2}{x^2+2x+4}+\frac{x^3-2x^2+5x}{x^2-2x+4}-2x$$를 계산하면

$$\frac{f(x)}{x^4+4x^2+16}$$일 때, 다항식 $f(x)$를 구하시오.

◈◈ 개념루트 공통수학2 312쪽

빈출

유형 04 분모가 두 인수의 곱인 유리식

분모가 두 인수의 곱으로 되어 있으면 다음을 이용하여 식을 변형한다.

➡ 두 다항식 A, B에 대하여

$$\frac{1}{AB}=\frac{1}{B-A}\left(\frac{1}{A}-\frac{1}{B}\right) \text{(단, } A\neq B, AB\neq0)$$

1073 대표 문제

분모를 0으로 만들지 않는 모든 실수 x에 대하여

$$\frac{1}{x(x+1)}+\frac{1}{(x+1)(x+2)}+\frac{1}{(x+2)(x+3)}$$

$$=\frac{a}{x(x+b)}$$

가 성립할 때, $a+b$의 값을 구하시오. (단, a, b는 상수)

1074 (중)

$$\frac{1}{x^2-1}+\frac{1}{x^2+4x+3}+\frac{1}{x^2+8x+15}$$을 계산하면?

① $-\dfrac{2}{(x+1)(x-3)}$ ② $-\dfrac{2}{(x+3)(x-1)}$

③ $\dfrac{1}{(x+3)(x-1)}$ ④ $\dfrac{3}{(x+5)(x-1)}$

⑤ $\dfrac{6}{(x+5)(x-1)}$

1075 ⑤

$\dfrac{1}{2\times 3}+\dfrac{1}{3\times 4}+\dfrac{1}{4\times 5}+\cdots+\dfrac{1}{10\times 11}$ 의 값은?

① $\dfrac{5}{22}$ ② $\dfrac{7}{22}$ ③ $\dfrac{9}{22}$

④ $\dfrac{1}{2}$ ⑤ $\dfrac{13}{22}$

1076 ⑥

서술형 ♀

$f(x)=x^2-1$일 때,

$$\dfrac{2}{f(2)}+\dfrac{2}{f(4)}+\dfrac{2}{f(6)}+\cdots+\dfrac{2}{f(20)}$$

의 값을 구하시오.

◇◆ 개념루트 공통수학2 312쪽

유형 05 분모 또는 분자가 분수식인 유리식

분모 또는 분자가 분수식이면

➡ $\dfrac{\frac{A}{B}}{\frac{C}{D}}=\dfrac{A}{B}\div\dfrac{C}{D}=\dfrac{A}{B}\times\dfrac{D}{C}=\dfrac{AD}{BC}$ (단, $BCD\neq0$)

1077 대표 문제

$1-\dfrac{1}{1-\dfrac{1}{1-x}}$ 을 간단히 하시오.

1078 ⑥

$\dfrac{1+\dfrac{x+1}{x-1}}{1-\dfrac{x+1}{x-1}}$ 을 간단히 하시오.

1079 ⑥

$\dfrac{53}{30}=a+\dfrac{1}{b+\dfrac{1}{c+\dfrac{1}{d+\dfrac{1}{e}}}}$ 을 만족시키는 자연수 a, b, c, d, e

에 대하여 $a+b+c+d+e$의 값을 구하시오.

유형 06 유리식의 값 구하기 – 비례식이 주어진 경우

(1) $x:y:z=a:b:c$이면

➡ $x=ak, y=bk, z=ck\,(k\neq0)$로 놓는다.

(2) $\dfrac{a}{d}=\dfrac{b}{e}=\dfrac{c}{f}$이면

➡ $\dfrac{a}{d}=\dfrac{b}{e}=\dfrac{c}{f}=k\,(k\neq0)$로 놓고 $a=dk, b=ek, c=fk$임
을 이용한다.

(3) $\dfrac{x+y}{a}=\dfrac{y+z}{b}=\dfrac{z+x}{c}$이면

➡ $\dfrac{x+y}{a}=\dfrac{y+z}{b}=\dfrac{z+x}{c}=k\,(k\neq0)$로 놓고 $x+y=ak$,
$y+z=bk, z+x=ck$의 세 식을 변끼리 더한다.

1080 대표 문제

0이 아닌 세 실수 x, y, z에 대하여

$$(x+y):(y+z):(z+x)=3:4:5$$

일 때, $\dfrac{xy+yz+zx}{x^2+y^2+z^2}$의 값은?

① $\dfrac{5}{7}$ ② $\dfrac{11}{14}$ ③ $\dfrac{6}{7}$

④ $\dfrac{13}{14}$ ⑤ 1

1081 ⊗

세 실수 x, y, z에 대하여 $x : y : z = 2 : 3 : 7$일 때, $\dfrac{3x - 2y + z}{x + 4y + 2z}$의 값을 구하시오.

1082 ⊗

0이 아닌 세 실수 x, y, z에 대하여 $\dfrac{x+y}{3} = \dfrac{y+z}{6} = \dfrac{z+x}{5}$

일 때, $\dfrac{xy + yz - zx}{x^2 - y^2}$의 값을 구하시오.

1084 ⊗

0이 아닌 세 실수 a, b, c에 대하여 $\dfrac{1}{ab} + \dfrac{1}{bc} + \dfrac{1}{ca} = 0$일 때, $\dfrac{a^3 + b^3 + c^3}{abc}$의 값은?

① 3   ② 6   ③ 9

④ 12   ⑤ 15

1085 ⊗   서술형

$x + 2y + z = 0$, $x - y + 3z = 0$일 때, $\dfrac{x+y}{x+2z}$의 값을 구하시오. (단, $xyz \neq 0$)

유형 07   **유리식의 값 구하기 – 등식이 주어진 경우**

(1) $a + b + c = 0$이면
 ➡ $a+b = -c$, $b+c = -a$, $c+a = -b$를 주어진 유리식에 대입하여 간단히 하거나 주어진 유리식을 $a + b + c$를 포함한 식으로 변형한 후 $a + b + c = 0$임을 이용한다.
(2) 등식의 각 문자를 한 문자에 대한 식으로 나타낼 수 있는 경우에는 그 식을 주어진 유리식에 대입하여 식의 값을 구한다.

1083   대표 문제

$a + b + c = 0$일 때, $\dfrac{b+c}{a} + \dfrac{c+a}{b} + \dfrac{a+b}{c}$의 값은?

(단, $abc \neq 0$)

① -3 ② -1 ③ 1

④ 3   ⑤ 6

1086 ⊗

두 실수 x, y에 대하여 $xy < 0$, $\dfrac{x^2 - xy + 2y^2}{x^2 - 2xy - y^2} = 2$일 때, $\dfrac{3x - y}{2x + y}$의 값은?

① -2 ② -1 ③ 1

④ 2   ⑤ 4

◈ 개념루트 공통수학2 320쪽

빈출

유형 08 **유리함수의 그래프의 평행이동**

유리함수 $y=\dfrac{k}{x-p}+q\,(k\neq0)$의 그래프는 $y=\dfrac{k}{x}$의 그래프를 x축의 방향으로 p만큼, y축의 방향으로 q만큼 평행이동한 것이다.

참고 k의 값이 같은 두 유리함수의 그래프는 평행이동하여 겹쳐질 수 있다.

1087 대표 문제

함수 $y=\dfrac{6-x}{x-3}$의 그래프는 함수 $y=\dfrac{3}{x}$의 그래프를 x축의 방향으로 a만큼, y축의 방향으로 b만큼 평행이동한 것이다. 이때 $a+b$의 값을 구하시오.

1088 하

보기에서 그 그래프가 함수 $y=\dfrac{2}{x}$의 그래프를 평행이동하여 겹쳐지는 함수인 것만을 있는 대로 고른 것은?

보기
ㄱ. $y=\dfrac{2}{x-2}-3$ ㄴ. $y=\dfrac{x+1}{x-1}$

ㄷ. $y=\dfrac{2x-5}{2-x}$ ㄹ. $y=\dfrac{4x+1}{1-2x}$

① ㄱ, ㄴ ② ㄱ, ㄷ ③ ㄴ, ㄹ
④ ㄱ, ㄴ, ㄷ ⑤ ㄱ, ㄴ, ㄹ

1089 중

함수 $y=\dfrac{ax+2}{x-b}$의 그래프를 x축의 방향으로 -1만큼, y축의 방향으로 3만큼 평행이동하면 함수 $y=-\dfrac{1}{x}$의 그래프와 일치한다. 이때 상수 a, b에 대하여 $a+b$의 값을 구하시오.

1090 중 *서술형*

함수 $y=\dfrac{k}{x}$의 그래프를 x축의 방향으로 2만큼, y축의 방향으로 -1만큼 평행이동한 그래프가 점 $(3,\ 1)$을 지날 때, 상수 k의 값을 구하시오.

◈ 개념루트 공통수학2 318쪽

유형 09 **유리함수의 정의역과 치역**

(1) 유리함수 $y=\dfrac{ax+b}{cx+d}\,(ad-bc\neq0,\ c\neq0)$의 정의역과 치역은 $y=\dfrac{k}{x-p}+q\,(k\neq0)$ 꼴로 변형하여 구한다.

➡ 정의역: $\{x\,|\,x\neq p$인 실수$\}$, 치역: $\{y\,|\,y\neq q$인 실수$\}$

(2) 정의역이 주어진 경우에는 그래프를 그려서 치역을 구한다.

1091 대표 문제

함수 $y=\dfrac{1-3x}{x-2}$의 정의역이 $\{x\,|\,-3\leq x\leq1\}$일 때, 치역은?

① $\{y\,|\,y\neq2$인 실수$\}$ ② $\{y\,|\,-2\leq y\leq2\}$
③ $\{y\,|\,y\geq2\}$ ④ $\{y\,|\,2\leq y\leq5\}$
⑤ $\{y\,|\,y\geq5\}$

1092 하

함수 $y=\dfrac{mx+3}{x+2n}$의 정의역은 $\{x\,|\,x\neq6$인 실수$\}$이고, 치역은 $\{y\,|\,y\neq-2$인 실수$\}$일 때, 상수 m, n에 대하여 mn의 값을 구하시오.

1093 ⑤

함수 $y=\dfrac{2x+4}{x-4}$의 치역이 $\{y \mid y\le 0$ 또는 $y\ge 3\}$일 때, 정의역에 속하는 자연수의 개수는?

① 15 ② 16 ③ 17
④ 18 ⑤ 19

◆◇ 개념루트 공통수학2 322쪽

유형 10 유리함수의 최대, 최소

주어진 정의역에서 유리함수의 그래프를 그려 최댓값과 최솟값을 구한다.
➡ 유리함수 $y=f(x)$의 정의역이 $\{x \mid a\le x\le b\}$일 때, $f(a)$, $f(b)$ 중 큰 값이 최댓값, 작은 값이 최솟값이다.

1094 대표 문제

$-2\le x\le \dfrac{3}{2}$에서 함수 $y=\dfrac{-x+1}{x-2}$의 최댓값과 최솟값의 합을 구하시오.

1095 ⑤

$-1\le x\le 3$에서 함수 $y=\dfrac{kx+2k+5}{x+2}$의 최솟값이 -1일 때, 상수 k의 값을 구하시오.

1096 ⑤

$2\le x\le a$에서 함수 $y=\dfrac{4x+3}{x-1}$의 최솟값이 5이고 최댓값이 b일 때, $a-b$의 값은?

① -3 ② -2 ③ -1
④ 0 ⑤ 1

유형 11 유리함수의 그래프의 점근선

유리함수 $y=\dfrac{k}{x-p}+q\,(k\ne 0)$의 그래프의 점근선의 방정식
➡ $x=p$, $y=q$

1097 대표 문제

함수 $y=\dfrac{4x-3}{x-a}$의 그래프의 점근선의 방정식이 $x=2$, $y=b$일 때, 상수 a, b에 대하여 ab의 값은?

① 2 ② 4 ③ 6
④ 8 ⑤ 10

1098 ⑤ 서술형 Q

두 함수 $y=\dfrac{3x-5}{1-x}$, $y=\dfrac{bx-2}{3x+a}$의 그래프의 점근선의 방정식이 같을 때, 상수 a, b에 대하여 ab의 값을 구하시오.

1099 (상)

두 함수 $y=\dfrac{-3x+1}{x+k}$, $y=\dfrac{kx+1}{x-2}$의 그래프의 점근선으로 둘러싸인 부분의 넓이가 30일 때, 양수 k의 값은?

① 3   ② 4   ③ 5

④ 6   ⑤ 7

◆◆ 개념루트 공통수학2 324쪽

유형 12   **유리함수의 그래프의 대칭성**

$y=\dfrac{k}{x-p}+q\,(k\neq0)$의 그래프는

(1) 점근선의 교점 $(p,\,q)$에 대하여 대칭이다.

(2) 점 $(p,\,q)$를 지나고 기울기가 ±1인 두 직선에 대하여 대칭이다.

1100   대표 문제

함수 $y=\dfrac{3x+2}{x+a}$의 그래프가 점 $(1,\,b)$에 대하여 대칭일 때, ab의 값은? (단, a, b는 상수)

① -3 ② -2 ③ -1

④ 0   ⑤ 1

1101 (하)

| 수능 기출 |

좌표평면에서 함수 $y=\dfrac{3}{x-5}+k$의 그래프가 직선 $y=x$에 대하여 대칭일 때, 상수 k의 값은?

① 1   ② 2   ③ 3

④ 4   ⑤ 5

1102 (중)

함수 $y=\dfrac{2x-3}{x+2}$의 그래프가 점 $(a,\,b)$와 직선 $y=x+c$에 대하여 대칭일 때, $a+b+c$의 값은? (단, a, b, c는 상수)

① -2 ② 0   ③ 2

④ 4   ⑤ 6

1103 (중)

서술형

함수 $y=\dfrac{ax+1}{x-b}$의 그래프가 두 직선 $y=x+3$, $y=-x+5$에 대하여 대칭일 때, ab의 값을 구하시오.

(단, a, b는 상수)

1104 (중)

함수 $y=\dfrac{ax+b}{x+c}$의 그래프가 점 $(2,\,1)$에 대하여 대칭이고 점 $(1,\,0)$을 지날 때, abc의 값은? (단, a, b, c는 상수)

① -2 ② -1 ③ 0

④ 1   ⑤ 2

◇● 개념루트 공통수학2 318쪽

유형 13 유리함수의 그래프가 지나는 사분면

유리함수 $y=\dfrac{ax+b}{cx+d}\,(ad-bc\neq0,\ c\neq0)$의 그래프는

$y=\dfrac{k}{x-p}+q\,(k\neq0)$ 꼴로 변형하여 그린 후 지나는 사분면을 확인한다.

1105 대표 문제

함수 $y=-\dfrac{4x-5}{2x-3}$의 그래프가 지나지 않는 사분면을 구하시오.

1106 중 | 학평 기출 |

함수 $y=\dfrac{3x+k-10}{x+1}$의 그래프가 제4사분면을 지나도록 하는 모든 자연수 k의 개수는?

① 5　　　　② 7　　　　③ 9
④ 11　　　⑤ 13

1107 상

함수 $y=\dfrac{-2x+a}{x-1}$의 그래프가 제2사분면을 지나지 않도록 하는 상수 a의 값의 범위를 구하시오. (단, $a\neq2$)

◇● 개념루트 공통수학2 318쪽

유형 14 유리함수의 그래프의 성질

유리함수 $y=\dfrac{k}{x-p}+q\,(k\neq0)$의 그래프는

(1) $y=\dfrac{k}{x}$의 그래프를 x축의 방향으로 p만큼, y축의 방향으로 q만큼 평행이동한 것이다.
(2) 정의역은 $\{x\,|\,x\neq p$인 실수$\}$, 치역은 $\{y\,|\,y\neq q$인 실수$\}$이다.
(3) 점근선의 방정식은 $x=p$, $y=q$이다.
(4) 점 $(p,\ q)$에 대하여 대칭이다.

1108 대표 문제

다음 중 함수 $y=\dfrac{3x-1}{x+2}$의 그래프에 대하여 옳지 않은 것은?

① $y=-\dfrac{7}{x}$의 그래프를 평행이동한 것이다.
② 정의역은 $\{x\,|\,x\neq-2$인 실수$\}$이다.
③ 점 $(-2,\ 3)$에 대하여 대칭이다.
④ x축과 점 $\left(\dfrac{1}{3},\ 0\right)$에서 만난다.
⑤ 제4사분면을 지나지 않는다.

1109 중

함수 $y=\dfrac{k}{x-1}+1\,(k\neq0)$의 그래프에 대하여 보기에서 옳은 것만을 있는 대로 고른 것은?

보기
ㄱ. 정의역은 $\{x\,|\,x\neq1$인 실수$\}$이다.
ㄴ. 직선 $y=x$에 대하여 대칭이다.
ㄷ. $k>0$이면 모든 사분면을 지난다.

① ㄱ　　　　② ㄴ　　　　③ ㄱ, ㄴ
④ ㄱ, ㄷ　　⑤ ㄱ, ㄴ, ㄷ

유형 15　유리함수의 식 구하기

점근선의 방정식이 $x=p$, $y=q$이고 점 (a, b)를 지나는 유리함수의 그래프가 주어지면

➡ $y=\dfrac{k}{x-p}+q\,(k\neq 0)$라 하고 $x=a$, $y=b$를 대입하여 상수 k의 값을 구한다.

참고 점근선의 방정식이 $x=p$, $y=q$인 유리함수의 그래프는 점 (p, q)에 대하여 대칭이다.

1110　대표 문제

함수 $y=\dfrac{ax+b}{x+c}$의 그래프가 오른쪽 그림과 같을 때, 상수 a, b, c에 대하여 $a+b+c$의 값을 구하시오.

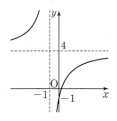

1111　하

함수 $y=\dfrac{k}{x-a}+b$의 그래프가 오른쪽 그림과 같을 때, 상수 a, b, k에 대하여 $a+b+k$의 값을 구하시오.

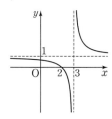

1112　중

보기에서 그 그래프가 오른쪽 함수의 그래프를 평행이동하여 겹쳐지는 함수인 것만을 있는 대로 고른 것은?

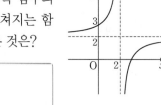

보기

ㄱ. $y=\dfrac{2}{x}+1$

ㄴ. $y=-\dfrac{1}{x+1}-1$

ㄷ. $y=-\dfrac{2}{x-1}$

① ㄱ　　　　② ㄴ　　　　③ ㄷ
④ ㄱ, ㄷ　　　⑤ ㄴ, ㄷ

1113　중

유리함수 $f(x)=\dfrac{ax+b}{cx+d}$의 그래프가 다음 조건을 모두 만족시킬 때, $1\leq x\leq 5$에서 $f(x)$의 최댓값과 최솟값의 곱을 구하시오. (단, a, b, c, d는 상수)

㈎ 점근선의 방정식은 $x=\dfrac{1}{2}$, $y=-3$이다.
㈏ 그래프는 점 $(2, -1)$을 지난다.

유형 16　유리함수의 그래프와 직선의 위치 관계

유리함수 $y=f(x)$의 그래프와 직선 $y=g(x)$의 위치 관계는
(1) 정의역이 주어지지 않으면 방정식 $f(x)-g(x)=0$에서 얻은 이차방정식의 판별식을 이용한다.
(2) 정의역이 주어지면 두 그래프를 그린 후 주어진 조건을 만족시키도록 직선 $y=g(x)$를 움직여 본다.

1114　대표 문제

함수 $y=\dfrac{x-1}{x+1}$의 그래프와 직선 $y=mx+1$이 한 점에서 만날 때, 양수 m의 값은?

① 2　　　　② 4　　　　③ 6
④ 8　　　　⑤ 10

1115　중
서술형

함수 $y=\dfrac{2x-1}{x+4}$의 그래프와 직선 $y=ax+2$가 만나지 않도록 하는 정수 a의 최댓값을 구하시오.

1116 ⓒ

$3 \leq x \leq 5$에서 함수 $y=\dfrac{x+1}{x-2}$의 그래프와 직선

$y=mx-2m+1$이 만나도록 하는 상수 m의 최댓값과 최솟값의 합을 구하시오.

1117 ⓢ

$2 \leq x \leq 3$에서 부등식 $ax+1 \leq \dfrac{x+1}{x-1} \leq bx+1$이 항상 성립할 때, 상수 a, b에 대하여 $b-a$의 최솟값은?

① $\dfrac{1}{3}$ ② $\dfrac{2}{3}$ ③ 1

④ $\dfrac{4}{3}$ ⑤ $\dfrac{5}{3}$

유형 17 유리함수의 그래프의 활용

유리함수의 그래프에서 도형의 길이 또는 넓이의 최솟값을 구하는 문제는 양수 조건이 있으면 산술평균과 기하평균의 관계를 이용하여 해결한다.

➡ $a>0$, $b>0$일 때, $a+b \geq 2\sqrt{ab}$ (단, 등호는 $a=b$일 때 성립)

1118 대표 문제

함수 $y=\dfrac{4}{x}$ $(x>0)$의 그래프를 x축의 방향으로 1만큼, y축의 방향으로 2만큼 평행이동한 그래프 위의 점 P에서 x축, y축에 내린 수선의 발을 각각 Q, R라 할 때, 직사각형 ROQP의 둘레의 길이의 최솟값은? (단, O는 원점)

① 10 ② 12 ③ 14

④ 16 ⑤ 18

1119 ⓒ

서술형

함수 $f(x)=\dfrac{1}{x-1}+3\,(x>1)$의 그래프 위의 점 P를 지나고 x축에 수직인 직선이 직선 $y=-x$와 만나는 점을 Q라 할 때, 선분 PQ의 길이의 최솟값을 구하시오.

1120 ⓒ

오른쪽 그림과 같이 함수 $y=\dfrac{k}{x-3}+2\,(x>3)$의 그래프 위의 점 P에서 두 점근선에 내린 수선의 발을 각각 A, B라 할 때, $\overline{PA}+\overline{PB}$의 최솟값이 6이 되도록 하는 양수 k의 값은?

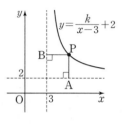

① 7 ② 9 ③ 11

④ 13 ⑤ 15

◇◆ 개념루트 공통수학2 330쪽

유형 18 유리함수의 합성

함수 f에 대하여 $f^1=f$, $f^{n+1}=f \circ f^n$ (n은 자연수)일 때, $f^n(a)$의 값은

[방법1] $f^2(x)$, $f^3(x)$, $f^4(x)$, …를 구하여 규칙을 찾아 $f^n(x)$를 구한 후 $x=a$를 대입한다.

[방법2] $f^1(a)$, $f^2(a)$, $f^3(a)$, …의 값에서 규칙을 찾아 $f^n(a)$의 값을 구한다.

1121 대표 문제

함수 $f(x)=\dfrac{x-1}{x}$에 대하여

$$f^1=f,\ f^{n+1}=f \circ f^n\ (n은\ 자연수)$$

으로 정의할 때, $f^{150}(5)$의 값을 구하시오.

1122 (하)

함수 $f(x)=\dfrac{1}{x-1}$에 대하여 $(f \circ f)(k)=-2$를 만족시키는 실수 k의 값은?

① -3 ② -2 ③ -1

④ 2 ⑤ 3

1123 (중)

함수 $f(x)=\dfrac{x}{x+1}$에 대하여

$$f^1=f,\ f^{n+1}=f \circ f^n\ (n \text{은 자연수})$$

으로 정의할 때, $f^{100}(10)$의 값을 구하시오.

1124 (중)

함수 $y=f(x)$의 그래프가 오른쪽 그림과 같고,

$$f^1=f,\ f^{n+1}=f \circ f^n$$
$$(n \text{은 자연수})$$

으로 정의할 때, $f^{1029}(-1)$의 값은?

① -2 ② -1

③ 0 ④ 1

⑤ 2

유형 19   유리함수의 역함수

유리함수 $y=\dfrac{ax+b}{cx+d}\ (ad-bc\neq0,\ c\neq0)$의 역함수는 다음과 같은 순서로 구한다.

(1) x에 대하여 푼다. ➡ $x=\dfrac{-dy+b}{cy-a}$

(2) x와 y를 서로 바꾼다. ➡ $y=\dfrac{-dx+b}{cx-a}$

1125 대표 문제

함수 $f(x)=\dfrac{ax}{2x-3}$에 대하여 $f=f^{-1}$일 때, 상수 a의 값은?

① 1 ② 2 ③ 3

④ 4 ⑤ 5

1126 (하)

함수 $f(x)=\dfrac{2}{x}+1$의 역함수가 $f^{-1}(x)=\dfrac{a}{x+b}$일 때, 상수 a, b에 대하여 $a+b$의 값을 구하시오.

1127 (중)   서술형

두 함수 $f(x)=\dfrac{4x-3}{x-a}$, $g(x)=\dfrac{-2x+3}{bx+4}$의 그래프가 직선 $y=x$에 대하여 대칭일 때, ab의 값을 구하시오.

(단, a, b는 상수)

1128 ⑧ | 학평 기출 |

유리함수 $f(x) = \dfrac{2x+5}{x+3}$ 의 역함수 $y=f^{-1}(x)$ 의 그래프는 점 (p, q) 에 대하여 대칭이다. $p-q$ 의 값은?

① 1   ② 2   ③ 3

④ 4   ⑤ 5

1129 ⑧

함수 $f(x) = \dfrac{x+b}{x-a}$ 의 그래프와 그 역함수의 그래프가 모두 점 $(-1, 2)$ 를 지날 때, 상수 a, b 에 대하여 $a+b$ 의 값을 구하시오.

유형 20   유리함수의 합성함수와 역함수

두 함수 f, g와 그 역함수 f^{-1}, g^{-1}에 대하여
(1) $f \circ f^{-1} = f^{-1} \circ f = I$ (단, I는 항등함수)
(2) $(f^{-1})^{-1} = f$
(3) $(f \circ g)^{-1} = g^{-1} \circ f^{-1}$

1130 대표 문제

함수 $f(x) = \dfrac{2x+1}{x-3}$ 에 대하여 $(f^{-1} \circ f \circ f^{-1})(9)$ 의 값은?

① -4 ② -2 ③ 2

④ 4   ⑤ 6

1131 ⑧ 서술형

두 함수 $f(x) = \dfrac{x}{x+1}$, $g(x) = \dfrac{2x+1}{x}$ 에 대하여 $(f \circ (f^{-1} \circ g)^{-1} \circ f^{-1})(3)$ 의 값을 구하시오.

1132 ⑧

함수 $f(x) = \dfrac{ax-5}{2x+b}$ 의 그래프가 점 $(1, 2)$ 를 지나고 $(f \circ f)(x) = x$ 일 때, 상수 a, b 에 대하여 ab 의 값은?

① -9 ② -6 ③ -3

④ 6   ⑤ 9

1133 ⑧

함수 $f(x) = \dfrac{a}{x-1}$ 에 대하여 $f = f^{-1} \circ f^{-1}$ 가 성립할 때, 상수 a 의 값은?

① -2 ② -1 ③ 1

④ 2   ⑤ 4

AB 유형 점검

1134 유형 01

$\left(1+\dfrac{1}{x+1}\right) \div \left(1-\dfrac{4}{x^2-x-2}\right) - \dfrac{4}{x^2-2x-3}$ 를 계산하면?

① $\dfrac{x-2}{x-3}$ ② $\dfrac{x+1}{x-3}$ ③ $\dfrac{x-2}{x+1}$

④ $\dfrac{x+2}{x+1}$ ⑤ $\dfrac{x-3}{x+2}$

1135 유형 02

분모를 0으로 만들지 않는 모든 실수 x에 대하여

$$\dfrac{a}{x+2}+\dfrac{b}{x-4}=\dfrac{4x-10}{x^2-2x-8}$$

이 성립할 때, $a-b$의 값은? (단, a, b는 상수)

① -4 ② -2 ③ 2

④ 4 ⑤ 6

1136 유형 03

$\dfrac{x+1}{x}-\dfrac{2x+3}{x+1}-\dfrac{x+3}{x+2}+\dfrac{2x+7}{x+3}$ 을 계산하면

$\dfrac{f(x)}{x(x+1)(x+2)(x+3)}$ 일 때, 다항식 $f(x)$를 구하시오.

1137 유형 04

분모를 0으로 만들지 않는 모든 실수 x에 대하여

$$f(x)=\dfrac{1}{x(x+1)}+\dfrac{1}{(x+1)(x+2)}$$
$$+\dfrac{1}{(x+2)(x+3)}+\cdots+\dfrac{1}{(x+9)(x+10)}$$

이 성립할 때, $f(90)$의 값을 구하시오.

1138 유형 05

분모를 0으로 만들지 않는 모든 실수 x에 대하여

$$1-\dfrac{4}{3-\dfrac{2}{1-x}}=\dfrac{ax+b}{3x+c}$$

가 성립할 때, $a+b+c$의 값은? (단, a, b, c는 상수)

① 1 ② 3 ③ 5

④ 7 ⑤ 9

1139 유형 07

$x+y-z=0$, $x+3y+z=0$일 때, $\dfrac{x^2+y^2+z^2}{xy+yz+zx}$의 값은?

(단, $xyz \neq 0$)

① -9 ② -6 ③ -3

④ 3 ⑤ 9

1140 유형 08

함수 $y=\dfrac{4x-3}{x-2}$의 그래프를 x축의 방향으로 p만큼, y축의 방향으로 q만큼 평행이동하면 함수 $y=\dfrac{3x-10}{x-5}$의 그래프와 일치할 때, $p+q$의 값을 구하시오.

1141 유형 09

함수 $y = \dfrac{-2x+3}{x+1}$ 의 정의역이 $\{x \mid \alpha < x \leq \beta\}$ 이고 치역이 $\{y \mid y \geq 3\}$ 일 때, $\alpha + \beta$ 의 값을 구하시오.

1142 유형 10

$0 \leq x \leq 2$ 에서 함수 $y = \dfrac{4x-3}{2x+1}$ 의 최댓값과 최솟값의 합을 구하시오.

1143 유형 11 | 학평 기출 |

좌표평면에서 곡선
$$y = \frac{k}{x-2} + 1 \, (k < 0)$$
이 x축, y축과 만나는 점을 각각 A, B라 하고, 이 곡선의 두 점근선의 교점을 C라 하자. 세 점 A, B, C가 한 직선 위에 있도록 하는 상수 k의 값은?

① -5 ② -4 ③ -3

④ -2 ⑤ -1

1144 유형 12

함수 $y = \dfrac{4x-5}{x-2}$ 의 그래프가 직선 $x+y+k=0$ 에 대하여 대칭일 때, 상수 k의 값은?

① -6 ② -4 ③ 0

④ 4 ⑤ 6

1145 유형 13

함수 $y = \dfrac{6x+5}{x+2}$ 의 그래프가 지나지 않는 사분면은?

① 제1사분면   ② 제2사분면   ③ 제3사분면

④ 제4사분면   ⑤ 제1, 3사분면

1146 유형 14

다음 중 함수 $y = \dfrac{3x+5}{x+1}$ 의 그래프에 대하여 옳지 <u>않은</u> 것은?

① y축과 점 $(0, 5)$에서 만난다.

② 점근선의 방정식은 $x=-1$, $y=3$이다.

③ 직선 $y=-x+2$에 대하여 대칭이다.

④ 제4사분면을 지나지 않는다.

⑤ $y = \dfrac{3}{x}$ 의 그래프를 x축의 방향으로 -1만큼, y축의 방향으로 -3만큼 평행이동한 것이다.

1147 유형 15

함수 $y = \dfrac{ax+b}{x+c}$ 의 그래프가 오른쪽 그림과 같을 때, 상수 a, b, c에 대하여 $a+b+c$의 값을 구하시오.

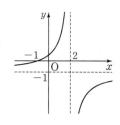

1148 유형 16

함수 $y=\dfrac{-2x+5}{x-2}$의 그래프와 직선 $y=mx-2$가 만나지 않도록 하는 실수 m의 값의 범위는?

① $m\leq-1$ 또는 $m\geq0$
② $m\leq-1$ 또는 $m\geq4$
③ $m\leq0$ 또는 $m>1$
④ $-1<m\leq0$
⑤ $-1\leq m<0$

1149 유형 17 | 학평 기출 |

그림과 같이 함수 $y=\dfrac{2}{x-1}+2$의 그래프 위의 한 점 P에서 이 함수의 그래프의 두 점근선에 내린 수선의 발을 각각 Q, R라 하고, 두 점근선의 교점을 S라 하자. 사각형 PRSQ의 둘레의 길이의 최솟값은? (단, 점 P는 제1사분면 위의 점이다.)

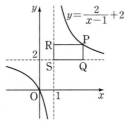

① $2\sqrt{2}$
② 4
③ $4\sqrt{2}$
④ 8
⑤ $8\sqrt{2}$

1150 유형 20

두 함수 $f(x)=\dfrac{-x-2}{x+3}$, $g(x)=\dfrac{2x+4}{x-1}$에 대하여 $(g^{-1}\circ f)(-4)$의 값을 구하시오.

서술형

1151 유형 06

0이 아닌 세 실수 a, b, c에 대하여
$$(a+b):(b+c):(c+a)=5:6:7$$
일 때, $\dfrac{ab}{a^2+2bc-c^2}$의 값을 구하시오.

1152 유형 18

함수 $f(x)=-\dfrac{1}{x+1}$에 대하여
$$f^1=f,\ f^{n+1}=f\circ f^n\ (n은\ 자연수)$$
으로 정의할 때, $f^{50}(2)$의 값을 구하시오.

1153 유형 19

함수 $f(x)=-\dfrac{k}{x-1}+3$의 역함수가 $f^{-1}(x)=\dfrac{ax+1}{x+b}$일 때, 상수 a, b, k에 대하여 abk의 값을 구하시오.

C 실력 향상

하 ···· 중 ···· 상 100%

1154

함수 $y=\dfrac{4x+7}{x+5}$의 그래프와 중심이 점 $(-5, 4)$인 원이 서로 다른 네 점에서 만날 때, 네 교점의 y좌표 y_1, y_2, y_3, y_4에 대하여 $y_1+y_2+y_3+y_4$의 값을 구하시오.

1155

다음 그림과 같이 함수 $y=\dfrac{k}{x}\,(k>0)$의 그래프가 직선 $y=-x+8$과 두 점 P, Q에서 만난다. 삼각형 POQ의 넓이가 16일 때, 상수 k의 값은? (단, O는 원점)

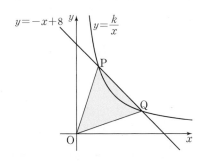

① 11   ② $\dfrac{23}{2}$ ③ 12

④ $\dfrac{25}{2}$ ⑤ 13

1156

| 학평 기출 |

곡선 $y=\dfrac{2}{x}$와 직선 $y=-x+k$가 제1사분면에서 만나는 서로 다른 두 점을 각각 A, B라 하자. $\angle ABC=90°$인 점 C가 곡선 $y=\dfrac{2}{x}$ 위에 있다. $\overline{AC}=2\sqrt{5}$가 되도록 하는 상수 k에 대하여 k^2의 값을 구하시오. (단, $k>2\sqrt{2}$)

1157

| 학평 기출 |

함수 $f(x)=\dfrac{a}{x}+b\,(a\neq0)$이 다음 조건을 만족시킨다.

⟮가⟯ 곡선 $y=|f(x)|$는 직선 $y=2$와 한 점에서만 만난다.
⟮나⟯ $f^{-1}(2)=f(2)-1$

$f(8)$의 값은? (단, a, b는 상수이다.)

① $-\dfrac{1}{2}$ ② $-\dfrac{1}{4}$ ③ 0

④ $\dfrac{1}{4}$ ⑤ $\dfrac{1}{2}$

↪ 기출 BOOK 50쪽

10-1 무리식의 뜻
유형 01

개념⊕

(1) **무리식**: 근호 안에 문자가 포함된 식 중에서 유리식으로 나타낼 수 없는 식

　📝 $\sqrt{x-1}$, $\dfrac{x}{\sqrt{x+2}}$, $\sqrt{x}-\sqrt{x+3}$

(2) **무리식의 값이 실수가 되기 위한 조건**

　무리식의 값이 실수가 되려면 근호 안의 식의 값이 0 이상이어야 하고, 분모는 0이 아니어야 한다.

　➡ **(근호 안의 식의 값)≥0, (분모)≠0**

　📝 (1) 무리식 $\sqrt{x-3}$의 값이 실수가 되려면

　　　➡ $x-3≥0$에서 $x≥3$

　　(2) 무리식 $\dfrac{1}{\sqrt{x+1}}$의 값이 실수가 되려면

　　　➡ $x+1≥0$이고 $x+1≠0$이므로 $x>-1$

● $\sqrt{A}$의 값이 실수 $\Longleftrightarrow A≥0$
　$\dfrac{1}{\sqrt{A}}$의 값이 실수 $\Longleftrightarrow A>0$

10-2 무리식의 계산
유형 02, 03, 04

무리식의 계산은 무리수의 계산과 마찬가지로 제곱근의 성질을 이용한다.

특히 분모가 무리식인 경우에는 분모를 유리화하여 계산한다.

● 음이 아닌 수 a에 대하여 $x^2=a$일 때, x를 a의 제곱근이라 한다.

(1) **제곱근의 성질**

　$a>0$, $b>0$일 때

　① $\sqrt{a}\sqrt{b}=\sqrt{ab}$　　② $\dfrac{\sqrt{a}}{\sqrt{b}}=\sqrt{\dfrac{a}{b}}$　　③ $\sqrt{a^2b}=a\sqrt{b}$　　④ $\sqrt{\dfrac{a}{b^2}}=\dfrac{\sqrt{a}}{b}$

● $\sqrt{a^2}=|a|=\begin{cases} a & (a≥0) \\ -a & (a<0) \end{cases}$

　참고 음수의 제곱근의 성질

　　① $a<0$, $b<0$이면 $\sqrt{a}\sqrt{b}=-\sqrt{ab}$

　　② $a>0$, $b<0$이면 $\dfrac{\sqrt{a}}{\sqrt{b}}=-\sqrt{\dfrac{a}{b}}$

(2) **분모의 유리화**

　$a>0$, $b>0$일 때

　① $\dfrac{a}{\sqrt{b}}=\dfrac{a\sqrt{b}}{\sqrt{b}\sqrt{b}}=\dfrac{a\sqrt{b}}{b}$

　② $\dfrac{c}{\sqrt{a}+\sqrt{b}}=\dfrac{c(\sqrt{a}-\sqrt{b})}{(\sqrt{a}+\sqrt{b})(\sqrt{a}-\sqrt{b})}=\dfrac{c(\sqrt{a}-\sqrt{b})}{a-b}$ (단, $a≠b$)

　③ $\dfrac{c}{\sqrt{a}-\sqrt{b}}=\dfrac{c(\sqrt{a}+\sqrt{b})}{(\sqrt{a}-\sqrt{b})(\sqrt{a}+\sqrt{b})}=\dfrac{c(\sqrt{a}+\sqrt{b})}{a-b}$ (단, $a≠b$)

● 분모에 근호가 포함된 식의 분자, 분모에 적당한 수 또는 식을 곱하여 분모에 근호가 포함되지 않도록 변형하는 것을 분모의 유리화라 한다.

　📝 ① $\dfrac{3}{\sqrt{7}}=\dfrac{3\sqrt{7}}{\sqrt{7}\sqrt{7}}=\dfrac{3\sqrt{7}}{7}$

　　② $\dfrac{1}{\sqrt{5}+\sqrt{3}}=\dfrac{\sqrt{5}-\sqrt{3}}{(\sqrt{5}+\sqrt{3})(\sqrt{5}-\sqrt{3})}=\dfrac{\sqrt{5}-\sqrt{3}}{5-3}=\dfrac{\sqrt{5}-\sqrt{3}}{2}$

10-1 무리식의 뜻

[1158~1161] 다음 무리식의 값이 실수가 되도록 하는 x의 값의 범위를 구하시오.

1158 $x+\sqrt{x-2}$

1159 $\sqrt{x+1}-\sqrt{2x-6}$

1160 $\sqrt{x-5}-\dfrac{1}{\sqrt{7-x}}$

1161 $\dfrac{\sqrt{3-x}}{\sqrt{x-1}}$

10-2 무리식의 계산

[1162~1163] 다음 물음에 답하시오.

1162 $a<0$, $b>0$일 때, $\sqrt{a^2}+\sqrt{b^2}+\sqrt{(b-a)^2}$을 간단히 하시오.

1163 $-2<x<4$일 때, $\sqrt{(x+2)^2}-\sqrt{(x-4)^2}$을 간단히 하시오.

[1164~1166] 다음 식을 계산하시오.

1164 $(\sqrt{x+3}+2)(\sqrt{x+3}-2)$

1165 $(\sqrt{x+1}-\sqrt{x})(\sqrt{x+1}+\sqrt{x})$

1166 $(\sqrt{x+2}-\sqrt{x-2})(\sqrt{x+2}+\sqrt{x-2})$

[1167~1170] 다음 식의 분모를 유리화하시오.

1167 $\dfrac{1}{\sqrt{x+1}+\sqrt{x-2}}$

1168 $\dfrac{3}{x-\sqrt{x^2-3}}$

1169 $\dfrac{\sqrt{2x}}{\sqrt{2x+1}+\sqrt{2x}}$

1170 $\dfrac{\sqrt{x+1}+\sqrt{x-1}}{\sqrt{x+1}-\sqrt{x-1}}$

[1171~1174] 다음 식을 계산하시오.

1171 $\dfrac{3}{2+\sqrt{x}}+\dfrac{3}{2-\sqrt{x}}$

1172 $\dfrac{1}{1-\sqrt{x-2}}+\dfrac{1}{1+\sqrt{x-2}}$

1173 $\dfrac{1}{\sqrt{x}-\sqrt{x-y}}-\dfrac{1}{\sqrt{x}+\sqrt{x-y}}$

1174 $\dfrac{\sqrt{x}}{\sqrt{x}-1}+\dfrac{\sqrt{x}}{\sqrt{x}+1}$

[1175~1176] 다음 물음에 답하시오.

1175 $x=\sqrt{3}$일 때, $\dfrac{\sqrt{2-x}-\sqrt{2+x}}{\sqrt{2-x}+\sqrt{2+x}}$의 값을 구하시오.

1176 $x=1-\sqrt{2}$일 때, $\dfrac{1}{1-\sqrt{x}}+\dfrac{1}{1+\sqrt{x}}$의 값을 구하시오.

10-3 **무리함수** 유형 06 개념⁺

(1) **무리함수**: $y=f(x)$에서 $f(x)$가 x에 대한 무리식인 함수

  예 $y=\sqrt{x+1}$, $y=\sqrt{3-5x}$, $y=\sqrt{x-2}-3$

(2) 무리함수에서 정의역이 주어져 있지 않은 경우에는 근호 안의 식의 값이 0 이상이 되도록 하는 실수 전체의 집합을 정의역으로 한다.

  예 함수 $y=\sqrt{x}$의 정의역은 $\{x|x\geq0\}$이고, 함수 $y=\sqrt{2x+1}$의 정의역은 $\left\{x\,\middle|\,x\geq-\dfrac{1}{2}\right\}$이다.

10-4 **무리함수 $y=\pm\sqrt{ax}$ $(a\neq0)$의 그래프**

(1) **무리함수 $y=\sqrt{ax}$ $(a\neq0)$의 그래프**

  ① $a>0$일 때, 정의역: $\{x|x\geq0\}$, 치역: $\{y|y\geq0\}$

  $a<0$일 때, 정의역: $\{x|x\leq0\}$, 치역: $\{y|y\geq0\}$

  ② 함수 $y=\dfrac{x^2}{a}$ $(x\geq0)$의 그래프와 직선 $y=x$에 대하여 대칭이다.

(2) **무리함수 $y=-\sqrt{ax}$ $(a\neq0)$의 그래프**

  ① $a>0$일 때, 정의역: $\{x|x\geq0\}$, 치역: $\{y|y\leq0\}$

  $a<0$일 때, 정의역: $\{x|x\leq0\}$, 치역: $\{y|y\leq0\}$

  ② 함수 $y=\sqrt{ax}$의 그래프와 x축에 대하여 대칭이다.

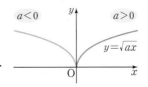

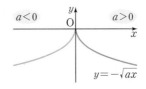

● 함수 $y=-\sqrt{ax}$, $y=\sqrt{-ax}$, $y=-\sqrt{-ax}$의 그래프는 함수 $y=\sqrt{ax}$의 그래프와 각각 x축, y축, 원점에 대하여 대칭이다.

[참고] 무리함수 $y=\pm\sqrt{ax}$ $(a\neq0)$의 그래프는 a의 절댓값이 커질수록 x축에서 멀어진다.

10-5 **무리함수 $y=\sqrt{a(x-p)}+q$ $(a\neq0)$의 그래프** 유형 05~15

(1) 무리함수 $y=\sqrt{a(x-p)}+q$ $(a\neq0)$의 그래프는 $y=\sqrt{ax}$의 그래프를 x축의 방향으로 p만큼, y축의 방향으로 q만큼 평행이동한 것이다.

(2) $a>0$일 때, 정의역: $\{x|x\geq p\}$, 치역: $\{y|y\geq q\}$

  $a<0$일 때, 정의역: $\{x|x\leq p\}$, 치역: $\{y|y\geq q\}$

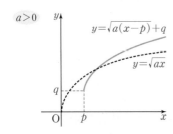

● 함수 $y=-\sqrt{a(x-p)}+q$에서
(1) $a>0$일 때
  정의역: $\{x|x\geq p\}$
  치역: $\{y|y\leq q\}$
(2) $a<0$일 때
  정의역: $\{x|x\leq p\}$
  치역: $\{y|y\leq q\}$

[TIP] 무리함수 $y=\sqrt{ax+b}+c$ $(a\neq0)$의 그래프는 $y=\sqrt{a\left(x+\dfrac{b}{a}\right)}+c$로 변형하여 그린다.

  예 $y=\sqrt{2x+4}-3=\sqrt{2(x+2)}-3$이므로 $y=\sqrt{2x+4}-3$의 그래프는 $y=\sqrt{2x}$의 그래프를 x축의 방향으로 -2만큼, y축의 방향으로 -3만큼 평행이동한 것이다.

10-3 무리함수

1177 보기에서 무리함수인 것만을 있는 대로 고르시오.

┌ 보기 ┐
ㄱ. $y=-\sqrt{7x}$ ㄴ. $y=\sqrt{2x-5}$

ㄷ. $y=\sqrt{4-x^2}$ ㄹ. $y=\sqrt{(x-1)^2}$

ㅁ. $y=\dfrac{2}{\sqrt{3-x}}$ ㅂ. $y=\sqrt{1-x}+6$
└─────────────────┘

[1178~1181] 다음 무리함수의 정의역을 구하시오.

1178 $y=\sqrt{4x-1}$

1179 $y=-\sqrt{5-x}$

1180 $y=-\sqrt{3x-6}+1$

1181 $y=-\sqrt{9-3x}-4$

10-4 무리함수 $y=\pm\sqrt{ax}\ (a\neq0)$의 그래프

[1182~1185] 다음 함수의 그래프를 그리고 정의역과 치역을 구하시오.

1182 $y=\sqrt{2x}$

1183 $y=-\sqrt{2x}$

1184 $y=\sqrt{-2x}$

1185 $y=-\sqrt{-2x}$

[1186~1188] 함수 $y=\sqrt{3x}$의 그래프를 다음과 같이 대칭이동한 그래프의 식을 구하시오.

1186 x축에 대하여 대칭이동

1187 y축에 대하여 대칭이동

1188 원점에 대하여 대칭이동

10-5 무리함수 $y=\sqrt{a(x-p)}+q\ (a\neq0)$의 그래프

[1189~1190] 다음 함수의 그래프를 x축의 방향으로 p만큼, y축의 방향으로 q만큼 평행이동한 그래프의 식을 구하시오.

1189 $y=\sqrt{-x}$ $[\,p=1,\ q=2\,]$

1190 $y=-\sqrt{5x}$ $\left[\,p=\dfrac{1}{5},\ q=-3\,\right]$

[1191~1192] 다음 함수를 $y=\pm\sqrt{a(x-p)}+q\ (a\neq0)$ 꼴로 나타내시오. (단, a, p, q는 상수)

1191 $y=\sqrt{2x+4}+3$

1192 $y=-\sqrt{7-3x}-2$

[1193~1196] 다음 함수의 그래프를 그리고, 정의역과 치역을 구하시오.

1193 $y=\sqrt{x-3}+2$

1194 $y=\sqrt{5-3x}$

1195 $y=-\sqrt{4x+8}-1$

1196 $y=-\sqrt{-x+1}+1$

10
무리함수

유형 완성

하 10% ···· 중 80% ···· 상 10%

유형 01 무리식의 값이 실수가 되기 위한 조건

(1) $\sqrt{A}$의 값이 실수이려면 ➡ $A \geq 0$

(2) $\dfrac{1}{\sqrt{A}}$의 값이 실수이려면 ➡ $A > 0$

1197 대표 문제

$\dfrac{\sqrt{x-2}}{\sqrt{10-2x}} + \sqrt{x+3}$의 값이 실수가 되도록 하는 x의 값의 범위를 구하시오.

1198 하

$\sqrt{-2x^2+11x-14}$의 값이 실수가 되도록 하는 x의 값의 범위는?

① $-\dfrac{7}{2} < x < -2$　　② $-\dfrac{7}{2} \leq x \leq 2$

③ $-2 < x < 2$　　④ $-2 \leq x \leq \dfrac{7}{2}$

⑤ $2 \leq x \leq \dfrac{7}{2}$

1199 하

$\dfrac{\sqrt{11-2x}}{x-3}$의 값이 실수가 되도록 하는 모든 자연수 x의 값의 합은?

① 10　　　② 11　　　③ 12

④ 13　　　⑤ 14

1200 중

$\sqrt{x+1}+\sqrt{3-2x}$의 값이 실수일 때, $\sqrt{x^2-4x+4}$를 간단히 하면?

① $-x-2$　　② $-x+2$　　③ $x-3$

④ $x-2$　　　⑤ $x+2$

◆ 개념루트 공통수학 2 338쪽

유형 02 무리식의 계산

무리식을 포함한 식은 분모를 유리화하거나 통분하여 계산한다.

참고 $a>0$, $b>0$일 때

(1) $\dfrac{a}{\sqrt{b}} = \dfrac{a\sqrt{b}}{b}$

(2) $\dfrac{c}{\sqrt{a}+\sqrt{b}} = \dfrac{c(\sqrt{a}-\sqrt{b})}{a-b}$ (단, $a \neq b$)

1201 대표 문제

$\dfrac{\sqrt{3+x}+\sqrt{3-x}}{\sqrt{3+x}-\sqrt{3-x}} + \dfrac{\sqrt{3+x}-\sqrt{3-x}}{\sqrt{3+x}+\sqrt{3-x}}$를 계산하면?

① $-\dfrac{6}{x}$　　② $-\dfrac{6}{3+x}$　　③ $\dfrac{3}{3+x}$

④ $\dfrac{3}{x}$　　　⑤ $\dfrac{6}{x}$

1202 하

$\dfrac{1}{1+\sqrt{x+1}} - \dfrac{1}{1-\sqrt{x+1}}$을 계산하면?

① $-2x$　　　② x　　　③ $\dfrac{\sqrt{x-1}}{x}$

④ $\dfrac{2\sqrt{x+1}}{x}$　　⑤ $2\sqrt{x+1}$

1203 ⊛

$\dfrac{4}{\sqrt{3}-\sqrt{2}+1}=\sqrt{a}-\sqrt{b}+c$일 때, 자연수 a, b, c에 대하여 $a+b+c$의 값은?

① 8   ② 10   ③ 12

④ 14   ⑤ 16

◆◆ **개념루트 공통수학 2 338쪽**

유형 03 **무리식의 값 구하기** (1)

주어진 무리식의 분모를 유리화하거나 통분하여 간단히 한 후 수를 대입하여 식의 값을 구한다.

1204 대표 문제

$x=\dfrac{\sqrt{2}}{2}$일 때, $\dfrac{\sqrt{2x+1}-\sqrt{2x-1}}{\sqrt{2x+1}+\sqrt{2x-1}}$의 값을 구하시오.

1205 ⊛

$x=\dfrac{\sqrt{3}+\sqrt{2}}{\sqrt{3}-\sqrt{2}}$일 때, $\dfrac{\sqrt{x}+1}{\sqrt{x}-1}+\dfrac{\sqrt{x}-1}{\sqrt{x}+1}$의 값은?

① $\sqrt{2}$ ② $\sqrt{2}+\sqrt{3}$ ③ $\sqrt{6}$

④ $\sqrt{6}+\sqrt{3}$ ⑤ $\sqrt{6}+2$

1206 ⊛

$x=6$일 때,

$$\dfrac{1}{\sqrt{x+1}+\sqrt{x}}+\dfrac{1}{\sqrt{x+2}+\sqrt{x+1}}+\dfrac{1}{\sqrt{x+3}+\sqrt{x+2}}$$

의 값을 구하시오.

1207 ⊛

$\sqrt{6-x}=2$일 때, $\dfrac{1}{\sqrt{x}-\dfrac{1}{\sqrt{x+1}}}$의 값은?

① 1   ② $\sqrt{2}$ ③ $\sqrt{3}$

④ 2   ⑤ $\sqrt{5}$

1208 ⊛   서술형 ⎁

양수 x에 대하여 $f(x)=\dfrac{1}{\sqrt{x+1}+\sqrt{x}}$일 때,

$f(1)+f(2)+f(3)+\cdots+f(20)$의 값을 구하시오.

유형 04 무리식의 값 구하기 (2)

$x=\sqrt{a}+\sqrt{b}$, $y=\sqrt{a}-\sqrt{b}$ 꼴이 주어질 때, 무리식의 값은 다음과 같은 순서로 구한다.
(1) $x+y$, $x-y$, xy의 값을 구한다.
(2) (1)에서 구한 값을 대입할 수 있도록 구하는 식을 변형한다.

1209 대표 문제

$x=\sqrt{5}+\sqrt{3}$, $y=\sqrt{5}-\sqrt{3}$일 때, $\dfrac{\sqrt{y}}{\sqrt{x}}+\dfrac{\sqrt{x}}{\sqrt{y}}$의 값은?

① 2 ② $\sqrt{5}$ ③ 3
④ $\sqrt{10}$ ⑤ $2\sqrt{5}$

1210 중

$x=\dfrac{2}{\sqrt{2}+1}$, $y=\dfrac{2}{\sqrt{2}-1}$일 때, $x^3+x^2y-xy^2-y^3$의 값은?

① -256 ② -128 ③ -64
④ -32 ⑤ -16

1211 중

서술형

$x=\dfrac{\sqrt{3}+\sqrt{2}}{\sqrt{3}-\sqrt{2}}$, $y=\dfrac{\sqrt{3}-\sqrt{2}}{\sqrt{3}+\sqrt{2}}$일 때, $\sqrt{x}-\sqrt{y}$의 값을 구하시오.

유형 05 무리함수의 그래프의 평행이동과 대칭이동

무리함수 $y=\sqrt{ax+b}+c\,(a\neq 0)$의 그래프를
(1) x축의 방향으로 p만큼, y축의 방향으로 q만큼 평행이동하면
  ➡ $y=\sqrt{a(x-p)+b}+c+q$

  참고 a의 값이 같은 두 무리함수의 그래프는 평행이동하여 겹쳐질 수 있다.

(2) x축에 대하여 대칭이동하면 ➡ $y=-\sqrt{ax+b}-c$
  y축에 대하여 대칭이동하면 ➡ $y=\sqrt{-ax+b}+c$
  원점에 대하여 대칭이동하면 ➡ $y=-\sqrt{-ax+b}-c$

  참고 $|a|$의 값이 같은 두 무리함수의 그래프는 대칭이동하여 겹쳐질 수 있다.

1212 대표 문제

함수 $y=\sqrt{ax}$의 그래프를 x축의 방향으로 p만큼, y축의 방향으로 q만큼 평행이동하면 함수 $y=\sqrt{-2x+10}-4$의 그래프와 일치할 때, 상수 a, p, q에 대하여 $a+p+q$의 값을 구하시오.

1213 하

| 학평 기출 |

무리함수 $y=\sqrt{ax}$의 그래프를 x축의 방향으로 1만큼, y축의 방향으로 -2만큼 평행이동한 그래프가 원점을 지난다. 상수 a의 값은?

① -7 ② -4 ③ -1
④ 2 ⑤ 5

1214 중

보기에서 그 그래프가 함수 $y=-\sqrt{x}$의 그래프를 평행이동 또는 대칭이동하여 겹쳐지는 함수인 것만을 있는 대로 고른 것은?

보기
ㄱ. $y=\sqrt{x}$ ㄴ. $y=-\sqrt{2x}$
ㄷ. $y=\sqrt{-x-2}$ ㄹ. $y=-\sqrt{-3x-1}+1$

① ㄱ, ㄴ ② ㄱ, ㄷ ③ ㄴ, ㄷ
④ ㄴ, ㄹ ⑤ ㄷ, ㄹ

1215 종

함수 $y=-\sqrt{3x+2}$의 그래프를 x축에 대하여 대칭이동한 후 x축의 방향으로 3만큼, y축의 방향으로 -1만큼 평행이동한 그래프가 x축과 만나는 점의 좌표를 구하시오.

◈◆ 개념루트 공통수학2 344쪽

유형 06 무리함수의 정의역과 치역

무리함수 $y=\sqrt{ax+b}+c\,(a\neq0)$에서

(1) $a>0$일 때, 정의역: $\left\{x\,\middle|\,x\geq-\dfrac{b}{a}\right\}$, 치역: $\{y\,|\,y\geq c\}$

(2) $a<0$일 때, 정의역: $\left\{x\,\middle|\,x\leq-\dfrac{b}{a}\right\}$, 치역: $\{y\,|\,y\geq c\}$

1216 대표 문제

함수 $y=-\sqrt{5x+a}+3$의 정의역이 $\{x\,|\,x\geq2\}$이고, 치역이 $\{y\,|\,y\leq b\}$일 때, 상수 a, b에 대하여 $b-a$의 값을 구하시오.

1217 종

함수 $y=\sqrt{3x-a}+b$의 정의역이 $\{x\,|\,x\geq2\}$, 치역이 $\{y\,|\,y\geq1\}$이고 그래프가 점 $(5,\,p)$를 지날 때, 상수 a, b, p에 대하여 $a-b+p$의 값은?

① -6 ② -1 ③ 4
④ 9 ⑤ 14

1218 종

함수 $y=-\sqrt{x-a}+a+2$의 그래프가 점 $(a,\,-a)$를 지날 때, 이 함수의 치역은? (단, a는 상수이다.)

① $\{y\,|\,y\leq1\}$ ② $\{y\,|\,y\geq1\}$ ③ $\{y\,|\,y\leq0\}$
④ $\{y\,|\,y\leq-1\}$ ⑤ $\{y\,|\,y\geq-1\}$

1219 종
서술형

함수 $y=\dfrac{3x+10}{x+3}$의 그래프의 점근선의 방정식이 $x=a$, $y=b$일 때, 함수 $f(x)=\sqrt{ax+b}+c$에 대하여 $f(1)=-2$이다. 이때 함수 $y=f(x)$의 정의역과 치역을 구하시오.
(단, a, b, c는 상수)

◈◆ 개념루트 공통수학2 348쪽

유형 07 무리함수의 최대, 최소

주어진 정의역에서 무리함수의 그래프를 그려 최댓값과 최솟값을 구한다.
➡ 무리함수 $y=f(x)$의 정의역이 $\{x\,|\,a\leq x\leq b\}$일 때, $f(a)$, $f(b)$ 중 큰 값이 최댓값, 작은 값이 최솟값이다.

1220 대표 문제

$3\leq x\leq15$에서 함수 $y=\sqrt{2x+k}+3$의 최댓값이 8일 때, 최솟값은? (단, k는 상수)

① -4 ② -2 ③ 0
④ 2 ⑤ 4

1221 ㊥

$4 \leq x \leq 10$에서 함수 $y = \sqrt{x-2} + 1$의 최댓값과 최솟값의 합은?

① $\sqrt{2}$ ② $2\sqrt{2} + 2$ ③ $3\sqrt{2}$

④ $3\sqrt{2} + 2$ ⑤ $4\sqrt{2}$

1222 ㊥

$-4 \leq x \leq a$에서 함수 $y = \sqrt{-2x+b} - 3$의 최댓값이 1, 최솟값이 -1일 때, 상수 a, b에 대하여 $a-b$의 값은?

① -6 ② -2 ③ 0

④ 2 ⑤ 6

1223 ㊥   서술형

두 함수 $f(x) = -\sqrt{2x-6} + a$, $g(x) = x - 2 \, (x \geq 5)$에 대하여 함수 $y = (f \circ g)(x)$는 $7 \leq x \leq 13$에서 최댓값 6, 최솟값 b를 갖는다. 이때 상수 a, b에 대하여 $a-b$의 값을 구하시오.

유형 08   **무리함수의 그래프가 지나는 사분면**

무리함수 $y = \sqrt{ax+b} + c \, (a \neq 0)$의 그래프는

$y = \sqrt{a\left(x + \dfrac{b}{a}\right)} + c$로 변형하여 그린 후 지나는 사분면을 확인한다.

1224 대표 문제

함수 $y = \sqrt{-x+1} + 2$의 그래프가 지나지 않는 사분면은?

① 제2사분면   ② 제1, 2사분면

③ 제1, 3사분면   ④ 제2, 4사분면

⑤ 제3, 4사분면

1225 ㊥

함수 $y = -\sqrt{-x+2} + k$의 그래프가 제4사분면을 지나지 않도록 하는 자연수 k의 최솟값을 구하시오.

1226 ㊥

함수 $y = \dfrac{ax+b}{x+c}$의 그래프가 오른쪽 그림과 같을 때, 함수 $y = \sqrt{a(x+b)} + c$의 그래프가 지나는 사분면을 모두 구하시오. (단, a, b, c는 상수)

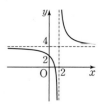

유형 09 무리함수의 그래프의 성질

무리함수 $y=\sqrt{a(x-p)}+q\,(a\neq0)$의 그래프는

(1) $y=\sqrt{ax}$의 그래프를 x축의 방향으로 p만큼, y축의 방향으로 q만큼 평행이동한 것이다.

(2) $a>0$일 때, 정의역: $\{x\,|\,x\geq p\}$, 치역: $\{y\,|\,y\geq q\}$
$a<0$일 때, 정의역: $\{x\,|\,x\leq p\}$, 치역: $\{y\,|\,y\geq q\}$

1227 (대표 문제)

함수 $y=\sqrt{3x-9}-2$의 그래프에 대하여 보기에서 옳은 것만을 있는 대로 고른 것은?

┌ 보기 ─────────────────────────────
ㄱ. 정의역은 $\{x\,|\,x\geq3\}$, 치역은 $\{y\,|\,y\leq-2\}$이다.

ㄴ. 제2사분면을 지난다.

ㄷ. 평행이동 또는 대칭이동하면 $y=-\sqrt{3x}$의 그래프와 겹쳐질 수 있다.

ㄹ. x축과 점 $\left(\dfrac{13}{3},\,0\right)$에서 만난다.
└──────────────────────────────

① ㄱ, ㄴ　　　② ㄱ, ㄷ　　　③ ㄴ, ㄷ

④ ㄴ, ㄹ　　　⑤ ㄷ, ㄹ

1228 (중)

다음 중 함수 $y=\sqrt{a(x-2)}-1\,(a\neq0)$의 그래프에 대하여 항상 옳은 것은?

① $y=-\sqrt{a(x-2)}-1$의 그래프와 x축에 대하여 대칭이다.

② $a>0$일 때, 정의역은 $\{x\,|\,x\geq2\}$이다.

③ $a<0$일 때, 치역은 $\{y\,|\,y\leq-1\}$이다.

④ $a<0$이면 제1사분면을 지나지 않는다.

⑤ 원점을 지난다.

유형 10 무리함수의 식 구하기

무리함수 $y=\sqrt{ax}\,(a\neq0)$의 그래프를 x축의 방향으로 p만큼, y축의 방향으로 q만큼 평행이동한 그래프와 그래프가 지나는 점의 좌표가 주어지면

➡ $y=\sqrt{a(x-p)}+q\,(a\neq0)$라 하고 그래프가 지나는 점의 좌표를 대입하여 a의 값을 구한다.

1229 (대표 문제)

함수 $y=-\sqrt{ax+b}+c$의 그래프가 오른쪽 그림과 같을 때, 상수 a, b, c에 대하여 $a+b+c$의 값은?

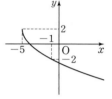

① 14　　　② 17

③ 20　　　④ 23

⑤ 26

1230 (하)

| 학평 기출 |

함수 $f(x)=\sqrt{-x+a}+b$의 그래프가 그림과 같을 때, 두 상수 a, b에 대하여 $a+b$의 값은?

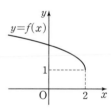

① 1　　　② 2

③ 3　　　④ 4

⑤ 5

1231 (중)

함수 $y=a\sqrt{bx-4}+c$의 그래프가 오른쪽 그림과 같을 때, 상수 a, b, c에 대하여 abc의 값을 구하시오.

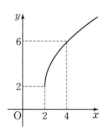

10

무리함수

유형 11 무리함수의 그래프와 직선의 위치 관계

무리함수 $y=f(x)$의 그래프와 직선 $y=g(x)$의 위치 관계는 그 래프를 그려서 판단한다.
이때 무리함수 $y=f(x)$의 그래프와 직선 $y=g(x)$가 접하면 방 정식 $f(x)=g(x)$를 정리하여 얻은 이차방정식의 판별식 D가 $D=0$임을 이용한다.

1232 대표 문제

함수 $y=\sqrt{x-2}$의 그래프와 직선 $y=x+k$가 서로 다른 두 점에서 만날 때, 실수 k의 값의 범위를 구하시오.

1233 ⑧

함수 $y=\sqrt{7-2x}$의 그래프와 직선 $y=x+k$가 만나지 않 을 때, 다음 중 실수 k의 값이 될 수 있는 것은?

① -5 ② -3 ③ 1
④ 3 ⑤ 5

1234 ⑧

함수 $y=-\sqrt{x-1}+2$의 그래프와 직선 $y=mx-1$이 만 나지 않도록 하는 자연수 m의 최솟값은?

① 1 ② 2 ③ 3
④ 4 ⑤ 5

1235 ⑧

서술형

두 집합
$$A=\{(x,y)\,|\,y=\sqrt{-x+1}\},$$
$$B=\left\{(x,y)\,\middle|\,y=-\frac{1}{2}x+k\right\}$$
에 대하여 $n(A\cap B)=1$일 때, 실수 k의 값 또는 범위를 구 하시오.

1236 ⑧

함수 $y=\sqrt{8-4x}$의 그래프와 직선 $y=-x+k$가 만나는 점의 개수를 $f(k)$라 할 때, $f\left(\frac{1}{2}\right)+f(2)+f(3)+f\left(\frac{7}{2}\right)$ 의 값은? (단, k는 실수)

① 1 ② 4 ③ 7
④ 10 ⑤ 13

1237 ⑧

함수 $y=\sqrt{x+|x|}$의 그래프와 직선 $y=2x+k$가 서로 다 른 세 점에서 만날 때, 실수 k의 값의 범위를 구하시오.

유형 12 무리함수의 그래프의 활용

무리함수의 그래프의 활용 문제는 주어진 그래프 위의 점의 좌표를 미지수로 나타낸 후 무리식의 계산과 무리함수의 그래프의 성질을 이용하여 해결한다.

1238 대표 문제

함수 $y=3\sqrt{x}$의 그래프 위의 서로 다른 두 점 $P(a, b)$, $Q(c, d)$에 대하여 $b+d=6$일 때, 직선 PQ의 기울기를 구하시오.

1239 ⓛ   서술형 ㅇ

함수 $y=\sqrt{3-x}$의 그래프 위의 점 A에서 x축, y축에 내린 수선의 발을 각각 B, C라 할 때, 직사각형 $OBAC$의 둘레의 길이의 최댓값을 구하시오.

(단, O는 원점이고, 점 A는 제1사분면 위의 점이다.)

1240 ⓢ | 학평 기출 |

함수 $y=\sqrt{a(6-x)}\,(a>0)$의 그래프와 함수 $y=\sqrt{x}$의 그래프가 만나는 점을 A라 하자. 원점 O와 점 $B(6, 0)$에 대하여 삼각형 AOB의 넓이가 6일 때, 상수 a의 값은?

① 1   ② 2   ③ 3
④ 4   ⑤ 5

유형 13 무리함수의 역함수

무리함수 $y=\sqrt{ax+b}+c\,(a\neq0)$의 역함수는 다음과 같은 순서로 구한다.

(1) 역함수의 정의역을 확인한다.
  ➡ $y=\sqrt{ax+b}+c$의 치역이 $\{y|y\geq c\}$이므로 역함수의 정의역은 $\{x|x\geq c\}$이다.

(2) x에 대하여 푼다. ➡ $x=\dfrac{1}{a}\{(y-c)^2-b\}$

(3) x와 y를 서로 바꾼다. ➡ $y=\dfrac{1}{a}\{(x-c)^2-b\}$

1241 대표 문제

함수 $f(x)=\sqrt{2x-1}+4$의 역함수 $f^{-1}(x)$를 구하시오.

1242 ⓗ | 학평 기출 |

함수 $f(x)=\sqrt{x-2}+2$에 대하여 $f^{-1}(7)$의 값을 구하시오.

1243 ⓢ

함수 $f(x)=\sqrt{ax+b}$의 그래프와 그 역함수의 그래프가 모두 점 $(2, 3)$을 지날 때, 상수 a, b에 대하여 $a+b$의 값은?

① 2   ② 5   ③ 8
④ 11   ⑤ 14

◆ 개념루트 공통수학2 354쪽

유형 14 **무리함수와 그 역함수의 그래프의 교점**

함수 $y=f(x)$의 그래프와 그 역함수 $y=f^{-1}(x)$의 그래프는 직선 $y=x$에 대하여 대칭이다.
➡ 두 함수 $y=f(x)$, $y=f^{-1}(x)$의 그래프의 교점은 함수 $y=f(x)$의 그래프와 직선 $y=x$의 교점과 같다.

1244 대표 문제

함수 $f(x)=\sqrt{x-2}+2$의 그래프와 그 역함수 $y=f^{-1}(x)$의 그래프가 만나는 두 점 사이의 거리는?

① $\sqrt{2}$ ② $\sqrt{3}$ ③ $2\sqrt{2}$
④ 3 ⑤ $2\sqrt{3}$

1245 하

함수 $f(x)=\sqrt{2x+3}$의 그래프와 그 역함수 $y=f^{-1}(x)$의 그래프의 교점의 좌표를 (a, b)라 할 때, $a+b$의 값은?

① 2 ② 4 ③ 6
④ 8 ⑤ 10

1246 상

함수 $f(x)=\sqrt{x}+2$의 그래프와 그 역함수의 그래프의 교점을 P라 할 때, 점 P와 두 점 A$(0, 2)$, B$(6, 0)$에 대하여 삼각형 PAB의 넓이를 구하시오.

유형 15 **무리함수의 합성함수와 역함수**

두 함수 f, g와 그 역함수 f^{-1}, g^{-1}에 대하여
(1) $f \circ f^{-1} = f^{-1} \circ f = I$ (단, I는 항등함수)
(2) $(f^{-1})^{-1} = f$
(3) $(f \circ g)^{-1} = g^{-1} \circ f^{-1}$

1247 대표 문제

정의역이 $\{x|x>2\}$인 두 함수 $f(x)=\dfrac{2x+1}{x-1}$, $g(x)=\sqrt{3x-6}$에 대하여 $(f \circ (g \circ f)^{-1} \circ f)(4)$의 값은?

① 1 ② 3 ③ 5
④ 7 ⑤ 9

1248 중 서술형

함수 $f(x)=\sqrt{-2x+17}$의 역함수를 $g(x)$라 할 때, $(g \circ g)(3)$의 값을 구하시오.

1249 중

정의역이 $\{x|x \geq 0\}$인 두 함수 $f(x)=\dfrac{x}{x+1}$, $g(x)=\sqrt{x}$에 대하여 $(f \circ g)^{-1}\left(\dfrac{3}{4}\right)$의 값은?

① 1 ② 4 ③ 9
④ 16 ⑤ 25

1250 상

함수 $f(x)=\begin{cases} \sqrt{4-2x} & (x<0) \\ 2-\sqrt{x} & (x \geq 0) \end{cases}$에 대하여 $(f^{-1} \circ f^{-1})(a)=-6$을 만족시키는 실수 a의 값을 구하시오.

AB 유형 점검

1251 유형 01

$\sqrt{-2x^2-7x+4}+\dfrac{1}{\sqrt{4-x^2}}$ 의 값이 실수가 되도록 하는 정수 x의 개수는?

① 2   ② 3   ③ 4
④ 5   ⑤ 6

1252 유형 01

$\sqrt{\{x(x-3)\}^2}=-x(x-3)$을 만족시키는 실수 x에 대하여 $\sqrt{(x-4)^2}+\sqrt{(x+1)^2}$을 간단히 하면?

① -5 ② 3 ③ 5
④ $-2x-3$ ⑤ $2x+5$

1253 유형 02

$\dfrac{\sqrt{x+2}+\sqrt{x}}{\sqrt{x+2}-\sqrt{x}}+\dfrac{\sqrt{x+2}-\sqrt{x}}{\sqrt{x+2}+\sqrt{x}}$ 를 계산하시오.

1254 유형 03

$x=\dfrac{2\sqrt{2}}{3}$일 때, $\dfrac{\sqrt{1-x}}{\sqrt{1+x}}-\dfrac{\sqrt{1+x}}{\sqrt{1-x}}$의 값은?

① $-4\sqrt{3}$ ② $-4\sqrt{2}$ ③ $-2\sqrt{3}$
④ $2\sqrt{3}$ ⑤ $4\sqrt{2}$

1255 유형 04

$x=\sqrt{7}+\sqrt{3}$, $y=\sqrt{7}-\sqrt{3}$일 때,
$\dfrac{\sqrt{x}+\sqrt{y}}{\sqrt{x}-\sqrt{y}}-\dfrac{\sqrt{x}-\sqrt{y}}{\sqrt{x}+\sqrt{y}}$ 의 값을 구하시오.

1256 유형 05

함수 $y=\sqrt{3x-5}+2$의 그래프를 x축의 방향으로 -1만큼, y축의 방향으로 2만큼 평행이동한 후 원점에 대하여 대칭이동하면 함수 $y=-\sqrt{ax+b}+c$의 그래프와 일치할 때, abc의 값을 구하시오. (단, a, b, c는 상수)

1257 유형 06

함수 $f(x)=\sqrt{4x+k}+2$에 대하여 $f(2)=4$이고, 함수 $y=f(x)$의 정의역이 $\{x|x\geq a\}$, 치역이 $\{y|y\geq b\}$이다. 이때 상수 k, a, b에 대하여 $k+a+b$의 값을 구하시오.

1258 유형 07 | 학평 기출 |

$-5\leq x\leq -1$에서 함수 $f(x)=\sqrt{-ax+1}\,(a>0)$의 최댓값이 4가 되도록 하는 상수 a의 값을 구하시오.

1259 유형 09

다음 중 함수 $y=\sqrt{-3x+3}-2$의 그래프에 대하여 옳지 않은 것은?

① 정의역은 $\{x|x\leq 1\}$이다.
② 치역은 $\{y|y\geq -2\}$이다.
③ 제1사분면을 지나지 않는다.
④ 평행이동하면 $y=\sqrt{-3x}$의 그래프와 겹쳐진다.
⑤ $y=-\sqrt{-3x+3}+2$의 그래프와 원점에 대하여 대칭이다.

1260 유형 10

함수 $y=\sqrt{ax+b}+c$의 그래프가 오른쪽 그림과 같을 때, 상수 a, b, c에 대하여 $a+b+c$의 값은?

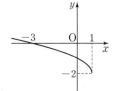

① -4 ② -2
③ 0 ④ 2
⑤ 4

1261 유형 10

이차함수 $y=ax^2+bx+c$의 그래프가 오른쪽 그림과 같을 때, 함수 $y=\sqrt{cx+b}+a$의 그래프의 개형은?
(단, a, b, c는 상수)

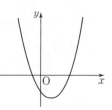

①
②
③
④
⑤

1262 유형 11

두 집합
$$A=\{(x,y)\,|\,y=\sqrt{2x-3}\},$$
$$B=\{(x,y)\,|\,y=x+k\}$$
에 대하여 $n(A\cap B)=2$를 만족시키는 실수 k의 값의 범위가 $\alpha\leq k<\beta$일 때, $\alpha\beta$의 값은?

① -3 ② $-\dfrac{3}{2}$ ③ 1
④ $\dfrac{3}{2}$ ⑤ 3

1263 유형 13

함수 $f(x)=\sqrt{4x+5}+1$의 역함수가

$f^{-1}(x)=\dfrac{1}{4}x^2+ax+b\,(x\geq c)$일 때, 상수 a, b, c에 대하여 abc의 값은?

① $-\dfrac{3}{2}$ ② -1 ③ $-\dfrac{1}{2}$

④ $\dfrac{1}{2}$ ⑤ 1

1264 유형 14

함수 $y=2\sqrt{x}+4$의 그래프를 x축의 방향으로 p만큼 평행이동한 그래프의 식을 $y=f(x)$라 하자. 함수 $y=f(x)$의 그래프와 그 역함수 $y=f^{-1}(x)$의 그래프가 접할 때, p의 값을 구하시오.

1265 유형 15

정의역이 $\{x\,|\,x>1\}$인 두 함수 $f(x)=\dfrac{x+3}{x-1}$,

$g(x)=\sqrt{2x-1}$에 대하여 $(g^{-1}\circ f)(5)$의 값을 구하시오.

1266 유형 07

$k-7\leq x\leq k+2$에서 함수 $y=\sqrt{-x+2k}+2$의 최솟값이 6일 때, 최댓값을 구하시오. (단, k는 상수)

1267 유형 08

함수 $y=\sqrt{-x+1}+k$의 그래프가 제3사분면을 지나지 않도록 하는 정수 k의 최솟값을 구하시오.

1268 유형 12

다음 그림과 같이 두 함수 $y=\sqrt{x+1}$, $y=\sqrt{x}$의 그래프가 y축에 평행한 직선 $x=k\,(k=1,\ 2,\ 3,\ \ldots)$와 만나는 점을 각각 P_k, Q_k라 하자.

$\overline{P_1Q_1}+\overline{P_2Q_2}+\overline{P_3Q_3}+\cdots+\overline{P_{49}Q_{49}}=a+b\sqrt{2}$일 때, 유리수 a, b에 대하여 $a+b$의 값을 구하시오.

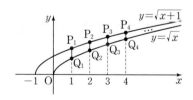

실력 향상

1269

오른쪽 그림과 같이 함수 $y=\sqrt{2x}$의 그래프 위의 점 $P(x, y)$가 원점 O 와 점 $A(2, 2)$ 사이를 움직일 때, 삼각형 OAP의 넓이의 최댓값을 구하시오.

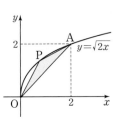

1270

| 학평 기출 |

함수 $f(x)=\begin{cases} \sqrt{x} & (x \geq 0) \\ x^2 & (x < 0) \end{cases}$의 그래프와 직선

$x+3y-10=0$이 두 점 $A(-2, 4)$, $B(4, 2)$에서 만난다. 그림과 같이 주어진 함수 $f(x)$의 그래프와 직선으로 둘러 싸인 부분의 넓이를 구하시오. (단, O는 원점이다.)

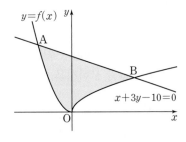

1271

함수 $f(x)=\sqrt{4x-k}$의 역함수를 $g(x)$라 할 때, 두 함수 $y=f(x)$, $y=g(x)$의 그래프가 서로 다른 두 점에서 만나 도록 하는 정수 k의 개수를 구하시오.

1272

정의역과 공역이 실수 전체의 집합인 함수

$$f(x)=\begin{cases} ax+b & (x < 2) \\ \sqrt{x-2}+c & (x \geq 2) \end{cases}$$

가 역함수를 갖는다. 함수 $y=f(x)$의 그래프와 그 역함수 $y=f^{-1}(x)$의 그래프의 교점이 2개이고, 교점의 x좌표가 각 각 -2, 6일 때. 상수 a, b, c에 대하여 abc의 값은?

① $\dfrac{11}{2}$ ② 6 ③ $\dfrac{13}{2}$

④ 7 ⑤ $\dfrac{15}{2}$

◐ 기출 BOOK 56쪽

memo✦

memo✦

memo

유형만렙 기출 BOOK

400문항 수록

공통수학2

visang

ABOVE IMAGINATION

우리는 남다른 상상과 혁신으로
교육 문화의 새로운 전형을 만들어
모든 이의 행복한 경험과 성장에 기여한다

유형
만렙
기출
BOOK

공통수학 2

1 수직선 위의 두 점 $A(x)$, $B(4)$에 대하여 $\overline{AB}=7$일 때, 선분 OA의 길이를 구하시오.

(단, $x<0$이고, O는 원점)

2 세 점 $A(1, 3)$, $B(a-1, 1)$, $C(3, -3)$에 대하여 $\overline{AB}=\overline{BC}$일 때, a의 값은?

① 2   ② 4   ③ 6
④ 8   ⑤ 10

3 두 점 $A(-4, 0)$, $B(6, -2)$에서 같은 거리에 있는 직선 $y=x-2$ 위의 점 P의 좌표는?

① $(-2, -4)$ ② $(-1, -3)$ ③ $(1, -1)$
④ $(2, 0)$ ⑤ $(3, 1)$

4 세 점 $A(a, 2)$, $B(1, b)$, $C(-2, -1)$을 꼭짓점으로 하는 삼각형 ABC의 외심이 $P(-1, 1)$일 때, 양수 a, b에 대하여 $a+b$의 값은?

① 3   ② 4   ③ 5
④ 6   ⑤ 7

5 세 점 $A(2, 1)$, $B(5, -4)$, $C(0, -1)$을 꼭짓점으로 하는 삼각형 ABC는 어떤 삼각형인가?

① 정삼각형
② $\overline{AB}=\overline{BC}$인 이등변삼각형
③ $\overline{BC}=\overline{CA}$인 이등변삼각형
④ $\angle A=90°$인 직각삼각형
⑤ $\angle C=90°$인 직각삼각형

6 두 점 $A(2, 5)$, $B(7, 1)$과 x축 위의 점 $P(p, 0)$에 대하여 삼각형 ABP가 선분 AB를 빗변으로 하는 직각삼각형이 되도록 하는 모든 p의 값의 합을 구하시오.

7 두 점 $A(-2, 1)$, $B(3, -3)$과 y축 위의 점 P에 대하여 $\overline{AP}^2 + \overline{BP}^2$의 최솟값은?

① 20   ② 21   ③ 22

④ 23   ⑤ 24

8 실수 a, b에 대하여
$$\sqrt{(a+1)^2 + (b+3)^2} + \sqrt{(a-4)^2 + (b-2)^2}$$
의 최솟값을 구하시오.

9 다음은 $\overline{AB} = \overline{AC}$인 이등변삼각형 ABC의 변 BC 위의 한 점 P에 대하여
$$\overline{AP}^2 + \overline{BP} \times \overline{CP} = \overline{AB}^2$$
이 성립함을 증명하는 과정이다. (가), (나), (다)에 들어갈 알맞은 것을 차례대로 나열한 것은?

┌─ **증명** ─────────────────
오른쪽 그림과 같이 직선 BC를 x축, 점 P를 지나고 직선 BC에 수직인 직선을 y축으로 하는 좌표평면을 잡으면 점 P는 원점이 된다.

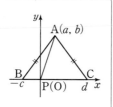

이때 $A(a, b)$, $B(-c, 0)$, $C(d, 0)$이라 하면 $\overline{AB}^2 = \overline{AC}^2$에서
$(-c-a)^2 + (-b)^2 = (d-a)^2 + (-b)^2$
$(a+c)^2 = (\boxed{})^2$
$\therefore d = -c$ 또는 $d = \boxed{}$
그런데 $d \neq -c$이므로 $C(\boxed{}, 0)$이다.
$\therefore \overline{AP}^2 = \boxed{}$, $\overline{BP} = c$, $\overline{CP} = \boxed{}$,
$\overline{AB}^2 = (-c-a)^2 + (-b)^2 = (a+c)^2 + b^2$
$\therefore \overline{AP}^2 + \overline{BP} \times \overline{CP} = \overline{AB}^2$
└────────────────────────

① $a-d$, $a+c$, a^2+b^2 ② $a-d$, $2a+c$, a^2+b^2
③ $a-d$, $2a+c$, a^2+c^2 ④ $a+d$, $a+2c$, b^2+c^2
⑤ $a+d$, $2a+c$, a^2+c^2

10 세 점 $A(5, -2)$, $B(-5, 3)$, $C(1, 6)$에 대하여 선분 AB를 $2 : 3$으로 내분하는 점을 P, 선분 BC를 $1 : 2$로 내분하는 점을 Q라 할 때, 선분 PQ의 중점의 좌표를 구하시오.

11 두 점 A, B에 대하여 선분 AB의 중점의 좌표가 $(-1, 3)$이고, 선분 AB를 $2 : 1$로 내분하는 점의 좌표가 $(1, 2)$일 때, 선분 AB의 길이는?

① $2\sqrt{30}$ ② $2\sqrt{35}$ ③ $4\sqrt{10}$

④ $6\sqrt{5}$ ⑤ $10\sqrt{2}$

12 두 점 $A(2, 3)$, $B(-1, 7)$에 대하여 선분 AB를 $a : 1$로 내분하는 점이 직선 $4x - y + 7 = 0$ 위에 있을 때, 실수 a의 값은?

① 1   ② 2   ③ 3

④ 4   ⑤ 5

13 두 점 $A(-4, -3)$, $B(6, 2)$에 대하여 선분 AB가 x축에 의하여 $m : n$으로 내분될 때, $m+n$의 값을 구하시오. (단, m, n은 서로소인 자연수)

14 두 점 $A(-2, 4)$, $B(0, 6)$을 이은 선분 AB의 연장선 위의 점 $C(a, b)$에 대하여 $3\overline{AB}=2\overline{BC}$일 때, ab의 값을 구하시오. (단, $a>0$)

15 세 점 $A(3, 6)$, $B(-1, 3)$, $C(3, -3)$에 대하여 사각형 ABCD가 평행사변형이 되도록 하는 점 D의 좌표는?

① $(5, 3)$ ② $(6, 2)$ ③ $(7, 0)$
④ $(8, -1)$ ⑤ $(9, -3)$

16 네 점 $A(a, 1)$, $B(3, 5)$, $C(7, 3)$, $D(b, -1)$을 꼭짓점으로 하는 사각형 ABCD가 마름모일 때, $a+b$의 값을 구하시오. (단, $a>3$)

17 세 점 $A(3, 1)$, $B(0, -3)$, $C(11, -5)$를 꼭짓점으로 하는 삼각형 ABC에서 $\angle A$의 이등분선이 변 BC와 만나는 점을 $D(a, b)$라 할 때, $a+b$의 값은?

① $-\dfrac{22}{3}$ ② $-\dfrac{11}{3}$ ③ 0
④ $\dfrac{11}{3}$ ⑤ $\dfrac{22}{3}$

18 세 점 $A(-2, 3)$, $B(a, b)$, $C(-2b+4, a-1)$을 꼭짓점으로 하는 삼각형 ABC의 무게중심의 좌표가 $(-2, 2)$일 때, $a-b$의 값은?

① -4 ② -2 ③ 0
④ 2 ⑤ 4

19 세 점 $A(-2, 6)$, $B(1, -3)$, $C(4, 9)$를 꼭짓점으로 하는 삼각형 ABC에서 세 변 AB, BC, CA를 각각 $1:2$로 내분하는 점을 차례대로 D, E, F라 하자. 삼각형 DEF의 무게중심의 좌표를 (a, b)라 할 때, $b-a$의 값은?

① 0 ② 1 ③ 2
④ 3 ⑤ 4

20 두 점 $A(3, -2)$, $B(4, 1)$에 대하여 $\overline{AP}^2-\overline{BP}^2=6$을 만족시키는 점 P가 나타내는 도형의 방정식을 구하시오.

01 / 평면좌표

1 두 점 $A(a, -b)$, $B(b, -a)$에 대하여 $\overline{AB} = 5\sqrt{2}$일 때, $a-b$의 값을 구하시오. (단, $a > b$)

2 두 점 $A(2, t)$, $B(t, 5)$ 사이의 거리가 3 이하가 되도록 하는 t의 최댓값은?

① 3   ② 4   ③ 5
④ 6   ⑤ 7

3 두 점 $A(a, 2)$, $B(-1, 1)$ 사이의 거리가 원점 O와 점 B 사이의 거리와 같도록 하는 a의 값을 모두 구하시오.

4 두 점 $A(1, 1)$, $B(3, 7)$에서 같은 거리에 있는 점 $P(a, b)$에 대하여 a, b가 모두 자연수인 점 P의 개수를 구하시오.

5 세 점 $O(0, 0)$, $A(1, \sqrt{3})$, $B(-1, a)$를 꼭짓점으로 하는 삼각형 OAB가 정삼각형이 되도록 하는 a의 값은?

① $\sqrt{3}$ ② 2   ③ $\sqrt{6}$
④ $2\sqrt{2}$ ⑤ 3

6 세 점 $A(-1, 10)$, $B(2, 1)$, $C(8, 3)$을 꼭짓점으로 하는 삼각형 ABC의 넓이를 구하시오.

7 두 점 $A(-2, 1)$, $B(4, k)$와 x축 위의 점 P에 대하여 $\overline{AP}^2 + \overline{BP}^2$의 최솟값이 35일 때, 양수 k의 값은?

① 2   ② 3   ③ 4
④ 5   ⑤ 6

8 실수 x, y에 대하여
$$\sqrt{x^2+y^2-6y+9}+\sqrt{x^2+8x+16+y^2}$$
의 최솟값은?

① 4 ② $3\sqrt{2}$ ③ 5
④ $2\sqrt{7}$ ⑤ $4\sqrt{2}$

9 삼각형 ABC에서 변 BC를 삼등분한 점을 각각 D, E 라 할 때,
$$\overline{AB}^2+\overline{AC}^2=\overline{AD}^2+\overline{AE}^2+4\overline{DE}^2$$
이 성립함을 증명하시오.

10 선분 AB를 $1:3$으로 내분하는 점을 P, $3:1$로 내분하는 점을 Q, 중점을 R라 할 때, 보기에서 옳은 것만을 있는 대로 고른 것은?

> ┌ 보기 ┐
> ㄱ. 점 P는 선분 AQ의 중점이다.
> ㄴ. 점 Q는 선분 PB를 $2:1$로 내분하는 점이다.
> ㄷ. 점 R는 선분 AQ를 $3:1$로 내분하는 점이다.

① ㄱ ② ㄴ ③ ㄷ
④ ㄱ, ㄴ ⑤ ㄴ, ㄷ

11 두 점 $A(-4, 0)$, $B(a, b)$에 대하여 선분 AB를 $1:2$ 로 내분하는 점의 좌표가 $(2, 2)$일 때, $a-b$의 값은?

① -4 ② -1 ③ 2
④ 5 ⑤ 8

12 두 점 $A(-3, 6)$, $B(5, -2)$에 대하여 선분 AB를 $(1-t):t$로 내분하는 점이 제2사분면 위에 있을 때, 실수 t의 값의 범위를 구하시오.

13 두 점 $A(-2, 0)$, $B(0, 7)$에 대하여 선분 AB를 $1:k$ 로 내분하는 점이 직선 $x+y=1$ 위에 있을 때, k의 값은?

① 1 ② 2 ③ 3
④ 4 ⑤ 5

14 세 점 A(a, b), B$(-1, 1)$, C$(3, -3)$에 대하여 다음 조건을 모두 만족시키는 점 A의 개수는?

> ㈎ a, b는 20 이하의 자연수이다.
> ㈏ 선분 AB를 $m : n$으로 내분하는 점은 y축 위에 있다.
> ㈐ 선분 AC를 $m : n$으로 내분하는 점은 x축 위에 있다.

① 2   ② 3   ③ 4
④ 5   ⑤ 6

15 두 점 A$(2, -1)$, B$(6, 3)$을 이은 선분 AB의 연장선 위에 있고 $4\overline{AB} = \overline{BP}$를 만족시키는 모든 점 P의 x좌표의 합을 구하시오.

16 네 점 A$(-1, a)$, B$(3, 5)$, C$(2, 4)$, D$(b, 6)$을 꼭짓점으로 하는 사각형 ABCD가 평행사변형일 때, ab의 값은?

① -28 ② -24 ③ -21
④ -18 ⑤ -14

17 세 점 A$(5, 1)$, B$(-7, -4)$, C$(2, 5)$를 꼭짓점으로 하는 삼각형 ABC의 내심을 I라 하고, 직선 AI와 변 BC가 만나는 점을 D(a, b)라 할 때, $a+b$의 값은?

① -1 ② 2   ③ 4
④ 6   ⑤ 8

18 세 점 A$(-2, k)$, B$(1, -10)$, C$(4, 1)$을 꼭짓점으로 하는 삼각형 ABC의 무게중심이 직선 $y = -2x$ 위에 있을 때, k의 값은?

① -1 ② 0   ③ 1
④ 2   ⑤ 3

19 삼각형 ABC에서 꼭짓점 A의 좌표가 $(3, -2)$이고 무게중심의 좌표가 $(-1, 4)$일 때, 선분 BC의 중점의 좌표를 구하시오.

20 점 P가 직선 $y = -2x+1$ 위를 움직일 때, 점 A$(0, 2)$와 점 P를 이은 선분 AP의 중점 Q가 나타내는 도형의 방정식은 $mx+2y+n=0$이다. 이때 상수 m, n에 대하여 $m-n$의 값을 구하시오.

1 두 점 $(4, 1)$, $(-2, 9)$를 이은 선분의 중점을 지나고 y축에 평행한 직선의 방정식을 구하시오.

2 두 점 $(1, -5)$, $(5, 7)$을 지나는 직선과 기울기가 같고 점 $(-3, 4)$를 지나는 직선의 방정식은?

① $y = -3x - 5$ ② $y = -3x + 1$

③ $y = \dfrac{1}{3}x + 7$ ④ $y = 3x + 5$

⑤ $y = 3x + 13$

3 두 점 $(3, -2)$, $(1, -1)$을 지나는 직선 위에 두 점 $(5, a)$, $\left(b, \dfrac{1}{2}\right)$이 있을 때, $a + b$의 값은?

① -5 ② -3 ③ -1

④ 1 ⑤ 3

4 x절편이 -2이고 y절편이 -4인 직선이 점 $(4, a)$를 지날 때, a의 값은?

① -15 ② -14 ③ -13

④ -12 ⑤ -11

5 세 점 $A(1, -k)$, $B(2k+1, 3)$, $C(2, 1)$이 한 직선 위에 있도록 하는 모든 k의 값의 합은?

① $-\dfrac{3}{2}$ ② -1 ③ $-\dfrac{1}{2}$

④ $\dfrac{1}{2}$ ⑤ 1

6 세 점 $A(2, 2)$, $B(4, -2)$, $C(2, -4)$를 꼭짓점으로 하는 삼각형 ABC에 대하여 점 A를 지나고 삼각형 ABC의 넓이를 이등분하는 직선의 방정식이 $y = ax + b$일 때, $a + b$의 값을 구하시오.

(단, a, b는 상수)

7 $ab>0$, $bc<0$일 때, 직선 $ax+by+c=0$이 지나지 않는 사분면은?

① 제1사분면   ② 제2사분면
③ 제3사분면   ④ 제4사분면
⑤ 제1, 3사분면

8 직선 $(k+3)x+(2k-1)y-11k-5=0$이 실수 k의 값에 관계없이 항상 점 (a, b)를 지날 때, $a+b$의 값을 구하시오.

9 다음 중 직선 $ax-y+3a-1=0$이 두 점 A$(0, 3)$, B$(2, 1)$을 이은 선분 AB와 한 점에서 만나도록 하는 실수 a의 값이 될 수 있는 것은?

① 2 ② $\dfrac{5}{3}$ ③ 1
④ $\dfrac{1}{3}$ ⑤ -1

10 두 직선 $x+y+1=0$, $3x+2y-1=0$의 교점과 점 $(1, 2)$를 지나는 직선의 방정식은?

① $5x+y-7=0$ ② $5x-y-3=0$
③ $3x+y-5=0$ ④ $3x-y-5=0$
⑤ $x+y-3=0$

11 두 점 A$(-2, 1)$, B$(3, 4)$를 지나는 직선에 수직이고 점 A를 지나는 직선의 방정식을 $y=mx+n$이라 할 때, 상수 m, n에 대하여 $m+n$의 값을 구하시오.

12 두 직선 $(k+3)x+2y-4=0$, $kx-2y+3=0$이 서로 평행하도록 하는 상수 k의 값을 α, 서로 수직이 되도록 하는 상수 k의 값을 β라 할 때, $\alpha+\beta$의 값은?
(단, $\beta>0$)

① -1 ② $-\dfrac{1}{2}$ ③ 0
④ $\dfrac{1}{2}$ ⑤ 1

13 두 점 A$(-3, a)$, B$(b, 0)$을 이은 선분 AB의 수직이등분선의 방정식이 $2x-y=0$일 때, ab의 값은?

① 12 ② 14 ③ 16
④ 18 ⑤ 20

14 마름모 ABCD의 두 꼭짓점의 좌표가 A$(-1, 3)$, C$(5, 1)$일 때, 두 점 B, D를 지나는 직선의 방정식이 $ax-y+b=0$이다. 이때 상수 a, b에 대하여 $a-b$의 값은?

① -1 ② 1   ③ 3

④ 5   ⑤ 7

15 세 직선 $2x-y=3$, $x+2y=-1$, $2x+ay=5$가 한 점에서 만날 때, 상수 a의 값을 구하시오.

16 직선 $3x-y+5=0$에 평행하고 두 직선 $x+4y-8=0$, $x+y-5=0$의 교점으로부터의 거리가 $\sqrt{10}$인 두 직선의 방정식의 y절편의 합을 구하시오.

17 원점과 직선 $x+3y+10+k(2x+y)=0$ 사이의 거리는 $k=a$일 때 최댓값 b를 갖는다고 한다. 이때 a^2+b^2의 값은? (단, k는 실수)

① 18   ② 19   ③ 20

④ 21   ⑤ 22

18 두 직선 $x+2y+3=0$, $x+2y-7=0$ 사이의 거리는?

① $\sqrt{5}$ ② $2\sqrt{5}$ ③ $3\sqrt{5}$

④ $4\sqrt{5}$ ⑤ $5\sqrt{5}$

19 세 점 A$(-2, 1)$, B$(3, -1)$, C$(1, 3)$을 꼭짓점으로 하는 삼각형 ABC의 넓이는?

① 8   ② 10   ③ 12

④ 14   ⑤ 16

20 두 직선 $x-2y+3=0$, $2x+y+1=0$이 이루는 각의 이등분선 중에서 제4사분면을 지나지 않는 직선의 방정식을 구하시오.

중단원 기출 문제 2회 | **02 / 직선의 방정식**

1 x축의 양의 방향과 이루는 각의 크기가 45°이고 점 $(5, -2)$를 지나는 직선의 방정식을 구하시오.

4 세 점 $A(5, 3)$, $B(3, k+1)$, $C(k+3, -5)$가 삼각형을 이루지 않도록 하는 k의 값을 모두 구하시오.

2 두 점 $(-5, 2)$, $(4, -1)$을 $2:1$로 내분하는 점을 A, 두 점 $(1, 3)$, $(-3, 7)$을 $3:1$로 내분하는 점을 B라 할 때, 두 점 A, B를 지나는 직선의 y절편은?

① -4 ② -2 ③ 1
④ 2 ⑤ 4

5 오른쪽 그림과 같은 직사각형 AOCB와 정사각형 DOFE의 넓이를 동시에 이등분하는 직선의 방정식이 $y=mx+n$일 때, 상수 m, n에 대하여 $m+n$의 값을 구하시오. (단, O는 원점)

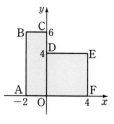

3 직선 $\dfrac{x}{2}-\dfrac{y}{6}=1$이 x축과 만나는 점을 A, 직선 $\dfrac{x}{3}+\dfrac{y}{4}=1$이 y축과 만나는 점을 B라 할 때, 직선 AB의 방정식은?

① $\dfrac{x}{2}+\dfrac{y}{4}=1$ ② $\dfrac{x}{2}-\dfrac{y}{4}=1$

③ $\dfrac{x}{3}+\dfrac{y}{4}=1$ ④ $\dfrac{x}{3}-\dfrac{y}{4}=1$

⑤ $\dfrac{x}{3}-\dfrac{y}{6}=1$

6 $ac>0$, $bc>0$일 때, 직선 $ax+by+c=0$의 개형은?

①   ②   ③

④   ⑤

7 직선 $(2m+1)x+my-m+2=0$에 대한 설명으로 옳은 것만을 보기에서 있는 대로 고른 것은?

(단, m은 실수)

> **보기**
> ㄱ. m의 값에 관계없이 항상 점 $(-2, 5)$를 지난다.
> ㄴ. $m=-\dfrac{1}{2}$이면 x축에 평행한 직선이다.
> ㄷ. $m=0$이면 y축에 수직인 직선이다.

① ㄱ   ② ㄴ   ③ ㄷ
④ ㄱ, ㄴ   ⑤ ㄴ, ㄷ

8 두 직선 $y=-x+2$, $y=mx+m+1$이 제1사분면에서 만나도록 하는 실수 m의 값의 범위는?

① $-3<m<-1$ ② $-3\le m\le 0$
③ $-\dfrac{5}{2}\le m\le 1$ ④ $-1<m<\dfrac{5}{2}$
⑤ $-\dfrac{1}{3}<m<1$

9 두 직선 $3x+y+4=0$, $x-2y+3=0$의 교점과 점 $(1, -1)$을 지나는 직선을 l이라 하자. 점 $(-2, a)$가 직선 l 위의 점일 때, a의 값을 구하시오.

10 세 점 $A(2, 7)$, $B(3, -2)$, $C(7, -8)$을 꼭짓점으로 하는 삼각형 ABC의 무게중심을 지나고 직선 $2x-6y+1=0$에 평행한 직선의 방정식을 구하시오.

11 두 점 $A(1, -3)$, $B(3, a)$를 지나는 직선이 직선 $4x-ay=1$에 수직일 때, 상수 a의 값을 구하시오.

(단, $a\ne 0$)

12 직선 $ax-y-1=0$이 직선 $3x+2y-1=0$에 수직이고 직선 $2x+by+1=0$에 평행할 때, 상수 a, b에 대하여 $3a-b$의 값은?

① -3 ② -1 ③ 1
④ 3 ⑤ 5

13 두 점 $A(2, 1)$, $B(4, -3)$을 이은 선분 AB를 수직이등분하는 직선의 방정식은?

① $x-2y-7=0$ ② $x-2y-5=0$
③ $x+2y-5=0$ ④ $x+2y-3=0$
⑤ $2x+y-5=0$

14 세 직선 $2x-y=0$, $x+y-2=0$, $ax-y+4=0$이 삼각형을 이루지 않도록 하는 모든 상수 a의 값의 합은?

① -5 ② -4 ③ -3

④ 3 ⑤ 4

17 두 점 $O(0, 0)$, $A(0, 10)$에서 두 점 $B(15, 0)$, $C(0, 20)$을 지나는 직선에 내린 수선의 발을 각각 P, Q라 할 때, 사각형 AOPQ의 둘레의 길이를 구하시오.

18 평행한 두 직선 $kx+y-2=0$, $2x+(2k-3)y+3=0$ 사이의 거리는? (단, $k>0$)

① $\sqrt{2}$ ② $\sqrt{3}$ ③ 2

④ $\sqrt{5}$ ⑤ $2\sqrt{2}$

15 직선 $(1-k)x+(2+k)y+4k-1=0$이 실수 k의 값에 관계없이 항상 지나는 점을 A라 할 때, 점 A와 직선 $2x-y+m=0$ 사이의 거리가 $\sqrt{5}$이다. 이때 모든 상수 m의 값의 곱은?

① -24 ② -12 ③ -2

④ 12 ⑤ 24

19 오른쪽 그림과 같이 세 점 $O(0, 0)$, $A(2, 6)$, $B(-4, 3)$을 꼭짓점으로 하는 삼각형 OAB가 있다. 두 점 O, A에서 각각 $\overline{AB}$, $\overline{OB}$에 그은 수선의 교점을 P라 할 때, 삼각형 POA의 넓이를 구하시오.

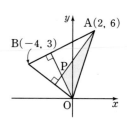

16 오른쪽 그림과 같이 네 점 $A(0, -3)$, $B(4, -6)$, $C(8, -3)$, $D(4, 0)$을 꼭짓점으로 하는 마름모 ABCD에 대하여 점 $P(2, 1)$에서 마름모 위의 한 점까지의 거리의 최댓값을 M, 최솟값을 m이라 할 때, M^2-m^2의 값을 구하시오.

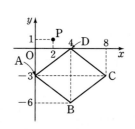

20 x축과 직선 $3x-4y+1=0$이 이루는 각의 이등분선 중 기울기가 양수인 직선의 방정식을 구하시오.

중단원 기출 문제 1회 03 / 원의 방정식

맞힌 개수 / 20

1 원 $(x+2)^2+(y-3)^2=4$와 중심이 같고 점 $(0, 1)$을 지나는 원의 둘레의 길이는?

① $\sqrt{2}\pi$ ② $2\sqrt{2}\pi$ ③ $3\sqrt{2}\pi$
④ $4\sqrt{2}\pi$ ⑤ $5\sqrt{2}\pi$

2 두 점 $(-4, 2)$, $(-6, 4)$를 지름의 양 끝 점으로 하는 원의 넓이가 직선 $y=-3x+k$에 의하여 이등분될 때, 상수 k의 값을 구하시오.

3 중심이 직선 $y=2x-1$ 위에 있고 두 점 $(3, 2)$, $(5, -2)$를 지나는 원의 중심의 좌표가 (a, b)일 때, $a+b$의 값은?

① -5 ② -4 ③ -3
④ -2 ⑤ -1

4 방정식 $x^2+y^2-4x+6y+4=0$이 나타내는 도형의 넓이를 구하시오.

5 보기에서 원의 방정식인 것만을 있는 대로 고른 것은?

보기
ㄱ. $x^2+y^2+2x=0$
ㄴ. $x^2+y^2-6y+11=0$
ㄷ. $x^2+y^2+4x+2y+1=0$
ㄹ. $x^2+y^2+4x+4y+8=0$

① ㄱ, ㄴ ② ㄱ, ㄷ ③ ㄴ, ㄷ
④ ㄴ, ㄹ ⑤ ㄷ, ㄹ

6 원점과 두 점 $(0, 4)$, $(3, -3)$을 지나는 원의 방정식은?

① $x^2+y^2-10x-4y=0$
② $x^2+y^2-6x-8y=0$
③ $x^2+y^2-4x-10y=0$
④ $x^2+y^2+4x+10y=0$
⑤ $x^2+y^2+10x-4y=0$

7 y축에 접하는 원 $x^2+y^2-8x+ky+9=0$의 중심이 제4사분면 위에 있을 때, 상수 k의 값은?

① 2   ② 4   ③ 6

④ 8   ⑤ 10

8 점 $(8, 4)$를 지나고 x축과 y축에 동시에 접하는 두 원의 둘레의 길이의 합은?

① 42π ② 44π ③ 46π

④ 48π ⑤ 50π

9 점 $A(3, -4)$와 원 $x^2+y^2=r^2$ 위의 점 P에 대하여 선분 AP의 길이의 최댓값이 7일 때, 양수 r의 값을 구하시오.

10 두 점 $A(-3, 0)$, $B(2, 0)$에 대하여 $\overline{AP}:\overline{BP}=3:2$를 만족시키는 점 P가 나타내는 도형의 방정식을 구하시오.

11 두 원 $x^2+y^2+x-5y+1=0$, $x^2+y^2-2x-4y-4=0$의 교점을 지나는 직선의 기울기는?

① -2 ② -1 ③ 1

④ 2   ⑤ 3

12 두 원 $x^2+y^2-2x+2y-3=0$, $x^2+y^2=5$의 교점과 점 $(-1, 3)$을 지나는 원의 방정식이 $x^2+y^2+x+ay+b=0$일 때, 상수 a, b에 대하여 $a-b$의 값은?

① 1   ② 2   ③ 3

④ 4   ⑤ 5

13 원 $x^2+y^2+2y-4=0$과 직선 $kx-y+4=0$이 서로 다른 두 점에서 만나도록 하는 실수 k의 값의 범위를 구하시오.

14 중심이 점 $(-2, 0)$이고 직선 $x+y-2=0$에 접하는 원의 방정식을 구하시오.

15 원 $(x-1)^2+(y-2)^2=9$와 직선 $y=kx$가 두 점 A, B에서 만날 때, 선분 AB의 길이의 최솟값과 그때의 k의 값의 합은? (단, k는 상수)

① 2　　　　　② $\dfrac{5}{2}$　　　　　③ 3

④ $\dfrac{7}{2}$　　　　　⑤ 4

16 점 P$(-4, 4)$에서 원 $x^2+y^2-2x+4y-20=0$에 접선을 그었을 때, 점 P에서 접점까지의 거리는?

① 1　　　　　② $\dfrac{7}{2}$　　　　　③ $\dfrac{11}{2}$

④ 6　　　　　⑤ $\dfrac{13}{2}$

17 원 $(x-3)^2+(y+1)^2=2$ 위의 점 P와 직선 $4x+3y+1=0$ 사이의 거리의 최댓값을 M, 최솟값을 m이라 할 때, Mm의 값을 구하시오.

18 원 $x^2+y^2=20$에 접하고 기울기가 2인 직선이 x축, y축과 만나는 점을 각각 A, B라 할 때, 삼각형 OAB의 넓이를 구하시오. (단, O는 원점)

19 원 $x^2+y^2=17$ 위의 점 $(4, 1)$에서의 접선의 방정식은?

① $x+2y=\sqrt{17}$　　　　② $x+4y=17$
③ $2x-y=\sqrt{17}$　　　　④ $4x-y=17$
⑤ $4x+y=17$

20 점 $(3, -1)$에서 원 $x^2+y^2=5$에 그은 두 접선의 기울기의 합은?

① -2　　　　② $-\dfrac{3}{2}$　　　　③ -1

④ $-\dfrac{1}{2}$　　　　⑤ 0

03 / **원의 방정식**

1 직선 $y=-3x+6$이 x축과 만나는 점을 중심으로 하고 y축과 만나는 점을 지나는 원의 방정식을 구하시오.

2 세 점 $A(1, 3)$, $B(-1, 3)$, $C(3, -5)$를 꼭짓점으로 하는 삼각형 ABC에 대하여 꼭짓점 A에서 변 BC에 그은 중선을 지름으로 하는 원의 방정식은?

① $(x-1)^2+(y-1)^2=2$
② $(x-1)^2+(y-1)^2=4$
③ $(x-1)^2+(y+1)^2=2$
④ $(x+1)^2+(y-1)^2=4$
⑤ $(x+1)^2+(y+1)^2=4$

3 중심이 x축 위에 있고 두 점 $(1, 0)$, $(-2, 3)$을 지나는 원의 넓이는?

① 4π ② 9π ③ 12π
④ 16π ⑤ 20π

4 점 $(1, 2)$를 지나는 원 $x^2+y^2-6x+2y+k=0$의 중심의 좌표가 (a, b)일 때, 상수 a, b, k에 대하여 $a+b+k$의 값은?

① -3 ② -1 ③ 1
④ 3 ⑤ 5

5 방정식 $x^2+y^2+4kx-2y+4k+9=0$이 원을 나타내도록 하는 실수 k의 값의 범위를 구하시오.

6 x축, y축 및 직선 $y=2x+4$로 둘러싸인 삼각형의 외접원의 방정식은?

① $x^2+y^2+2x-2y=0$
② $x^2+y^2-2x+2y=0$
③ $x^2+y^2+2x-4y=0$
④ $x^2+y^2-2x+4y=0$
⑤ $x^2+y^2+2x+4y=0$

7 중심이 직선 $y=x+1$ 위에 있고 점 $(5, 3)$을 지나는 두 원이 모두 x축에 접할 때, 두 원의 중심 사이의 거리를 구하시오.

8 중심이 직선 $y=2x-3$ 위에 있고 x축과 y축에 동시에 접하는 두 원의 반지름의 길이의 합을 구하시오.

9 원 $x^2+y^2-8x=0$과 중심이 같고 점 $(2, 2)$를 지나는 원 위의 점 P와 점 $A(-3, 1)$에 대하여 선분 AP의 길이의 최솟값은?

① $3\sqrt{2}$ ② $4\sqrt{2}$ ③ $5\sqrt{2}$
④ $6\sqrt{2}$ ⑤ $7\sqrt{2}$

10 두 점 $A(-2, 4)$, $B(5, 2)$와 원 $x^2+y^2=9$ 위의 점 P에 대하여 삼각형 ABP의 무게중심 G가 나타내는 도형의 방정식을 구하시오.

11 중심이 점 $(1, 3)$인 원 C와 원 $x^2+y^2=10$의 교점을 지나는 직선이 원점을 지날 때, 원 C의 반지름의 길이는?

① 3   ② $2\sqrt{3}$ ③ 4
④ $3\sqrt{2}$ ⑤ $2\sqrt{5}$

12 중심이 점 $(3, 2)$이고 y축에 접하는 원과 직선 $3x-4y+k=0$이 서로 다른 두 점에서 만나도록 하는 정수 k의 개수는?

① 28   ② 29   ③ 30
④ 31   ⑤ 32

13 원 $x^2+y^2-4x+2y+4=0$과 중심이 같고 직선 $x+ky-5=0$에 접하는 원의 넓이가 5π일 때, 모든 실수 k의 값의 곱을 구하시오.

14 다음 중 원 $(x-1)^2+y^2=2$와 직선 $y=x+2k$가 만나지 않도록 하는 실수 k의 값이 <u>아닌</u> 것은?

① -2 ② -1 ③ 1
④ 2 ⑤ 3

15 직선 $y=x+k$가 원 $(x-1)^2+(y-1)^2=25$와 만나서 생기는 현의 길이가 8일 때, 양수 k의 값은?

① $\sqrt{2}$ ② $2\sqrt{2}$ ③ $3\sqrt{2}$
④ $4\sqrt{2}$ ⑤ $5\sqrt{2}$

16 점 $A(2, a)$에서 원 $x^2+y^2+4x-2y=11$에 그은 접선이 원과 만나는 점 P에 대하여 선분 AP의 길이가 3일 때, 양수 a의 값을 구하시오.

17 원 $(x+5)^2+(y+3)^2=5$ 위의 점 P와 두 점 $A(0, 2)$, $B(1, 0)$을 꼭짓점으로 하는 삼각형 APB의 넓이의 최솟값은?

① $\dfrac{2\sqrt{5}}{5}$ ② $\sqrt{5}$ ③ $\dfrac{5}{2}$
④ 5 ⑤ 10

18 기울기가 3이고 y절편이 양수인 직선이 원 $x^2+y^2-2x-8y+7=0$에 접할 때, 이 직선의 방정식을 구하시오.

19 오른쪽 그림과 같이 원 $x^2+y^2=16$ 위의 점 P에서의 접선의 방정식을 $y=f(x)$라 할 때, $f(-4)f(4)$의 값을 구하시오. (단, 점 P는 제1사분면 위에 있다.)

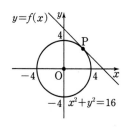

20 점 $(-2, 1)$에서 원 $(x-2)^2+(y+1)^2=2$에 그은 두 접선의 방정식이 $x+ay+b=0$, $x+cy+d=0$일 때, 상수 a, b, c, d에 대하여 $abcd$의 값은?

① -35 ② -7 ③ 0
④ 7 ⑤ 35

1 점 $(3, 1)$을 x축의 방향으로 a만큼, y축의 방향으로 4만큼 평행이동한 점의 좌표가 $(6, b)$일 때, ab의 값을 구하시오.

2 점 $(4, 2)$를 점 $(2, 3)$으로 옮기는 평행이동에 의하여 점 $(-1, -1)$로 옮겨지는 점의 좌표는?

① $(-2, 1)$ ② $(-1, 3)$ ③ $(1, -2)$
④ $(1, -1)$ ⑤ $(3, -1)$

3 방정식 $f(x, y)=0$이 나타내는 도형을 방정식 $f(x-2, y+3)=0$이 나타내는 도형으로 옮기는 평행이동에 의하여 직선 l이 직선 $4x-3y-18=0$으로 옮겨질 때, 직선 l의 방정식은?

① $4x+3y+1=0$ ② $4x+3y=0$
③ $4x+3y-1=0$ ④ $4x-3y+1=0$
⑤ $4x-3y-1=0$

4 평행이동하여 원 $x^2+y^2+6x+2y-6=0$과 겹쳐지는 원인 것만을 보기에서 있는 대로 고른 것은?

보기
ㄱ. $x^2+y^2=16$
ㄴ. $(x+1)^2+(y-1)^2=9$
ㄷ. $x^2+y^2-4x-12=0$

① ㄱ   ② ㄴ   ③ ㄷ
④ ㄱ, ㄷ   ⑤ ㄴ, ㄷ

5 원 $(x-3)^2+(y-1)^2=9$를 x축의 방향으로 a만큼, y축의 방향으로 b만큼 평행이동한 원의 방정식이 $x^2+y^2-4y+c=0$일 때, 상수 a, b, c에 대하여 $a+b+c$의 값은?

① -7 ② -6 ③ -5
④ -4 ⑤ -3

6 원 $(x-1)^2+y^2=10$을 x축의 방향으로 1만큼, y축의 방향으로 n만큼 평행이동하면 직선 $y=3x+1$에 접할 때, 양수 n의 값을 구하시오.

7 평행이동 $(x, y) \longrightarrow (x+a, y-2a)$에 의하여 포물선 $y=3x^2-6x-1$이 옮겨지는 포물선의 꼭짓점이 직선 $y=-3x+4$ 위에 있을 때, a의 값은?

① -5 ② -2 ③ 1
④ 2 ⑤ 5

8 점 $(1, 2)$를 x축, y축에 대하여 대칭이동한 점을 각각 A, B라 할 때, 선분 AB의 길이는?

① $\sqrt{5}$ ② $2\sqrt{5}$ ③ $3\sqrt{5}$
④ $4\sqrt{5}$ ⑤ $5\sqrt{5}$

9 점 $A(a, b)$를 x축, y축에 대하여 대칭이동한 점을 각각 B, C라 하자. 삼각형 ABC의 넓이가 6일 때, 점 A가 될 수 있는 점의 개수를 구하시오. (단, a, b는 정수)

10 직선 $y=ax+1$을 원점에 대하여 대칭이동한 직선이 점 $(1, 2)$를 지날 때, 상수 a의 값은?

① 2 ② $\dfrac{5}{2}$ ③ 3
④ $\dfrac{7}{2}$ ⑤ 4

11 직선 $ax-3y+5=0$을 x축에 대하여 대칭이동한 직선과 원점에 대하여 대칭이동한 직선이 서로 수직이 되도록 하는 모든 상수 a의 값의 곱은?

① 6 ② 3 ③ -3
④ -6 ⑤ -9

12 원 $x^2+y^2+4x-2y-4=0$을 y축에 대하여 대칭이동한 원을 C_1이라 하고, 원 C_1을 원점에 대하여 대칭이동한 원을 C_2라 하자. 원 C_2의 중심의 좌표를 (a, b), 반지름의 길이를 c라 할 때, $a+b+c$의 값을 구하시오.

13 원 $x^2+y^2-4x+2y+3=0$을 원점에 대하여 대칭이동한 원과 직선 $y=2$가 만나는 두 점의 x좌표의 합은?

① -4 ② -2 ③ 0
④ 2 ⑤ 4

14 포물선 $y=-x^2+2ax-2$를 x축에 대하여 대칭이동한 포물선의 꼭짓점이 직선 $y=-3x+2$ 위에 있을 때, 양수 a의 값은?

① 1   ② 2   ③ 3
④ 4   ⑤ 5

15 점 $(-6, 2)$를 직선 $y=x$에 대하여 대칭이동한 후 x축의 방향으로 -3만큼, y축의 방향으로 1만큼 평행이동한 점의 좌표가 (a, b)일 때, ab의 값을 구하시오.

16 평행이동 $(x, y) \longrightarrow (x+2, y-1)$에 의하여 직선 $3x-y+a+1=0$이 옮겨진 직선을 y축에 대하여 대칭이동하였더니 원 $x^2+y^2-4x+2y=0$의 넓이를 이등분하였다. 이때 상수 a의 값을 구하시오.

17 두 점 A$(-2, 3)$, B$(1, 4)$와 직선 $y=x$ 위를 움직이는 점 P에 대하여 $\overline{AP}+\overline{BP}$의 최솟값을 구하시오.

18 방정식 $f(x, y)=0$이 나타내는 도형이 오른쪽 그림과 같을 때, 다음 중 방정식 $f(-x, -y)=0$이 나타내는 도형은?

①
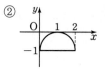

②

③

④

⑤

19 원 $x^2+y^2+2kx-2y-2=0$을 점 $(2, -3)$에 대하여 대칭이동한 원이 점 $(5, -5)$를 지날 때, 상수 k의 값을 구하시오.

20 점 $(-3, 2)$를 직선 $y=-3x+a$에 대하여 대칭이동한 점의 좌표가 $(b, 4)$일 때, $a+b$의 값은?

(단, a, b는 상수)

① -6 ② -3 ③ 0
④ 3   ⑤ 6

04 / 도형의 이동

1 점 P를 x축의 방향으로 -3만큼, y축의 방향으로 2만큼 평행이동한 점의 좌표가 $(1, -1)$일 때, 점 P의 좌표를 구하시오.

2 세 점 $O(0, 0)$, $P(4, 0)$, $Q(a, b)$를 x축의 방향으로 m만큼, y축의 방향으로 n만큼 평행이동한 점을 각각 O', P', Q'이라 하자. $Q'(5, 4\sqrt{3})$이고 삼각형 $O'P'Q'$이 정삼각형일 때, m^2+n^2의 값을 구하시오.
(단, $a>0$, $b>0$)

3 직선 $y=3x+n-1$을 x축의 방향으로 -1만큼, y축의 방향으로 3만큼 평행이동한 직선의 방정식이 $y=3x+9$일 때, 상수 n의 값은?

① -5 ② -4 ③ -2

④ 4   ⑤ 5

4 포물선 $y=x^2+4x+5$를 포물선 $y=x^2+6x+13$으로 옮기는 평행이동에 의하여 원 $x^2+y^2-4y-9=0$이 옮겨지는 원의 중심을 C라 할 때, 선분 OC의 길이는?
(단, O는 원점)

① 5   ② $\sqrt{26}$ ③ $3\sqrt{3}$

④ $2\sqrt{7}$ ⑤ $\sqrt{29}$

5 오른쪽 그림과 같이 원 $C_1: x^2+y^2=4$와 직선 $3x+4y-6=0$이 만나는 두 점을 각각 A, B라 하자. 원 C_1을 원 $C_2: x^2+y^2-6x-8y+21=0$으로 옮기는 평행이동에 의하여 두 점 A, B가 각각 원 C_2 위의 두 점 C, D로 옮겨질 때, 선분 AC, 선분 BD, 호 AB, 호 CD로 둘러싸인 부분의 넓이를 구하시오.

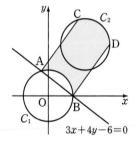

$3x+4y-6=0$

6 점 $(1, 3)$을 원점에 대하여 대칭이동한 점을 P, 직선 $y=x$에 대하여 대칭이동한 점을 Q라 할 때, 직선 PQ의 방정식을 구하시오.

7 점 $(a+3,\ 4)$를 직선 $y=x$에 대하여 대칭이동한 후 원점에 대하여 대칭이동한 점의 좌표가 $(b,\ -4)$일 때, ab의 값은?

① -4 ② -3 ③ -2
④ 1 ⑤ 2

8 점 $\mathrm{P}(-3,\ 6)$을 직선 $y=x$에 대하여 대칭이동한 점을 Q, y축에 대하여 대칭이동한 점을 R라 할 때, 삼각형 PQR의 무게중심의 좌표를 구하시오.

9 보기의 방정식이 나타내는 도형 중 원점에 대하여 대칭이동한 도형이 처음 도형과 일치하는 것만을 있는 대로 고른 것은?

> **보기**
> ㄱ. $y=-x$ ㄴ. $y=x^2+1$
> ㄷ. $x^2+y^2+4x=0$ ㄹ. $|x+y|=4$

① ㄱ, ㄴ   ② ㄱ, ㄷ   ③ ㄱ, ㄹ
④ ㄴ, ㄹ   ⑤ ㄷ, ㄹ

10 직선 $3x-2y+p=0$을 직선 $y=x$에 대하여 대칭이동하면 원 $(x-1)^2+(y+3)^2=13$에 접할 때, 양수 p의 값을 구하시오.

11 중심이 점 $(-1,\ k)$이고 반지름의 길이가 2인 원을 x축에 대하여 대칭이동한 원이 점 $(-3,\ -4)$를 지날 때, k의 값은?

① 4 ② 6 ③ 8
④ 10 ⑤ 12

12 포물선 $y=x^2+ax+b$를 원점에 대하여 대칭이동한 포물선의 꼭짓점의 좌표가 $(5,\ 8)$일 때, $b-a$의 값은? (단, a, b는 상수)

① 4 ② 5 ③ 6
④ 7 ⑤ 8

13 포물선 $y=x^2$을 x축에 대하여 대칭이동한 후 y축의 방향으로 a만큼 평행이동한 포물선이 직선 $y=x+1$과 만나지 않도록 하는 a의 값의 범위를 구하시오.

14 두 점 $A(3, 2)$, $B(1, 6)$과 y축 위를 움직이는 점 P에 대하여 $\overline{AP}+\overline{BP}$가 최솟값을 갖는 점 P의 좌표를 구하시오.

15 오른쪽 그림과 같이 두 점 $A(1, -3)$, $B(3, -1)$과 y축 위를 움직이는 점 P, x축 위를 움직이는 점 Q에 대하여 $\overline{AP}+\overline{PQ}+\overline{QB}$의 최솟값을 구하시오.

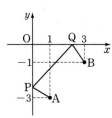

16 두 방정식 $f(x, y)=0$, $g(x, y)=0$이 나타내는 도형이 오른쪽 그림과 같을 때, 다음 중 옳은 것은?

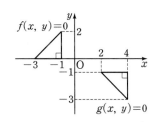

① $g(x, y)=f(x+5, y-1)$
② $g(x, y)=f(x+5, -y+1)$
③ $g(x, y)=f(x-5, -y-1)$
④ $g(x, y)=f(x-5, -y+1)$
⑤ $g(x, y)=f(-x-5, -y+1)$

17 점 $(a, 2)$를 점 $(1, 2)$에 대하여 대칭이동한 점의 좌표가 $(4, b)$일 때, $a+b$의 값을 구하시오.

18 두 포물선 $y=x^2+2x-3$, $y=-x^2+6x-1$이 점 (α, β)에 대하여 대칭일 때, $\alpha-\beta$의 값은?

① -4 ② -2 ③ -1
④ 3 ⑤ 6

19 두 원 $x^2+y^2+2x-6y+1=0$, $(x-2)^2+(y-2)^2=9$가 직선 l에 대하여 대칭일 때, 직선 l의 방정식은?

① $x-3y+1=0$ ② $x+3y+3=0$
③ $3x-y+1=0$ ④ $3x-y+3=0$
⑤ $3x+y+1=0$

20 두 점 $O(0, 0)$, $P(0, 3)$을 직선 $y=x-1$에 대하여 대칭이동한 점을 각각 Q, R라 할 때, 사각형 $OQRP$의 넓이를 구하시오.

1 다음 중 집합인 것은?

① 착한 사람의 모임
② 우리 학교 1학년 학생의 모임
③ 음악에 소질이 있는 학생의 모임
④ 축구를 잘하는 사람의 모임
⑤ 우리 반에서 키가 큰 학생의 모임

2 10보다 작은 소수의 집합을 A라 할 때, 다음 중 옳지 않은 것은?

① $1 \notin A$ ② $2 \in A$ ③ $5 \in A$
④ $8 \notin A$ ⑤ $9 \in A$

3 다음 중 8의 양의 약수의 집합을 원소나열법과 조건제시법으로 나타낸 것으로 옳은 것은?

원소나열법	조건제시법
① $\{1, 4, 8\}$	$\{x$는 8의 양의 약수$\}$
② $\{1, 2, 4\}$	$\{x \,|\, x$는 8의 양의 약수$\}$
③ $\{1, 2, 4, 8\}$	$\{x \,|\, x$는 8의 양의 약수$\}$
④ $\{x$는 8의 양의 약수$\}$	$\{1, 2, 4\}$
⑤ $\{x \,|\, x$는 8의 양의 약수$\}$	$\{1, 2, 4, 8\}$

4 두 집합 $A = \{1, 2, 3, 4, 5\}$, $B = \{1, 3, 5\}$에 대하여 집합 $C = \{2x+1 \,|\, x \in A, \ x \notin B\}$일 때, 집합 C의 모든 원소의 합을 구하시오.

5 다음 중 유한집합인 것은?

① $\{1, 2, 3, 4, \dots\}$
② $\{x \,|\, x$는 홀수인 자연수$\}$
③ $\{x \,|\, x = 2n, \ n$은 자연수$\}$
④ $\{x \,|\, x$는 100보다 작은 5의 양의 배수$\}$
⑤ $\{x \,|\, x$는 3으로 나누어떨어지는 자연수$\}$

6 두 집합 $A = \{x \,|\, x$는 $|x| < 3$인 정수$\}$, $B = \{x \,|\, x$는 15보다 작은 소수$\}$에 대하여 $n(A) + n(B)$의 값은?

① 11   ② 12   ③ 13
④ 14   ⑤ 15

7 집합 $A=\{1, 3, 5\}$에 대하여 집합
$B=\{xy\,|\,x\in A,\ y\in A\}$라 할 때, $n(B)$를 구하시오.

8 집합 $A=\{x\,|\,x$는 21의 양의 약수$\}$에 대하여 다음 중 옳은 것은?

① $4\in A$ ② $7\subset A$
③ $\{3\}\subset A$ ④ $\{3, 7\}\in A$
⑤ $\{7, 14, 21\}\subset A$

9 집합 $A=\{\varnothing, 1, 2, \{1, 2\}\}$에 대하여 다음 중 옳지 <u>않은</u> 것은?

① $\varnothing\in A$ ② $\{1, 2\}\subset A$
③ $\{1, 2\}\notin A$ ④ $\{1, \{2\}\}\not\subset A$
⑤ $\{2, \{1, 2\}\}\subset A$

10 다음 중 세 집합
$$A=\{2, 5\},$$
$$B=\{x\,|\,1<x<8,\ x$는\ 자연수\},$$
$$C=\{x\,|\,x$는\ 7\ 이하의\ 소수\}$$
사이의 포함 관계를 바르게 나타낸 것은?

① $A\subset B\subset C$ ② $A\subset C\subset B$ ③ $B\subset A\subset C$
④ $B\subset C\subset A$ ⑤ $C\subset B\subset A$

11 두 집합 $A=\{x\,|\,a<x\leq b\}$, $B=\{x\,|\,-5<x<6\}$에 대하여 $A\subset B$가 성립하도록 하는 정수 a의 최솟값과 정수 b의 최댓값의 합을 구하시오.

12 두 집합
$$A=\{-2, 1, a^2-1\},\ B=\{0, a-3, a, a+1\}$$
에 대하여 $A\subset B$일 때, 집합 B의 모든 원소의 합을 구하시오. (단, a는 상수)

13 두 집합 $A=\{4, 9, a, 3a+1\}$, $B=\{2, 4, 9, 3b-2\}$
에 대하여 $A=B$일 때, ab의 값은?

(단, a, b는 자연수)

① 2   ② 4   ③ 6
④ 8   ⑤ 10

14 두 집합 $A=\{1, 20, a\}$, $B=\{1, 5, a+b\}$에 대하여
$A \subset B$이고 $B \subset A$일 때, $a-b$의 값은?

(단, a, b는 상수)

① -12 ② -11 ③ -10
④ -9 ⑤ -8

15 집합 $A=\{x \,|\, x$는 45의 양의 약수$\}$의 부분집합의 개수
는?

① 8   ② 16   ③ 32
④ 64   ⑤ 128

16 집합 $A=\{1, 2, 3\}$에 대하여 집합
$P(A)=\{X \,|\, X \subset A\}$라 할 때, 집합 $P(A)$의 진부분
집합의 개수를 구하시오.

17 집합 $A=\{a, b, c, d, e, f, g\}$의 부분집합 중에서 a,
b는 반드시 원소로 갖고 f는 원소로 갖지 않는 부분집
합의 개수는?

① 2   ② 4   ③ 8
④ 16   ⑤ 32

18 두 집합 $A=\{x \,|\, x^2-4x+3=0\}$,
$B=\{x \,|\, x$는 75의 양의 약수$\}$에 대하여 $A \subset X \subset B$를
만족시키는 집합 X의 개수는?

① 2   ② 4   ③ 8
④ 16   ⑤ 32

19 다음 조건을 모두 만족시키는 공집합이 아닌 집합 A의
개수를 구하시오.

㈎ 집합 A의 모든 원소는 자연수이다.
㈏ $a \in A$이면 $\dfrac{36}{a} \in A$

20 집합 $A=\{1, 2, 3, 4, 5\}$의 부분집합 중에서 원소가
3개 이상이고 모든 원소의 합이 짝수인 부분집합의 개
수를 구하시오.

중단원 기출 문제 2회 | **05 집합의 뜻과 집합 사이의 포함 관계** | 맞힌 개수 / 20

1 다음 중 집합이 <u>아닌</u> 것은?

① 5보다 작은 자연수의 모임
② 제곱하여 6이 되는 유리수의 모임
③ 50보다 작은 소수의 모임
④ 우리 반에서 배구를 좋아하는 학생의 모임
⑤ 우리 반에서 혈액형이 B형인 학생의 모임

2 자연수 전체의 집합을 N, 정수 전체의 집합을 Z, 유리수 전체의 집합을 Q, 실수 전체의 집합을 R라 할 때, 다음 중 옳은 것은? (단, $i=\sqrt{-1}$)

① $2\notin Q$ 　　② $i^2\in N$ 　　③ $\dfrac{1}{5}\in R$

④ $\dfrac{1}{2}\in Z$ 　　⑤ $\sqrt{2}+\sqrt{3}\notin R$

3 집합 $A=\{5, 10, 15, 20, 25\}$를 조건제시법으로 나다 내면
　　$A=\{x\,|\,x$는 k보다 작은 5의 양의 배수$\}$
일 때, 자연수 k의 최댓값과 최솟값의 합을 구하시오.

4 집합 $A=\{z\,|\,z=i^n,\ n$은 자연수$\}$에 대하여 집합 $B=\{z_1z_2\,|\,z_1\in A,\ z_2\in A\}$라 할 때, 집합 B의 모든 원소의 합을 구하시오. (단, $i=\sqrt{-1}$)

5 다음 중 무한집합인 것은?

① $\{x\,|\,x$는 6의 양의 약수$\}$
② $\{x\,|\,x$는 2의 양의 배수$\}$
③ $\{x\,|\,x$는 두 자리의 홀수$\}$
④ $\{x\,|\,x^2-2x-8=0\}$
⑤ $\{x\,|\,x$는 $x^2-4\leq0$인 정수$\}$

6 두 집합
　　$A=\{x\,|\,x$는 8의 양의 약수$\}$,
　　$B=\{x\,|\,x$는 k 미만의 자연수, k는 자연수$\}$
에 대하여 $n(A)+n(B)=12$일 때, k의 값은?

① 5 　　　② 6 　　　③ 7
④ 8 　　　⑤ 9

7 두 집합 $A=\{1,\ 2,\ 3,\ a\}$, $B=\{1,\ 2\}$에 대하여 집합 $C=\{x+y\,|\,x\in A,\ y\in B\}$라 할 때, $n(C)=5$가 되도록 하는 자연수 a의 값은?

① 3   ② 4   ③ 5

④ 6   ⑤ 7

8 집합 $A=\{\varnothing,\ a,\ \{a\},\ \{a,\ b\}\}$에 대하여 다음 중 옳지 <u>않은</u> 것은?

① $\varnothing \in A$ ② $\{a\}\in A$

③ $\{a\}\subset A$ ④ $\{a,\ \{a\}\}\subset A$

⑤ $\{a,\ b\}\subset A$

9 다음 중 세 집합

$A=\{0,\ 1,\ 2\}$,

$B=\{x+y\,|\,x\in A,\ y\in A\}$,

$C=\{x\,|\,-1<x<1,\ x\text{는 정수}\}$

사이의 포함 관계를 바르게 나타낸 것은?

① $A\subset B\subset C$ ② $A\subset C\subset B$ ③ $B\subset A\subset C$

④ $C\subset A\subset B$ ⑤ $C\subset B\subset A$

10 두 집합

$A=\{x\,|\,a\leq x\leq 4\}$, $B=\{x\,|\,-3\leq x<-2a\}$

에 대하여 $A\subset B$가 성립하도록 하는 상수 a의 값의 범위를 구하시오.

11 두 집합

$A=\{0,\ 2,\ a^2-1\}$, $B=\{-1,\ a-2,\ a,\ a+1\}$

에 대하여 $A\subset B$가 성립하도록 하는 상수 a의 값을 구하시오.

12 두 집합 $A=\{a+b,\ 7\}$, $B=\{3a-2b,\ 4\}$가 서로 같을 때, 상수 a, b에 대하여 $a-b$의 값은?

① -2 ② -1 ③ 0

④ 1 ⑤ 2

13 두 집합 $A=\{-2,\ a\}$, $B=\{x\,|\,x^2+x+b=0\}$에 대하여 $A\subset B$이고 $B\subset A$일 때, $a+b$의 값을 구하시오.

(단, a, b는 상수)

14 집합 $A=\{x|0<x<9,\ x\text{는 짝수}\}$의 진부분집합의 개수를 구하시오.

15 집합 $A=\{0,\ 1,\ 2,\ 3,\ 4\}$에 대하여 집합 A의 부분집합 중에서 0을 반드시 원소로 갖는 부분집합의 개수를 a, 집합 A의 부분집합 중에서 1, 2는 반드시 원소로 갖고 4는 원소로 갖지 않는 부분집합의 개수를 b라 할 때, $a+b$의 값을 구하시오.

16 다음 중 집합 $A=\{2,\ 3,\ 4,\ 5\}$에 대한 설명으로 옳지 <u>않은</u> 것은?

① $\varnothing$은 집합 A의 부분집합이다.
② 원소가 1개인 집합 A의 부분집합은 4개이다.
③ 원소가 2개인 집합 A의 부분집합은 4개이다.
④ 원소가 3개인 집합 A의 부분집합은 4개이다.
⑤ 원소가 4개인 집합 A의 부분집합은 1개이다.

17 자연수 n에 대하여 집합 $X=\{2,\ 3,\ 5,\ 6,\ n\}$의 부분집합 중에서 원소가 2개인 집합을 각각 A_1, A_2, A_3, $\cdots$, A_{10}이라 하자. $1\leq k\leq10$인 자연수 k에 대하여 집합 A_k의 모든 원소의 합을 a_k라 할 때, $a_1+a_2+a_3+\cdots+a_{10}=100$을 만족시키는 n의 값을 구하시오. (단, $n>6$)

18 두 집합
$$A=\{x|x\text{는 10 이하의 자연수}\},$$
$$B=\{x|x\text{는 10 이하의 소수}\}$$
에 대하여 다음 조건을 모두 만족시키는 집합 X의 개수는?

㈎ $B\subset X\subset A$	㈏ $X\neq A,\ X\neq B$

① 30   ② 62   ③ 64
④ 126   ⑤ 128

19 집합 $A=\{1,\ 2,\ 3,\ 4,\ 5,\ 6\}$의 부분집합 중에서 적어도 1개의 소수를 원소로 갖는 부분집합의 개수를 구하시오.

20 집합 $A=\{1,\ 2,\ 3,\ 4,\ 5,\ 6\}$의 부분집합 중 원소가 3개 이상인 모든 부분집합에서 가장 큰 원소들을 모두 더한 값을 구하시오.

1 두 집합
$$A=\{1, 2, 3, 6, 8\}, \quad B=\{1, 3, 5, 7\}$$
에 대하여 집합 $A \cup B$의 원소의 개수를 구하시오.

2 다음 중 집합 $\{2, 4, 6, 8\}$과 서로소인 집합은?

① $\{1, 2, 4, 5, 10, 20\}$
② $\{x \,|\, x$는 $1 < x < 10$인 짝수$\}$
③ $\{x \,|\, x$는 10 이하의 소수$\}$
④ $\{x \,|\, x$는 15의 양의 약수$\}$
⑤ $\{x \,|\, x^2 - 5x + 4 = 0\}$

3 전체집합 $U = \{1, 2, 3, 4, \ldots, 8\}$의 두 부분집합
$$A = \{x \,|\, x$는 8의 약수$\}, \quad B = \{x \,|\, x$는 2의 배수$\}$$
에 대하여 다음 중 옳지 <u>않은</u> 것은?

① $A \cup B = \{1, 2, 4, 6, 8\}$
② $A \cap B = \{2, 4, 8\}$
③ $A^c = \{3, 5, 6, 7\}$
④ $B^c = \{1, 3, 5, 7\}$
⑤ $A - B = \{6\}$

4 다음 중 오른쪽 벤 다이어그램의 색칠한 부분을 나타내는 집합은?

① $A \cap (B - C)$
② $(A - B) \cap C$
③ $(B - A) \cap C$
④ $B - (A \cap C)$
⑤ $C - (A \cup B)$

5 두 집합 A, B에 대하여
$$A = \{a, b, c, d\},$$
$$(A - B) \cup (B - A) = \{a, b, e\}$$
일 때, 집합 B를 구하시오.

6 두 집합 $A = \{1, 3, 6, 2a+b\}$, $B = \{1, 7, a+b\}$에 대하여 $A - B = \{6\}$일 때, $a - b$의 값은?
(단, a, b는 상수)

① 5   ② 6   ③ 7
④ 8   ⑤ 9

7 두 집합 $A=\{1,\ 4,\ a^2-a\}$, $B=\{2,\ a-1,\ a^2+3\}$에 대하여 $A\cap B=\{1,\ 2\}$일 때, 상수 a의 값을 구하시오.

8 전체집합 U의 두 부분집합 A, B에 대하여 $B\subset A$일 때, 다음 중 옳지 <u>않은</u> 것은?

① $A^c\subset B^c$ 　　　② $A\cup B=A$
③ $A-B=\varnothing$ 　　　④ $A\cup B^c=U$
⑤ $B\cap(A\cap B)^c=\varnothing$

9 두 집합 $A=\{2,\ 4,\ 6\}$, $B=\{1,\ 2,\ 3,\ 4,\ 5,\ 6,\ 7\}$에 대하여 $A\cup X=X$, $B\cap X=X$를 만족시키는 집합 X의 개수를 구하시오.

10 전체집합 U의 두 부분집합 A, B에 대하여 다음 중 집합 $(A^c-B)^c\cap B^c$와 항상 같은 집합은?

① $A\cup B$ 　② $A\cap B$ 　③ $A-B$
④ $B-A$ 　　⑤ $(A\cup B)^c$

11 전체집합 U의 두 부분집합 A, B에 대하여
$$(A-B^c)\cup(B^c-A^c)=A\cap B$$
일 때, 다음 중 항상 옳은 것은?

① $A^c\subset B^c$ 　　　② $A\cap B=\varnothing$
③ $A\cup B=A$ 　　　④ $B-A=B$
⑤ $A\cap B^c=\varnothing$

12 전체집합 $U=\{x\,|\,x$는 10 이하의 자연수$\}$의 두 부분집합 A, B에 대하여
$$A\cap B^c=\{1,\ 5\},$$
$$(A\cap B)^c=\{1,\ 2,\ 4,\ 5,\ 6,\ 8,\ 10\}$$
일 때, 집합 A의 모든 원소의 합을 구하시오.

13 전체집합 U의 두 부분집합 A, B에 대하여 연산 $\diamondsuit$를
$$A\diamondsuit B=(A\cup B)\cap(A\cap B)^c$$
라 할 때, 보기에서 옳은 것만을 있는 대로 고른 것은?

┌ 보기 ┐
ㄱ. $A\diamondsuit A=\varnothing$
ㄴ. $(A\diamondsuit B)\diamondsuit B=B$
ㄷ. $(A\diamondsuit B)\diamondsuit A=A\diamondsuit(B\diamondsuit A)$
└─────┘

① ㄱ 　　② ㄴ 　　③ ㄱ, ㄷ
④ ㄴ, ㄷ 　⑤ ㄱ, ㄴ, ㄷ

14 자연수 k의 양의 배수의 집합을 A_k라 할 때, 다음 중 집합 $(A_3 \cup A_6) \cap (A_4 \cup A_{12})$와 같은 집합은?

① A_3 ② A_4 ③ A_6

④ A_8 ⑤ A_{12}

15 두 집합

$A = \{x \mid x^2 - 3x + 2 = 0\}$,

$B = \{x \mid x^2 - ax - a + 1 = 0\}$

에 대하여 $A - B = \{2\}$일 때, 집합 $B - A$를 구하시오.

(단, a는 상수)

16 전체집합 U의 두 부분집합 A, B에 대하여

$n(U) = 18$, $n(A - B) = 5$,

$n(B - A) = 7$, $n(A^c \cap B^c) = 4$

일 때, $n(A \cap B)$를 구하시오.

17 두 집합 A, B에 대하여

$n(A) = 28$, $n(B) = 37$,

$n((A \cup B) - (A \cap B)) = 35$

일 때, $n(A \cup B)$는?

① 48 ② 50 ③ 52

④ 54 ⑤ 56

18 어느 반 학생 중에서 야구를 좋아하는 학생이 11명, 배구를 좋아하는 학생이 8명, 야구와 배구를 모두 좋아하는 학생이 4명일 때, 야구 또는 배구를 좋아하는 학생 수는?

① 15 ② 17 ③ 19

④ 21 ⑤ 23

19 선우네 반 학생 40명 중에서 속초에 가 본 학생이 15명, 부산에 가 본 학생이 16명, 광주에 가 본 학생이 22명 이고, 세 곳 모두 가 본 학생이 3명이다. 속초, 부산, 광주 중 한 곳도 가 보지 않은 학생은 없다고 할 때, 세 곳 중 두 곳만 가 본 학생 수를 구하시오.

20 전체집합 U의 두 부분집합 A, B에 대하여

$n(U) = 24$, $n(A) = 16$, $n(B) = 12$

일 때, $n(A \cap B)$의 최댓값을 M, 최솟값을 m이라 하자. 이때 $M - m$의 값은?

① 5 ② 6 ③ 7

④ 8 ⑤ 9

06 / 집합의 연산

1 전체집합 $U=\{x\mid x$는 10 미만의 자연수$\}$의 두 부분집합

$$A=\{x\mid x\neq 7n,\ n은\ 자연수\},$$
$$B=\{x\mid x\neq 5k+3,\ k는\ 정수\}$$

에 대하여 집합 $A\cap B$의 원소의 개수는?

① 3   ② 4   ③ 5
④ 6   ⑤ 7

2 전체집합 $U=\{1,\ 3,\ 5,\ 7,\ 9,\ 11\}$의 부분집합 중에서 집합 $A=\{x\mid x$는 9의 약수$\}$와 서로소인 집합의 개수는?

① 2   ② 4   ③ 8
④ 16   ⑤ 32

3 전체집합 $U=\{1,\ 2,\ 3,\ 4,\ 5\}$의 부분집합 $A=\{2,\ 4\}$에 대하여 집합 A^c의 모든 원소의 곱을 구하시오.

4 전체집합 $U=\{x\mid x$는 50 이하의 자연수$\}$의 두 부분집합 $A=\{x\mid x$는 짝수$\}$, $B=\{x\mid x$는 3의 배수$\}$에 대하여 집합 $A-(A-B)$의 원소의 개수를 구하시오.

5 보기에서 오른쪽 벤 다이어그램의 색칠한 부분을 나타내는 집합인 것만을 있는 대로 고른 것은?

보기

ㄱ. $(A^c\cup C)-B$ ㄴ. $(A^c\cup B^c)\cap C$
ㄷ. $C-(A\cup B)$ ㄹ. $(C-A)\cap B^c$

① ㄱ, ㄴ   ② ㄱ, ㄷ   ③ ㄴ, ㄷ
④ ㄴ, ㄹ   ⑤ ㄷ, ㄹ

6 두 집합 A, B에 대하여 $B=\{3,\ 7,\ 9\}$, $A\cap B=\{3\}$, $A\cup B=\{1,\ 3,\ 5,\ 7,\ 9\}$일 때, 집합 A는?

① $\{1,\ 3\}$ ② $\{1,\ 5\}$ ③ $\{3,\ 5\}$
④ $\{1,\ 3,\ 5\}$ ⑤ $\{1,\ 3,\ 5,\ 7\}$

7 두 집합 $A=\{3,\ a,\ a+2\}$,
$B=\{5,\ -a+6,\ a^2-2a+3\}$에 대하여 $A-B=\{2\}$
일 때, 집합 B의 모든 원소의 합은? (단, a는 상수)

① 8   ② 9   ③ 10

④ 11   ⑤ 12

8 두 집합 $A=\{a+2,\ a^2+1\}$, $B=\{a+7,\ a^2\}$에 대하여 $(A-B)\cup(B-A)=\{5,\ 9\}$일 때, 모든 상수 a의 값의 합은?

① -3 ② -1 ③ 1

④ 3   ⑤ 5

9 전체집합 U의 서로 다른 두 부분집합 A, B에 대하여 $A\cap B=A$일 때, 다음 중 옳지 <u>않은</u> 것은?

① $A\cup B=B$ ② $A^c\cap B^c=B^c$
③ $B-A=\varnothing$ ④ $A\cap B^c=\varnothing$
⑤ $B^c\subset A^c$

10 전체집합 U의 두 부분집합 A, B에 대하여 $A^c\cap B=\varnothing$
일 때, 보기에서 항상 옳은 것만을 있는 대로 고른 것은?

┌ **보기**
| ㄱ. $A\cap B=B$ ㄴ. $A-B=\varnothing$
| ㄷ. $A\cup B^c=U$ ㄹ. $A^c\subset B^c$

① ㄱ, ㄴ   ② ㄱ, ㄷ   ③ ㄴ, ㄷ
④ ㄱ, ㄷ, ㄹ   ⑤ ㄴ, ㄷ, ㄹ

11 전체집합 $U=\{1,\ 2,\ 3,\ 4,\ 5,\ 6,\ 7,\ 8\}$의 두 부분집합
$A=\{1,\ 3,\ 5,\ 7\}$, $B=\{4,\ 8\}$에 대하여
$$A-X=\varnothing,\ B\cap X^c=B$$
를 만족시키는 집합 U의 부분집합 X의 개수는?

① 2   ② 4   ③ 8
④ 16   ⑤ 32

12 전체집합 U의 두 부분집합 A, B에 대하여 다음 중 집합 $A-\{(A-B)\cup(B^c-A)\}$와 항상 같은 집합은?

① A ② $A-B$ ③ $\varnothing$
④ $A\cup B$ ⑤ $A\cap B$

13 전체집합 U의 두 부분집합 A, B에 대하여
$$(A \cap B) \cup (A^C \cup B)^C = A \cup B$$
일 때, 다음 중 항상 옳은 것은?

① $A - B = \varnothing$ ② $A \cup B = B$ ③ $A^C \subset B^C$
④ $A^C \cup B = U$ ⑤ $(A \cap B)^C = A^C$

14 전체집합 $U = \{1, 2, 3, 4, 5, 6\}$의 두 부분집합
$$A = \{2, 3, 6\}, \quad B = \{3, 4, 5, 6\}$$
에 대하여 집합 $(A^C \cap B)^C$의 모든 원소의 합을 구하시오.

15 전체집합 U의 두 부분집합 A, B에 대하여 연산 $*$를
$$A * B = (A \cup B) - (A \cap B)$$
라 할 때, 다음 중 옳지 <u>않은</u> 것은?

① $A * A = \varnothing$ ② $A * \varnothing = A$
③ $A * U = U$ ④ $A * A^C = U$
⑤ $A^C * B^C = A * B$

16 자연수 n의 양의 약수의 집합을 A_n이라 할 때, $A_{12} \cap A_{18} \cap A_{27} = A_k$를 만족시키는 자연수 k의 값을 구하시오.

17 두 집합 $A = \{x \mid x^2 - 3x - 4 > 0\}$,
$B = \{x \mid x^2 + ax + b \leq 0\}$에 대하여
$A \cup B = \{x \mid x$는 모든 실수$\}$, $A \cap B = \{x \mid 4 < x \leq 5\}$
일 때, $b - a$의 값은? (단, a, b는 상수)

① 0 ② -1 ③ -2
④ -3 ⑤ -4

18 전체집합 U의 두 부분집합 A, B에 대하여
$$n(U) = 70, \; n(A) = 31, \; n(B - A) = 25$$
일 때, $n((A \cup B)^C)$는?

① 11 ② 12 ③ 13
④ 14 ⑤ 15

19 어느 반 학생 30명을 대상으로 연극, 뮤지컬에 대한 선호도를 조사하였더니 연극을 좋아하는 학생이 14명, 뮤지컬을 좋아하는 학생이 12명, 연극과 뮤지컬 모두 좋아하지 않는 학생이 5명이었다. 이때 연극과 뮤지컬을 모두 좋아하는 학생 수를 구하시오.

20 어느 학교 학생 400명에게 수학 문제 A, B를 풀게 하였더니 수학 문제 A, B를 모두 푼 학생이 50명이고, 수학 문제 A를 푼 학생 수는 수학 문제 B를 푼 학생 수의 50 %이었다. 이때 수학 문제 A를 푼 학생 수의 최댓값을 구하시오.

1 다음 중 명제가 <u>아닌</u> 것은?

① $x+2 \leq 5$

② $x=1$이면 $x+2=3$이다.

③ 짝수인 소수는 2뿐이다.

④ 3은 무리수이다.

⑤ 정사각형은 마름모이다.

2 실수 a, b, c에 대하여 다음 중 조건
'$(a-b)(b-c)=0$'의 부정과 서로 같은 것은?

① $abc=0$

② $a=b=c$

③ $a \neq b$이고 $b \neq c$

④ $a \neq b$ 또는 $b \neq c$

⑤ a, b, c 중 서로 같은 것이 적어도 하나 있다.

3 전체집합 $U=\{x \mid x$는 6 이하의 자연수$\}$에 대하여 조건 'p: x는 12의 약수이다.'의 진리집합의 원소의 개수는?

① 2   ② 3   ③ 4

④ 5   ⑤ 6

4 다음 중 거짓인 명제는?

① $x=-1$이면 $x^2+x=0$이다.

② $|x|=1$이면 $x^2=1$이다.

③ $|x|<1$이면 $x^2<1$이다.

④ x가 3의 배수이면 x는 6의 배수이다.

⑤ x가 4의 양의 약수이면 x는 8의 양의 약수이다.

5 전체집합 U에 대하여 세 조건 p, q, r의 진리집합을 각각 P, Q, R라 하자. $P \cup Q=Q$, $(P \cap Q)-R=P$일 때, 다음 중 항상 참인 명제는?

① $p \longrightarrow \sim r$ ② $q \longrightarrow r$ ③ $r \longrightarrow \sim q$

④ $\sim r \longrightarrow p$ ⑤ $\sim r \longrightarrow q$

6 두 조건 p: $-2 \leq x < 3$, q: $x \leq a$에 대하여 명제 $p \longrightarrow \sim q$가 참이 되도록 하는 실수 a의 값의 범위를 구하시오.

7 전체집합 $U=\{x\,|\,x^2<2,\ x$는 정수$\}$에 대하여 $x\in U$일 때, 다음 중 참인 명제는?

① 모든 x에 대하여 $x^2>0$이다.
② 어떤 x에 대하여 $x^2=x$이다.
③ 모든 x에 대하여 $|x|>x$이다.
④ 모든 x에 대하여 $x+2<3$이다.
⑤ 어떤 x에 대하여 $x-1\geq1$이다.

8 실수 a, b, c에 대하여 다음 중 명제 '$a+b+c>0$이면 a, b, c 중 적어도 하나는 양수이다.'의 대우인 것은?

① $a+b+c\leq0$이면 a, b, c는 모두 음수이다.
② a, b, c 중 적어도 하나가 양수이면 $a+b+c>0$이다.
③ a, b, c 중 적어도 하나가 양수가 아니면 $a+b+c\leq0$이다.
④ a, b, c가 모두 음수가 아니면 $a+b+c\leq0$이다.
⑤ a, b, c가 모두 양수가 아니면 $a+b+c\leq0$이다.

9 명제 '$x^2+ax+4\neq0$이면 $x\neq1$이다.'가 참일 때, 상수 a의 값을 구하시오.

10 세 조건 p, q, r에 대하여 두 명제 $p\longrightarrow q$, $r\longrightarrow\sim q$가 모두 참일 때, 다음 중 항상 참인 명제는?

① $p\longrightarrow r$ ② $q\longrightarrow r$ ③ $r\longrightarrow\sim p$
④ $\sim p\longrightarrow\sim q$ ⑤ $\sim r\longrightarrow q$

11 두 조건 p, q에 대하여 다음 중 p가 q이기 위한 충분조건인 것은? (단, x, y는 실수)

① p: $x^2=1$ q: $x=1$
② p: $-1<x<2$ q: $x\geq-1$
③ p: $x^2+5x-6=0$ q: $x=1$
④ p: $x+y=0$ q: $x=0$, $y=0$
⑤ p: $|x|=|y|$ q: $x=y$

12 세 조건 p, q, r에 대하여 p는 q이기 위한 필요조건이고 q는 $\sim r$이기 위한 충분조건일 때, 다음 명제 중 반드시 참이라고 할 수 <u>없는</u> 것은?

① $p\longrightarrow q$ ② $q\longrightarrow p$ ③ $q\longrightarrow\sim r$
④ $\sim p\longrightarrow\sim q$ ⑤ $r\longrightarrow\sim q$

13 전체집합 U에 대하여 두 조건 p, q의 진리집합을 각각 P, Q라 하자. p는 $\sim q$이기 위한 충분조건일 때, 다음 중 항상 옳은 것은?

① $P\subset Q$ ② $Q\subset P$ ③ $P=Q$
④ $P\cap Q^C=P$ ⑤ $P^C\cup Q=Q$

14 두 조건 p: $x^2-4x+3=0$, q: $x+a=0$에 대하여 p가 q이기 위한 필요조건이 되도록 하는 모든 상수 a의 값의 합을 구하시오.

15 다음은 $\sqrt{2}$가 무리수임을 이용하여 명제 '$\sqrt{2}+1$은 무리수이다.'가 참임을 귀류법을 이용하여 증명하는 과정이다. 이때 ㈎, ㈏, ㈐에 들어갈 알맞은 것을 구하시오.

> ┌ **증명** ┐
>
> $\sqrt{2}+1$이 유리수라 가정하면
> $\sqrt{2}+1=a$ (a는 ⬚㈎⬚)
> 로 나타낼 수 있다.
> 이때 $\sqrt{2}=a-1$이고 a, 1은 모두 유리수이므로 $a-1$은 ⬚㈏⬚ 이다.
> 이는 $\sqrt{2}$가 ⬚㈐⬚ 라는 사실에 모순이다.
> 따라서 $\sqrt{2}+1$은 무리수이다.

16 다음은 실수 a, b에 대하여 부등식 $a^2+b^2\geq ab$가 성립함을 증명하는 과정이다. 이때 ㈎, ㈏에 들어갈 알맞은 것을 구하시오.

> ┌ **증명** ┐
>
> $a^2+b^2-ab=\left(a-\dfrac{b}{2}\right)^2+$ ⬚㈎⬚
> 이때 a, b가 실수이므로
> $\left(a-\dfrac{b}{2}\right)^2\geq 0$, ⬚㈎⬚ ≥ 0
> 따라서 $a^2+b^2-ab\geq 0$이므로
> $a^2+b^2\geq ab$
> 이때 등호는 $a=b=$ ⬚㈏⬚ 일 때 성립한다.

17 양수 x, y에 대하여 $5x+2y=10$일 때, xy의 최댓값은?

① 2   ② $\dfrac{5}{2}$ ③ 3

④ $\dfrac{7}{2}$ ⑤ 4

18 $x>0$일 때, $\dfrac{x}{x^2+2x+25}$의 최댓값은?

① $\dfrac{1}{12}$ ② $\dfrac{1}{6}$ ③ $\dfrac{1}{4}$

④ $\dfrac{1}{3}$ ⑤ $\dfrac{1}{2}$

19 실수 x, y에 대하여 $2x-y=-5$일 때, x^2+y^2의 최솟값을 구하시오.

20 오른쪽 그림과 같이 수직인 두 벽면 사이를 길이가 12 m인 막대로 막아 삼각형 모양의 밭을 만들려고 한다. 이 밭의 넓이의 최댓값을 구하시오.

(단, 막대의 두께는 생각하지 않는다.)

1 보기에서 명제의 개수를 a, 조건의 개수를 b라 할 때, $a-b$의 값을 구하시오.

┌ 보기 ┐
ㄱ. π는 무리수이다.
ㄴ. 한강은 긴 강이다.
ㄷ. $3x-1 \geq 2$
ㄹ. 7은 소수가 아니다.
ㅁ. x는 6의 양의 약수이다.
ㅂ. 실수 x는 작은 수이다.

2 전체집합 $U = \{x \mid x$는 정수$\}$에 대하여 두 조건 p, q가
p: $x^2-x-6=0$, q: $x^2-4 \leq 0$
일 때, 조건 'p 그리고 q'의 진리집합을 구하시오.

3 두 조건 p, q에 대하여 $f(p, q)$를
$$f(p, q) = \begin{cases} 2 \ (\text{명제 } p \longrightarrow q\text{가 참일 때}) \\ 1 \ (\text{명제 } p \longrightarrow q\text{가 거짓일 때}) \end{cases}$$
이라 하자. 실수 x, y에 대하여 세 조건 p, q, r가
p: $xy<0$, q: $x^2+y^2>0$, r: $|x|+|y|>|x+y|$
일 때, $f(\sim p, q) + f(p, r)$의 값을 구하시오.

4 전체집합 U에 대하여 두 조건 p, q의 진리집합을 각각 P, Q라 하자. 다음 중 명제 '$\sim p \longrightarrow q$'가 참일 때, 항상 옳은 것은?

① $Q \subset P$
② $P \subset Q^C$
③ $P^C \cap Q = Q$
④ $P \cap Q^C = \varnothing$
⑤ $P \cup Q = U$

5 실수 x에 대하여 두 조건 p, q가
p: $x^2 \leq 2x+15$, q: $|x-a|>5$
일 때, 명제 $p \longrightarrow \sim q$가 참이 되도록 하는 정수 a의 개수를 구하시오.

6 명제 '어떤 실수 x에 대하여 $x^2+8x+2k-3 \leq 0$이다.'가 거짓이 되도록 하는 정수 k의 최솟값은?

① 10
② 11
③ 12
④ 13
⑤ 14

7 실수 x, y에 대하여 다음 중 그 역이 거짓인 명제는?

① x가 2의 배수이면 x는 4의 배수이다.

② $x^2-x-2<0$이면 $1<x<2$이다.

③ $x^2=3x$이면 $x=0$이다.

④ $x<1$이면 $x^2<1$이다.

⑤ x 또는 y가 짝수이면 xy는 홀수이다.

8 실수 x, y에 대하여 명제

　　'$x+y\leq5$이면 $x\leq-1$ 또는 $y\leq a$이다.'

가 참일 때, 실수 a의 최솟값을 구하시오.

9 세 조건 p, q, r에 대하여 두 명제 $p\longrightarrow r$, $\sim p\longrightarrow q$가 모두 참일 때, 다음 명제 중 반드시 참이라고 할 수 없는 것은?

① $\sim q\longrightarrow p$ 　② $\sim q\longrightarrow r$ 　③ $\sim r\longrightarrow q$

④ $\sim r\longrightarrow \sim p$ 　⑤ $\sim r\longrightarrow \sim q$

10 두 조건 p, q에 대하여 보기에서 p가 q이기 위한 필요조건이지만 충분조건은 아닌 것만을 있는 대로 고른 것은? (단, x, y, z는 실수이고, A, B, C는 집합이다.)

　┌보기┌
　ㄱ. p: $x^2-3x=0$, q: $x=3$
　ㄴ. p: $x>y$, q: $x-z>y-z$
　ㄷ. p: $A\cup C=B\cup C$, q: $(A\cup B)\subset C$

① ㄱ 　　　② ㄴ 　　　③ ㄷ

④ ㄱ, ㄷ 　　⑤ ㄴ, ㄷ

11 전체집합 U에 대하여 세 조건 p, q, r의 진리집합을 각각 P, Q, R라 하자. $Q-P=\varnothing$, $P^C\cup R=P^C$일 때, 보기에서 항상 옳은 것만을 있는 대로 고른 것은?

　┌보기┌
　ㄱ. p는 q이기 위한 충분조건이다.
　ㄴ. p는 $\sim r$이기 위한 충분조건이다.
　ㄷ. $\sim q$는 r이기 위한 필요조건이다.

① ㄱ 　　　② ㄷ 　　　③ ㄱ, ㄴ

④ ㄴ, ㄷ 　　⑤ ㄱ, ㄴ, ㄷ

12 두 조건 p: $x^2+x-2\leq0$, q: $x<a$에 대하여 p가 q이기 위한 충분조건이 되도록 하는 정수 a의 최솟값을 구하시오.

13 명제 '자연수 x, y, z에 대하여 $x^2+y^2=z^2$이면 x, y 중 적어도 하나는 짝수이다.'가 참임을 대우를 이용하여 증명하시오.

14 실수 x, y, z에 대하여 보기에서 절대부등식인 것만을 있는 대로 고른 것은?

> **보기**
> ㄱ. $x(x-y)>y(x-y)$
> ㄴ. $|x|+|y|\geq|x-y|$
> ㄷ. $x^2+y^2+z^2\geq xy+yz+zx$

① ㄱ   ② ㄷ   ③ ㄱ, ㄴ

④ ㄱ, ㄷ   ⑤ ㄴ, ㄷ

15 양수 a, b에 대하여 $ab=27$일 때, $3a+b$의 최솟값은?

① 15   ② 16   ③ 17

④ 18   ⑤ 19

16 양수 a, b에 대하여 $a+b=6$일 때, $\dfrac{1}{a}+\dfrac{1}{b}$의 최솟값은?

① $\dfrac{1}{3}$ ② $\dfrac{2}{3}$ ③ 1

④ $\dfrac{4}{3}$ ⑤ $\dfrac{5}{3}$

17 $a>0$, $b>0$일 때, $\left(a+\dfrac{2}{b}\right)\left(b+\dfrac{8}{a}\right)$의 최솟값은?

① 12   ② 14   ③ 16

④ 18   ⑤ 20

18 $x>5$일 때, $x+4+\dfrac{25}{x-5}$의 최솟값을 m, 그때의 x의 값을 n이라 하자. 이때 $m+n$의 값은?

① 25   ② 26   ③ 27

④ 28   ⑤ 29

19 실수 a, b에 대하여 $a^2+b^2=4$일 때, $\dfrac{a}{2}+2b$의 최댓값과 최솟값의 곱은?

① -17 ② -7 ③ 0

④ 7   ⑤ 17

20 다음 그림과 같이 대각선의 길이가 $2\sqrt{5}$이고 가로, 세로의 길이가 각각 $2a$, b인 직사각형 모양의 종이를 점선을 따라 접어서 두 밑면이 정사각형 모양으로 뚫린 사각기둥을 만들려고 한다. 이때 사각기둥의 모든 모서리의 길이의 합의 최댓값을 구하시오.

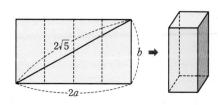

1 보기에서 함수의 그래프인 것만을 있는 대로 고르시오.

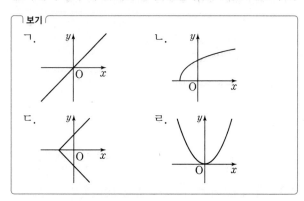

2 실수 전체의 집합에서 정의된 함수 f가
$$f(x)=\begin{cases} x & (x\text{는 유리수}) \\ x^2 & (x\text{는 무리수}) \end{cases}$$
일 때, 이차방정식 $x^2+4x-2=0$의 두 근 α, β에 대하여 $f(\alpha)+f(\beta)+f(\alpha\beta)$의 값은?

① 16   ② 17   ③ 18
④ 19   ⑤ 20

3 집합 $X=\{x\,|\,-2\leq x<4,\ x\text{는 정수}\}$를 정의역으로 하는 함수 $f(x)=|2x-1|$의 치역을 구하시오.

4 임의의 실수 a, b에 대하여 함수 f가
$$f(a+b)=f(a)+f(b)$$
를 만족시키고 $f(2)=1$일 때, $f(-2)$의 값을 구하시오.

5 집합 $X=\{0,\ 1\}$을 정의역으로 하는 두 함수 $f(x)=ax+b$, $g(x)=x^2-1$에 대하여 $f=g$일 때, ab의 값을 구하시오. (단, a, b는 상수)

6 실수 전체의 집합에서 정의된 다음 함수 중 일대일대응인 것은?

① $f(x)=\dfrac{1}{3}$ ② $f(x)=x^2-1$

③ $f(x)=|x|+x$ ④ $f(x)=\begin{cases} x & (x<0) \\ 2x & (x\geq0) \end{cases}$

⑤ $f(x)=\begin{cases} -1 & (x<0) \\ x-1 & (x\geq0) \end{cases}$

7 실수 전체의 집합에서 정의된 함수

$$f(x)=\begin{cases} -\dfrac{1}{2}x+4 & (x\leq 2) \\ ax+a^2-21 & (x>2) \end{cases}$$

이 일대일대응이 되도록 하는 상수 a의 값을 구하시오.

8 실수 전체의 집합에서 정의된 두 함수 f, g에 대하여 함수 f는 항등함수이고, 함수 g는 상수함수이다. $f(1)=g(5)$일 때, $f(2)+3g(1)$의 값은?

① 3   ② 4   ③ 5
④ 6   ⑤ 7

9 집합 $X=\{1, 2, 3, 4\}$에 대하여 X에서 X로의 함수의 개수를 p, 일대일대응의 개수를 q, 항등함수의 개수를 r라 할 때, $p+q+r$의 값을 구하시오.

10 집합 $X=\{a, b, c, d\}$에 대하여 $f(b)=a$를 만족시키는 X에서 X로의 함수 f의 개수는?

① 16   ② 32   ③ 64
④ 128   ⑤ 256

11 집합 $X=\{1, 2, 3, 4\}$에 대하여 다음 조건을 모두 만족시키는 함수 $f : X \longrightarrow X$의 개수를 구하시오.

> ㈎ f는 일대일대응이다.
> ㈏ $x \in X$일 때, $x+f(x)$는 짝수이다.

12 두 함수 $f(x)=|x-3|$, $g(x)=-x^2+3$에 대하여 $(g \circ f)(-1)$의 값은?

① -13 ② -9 ③ -4
④ 4   ⑤ 9

13 두 함수 $f(x)=2x-1$, $g(x)=ax+2$에 대하여 $f \circ g=g \circ f$가 성립할 때, 상수 a의 값을 구하시오.

14 두 함수 $f(x)=3x^2-1$, $g(x)=-x+2$에 대하여 $g \circ h=f$를 만족시키는 함수 $h(x)$는?

① $h(x)=-3x-3$ ② $h(x)=-3x-1$
③ $h(x)=3x-1$ ④ $h(x)=-3x^2+3$
⑤ $h(x)=3x^2-3$

15 오른쪽 그림과 같은 함수
$f : X \longrightarrow X$에 대하여
$$f^1 = f, \ f^{n+1} = f \circ f^n$$
으로 정의할 때, $f^n = I$를 만족시
키는 자연수 n의 최솟값은?
(단, I는 항등함수)

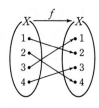

① 3   ② 4   ③ 5
④ 6   ⑤ 7

16 함수 $f(x) = ax + b$에 대하여 $f(2) = -5$, $f^{-1}(1) = 4$
일 때, $a - b$의 값은? (단, a, b는 상수)

① -14 ② -8 ③ 0
④ 8   ⑤ 14

17 두 집합 $X = \{x \mid -2 \leq x \leq 3\}$, $Y = \{y \mid a \leq y \leq 5\}$에
대하여 X에서 Y로의 함수 $f(x) = 2x - b$의 역함수가
존재할 때, $b - a$의 값을 구하시오. (단, a, b는 상수)

18 함수 $f(x) = 2x + a$의 역함수가 $f^{-1}(x) = bx + 2$일
때, 상수 a, b에 대하여 ab의 값은?

① -3 ② -2 ③ -1
④ 0   ⑤ 1

19 두 함수 $f(x) = ax + 3$, $g(x) = 2x + b$에 대하여
$(f \circ g)(x) = -2x + 12$일 때, $(f^{-1} \circ g)(6)$의 값은?
(단, a, b는 상수)

① 1   ② 0   ③ -1
④ -2 ⑤ -3

20 함수 $y = f(x)$의 그래프와 직선 $y = x$가 다음 그림과
같을 때, $(f \circ f)(a) + (f^{-1} \circ f^{-1})(c)$의 값은?
(단, 모든 점선은 x축 또는 y축에 평행하다.)

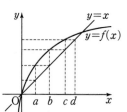

① $2a$ ② $2b$ ③ $2c$
④ $a + c$ ⑤ $b + d$

중단원 기출 문제 2회　**08 / 함수**

1 두 집합 $X=\{0, 1, 2\}$, $Y=\{0, 1, 2, 3, 4\}$에 대하여 보기에서 X에서 Y로의 함수인 것만을 있는 대로 고른 것은?

> **보기**
> ㄱ. $f(x)=2x$　　　　ㄴ. $g(x)=-x+3$
> ㄷ. $h(x)=x^2-1$　　　ㄹ. $i(x)=|x-1|$

① ㄱ, ㄴ　　　② ㄱ, ㄹ　　　③ ㄷ, ㄹ
④ ㄱ, ㄴ, ㄹ　　⑤ ㄴ, ㄷ, ㄹ

2 실수 전체의 집합에서 정의된 함수 f가
$$f(x)=\begin{cases} -x+2 & (x<1) \\ x & (x\geq 1) \end{cases}$$
일 때, $f(-2)+f(3)$의 값을 구하시오.

3 집합 $X=\{x\,|\,0\leq x\leq 4\}$에 대하여 X에서 X로의 함수 $f(x)=ax+b$의 공역과 치역이 서로 같다. 이때 상수 a, b에 대하여 $a+b$의 값은? (단, $ab\neq 0$)

① -3　　　② -1　　　③ 1
④ 3　　　　⑤ 5

4 임의의 양수 x, y에 대하여 함수 f가
$$f(xy)=f(x)+f(y)$$
를 만족시키고 $f(9)=2$일 때, 보기에서 옳은 것만을 있는 대로 고른 것은?

> **보기**
> ㄱ. $f(1)=0$　　　　ㄴ. $f\left(\dfrac{1}{3}\right)=-1$
> ㄷ. $f(x^2)=f(x)-f\left(\dfrac{1}{x}\right)$

① ㄷ　　　　② ㄱ, ㄴ　　　③ ㄱ, ㄷ
④ ㄴ, ㄷ　　　⑤ ㄱ, ㄴ, ㄷ

5 집합 X를 정의역으로 하는 두 함수 $f(x)=x^2-2x$, $g(x)=x+10$에 대하여 $f=g$가 되도록 하는 집합 X를 모두 구하시오. (단, $X\neq\varnothing$)

6 다음 중 일대일대응의 그래프인 것은?
　　　(단, 정의역과 공역은 모두 실수 전체의 집합이다.)

7 두 집합 $X=\{x\,|\,2\le x\le 4\}$, $Y=\{y\,|\,2\le y\le 6\}$에 대하여 X에서 Y로의 함수 $f(x)=ax+b$가 일대일대응일 때, $a+b$의 값을 모두 구하시오. (단, a, b는 상수)

8 집합 $X=\{-1,\,0,\,1,\,2\}$에 대하여 X에서 X로의 세 함수 f, g, h는 각각 일대일대응, 항등함수, 상수함수 이고 다음 조건을 모두 만족시킬 때, $f(2)+g(0)+h(1)$의 값은?

> (가) $f(0)=g(2)=h(-1)$
> (나) $f(1)=h(2)-f(0)$
> (다) $f(-1)>f(2)$

① -2 ② -1 ③ 0
④ 1 ⑤ 2

9 집합 $X=\{0,\,1,\,2,\,3,\,4\}$에 대하여 다음 조건을 모두 만족시키는 X에서 X로의 함수 f의 개수를 구하시오.

> (가) 함수 f는 일대일대응이다.
> (나) 집합 X의 오직 한 원소 n에 대하여
> $f(n+2)=f(n)+4$이다.

10 오른쪽 그림과 같은 함수 $f:X\longrightarrow X$에 대하여 $(f\circ f)(2)+(f\circ f\circ f)(1)$의 값은?

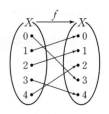

① 3   ② 4
③ 5   ④ 6
⑤ 7

11 두 함수 $f(x)=x^2+6x+k$, $g(x)=x+2$에 대하여 함수 $y=(f\circ g)(x)$는 $-3\le x\le 2$에서 최솟값 12, 최댓값 M을 갖는다. 이때 상수 k, M에 대하여 $k+M$의 값은?

① 56   ② 62   ③ 68
④ 74   ⑤ 80

12 두 함수 $f(x)=\dfrac{1}{2}x+3$, $g(x)=x-1$에 대하여 $h\circ f=g$를 만족시키는 함수 $h(x)$를 구하시오.

13 집합 $X=\{1,\,2,\,3,\,4\}$에 대하여 X에서 X로의 함수 f가

$$f(x)=\begin{cases} x+1 & (x\le 3) \\ 1 & (x=4) \end{cases}$$

이고 $f^1=f$, $f^{n+1}=f\circ f^n$ (n은 자연수)으로 정의할 때, $f^{150}(1)$의 값을 구하시오.

14 $0 \leq x \leq 3$에서 정의된 두 함수 $y=f(x)$, $y=g(x)$의 그래프가 다음 그림과 같을 때, 함수 $y=(g \circ f)(x)$의 그래프와 직선 $y=-x+3$의 교점의 개수를 구하시오.

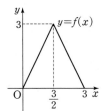 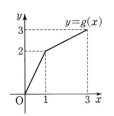

15 함수 f에 대하여 $f\left(\dfrac{2x+3}{4}\right)=-2x$일 때, $f^{-1}(7)$의 값은?

① -5　　② -4　　③ -3

④ -2　　⑤ -1

16 함수 $f(x)=ax+|x-1|$의 역함수가 존재하도록 하는 상수 a의 값의 범위를 구하시오.

17 함수 $y=ax+b$의 역함수가 $y=-4x-2$일 때, 상수 a, b의 값을 구하시오.

18 두 함수 $f(x)=\dfrac{x-1}{2}$, $g(x)=2x-2$에 대하여 $(f \circ g^{-1})(a)=2$를 만족시키는 실수 a의 값을 구하시오.

19 두 함수 $f(x)=2x-5$, $g(x)=ax+b$에 대하여 $g(3)=4$, $(f^{-1} \circ (g \circ f^{-1})^{-1})(0)=-3$일 때, $3a+2b$의 값은? (단, a, b는 상수)

① 2　　② 4　　③ 6

④ 8　　⑤ 10

20 함수 $f(x)=x^2+2x\,(x \geq -1)$와 그 역함수 $f^{-1}(x)$에 대하여 방정식 $f(x)=f^{-1}(x)$의 모든 실근의 합을 구하시오.

1 $\dfrac{2}{x^3+1}+\dfrac{1}{x+1}-\dfrac{x-2}{x^2-x+1}$ 를 계산하시오.

2 $x\neq -1$인 모든 실수 x에 대하여

$$\dfrac{x^2+4x}{x^3+1}=\dfrac{ax+b}{x^2-x+1}-\dfrac{b}{x+1}$$

가 성립할 때, $a+b$의 값은? (단, a, b는 상수)

① -3 ② -1 ③ 1
④ 3 ⑤ 5

3 분모를 0으로 만들지 않는 모든 실수 x에 대하여

$$\dfrac{x+2}{x+1}-\dfrac{x+3}{x+2}-\dfrac{x+4}{x+3}+\dfrac{x+5}{x+4}$$
$$=\dfrac{ax+b}{(x+1)(x+2)(x+3)(x+4)}$$

가 성립할 때, $a-b$의 값은? (단, a, b는 상수)

① -6 ② -3 ③ 1
④ 7 ⑤ 14

4 $\dfrac{1}{x(x+2)}+\dfrac{1}{(x+2)(x+4)}+\dfrac{1}{(x+4)(x+6)}$ 을 계산하시오.

5 $1+\dfrac{1}{1+\dfrac{1}{x+1}}$ 을 간단히 하면?

① $\dfrac{x+2}{x+1}$ ② $\dfrac{x+5}{x+1}$ ③ $\dfrac{2x+1}{x+1}$
④ $\dfrac{2x+3}{x+2}$ ⑤ $\dfrac{2x+5}{x+2}$

6 세 실수 a, b, c에 대하여 $a:b:c=3:2:5$일 때, $\dfrac{4a+3b-2c}{2a-4b+c}$ 의 값은?

① $\dfrac{5}{3}$ ② 2 ③ $\dfrac{7}{3}$
④ $\dfrac{8}{3}$ ⑤ 3

7 0이 아닌 세 실수 x, y, z에 대하여 $x-\dfrac{3}{z}=1$, $\dfrac{1}{x}-y=1$일 때, $\dfrac{6}{xyz}$의 값을 구하시오.

8 함수 $y=\dfrac{-2x-8}{x+a}$의 그래프는 함수 $y=-\dfrac{2}{x}$의 그래프를 x축의 방향으로 -3만큼, y축의 방향으로 b만큼 평행이동한 것이다. 이때 상수 a, b에 대하여 $b-a$의 값을 구하시오.

9 함수 $y=\dfrac{bx-6}{x+a}$의 정의역은 $\{x\,|\,x\neq-4$인 실수$\}$이고, 치역은 $\{y\,|\,y\neq-2$인 실수$\}$일 때, 상수 a, b에 대하여 ab의 값을 구하시오.

10 정의역이 $\{x\,|\,x^2-5x+4\geq0\}$인 유리함수 $y=\dfrac{x+4}{x-3}$의 최댓값을 M, 최솟값을 m이라 할 때, $M+m$의 값은?

① $\dfrac{7}{2}$ ② $\dfrac{11}{2}$ ③ 8

④ $\dfrac{23}{2}$ ⑤ 12

11 함수 $y=\dfrac{-3x-3}{x+a}$의 그래프의 점근선의 방정식이 $x=1$, $y=b$일 때, 상수 a, b에 대하여 $a-b$의 값은?

① -2 ② -1 ③ 0

④ 1 ⑤ 2

12 함수 $y=\dfrac{ax+4}{x-1}$의 그래프가 점 $(b, 3)$에 대하여 대칭일 때, $a+b$의 값을 구하시오. (단, a, b는 상수)

13 다음 중 함수 $y=\dfrac{-3x-a}{2-x}$의 그래프가 제3사분면을 지나지 않도록 하는 상수 a의 값이 될 수 없는 것은?
(단, $a\neq-6$)

① -7 ② -5 ③ -3

④ 0 ⑤ 3

• 정답과 해설 164쪽

14 다음 중 함수 $y=\dfrac{2x+1}{x+1}$의 그래프에 대하여 옳지 <u>않은</u> 것은?

① 정의역은 $\{x\,|\,x\neq-1$인 실수$\}$이다.

② 점근선의 방정식은 $x=-1$, $y=2$이다.

③ 점 $(1,\,2)$에 대하여 대칭이다.

④ $y=-\dfrac{1}{x}$의 그래프를 x축의 방향으로 -1만큼, y축의 방향으로 2만큼 평행이동한 것이다.

⑤ 제4사분면을 지나지 않는다.

15 함수 $y=\dfrac{ax+b}{x+c}$의 그래프가 오른쪽 그림과 같을 때, 상수 a, b, c에 대하여 abc의 값은?

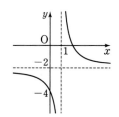

① -8 ② -4

③ 2 ④ 4

⑤ 8

16 함수 $y=\dfrac{x+2}{5-x}$의 그래프와 직선 $y=x+a$가 한 점에서 만나도록 하는 모든 상수 a의 값의 곱을 구하시오.

17 점 $\mathrm{A}(-1,\,1)$과 함수 $y=\dfrac{x-3}{x+1}$의 그래프 위의 점 P에 대하여 두 점 A, P 사이의 거리의 최솟값을 구하시오.

18 함수 $f(x)=\dfrac{x+1}{x-1}$에 대하여

$$f^1=f,\ f^{n+1}=f\circ f^n\ (n은\ 자연수)$$

으로 정의할 때, $f^{2025}(3)+f^{2026}(3)$의 값은?

① 3 ② 4 ③ 5

④ 6 ⑤ 7

19 함수 $f(x)=\dfrac{bx-7}{3x+a}$의 역함수가 $f^{-1}(x)=\dfrac{-x+c}{3x-6}$일 때, 상수 a, b, c에 대하여 $a+b-c$의 값을 구하시오.

20 함수 $f(x)=\dfrac{-x+2}{x-1}$에 대하여 $(f\circ f^{-1}\circ f^{-1})(4)$의 값을 구하시오.

09 / **유리함수**

1 다음 등식을 만족시키는 유리식 A를 구하시오.

$$A \div \frac{x^3+8}{x^4+4x^2+16} \times \frac{2x^2+5x+2}{x^3-8} = \frac{x+3}{x-2}$$

2 분모를 0으로 만들지 않는 모든 실수 x에 대하여

$$\frac{1}{(x-1)(x-2)(x-3) \times \cdots \times (x-7)}$$

$$= \frac{a_1}{x-1} + \frac{a_2}{x-2} + \frac{a_3}{x-3} + \cdots + \frac{a_7}{x-7}$$

이 성립할 때, $a_1+a_2+a_3+\cdots+a_7$의 값은?

(단, a_1, a_2, a_3, …, a_7은 상수)

① -2 ② -1 ③ 0

④ 1 ⑤ 2

3 분모를 0으로 만들지 않는 모든 실수 x에 대하여

$$\frac{x+2}{x+1} - \frac{x+4}{x+3} - \frac{x+6}{x+5} + \frac{x+8}{x+7}$$

$$= \frac{f(x)}{(x+1)(x+3)(x+5)(x+7)}$$

가 성립할 때, 다항식 $f(x)$를 구하시오.

4 $\dfrac{1}{1^2+2} + \dfrac{1}{3^2+6} + \dfrac{1}{5^2+10} + \cdots + \dfrac{1}{49^2+98} = \dfrac{p}{q}$ 일 때, $p+q$의 값은? (단, p와 q는 서로소인 자연수)

① 70   ② 73   ③ 76

④ 79   ⑤ 82

5 분모를 0으로 만들지 않는 모든 실수 x에 대하여

$$1 - \frac{2}{4 - \dfrac{3}{2-x}} = \frac{bx+c}{5+ax}$$

가 성립할 때, $a+b+c$의 값을 구하시오.

(단, a, b, c는 상수)

6 0이 아닌 세 실수 a, b, c에 대하여

$$\frac{a+2b}{3} = \frac{2b+c}{2} = \frac{2c+a}{4} = \frac{3a+4b+5c}{k}$$

를 만족시키는 상수 k의 값은? (단, $k \neq 0$)

① 5   ② 7   ③ 9

④ 11   ⑤ 13

7 $a+2b+3c=0$일 때,
$$a\left(\frac{1}{2b}+\frac{1}{3c}\right)+2b\left(\frac{1}{3c}+\frac{1}{a}\right)+3c\left(\frac{1}{a}+\frac{1}{2b}\right)$$
의 값을 구하시오. (단, $abc\neq0$)

8 다음 함수의 그래프 중 평행이동하여 서로 겹쳐질 수 없는 하나는?

① $y=\dfrac{-x+1}{x-2}$ ② $y=\dfrac{2x+3}{x+2}$

③ $y=\dfrac{2x+1}{x}$ ④ $y=\dfrac{-2x+5}{x-3}$

⑤ $y=\dfrac{x-2}{x-1}$

9 함수 $y=\dfrac{3x-7}{x-3}$의 치역이 $\{y\,|\,y\leq2$ 또는 $y\geq4\}$일 때, 정의역에 속하는 정수의 개수를 구하시오.

10 $-1\leq x\leq a$에서 함수 $y=\dfrac{5x-7}{x-3}$의 최댓값이 M, 최솟값이 -3일 때, 상수 a, M에 대하여 $a+M$의 값은?

① 3   ② 5   ③ 7
④ 9   ⑤ 11

11 두 함수 $y=\dfrac{-4x-5}{x+k}$, $y=\dfrac{kx-7}{x-3}$의 그래프의 점근선으로 둘러싸인 부분의 넓이가 42일 때, 양수 k의 값을 구하시오.

12 함수 $y=\dfrac{x+1}{x+2}$의 그래프가 두 직선 $y=-x+a$, $y=x+b$에 대하여 대칭일 때, ab의 값을 구하시오.
(단, a, b는 상수)

13 함수 $y=\dfrac{-3x+k+10}{x-2}$의 그래프가 모든 사분면을 지나도록 하는 정수 k의 최댓값은? (단, $k\neq-4$)

① -11 ② -10 ③ -9
④ -8 ⑤ -7

14 함수 $y=\dfrac{2}{x-1}+k$의 그래프에 대하여 보기에서 옳은 것만을 있는 대로 고른 것은? (단, k는 상수)

┌─ 보기 ─────────────────────┐
ㄱ. 정의역은 $\{x\,|\,x\neq2$인 실수$\}$이다.
ㄴ. $k>0$이면 제3사분면을 지난다.
ㄷ. $k=2$이면 직선 $y=-x+3$에 대하여 대칭이다.
└──────────────────────────┘

① ㄱ   ② ㄴ   ③ ㄷ
④ ㄱ, ㄷ   ⑤ ㄴ, ㄷ

15 함수 $y=\dfrac{ax+b}{2x+c}$의 그래프가 오른쪽 그림과 같을 때, 상수 a, b, c에 대하여 $a+b+c$의 값을 구하시오.

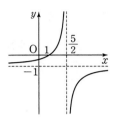

16 함수 $y=\dfrac{-x+2}{x-1}$의 그래프와 직선 $y=mx-1$이 한 점에서 만날 때, 음수 m의 값은?

① -5 ② -4 ③ -3
④ -2 ⑤ -1

17 함수 $y=\dfrac{9}{x}\,(x>0)$의 그래프를 x축의 방향으로 2만큼, y축의 방향으로 1만큼 평행이동한 그래프 위의 점 P에서 x축, y축에 내린 수선의 발을 각각 Q, R라 할 때, 직사각형 ROQP의 넓이의 최솟값은?

(단, O는 원점)

① 17 ② $9+6\sqrt{2}$ ③ 20
④ $11+3\sqrt{2}$ ⑤ $11+6\sqrt{2}$

18 함수 $f(x)=\dfrac{x}{1-x}$에 대하여
$$f^{1}=f,\ f^{n+1}=f\circ f^{n}\ (n\text{은 자연수})$$
으로 정의할 때, $f^{100}(x)=\dfrac{ax+b}{cx+1}$이다. 이때 상수 a, b, c에 대하여 $a+b+c$의 값은?

① -100 ② -99 ③ 1
④ 99 ⑤ 100

19 함수 $f(x)=\dfrac{2x-1}{x+a}$에 대하여 $f=f^{-1}$일 때, 상수 a의 값은?

① -2 ② -1 ③ 0
④ 1 ⑤ 2

20 두 함수 $f(x)=\dfrac{4x+a}{3x-b}$, $g(x)=\dfrac{2x+5}{cx-4}$에 대하여 $g(x)=f^{-1}(x)$일 때, $a+b+c$의 값을 구하시오.

(단, a, b, c는 상수)

1 $\sqrt{x+4}+\dfrac{1}{\sqrt{3-x}}$ 의 값이 실수가 되도록 하는 정수 x의 개수는?

① 5   ② 6   ③ 7
④ 8   ⑤ 9

2 $-3<x<1$일 때, $\sqrt{x^2-2x+1}+\sqrt{4x^2+24x+36}$ 을 간단히 하시오.

3 $\dfrac{\sqrt{x+2}}{\sqrt{x+2}-\sqrt{x}}-\dfrac{\sqrt{x}}{\sqrt{x+2}+\sqrt{x}}$ 를 계산하면?

① $\sqrt{x-1}$ ② $\sqrt{x+1}$ ③ $\sqrt{x+2}$
④ $x-1$ ⑤ $x+1$

4 $f(n)=\sqrt{2n+1}+\sqrt{2n-1}$일 때, $\dfrac{1}{f(1)}+\dfrac{1}{f(2)}+\dfrac{1}{f(3)}+\cdots+\dfrac{1}{f(24)}$ 의 값은?

① $\dfrac{5}{2}$ ② 3   ③ $\dfrac{7}{2}$

④ 4   ⑤ $\dfrac{9}{2}$

5 $x=\sqrt{5}$일 때, $\dfrac{\sqrt{x+2}-\sqrt{x-2}}{\sqrt{x+2}+\sqrt{x-2}}$ 의 값을 구하시오.

6 $x=\sqrt{6}+\sqrt{2}$, $y=\sqrt{6}-\sqrt{2}$일 때, $\dfrac{\sqrt{y}}{\sqrt{x}}-\dfrac{\sqrt{x}}{\sqrt{y}}$ 의 값은?

① $-\sqrt{6}$ ② $-\sqrt{2}$ ③ -1
④ $\sqrt{2}$ ⑤ $\sqrt{6}$

7 함수 $y=\sqrt{ax}$의 그래프를 x축의 방향으로 -3만큼, y축의 방향으로 4만큼 평행이동한 그래프가 점 $(-1, 6)$을 지날 때, 상수 a의 값을 구하시오.

8 함수 $y=\sqrt{2x-3}+a$의 그래프를 x축의 방향으로 -1만큼, y축의 방향으로 2만큼 평행이동한 후 y축에 대하여 대칭이동하면 함수 $y=\sqrt{bx+c}+1$의 그래프와 일치할 때, $a+b+c$의 값을 구하시오.

(단, a, b, c는 상수)

9 함수 $y=\sqrt{-2x+6}+1$의 정의역이 $\{x\,|\,x\le a\}$이고, 치역이 $\{y\,|\,y\ge b\}$일 때, 상수 a, b에 대하여 $a+b$의 값은?

① 3   ② 4   ③ 5
④ 6   ⑤ 7

10 $3\le x\le 8$에서 함수 $y=-\sqrt{x+1}-1$의 최댓값과 최솟값의 곱은?

① -12 ② -6 ③ 6
④ 12   ⑤ 18

11 $-3\le x\le 2$에서 함수 $y=\sqrt{-x+k}+4$의 최댓값이 7일 때, 최솟값은? (단, k는 상수)

① 2   ② 3   ③ 4
④ 5   ⑤ 6

12 함수 $y=\sqrt{2x+5}+1$의 그래프가 지나는 사분면을 모두 구하시오.

13 다음 중 함수 $y=-\sqrt{6-3x}+2$의 그래프에 대하여 옳은 것은?

① 정의역은 $\{x\,|\,x\ge 2\}$이다.
② 치역은 $\{y\,|\,y\ge 2\}$이다.
③ 평행이동하면 $y=-\sqrt{3x}$의 그래프와 겹쳐진다.
④ x축과 점 $\left(-\dfrac{2}{3},\ 0\right)$에서 만난다.
⑤ 제2사분면을 지나지 않는다.

14 함수 $y=\sqrt{ax+b}+c$의 그래프가
오른쪽 그림과 같을 때, 상수 a,
b, c에 대하여 $a+b+c$의 값은?

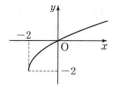

① 1　　　　② 2

③ 3　　　　④ 4

⑤ 5

15 함수 $y=\sqrt{-x+2}$의 그래프와 직선 $y=-x+k$가 서
로 다른 두 점에서 만날 때, 실수 k의 값의 범위를 구
하시오.

16 두 집합

$$A=\{(x, y)|y=-\sqrt{x-3}\},$$
$$B=\{(x, y)|y=-2x+k\}$$

에 대하여 $A\cap B=\varnothing$일 때, 정수 k의 최댓값은?

① -5　　　　② -2　　　　③ 0

④ 2　　　　⑤ 5

17 함수 $y=\sqrt{|x|+1}$이 최솟값을 갖는 점을 A라 하고, 이
함수의 그래프와 직선 $y=2$의 두 교점을 각각 B, C라
할 때, 삼각형 ABC의 넓이를 구하시오.

18 함수 $f(x)=\sqrt{ax+b}$의 그래프와 그 역함수의 그래프
가 모두 점 $(1, 4)$를 지날 때, 상수 a, b에 대하여
$b-a$의 값은?

① 26　　　　② 23　　　　③ 20

④ 17　　　　⑤ 14

19 함수 $f(x)=\sqrt{3x+4}-2$의 그래프와 그 역함수
$y=f^{-1}(x)$의 그래프가 만나는 두 점 사이의 거리를 구
하시오.

20 정의역이 $\{x|x>2\}$인 누 함수 $f(x)=\dfrac{2x-1}{x-2}$,
$g(x)=\sqrt{2x+3}$에 대하여 $(f\circ(g\circ f)^{-1}\circ f)(5)$의
값을 구하시오.

중단원 기출 문제 2회 | **10 / 무리함수**

1 모든 실수 x에 대하여 $\sqrt{x^2+2kx+3}$의 값이 실수가 되도록 하는 실수 k의 최댓값을 구하시오.

2 $\dfrac{\sqrt{x+2}}{\sqrt{x-3}}=-\sqrt{\dfrac{x+2}{x-3}}$를 만족시키는 실수 x에 대하여 $\sqrt{x^2-6x+9}+\sqrt{x^2+4x+4}$를 간단히 하면?

① $-2x-5$ ② $-2x+1$ ③ -5
④ 5 ⑤ $2x-1$

3 $\dfrac{1}{\sqrt{2x}+\sqrt{y}}-\dfrac{1}{\sqrt{2x}-\sqrt{y}}$을 계산하면?

① $-\dfrac{\sqrt{y}}{\sqrt{2x-y}}$ ② $\dfrac{\sqrt{y}}{\sqrt{2x+y}}$ ③ $-\dfrac{2\sqrt{y}}{2x-y}$
④ $-\dfrac{2\sqrt{y}}{2x+y}$ ⑤ $\dfrac{\sqrt{y}}{2x-y}$

4 $x=\sqrt{3}$일 때, $\dfrac{\sqrt{x}-1}{\sqrt{x}+1}+\dfrac{\sqrt{x}+1}{\sqrt{x}-1}$의 값을 구하시오.

5 $\sqrt{2x+3}=3$일 때, $\dfrac{1}{4-\dfrac{1}{2-\sqrt{x}}}$의 값은?

① $2-\sqrt{3}$ ② $1-\sqrt{3}$ ③ $\sqrt{3}$
④ $1+\sqrt{3}$ ⑤ $2+\sqrt{3}$

6 $x=\dfrac{\sqrt{5}-\sqrt{3}}{\sqrt{5}+\sqrt{3}}$, $y=\dfrac{\sqrt{5}+\sqrt{3}}{\sqrt{5}-\sqrt{3}}$일 때, $\sqrt{x}+\sqrt{y}$의 값을 구하시오.

7 함수 $y=\sqrt{ax}$의 그래프를 x축의 방향으로 p만큼, y축의 방향으로 q만큼 평행이동하면 함수 $y=\sqrt{2x-4}+11$의 그래프와 일치할 때, 상수 a, p, q에 대하여 apq의 값을 구하시오.

8 함수 $y=\sqrt{4x-2}+3$의 정의역이 $\left\{x \middle| x\geq\dfrac{3}{2}\right\}$일 때, 이 함수의 치역은?

① $\{y|y\geq3\}$ ② $\{y|y\geq4\}$ ③ $\{y|y\geq5\}$
④ $\{y|y\geq6\}$ ⑤ $\{y|y\geq7\}$

9 함수 $y=\dfrac{ax-5}{x+b}$의 그래프의 점근선의 방정식이 $x=2$, $y=-3$일 때, 함수 $y=\sqrt{ax-b}$의 정의역에 속하는 정수 x의 최댓값을 구하시오. (단, a, b는 상수)

10 $2\leq x\leq 7$에서 함수 $y=2\sqrt{x+2}+k$의 최댓값을 M, 최솟값을 m이라 하면 $M+m=18$일 때, 상수 k의 값을 구하시오.

11 다음 함수 중 그 그래프가 제1사분면을 지나지 않는 것은?

① $y=\sqrt{x+2}+1$ ② $y=\sqrt{-x+3}-1$
③ $y=-\sqrt{x+1}+2$ ④ $y=-\sqrt{2x+4}+1$
⑤ $y=\sqrt{3x+6}-2$

12 함수 $y=-\sqrt{-3x+5}+1$의 그래프에 대하여 보기에서 옳은 것만을 있는 대로 고르시오.

> **보기**
> ㄱ. 정의역은 $\left\{x\,\middle|\,x\leq\dfrac{5}{3}\right\}$, 치역은 $\{y|y\leq 1\}$이다.
> ㄴ. x축과 점 $\left(\dfrac{4}{3},\,0\right)$에서 만난다.
> ㄷ. $y=-\sqrt{-3x}$의 그래프를 x축의 방향으로 5만큼, y축의 방향으로 1만큼 평행이동한 것이다.
> ㄹ. 제1, 3, 4사분면을 지난다.

13 함수 $y=\dfrac{a}{x+b}+c$의 그래프가 오른쪽 그림과 같을 때, 함수 $y=\sqrt{-ax-b}-c$의 그래프의 개형은? (단, a, b, c는 상수)

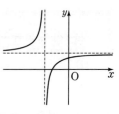

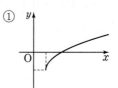 ①   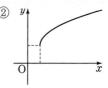 ②

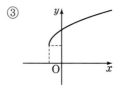 ③   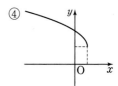 ④

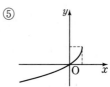 ⑤

14 함수 $y=\sqrt{2x-4}$의 그래프와 직선 $y=x+k$가 서로 다른 두 점에서 만날 때, 실수 k의 값의 범위는?

① $-2\leq k<-\dfrac{3}{2}$ ② $-2<k\leq -\dfrac{3}{2}$

③ $-\dfrac{3}{2}\leq k<2$ ④ $-\dfrac{3}{2}\leq k\leq 2$

⑤ $\dfrac{3}{2}\leq k<2$

15 함수 $y=\sqrt{2x-4}-2$의 그래프와 직선 $y=mx-4$가 만나지 않도록 하는 자연수 m의 최솟값은?

① 1   ② 2   ③ 3

④ 4   ⑤ 5

16 함수 $y=\sqrt{x}$의 그래프 위의 서로 다른 두 점 $\mathrm{P}(a, b)$, $\mathrm{Q}(c, d)$에 대하여 $b+d=4$일 때, 직선 PQ의 기울기를 구하시오.

17 다음 그림과 같이 직선 $x=a$와 두 곡선 $y=\sqrt{x}$, $y=\sqrt{5x}$가 만나는 점을 각각 A, B라 하자. 점 B를 지나고 x축에 평행한 직선이 곡선 $y=\sqrt{x}$와 만나는 점을 C라 하고, 점 C를 지나고 y축에 평행한 직선이 곡선 $y=\sqrt{5x}$와 만나는 점을 D라 하자. 두 점 A, D를 지나는 직선의 기울기가 $\dfrac{1}{3}$일 때, 양수 a의 값을 구하시오.

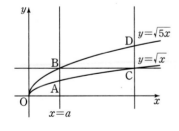

18 함수 $f(x)=\sqrt{x-3}-1$의 역함수 $f^{-1}(x)$를 구하시오.

19 함수 $f(x)=\sqrt{3x-a}+1$의 그래프와 그 역함수 $y=f^{-1}(x)$의 그래프의 두 교점 사이의 거리가 $\sqrt{2}$일 때, 상수 a의 값은?

① 1   ② 2   ③ 3

④ 4   ⑤ 5

20 집합 $X=\{x|x>1\}$에 대하여 X에서 X로의 두 함수
$$f(x)=\frac{x+2}{x-1}, \; g(x)=\sqrt{2x-1}$$
이 있다. $f^{-1}(4)=a$, $(f\circ(g\circ f)^{-1})(2)=b$일 때, 상수 a, b에 대하여 ab의 값은?

① 3   ② 5   ③ 7

④ 9   ⑤ 11

memo ✦

memo✦

memo

유형 **만렙** 다양한 유형 문제가 가득 찬(滿) 만렙으로 수학 실력 Level up

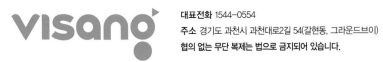
대표전화 1544-0554
주소 경기도 과천시 과천대로2길 54(갈현동, 그라운드브이)
협의 없는 무단 복제는 법으로 금지되어 있습니다.

정답과 해설

공통수학2

visang

ABOVE IMAGINATION

우리는 남다른 상상과 혁신으로
교육 문화의 새로운 전형을 만들어
모든 이의 행복한 경험과 성장에 기여한다

A 개념 확인

8~9쪽

0001 답 4
$\overline{AB}=|6-2|=4$

0002 답 8
$\overline{AB}=|7-(-1)|=8$

0003 답 3
$\overline{AB}=|3-0|=3$

0004 답 6
$\overline{AB}=|-8-(-2)|=6$

0005 답 5
$\overline{AB}=\sqrt{\{3-(-1)\}^2+(4-1)^2}=5$

0006 답 10
$\overline{AB}=\sqrt{(-4-2)^2+\{2-(-6)\}^2}=10$

0007 답 $3\sqrt{2}$
$\overline{AB}=\sqrt{(-3-0)^2+(6-3)^2}=\sqrt{18}=3\sqrt{2}$

0008 답 $2\sqrt{5}$
$\overline{AB}=\sqrt{2^2+4^2}=\sqrt{20}=2\sqrt{5}$

0009 답 -2
$\dfrac{1\times8+2\times(-7)}{1+2}=-2$

0010 답 2
$\dfrac{3\times8+2\times(-7)}{3+2}=2$

0011 답 $\dfrac{1}{2}$

$\dfrac{-7+8}{2}=\dfrac{1}{2}$

0012 답 -1
$\dfrac{1\times11+3a}{1+3}=2$이므로
$11+3a=8$ $\quad\therefore a=-1$

0013 답 3
$\dfrac{-1+a}{2}=1$이므로
$-1+a=2$ $\quad\therefore a=3$

0014 답 $(1,\ -2)$
$\left(\dfrac{2\times(-2)+3\times3}{2+3},\ \dfrac{2\times1+3\times(-4)}{2+3}\right)$
$\therefore (1,\ -2)$

0015 답 $(0,\ -1)$
$\left(\dfrac{2\times3+3\times(-2)}{2+3},\ \dfrac{2\times(-4)+3\times1}{2+3}\right)$
$\therefore (0,\ -1)$

0016 답 $\left(\dfrac{1}{2},\ -\dfrac{3}{2}\right)$
$\left(\dfrac{3+(-2)}{2},\ \dfrac{-4+1}{2}\right)$ $\quad\therefore \left(\dfrac{1}{2},\ -\dfrac{3}{2}\right)$

0017 답 $a=3,\ b=6$
$\dfrac{1\times b+2\times0}{1+2}=2$이므로 $b=6$
$\dfrac{1\times0+2\times a}{1+2}=2$이므로 $2a=6$ $\quad\therefore a=3$

0018 답 $a=5,\ b=1$
$\dfrac{-3+b}{2}=-1$이므로 $-3+b=-2$ $\quad\therefore b=1$
$\dfrac{a+1}{2}=3$이므로 $a+1=6$ $\quad\therefore a=5$

0019 답 $\left(-\dfrac{4}{3},\ 2\right)$
$\left(\dfrac{0+(-5)+1}{3},\ \dfrac{1+(-3)+8}{3}\right)$ $\quad\therefore \left(-\dfrac{4}{3},\ 2\right)$

0020 답 $(5,\ 4)$
$\left(\dfrac{4+8+3}{3},\ \dfrac{2+3+7}{3}\right)$ $\quad\therefore (5,\ 4)$

0021 답 $(0,\ 1)$
$\left(\dfrac{-3+1+2}{3},\ \dfrac{1+(-2)+4}{3}\right)$ $\quad\therefore (0,\ 1)$

B 유형 완성

10~17쪽

0022 답 -2
$\overline{AB}=5\sqrt{2}$이므로
$\sqrt{(-1-a)^2+(4+1)^2}=5\sqrt{2}$
양변을 제곱하면
$(a+1)^2+25=50,\ a^2+2a-24=0$
$(a+6)(a-4)=0$ $\quad\therefore a=-6$ 또는 $a=4$
따라서 모든 a의 값의 합은
$-6+4=-2$

참고 이차방정식 $a^2+2a-24=0$에서 근과 계수의 관계에 의하여 구하는 a의 값의 합이 -2임을 알 수도 있다.

0023 답 ⑤

$\overline{AB}=2\overline{CD}$이므로

$\sqrt{(1-a)^2+(a+1)^2}=2\sqrt{2^2+(-1-1)^2}$

양변을 제곱하면

$(1-a)^2+(a+1)^2=32$

$a^2=15$ $\quad\therefore a=\pm\sqrt{15}$

따라서 양수 a의 값은 $\sqrt{15}$이다.

0024 답 29

$\overline{AB}=\sqrt{(4+1)^2+(1-3)^2}=\sqrt{29}$

따라서 정사각형의 넓이는

$\overline{AB}^2=29$

0025 답 3

$\overline{AB}=\sqrt{(k-1)^2+(2-k+3)^2}=\sqrt{2k^2-12k+26}$

$\quad=\sqrt{2(k-3)^2+8}$

따라서 $k=3$일 때 $\overline{AB}$의 길이가 최소가 된다.

중3 다시보기

이차함수 $y=a(x-p)^2+q$에서

(1) $a>0$일 때 ➡ $x=p$에서 최솟값 q를 갖고 최댓값은 없다.

(2) $a<0$일 때 ➡ $x=p$에서 최댓값 q를 갖고 최솟값은 없다.

0026 답 ⑤

점 $P(a, b)$가 직선 $y=x+1$ 위의 점이므로

$b=a+1$ $\quad\cdots\cdots$ ㉠

$\overline{AP}=\overline{BP}$에서 $\overline{AP}^2=\overline{BP}^2$이므로

$(a+2)^2+(b-2)^2=(a-3)^2+(b-1)^2$

$\therefore 5a-b=1$ $\quad\cdots\cdots$ ㉡

㉠, ㉡을 연립하여 풀면

$a=\dfrac{1}{2}$, $b=\dfrac{3}{2}$

$\therefore a+b=2$

0027 답 (0, 3)

$P(0, b)$라 하면 $\overline{AP}=\overline{BP}$에서 $\overline{AP}^2=\overline{BP}^2$이므로

$(-4)^2+(b-1)^2=(-2)^2+(b+1)^2$

$4b=12$ $\quad\therefore b=3$

따라서 점 P의 좌표는 $(0, 3)$이다.

0028 답 $10\sqrt{2}$

$P(a, 0)$이라 하면 $\overline{AP}=\overline{BP}$에서 $\overline{AP}^2=\overline{BP}^2$이므로

$(a-2)^2+(-4)^2=(a-6)^2+(-8)^2$

$8a=80$ $\quad\therefore a=10$

$\therefore P(10, 0)$ $\quad\cdots\cdots$ ❶

$Q(0, b)$라 하면 $\overline{AQ}=\overline{BQ}$에서 $\overline{AQ}^2=\overline{BQ}^2$이므로

$(-2)^2+(b-4)^2=(-6)^2+(b-8)^2$

$8b=80$ $\quad\therefore b=10$

$\therefore Q(0, 10)$ $\quad\cdots\cdots$ ❷

$\therefore \overline{PQ}=\sqrt{(-10)^2+10^2}=10\sqrt{2}$ $\quad\cdots\cdots$ ❸

채점 기준

❶ 점 P의 좌표 구하기	40 %
❷ 점 Q의 좌표 구하기	40 %
❸ 선분 PQ의 길이 구하기	20 %

0029 답 ④

점 $P(a, b)$가 삼각형 ABC의 외심이므로

$\overline{AP}=\overline{BP}=\overline{CP}$

$\overline{AP}=\overline{BP}$에서 $\overline{AP}^2=\overline{BP}^2$이므로

$(a-1)^2+(b-2)^2=a^2+(b+1)^2$

$\therefore a+3b=2$ $\quad\cdots\cdots$ ㉠

$\overline{BP}=\overline{CP}$에서 $\overline{BP}^2=\overline{CP}^2$이므로

$a^2+(b+1)^2=(a-4)^2+(b-3)^2$

$\therefore a+b=3$ $\quad\cdots\cdots$ ㉡

㉠, ㉡을 연립하여 풀면

$a=\dfrac{7}{2}$, $b=-\dfrac{1}{2}$

$\therefore a-b=4$

중2 다시보기

(1) 삼각형의 외심은 세 변의 수직이등분선의 교점이다.

(2) 삼각형의 외심에서 세 꼭짓점에 이르는 거리는 같다.

0030 답 ③

오른쪽 그림과 같이 학교 A에서 동쪽으로 2 km 떨어진 지점을 원점으로 하고 두 학교 A, B가 x축 위에, 학교 C가 y축 위에 오도록 좌표평면을 잡으면

$A(-2, 0)$, $B(4, 0)$, $C(0, 4)$

박물관을 만들려는 지점을 $P(x, y)$라 하면

$\overline{AP}=\overline{BP}=\overline{CP}$

$\overline{AP}=\overline{BP}$에서 $\overline{AP}^2=\overline{BP}^2$이므로

$(x+2)^2+y^2=(x-4)^2+y^2$

$12x=12$ $\quad\therefore x=1$

$\overline{BP}=\overline{CP}$에서 $\overline{BP}^2=\overline{CP}^2$이므로

$(x-4)^2+y^2=x^2+(y-4)^2$

$x=y$ $\quad\therefore y=1$

따라서 $P(1, 1)$이므로

$\overline{AP}=\sqrt{(1+2)^2+1^2}=\sqrt{10}$

즉, 박물관에서 각 학교까지의 거리는 $\sqrt{10}$ km이다.

0031 답 ③

$\overline{AB}=\sqrt{(3-1)^2+(-2)^2}=\sqrt{8}=2\sqrt{2}$

$\overline{BC}=\sqrt{(-1-3)^2+(-2)^2}=\sqrt{20}=2\sqrt{5}$

$\overline{CA}=\sqrt{(1+1)^2+(2+2)^2}=\sqrt{20}=2\sqrt{5}$

따라서 삼각형 ABC는 $\overline{BC}=\overline{CA}$인 이등변삼각형이다.

0032 답 ③

삼각형 ABC가 $\angle C = 90°$인 직각삼각형이 되려면
$\overline{BC}^2 + \overline{CA}^2 = \overline{AB}^2$이어야 하므로
$(1-4)^2 + (k-1)^2 + (-1-1)^2 + (2-k)^2 = (4+1)^2 + (1-2)^2$
$k^2 - 3k - 4 = 0$, $(k+1)(k-4) = 0$
$\therefore k = -1$ 또는 $k = 4$
따라서 양수 k의 값은 4이다.

0033 답 15

$\overline{AB} = \sqrt{(-4-1)^2 + 5^2} = \sqrt{50} = 5\sqrt{2}$
$\overline{BC} = \sqrt{(-2+4)^2 + (-3-5)^2} = \sqrt{68} = 2\sqrt{17}$
$\overline{CA} = \sqrt{(1+2)^2 + 3^2} = \sqrt{18} = 3\sqrt{2}$ ...... ❶
$\overline{AB}^2 + \overline{CA}^2 = \overline{BC}^2$이므로 삼각형 ABC는 $\angle A = 90°$인 직각삼각형
이다. ...... ❷
따라서 삼각형 ABC의 넓이는
$\frac{1}{2} \times \overline{AB} \times \overline{CA} = \frac{1}{2} \times 5\sqrt{2} \times 3\sqrt{2} = 15$ ...... ❸

채점 기준

❶ $\overline{AB}$, $\overline{BC}$, $\overline{CA}$의 길이 구하기	40 %
❷ 삼각형 ABC가 어떤 삼각형인지 구하기	30 %
❸ 삼각형 ABC의 넓이 구하기	30 %

0034 답 3

삼각형 ABC가 정삼각형이므로
$\overline{AB} = \overline{BC} = \overline{CA}$
$\overline{AB} = \overline{BC}$에서 $\overline{AB}^2 = \overline{BC}^2$이므로
$(1+1)^2 + (-1-1)^2 = (a-1)^2 + (b+1)^2$
$\therefore a^2 + b^2 - 2a + 2b - 6 = 0$ ...... ㉠
$\overline{BC} = \overline{CA}$에서 $\overline{BC}^2 = \overline{CA}^2$이므로
$(a-1)^2 + (b+1)^2 = (-1-a)^2 + (1-b)^2$
$\therefore a = b$ ...... ㉡
㉠, ㉡을 연립하여 풀면
$a = -\sqrt{3}$, $b = -\sqrt{3}$ 또는 $a = \sqrt{3}$, $b = \sqrt{3}$
$\therefore ab = 3$

0035 답 ④

$P(a, 0)$이라 하면
$\overline{AP}^2 + \overline{BP}^2 = (a+2)^2 + (-5)^2 + (a-4)^2 + (-1)^2$
$= 2a^2 - 4a + 46$
$= 2(a-1)^2 + 44$
따라서 $a = 1$일 때 주어진 식의 최솟값은 44이다.

0036 답 (2, 6)

점 P가 직선 $y = x + 4$ 위의 점이므로 $P(a, a+4)$라 하면
$\overline{AP}^2 + \overline{BP}^2 = (a-3)^2 + (a+4-6)^2 + (a-2)^2 + (a+4-5)^2$
$= 4a^2 - 16a + 18$
$= 4(a-2)^2 + 2$ ...... ❶
따라서 $a = 2$일 때 주어진 식의 값이 최소이므로 구하는 점 P의 좌표는 (2, 6)이다. ...... ❷

채점 기준

❶ $\overline{AP}^2 + \overline{BP}^2$의 식 세우기	60 %
❷ $\overline{AP}^2 + \overline{BP}^2$의 값이 최소일 때의 점 P의 좌표 구하기	40 %

0037 답 ④

$P(a, b)$라 하면
$\overline{AP}^2 + \overline{BP}^2 + \overline{CP}^2$
$= (a-1)^2 + (b-2)^2 + (a-2)^2 + (b-5)^2 + (a-3)^2 + (b+1)^2$
$= 3a^2 - 12a + 3b^2 - 12b + 44$
$= 3(a-2)^2 + 3(b-2)^2 + 20$
따라서 $a = 2$, $b = 2$일 때 주어진 식의 최솟값은 20이다.

0038 답 13

$A(1, -1)$, $B(6, 11)$, $P(a, b)$라 하면
$\sqrt{(a-1)^2 + (b+1)^2} + \sqrt{(a-6)^2 + (b-11)^2}$
$= \overline{AP} + \overline{BP}$
$\geq \overline{AB} = \sqrt{(6-1)^2 + (11+1)^2} = 13$
따라서 구하는 최솟값은 13이다.

0039 답 ②

$\sqrt{a^2 + b^2} + \sqrt{(a-5)^2 + (b-3)^2} = \overline{OA} + \overline{AB}$
$\geq \overline{OB} = \sqrt{5^2 + 3^2} = \sqrt{34}$
따라서 구하는 최솟값은 $\sqrt{34}$이다.

0040 답 ③

$\sqrt{x^2 - 2x + 1 + y^2} + \sqrt{x^2 + y^2 + 4y + 4}$
$= \sqrt{(x-1)^2 + y^2} + \sqrt{x^2 + (y+2)^2}$
$A(1, 0)$, $B(0, -2)$, $P(x, y)$라 하면
$\sqrt{(x-1)^2 + y^2} + \sqrt{x^2 + (y+2)^2} = \overline{AP} + \overline{BP}$
$\geq \overline{AB} = \sqrt{(-1)^2 + (-2)^2} = \sqrt{5}$
따라서 구하는 최솟값은 $\sqrt{5}$이다.

0041 답 ㈎ $-c$ ㈏ $2ac$ ㈐ $a^2 + b^2$

오른쪽 그림과 같이 직선 BC를 x축, 점 M을 지나고 직선 BC에 수직인 직선을 y축으로 하는 좌표평면을 잡으면 점 M은 원점이 된다.
이때 $A(a, b)$, $C(c, 0)$이라 하면

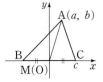

$B(\boxed{\text{㈎ } -c}, 0)$이므로
$\overline{AB}^2 = (-c-a)^2 + (-b)^2 = a^2 + \boxed{\text{㈏ } 2ac} + c^2 + b^2$
$\overline{AC}^2 = (c-a)^2 + (-b)^2 = a^2 - \boxed{\text{㈏ } 2ac} + c^2 + b^2$
$\overline{AM}^2 = \boxed{\text{㈐ } a^2 + b^2}$
$\overline{BM}^2 = (-c)^2 = c^2$
$\therefore \overline{AB}^2 + \overline{AC}^2 = 2(\overline{AM}^2 + \overline{BM}^2)$

만렙 Note

삼각형 ABC에서 $\overline{BM} = \overline{CM}$일 때,
$\overline{AB}^2 + \overline{AC}^2 = 2(\overline{AM}^2 + \overline{BM}^2)$
을 파푸스 정리(중선 정리)라 한다.

0042 답 풀이 참조

오른쪽 그림과 같이 직선 BC를 x축, 점 D를 지나고 직선 BC에 수직인 직선을 y축으로 하는 좌표평면을 잡으면 점 D는 원점이 된다.

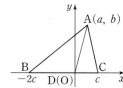

이때 $A(a, b)$, $C(c, 0)$이라 하면 $B(-2c, 0)$이므로

$$\overline{AB}^2 + 2\overline{AC}^2 = \{(-2c-a)^2 + (-b)^2\} + 2\{(c-a)^2 + (-b)^2\}$$
$$= 3a^2 + 3b^2 + 6c^2$$
$$= 3(a^2 + b^2 + 2c^2)$$

$$\overline{AD}^2 + 2\overline{CD}^2 = \{(-a)^2 + (-b)^2\} + 2(-c)^2$$
$$= a^2 + b^2 + 2c^2$$

$$\therefore \overline{AB}^2 + 2\overline{AC}^2 = 3(\overline{AD}^2 + 2\overline{CD}^2)$$

0043 답 풀이 참조

오른쪽 그림과 같이 직선 BC를 x축, 직선 AB를 y축으로 하는 좌표평면을 잡으면 점 B는 원점이 된다.

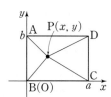

이때 $D(a, b)$라 하면 $A(0, b)$, $C(a, 0)$이므로 $P(x, y)$라 하면

$$\overline{AP}^2 + \overline{CP}^2 = \{x^2 + (y-b)^2\} + \{(x-a)^2 + y^2\}$$
$$\overline{BP}^2 + \overline{DP}^2 = (x^2 + y^2) + \{(x-a)^2 + (y-b)^2\}$$
$$= \{x^2 + (y-b)^2\} + \{(x-a)^2 + y^2\}$$

$$\therefore \overline{AP}^2 + \overline{CP}^2 = \overline{BP}^2 + \overline{DP}^2$$

0044 답 (3, 3)

$$P\left(\frac{3 \times (-3) + 2 \times 7}{3+2}, \frac{3 \times 6 + 2 \times 1}{3+2}\right)$$
$$\therefore P(1, 4)$$
$$Q\left(\frac{1 \times (-3) + 4 \times 7}{1+4}, \frac{1 \times 6 + 4 \times 1}{1+4}\right)$$
$$\therefore Q(5, 2)$$

따라서 선분 PQ의 중점의 좌표는

$$\left(\frac{1+5}{2}, \frac{4+2}{2}\right) \qquad \therefore (3, 3)$$

0045 답 ①

선분 AB를 $3 : 1$로 내분하는 점의 좌표가 $(-1, 2)$이므로

$$\frac{3 \times (-2) + 1 \times a}{3+1} = -1, \quad \frac{3 \times b + 1 \times (-1)}{3+1} = 2$$
$$-6 + a = -4, \quad 3b - 1 = 8$$
$$\therefore a = 2, \ b = 3$$
$$\therefore a + b = 5$$

0046 답 $\sqrt{2}$

$$P\left(\frac{3 \times 6 + 2 \times (-4)}{3+2}, \frac{3 \times (-7) + 2 \times 3}{3+2}\right) \qquad \therefore P(2, -3)$$
$$M\left(\frac{-4+6}{2}, \frac{3-7}{2}\right) \qquad \therefore M(1, -2)$$
$$\therefore \overline{PM} = \sqrt{(1-2)^2 + (-2+3)^2} = \sqrt{2}$$

0047 답 ④

점 C는 선분 AB를 $1 : 2$로 내분하는 점이므로

$$C\left(\frac{1 \times 3 + 2 \times (-3)}{1+2}, \frac{1 \times 5 + 2 \times (-1)}{1+2}\right)$$
$$\therefore C(-1, 1)$$

점 D는 선분 AB를 $2 : 1$로 내분하는 점이므로

$$D\left(\frac{2 \times 3 + 1 \times (-3)}{2+1}, \frac{2 \times 5 + 1 \times (-1)}{2+1}\right)$$
$$\therefore D(1, 3)$$

따라서 $a = -1$, $b = 1$, $c = 1$, $d = 3$이므로

$$cd - ab = 3 - (-1) = 4$$

0048 답 $\dfrac{2}{7} < a < \dfrac{5}{6}$

$a > 0$, $1 - a > 0$이므로 $0 < a < 1$ ...... ㉠

선분 AB를 $a : (1-a)$로 내분하는 점의 좌표는

$$\left(\frac{a \times 5 + (1-a) \times (-2)}{a + (1-a)}, \frac{a \times (-1) + (1-a) \times 5}{a + (1-a)}\right)$$
$$\therefore (7a - 2, \ 5 - 6a)$$

이 점이 제1사분면 위의 점이므로

$$7a - 2 > 0, \quad 5 - 6a > 0$$
$$\therefore \frac{2}{7} < a < \frac{5}{6} \qquad \qquad \cdots\cdots ㉡$$

㉠, ㉡의 공통부분을 구하면

$$\frac{2}{7} < a < \frac{5}{6}$$

0049 답 ③

선분 AB를 $3 : 1$로 내분하는 점의 좌표는

$$\left(\frac{3 \times 2 + 1 \times a}{3+1}, \frac{3 \times (-4) + 1 \times 0}{3+1}\right)$$
$$\therefore \left(\frac{6+a}{4}, -3\right)$$

이 점이 y축 위에 있으므로

$$\frac{6+a}{4} = 0 \quad \therefore a = -6$$

따라서 $A(-6, 0)$이므로

$$\overline{AB} = \sqrt{(2+6)^2 + (-4)^2} = 4\sqrt{5}$$

0050 답 3

선분 AB가 x축에 의하여 $2 : k$로 내분되므로 선분 AB를 $2 : k$로 내분하는 점은 x축 위에 있다.

선분 AB를 $2 : k$로 내분하는 점의 좌표는

$$\left(\frac{2 \times 2 + k \times 5}{2+k}, \frac{2 \times (-3) + k \times 2}{2+k}\right)$$
$$\therefore \left(\frac{4+5k}{2+k}, \frac{-6+2k}{2+k}\right) \qquad \cdots\cdots ❶$$

이 점이 x축 위에 있으므로

$$\frac{-6+2k}{2+k} = 0, \quad -6 + 2k = 0$$
$$\therefore k = 3 \qquad \qquad \cdots\cdots ❷$$

채점 기준

❶ 선분 AB를 $2 : k$로 내분하는 점의 좌표 구하기		60 %
❷ k의 값 구하기		40 %

0051 답 ②

선분 AB를 $a:1$로 내분하는 점의 좌표는

$$\left(\frac{a\times(-2)+1\times 3}{a+1},\ \frac{a\times 3+1\times(-2)}{a+1}\right)$$

$$\therefore\left(\frac{-2a+3}{a+1},\ \frac{3a-2}{a+1}\right)$$

이 점이 직선 $3x+y+1=0$ 위에 있으므로

$$\frac{3(-2a+3)}{a+1}+\frac{3a-2}{a+1}+1=0$$

$$-2a+8=0\qquad\therefore a=4$$

0052 답 18

$2\overline{AB}=\overline{BC}$에서 $\overline{AB}:\overline{BC}=1:2$

이때 $a>0$이므로 점 B는 $\overline{AC}$를 $1:2$
로 내분하는 점이다.

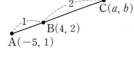

따라서 $\dfrac{1\times a+2\times(-5)}{1+2}=4,$

$\dfrac{1\times b+2\times 1}{1+2}=2$이므로

$$a-10=12,\ b+2=6$$

$$\therefore a=22,\ b=4$$

$$\therefore a-b=18$$

0053 답 ④

$2\overline{AB}=3\overline{BC}$에서 $\overline{AB}:\overline{BC}=3:2$

따라서 점 B는 $\overline{AC}$를 $3:2$로 내분하는 점이므로
점 C의 좌표를 $(a,\ b)$라 하면

$$\frac{3\times a+2\times 1}{3+2}=4,\ \frac{3\times b+2\times(-2)}{3+2}=4$$

$$3a+2=20,\ 3b-4=20$$

$$\therefore a=6,\ b=8$$

따라서 점 C의 좌표는 $(6,\ 8)$이다.

0054 답 $6\sqrt{2}$

$3\overline{AB}=\overline{BP}$에서 $\overline{AB}:\overline{BP}=1:3$

점 P의 좌표를 $(a,\ b)$라 하면

(i) $a<3$일 때
점 A는 $\overline{BP}$를 $1:2$로 내분하는 점이므
로

$$\frac{1\times a+2\times 4}{1+2}=3,\ \frac{1\times b+2\times 5}{1+2}=6$$

$$a+8=9,\ b+10=18$$

$$\therefore a=1,\ b=8$$

$$\therefore P(1,\ 8)\qquad\cdots\cdots\ \text{ⓘ}$$

(ii) $a>4$일 때
점 B는 $\overline{AP}$를 $1:3$으로 내분하는 점이므로

$$\frac{1\times a+3\times 3}{1+3}=4,\ \frac{1\times b+3\times 6}{1+3}=5$$

$$a+9=16,\ b+18=20$$

$$\therefore a=7,\ b=2$$

$$\therefore P(7,\ 2)\qquad\cdots\cdots\ \text{ⓘ}$$

(i), (ii)에서 구하는 두 점 사이의 거리는

$$\sqrt{(7-1)^2+(2-8)^2}=6\sqrt{2}\qquad\cdots\cdots\ \text{ⓘ}$$

다른 풀이

$3\overline{AB}=\overline{BP}$에서 $\overline{AB}:\overline{BP}=1:3$

이를 만족시키는 점 P를 오른쪽 그림과
같이 P_1, P_2라 하면 점 A는 $\overline{BP_1}$을 $1:2$
로 내분하는 점이고, 점 B는 $\overline{AP_2}$를 $1:3$
으로 내분하는 점이므로

$$\overline{P_1P_2}=6\overline{AB}$$

$\overline{AB}=\sqrt{(4-3)^2+(5-6)^2}=\sqrt{2}$이므로

$$\overline{P_1P_2}=6\sqrt{2}$$

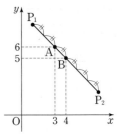

0055 답 $(5,\ 0)$, $(8,\ 3)$

$\overline{AC}=3\overline{BC}$에서 $\overline{AC}:\overline{BC}=3:1$

(i) 점 C가 $\overline{AB}$ 위에 있을 때
점 C는 $\overline{AB}$를 $3:1$로 내분하는 점이므
로 점 C의 좌표는

$$\left(\frac{3\times 6+1\times 2}{3+1},\ \frac{3\times 1+1\times(-3)}{3+1}\right)$$

$$\therefore (5,\ 0)$$

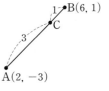

(ii) 점 C가 $\overline{AB}$의 연장선 위에 있을 때
점 B는 $\overline{AC}$를 $2:1$로 내분하는 점이므로
점 C의 좌표를 $(a,\ b)$라 하면

$$\frac{2\times a+1\times 2}{2+1}=6,\ \frac{2\times b+1\times(-3)}{2+1}=1$$

$$a+1=9,\ 2b-3=3$$

$$\therefore a=8,\ b=3$$

따라서 점 C의 좌표는 $(8,\ 3)$이다.

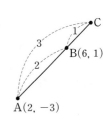

(i), (ii)에서 점 C의 좌표는 $(5,\ 0)$, $(8,\ 3)$이다.

0056 답 ⑤

대각선 AC의 중점의 좌표는

$$\left(\frac{7+4}{2},\ \frac{8-1}{2}\right)\qquad\therefore\left(\frac{11}{2},\ \frac{7}{2}\right)\qquad\cdots\cdots\ \text{㉠}$$

D$(a,\ b)$라 하면 대각선 BD의 중점의 좌표는

$$\left(\frac{a}{2},\ \frac{5+b}{2}\right)\qquad\cdots\cdots\ \text{㉡}$$

㉠, ㉡이 일치하므로

$$\frac{11}{2}=\frac{a}{2},\ \frac{7}{2}=\frac{5+b}{2}$$

$$\therefore a=11,\ b=2$$

따라서 점 D의 좌표는 $(11,\ 2)$이다.

0057 답 C$(-4,\ 6)$, D$(-2,\ -1)$

C$(a,\ b)$라 하면 대각선 AC의 중점의 좌표는 $\left(\dfrac{4+a}{2},\ \dfrac{b}{2}\right)$이므로

$$\frac{4+a}{2}=0,\ \frac{b}{2}=3$$

$$\therefore a=-4,\ b=6$$

$$\therefore C(-4,\ 6)$$

$\mathrm{D}(c,\,d)$라 하면 대각선 BD의 중점의 좌표는 $\left(\dfrac{2+c}{2},\,\dfrac{7+d}{2}\right)$이고,

두 대각선 AC와 BD의 중점이 일치하므로

$\dfrac{2+c}{2}=0,\ \dfrac{7+d}{2}=3$

$\therefore c=-2,\ d=-1$

$\therefore \mathrm{D}(-2,\,-1)$

0058 답 19

두 대각선 OB와 AC의 중점이 일치하므로

$\dfrac{b}{2}=\dfrac{a+5}{2},\ \dfrac{c}{2}=\dfrac{7+5}{2}$

$\therefore b=a+5,\ c=12$ ...... ㉠

또 $\overline{\mathrm{OA}}=\overline{\mathrm{OC}}$에서 $\overline{\mathrm{OA}}^2=\overline{\mathrm{OC}}^2$이므로

$a^2+7^2=5^2+5^2,\ a^2=1$ $\therefore a=\pm1$

그런데 a는 양수이므로 $a=1$

이를 ㉠에 대입하면 $b=6$

$\therefore a+b+c=19$

0059 답 ②

주어진 평행사변형의 네 꼭짓점을 A, B, C, D라 하면 두 대각선 AC와 BD의 중점이 일치한다.

(ⅰ) $\mathrm{A}(a,\,b),\ \mathrm{C}(-3,\,-1)$일 때

$\dfrac{a-3}{2}=\dfrac{-1+1}{2},\ \dfrac{b-1}{2}=\dfrac{5+3}{2}$

$\therefore a=3,\ b=9$ $\therefore ab=27$

(ⅱ) $\mathrm{A}(a,\,b),\ \mathrm{C}(-1,\,5)$일 때

$\dfrac{a-1}{2}=\dfrac{-3+1}{2},\ \dfrac{b+5}{2}=\dfrac{-1+3}{2}$

$\therefore a=-1,\ b=-3$ $\therefore ab=3$

(ⅲ) $\mathrm{A}(a,\,b),\ \mathrm{C}(1,\,3)$일 때

$\dfrac{a+1}{2}=\dfrac{-3-1}{2},\ \dfrac{b+3}{2}=\dfrac{-1+5}{2}$

$\therefore a=-5,\ b=1$ $\therefore ab=-5$

(ⅰ), (ⅱ), (ⅲ)에서 모든 ab의 값의 합은

$27+3+(-5)=25$

0060 답 $\left(-1,\,-\dfrac{4}{3}\right)$

$\overline{\mathrm{AB}}=\sqrt{(-7+1)^2+(-4-4)^2}=10$

$\overline{\mathrm{AC}}=\sqrt{(2+1)^2+(-4)^2}=5$

이때 $\overline{\mathrm{AD}}$는 $\angle\mathrm{A}$의 이등분선이므로

$\overline{\mathrm{BD}}:\overline{\mathrm{CD}}=\overline{\mathrm{AB}}:\overline{\mathrm{AC}}=10:5=2:1$

따라서 점 D는 $\overline{\mathrm{BC}}$를 $2:1$로 내분하는 점이므로 점 D의 좌표는

$\left(\dfrac{2\times2+1\times(-7)}{2+1},\,\dfrac{2\times0+1\times(-4)}{2+1}\right)$ $\therefore \left(-1,\,-\dfrac{4}{3}\right)$

0061 답 13

$\overline{\mathrm{OA}}=\sqrt{(-4)^2+3^2}=5$

$\overline{\mathrm{OB}}=\sqrt{12^2+5^2}=13$

오른쪽 그림과 같이 $\angle\mathrm{AOB}$의 이등분선과 $\overline{\mathrm{AB}}$의 교점을 C라 하면

$\overline{\mathrm{AC}}:\overline{\mathrm{BC}}=\overline{\mathrm{OA}}:\overline{\mathrm{OB}}$

$\qquad\qquad=5:13$ ...... ❶

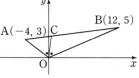

즉, 점 C는 $\overline{\mathrm{AB}}$를 $5:13$으로 내분하는 점이므로 점 C의 x좌표는

$\dfrac{5\times12+13\times(-4)}{5+13}=\dfrac{4}{9}$ ...... ❷

따라서 $a=9,\ b=4$이므로

$a+b=13$ ...... ❸

채점 기준

❶ $\overline{\mathrm{AC}}:\overline{\mathrm{BC}}$ 구하기		40 %
❷ $\angle\mathrm{AOB}$의 이등분선과 선분 AB의 교점의 x좌표 구하기		40 %
❸ $a+b$의 값 구하기		20 %

0062 답 ③

$\overline{\mathrm{AB}}=\sqrt{(-8-2)^2+(4+1)^2}=5\sqrt{5}$

$\overline{\mathrm{AC}}=\sqrt{(4-2)^2+(3+1)^2}=2\sqrt{5}$

이때 점 I가 삼각형 ABC의 내심이므로 직선 AI는 $\angle\mathrm{A}$의 이등분선이고, 오른쪽 그림과 같이 직선 AI가 변 BC와 만나는 점을 D라 하면

$\overline{\mathrm{BD}}:\overline{\mathrm{CD}}=\overline{\mathrm{AB}}:\overline{\mathrm{AC}}=5\sqrt{5}:2\sqrt{5}=5:2$

즉, 점 D는 $\overline{\mathrm{BC}}$를 $5:2$로 내분하는 점이므로 점 D의 좌표는

$\left(\dfrac{5\times4+2\times(-8)}{5+2},\,\dfrac{5\times3+2\times4}{5+2}\right)$

$\therefore \left(\dfrac{4}{7},\,\dfrac{23}{7}\right)$

따라서 $a=\dfrac{4}{7},\ b=\dfrac{23}{7}$이므로

$a+b=\dfrac{27}{7}$

중2 다시보기

(1) 삼각형의 내심은 세 내각의 이등분선의 교점이다.

(2) 삼각형의 내심에서 세 변에 이르는 거리는 같다.

0063 답 -2

삼각형 ABC의 무게중심의 좌표가 $(-3,\,3)$이므로

$\dfrac{-3+a-1-2b}{3}=-3,\ \dfrac{4+b+1+a}{3}=3$

$\dfrac{a-2b-4}{3}=-3,\ \dfrac{a+b+5}{3}=3$

$\therefore a-2b=-5,\ a+b=4$

두 식을 연립하여 풀면 $a=1,\ b=3$

$\therefore a-b=-2$

0064 답 7

삼각형 ABC의 무게중심의 좌표는

$\left(\dfrac{2+4+8}{3},\,\dfrac{6+1+a}{3}\right)$ $\therefore \left(\dfrac{14}{3},\,\dfrac{7+a}{3}\right)$

이 점이 직선 $y=x$ 위에 있으므로

$\dfrac{7+a}{3}=\dfrac{14}{3}$ $\therefore a=7$

0065 답 ⑤

삼각형 ABC에서 변 BC의 중점을 M, 무게중심을 G라 하면 점 G는
선분 AM을 2 : 1로 내분하는 점이므로 점 G의 좌표는

$$\left(\frac{2\times7+1\times1}{2+1}, \frac{2\times4+1\times1}{2+1}\right) \qquad \therefore (5, 3)$$

따라서 $a=5$, $b=3$이므로

$$a+b=8$$

0066 답 $(-2, -3)$

삼각형 ABC의 무게중심이 원점이므로

$$\frac{4+x_1+x_2}{3}=0, \frac{6+y_1+y_2}{3}=0$$

$$\therefore x_1+x_2=-4, y_1+y_2=-6$$

따라서 선분 BC의 중점의 좌표는

$$\left(\frac{x_1+x_2}{2}, \frac{y_1+y_2}{2}\right) \qquad \therefore (-2, -3)$$

0067 답 12

삼각형 PQR의 무게중심은 삼각형 ABC의 무게중심과 일치하므로
그 좌표는

$$\left(\frac{-1+7+3}{3}, \frac{4+2+6}{3}\right) \qquad \therefore (3, 4)$$

따라서 $a=3$, $b=4$이므로

$$ab=12$$

다른 풀이

$$P\left(\frac{-1+7}{2}, \frac{4+2}{2}\right) \qquad \therefore P(3, 3)$$

$$Q\left(\frac{7+3}{2}, \frac{2+6}{2}\right) \qquad \therefore Q(5, 4)$$

$$R\left(\frac{3-1}{2}, \frac{6+4}{2}\right) \qquad \therefore R(1, 5)$$

삼각형 PQR의 무게중심의 좌표는

$$\left(\frac{3+5+1}{3}, \frac{3+4+5}{3}\right) \qquad \therefore (3, 4)$$

따라서 $a=3$, $b=4$이므로

$$ab=12$$

0068 답 3

삼각형 ABC의 무게중심의 좌표는

$$\left(\frac{1+3-1}{3}, \frac{2+4+3}{3}\right)$$

$$\therefore (1, 3) \qquad \cdots\cdots\ \text{㉠} \qquad\qquad \cdots\cdots\ ❶$$

삼각형 DEF의 무게중심의 좌표는

$$\left(\frac{a+3+5}{3}, \frac{-1+2+b}{3}\right)$$

$$\therefore \left(\frac{a+8}{3}, \frac{b+1}{3}\right) \qquad \cdots\cdots\ \text{㉡} \qquad \cdots\cdots\ ❷$$

㉠, ㉡이 일치하므로

$$\frac{a+8}{3}=1, \frac{b+1}{3}=3 \qquad \therefore a=-5, b=8$$

$$\therefore a+b=3 \qquad\qquad\qquad\qquad \cdots\cdots\ ❸$$

채점 기준

❶ 삼각형 ABC의 무게중심의 좌표 구하기	40 %
❷ 삼각형 DEF의 무게중심의 좌표 구하기	40 %
❸ $a+b$의 값 구하기	20 %

0069 답 ①

$P(a, b)$라 하면 점 P가 직선 $y=-4x+2$ 위의 점이므로

$$b=-4a+2 \qquad \cdots\cdots\ \text{㉠}$$

$Q(x, y)$라 하면 점 Q는 선분 OP를 1 : 2로 내분하는 점이므로

$$x=\frac{1\times a+2\times0}{1+2}=\frac{a}{3}, y=\frac{1\times b+2\times0}{1+2}=\frac{b}{3}$$

$$\therefore a=3x, b=3y \qquad \cdots\cdots\ \text{㉡}$$

㉡을 ㉠에 대입하면

$$3y=-4\times3x+2 \qquad \therefore y=-4x+\frac{2}{3}$$

따라서 $m=-4$, $n=\frac{2}{3}$이므로

$$m+n=-\frac{10}{3}$$

0070 답 $6x-5y-12=0$

$P(x, y)$라 하면 $\overline{\mathrm{AP}}^2-\overline{\mathrm{BP}}^2=5$에서

$$(x+1)^2+(y-3)^2-\{(x-5)^2+(y+2)^2\}=5$$

$$x^2+2x+y^2-6y+10-(x^2-10x+y^2+4y+29)=5$$

$$\therefore 6x-5y-12=0$$

0071 답 $x-y+1=0$

두 점 A, B로부터 같은 거리에 있는 점을 $P(x, y)$라 하면
$\overline{\mathrm{AP}}=\overline{\mathrm{BP}}$에서 $\overline{\mathrm{AP}}^2=\overline{\mathrm{BP}}^2$이므로

$$(x-1)^2+(y-4)^2=(x-3)^2+(y-2)^2$$

$$x^2-2x+y^2-8y+17=x^2-6x+y^2-4y+13$$

$$\therefore x-y+1=0$$

AB 유형 점검   18~20쪽

0072 답 ②

$\overline{\mathrm{OA}}=4$이므로 $\sqrt{a^2+3^2}=4$
양변을 제곱하면

$$a^2+9=16 \qquad \therefore a^2=7$$

0073 답 2

$3\overline{\mathrm{AB}}=\overline{\mathrm{BC}}$에서 $9\overline{\mathrm{AB}}^2-\overline{\mathrm{BC}}^2$이므로

$$9\{(a+1)^2+(2a-a)^2\}=(4a-a)^2+(-5-2a)^2$$

$$5a^2-2a-16=0, (5a+8)(a-2)=0$$

$$\therefore a=-\frac{8}{5} \text{ 또는 } a=2$$

따라서 정수 a의 값은 2이다.

0074 답 ①

$P(a, 0)$이라 하면 $\overline{\mathrm{AP}}=\overline{\mathrm{BP}}$에서 $\overline{\mathrm{AP}}^2=\overline{\mathrm{BP}}^2$이므로

$$a^2+2^2=(a+4)^2+(-2)^2$$

$$8a=-16 \qquad \therefore a=-2$$

$$\therefore P(-2, 0)$$

$\mathrm{Q}(0,\ b)$라 하면 $\overline{\mathrm{AQ}}=\overline{\mathrm{BQ}}$에서 $\overline{\mathrm{AQ}}^2=\overline{\mathrm{BQ}}^2$이므로
$$(b+2)^2=4^2+(b-2)^2$$
$$8b=16 \qquad \therefore b=2$$
$$\therefore \mathrm{Q}(0,\ 2)$$
따라서 오른쪽 그림에서 삼각형 OPQ의 넓이는
$$\frac{1}{2}\times 2\times 2=2$$

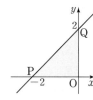

0075 답 ②

점 P가 직선 $y=-x$ 위의 점이므로 그 좌표를 $(a,\ -a)$라 하자.
$\overline{\mathrm{AP}}=\overline{\mathrm{BP}}$에서 $\overline{\mathrm{AP}}^2=\overline{\mathrm{BP}}^2$이므로
$$(a-2)^2+(-a-4)^2=(a-5)^2+(-a-1)^2$$
$$12a=6 \qquad \therefore a=\frac{1}{2}$$
따라서 $\mathrm{P}\left(\frac{1}{2},\ -\frac{1}{2}\right)$이므로
$$\overline{\mathrm{OP}}=\sqrt{\left(\frac{1}{2}\right)^2+\left(-\frac{1}{2}\right)^2}=\frac{\sqrt{2}}{2}$$

0076 답 ①

$$\overline{\mathrm{AB}}=|2-(-2)|=4$$
$$\overline{\mathrm{BC}}=\sqrt{(-2)^2+(\sqrt{3}+\sqrt{3})^2}=4$$
$$\overline{\mathrm{CA}}=\sqrt{(-2)^2+(-\sqrt{3}-\sqrt{3})^2}=4$$
따라서 $\overline{\mathrm{AB}}=\overline{\mathrm{BC}}=\overline{\mathrm{CA}}$이므로 삼각형 ABC는 정삼각형이다.

0077 답 2

$$\overline{\mathrm{AB}}^2=k^2+(2+1)^2=k^2+9$$
$$\overline{\mathrm{BC}}^2=(-1-k)^2+(2k-2)^2=5k^2-6k+5$$
$$\overline{\mathrm{CA}}^2=1^2+(-1-2k)^2=4k^2+4k+2$$
삼각형 ABC가 $\angle\mathrm{B}=90°$인 직각삼각형이므로
$\overline{\mathrm{AB}}^2+\overline{\mathrm{BC}}^2=\overline{\mathrm{CA}}^2$에서 $k^2+9+5k^2-6k+5=4k^2+4k+2$
$$k^2-5k+6=0,\ (k-2)(k-3)=0$$
$$\therefore k=2 \ \text{또는}\ k=3 \qquad \cdots\cdots\ \unicode{x24B6}$$
삼각형 ABC가 $\overline{\mathrm{AB}}=\overline{\mathrm{BC}}$인 이등변삼각형이므로
$\overline{\mathrm{AB}}^2=\overline{\mathrm{BC}}^2$에서 $k^2+9=5k^2-6k+5$
$$2k^2-3k-2=0,\ (2k+1)(k-2)=0$$
$$\therefore k=-\frac{1}{2} \ \text{또는}\ k=2 \qquad \cdots\cdots\ \unicode{x24B7}$$
$\unicode{x24B6}$, $\unicode{x24B7}$에서 $k=2$

0078 답 72

두 점 B, C는 x축 위의 점이므로 $\mathrm{P}(a,\ 0)(-2\leq a\leq 3)$라 하면
$$\overline{\mathrm{AP}}^2+\overline{\mathrm{BP}}^2=(a-4)^2+(-3)^2+(a+2)^2$$
$$=2a^2-4a+29$$
$$=2(a-1)^2+27$$
따라서 $a=-2$일 때 최댓값은 45, $a=1$일 때 최솟값은 27이므로 구하는 합은
$$45+27=72$$

공통수학1 다시보기

x의 값의 범위가 $\alpha\leq x\leq\beta$일 때, 이차함수 $f(x)=a(x-p)^2+q$의 최댓값과 최솟값은 다음과 같다.
(1) 꼭짓점의 x좌표가 $\alpha\leq x\leq\beta$에 포함될 때
　① $a>0$이면 $f(p)$가 최솟값이다.
　② $a<0$이면 $f(p)$가 최댓값이다.
(2) 꼭짓점의 x좌표가 $\alpha\leq x\leq\beta$에 포함되지 않을 때
　$f(\alpha)$, $f(\beta)$의 값 중 큰 값이 최댓값이고 작은 값이 최솟값이다.

0079 답 ②

$\mathrm{A}(1,\ -2)$, $\mathrm{B}(5,\ 2)$, $\mathrm{P}(a,\ b)$라 하면
$$\sqrt{(a-1)^2+(b+2)^2}+\sqrt{(a-5)^2+(b-2)^2}$$
$$=\overline{\mathrm{AP}}+\overline{\mathrm{BP}}$$
$$\geq\overline{\mathrm{AB}}=\sqrt{(5-1)^2+(2+2)^2}=4\sqrt{2}$$
따라서 구하는 최솟값은 $4\sqrt{2}$이다.

0080 답 ㈎ $2a$　㈏ $\sqrt{3}a$　㈐ $2\sqrt{3}a$

$\mathrm{B}(6a,\ 0)$이라 하면 $\mathrm{C}(2a,\ 0)$, $\mathrm{D}(4a,\ 0)$이고 점 E의 y좌표는 정삼각형 ADE의 높이이므로
$$\frac{\sqrt{3}}{2}\times 4a=2\sqrt{3}a \qquad \therefore \mathrm{E}(\boxed{㈎\ 2a},\ 2\sqrt{3}a)$$
또 점 F의 y좌표는 정삼각형 DBF의 높이이므로
$$\frac{\sqrt{3}}{2}\times 2a=\sqrt{3}a \qquad \therefore \mathrm{F}(5a,\ \boxed{㈏\ \sqrt{3}a})$$
이때 $\overline{\mathrm{EC}}$, $\overline{\mathrm{CF}}$, $\overline{\mathrm{FE}}$의 길이를 각각 구하면
$$\overline{\mathrm{EC}}=2\sqrt{3}a$$
$$\overline{\mathrm{CF}}=\sqrt{(5a-2a)^2+(\sqrt{3}a)^2}=2\sqrt{3}a$$
$$\overline{\mathrm{FE}}=\sqrt{(2a-5a)^2+(2\sqrt{3}a-\sqrt{3}a)^2}=2\sqrt{3}a$$
$$\therefore \overline{\mathrm{EC}}=\overline{\mathrm{CF}}=\overline{\mathrm{FE}}=\boxed{㈐\ 2\sqrt{3}a}$$
따라서 삼각형 ECF는 정삼각형이다.

0081 답 160

$\mathrm{A}(a,\ b)$, $\mathrm{B}(c,\ d)$라 하면 선분 AB의 중점의 좌표가 $(1,\ 2)$이므로
$$\frac{a+c}{2}=1,\ \frac{b+d}{2}=2$$
$$\therefore a+c=2 \quad \cdots\cdots\ \unicode{x24B6},\ b+d=4 \quad \cdots\cdots\ \unicode{x24B7}$$
선분 AB를 $3:1$로 내분하는 점의 좌표가 $(4,\ 3)$이므로
$$\frac{3\times c+1\times a}{3+1}=4,\ \frac{3\times d+1\times b}{3+1}=3$$
$$\therefore a+3c=16 \quad \cdots\cdots\ \unicode{x24B8},\ b+3d=12 \quad \cdots\cdots\ \unicode{x24B9}$$
$\unicode{x24B6}$, $\unicode{x24B8}$을 연립하여 풀면 $a=-5$, $c=7$
$\unicode{x24B7}$, $\unicode{x24B9}$을 연립하여 풀면 $b=0$, $d=4$
따라서 $\mathrm{A}(-5,\ 0)$, $\mathrm{B}(7,\ 4)$이므로
$$\overline{\mathrm{AB}}^2=(7+5)^2+4^2=160$$

다른 풀이

오른쪽 그림과 같이 선분 AB의 중점을 M, 선분 AB를 $3:1$로 내분하는 점을 P라 하면
$$\overline{\mathrm{AB}}=4\overline{\mathrm{MP}}$$
$$=4\sqrt{(4-1)^2+(3-2)^2}=4\sqrt{10}$$
$$\therefore \overline{\mathrm{AB}}^2=(4\sqrt{10})^2=160$$

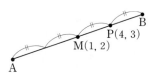

0082 답 21

선분 AB를 $3:b$로 내분하는 점의 좌표는

$$\left(\frac{3\times(-12)+b\times4}{3+b},\ \frac{3\times a+b\times(-8)}{3+b}\right)$$

$$\therefore \left(\frac{-36+4b}{3+b},\ \frac{3a-8b}{3+b}\right)$$

이 점이 점 $(-2, 1)$과 일치하므로

$$\frac{-36+4b}{3+b}=-2,\ \frac{3a-8b}{3+b}=1$$

$$-36+4b=-2(3+b),\ 3a-8b=3+b$$

$$b=5,\ a-3b=1 \qquad \therefore a=16,\ b=5$$

$$\therefore a+b=21$$

0083 답 ③

$t>0$, $1-t>0$이므로 $0<t<1$ ····· ㉠

선분 AB를 $t:(1-t)$로 내분하는 점의 좌표는

$$\left(\frac{t\times6+(1-t)\times(-2)}{t+(1-t)},\ \frac{t\times(-2)+(1-t)\times3}{t+(1-t)}\right)$$

$$\therefore (8t-2,\ 3-5t)$$

이 점이 제4사분면 위의 점이므로

$$8t-2>0,\ 3-5t<0$$

$$\therefore t>\frac{3}{5} \qquad\qquad ····· ㉡$$

㉠, ㉡의 공통부분을 구하면

$$\frac{3}{5}<t<1$$

따라서 $a=\dfrac{3}{5}$, $b=1$이므로

$$a+b=\frac{8}{5}$$

0084 답 $(15, -10)$

$3\overline{AB}=\overline{BC}$에서 $\overline{AB}:\overline{BC}=1:3$

이때 점 C의 x좌표가 양수이므로 점 B는 $\overline{AC}$를

$1:3$으로 내분하는 점이다.

점 C의 좌표를 (a, b)라 하면

$$\frac{1\times a+3\times(-1)}{1+3}=3,\ \frac{1\times b+3\times2}{1+3}=-1$$

$$a-3=12,\ b+6=-4$$

$$\therefore a=15,\ b=-10$$

따라서 점 C의 좌표는 $(15, -10)$이다.

0085 답 ③

두 대각선 AC와 BD의 중점의 좌표는 일치하므로 중점의 x좌표는

$$\frac{4+a}{2}=\frac{1+b}{2} \qquad \therefore b=a+3 \quad ····· ㉠$$

또 $\overline{AB}=\overline{BC}$에서 $\overline{AB}^2=\overline{BC}^2$이므로

$$(1-4)^2+(5-2)^2=(a-1)^2+(2-5)^2$$

$$a^2-2a-8=0,\ (a+2)(a-4)=0$$

$$\therefore a=-2 \text{ 또는 } a=4$$

그런데 $a=4$이면 점 A와 점 C가 일치하므로 사각형 ABCD가 만들어지지 않는다.

따라서 $a=-2$이므로 이를 ㉠에 대입하면 $b=1$

$$\therefore a+2b=-2+2=0$$

0086 답 ④

$$\overline{AB}=\sqrt{(14-2)^2+(8-3)^2}=13$$

$$\overline{AC}=\sqrt{(-4-2)^2+(-5-3)^2}=10$$

이때 $\overline{AD}$는 $\angle$A의 이등분선이므로

$$\overline{BD}:\overline{CD}=\overline{AB}:\overline{AC}=13:10$$

따라서

$$S_1:S_2=\overline{BD}:\overline{CD}=13:10$$

이므로

$$\frac{S_1}{S_2}=\frac{13}{10}$$

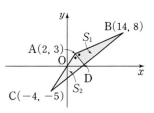

0087 답 ⑤

$\overline{AC}=\overline{BC}$에서 $\overline{AC}^2=\overline{BC}^2$이므로

$$(a+2)^2+b^2=a^2+(b-4)^2$$

$$\therefore a+2b-3=0 \qquad ····· ㉠$$

삼각형 ABC의 무게중심의 좌표는

$$\left(\frac{-2+a}{3},\ \frac{4+b}{3}\right)$$

이 점이 y축 위에 있으므로

$$\frac{-2+a}{3}=0 \qquad \therefore a=2$$

이를 ㉠에 대입하면

$$2+2b-3=0 \qquad \therefore b=\frac{1}{2}$$

$$\therefore a+b=\frac{5}{2}$$

0088 답 $y=3x-5$

P(a, b)라 하면 점 P가 직선 $y=3x+8$ 위의 점이므로

$$b=3a+8 \qquad\qquad ····· ㉠$$

선분 AP의 중점의 좌표를 (x, y)라 하면

$$x=\frac{6+a}{2},\ y=\frac{b}{2}$$

$$\therefore a=2x-6,\ b=2y \qquad ····· ㉡$$

㉡을 ㉠에 대입하면

$$2y=3(2x-6)+8$$

$$\therefore y=3x-5$$

0089 답 8

$\overline{AB}\leq5$에서 $\overline{AB}^2\leq5^2$이므로

$$(2-a)^2+(a-1)^2\leq25$$

$$a^2-3a-10\leq0 \qquad\qquad\qquad ····· ❶$$

$$(a+2)(a-5)\leq0 \qquad \therefore -2\leq a\leq5 \quad ····· ❷$$

따라서 정수 a는 $-2, -1, 0, 1, 2, 3, 4, 5$의 8개이다. ····· ❸

채점 기준

❶ a에 대한 부등식 세우기	40 %
❷ 부등식 풀기	30 %
❸ 정수 a의 개수 구하기	30 %

공통수학1 다시보기

$\alpha<\beta$일 때

(1) $(x-\alpha)(x-\beta)\geq0 \Rightarrow x\leq\alpha$ 또는 $x\geq\beta$

(2) $(x-\alpha)(x-\beta)\leq0 \Rightarrow \alpha\leq x\leq\beta$

0090 답 5

선분 AB를 $m:n$으로 내분하는 점의 좌표는

$$\left(\frac{6m-3n}{m+n}, \frac{-m+5n}{m+n}\right) \qquad \cdots\cdots \mathbf{0}$$

이 점이 x축 위에 있으므로

$$\frac{-m+5n}{m+n}=0, \ 5n=m \qquad \therefore \frac{m}{n}=5 \qquad \cdots\cdots \mathbf{0}$$

0091 답 3

$\overline{BA}=\sqrt{(-2-1)^2+(1+1)^2}=\sqrt{13}$

$\overline{BC}=\sqrt{(10-1)^2+(5+1)^2}=3\sqrt{13}$

이때 $\overline{BD}$는 $\angle$B의 이등분선이므로

$\overline{AD}:\overline{CD}=\overline{BA}:\overline{BC}$

$\qquad =\sqrt{13}:3\sqrt{13}$

$\qquad =1:3 \qquad \cdots\cdots \mathbf{0}$

즉, 점 D는 $\overline{AC}$를 $1:3$으로 내분하는 점이므로 점 D의 좌표는

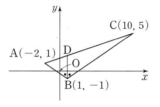

$$\left(\frac{1\times10+3\times(-2)}{1+3}, \frac{1\times5+3\times1}{1+3}\right) \qquad \therefore (1,2) \qquad \cdots\cdots \mathbf{0}$$

$$\therefore \overline{BD}=|2-(-1)|=3 \qquad \cdots\cdots \mathbf{0}$$

C 실력 향상

21쪽

0092 답 7

오른쪽 그림과 같이 좌표평면 위에 두 도로를 각각 x축, y축으로, O 지점을 원점으로 잡으면 출발한 지 t시간 후의 A의 위치는 $(-5+4t, 0)$, B의 위치는 $(0, -10+3t)$이다.

이때 두 사람 사이의 거리는

$\sqrt{(5-4t)^2+(-10+3t)^2}=\sqrt{25t^2-100t+125}$

$\qquad\qquad\qquad\qquad\qquad =\sqrt{25(t-2)^2+25}\,(\text{km})$

두 사람 사이의 거리가 가장 가까워지는 것은 $t=2$일 때, 즉 출발한 지 2시간 후이고 그때의 거리는 $\sqrt{25}=5(\text{km})$이다.

따라서 $a=2$, $d=5$이므로 $a+d=7$

0093 답 14

두 점 P, Q의 x좌표를 각각 α, β라 하면 α, β는 이차방정식 $x^2-2x=3x+k$, 즉 $x^2-5x-k=0$의 두 근이므로 이차방정식의 근과 계수의 관계에 의하여

$\alpha+\beta=5 \qquad \cdots\cdots \bigcirc, \quad \alpha\beta=-k \qquad \cdots\cdots \bigcirc$

선분 PQ를 $1:2$로 내분하는 점의 x좌표가 1이므로

$$\frac{1\times\beta+2\times\alpha}{1+2}=1 \qquad \therefore 2\alpha+\beta=3 \qquad \cdots\cdots \bigcirc$$

$\bigcirc$, $\bigcirc$을 연립하여 풀면 $\alpha=-2$, $\beta=7$

이를 $\bigcirc$에 대입하면

$-14=-k \qquad \therefore k=14$

0094 답 ⑤

$\overline{AC}=\sqrt{4^2+(-3)^2}=5$

$\overline{AB}=\sqrt{(-5)^2+(-9-3)^2}=13$

$\overline{AD}=\overline{AC}=5$이므로

$\overline{BD}=\overline{AB}-\overline{AD}=13-5=8$

$\triangle$BPA에서 $\overline{AP}/\!/\overline{DC}$이므로

$\overline{BC}:\overline{CP}=\overline{BD}:\overline{DA}=8:5$

따라서 점 C는 $\overline{BP}$를 $8:5$로 내분하는 점이므로 점 P의 좌표를 (a, b)라 하면

$$\frac{8\times a+5\times(-5)}{8+5}=4, \ \frac{8\times b+5\times(-9)}{8+5}=0$$

$8a-25=52, \ 8b-45=0$

$$\therefore a=\frac{77}{8}, \ b=\frac{45}{8}$$

따라서 점 P의 좌표는 $\left(\dfrac{77}{8}, \dfrac{45}{8}\right)$이다.

0095 답 $\left(6, \dfrac{15}{7}\right)$

점 P는 삼각형 AOB의 두 중선의 교점이므로 삼각형 AOB의 무게중심이다.

두 점 A, B가 각각 두 직선 $y=5x$, $y=\dfrac{1}{8}x$ 위의 점이므로

$A(a, 5a)$, $B\left(b, \dfrac{1}{8}b\right)$라 하면

$$\frac{a+b}{3}=6, \ \frac{5a+\dfrac{1}{8}b}{3}=4$$

$\therefore a+b=18, \ 40a+b=96$

두 식을 연립하여 풀면 $a=2$, $b=16$

즉, $A(2, 10)$, $B(16, 2)$이므로

$C\left(\dfrac{2}{2}, \dfrac{10}{2}\right)$, $D\left(\dfrac{16}{2}, \dfrac{2}{2}\right) \qquad \therefore C(1, 5)$, $D(8, 1)$

따라서 선분 CD를 $5:2$로 내분하는 점의 좌표는

$$\left(\frac{5\times8+2\times1}{5+2}, \frac{5\times1+2\times5}{5+2}\right) \qquad \therefore \left(6, \frac{15}{7}\right)$$

A 개념 확인

22~25쪽

0096 답 $y=2x+7$

$y-3=2(x+2)$ ∴ $y=2x+7$

0097 답 $y=-3x+2$

$y+7=-3(x-3)$ ∴ $y=-3x+2$

0098 답 $y=1$

0099 답 $x=-5$

0100 답 $y=x-4$

$y-0=\dfrac{-2-0}{2-4}(x-4)$ ∴ $y=x-4$

0101 답 $y=-\dfrac{1}{3}x+1$

$y-2=\dfrac{3-2}{-6+3}(x+3)$ ∴ $y=-\dfrac{1}{3}x+1$

0102 답 $x=2$

0103 답 $y=-1$

0104 답 $\dfrac{x}{3}+\dfrac{y}{5}=1$

0105 답 $-\dfrac{x}{6}+\dfrac{y}{2}=1$

0106 답
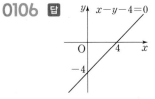

0107 답

0108 답
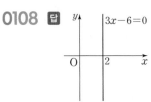

0109 답
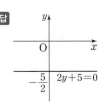

0110 답 제2, 3, 4사분면

$b\neq0$이므로 $ax+by+c=0$에서 $y=-\dfrac{a}{b}x-\dfrac{c}{b}$

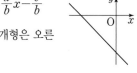

이때 $-\dfrac{a}{b}<0$, $-\dfrac{c}{b}<0$이므로 직선의 개형은 오른쪽 그림과 같다.

따라서 제2, 3, 4사분면을 지난다.

0111 답 제1, 3, 4사분면

$b\neq0$이므로 $ax+by+c=0$에서 $y=-\dfrac{a}{b}x-\dfrac{c}{b}$

이때 $-\dfrac{a}{b}>0$, $-\dfrac{c}{b}<0$이므로 직선의 개형은 오른쪽 그림과 같다.

따라서 제1, 3, 4사분면을 지난다.

0112 답 제1, 2사분면

$a=0$, $b\neq0$이므로 $ax+by+c=0$에서 $y=-\dfrac{c}{b}$

이때 $-\dfrac{c}{b}>0$이므로 직선의 개형은 오른쪽 그림과 같다.

따라서 제1, 2사분면을 지난다.

0113 답 제2, 3사분면

$a\neq0$, $b=0$이므로 $ax+by+c=0$에서 $x=-\dfrac{c}{a}$

이때 $-\dfrac{c}{a}<0$이므로 직선의 개형은 오른쪽 그림과 같다.

따라서 제2, 3사분면을 지난다.

0114 답 $(-1,\ 2)$

주어진 식이 k의 값에 관계없이 항상 성립해야 하므로

$x-y+3=0$, $x+y-1=0$

두 식을 연립하여 풀면

$x=-1$, $y=2$

따라서 구하는 점의 좌표는 $(-1,\ 2)$이다.

0115 답 $(1,\ 5)$

주어진 식을 k에 대하여 정리하면

$k(x-1)+(-y+5)=0$

이 식이 k의 값에 관계없이 항상 성립해야 하므로

$x-1=0$, $-y+5=0$

∴ $x=1$, $y=5$

따라서 구하는 점의 좌표는 $(1,\ 5)$이다.

0116 답 $2x-y=0$

두 직선 $3x+y-5=0$, $x-2y+3=0$의 교점을 지나는 직선의 방정식은

$3x+y-5+k(x-2y+3)=0$ (단, k는 실수) ······ ㉠

직선 ㉠이 원점을 지나므로

$-5+3k=0$ ∴ $k=\dfrac{5}{3}$

이를 ㉠에 대입하여 정리하면

$2x-y=0$

0117 답 $2x+y+2=0$

두 직선 $2x-y+2=0$, $x+y+1=0$의 교점을 지나는 직선의 방정식은

$2x-y+2+k(x+y+1)=0$ (단, k는 실수)   …… ㉠

직선 ㉠이 점 $(0, -2)$를 지나므로

$4-k=0$ $\therefore k=4$

이를 ㉠에 대입하여 정리하면

$2x+y+2=0$

0118 답 -5

$-4=m+1$이므로 $m=-5$

0119 답 $-\dfrac{3}{4}$

$-4(m+1)=-1$이므로 $m+1=\dfrac{1}{4}$ $\therefore m=-\dfrac{3}{4}$

0120 답 ㄱ

ㄱ. $\dfrac{4}{4}=\dfrac{1}{1}\ne\dfrac{-1}{2}$이므로 두 직선 $4x+y-1=0$, $4x+y+2=0$은 서로 평행하다.

0121 답 ㄹ

ㄹ. $4\times1+1\times(-4)=0$이므로 두 직선 $4x+y-1=0$, $x-4y=0$은 서로 수직이다.

참고 ㄴ. $\dfrac{4}{4}\ne\dfrac{1}{-1}$이므로 두 직선 $4x+y-1=0$, $4x-y+1=0$은 한 점에서 만난다.

ㄷ. $\dfrac{4}{1}\ne\dfrac{1}{4}$이므로 두 직선 $4x+y-1=0$, $x+4y-3=0$은 한 점에서 만난다.

0122 답 1

$\dfrac{a}{2}=\dfrac{-1}{a-3}\ne\dfrac{-1}{-1}$이므로

$\dfrac{a}{2}=\dfrac{-1}{a-3}$에서 $a(a-3)=-2$, $a^2-3a+2=0$

$(a-1)(a-2)=0$ $\therefore a=1$ 또는 $a=2$ …… ㉠

$\dfrac{a}{2}\ne\dfrac{-1}{-1}$에서 $a\ne2$ …… ㉡

㉠, ㉡에서 $a=1$

0123 답 -3

$2a-(a-3)=0$이므로 $a+3=0$ $\therefore a=-3$

0124 답 $y=-2x+3$

직선 $y=-2x+1$에 평행한 직선의 기울기는 -2이므로 기울기가 -2이고 점 $(4, -5)$를 지나는 직선의 방정식은

$y+5=-2(x-4)$ $\therefore y=-2x+3$

0125 답 $y=-4x-7$

직선 $y=\dfrac{1}{4}x-3$에 수직인 직선의 기울기는 -4이므로 기울기가 -4이고 점 $(-2, 1)$을 지나는 직선의 방정식은

$y-1=-4(x+2)$ $\therefore y=-4x-7$

0126 답 $5x-2y-15=0$

직선 $5x-2y+2=0$, 즉 $y=\dfrac{5}{2}x+1$에 평행한 직선의 기울기는 $\dfrac{5}{2}$이므로 기울기가 $\dfrac{5}{2}$이고 점 $(3, 0)$을 지나는 직선의 방정식은

$y=\dfrac{5}{2}(x-3)$ $\therefore 5x-2y-15=0$

0127 답 $x+3y+16=0$

직선 $3x-y-1=0$, 즉 $y=3x-1$에 수직인 직선의 기울기는 $-\dfrac{1}{3}$이므로 기울기가 $-\dfrac{1}{3}$이고 점 $(-1, -5)$를 지나는 직선의 방정식은

$y+5=-\dfrac{1}{3}(x+1)$ $\therefore x+3y+16=0$

0128 답 $\dfrac{3\sqrt{2}}{2}$

$\dfrac{|1\times(-1)+1\times6-2|}{\sqrt{1^2+1^2}}=\dfrac{3\sqrt{2}}{2}$

0129 답 $\sqrt{5}$

$\dfrac{|2\times1+1\times(-4)-3|}{\sqrt{2^2+1^2}}=\sqrt{5}$

0130 답 $\sqrt{10}$

$\dfrac{|1\times3+3\times1+4|}{\sqrt{1^2+3^2}}=\sqrt{10}$

0131 답 1

$\dfrac{|-5|}{\sqrt{3^2+(-4)^2}}=1$

0132 답 3

$|2-(-1)|=3$

만렙 Note

(1) 점 (a, b)와 직선 $x=p$ 사이의 거리
  ➡ $|p-a|$
(2) 점 (a, b)와 직선 $y=q$ 사이의 거리
  ➡ $|q-b|$

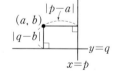

0133 답 5

$|2-(-3)|=5$

0134 답 $\sqrt{10}$

구하는 두 직선 사이의 거리는 직선 $x+3y=0$ 위의 점 $(0, 0)$과 직선 $x+3y+10=0$ 사이의 거리와 같으므로

$\dfrac{|10|}{\sqrt{1^2+3^2}}=\sqrt{10}$

0135 답 2

구하는 두 직선 사이의 거리는 직선 $3x+4y+4=0$ 위의 점 $(0, -1)$과 직선 $3x+4y-6=0$ 사이의 거리와 같으므로

$\dfrac{|4\times(-1)-6|}{\sqrt{3^2+4^2}}=2$

0136 답 $y=-x+3$

두 점 $(-1, 3)$, $(5, -1)$을 이은 선분의 중점의 좌표는

$\left(\dfrac{-1+5}{2}, \dfrac{3-1}{2}\right)$ $\therefore (2, 1)$

따라서 점 $(2, 1)$을 지나고 기울기가 -1인 직선의 방정식은

$y-1=-(x-2)$

$\therefore y=-x+3$

0137 답 ④

구하는 직선의 기울기는 $\tan 60°=\sqrt{3}$

따라서 기울기가 $\sqrt{3}$이고 점 $(2, -\sqrt{3})$을 지나는 직선의 방정식은

$y+\sqrt{3}=\sqrt{3}(x-2)$

$\therefore y=\sqrt{3}x-3\sqrt{3}$

0138 답 ⑤

$2x-3y+5=0$에서 $y=\dfrac{2}{3}x+\dfrac{5}{3}$

즉, 기울기가 $\dfrac{2}{3}$이고 점 $(-3, 2)$를 지나는 직선의 방정식은

$y-2=\dfrac{2}{3}(x+3)$ $\therefore 2x-3y+12=0$

따라서 $a=2$, $b=12$이므로

$b-a=10$

0139 답 $\dfrac{3}{2}$

점 $(2, -3)$을 지나고 기울기가 -3인 직선의 방정식은

$y+3=-3(x-2)$ $\therefore y=-3x+3$

따라서 오른쪽 그림에서 구하는 넓이는

$\dfrac{1}{2}\times 1\times 3=\dfrac{3}{2}$

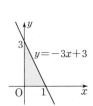

0140 답 $y=2x$

선분 AB를 $3:2$로 내분하는 점의 좌표는

$\left(\dfrac{3\times 4+2\times(-1)}{3+2}, \dfrac{3\times 6+2\times 1}{3+2}\right)$ $\therefore (2, 4)$

따라서 두 점 $(2, 4)$, $(-1, -2)$를 지나는 직선의 방정식은

$y-4=\dfrac{-2-4}{-1-2}(x-2)$

$\therefore y=2x$

0141 답 ①

두 점 $(-3, 5)$, $(1, -3)$을 지나는 직선의 방정식은

$y-5=\dfrac{-3-5}{1+3}(x+3)$ $\therefore y=-2x-1$

두 점 $(a, 1)$, $(-2, b)$가 직선 $y=-2x-1$ 위의 점이므로

$1=-2a-1$, $b=4-1$

$\therefore a=-1$, $b=3$

$\therefore ab=-3$

0142 답 5

삼각형 ABC의 무게중심의 좌표는

$\left(\dfrac{-3+2+4}{3}, \dfrac{-2+4+7}{3}\right)$ $\therefore (1, 3)$ ⋯⋯ ❶

두 점 $(1, 3)$, $(-1, 1)$을 지나는 직선의 방정식은

$y-3=\dfrac{1-3}{-1-1}(x-1)$

$\therefore y=x+2$ ⋯⋯ ❷

따라서 $a=1$, $b=2$이므로

$a^2+b^2=1+4=5$ ⋯⋯ ❸

채점 기준

❶ 삼각형 ABC의 무게중심의 좌표 구하기		40 %
❷ 직선의 방정식 구하기		40 %
❸ a^2+b^2의 값 구하기		20 %

0143 답 7

$\triangle PAB : \triangle PBC=3:2$이므로

$\overline{PA} : \overline{PC}=3:2$

즉, 점 P는 선분 AC를 $3:2$로 내분하는 점이므로

$P\left(\dfrac{3\times 6+2\times 1}{3+2}, \dfrac{3\times 8+2\times 3}{3+2}\right)$ $\therefore P(4, 6)$

두 점 B, P를 지나는 직선의 방정식은

$y-4=\dfrac{6-4}{4-5}(x-5)$

$\therefore y=-2x+14$

따라서 이 직선의 x절편은 7이다.

중2 다시보기

높이가 같은 두 삼각형의 넓이의 비는 두 삼각형의 밑변의 길이의 비와 같다.

➡ $\triangle ABD : \triangle ADC=\overline{BD} : \overline{DC}$

0144 답 ①

x절편이 3이고 y절편이 -6인 직선의 방정식은

$\dfrac{x}{3}+\dfrac{y}{-6}=1$

이 직선이 점 $(a, -4)$를 지나므로

$\dfrac{a}{3}+\dfrac{-4}{-6}=1$, $\dfrac{a}{3}+\dfrac{2}{3}=1$

$\therefore a=1$

0145 답 ③

y절편을 $a(a\neq 0)$라 하면 x절편은 $2a$이므로 직선의 방정식은

$\dfrac{x}{2a}+\dfrac{y}{a}=1$

이 직선이 점 $(4, -1)$을 지나므로

$\dfrac{4}{2a}+\dfrac{-1}{a}=1$, $\dfrac{1}{a}=1$ $\therefore a=1$

따라서 구하는 직선의 방정식은

$\dfrac{x}{2}+y=1$

0146 답 8

직선 $\dfrac{x}{a}+\dfrac{y}{2}=1$의 x절편은 $a(a>0)$이고 y절편은 2이므로 직선의 개형은 오른쪽 그림과 같다.

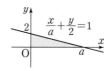

이때 이 직선과 x축 및 y축으로 둘러싸인 부분의 넓이가 8이므로

$\dfrac{1}{2}\times a\times 2=8$ $\therefore a=8$

0147 답 4

세 점 A, B, C가 한 직선 위에 있으려면 직선 AB와 직선 AC의 기울기가 같아야 하므로

$\dfrac{-k+1}{2-1}=\dfrac{-9+1}{(k-2)-1}$, $-k+1=\dfrac{-8}{k-3}$

$(k-1)(k-3)=8$, $k^2-4k-5=0$

$(k+1)(k-5)=0$ $\therefore k=-1$ 또는 $k=5$

따라서 모든 k의 값의 합은

$-1+5=4$

0148 답 $2\sqrt{10}$

점 A가 직선 BC 위에 있으려면 직선 AB와 직선 BC의 기울기가 같아야 하므로

$\dfrac{4-1}{2-1}=\dfrac{(2k-1)-4}{(k+1)-2}$, $3=\dfrac{2k-5}{k-1}$

$3(k-1)=2k-5$, $3k-3=2k-5$

$\therefore k=-2$ ...... ❶

따라서 C$(-1,\ -5)$이므로 두 점 A, C 사이의 거리는

$\sqrt{(-1-1)^2+(-5-1)^2}=2\sqrt{10}$ ...... ❷

채점 기준

❶ k의 값 구하기	60 %
❷ 두 점 A, C 사이의 거리 구하기	40 %

0149 답 ④

서로 다른 세 점 A, B, C가 삼각형을 이루지 않으려면 세 점이 한 직선 위에 있어야 한다.

즉, 직선 AC와 직선 BC의 기울기가 같아야 하므로

$\dfrac{8+1}{2-k}=\dfrac{8-(3k-4)}{2+3}$, $\dfrac{9}{2-k}=\dfrac{-3k+12}{5}$

$45=3(k-4)(k-2)$, $k^2-6k-7=0$

$(k+1)(k-7)=0$ $\therefore k=-1$ 또는 $k=7$

따라서 양수 k의 값은 7이다.

0150 답 ③

점 A를 지나는 직선이 삼각형 ABC의 넓이를 이등분하려면 선분 BC의 중점을 지나야 한다.

선분 BC의 중점의 좌표는

$\left(\dfrac{-1+5}{2},\ \dfrac{-5-3}{2}\right)$ $\therefore (2,\ -4)$

따라서 두 점 $(3,\ 3)$, $(2,\ -4)$를 지나는 직선의 방정식은

$y-3=\dfrac{-4-3}{2-3}(x-3)$ $\therefore y=7x-18$

0151 답 ④

직선 $\dfrac{x}{3}+\dfrac{y}{6}=1$이 x축과 만나는 점을 A, y축과 만나는 점을 B라 하면

A$(3,\ 0)$, B$(0,\ 6)$

오른쪽 그림에서 직선 $y=mx$가 삼각형 OAB의 넓이를 이등분하므로 이 직선은 선분 AB의 중점을 지나야 한다.

선분 AB의 중점의 좌표는

$\left(\dfrac{3}{2},\ \dfrac{6}{2}\right)$ $\therefore \left(\dfrac{3}{2},\ 3\right)$

따라서 직선 $y=mx$가 점 $\left(\dfrac{3}{2},\ 3\right)$을 지나므로

$3=\dfrac{3}{2}m$ $\therefore m=2$

0152 답 $\dfrac{3}{2}$

주어진 마름모의 넓이를 이등분하는 직선은 마름모의 두 대각선의 교점 $(3,\ 2)$를 지나야 한다.   ...... ❶

두 점 $(0,\ -2)$, $(3,\ 2)$를 지나는 직선의 방정식은

$y+2=\dfrac{2+2}{3}x$ $\therefore y=\dfrac{4}{3}x-2$ ...... ❷

따라서 이 직선의 x절편은 $\dfrac{3}{2}$이다.   ...... ❸

채점 기준

❶ 직선이 지나는 한 점의 좌표 구하기	40 %
❷ 직선의 방정식 구하기	40 %
❸ 직선의 x절편 구하기	20 %

0153 답 6

두 직사각형의 넓이를 동시에 이등분하는 직선은 두 직사각형의 두 대각선의 교점을 모두 지난다.

오른쪽 그림과 같이 두 직사각형의 두 대각선의 교점을 각각 M, M'이라 하면 점 M은 두 점 $(0,\ 5)$, $(2,\ 3)$을 이은 선분의 중점이므로

M$\left(\dfrac{2}{2},\ \dfrac{5+3}{2}\right)$ $\therefore$ M$(1,\ 4)$

점 M'은 두 점 $(2,\ 2)$, $(6,\ 0)$을 이은 선분의 중점이므로

M'$\left(\dfrac{2+6}{2},\ \dfrac{2}{2}\right)$ $\therefore$ M'$(4,\ 1)$

두 점 M, M'을 지나는 직선의 방정식은

$y-4=\dfrac{1-4}{4-1}(x-1)$

$\therefore x+y-5=0$

따라서 $a=1$, $b=-5$이므로

$a-b=6$

0154 답 ④

$b\neq 0$이므로 $ax+by+c=0$에서 $y=-\dfrac{a}{b}x-\dfrac{c}{b}$ ...... ㉠

$ab<0$에서 $-\dfrac{a}{b}>0$이므로 직선 ㉠의 기울기는 양수이다.

$bc<0$에서 $-\dfrac{c}{b}>0$이므로 직선 ㉠의 y절편은 양수이다.

따라서 직선 $ax+by+c=0$의 개형은 오른쪽 그림과 같으므로 제4사분면을 지나지 않는다.

0155 답 ②

$ab=0$, $ac<0$에서 $a\neq0$, $b=0$

$ax+by+c=0$에서 $x=-\dfrac{c}{a}$

이때 $ac<0$에서 $-\dfrac{c}{a}>0$

따라서 직선 $ax+by+c=0$의 개형은 오른쪽 그림과 같으므로 제1, 4사분면을 지난다.

0156 답 ⑤

직선 $ax+by+c=0$의 개형이 주어진 그림과 같으려면

$a\neq0$, $b\neq0$, $c\neq0$

$ax+by+c=0$에서 $y=-\dfrac{a}{b}x-\dfrac{c}{b}$

이 직선의 기울기는 음수, y절편은 양수이므로

$-\dfrac{a}{b}<0$, $-\dfrac{c}{b}>0$ ∴ $ab>0$, $bc<0$

즉, $a>0$, $b>0$, $c<0$ 또는 $a<0$, $b<0$, $c>0$이므로

$ac<0$

한편 $cx+ay+b=0$에서 $y=-\dfrac{c}{a}x-\dfrac{b}{a}$ ······ ㉠

$ac<0$에서 $-\dfrac{c}{a}>0$이므로 직선 ㉠의 기울기는 양수이다.

$ab>0$에서 $-\dfrac{b}{a}<0$이므로 직선 ㉠의 y절편은 음수이다.

따라서 직선 $cx+ay+b=0$의 개형은 ⑤이다.

0157 답 ④

주어진 식을 k에 대하여 정리하면

$(3x+y+6)+k(x+y-2)=0$

이 식이 k의 값에 관계없이 항상 성립해야 하므로

$3x+y+6=0$, $x+y-2=0$

두 식을 연립하여 풀면 $x=-4$, $y=6$

따라서 항상 점 $(-4, 6)$을 지나므로

$a=-4$, $b=6$

∴ $a^2+b^2=16+36=52$

0158 답 -9

주어진 식을 k에 대하여 정리하면

$(x-y+a)+k(x+2y+3)=0$

이 식이 k의 값에 관계없이 항상 성립해야 하므로

$x-y+a=0$, $x+2y+3=0$

이때 점 $(3, b)$는 이 두 직선의 교점이므로

$3-b+a=0$, $3+2b+3=0$

∴ $a=-6$, $b=-3$

∴ $a+b=-9$

0159 답 $y=3x+8$

주어진 식을 k에 대하여 정리하면

$(x-y+4)+k(x+3y-4)=0$

이 식이 k의 값에 관계없이 항상 성립해야 하므로

$x-y+4=0$, $x+3y-4=0$

두 식을 연립하여 풀면 $x=-2$, $y=2$

∴ P$(-2, 2)$ ······ ❶

따라서 기울기가 3이고 점 P를 지나는 직선의 방정식은

$y-2=3(x+2)$ ∴ $y=3x+8$ ······ ❷

채점 기준

❶ 점 P의 좌표 구하기	60 %
❷ 직선의 방정식 구하기	40 %

0160 답 $(4, 1)$

점 (a, b)가 직선 $2x-y=3$ 위에 있으므로

$2a-b=3$ ∴ $b=2a-3$

이를 $ax-2by=6$에 대입하면 $ax-2(2a-3)y=6$

이 식을 a에 대하여 정리하면 $a(x-4y)+(6y-6)=0$

이 식이 a의 값에 관계없이 항상 성립해야 하므로

$x-4y=0$, $6y-6=0$ ∴ $x=4$, $y=1$

따라서 구하는 점의 좌표는 $(4, 1)$이다.

0161 답 ②

$mx-y-5m+4=0$을 m에 대하여 정리하면

$m(x-5)-(y-4)=0$ ······ ㉠

이므로 직선 ㉠은 m의 값에 관계없이 항상 점 $(5, 4)$를 지난다.

오른쪽 그림과 같이 직선 ㉠을 직선 $x+y-3=0$과 제1사분면에서 만나도록 움직여 보면

(i) 직선 ㉠이 점 $(0, 3)$을 지날 때

$-5m+1=0$ ∴ $m=\dfrac{1}{5}$

(ii) 직선 ㉠이 점 $(3, 0)$을 지날 때

$-2m+4=0$ ∴ $m=2$

(i), (ii)에서 m의 값의 범위는 $\dfrac{1}{5}<m<2$

따라서 $\alpha=\dfrac{1}{5}$, $\beta=2$이므로 $\alpha\beta=\dfrac{2}{5}$

0162 답 ③

$kx-y+k+2=0$을 k에 대하여 정리하면

$k(x+1)-(y-2)=0$ ······ ㉠

이므로 직선 ㉠은 k의 값에 관계없이 항상 점 $(-1, 2)$를 지난다.

오른쪽 그림과 같이 직선 ㉠을 선분 AB와 한 점에서 만나도록 움직여 보면

(i) 직선 ㉠이 점 A$(1, -1)$을 지날 때

$2k+3=0$ ∴ $k=-\dfrac{3}{2}$

(ii) 직선 ㉠이 점 B$(2, 8)$을 지날 때

$3k-6=0$ ∴ $k=2$

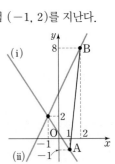

(i), (ii)에서 k의 값의 범위는

$-\dfrac{3}{2} \leq k \leq 2$

따라서 정수 k는 -1, 0, 1, 2의 4개이다.

0163 답 4

$y=kx+2k-2$를 k에 대하여 정리하면

$k(x+2)-(y+2)=0$ ...... ㉠

이므로 직선 ㉠은 k의 값에 관계없이 항상 점 $(-2, -2)$를 지난다.

...... ❶

오른쪽 그림과 같이 직선 ㉠을 주어진 정사각형과 만나도록 움직여 보면

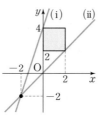

(i) 직선 ㉠이 점 $(0, 4)$를 지날 때

$2k-6=0$ ∴ $k=3$

(ii) 직선 ㉠이 점 $(2, 2)$를 지날 때

$4k-4=0$ ∴ $k=1$

(i), (ii)에서 k의 값의 범위는

$1 \leq k \leq 3$ ...... ❷

따라서 $M=3$, $m=1$이므로

$M+m=4$ ...... ❸

❶ 직선이 k의 값에 관계없이 항상 지나는 점의 좌표 구하기	30%
❷ k의 값의 범위 구하기	50%
❸ $M+m$의 값 구하기	20%

0164 답 $-3 < m < -\dfrac{1}{2}$

$mx-y-3m+2=0$을 m에 대하여 정리하면

$m(x-3)-(y-2)=0$ ...... ㉠

이므로 직선 ㉠은 m의 값에 관계없이 항상 점 $(3, 2)$를 지난다.

직선 ㉠이 삼각형 ABC와 만나지 않으려면 직선 ㉠은 오른쪽 그림의 색칠한 부분에 있어야 하므로

(i) 직선 ㉠이 점 $A(1, 3)$을 지날 때

$-2m-1=0$ ∴ $m=-\dfrac{1}{2}$

(ii) 직선 ㉠이 점 $B(4, -1)$을 지날 때

$m+3=0$ ∴ $m=-3$

(i), (ii)에서 구하는 m의 값의 범위는

$-3 < m < -\dfrac{1}{2}$

0165 답 1

두 직선 $x+2y+4=0$, $2x-3y-5=0$의 교점을 지나는 직선의 방정식은

$x+2y+4+k(2x-3y-5)=0$ (단, k는 실수) ...... ㉠

직선 ㉠이 점 $(2, 1)$을 지나므로

$8-4k=0$ ∴ $k=2$

이를 ㉠에 대입하여 정리하면

$5x-4y-6=0$

따라서 $a=5$, $b=-4$이므로

$a+b=1$

0166 답 ⑤

두 직선 $2x-y+4=0$, $x+4y-3=0$의 교점을 지나는 직선의 방정식은

$2x-y+4+k(x+4y-3)=0$ (단, k는 실수) ...... ㉠

직선 ㉠이 점 $(3, 2)$를 지나므로

$8+8k=0$ ∴ $k=-1$

이를 ㉠에 대입하여 정리하면

$x-5y+7=0$

따라서 이 직선 위의 점인 것은 ⑤이다.

0167 답 ④

직선 $3x-y+3=0$의 x절편은 -1이므로

$A(-1, 0)$

직선 $x+y-7=0$의 x절편은 7이므로

$B(7, 0)$

이때 점 C를 지나는 직선의 방정식은

$3x-y+3+k(x+y-7)=0$ (단, k는 실수) ...... ㉠

직선 ㉠이 삼각형 ABC의 넓이를 이등분하려면 선분 AB의 중점을 지나야 한다.

선분 AB의 중점의 좌표는

$\left(\dfrac{-1+7}{2}, \dfrac{0}{2}\right)$ ∴ $(3, 0)$

직선 ㉠이 점 $(3, 0)$을 지나야 하므로

$12-4k=0$ ∴ $k=3$

이를 ㉠에 대입하여 정리하면

$3x+y-9=0$

따라서 $a=3$, $b=1$이므로

$a^2+b^2=9+1=10$

0168 답 ③

두 점 $A(1, 2)$, $B(4, 8)$을 지나는 직선의 기울기는 $\dfrac{8-2}{4-1}=2$이므로 이 직선에 수직인 직선의 기울기는 $-\dfrac{1}{2}$이다.

선분 AB를 $2 : 1$로 내분하는 점의 좌표는

$\left(\dfrac{2\times4+1\times1}{2+1}, \dfrac{2\times8+1\times2}{2+1}\right)$ ∴ $(3, 6)$

즉, 기울기가 $-\dfrac{1}{2}$이고 점 $(3, 6)$을 지나는 직선의 방정식은

$y-6=-\dfrac{1}{2}(x-3)$ ∴ $y=-\dfrac{1}{2}x+\dfrac{15}{2}$

따라서 이 직선의 x절편은 15이다.

0169 답 5

두 점 $(-2, -3)$, $(2, 1)$을 지나는 직선의 기울기는

$\dfrac{1+3}{2+2}=1$

따라서 기울기가 1이고 x절편이 -3, 즉 점 $(-3, 0)$을 지나는 직선의 방정식은

$y=x+3$

이 직선이 점 $(2, k)$를 지나므로

$k=2+3=5$

0170 답 ⑤

$3x+2y-5=0$, $3x+y-1=0$을 연립하여 풀면
$x=-1$, $y=4$
즉, 두 직선의 교점의 좌표는 $(-1, 4)$이다.
직선 $2x-y+4=0$, 즉 $y=2x+4$에 평행한 직선의 기울기는 2이므로 기울기가 2이고 점 $(-1, 4)$를 지나는 직선의 방정식은
$y-4=2(x+1)$　　∴ $y=2x+6$
따라서 구하는 직선의 y절편은 6이다.

다른 풀이

두 직선 $3x+2y-5=0$, $3x+y-1=0$의 교점을 지나는 직선의 방정식은
$3x+2y-5+k(3x+y-1)=0$
∴ $(3+3k)x+(2+k)y-5-k=0$ (단, k는 실수) ······ ㉠
직선 ㉠이 직선 $2x-y+4=0$에 평행하므로
$\dfrac{3+3k}{2}=\dfrac{2+k}{-1}\neq\dfrac{-5-k}{4}$
$\dfrac{3+3k}{2}=\dfrac{2+k}{-1}$에서 $-3-3k=4+2k$
$5k=-7$　　∴ $k=-\dfrac{7}{5}$
이를 ㉠에 대입하면
$-\dfrac{6}{5}x+\dfrac{3}{5}y-\dfrac{18}{5}=0$　　∴ $2x-y+6=0$
따라서 구하는 직선의 y절편은 6이다.

0171 답 5

직선 $3x-2y+5=0$, 즉 $y=\dfrac{3}{2}x+\dfrac{5}{2}$의 기울기가 $\dfrac{3}{2}$이므로 직선
AH의 기울기는 $-\dfrac{2}{3}$이다.
즉, 기울기가 $-\dfrac{2}{3}$이고 점 $A(4, 2)$를 지나는 직선 AH의 방정식은
$y-2=-\dfrac{2}{3}(x-4)$　　∴ $2x+3y-14=0$ ······ ➊
점 H는 두 직선 $3x-2y+5=0$, $2x+3y-14=0$의 교점이므로 두 식을 연립하여 풀면
$x=1$, $y=4$
따라서 $H(1, 4)$이므로 $a=1$, $b=4$
∴ $a+b=5$ ······ ➋

채점 기준

➊ 직선 AH의 방정식 구하기		50 %
➋ $a+b$의 값 구하기		50 %

0172 답 ③

오른쪽 그림과 같이 선분 BC의 중점을 M
이라 하면 점 M은 직선 $y=m(x-2)$와
y축에서 만나는 점이므로
$M(0, -2m)$
삼각형 ABC는 $\overline{AB}=\overline{AC}$인 이등변삼각
형이므로
$\overline{AM}\perp\overline{BC}$
두 점 $A(-2, 3)$, $M(0, -2m)$을 지나는 직선의 기울기는
$\dfrac{-2m-3}{2}$

두 직선 AM, BC가 서로 수직이므로
$\dfrac{-2m-3}{2}\times m=-1$
$2m^2+3m-2=0$, $(m+2)(2m-1)=0$
∴ $m=-2$ 또는 $m=\dfrac{1}{2}$
따라서 양수 m의 값은 $\dfrac{1}{2}$이다.

중2 다시보기

$\overline{AB}=\overline{AC}$인 이등변삼각형 ABC에서 $\overline{BC}$의 중
점을 M이라 하면 $\overline{AM}$은 $\overline{BC}$의 수직이등분선이
다.
➡ $\overline{BM}=\overline{CM}$, $\overline{AM}\perp\overline{BC}$

0173 답 10

직선 $x+3y-2=0$이 직선 $ax-by+3=0$에 수직이므로
$1\times a+3\times(-b)=0$　　∴ $a=3b$ ······ ㉠
직선 $x+3y-2=0$이 직선 $x-ay-1=0$에 평행하므로
$\dfrac{1}{1}=\dfrac{3}{-a}\neq\dfrac{-2}{-1}$　　∴ $a=-3$
이를 ㉠에 대입하면
$-3=3b$　　∴ $b=-1$
∴ $a^2+b^2=9+1=10$

0174 답 ⑤

직선 $bx-y+5=0$이 직선 $4x-2y+1=0$에 평행하므로
$\dfrac{b}{4}=\dfrac{-1}{-2}\neq\dfrac{5}{1}$　　∴ $b=2$
직선 $bx-y+5=0$, 즉 $2x-y+5=0$이 점 $(1, a)$를 지나므로
$2-a+5=0$　　∴ $a=7$
∴ $ab=14$

0175 답 6

두 직선 $3x+(k+3)y-5=0$, $2x+(k-4)y+1=0$이 서로 평행
하려면
$\dfrac{3}{2}=\dfrac{k+3}{k-4}\neq\dfrac{-5}{1}$
$\dfrac{3}{2}=\dfrac{k+3}{k-4}$에서 $3(k-4)=2(k+3)$
$3k-12=2k+6$　　∴ $k=18$
∴ $\alpha=18$ ······ ➊
두 직선이 서로 수직이 되려면
$3\times2+(k+3)(k-4)=0$
$k^2-k-6=0$, $(k+2)(k-3)=0$
∴ $k=-2$ 또는 $k=3$
그런데 $\beta>0$이므로 $\beta=3$ ······ ➋
∴ $\dfrac{\alpha}{\beta}=\dfrac{18}{3}=6$ ······ ➌

채점 기준

➊ α의 값 구하기		40 %
➋ β의 값 구하기		40 %
➌ $\dfrac{\alpha}{\beta}$의 값 구하기		20 %

0176 답 ⑤

두 직선 $kx+y-3=0$, $5x+(k-4)y+1=0$의 교점이 존재하지 않으려면 두 직선이 서로 평행해야 하므로

$$\frac{k}{5}=\frac{1}{k-4}\neq\frac{-3}{1}$$

$\frac{k}{5}=\frac{1}{k-4}$에서 $k(k-4)=5$

$k^2-4k-5=0$, $(k+1)(k-5)=0$

$\therefore k=-1$ 또는 $k=5$

따라서 모든 상수 k의 값의 합은

$-1+5=4$

0177 답 1

직선 $(k+3)x-y+1=0$은 y축과 점 $(0, 1)$에서 만나므로 두 점 $(4, 0)$, $(0, 1)$을 지나는 직선의 방정식은

$$\frac{x}{4}+\frac{y}{1}=1 \qquad \therefore x+4y-4=0$$

두 직선 $(k+3)x-y+1=0$, $x+4y-4=0$이 서로 수직이므로

$(k+3)\times1+(-1)\times4=0$

$k-1=0 \qquad \therefore k=1$

0178 답 ③

두 점 $A(-1, 2)$, $B(5, 4)$를 지나는 직선의 기울기는 $\frac{4-2}{5+1}=\frac{1}{3}$이므로 선분 AB의 수직이등분선의 기울기는 -3이다.

선분 AB의 중점의 좌표는

$$\left(\frac{-1+5}{2}, \frac{2+4}{2}\right) \qquad \therefore (2, 3)$$

즉, 기울기가 -3이고 점 $(2, 3)$을 지나는 직선의 방정식은

$y-3=-3(x-2) \qquad \therefore y=-3x+9$

따라서 이 직선이 점 $(a, 6)$을 지나므로

$6=-3a+9 \qquad \therefore a=1$

0179 답 ①

직선 $2x+y-4=0$의 x절편은 2, y절편은 4이므로

$A(2, 0)$, $B(0, 4)$

선분 AB의 중점의 좌표는

$$\left(\frac{2}{2}, \frac{4}{2}\right) \qquad \therefore (1, 2)$$

직선 $2x+y-4=0$, 즉 $y=-2x+4$의 기울기는 -2이므로 선분 AB의 수직이등분선의 기울기는 $\frac{1}{2}$이다.

따라서 구하는 직선의 방정식은

$y-2=\frac{1}{2}(x-1)$

$\therefore x-2y+3=0$

0180 답 15

직선 AB와 직선 $y=-2x+b$가 서로 수직이므로

$$\frac{a-3}{5-1}\times(-2)=-1$$

$a-3=2 \qquad \therefore a=5$

즉, $B(5, 5)$이므로 선분 AB의 중점의 좌표는

$$\left(\frac{1+5}{2}, \frac{3+5}{2}\right) \qquad \therefore (3, 4)$$

따라서 직선 $y=-2x+b$는 점 $(3, 4)$를 지나므로

$4=-6+b \qquad \therefore b=10$

$\therefore a+b=15$

0181 답 $\frac{7}{2}$

세 직선이 삼각형을 이루지 않으려면 세 직선이 모두 평행하거나 세 직선 중 두 직선이 서로 평행하거나 세 직선이 한 점에서 만나야 한다.

두 직선 $x+y=0$, $x-2y+3=0$은 서로 평행하지 않으므로 주어진 세 직선이 삼각형을 이루지 않는 경우는 다음과 같다.

(i) 두 직선 $x+y=0$, $ax+y+2=0$이 서로 평행할 때

$$\frac{1}{a}=\frac{1}{1}\neq\frac{0}{2} \qquad \therefore a=1$$

(ii) 두 직선 $x-2y+3=0$, $ax+y+2=0$이 서로 평행할 때

$$\frac{1}{a}=\frac{-2}{1}\neq\frac{3}{2} \qquad \therefore a=-\frac{1}{2}$$

(iii) 직선 $ax+y+2=0$이 두 직선 $x+y=0$, $x-2y+3=0$의 교점을 지날 때

$x+y=0$, $x-2y+3=0$을 연립하여 풀면

$x=-1$, $y=1$

직선 $ax+y+2=0$이 점 $(-1, 1)$을 지나야 하므로

$-a+1+2=0 \qquad \therefore a=3$

(i), (ii), (iii)에서 모든 상수 a의 값의 합은

$$1+\left(-\frac{1}{2}\right)+3=\frac{7}{2}$$

0182 답 ②

주어진 세 직선에 의하여 생기는 교점이 2개가 되려면 세 직선 중 두 직선이 서로 평행해야 한다.

(i) 두 직선 $3x+y-6=0$, $ax+2y+1=0$이 서로 평행할 때

$$\frac{3}{a}=\frac{1}{2}\neq\frac{-6}{1} \qquad \therefore a=6$$

(ii) 두 직선 $2x-y-3=0$, $ax+2y+1=0$이 서로 평행할 때

$$\frac{2}{a}=\frac{-1}{2}\neq\frac{-3}{1} \qquad \therefore a=-4$$

(i), (ii)에서 모든 상수 a의 값의 합은

$6+(-4)=2$

0183 답 0

서로 다른 세 직선이 좌표평면을 4개의 영역으로 나누려면 세 직선이 모두 평행해야 한다.

(i) 두 직선 $ax-y-3=0$, $2x+y+5=0$이 서로 평행할 때

$$\frac{a}{2}=\frac{-1}{1}\neq\frac{-3}{5} \qquad \therefore a=-2$$

(ii) 두 직선 $4x+by-5=0$, $2x+y+5=0$이 서로 평행할 때

$$\frac{4}{2}=\frac{b}{1}\neq\frac{-5}{5} \qquad \therefore b=2$$

(i), (ii)에서 $a=-2$, $b=2$이므로

$a+b=0$

0184 답 2

세 직선으로 둘러싸인 도형이 직각삼각형이 되려면 세 직선 중 두 직선이 서로 수직이고 나머지 한 직선은 두 직선에 평행하지 않아야 한다. ...... ❶

두 직선 $3x+2y=0$, $x+2y-4=0$은 서로 수직이 아니므로 주어진 세 직선으로 둘러싸인 삼각형이 직각삼각형이 되는 경우는 다음과 같다.

(i) 두 직선 $3x+2y=0$, $ax-y+2=0$이 서로 수직일 때
$$3\times a+2\times(-1)=0 \quad \therefore a=\frac{2}{3}$$

(ii) 두 직선 $x+2y-4=0$, $ax-y+2=0$이 서로 수직일 때
$$1\times a+2\times(-1)=0 \quad \therefore a=2 \quad \cdots\cdots ❷$$

(i), (ii)에서 정수 a의 값은 2이다. ...... ❸

채점 기준	
❶ 직각삼각형이 되는 경우 찾기	40 %
❷ 각 경우의 a의 값 구하기	50 %
❸ 정수 a의 값 구하기	10 %

0185 답 $-\dfrac{15}{4}$

직선 $3x-4y+17=0$, 즉 $y=\dfrac{3}{4}x+\dfrac{17}{4}$에 평행한 직선의 방정식을 $y=\dfrac{3}{4}x+k$, 즉 $3x-4y+4k=0$이라 하면 점 $(-1, -2)$와 이 직선 사이의 거리가 2이므로
$$\frac{|3\times(-1)-4\times(-2)+4k|}{\sqrt{3^2+(-4)^2}}=2$$
$$\frac{|5+4k|}{5}=2, \ |5+4k|=10, \ 5+4k=\pm10$$
$$\therefore k=\frac{5}{4} \ \text{또는} \ k=-\frac{15}{4}$$

이때 구하는 y절편은 k이고 음수이므로 $-\dfrac{15}{4}$이다.

0186 답 2

점 $(-2, 3)$과 직선 $4x+3y-k=0$ 사이의 거리가 1이므로
$$\frac{|4\times(-2)+3\times3-k|}{\sqrt{4^2+3^2}}=1, \ \frac{|1-k|}{5}=1$$
$$|1-k|=5, \ 1-k=\pm5 \quad \therefore k=-4 \ \text{또는} \ k=6$$
따라서 모든 상수 k의 값의 합은
$$-4+6=2$$

0187 답 ④

주어진 식을 k에 대하여 정리하면
$$(2x-2y+3)+k(x+2y)=0$$
이 식이 k의 값에 관계없이 항상 성립해야 하므로
$$2x-2y+3=0, \ x+2y=0$$
두 식을 연립하여 풀면
$$x=-1, \ y=\frac{1}{2} \quad \therefore \text{P}\left(-1, \frac{1}{2}\right)$$
따라서 점 P와 직선 $3x+4y-9=0$ 사이의 거리는
$$\frac{\left|3\times(-1)+4\times\dfrac{1}{2}-9\right|}{\sqrt{3^2+4^2}}=2$$

0188 답 ②

$\text{P}(a, 0)$이라 하면 점 P에서 두 직선 $2x-y+3=0$, $x-2y-6=0$에 이르는 거리가 같으므로
$$\frac{|2a+3|}{\sqrt{2^2+(-1)^2}}=\frac{|a-6|}{\sqrt{1^2+(-2)^2}}$$
$$|2a+3|=|a-6|, \ 2a+3=\pm(a-6)$$
$$\therefore a=-9 \ \text{또는} \ a=1$$
$$\therefore \text{P}(-9, 0) \ \text{또는} \ \text{P}(1, 0)$$
따라서 보기에서 점 P의 좌표가 될 수 있는 것은 ㄱ, ㄷ이다.

0189 답 ⑤

두 점 $(6, 0)$, $(0, 3)$을 지나는 직선 l의 방정식은
$$\frac{x}{6}+\frac{y}{3}=1 \quad \therefore x+2y-6=0$$
$\overline{\text{AB}}$의 길이는 점 $\text{A}(a, 6)$과 직선 l 사이의 거리와 같으므로
$$\overline{\text{AB}}=\frac{|a+2\times6-6|}{\sqrt{1^2+2^2}}=\frac{|a+6|}{\sqrt{5}}$$
따라서 한 변의 길이가 $\dfrac{|a+6|}{\sqrt{5}}$인 정사각형 ABCD의 넓이가 $\dfrac{81}{5}$이므로
$$\left(\frac{|a+6|}{\sqrt{5}}\right)^2=\frac{81}{5}, \ (a+6)^2=81$$
$$a+6=\pm9 \quad \therefore a=-15 \ \text{또는} \ a=3$$
그런데 $a>0$이므로 $a=3$

0190 답 3

$$f(k)=\frac{|2k+2\times5-2k-4|}{\sqrt{k^2+2^2}}=\frac{6}{\sqrt{k^2+4}}$$
따라서 k^2+4가 최소일 때, $f(k)$의 값이 최대이다.
$k=0$일 때 k^2+4는 최솟값 4를 가지므로 구하는 최댓값은
$$f(0)=\frac{6}{\sqrt{4}}=3$$

0191 답 ③

두 직선 $7x+y=0$, $7x+y+a=0$이 서로 평행하므로 두 직선 사이의 거리는 직선 $7x+y=0$ 위의 한 점 $(0, 0)$과 직선 $7x+y+a=0$ 사이의 거리와 같고, 이 거리가 $3\sqrt{2}$이므로
$$\frac{|a|}{\sqrt{7^2+1^2}}=3\sqrt{2}, \ |a|=30 \quad \therefore a=\pm30$$
따라서 양수 a의 값은 30이다.

0192 답 1

두 직선 $2x-4y+a=0$, $x+by-1=0$이 서로 평행하므로
$$\frac{2}{1}=\frac{-4}{b}\neq\frac{a}{-1} \quad \therefore b=-2 \quad \cdots\cdots ❶$$
두 직선 사이의 거리는 직선 $x+by-1=0$ 위의 한 점 $(1, 0)$과 직선 $2x-4y+a=0$ 사이의 거리와 같고, 이 거리가 $\dfrac{\sqrt{5}}{2}$이므로
$$\frac{|2+a|}{\sqrt{2^2+(-4)^2}}=\frac{\sqrt{5}}{2}$$
$$|2+a|=5, \ 2+a=\pm5$$
$$\therefore a=-7 \ \text{또는} \ a=3$$
그런데 $a>0$이므로 $a=3$ ...... ❷
$$\therefore a+b=1 \quad \cdots\cdots ❸$$

채점 기준

❶ b의 값 구하기	30%
❷ a의 값 구하기	60%
❸ $a+b$의 값 구하기	10%

0193 답 ①

사각형 ABCD가 평행사변형이므로 두 직선 AD, BC는 서로 평행하다.

즉, 두 직선 AD, BC 사이의 거리는 직선 AD 위의 한 점 A(0, 2)와 직선 BC 사이의 거리와 같다.

두 점 B(2, 0), C(5, 1)을 지나는 직선의 방정식은

$$y=\frac{1}{5-2}(x-2) \qquad \therefore x-3y-2=0$$

따라서 구하는 거리는

$$\frac{|-3\times2-2|}{\sqrt{1^2+(-3)^2}}=\frac{4\sqrt{10}}{5}$$

0194 답 ④

$\overline{AB}=\sqrt{(3-1)^2+2^2}=2\sqrt{2}$

직선 AB의 방정식은

$$y=\frac{2}{3-1}(x-1) \qquad \therefore x-y-1=0$$

점 C(2, 5)와 직선 AB 사이의 거리는

$$\frac{|2-5-1|}{\sqrt{1^2+(-1)^2}}=2\sqrt{2}$$

따라서 삼각형 ABC의 넓이는

$$\frac{1}{2}\times2\sqrt{2}\times2\sqrt{2}=4$$

0195 답 5

$\overline{AB}=\sqrt{(-2)^2+2^2}=2\sqrt{2}$

직선 AB의 방정식은

$$\frac{x}{2}+\frac{y}{2}=1 \qquad \therefore x+y-2=0$$

점 C(3, a)와 직선 AB 사이의 거리는

$$\frac{|3+a-2|}{\sqrt{1^2+1^2}}=\frac{|a+1|}{\sqrt{2}}$$

이때 삼각형 ABC의 넓이가 6이므로

$$\frac{1}{2}\times2\sqrt{2}\times\frac{|a+1|}{\sqrt{2}}=6$$

$|a+1|=6, a+1=\pm6$

$\therefore a=-7$ 또는 $a=5$

따라서 양수 a의 값은 5이다.

0196 답 6

직선 OA와 직선 $2x-3y+12=0$은 기울기가 $\frac{2}{3}$로 같으므로 서로 평행하다.

이때 삼각형 OAP에서 $\overline{OA}$를 밑변으로 하면 원점과 직선 $2x-3y+12=0$ 사이의 거리가 높이가 된다.

$\overline{OA}=\sqrt{3^2+2^2}=\sqrt{13}$

원점과 직선 $2x-3y+12=0$ 사이의 거리는

$$\frac{|12|}{\sqrt{2^2+(-3)^2}}=\frac{12\sqrt{13}}{13}$$

따라서 삼각형 OAP의 넓이는

$$\frac{1}{2}\times\sqrt{13}\times\frac{12\sqrt{13}}{13}=6$$

0197 답 7

세 직선의 기울기가 모두 다르고 한 점에서 만나지 않으므로 세 직선으로 둘러싸인 도형은 삼각형이다.

두 직선 $x-2y=0$, $2x+3y-21=0$의 교점을 A라 하고 두 직선의 방정식을 연립하여 풀면

$x=6, y=3$ $\therefore$ A(6, 3)

두 직선 $2x+3y-21=0$, $4x-y-7=0$의 교점을 B라 하고 두 직선의 방정식을 연립하여 풀면

$x=3, y=5$ $\therefore$ B(3, 5)

두 직선 $x-2y=0$, $4x-y-7=0$의 교점을 C라 하고 두 직선의 방정식을 연립하여 풀면

$x=2, y=1$ $\therefore$ C(2, 1)

즉, 삼각형의 세 꼭짓점의 좌표는

A(6, 3), B(3, 5), C(2, 1) ······ ❶

$\overline{AC}=\sqrt{(2-6)^2+(1-3)^2}=2\sqrt{5}$

점 B(3, 5)와 직선 AC, 즉 $x-2y=0$ 사이의 거리는

$$\frac{|3+(-2)\times5|}{\sqrt{1^2+(-2)^2}}=\frac{7\sqrt{5}}{5}$$ ······ ❷

따라서 구하는 도형의 넓이는

$$\triangle ABC=\frac{1}{2}\times2\sqrt{5}\times\frac{7\sqrt{5}}{5}=7$$ ······ ❸

채점 기준

❶ 세 직선으로 둘러싸인 삼각형의 세 꼭짓점의 좌표 구하기	40%
❷ 삼각형의 밑변의 길이와 높이 구하기	40%
❸ 세 직선으로 둘러싸인 도형의 넓이 구하기	20%

0198 답 ①

두 직선이 이루는 각의 이등분선 위의 임의의 점을 P(x, y)라 하면 점 P에서 두 직선에 이르는 거리가 같으므로

$$\frac{|x+3y+2|}{\sqrt{1^2+3^2}}=\frac{|3x+y-2|}{\sqrt{3^2+1^2}}$$

$|x+3y+2|=|3x+y-2|$

$x+3y+2=\pm(3x+y-2)$

$\therefore x-y-2=0$ 또는 $x+y=0$

따라서 y절편이 음수인 직선의 방정식은

$x-y-2=0$

만렙 Note

(1) 오른쪽 그림과 같이 두 직선 l, m이 한 점에서 만나면 두 쌍의 맞꼭지각이 생기므로 두 직선이 이루는 각의 이등분선도 두 개이고, 서로 수직이다.

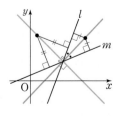

(2) 두 직선이 이루는 각의 이등분선은 두 직선으로부터 같은 거리에 있는 점이 나타내는 도형이다.

0199 답 ③

$P(x, y)$라 하면 점 P에서 두 직선에 이르는 거리가 같으므로

$$\frac{|3x+2y+1|}{\sqrt{3^2+2^2}}=\frac{|2x-3y-5|}{\sqrt{2^2+(-3)^2}}$$

$|3x+2y+1|=|2x-3y-5|$

$3x+2y+1=\pm(2x-3y-5)$

$\therefore x+5y+6=0$ 또는 $5x-y-4=0$

따라서 보기에서 점 P가 나타내는 도형의 방정식인 것은 ㄴ, ㄷ이다.

0200 답 5

점 $(3, a)$에서 두 직선에 이르는 거리가 같으므로

$$\frac{|3+2a+1|}{\sqrt{1^2+2^2}}=\frac{|2\times3+a+3|}{\sqrt{2^2+1^2}}$$

$|2a+4|=|a+9|$

$2a+4=\pm(a+9)$

$\therefore a=5$ 또는 $a=-\dfrac{13}{3}$

따라서 정수 a의 값은 5이다.

AB 유형 점검

36~38쪽

0201 답 ③

점 $(2, 4)$를 지나고 기울기가 3인 직선의 방정식은

$y-4=3(x-2)$ $\therefore y=3x-2$

따라서 $m=3$, $n=-2$이므로

$m+n=1$

0202 답 -1

선분 BC의 중점의 좌표는

$$\left(\frac{7+3}{2}, \frac{-1+13}{2}\right)$$ $\therefore (5, 6)$

두 점 $(1, 4)$, $(5, 6)$을 지나는 직선의 방정식은

$y-4=\dfrac{6-4}{5-1}(x-1)$ $\therefore x-2y+7=0$

따라서 $a=1$, $b=-2$이므로

$a+b=-1$

0203 답 ②

x절편을 $a (a\neq0)$라 하면 y절편은 $-a$이므로 직선의 방정식은

$$\frac{x}{a}-\frac{y}{a}=1$$

이 직선이 점 $(-1, 2)$를 지나므로

$\dfrac{-1}{a}-\dfrac{2}{a}=1$ $\therefore a=-3$

따라서 직선의 x절편은 -3이다.

0204 답 $y=3x+5$

세 점 A, B, C가 한 직선 위에 있으려면 직선 AB와 직선 AC의 기울기가 같아야 하므로

$$\frac{8+1}{k+2}=\frac{(5k+6)+1}{2+2}$$

$\dfrac{9}{k+2}=\dfrac{5k+7}{4}$, $36=(5k+7)(k+2)$

$5k^2+17k-22=0$, $(5k+22)(k-1)=0$

$\therefore k=-\dfrac{22}{5}$ 또는 $k=1$

그런데 $k>0$이므로 $k=1$

따라서 직선 l은 기울기가 $\dfrac{9}{k+2}=3$이고 점 $A(-2, -1)$을 지나므로 직선 l의 방정식은

$y+1=3(x+2)$

$\therefore y=3x+5$

0205 답 ⑤

직사각형의 넓이를 이등분하는 직선은 직사각형의 두 대각선의 교점을 지나야 한다.

두 점 $(2, 3)$, $(6, 5)$를 이은 선분의 중점의 좌표는

$$\left(\frac{2+6}{2}, \frac{3+5}{2}\right)$$ $\therefore (4, 4)$

두 점 $(1, -2)$, $(4, 4)$를 지나는 직선의 방정식은

$y+2=\dfrac{4+2}{4-1}(x-1)$

$\therefore y=2x-4$

따라서 $a=2$, $b=-4$이므로

$a-b=6$

0206 답 ④

$a\neq0$, $b\neq0$일 때, 직선 $ax+by+c=0$, 즉 $y=-\dfrac{a}{b}x-\dfrac{c}{b}$의 기울기는 $-\dfrac{a}{b}$, x절편은 $-\dfrac{c}{a}$, y절편은 $-\dfrac{c}{b}$이다.

ㄱ. $ac>0$에서 $-\dfrac{c}{a}<0$, $bc<0$에서 $-\dfrac{c}{b}>0$이므로 주어진 직선은 x절편이 음수, y절편이 양수이다.
따라서 직선의 개형은 오른쪽 그림과 같으므로 제1, 2, 3사분면을 지난다.

ㄴ. $ab<0$에서 $-\dfrac{a}{b}>0$, $bc>0$에서 $-\dfrac{c}{b}<0$이므로 주어진 직선은 기울기가 양수, y절편이 음수이다.
따라서 직선의 개형은 오른쪽 그림과 같으므로 제1, 3, 4사분면을 지닌다.

ㄷ. $ab>0$, $bc=0$에서 $b\neq0$, $c=0$이므로 $y=-\dfrac{a}{b}x$
이때 $ab>0$에서 $-\dfrac{a}{b}<0$이므로 주어진 직선은 기울기가 음수이고 원점을 지난다.
따라서 직선의 개형은 오른쪽 그림과 같으므로 제2, 4사분면을 지난다.

따라서 보기에서 옳은 것은 ㄱ, ㄷ이다.

다른 풀이

ㄱ. $ac>0$, $bc<0$이면

$a>0$, $b<0$, $c>0$ 또는 $a<0$, $b>0$, $c<0$

즉, $ab<0$, $bc<0$이므로 $-\dfrac{a}{b}>0$, $-\dfrac{c}{b}>0$

따라서 주어진 직선은 기울기와 y절편이 모두 양수이므로 제1, 2, 3사분면을 지난다.

0207 답 ③

주어진 식을 k에 대하여 정리하면

$(x-2y-5)+k(4x+y-2)=0$

이 식이 k의 값에 관계없이 항상 성립해야 하므로

$x-2y-5=0$, $4x+y-2=0$

두 식을 연립하여 풀면

$x=1$, $y=-2$

따라서 P$(1, -2)$이므로 점 P와 원점 사이의 거리는

$\sqrt{1^2+(-2)^2}=\sqrt{5}$

0208 답 $-2<m<-\dfrac{1}{4}$

$mx-y-2m-1=0$을 m에 대하여 정리하면

$m(x-2)-(y+1)=0$ ······ ㉠

이므로 직선 ㉠은 m의 값에 관계없이 항상 점 $(2, -1)$을 지난다.

오른쪽 그림과 같이 직선 ㉠을 직선 $3x-2y+6=0$과 제2사분면에서 만나도록 움직여 보면

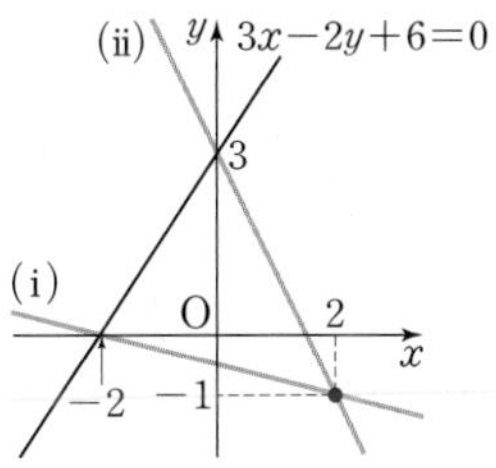

(i) 직선 ㉠이 점 $(-2, 0)$을 지날 때

$-4m-1=0$ ∴ $m=-\dfrac{1}{4}$

(ii) 직선 ㉠이 점 $(0, 3)$을 지날 때

$-2m-4=0$ ∴ $m=-2$

(i), (ii)에서 m의 값의 범위는

$-2<m<-\dfrac{1}{4}$

0209 답 ④

두 직선 $x-2y+2=0$, $2x+y-6=0$이 만나는 점을 지나는 직선의 방정식은

$x-2y+2+k(2x+y-6)=0$ (단, k는 실수) ······ ㉠

직선 ㉠이 점 $(4, 0)$을 지나므로

$6+2k=0$ ∴ $k=-3$

이를 ㉠에 대입하여 정리하면

$x+y-4=0$ ∴ $y=-x+4$

따라서 이 직선의 y절편은 4이다.

다른 풀이

$x-2y+2=0$, $2x+y-6=0$을 연립하여 풀면

$x=2$, $y=2$

따라서 두 직선의 교점의 좌표는 $(2, 2)$이다.

두 점 $(2, 2)$, $(4, 0)$을 지나는 직선의 방정식은

$y=\dfrac{-2}{4-2}(x-4)$ ∴ $y=-x+4$

따라서 이 직선의 y절편은 4이다.

0210 답 ④

직선 $2x-y+3=0$, 즉 $y=2x+3$에 평행한 직선의 기울기는 2이므로 기울기가 2이고 점 $(1, 3)$을 지나는 직선의 방정식은

$y-3=2(x-1)$ ∴ $y=2x+1$

따라서 직선 위의 점인 것은 ④이다.

0211 답 ②

직선 AP의 기울기는 $\dfrac{4-2}{4}=\dfrac{1}{2}$

직선 BP의 기울기는 $\dfrac{4-2}{4-n}=\dfrac{2}{4-n}$

두 직선 AP와 BP는 서로 수직이므로

$\dfrac{1}{2}\times\dfrac{2}{4-n}=-1$ ∴ $n=5$

∴ B$(5, 2)$

삼각형 ABP의 무게중심의 좌표는

$\left(\dfrac{0+5+4}{3}, \dfrac{2+2+4}{3}\right)$ ∴ $\left(3, \dfrac{8}{3}\right)$

따라서 $a=3$, $b=\dfrac{8}{3}$이므로

$a+b=\dfrac{17}{3}$

0212 답 16

직선 $ax-2y+1=0$이 직선 $bx-3y+2=0$에 수직이므로

$ab+(-2)\times(-3)=0$ ∴ $ab=-6$

직선 $ax-2y+1=0$이 직선 $(b+2)x+2y+4=0$에 평행하므로

$\dfrac{a}{b+2}=\dfrac{-2}{2}\neq\dfrac{1}{4}$

$\dfrac{a}{b+2}=\dfrac{-2}{2}$에서 $a=-(b+2)$ ∴ $a+b=-2$

∴ $a^2+b^2=(a+b)^2-2ab$

$=(-2)^2-2\times(-6)=16$

0213 답 ①

직선 $2x+y-1=0$, 즉 $y=-2x+1$이 직선 AB와 수직이므로

$-2\times\dfrac{b-4}{a-1}=-1$, $a-1=2b-8$

∴ $a-2b=-7$ ······ ㉠

또 직선 $2x+y-1=0$은 선분 AB의 중점 $\left(\dfrac{1+a}{2}, \dfrac{4+b}{2}\right)$를 지나므로

$2\times\dfrac{1+a}{2}+\dfrac{4+b}{2}-1=0$

∴ $2a+b=-4$ ······ ㉡

㉠, ㉡을 연립하여 풀면

$a=-3$, $b=2$

∴ $a-b=-5$

0214 답 6

세 직선이 좌표평면을 6개의 영역으로 나누려면 세 직선 중 두 직선만 서로 평행하거나 세 직선이 한 점에서 만나야 한다.

(i) 두 직선 $3x-y-1=0$, $y=mx-3$, 즉 $mx-y-3=0$이 서로 평행할 때

$\dfrac{3}{m}=\dfrac{-1}{-1}\neq\dfrac{-1}{-3}$ ∴ $m=3$

(ii) 두 직선 $x+y-7=0$, $y=mx-3$, 즉 $mx-y-3=0$이 서로 평행할 때

$$\frac{1}{m}=\frac{1}{-1}\neq\frac{-7}{-3} \qquad \therefore m=-1$$

(iii) 직선 $y=mx-3$이 두 직선 $3x-y-1=0$, $x+y-7=0$의 교점을 지날 때

$3x-y-1=0$, $x+y-7=0$을 연립하여 풀면

$x=2$, $y=5$

직선 $y=mx-3$이 점 $(2, 5)$를 지나므로

$5=2m-3 \qquad \therefore m=4$

(i), (ii), (iii)에서 모든 상수 m의 값의 합은

$3+(-1)+4=6$

0215 답 $7x-y-9=0$

점 $(1, -2)$를 지나는 직선의 기울기를 $m\,(m>0)$이라 하면 이 직선의 방정식은

$y+2=m(x-1)$

$\therefore mx-y-m-2=0 \qquad \cdots\cdots \bigcirc$

점 $(0, 1)$과 직선 $\bigcirc$ 사이의 거리가 $\sqrt{2}$이므로

$$\frac{|-1-m-2|}{\sqrt{m^2+(-1)^2}}=\sqrt{2}$$

$|-m-3|=\sqrt{2(m^2+1)}$

양변을 제곱하면

$m^2+6m+9=2m^2+2$

$m^2-6m-7=0$, $(m+1)(m-7)=0$

$\therefore m=7\,(\because m>0)$

이를 $\bigcirc$에 대입하면 구하는 직선의 방정식은

$7x-y-9=0$

0216 답 ④

두 직선 $x+ky+4=0$, $kx+y-2=0$이 서로 평행하므로

$$\frac{1}{k}=\frac{k}{1}\neq\frac{4}{-2}$$

$\frac{1}{k}=\frac{k}{1}$에서 $k^2=1 \qquad \therefore k=1\,(\because k>0)$

즉, 두 직선의 방정식은

$x+y+4=0$, $x+y-2=0$

이때 정사각형 ABCD의 한 변의 길이는 평행한 두 직선 사이의 거리와 같고, 이는 직선 $x+y-2=0$ 위의 한 점 $(2, 0)$과 직선 $x+y+4=0$ 사이의 거리와 같으므로

$$\frac{|2+4|}{\sqrt{1^2+1^2}}=3\sqrt{2}$$

따라서 정사각형 ABCD의 넓이는 $(3\sqrt{2})^2=18$

0217 답 ①

직선 $2x+y-12=0$과 직선 $y=x$의 교점의 좌표를 구하면

$2x+x-12=0 \qquad \therefore x=4$

$\therefore$ A$(4, 4)$

직선 $2x+y-12=0$과 직선 $y=2x$의 교점의 좌표를 구하면

$2x+2x-12=0 \qquad \therefore x=3$

$\therefore$ B$(3, 6)$

$\therefore \overline{AB}=\sqrt{(3-4)^2+(6-4)^2}=\sqrt{5}$

원점 O와 직선 $2x+y-12=0$ 사이의 거리는

$$\frac{|-12|}{\sqrt{2^2+1^2}}=\frac{12\sqrt{5}}{5}$$

따라서 삼각형 OAB의 넓이는

$$\frac{1}{2}\times\sqrt{5}\times\frac{12\sqrt{5}}{5}=6$$

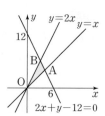

0218 답 9

직선과 y축이 이루는 각의 이등분선 위의 임의의 점을 P(x, y)라 하면 점 P에서 직선과 y축에 이르는 거리가 같으므로

$$\frac{|3x-4y+7|}{\sqrt{3^2+(-4)^2}}=|x|$$

$|3x-4y+7|=5|x|$, $3x-4y+7=\pm5x$

$\therefore 2x+4y-7=0$ 또는 $8x-4y+7=0$

$2x+4y-7=0$일 때, $a=2$, $b=-7$

$8x-4y+7=0$, 즉 $-8x+4y-7=0$일 때, $a=-8$, $b=-7$

그런데 $a>0$이므로 $a=2$, $b=-7$

$\therefore a-b=9$

0219 답 $(0, 2)$

두 점 A$(4, 0)$, C$(-2, 3)$을 지나는 직선의 방정식은

$y=\dfrac{3}{-2-4}(x-4) \qquad \therefore y=-\dfrac{1}{2}x+2 \qquad \cdots\cdots$ **❶**

두 점 O$(0, 0)$, B$(0, 4)$를 지나는 직선의 방정식은

$x=0 \qquad \cdots\cdots$ **❷**

이를 $y=-\dfrac{1}{2}x+2$에 대입하면 $y=2$

따라서 사각형 OABC의 두 대각선의 교점의 좌표는

$(0, 2) \qquad \cdots\cdots$ **❸**

채점 기준	
❶ 두 점 A, C를 지나는 직선의 방정식 구하기	40 %
❷ 두 점 O, B를 지나는 직선의 방정식 구하기	30 %
❸ 두 대각선의 교점의 좌표 구하기	30 %

0220 답 -1

주어진 식을 k에 대하여 정리하면

$k(x-1)-(y-2)=0 \qquad \cdots\cdots \bigcirc$

이므로 직선 $\bigcirc$은 k의 값에 관계없이 항상 점 $(1, 2)$를 지난다.

$\cdots\cdots$ **❶**

오른쪽 그림과 같이 직선 $\bigcirc$을 주어진 삼각형과 만나도록 움직여 보면

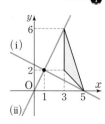

(i) 직선 $\bigcirc$이 점 $(5, 0)$을 지날 때

$4k+2=0 \qquad \therefore k=-\dfrac{1}{2}$

(ii) 직선 $\bigcirc$이 점 $(3, 6)$을 지날 때

$2k-4=0 \qquad \therefore k=2$

(i), (ii)에서 k의 값의 범위는

$-\dfrac{1}{2}\leq k\leq 2 \qquad \cdots\cdots$ **❷**

따라서 $M=2$, $m=-\dfrac{1}{2}$이므로

$Mm=-1 \qquad \cdots\cdots$ **❸**

0221 답 $\dfrac{3\sqrt{5}}{2}$

정사각형의 두 대각선은 서로 다른 것을 수직이등분하므로 직선 BD는 선분 AC의 수직이등분선이다. …… ❶

직선 AC의 기울기는 $\dfrac{3-6}{9-3}=-\dfrac{1}{2}$이므로 직선 AC와 수직인 직선 BD의 기울기는 2이다.

선분 AC의 중점의 좌표는

$\left(\dfrac{3+9}{2},\ \dfrac{6+3}{2}\right)$ $\therefore \left(6,\ \dfrac{9}{2}\right)$

즉, 직선 BD의 방정식은

$y-\dfrac{9}{2}=2(x-6)$ $\therefore 4x-2y-15=0$ …… ❷

따라서 원점 O와 직선 BD 사이의 거리는

$\dfrac{|-15|}{\sqrt{4^2+(-2)^2}}=\dfrac{3\sqrt{5}}{2}$ …… ❸

C 실력 향상 39쪽

0222 답 ④

△ADE와 △ABC에서

∠ADE=∠ABC, ∠AED=∠ACB (∵ ㈎)

$\therefore$ △ADE∽△ABC (AA 닮음)

이때 ㈏에서 △ADE와 △ABC의 닮음비가 1 : 3이므로

$\overline{AE}:\overline{AC}=1:3$ $\therefore \overline{AE}:\overline{EC}=1:2$

따라서 점 E는 $\overline{AC}$를 1 : 2로 내분하는 점이므로

$E\left(\dfrac{1\times6+2\times3}{1+2},\ \dfrac{1\times(-1)+2\times5}{1+2}\right)$ $\therefore E(4,\ 3)$

두 점 B(0, 1), E(4, 3)을 지나는 직선의 방정식은

$y-1=\dfrac{3-1}{4}x$ $\therefore y=\dfrac{1}{2}x+1$

$\therefore k=\dfrac{1}{2}$

중2 다시보기

> 서로 닮은 두 평면도형의 닮음비가 $m:n$이면 넓이의 비는 $m^2:n^2$이다.

0223 답 ①

㈎, ㈏, ㈐에서

△OAP : △OPB=1 : 2 또는 △OAP : △OPB=2 : 1

따라서 점 P는 선분 AB를 1 : 2 또는 2 : 1로 내분하는 점이다.

(i) 점 P가 선분 AB를 1 : 2로 내분하는 점일 때

$P\left(\dfrac{1\times0+2\times2}{1+2},\ \dfrac{1\times6+2\times0}{1+2}\right)$ $\therefore P\left(\dfrac{4}{3},\ 2\right)$

직선 l은 원점과 점 $\left(\dfrac{4}{3},\ 2\right)$를 지나므로

직선 l의 기울기는

$\dfrac{2}{\dfrac{4}{3}}=\dfrac{3}{2}$

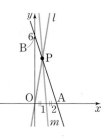

직선 m은 오른쪽 그림과 같이 $\overline{OB}$의 중점 (0, 3)을 지나므로 두 점 $\left(\dfrac{4}{3},\ 2\right)$, (0, 3)을 지나는 직선 m의 기울기는

$\dfrac{3-2}{-\dfrac{4}{3}}=-\dfrac{3}{4}$

따라서 두 직선 l, m의 기울기의 합은

$\dfrac{3}{2}+\left(-\dfrac{3}{4}\right)=\dfrac{3}{4}$

(ii) 점 P가 선분 AB를 2 : 1로 내분하는 점일 때

$P\left(\dfrac{2\times0+1\times2}{2+1},\ \dfrac{2\times6+1\times0}{2+1}\right)$ $\therefore P\left(\dfrac{2}{3},\ 4\right)$

직선 l은 원점과 점 $\left(\dfrac{2}{3},\ 4\right)$를 지나므로

직선 l의 기울기는

$\dfrac{4}{\dfrac{2}{3}}=6$

직선 m은 오른쪽 그림과 같이 $\overline{OA}$의 중점 (1, 0)을 지나므로 두 점 $\left(\dfrac{2}{3},\ 4\right)$, (1, 0)을 지나는 직선 m의 기울기는

$\dfrac{-4}{1-\dfrac{2}{3}}=-12$

따라서 두 직선 l, m의 기울기의 합은

$6+(-12)=-6$

(i), (ii)에서 구하는 최댓값은 $\dfrac{3}{4}$이다.

0224 답 10

오른쪽 그림과 같이 $\overline{OB}$, $\overline{AC}$를 그으면 삼각형 COB에서

$\overline{CG}:\overline{GO}=\overline{CF}:\overline{FB}=2:1$

$\therefore \overline{GF}/\!/\overline{OB}$

같은 방법으로 삼각형 ABO, OAC, BCA에서 각각 $\overline{DE}/\!/\overline{OB}$, $\overline{DG}/\!/\overline{AC}$, $\overline{FE}/\!/\overline{CA}$이므로 사각형 DEFG는 평행사변형이다.

세 점 G, D, E는 각각 $\overline{OC}$, $\overline{OA}$, $\overline{BA}$를 1 : 2로 내분하는 점이므로

$G\left(\dfrac{1\times3+2\times0}{1+2},\ \dfrac{1\times6+2\times0}{1+2}\right)$ $\therefore G(1,\ 2)$

$D\left(\dfrac{1\times6+2\times0}{1+2},\ 0\right)$ $\therefore D(2,\ 0)$

$E\left(6,\ \dfrac{1\times0+2\times3}{1+2}\right)$ $\therefore E(6,\ 2)$

$\therefore \overline{DE}=\sqrt{(6-2)^2+2^2}=2\sqrt{5}$

직선 DE의 방정식은

$y=\dfrac{2}{6-2}(x-2)$　　$\therefore x-2y-2=0$

점 $G(1,\ 2)$와 직선 DE 사이의 거리는

$\dfrac{|1-2\times2-2|}{\sqrt{1^2+(-2)^2}}=\sqrt{5}$

따라서 사각형 DEFG의 넓이는

$2\sqrt{5}\times\sqrt{5}=10$

0225　답 $5x+y-9=0$

삼각형의 내심은 삼각형의 세 내각의
이등분선의 교점이므로 점 B와 삼각
형 ABC의 내심을 지나는 직선은 오
른쪽 그림과 같이 ∠B의 이등분선과
같다.

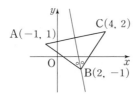

직선 AB의 방정식은

$y-1=\dfrac{-1-1}{2+1}(x+1)$

$\therefore 2x+3y-1=0$　　……㉠

직선 BC의 방정식은

$y+1=\dfrac{2+1}{4-2}(x-2)$

$\therefore 3x-2y-8=0$　　……㉡

따라서 두 직선 ㉠, ㉡이 이루는 각의 이등분선 위의 임의의 점을
$P(x,\ y)$라 하면 점 P에서 두 직선에 이르는 거리가 같으므로

$\dfrac{|2x+3y-1|}{\sqrt{2^2+3^2}}=\dfrac{|3x-2y-8|}{\sqrt{3^2+(-2)^2}}$

$|2x+3y-1|=|3x-2y-8|$

$2x+3y-1=\pm(3x-2y-8)$

$\therefore x-5y-7=0$ 또는 $5x+y-9=0$

그런데 ∠B의 이등분선의 기울기는 음수이어야 하므로 구하는 직선
의 방정식은

$5x+y-9=0$

> **참고** 직선 AB와 직선 BC가 이루는 각의 이등분선은 2개이고, 이때 삼각
> 형 ABC의 내심을 지나는 직선은 기울기가 음수인 직선이다.

다른 풀이

$\overline{AB}=\sqrt{(2+1)^2+(-1-1)^2}=\sqrt{13}$

$\overline{BC}=\sqrt{(4-2)^2+(2+1)^2}=\sqrt{13}$

즉, 삼각형 ABC는 $\overline{AB}=\overline{BC}$인 이등
변삼각형이므로 점 B와 삼각형 ABC
의 내심을 지나는 직선은 $\overline{AC}$의 수직
이등분선이다.

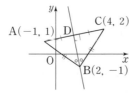

$\overline{AC}$의 중점을 D라 하면 직선 AC의 기
울기는 $\dfrac{2-1}{4+1}=\dfrac{1}{5}$이므로 직선 AC와 수직인 직선 BD의 기울기는
-5이다.

선분 AC의 중점 D의 좌표는

$\left(\dfrac{-1+4}{2},\ \dfrac{1+2}{2}\right)$　　$\therefore \left(\dfrac{3}{2},\ \dfrac{3}{2}\right)$

즉, 구하는 직선의 방정식은

$y-\dfrac{3}{2}=-5\left(x-\dfrac{3}{2}\right)$

$\therefore 5x+y-9=0$

A 개념 확인

40~43쪽

0226 답 $(0,\ 0),\ \sqrt{5}$　　**0227** 답 $(0,\ 3),\ 1$

0228 답 $(-5,\ 0),\ \sqrt{2}$　　**0229** 답 $(2,\ -1),\ 3$

0230 답 $x^2+y^2=16$

0231 답 $(x+3)^2+(y-1)^2=4$

0232　답 $(x-1)^2+(y-2)^2=5$

원의 반지름의 길이를 r라 하면 원의 방정식은

$(x-1)^2+(y-2)^2=r^2$

이 원이 원점을 지나므로

$(-1)^2+(-2)^2=r^2$　　$\therefore r^2=5$

따라서 구하는 원의 방정식은

$(x-1)^2+(y-2)^2=5$

0233　답 $x^2+(y-4)^2=25$

원의 반지름의 길이를 r라 하면 원의 방정식은

$x^2+(y-4)^2=r^2$

이 원이 점 $(3,\ 0)$을 지나므로

$3^2+(-4)^2=r^2$　　$\therefore r^2=25$

따라서 구하는 원의 방정식은

$x^2+(y-4)^2=25$

0234　답 $(x-5)^2+(y-3)^2=9$

원의 중심의 좌표가 $(5,\ 3)$, 반지름의 길이가 3이므로 구하는 원의
방정식은

$(x-5)^2+(y-3)^2=9$

0235　답 $(x-2)^2+(y+4)^2=4$

원의 중심의 좌표가 $(2,\ -4)$, 반지름의 길이가 2이므로 구하는 원
의 방정식은

$(x-2)^2+(y+4)^2=4$

0236　답 $(x-3)^2+(y-3)^2=9$

원의 중심의 좌표가 $(3,\ 3)$, 반지름의 길이가 3이므로 구하는 원의
방정식은

$(x-3)^2+(y-3)^2=9$

0237　답 $(x+1)^2+(y-1)^2=1$

원의 중심의 좌표가 $(-1,\ 1)$, 반지름의 길이가 1이므로 구하는 원
의 방정식은

$(x+1)^2+(y-1)^2=1$

0238 답 $x^2+(y+2)^2=4$

0239 답 $(x+1)^2+(y-3)^2=1$

0240 답 $(x-5)^2+(y+5)^2=25$

0241 답 $(2, 0)$, 1

$x^2+y^2-4x+3=0$에서

$(x-2)^2+y^2=1$

따라서 원의 중심의 좌표는 $(2, 0)$, 반지름의 길이는 1이다.

0242 답 $(0, 1)$, 2

$x^2+y^2-2y-3=0$에서

$x^2+(y-1)^2=4$

따라서 원의 중심의 좌표는 $(0, 1)$, 반지름의 길이는 2이다.

0243 답 $(3, -4)$, 5

$x^2+y^2-6x+8y=0$에서

$(x-3)^2+(y+4)^2=25$

따라서 원의 중심의 좌표는 $(3, -4)$, 반지름의 길이는 5이다.

0244 답 $(-1, -2)$, $\sqrt{10}$

$x^2+y^2+2x+4y-5=0$에서

$(x+1)^2+(y+2)^2=10$

따라서 원의 중심의 좌표는 $(-1, -2)$, 반지름의 길이는 $\sqrt{10}$이다.

0245 답 $k<8$

$x^2+y^2+4x-4y+k=0$에서

$(x+2)^2+(y-2)^2=8-k$

이 방정식이 원을 나타내려면

$8-k>0$ ∴ $k<8$

0246 답 $k<-2$ 또는 $k>2$

$x^2+y^2-2kx-8y+20=0$에서

$(x-k)^2+(y-4)^2=k^2-4$

이 방정식이 원을 나타내려면

$k^2-4>0$, $k^2>4$

∴ $k<-2$ 또는 $k>2$

0247 답 $3x-4y-1=0$

$x^2+y^2+4y-(x^2+y^2+3x-1)=0$

∴ $3x-4y-1=0$

0248 답 $x^2+y^2+3x+y=0$

두 원의 교점을 지나는 원의 방정식은

$x^2+y^2-1+k(x^2+y^2-6x-2y-3)=0$ (단, $k\neq-1$) ⋯⋯ ㉠

원 ㉠이 원점을 지나므로

$-1-3k=0$ ∴ $k=-\dfrac{1}{3}$

이를 ㉠에 대입하면

$x^2+y^2-1-\dfrac{1}{3}(x^2+y^2-6x-2y-3)=0$

∴ $x^2+y^2+3x+y=0$

0249 답 서로 다른 두 점에서 만난다.

$y=x-1$을 $x^2+y^2=3$에 대입하면

$x^2+(x-1)^2=3$ ∴ $x^2-x-1=0$

이 이차방정식의 판별식을 D라 하면

$D=(-1)^2-4\times(-1)=5>0$

따라서 원과 직선은 서로 다른 두 점에서 만난다.

0250 답 만나지 않는다.

$2x+y-3=0$, 즉 $y=-2x+3$을 $x^2+y^2=1$에 대입하면

$x^2+(-2x+3)^2=1$ ∴ $5x^2-12x+8=0$

이 이차방정식의 판별식을 D라 하면

$\dfrac{D}{4}=(-6)^2-5\times8=-4<0$

따라서 원과 직선은 만나지 않는다.

0251 답 한 점에서 만난다(접한다).

$x+y-2=0$, 즉 $y=-x+2$를 $x^2+y^2=2$에 대입하면

$x^2+(-x+2)^2=2$ ∴ $x^2-2x+1=0$

이 이차방정식의 판별식을 D라 하면

$\dfrac{D}{4}=(-1)^2-1=0$

따라서 원과 직선은 한 점에서 만난다(접한다).

0252 답 만나지 않는다.

원의 중심 $(1, -3)$과 직선 $y=-x$, 즉 $x+y=0$ 사이의 거리는

$\dfrac{|1-3|}{\sqrt{1^2+1^2}}=\sqrt{2}$

이때 원의 반지름의 길이는 1이고, $\sqrt{2}>1$이므로 원과 직선은 만나지 않는다.

0253 답 한 점에서 만난다(접한다).

원의 중심 $(0, 2)$와 직선 $3x+4y+2=0$ 사이의 거리는

$\dfrac{|8+2|}{\sqrt{3^2+4^2}}=2$

이때 원의 반지름의 길이는 2이므로 원과 직선은 한 점에서 만난다(접한다).

0254 답 서로 다른 두 점에서 만난다.

$x^2+y^2+2x-8=0$에서 $(x+1)^2+y^2=9$

원의 중심 $(-1, 0)$과 직선 $x+2y-4=0$ 사이의 거리는

$\dfrac{|-1-4|}{\sqrt{1^2+2^2}}=\sqrt{5}$

이때 원의 반지름의 길이는 3이고, $\sqrt{5}<3$이므로 원과 직선은 서로 다른 두 점에서 만난다.

0255 답 2

$y=2x+3$을 $x^2+y^2=5$에 대입하면

$x^2+(2x+3)^2=5$ ∴ $5x^2+12x+4=0$

이 이차방정식의 판별식을 D라 하면

$\dfrac{D}{4}=6^2-5\times4=16>0$

따라서 원과 직선은 서로 다른 두 점에서 만나므로 교점의 개수는 2이다.

0256 답 1

원의 중심 $(-1, -1)$과 직선 $x-y-2=0$ 사이의 거리는
$$\frac{|-1+1-2|}{\sqrt{1^2+(-1)^2}}=\sqrt{2}$$
이때 원의 반지름의 길이는 $\sqrt{2}$이므로 원과 직선은 한 점에서 만난다.
따라서 교점의 개수는 1이다.

0257 답 (1) $-\sqrt{2}<k<\sqrt{2}$
(2) $k=\pm\sqrt{2}$
(3) $k<-\sqrt{2}$ 또는 $k>\sqrt{2}$

$x-y+k=0$, 즉 $y=x+k$를 $x^2+y^2=1$에 대입하면
$$x^2+(x+k)^2=1 \quad \therefore 2x^2+2kx+k^2-1=0$$
이 이차방정식의 판별식을 D라 하면
$$\frac{D}{4}=k^2-2(k^2-1)=-k^2+2$$
(1) 서로 다른 두 점에서 만나려면 $D>0$이어야 하므로
$$-k^2+2>0, \; k^2<2 \quad \therefore -\sqrt{2}<k<\sqrt{2}$$
(2) 한 점에서 만나려면 $D=0$이어야 하므로
$$-k^2+2=0, \; k^2=2 \quad \therefore k=\pm\sqrt{2}$$
(3) 만나지 않으려면 $D<0$이어야 하므로
$$-k^2+2<0, \; k^2>2 \quad \therefore k<-\sqrt{2} \text{ 또는 } k>\sqrt{2}$$

0258 답 $y=x\pm2\sqrt{2}$
$y=x\pm2\sqrt{1^2+1} \quad \therefore y=x\pm2\sqrt{2}$

0259 답 $y=\sqrt{3}x\pm2$
$y=\sqrt{3}x\pm\sqrt{(\sqrt{3})^2+1} \quad \therefore y=\sqrt{3}x\pm2$

0260 답 $y=-2x\pm5$
$y=-2x\pm\sqrt{5}\times\sqrt{(-2)^2+1} \quad \therefore y=-2x\pm5$

0261 답 $y=2\sqrt{2}x\pm9$
$y=2\sqrt{2}x\pm3\sqrt{(2\sqrt{2})^2+1} \quad \therefore y=2\sqrt{2}x\pm9$

0262 답 $x-y+2=0$
$-x+y=2 \quad \therefore x-y+2=0$

0263 답 $2x-3y-13=0$
$2x-3y=13 \quad \therefore 2x-3y-13=0$

0264 답 $3x+4y-25=0$
$3x+4y=25 \quad \therefore 3x+4y-25=0$

0265 답 $3x+y+10=0$
$-3x-y=10 \quad \therefore 3x+y+10=0$

0266 답 (1) $x_1x+y_1y=5$
(2) $x_1=-2, y_1=1$ 또는 $x_1=2, y_1=1$
(3) $2x-y+5=0, 2x+y-5=0$

(1) 접점의 좌표가 (x_1, y_1)이므로 접선의 방정식은
$$x_1x+y_1y=5 \quad \cdots\cdots \text{㉠}$$

(2) 직선 ㉠이 점 $(0, 5)$를 지나므로
$$5y_1=5 \quad \therefore y_1=1$$
접점 (x_1, y_1), 즉 $(x_1, 1)$은 원 $x^2+y^2=5$ 위의 점이므로
$$x_1^2+1=5, \; x_1^2=4 \quad \therefore x_1=\pm2$$
$$\therefore x_1=-2, y_1=1 \text{ 또는 } x_1=2, y_1=1$$

(3) $x_1=-2, y_1=1$을 ㉠에 대입하면
$$-2x+y=5 \quad \therefore 2x-y+5=0$$
$x_1=2, y_1=1$을 ㉠에 대입하면
$$2x+y=5 \quad \therefore 2x+y-5=0$$

B 유형 완성
44~55쪽

0267 답 ⑤

원 $(x+3)^2+(y-5)^2=12$의 중심의 좌표가 $(-3, 5)$이므로 원의 반지름의 길이를 r라 하면 원의 방정식은
$$(x+3)^2+(y-5)^2=r^2$$
이 원이 점 $(0, -1)$을 지나므로
$$3^2+(-1-5)^2=r^2 \quad \therefore r^2=45$$
따라서 구하는 원의 넓이는
$$\pi r^2=\pi\times45=45\pi$$

0268 답 -1

중심의 좌표가 $(-1, 2)$이고 반지름의 길이가 3이므로 원의 방정식은
$$(x+1)^2+(y-2)^2=9$$
이 원이 점 $(a, 5)$를 지나므로
$$(a+1)^2+(5-2)^2=9$$
$$(a+1)^2=0 \quad \therefore a=-1$$

0269 답 ④

선분 AB를 $3:2$로 내분하는 점의 좌표는
$$\left(\frac{3\times1+2\times(-4)}{3+2}, \frac{3\times(-2)+2\times3}{3+2}\right) \quad \therefore (-1, 0)$$
즉, 원의 중심의 좌표가 $(-1, 0)$이므로 원의 반지름의 길이를 r라 하면 원의 방정식은
$$(x+1)^2+y^2=r^2$$
이 원이 점 $A(-4, 3)$을 지나므로
$$(-4+1)^2+3^2=r^2 \quad \therefore r^2=18$$
$$\therefore (x+1)^2+y^2=18$$

0270 답 ④

원의 중심의 좌표는
$$\left(\frac{5+3}{2}, \frac{-3+1}{2}\right) \quad \therefore (4, -1)$$
원의 반지름의 길이는
$$\frac{1}{2}\overline{AB}=\frac{1}{2}\sqrt{(3-5)^2+(1+3)^2}=\sqrt{5}$$
즉, 원의 방정식은
$$(x-4)^2+(y+1)^2=5$$
따라서 $a=4, b=-1, c=5$이므로
$$a+b+c=8$$

0271 답 10π

$4x+3y-24=0$에서 $y=0$일 때 $x=6$, $x=0$일 때 $y=8$이므로
A$(6, 0)$, B$(0, 8)$ ...... ❶
두 점 A, B를 지름의 양 끝 점으로 하는 원의 지름의 길이는
$\overline{AB}=\sqrt{(-6)^2+8^2}=10$ ...... ❷
따라서 구하는 원의 둘레의 길이는 10π이다. ...... ❸

채점 기준

❶ 두 점 A, B의 좌표 구하기	40 %
❷ 원의 지름의 길이 구하기	50 %
❸ 원의 둘레의 길이 구하기	10 %

0272 답 ④

원의 중심의 좌표는
$\left(\dfrac{-1+5}{2}, \dfrac{3-1}{2}\right)$ ∴ $(2, 1)$
원의 반지름의 길이는
$\dfrac{1}{2}\sqrt{(5+1)^2+(-1-3)^2}=\sqrt{13}$
즉, 원의 방정식은
$(x-2)^2+(y-1)^2=13$
$x=0$을 대입하면
$(-2)^2+(y-1)^2=13$
$(y-1)^2=9$, $y-1=\pm3$
∴ $y=-2$ 또는 $y=4$
따라서 y축과 만나는 두 점 P, Q의 좌표는 $(0, -2)$, $(0, 4)$이므로
$\overline{PQ}=|4-(-2)|=6$

0273 답 ⑤

원의 중심의 좌표를 $(a, 0)$, 반지름의 길이를 r라 하면 원의 방정식은
$(x-a)^2+y^2=r^2$ ...... ㉠
원 ㉠이 점 $(2, 3)$을 지나므로
$(2-a)^2+9=r^2$ ∴ $a^2-4a+13=r^2$ ...... ㉡
원 ㉠이 점 $(-5, 4)$를 지나므로
$(-5-a)^2+16=r^2$ ∴ $a^2+10a+41=r^2$ ...... ㉢
㉡, ㉢을 연립하여 풀면 $a=-2$, $r^2=25$
따라서 구하는 원의 방정식은
$(x+2)^2+y^2=25$

0274 답 2

원의 중심의 좌표를 (k, k)라 하면 반지름의 길이가 $\sqrt{2}$인 원의 방정식은
$(x-k)^2+(y-k)^2=2$
이 원이 원점을 지나므로
$(-k)^2+(-k)^2=2$, $k^2=1$ ∴ $k=\pm1$
(i) $k=1$일 때
$(x-1)^2+(y-1)^2=2$ ∴ $a=1$, $b=1$, $c=2$
(ii) $k=-1$일 때
$(x+1)^2+(y+1)^2=2$ ∴ $a=-1$, $b=-1$, $c=2$
(i), (ii)에서 $abc=2$

0275 답 ⑤

원의 중심의 좌표를 $(a, a-2)$, 반지름의 길이를 r라 하면 원의 방정식은
$(x-a)^2+(y-a+2)^2=r^2$ ...... ㉠
원 ㉠이 점 $(1, 2)$를 지나므로
$(1-a)^2+(2-a+2)^2=r^2$
∴ $2a^2-10a+17=r^2$ ...... ㉡
원 ㉠이 점 $(3, -2)$를 지나므로
$(3-a)^2+(-2-a+2)^2=r^2$
∴ $2a^2-6a+9=r^2$ ...... ㉢
㉡, ㉢을 연립하여 풀면 $a=2$, $r^2=5$
따라서 구하는 원의 넓이는
$\pi r^2=\pi\times5=5\pi$

0276 답 1

$x^2+y^2+2x-8y+13=0$에서
$(x+1)^2+(y-4)^2=4$
이 원의 중심의 좌표는 $(-1, 4)$, 반지름의 길이는 2이므로
$a=-1$, $b=4$, $r=2$
∴ $a+b-r=1$

0277 답 4

$x^2+y^2+6x-2y+2k-1=0$에서
$(x+3)^2+(y-1)^2=-2k+11$ ...... ❶
이 원의 반지름의 길이가 $\sqrt{3}$이므로
$-2k+11=3$ ∴ $k=4$ ...... ❷

채점 기준

❶ 식 변형하기	50 %
❷ k의 값 구하기	50 %

0278 답 ②

$y=x^2-4x+a=(x-2)^2+a-4$
이 이차함수의 그래프의 꼭짓점의 좌표는
$(2, a-4)$ ...... ㉠
$x^2+y^2+bx+4y-17=0$에서
$\left(x+\dfrac{b}{2}\right)^2+(y+2)^2=\dfrac{b^2}{4}+21$
이 원의 중심의 좌표는 $\left(-\dfrac{b}{2}, -2\right)$ ...... ㉡
㉠, ㉡이 일치하므로
$2=-\dfrac{b}{2}$, $a-4=-2$ ∴ $a=2$, $b=-4$
∴ $a+b=-2$

0279 답 $2x-3y+7=0$

$x^2+y^2+4x-2y-4=0$에서 $(x+2)^2+(y-1)^2=9$
$x^2+y^2-2x-6y+6=0$에서 $(x-1)^2+(y-3)^2=4$
두 원의 넓이를 동시에 이등분하는 직선은 두 원의 중심인 두 점 $(-2, 1)$, $(1, 3)$을 지나야 하므로 그 직선의 방정식은
$y-1=\dfrac{3-1}{1+2}(x+2)$ ∴ $2x-3y+7=0$

0280 답 ③

$x^2+y^2-4x+4ky+5k^2-5k+4=0$에서

$(x-2)^2+(y+2k)^2=-k^2+5k$

이 방정식이 원을 나타내려면

$-k^2+5k>0$

$k^2-5k<0$, $k(k-5)<0$

$\therefore 0<k<5$

따라서 정수 k는 1, 2, 3, 4의 4개이다.

0281 답 $-3\le k<-2$ 또는 $0<k\le1$

$x^2+y^2-2ky-2k^2-6k=0$에서

$x^2+(y-k)^2=3k^2+6k$ ...... ❶

이 방정식이 반지름의 길이가 3 이하인 원을 나타내려면

$0<\sqrt{3k^2+6k}\le3$ $\therefore 0<3k^2+6k\le9$ ...... ❷

$3k^2+6k>0$에서 $k(k+2)>0$

$\therefore k<-2$ 또는 $k>0$ ...... ㉠

$3k^2+6k\le9$에서 $k^2+2k-3\le0$

$(k+3)(k-1)\le0$ $\therefore -3\le k\le1$ ...... ㉡

㉠, ㉡의 공통부분을 구하면

$-3\le k<-2$ 또는 $0<k\le1$ ...... ❸

채점 기준

❶ 식 변형하기	20 %
❷ k에 대한 부등식 세우기	30 %
❸ k의 값의 범위 구하기	50 %

0282 답 ③

$x^2+y^2-6kx+2ky+11k^2-2k-3=0$에서

$(x-3k)^2+(y+k)^2=-k^2+2k+3$

이 방정식이 원을 나타내려면

$-k^2+2k+3>0$

$k^2-2k-3<0$, $(k+1)(k-3)<0$

$\therefore -1<k<3$

원의 넓이가 최대이려면 반지름의 길이 $\sqrt{-k^2+2k+3}$이 최대이어야 한다.

$\sqrt{-k^2+2k+3}=\sqrt{-(k-1)^2+4}$이므로 $-1<k<3$에서 $k=1$일 때 반지름의 길이는 최대이고, 그때의 반지름의 길이는 $\sqrt{4}=2$이다.

0283 답 $x^2+y^2+x-3y=0$

원의 방정식을 $x^2+y^2+Ax+By+C=0$으로 놓으면 이 원이 원점을 지나므로 $C=0$

$\therefore x^2+y^2+Ax+By=0$ ...... ㉠

원 ㉠이 점 $(1, 2)$를 지나므로

$1+4+A+2B=0$ $\therefore A+2B=-5$ ...... ㉡

원 ㉠이 점 $(-1, 3)$을 지나므로

$1+9-A+3B=0$ $\therefore A-3B=10$ ...... ㉢

㉡, ㉢을 연립하여 풀면

$A=1$, $B=-3$

따라서 구하는 원의 방정식은

$x^2+y^2+x-3y=0$

0284 답 4

원의 방정식을 $x^2+y^2+Ax+By+C=0$으로 놓으면 이 원이 점 $(0, 0)$을 지나므로 $C=0$

$\therefore x^2+y^2+Ax+By=0$ ...... ㉠

원 ㉠이 점 $(-2, 4)$를 지나므로

$4+16-2A+4B=0$ $\therefore A-2B=10$ ...... ㉡

원 ㉠이 점 $(2, 6)$을 지나므로

$4+36+2A+6B=0$ $\therefore A+3B=-20$ ...... ㉢

㉡, ㉢을 연립하여 풀면

$A=-2$, $B=-6$

$\therefore x^2+y^2-2x-6y=0$

이 원이 점 $(p, 2)$를 지나므로

$p^2+4-2p-12=0$

$p^2-2p-8=0$, $(p+2)(p-4)=0$

$\therefore p=-2$ 또는 $p=4$

그런데 $p>0$이므로 $p=4$

0285 답 25π

원의 중심을 $P(a, b)$라 하면 $\overline{AP}=\overline{BP}=\overline{CP}$

$\overline{AP}=\overline{BP}$에서 $\overline{AP}^2=\overline{BP}^2$이므로

$(a+3)^2+(b-1)^2=(a+2)^2+(b+6)^2$

$\therefore a-7b=15$ ...... ㉠

$\overline{AP}=\overline{CP}$에서 $\overline{AP}^2=\overline{CP}^2$이므로

$(a+3)^2+(b-1)^2=(a-1)^2+(b-3)^2$

$\therefore 2a+b=0$ ...... ㉡

㉠, ㉡을 연립하여 풀면

$a=1$, $b=-2$

즉, $P(1, -2)$이므로 원의 반지름의 길이는

$\overline{AP}=\sqrt{(1+3)^2+(-2-1)^2}=5$

따라서 구하는 원의 넓이는

$\pi\times5^2=25\pi$

0286 답 ②

$x+3y=0$ ...... ㉠

$2x+y=0$ ...... ㉡

$x-2y+5=0$ ...... ㉢

두 직선 ㉠, ㉡의 교점의 좌표는 $(0, 0)$, 두 직선 ㉠, ㉢의 교점의 좌표는 $(-3, 1)$, 두 직선 ㉡, ㉢의 교점의 좌표는 $(-1, 2)$이다.

외접원의 방정식을 $x^2+y^2+Ax+By+C=0$으로 놓으면 이 원이 점 $(0, 0)$을 지나므로 $C=0$

$\therefore x^2+y^2+Ax+By=0$ ...... ㉣

원 ㉣이 점 $(-3, 1)$을 지나므로

$9+1-3A+B=0$ $\therefore 3A-B=10$ ...... ㉤

원 ㉣이 점 $(-1, 2)$를 지나므로

$1+4-A+2B=0$ $\therefore A-2B=5$ ...... ㉥

㉤, ㉥을 연립하여 풀면

$A=3$, $B=-1$

따라서 구하는 외접원의 방정식은

$x^2+y^2+3x-y=0$

0287 답 ①

원의 중심의 좌표를 $(a, a+3)$이라 하면 x축에 접하는 원의 방정식은
$$(x-a)^2+(y-a-3)^2=(a+3)^2$$
이 원이 점 $(1, 2)$를 지나므로
$$(1-a)^2+(2-a-3)^2=(a+3)^2$$
$$a^2-6a-7=0,\ (a+1)(a-7)=0 \quad \therefore a=-1 \text{ 또는 } a=7$$
따라서 두 원의 반지름의 길이는 각각 $|-1+3|=2$, $|7+3|=10$
이므로 두 원의 넓이의 합은
$$\pi\times 2^2+\pi\times 10^2=104\pi$$

0288 답 1

원의 중심의 좌표를 (a, b)라 하면 y축에 접하는 원의 방정식은
$$(x-a)^2+(y-b)^2=a^2 \quad \cdots\cdots \ \text{㉠}$$
원 ㉠이 점 $(0, 2)$를 지나므로
$$a^2+(2-b)^2=a^2,\ (2-b)^2=0 \quad \therefore b=2$$
원 ㉠이 점 $(1, 3)$을 지나므로
$$(1-a)^2+(3-b)^2=a^2$$
$$(1-a)^2+(3-2)^2=a^2,\ -2a+2=0 \quad \therefore a=1$$
따라서 구하는 반지름의 길이는 1이다.

0289 답 $\dfrac{3}{2}$

$x^2+y^2+4kx-4y+9=0$에서
$$(x+2k)^2+(y-2)^2=4k^2-5 \quad \cdots\cdots \ \text{㉠} \qquad \cdots\cdots \ \textbf{ⓘ}$$
원 ㉠의 중심의 좌표는 $(-2k, 2)$이고, 이 점이 제2사분면 위에 있으므로
$$-2k<0 \quad \therefore k>0 \qquad\qquad\qquad \cdots\cdots \ \textbf{ⓘⓘ}$$
원 ㉠이 x축에 접하므로
$$\sqrt{4k^2-5}=|2|$$
양변을 제곱하면
$$4k^2-5=4,\ k^2=\frac{9}{4} \quad \therefore k=\pm\frac{3}{2}$$
그런데 $k>0$이므로 상수 k의 값은 $\dfrac{3}{2}$이다. $\cdots\cdots \ \textbf{ⓘⓘⓘ}$

채점 기준	
ⓘ 식 변형하기	20 %
ⓘⓘ k의 부호 구하기	30 %
ⓘⓘⓘ k의 값 구하기	50 %

0290 답 ②

$x^2+y^2-2ax-4y-b+2=0$에서
$$(x-a)^2+(y-2)^2=a^2+b+2 \quad \cdots\cdots \ \text{㉠}$$
원 ㉠이 y축에 접하므로
$$\sqrt{a^2+b+2}=|a|$$
양변을 제곱하면
$$a^2+b+2=a^2 \quad \therefore b=-2$$
이를 ㉠에 대입하면
$$(x-a)^2+(y-2)^2=a^2$$
이 원이 점 $(6, 2)$를 지나므로
$$(6-a)^2+(2-2)^2=a^2,\ -12a+36=0 \quad \therefore a=3$$
$$\therefore ab=-6$$

0291 답 $4\sqrt{2}$

점 $(-1, 2)$를 지나고 x축과 y축에 동시에 접하므로 원의 중심이 제2사분면 위에 있어야 한다.
원의 반지름의 길이를 r라 하면 원의 중심의 좌표는 $(-r, r)$이므로 원의 방정식은
$$(x+r)^2+(y-r)^2=r^2$$
이 원이 점 $(-1, 2)$를 지나므로
$$(-1+r)^2+(2-r)^2=r^2$$
$$r^2-6r+5=0,\ (r-1)(r-5)=0$$
$$\therefore r=1 \text{ 또는 } r=5$$
따라서 두 원의 중심의 좌표는 $(-1, 1)$, $(-5, 5)$이므로 중심 사이의 거리는
$$\sqrt{(-5+1)^2+(5-1)^2}=4\sqrt{2}$$

0292 답 ③

원의 중심이 제4사분면 위에 있고 x축과 y축에 동시에 접하므로 원의 반지름의 길이를 r라 하면 원의 중심의 좌표는 $(r, -r)$이다.
이때 원의 중심이 직선 $3x+y-4=0$ 위에 있으므로
$$3r-r-4=0 \quad \therefore r=2$$
따라서 구하는 원의 넓이는
$$\pi\times 2^2=4\pi$$

0293 답 6

$x^2+y^2+6x+2ay+6-b=0$에서
$$(x+3)^2+(y+a)^2=a^2+b+3$$
이 원이 x축과 y축에 동시에 접하므로
$$\sqrt{a^2+b+3}=|-3|=|-a| \qquad \cdots\cdots \ \textbf{ⓘ}$$
$|-3|=|-a|$에서 $a=\pm 3$
그런데 $a>0$이므로 $a=3$
$\sqrt{a^2+b+3}=|-3|$에서 양변을 제곱하면
$$a^2+b+3=9,\ 9+b+3=9 \quad \therefore b=-3 \quad \cdots\cdots \ \textbf{ⓘⓘ}$$
$$\therefore a-b=6 \qquad\qquad\qquad\qquad\qquad \cdots\cdots \ \textbf{ⓘⓘⓘ}$$

채점 기준	
ⓘ a, b에 대한 식 세우기	50 %
ⓘⓘ a, b의 값 구하기	40 %
ⓘⓘⓘ $a-b$의 값 구하기	10 %

0294 답 1

원의 중심이 제2사분면에 있고 x축과 y축에 동시에 접하므로 원의 반지름의 길이를 r라 하면 원의 중심의 좌표는 $(-r, r)$이다.
즉, 원의 방정식은 $(x+r)^2+(y-r)^2=r^2$
$$\therefore x^2+y^2+2rx-2ry+r^2=0$$
이때 원의 중심이 곡선 $y=x^2-x-1$ 위에 있으므로
$$r=(-r)^2-(-r)-1,\ r^2=1 \quad \therefore r=\pm 1$$
그런데 $r>0$이므로 $r=1$
따라서 원의 방정식은 $x^2+y^2+2x-2y+1=0$
$$\therefore a=2,\ b=-2,\ c=1$$
$$\therefore a+b+c=1$$

참고 (원의 반지름의 길이)>0이므로 $r>0$이다.

원의 중심의 좌표를 $(k, k^2-k-1)(k<0)$이라 하면 이 점이 제2사분면에 있고 원이 x축과 y축에 동시에 접하므로
$-k=k^2-k-1$, $k^2=1$ $\therefore k=-1 (\because k<0)$
이 원의 반지름의 길이는 $|k|=|-1|=1$
따라서 중심의 좌표가 $(-1, 1)$이고 반지름의 길이가 1인 원의 방정식은
$(x+1)^2+(y-1)^2=1$
$\therefore x^2+y^2+2x-2y+1=0$
따라서 $a=2$, $b=-2$, $c=1$이므로
$a+b+c=1$

0295 답 ⑤

$x^2+y^2-2x-1=0$에서 $(x-1)^2+y^2=2$
점 $A(-2, 3)$과 원의 중심 $(1, 0)$ 사이의 거리는
$\sqrt{(1+2)^2+(-3)^2}=3\sqrt{2}$
원의 반지름의 길이는 $\sqrt{2}$이므로
$M=3\sqrt{2}+\sqrt{2}=4\sqrt{2}$, $m=3\sqrt{2}-\sqrt{2}=2\sqrt{2}$
$\therefore Mm=16$

0296 답 ①

점 $A(4, 3)$과 원의 중심 $(0, 0)$ 사이의 거리는
$\sqrt{4^2+3^2}=5$
원의 반지름의 길이가 4이므로 선분 AP의 길이의 최솟값은
$5-4=1$

0297 답 169

$A(6, 8)$이라 하면
$(a-6)^2+(b-8)^2=\overline{AP}^2$
이때 $\overline{AP}$의 길이가 최대일 때 $\overline{AP}^2$의 값도 최대이다.
점 $A(6, 8)$과 원의 중심 $(0, 0)$ 사이의 거리는
$\sqrt{6^2+8^2}=10$
원의 반지름의 길이가 3이므로 $\overline{AP}$의 길이의 최댓값은
$10+3=13$
따라서 $\overline{AP}^2$의 최댓값은 $13^2=169$이므로 구하는 최댓값은 169이다.

0298 답 ②

$\overline{AP}:\overline{BP}=1:2$이므로
$2\overline{AP}=\overline{BP}$ $\therefore 4\overline{AP}^2=\overline{BP}^2$
따라서 $P(x, y)$라 하면 점 P가 나타내는 도형의 방정식은
$4\{(x-3)^2+(y-2)^2\}=(x-6)^2+(y+1)^2$
$\therefore x^2+y^2-4x-6y+5=0$

0299 답 ③

$P(x, y)$라 하면 $\overline{AP}^2+\overline{BP}^2=26$에서
$(x+1)^2+y^2+(x-3)^2+y^2=26$
$x^2+y^2-2x-8=0$ $\therefore (x-1)^2+y^2=9$
따라서 점 P가 나타내는 도형은 중심의 좌표가 $(1, 0)$이고 반지름의 길이가 3인 원이므로 구하는 둘레의 길이는
$2\pi\times3=6\pi$

0300 답 $x^2+y^2-y-6=0$

$P(a, b)$라 하면
$a^2+b^2+4a-6b-12=0$ ······ ㉠
이때 선분 AP의 중점을 $Q(x, y)$라 하면
$x=\dfrac{a+2}{2}$, $y=\dfrac{b-2}{2}$
$\therefore a=2x-2$, $b=2y+2$ ······ ㉡
㉡을 ㉠에 대입하면 점 Q가 나타내는 도형의 방정식은
$(2x-2)^2+(2y+2)^2+4(2x-2)-6(2y+2)-12=0$
$\therefore x^2+y^2-y-6=0$

0301 답 ③

두 원의 교점을 지나는 직선의 방정식은
$x^2+y^2-4-(x^2+y^2-2x+6y+7)=0$
$\therefore 2x-6y-11=0$
따라서 $a=-6$, $b=-11$이므로
$a-b=5$

0302 답 ⑤

두 원의 교점을 지나는 직선의 방정식은
$x^2+y^2+6x-y+4-(x^2+y^2+ax-2y+1)=0$
$(6-a)x+y+3=0$ $\therefore y=(a-6)x-3$
이 직선의 기울기가 -2이므로
$a-6=-2$ $\therefore a=4$

0303 답 ④

두 원의 교점을 지나는 직선의 방정식은
$x^2+y^2+ax-4y+3-(x^2+y^2-ax-8y+7)=0$
$\therefore ax+2y-2=0$
이 직선이 점 $(1, 0)$을 지나므로
$a-2=0$ $\therefore a=2$

0304 답 4

$(x-2)^2+(y+1)^2=13$에서 $x^2+y^2-4x+2y-8=0$
두 원의 교점을 지나는 직선의 방정식은
$x^2+y^2-16-(x^2+y^2-4x+2y-8)=0$
$\therefore 2x-y-4=0$ ······ ❶
이 직선의 x절편은 2, y절편은 -4이므로
$A(2, 0)$, $B(0, -4)$ ······ ❷
따라서 삼각형 OAB의 넓이는
$\dfrac{1}{2}\times2\times4=4$ ······ ❸

채점 기준

❶ 직선의 방정식 구하기	40%
❷ 두 점 A, B의 좌표 구하기	30%
❸ 삼각형 OAB의 넓이 구하기	30%

0305 답 ④

두 원의 교점을 지나는 원의 방정식은
$x^2+y^2-2+k(x^2+y^2-2x+4y+2)=0$ (단, $k\neq-1$) ······ ㉠
원 ㉠이 원점을 지나므로
$-2+2k=0$ $\therefore k=1$

이를 ㉠에 대입하여 정리하면
$x^2+y^2-x+2y=0$
따라서 $a=-1$, $b=2$이므로
$a+b=1$

0306 답 $x^2+y^2-x+5y-6=0$

두 원의 교점을 지나는 원의 방정식은
$x^2+y^2-2ax-5+k(x^2+y^2-6x+10y-7)=0$ (단, $k\neq-1$)
⋯⋯ ㉠

원 ㉠이 점 $(0, 1)$을 지나므로
$-4+4k=0$ ∴ $k=1$
원 ㉠이 점 $(1, 1)$을 지나므로
$-2a-3-k=0$, $-2a-3-1=0$ ∴ $a=-2$
$a=-2$, $k=1$을 ㉠에 대입하여 정리하면
$x^2+y^2-x+5y-6=0$

0307 답 ③

두 원의 교점을 지나는 원의 방정식은
$x^2+y^2-4+k(x^2+y^2+ax-2y-2)=0$ (단, $k\neq-1$) ⋯⋯ ㉠
원 ㉠이 원점을 지나므로
$-4-2k=0$ ∴ $k=-2$
이를 ㉠에 대입하여 정리하면
$x^2+y^2+2ax-4y=0$ ∴ $(x+a)^2+(y-2)^2=a^2+4$
이 원의 넓이가 20π이므로
$\pi(a^2+4)=20\pi$
$a^2+4=20$, $a^2=16$ ∴ $a=\pm4$
따라서 양수 a의 값은 4이다.

0308 답 ③

원의 중심 $(1, 2)$와 직선 $x-2y+n=0$ 사이의 거리는
$\dfrac{|1-4+n|}{\sqrt{1^2+(-2)^2}}=\dfrac{|n-3|}{\sqrt{5}}$
원의 반지름의 길이가 $\sqrt{5}$이므로 원과 직선이 서로 다른 두 점에서 만나려면
$\dfrac{|n-3|}{\sqrt{5}}<\sqrt{5}$, $|n-3|<5$
$-5<n-3<5$ ∴ $-2<n<8$
따라서 정수 n은 -1, 0, 1, ..., 7의 9개이다.

다른 풀이

$x=2y-n$을 $(x-1)^2+(y-2)^2=5$에 대입하면
$(2y-n-1)^2+(y-2)^2=5$
∴ $5y^2-4(n+2)y+n^2+2n=0$
이 이차방정식의 판별식을 D라 하면 원과 직선이 서로 다른 두 점에서 만나므로
$\dfrac{D}{4}=4(n+2)^2-5(n^2+2n)>0$
$n^2-6n-16<0$, $(n+2)(n-8)<0$
∴ $-2<n<8$
따라서 정수 n은 -1, 0, 1, ..., 7의 9개이다.

참고 원의 중심이 원점이 아닌 경우에는 판별식을 이용하는 것보다 원의 중심과 직선 사이의 거리를 이용하는 것이 계산이 더 편리하다.

0309 답 $-2\sqrt{3}<k<2\sqrt{3}$

$y=x+k$를 $x^2+y^2=6$에 대입하면
$x^2+(x+k)^2=6$ ∴ $2x^2+2kx+k^2-6=0$
이 이차방정식의 판별식을 D라 하면 원과 직선이 서로 다른 두 점에서 만나므로
$\dfrac{D}{4}=k^2-2(k^2-6)>0$
$-k^2+12>0$, $k^2<12$ ∴ $-2\sqrt{3}<k<2\sqrt{3}$

0310 답 8

원의 중심을 $C(k, 0)$이라 하면 $\overline{AC}=\overline{BC}$에서 $\overline{AC}^2=\overline{BC}^2$이므로
$(k-4)^2+(-3)^2=(k+1)^2+(-2)^2$
$-10k=-20$ ∴ $k=2$
즉, 원의 중심의 좌표가 $(2, 0)$이므로 반지름의 길이는
$\overline{AC}=\sqrt{(2-4)^2+(-3)^2}=\sqrt{13}$ ⋯⋯ ❶
원의 중심 $(2, 0)$과 직선 $2x+3y+a=0$ 사이의 거리는
$\dfrac{|4+a|}{\sqrt{2^2+3^2}}=\dfrac{|a+4|}{\sqrt{13}}$
따라서 원과 직선이 서로 다른 두 점에서 만나려면
$\dfrac{|a+4|}{\sqrt{13}}<\sqrt{13}$, $|a+4|<13$
$-13<a+4<13$ ∴ $-17<a<9$ ⋯⋯ ❷
따라서 정수 a의 최댓값은 8이다. ⋯⋯ ❸

채점 기준

❶ 원의 중심의 좌표와 반지름의 길이 구하기	40%
❷ a의 값의 범위 구하기	50%
❸ 정수 a의 최댓값 구하기	10%

0311 답 12

원의 중심 $(1, 3)$과 직선 $y=-3x+k$, 즉 $3x+y-k=0$ 사이의 거리는
$\dfrac{|3+3-k|}{\sqrt{3^2+1^2}}=\dfrac{|k-6|}{\sqrt{10}}$
원의 반지름의 길이가 $\sqrt{10}$이므로 원과 직선이 접하려면
$\dfrac{|k-6|}{\sqrt{10}}=\sqrt{10}$, $|k-6|=10$
$k-6=\pm10$ ∴ $k=-4$ 또는 $k=16$
따라서 모든 실수 k의 값의 합은
$-4+16=12$

다른 풀이

$y=-3x+k$를 $(x-1)^2+(y-3)^2=10$에 대입하면
$(x-1)^2+(-3x+k-3)^2=10$
∴ $10x^2-2(3k-8)x+k^2-6k=0$
이 이차방정식의 판별식을 D라 하면 원과 직선이 접하므로
$\dfrac{D}{4}=(3k-8)^2-10(k^2-6k)=0$
$k^2-12k-64=0$, $(k+4)(k-16)=0$
∴ $k=-4$ 또는 $k=16$
따라서 모든 실수 k의 값의 합은
$-4+16=12$

0312 답 9

원의 중심 $(0, 0)$과 직선 $\sqrt{3}x+y-6=0$ 사이의 거리는

$$\frac{|-6|}{\sqrt{(\sqrt{3})^2+1^2}}=3$$

원의 반지름의 길이가 $\sqrt{a}$이므로 원과 직선이 한 점에서 만나려면

$3=\sqrt{a}$ $\therefore a=9$

0313 답 $\frac{1}{6}$

원의 중심이 제1사분면 위에 있고 x축과 y축에 동시에 접하므로 원의 반지름의 길이를 r라 하면 원의 중심의 좌표는 (r, r)이다.

이때 원과 직선 $3x-4y+1=0$이 접하려면

$$\frac{|3r-4r+1|}{\sqrt{3^2+(-4)^2}}=r, \ |-r+1|=5r$$

$r-1=\pm 5r$ $\therefore r=-\dfrac{1}{4}$ 또는 $r=\dfrac{1}{6}$

그런데 $r>0$이므로 $r=\dfrac{1}{6}$

0314 답 ④

두 점 $(-3, 0)$, $(1, 0)$을 지름의 양 끝 점으로 하는 원의 중심의 좌표는

$$\left(\frac{-3+1}{2}, 0\right)$$ $\therefore (-1, 0)$

원의 반지름의 길이는

$$\frac{1}{2}\times|1-(-3)|=2$$

원과 직선 $kx+y-2=0$이 오직 한 점에서 만나려면

$$\frac{|-k-2|}{\sqrt{k^2+1^2}}=2, \ |k+2|=2\sqrt{k^2+1}$$

양변을 제곱하면

$k^2+4k+4=4k^2+4, \ 3k^2-4k=0$

$k(3k-4)=0$ $\therefore k=0$ 또는 $k=\dfrac{4}{3}$

따라서 양수 k의 값은 $\dfrac{4}{3}$이다.

0315 답 ④

원의 중심 $(2, 0)$과 직선 $y=x+n$, 즉 $x-y+n=0$ 사이의 거리는

$$\frac{|2+n|}{\sqrt{1^2+(-1)^2}}=\frac{|n+2|}{\sqrt{2}}$$

원의 반지름의 길이는 $3\sqrt{2}$이므로 원과 직선이 만나지 않으려면

$$\frac{|n+2|}{\sqrt{2}}>3\sqrt{2}, \ |n+2|>6$$

$n+2<-6$ 또는 $n+2>6$ $\therefore n<-8$ 또는 $n>4$

따라서 구하는 자연수 n의 최솟값은 5이다.

다른 풀이

$y=x+n$을 $(x-2)^2+y^2=18$에 대입하면

$(x-2)^2+(x+n)^2=18$

$\therefore 2x^2+2(n-2)x+n^2-14=0$

이 이차방정식의 판별식을 D라 하면 원과 직선이 만나지 않으므로

$$\frac{D}{4}=(n-2)^2-2(n^2-14)<0$$

$n^2+4n-32>0, \ (n+8)(n-4)>0$ $\therefore n<-8$ 또는 $n>4$

따라서 구하는 자연수 n의 최솟값은 5이다.

0316 답 ②

원의 중심의 좌표는 $(0, 0)$, 반지름의 길이는 2이다.

① 점 $(0, 0)$과 직선 $y=x$, 즉 $x-y=0$ 사이의 거리는

$$\frac{|0|}{\sqrt{1^2+(-1)^2}}=0<2$$이므로 원과 직선은 서로 다른 두 점에서 만난다.

② 점 $(0, 0)$과 직선 $y=2x-5$, 즉 $2x-y-5=0$ 사이의 거리는

$$\frac{|-5|}{\sqrt{2^2+(-1)^2}}=\sqrt{5}>2$$이므로 원과 직선은 만나지 않는다.

③ 점 $(0, 0)$과 직선 $y=2x+1$, 즉 $2x-y+1=0$ 사이의 거리는

$$\frac{|1|}{\sqrt{2^2+(-1)^2}}=\frac{\sqrt{5}}{5}<2$$이므로 원과 직선은 서로 다른 두 점에서 만난다.

④ 점 $(0, 0)$과 직선 $y=3x+5$, 즉 $3x-y+5=0$ 사이의 거리는

$$\frac{|5|}{\sqrt{3^2+(-1)^2}}=\frac{\sqrt{10}}{2}<2$$이므로 원과 직선은 서로 다른 두 점에서 만난다.

⑤ 점 $(0, 0)$과 직선 $y=4x-1$, 즉 $4x-y-1=0$ 사이의 거리는

$$\frac{|-1|}{\sqrt{4^2+(-1)^2}}=\frac{\sqrt{17}}{17}<2$$이므로 원과 직선은 서로 다른 두 점에서 만난다.

따라서 원 $x^2+y^2=4$와 만나지 않는 직선은 ②이다.

0317 답 $-\dfrac{3}{2}$

원의 중심 $(k, 0)$과 직선 $4x+y+3=0$ 사이의 거리는

$$\frac{|4k+3|}{\sqrt{4^2+1^2}}=\frac{|4k+3|}{\sqrt{17}}$$ ...... ❶

원의 반지름의 길이가 $\sqrt{17}$이므로 원과 직선이 만나지 않으려면

$$\frac{|4k+3|}{\sqrt{17}}>\sqrt{17}, \ |4k+3|>17$$

$4k+3<-17$ 또는 $4k+3>17$

$\therefore k<-5$ 또는 $k>\dfrac{7}{2}$ ...... ❷

따라서 $\alpha=-5$, $\beta=\dfrac{7}{2}$이므로

$\alpha+\beta=-\dfrac{3}{2}$ ...... ❸

채점 기준

❶ 원의 중심과 직선 사이의 거리를 k에 대한 식으로 나타내기	30 %
❷ k의 값의 범위 구하기	50 %
❸ $\alpha+\beta$의 값 구하기	20 %

0318 답 ③

오른쪽 그림과 같이 원의 중심을 $C(3, 2)$라 하고, 점 C에서 직선 $4x+3y-3=0$에 내린 수선의 발을 H라 하면

$$\overline{CH}=\frac{|12+6-3|}{\sqrt{4^2+3^2}}=3$$

직각삼각형 CPH에서 $\overline{CP}$의 길이는 원의 반지름의 길이와 같으므로

$$\overline{PH}=\sqrt{\overline{CP}^2-\overline{CH}^2}=\sqrt{5^2-3^2}=4$$

$\therefore \overline{PQ}=2\overline{PH}=8$

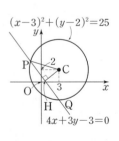

0319 답 6

$x^2+y^2-6x-2y-8=0$에서 $(x-3)^2+(y-1)^2=18$

오른쪽 그림과 같이 원과 y축의 두 교점을 A, B라 하면 원과 y축이 만나서 생기는 현은 $\overline{AB}$이다.

원의 중심을 C$(3, 1)$이라 하고, 점 C에서 y축에 내린 수선의 발을 H라 하면
$\overline{CH}=3$

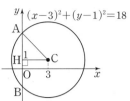

직각삼각형 CAH에서 $\overline{CA}$의 길이는 원의 반지름의 길이와 같으므로
$\overline{AH}=\sqrt{\overline{CA}^2-\overline{CH}^2}=\sqrt{(3\sqrt{2})^2-3^2}=3$

따라서 구하는 현의 길이는
$\overline{AB}=2\overline{AH}=6$

다른 풀이

$x=0$을 $(x-3)^2+(y-1)^2=18$에 대입하면
$(-3)^2+(y-1)^2=18$, $(y-1)^2=9$
$y-1=\pm 3$ ∴ $y=-2$ 또는 $y=4$

따라서 원이 y축과 만나는 두 점의 좌표는 $(0, -2)$, $(0, 4)$이므로 구하는 현의 길이는
$4-(-2)=6$

0320 답 ①

$x^2+y^2-2x-4y+k=0$에서
$(x-1)^2+(y-2)^2=5-k$

오른쪽 그림과 같이 원의 중심을 C$(1, 2)$라 하고, 점 C에서 직선 $2x-y+5=0$에 내린 수선의 발을 H라 하면
$\overline{CH}=\dfrac{|2-2+5|}{\sqrt{2^2+(-1)^2}}=\sqrt{5}$

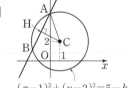

직각삼각형 CAH에서 $\overline{AH}=\dfrac{1}{2}\overline{AB}=2$
이고, $\overline{AC}$의 길이는 원의 반지름의 길이와 같으므로
$\overline{AC}^2=\overline{AH}^2+\overline{CH}^2$
$(\sqrt{5-k})^2=2^2+(\sqrt{5})^2$, $5-k=9$ ∴ $k=-4$

0321 답 20

$x^2+y^2-8x-2y-33=0$에서
$(x-4)^2+(y-1)^2=50$

오른쪽 그림과 같이 원의 중심 C$(4, 1)$에서 직선 $3x-y+9=0$에 내린 수선의 발을 H라 하면
$\overline{CH}=\dfrac{|12-1+9|}{\sqrt{3^2+(-1)^2}}$
$\quad=2\sqrt{10}$ ······ ❶

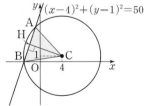

직각삼각형 CAH에서 $\overline{CA}$의 길이는 원의 반지름의 길이와 같으므로
$\overline{AH}=\sqrt{\text{C}\overline{A}^2-\overline{CH}^2}=\sqrt{(\sqrt{50})^2-(2\sqrt{10})^2}=\sqrt{10}$
∴ $\overline{AB}=2\overline{AH}=2\sqrt{10}$ ······ ❷

따라서 삼각형 ABC의 넓이는
$\dfrac{1}{2}\times\overline{AB}\times\overline{CH}=\dfrac{1}{2}\times 2\sqrt{10}\times 2\sqrt{10}=20$ ······ ❸

채점 기준

❶ 점 C와 직선 사이의 거리 구하기	40%
❷ $\overline{AB}$의 길이 구하기	30%
❸ 삼각형 ABC의 넓이 구하기	30%

0322 답 ④

오른쪽 그림과 같이 두 원의 교점을 A, B라 하면 두 원의 공통인 현은 $\overline{AB}$이다.

두 원의 교점 A, B를 지나는 직선의 방정식은
x^2+y^2-16
$\quad -(x^2+y^2-2x-4y-6)=0$
∴ $x+2y-5=0$

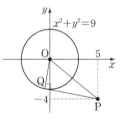

이때 원 $x^2+y^2=16$의 중심 O$(0, 0)$에서 직선 $x+2y-5=0$에 내린 수선의 발을 H라 하면
$\overline{OH}=\dfrac{|-5|}{\sqrt{1^2+2^2}}=\sqrt{5}$

직각삼각형 AOH에서 $\overline{OA}$의 길이는 원 $x^2+y^2=16$의 반지름의 길이와 같으므로
$\overline{AH}=\sqrt{\overline{OA}^2-\overline{OH}^2}=\sqrt{4^2-(\sqrt{5})^2}=\sqrt{11}$

따라서 두 원의 공통인 현의 길이는
$\overline{AB}=2\overline{AH}=2\sqrt{11}$

0323 답 ③

점 P$(5, -4)$와 원의 중심 O$(0, 0)$ 사이의 거리는
$\overline{OP}=\sqrt{5^2+(-4)^2}=\sqrt{41}$

직각삼각형 OQP에서 $\overline{OQ}$의 길이는 원의 반지름의 길이와 같으므로
$\overline{PQ}=\sqrt{\overline{OP}^2-\overline{OQ}^2}$
$\quad=\sqrt{(\sqrt{41})^2-3^2}=4\sqrt{2}$

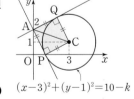

0324 답 5

$x^2+y^2-6x-2y+k=0$에서
$(x-3)^2+(y-1)^2=10-k$ ······ ❶
즉, C$(3, 1)$이므로
$\overline{CA}=\sqrt{(-3)^2+(2-1)^2}=\sqrt{10}$

직각삼각형 ACQ에서 $\overline{CQ}$의 길이는 원의 반지름의 길이와 같으므로
$\overline{AQ}=\sqrt{\overline{CA}^2-\overline{CQ}^2}$
$\quad=\sqrt{(\sqrt{10})^2-(\sqrt{10-k})^2}$
$\quad=\sqrt{k}$ ······ ❷

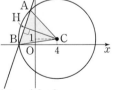

사각형 APCQ가 정사각형이므로
$\overline{AQ}=\overline{CQ}$
$\sqrt{k}=\sqrt{10-k}$

양변을 제곱하면
$k=10-k$ ∴ $k=5$ ······ ❸

0325 답 ⑤

$C(-1, 1)$이므로

$\overline{AC} = \sqrt{(-1-4)^2+(1+5)^2} = \sqrt{61}$

직각삼각형 APC에서 $\overline{CP}$의 길이는 원의
반지름의 길이와 같으므로

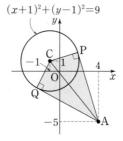

$\overline{AP} = \sqrt{\overline{AC}^2 - \overline{CP}^2}$
$= \sqrt{(\sqrt{61})^2 - 3^2}$
$= 2\sqrt{13}$

따라서 사각형 APCQ의 넓이는

$2\triangle APC = 2 \times \left(\dfrac{1}{2} \times 2\sqrt{13} \times 3\right) = 6\sqrt{13}$

0326 답 ②

원의 중심 $(1, -3)$과 직선 $2x+y+11=0$ 사이의 거리는

$\dfrac{|2-3+11|}{\sqrt{2^2+1^2}} = 2\sqrt{5}$

원의 반지름의 길이는 $\sqrt{5}$이므로

$M = 2\sqrt{5} + \sqrt{5} = 3\sqrt{5}, \quad m = 2\sqrt{5} - \sqrt{5} = \sqrt{5}$

$\therefore Mm = 15$

0327 답 ③

$x^2 + y^2 - 10y = 0$에서

$x^2 + (y-5)^2 = 25$

원의 중심 $(0, 5)$와 직선 $3x - 4y - 15 = 0$ 사이의 거리는

$\dfrac{|-20-15|}{\sqrt{3^2+(-4)^2}} = 7$

원의 반지름의 길이는 5이므로 원 위의 점과 직선 사이의 거리의 최댓값은 $7+5=12$, 최솟값은 $7-5=2$이다.

이때 원 위의 점과 직선 사이의 거리 중 자연수인 것은 $2, 3, 4, \ldots,$ 12의 11개이고, 거리가 2, 12일 때만 점이 1개이고 나머지 거리일 때는 점이 2개씩 있으므로 구하는 점의 개수는

$1 + 1 + 2 \times (11-2) = 20$

0328 답 22

직선 l은 오른쪽 그림과 같이 원점과 점 $(3, 4)$를 지나는 직선에 수직이어야 한다.

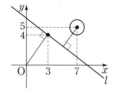

원점과 점 $(3, 4)$를 지나는 직선의 방정식은

$y = \dfrac{4}{3}x$이므로 직선 l의 기울기는 $-\dfrac{3}{4}$이다.

따라서 직선 l의 방정식은

$y - 4 = -\dfrac{3}{4}(x-3)$

$\therefore 3x + 4y - 25 = 0$

원의 중심 $(7, 5)$와 직선 l 사이의 거리는

$\dfrac{|21+20-25|}{\sqrt{3^2+4^2}} = \dfrac{16}{5}$

원의 반지름의 길이는 1이므로 원 위의 점 P와 직선 l 사이의 거리의 최솟값은

$m = \dfrac{16}{5} - 1 = \dfrac{11}{5}$

$\therefore 10m = 22$

만렙 Note

오른쪽 그림에서 $d_1 < d$, $d_2 < d$이므로 점 A를 지나는 임의의 직선 l과 점 O 사이의 거리가 최대일 때는 직선 l이 $\overline{OA}$와 수직일 때이다.

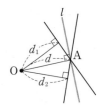

0329 답 ⑤

오른쪽 그림과 같이 점 A에서 $\overline{BC}$에 내린 수선의 발을 H라 하면 정삼각형 ABC의 높이 $\overline{AH}$의 길이가 최대일 때, 삼각형 ABC의 넓이도 최대가 된다.

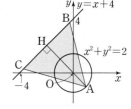

원의 중심 $(0, 0)$과 직선 $y=x+4$, 즉 $x-y+4=0$ 사이의 거리는

$\dfrac{|4|}{\sqrt{1^2+(-1)^2}} = 2\sqrt{2}$

원의 반지름의 길이는 $\sqrt{2}$이므로 점 A와 직선 $y=x+4$ 사이의 거리, 즉 $\overline{AH}$의 길이의 최댓값은

$2\sqrt{2} + \sqrt{2} = 3\sqrt{2}$

이때 정삼각형 ABC의 한 변의 길이를 a라 하면

$\dfrac{\sqrt{3}}{2}a = 3\sqrt{2}$ $\therefore a = 2\sqrt{6}$

따라서 구하는 넓이의 최댓값은

$\dfrac{\sqrt{3}}{4}a^2 = \dfrac{\sqrt{3}}{4} \times (2\sqrt{6})^2 = 6\sqrt{3}$

중3 다시보기

한 변의 길이가 a인 정삼각형의 높이를 h, 넓이를 S라 하면

$$h = \dfrac{\sqrt{3}}{2}a, \quad S = \dfrac{\sqrt{3}}{4}a^2$$

0330 답 ⑤

직선 $2x-y+3=0$, 즉 $y=2x+3$에 평행한 직선의 기울기는 2이고 원 $x^2+y^2=9$의 반지름의 길이는 3이므로 접선의 방정식은

$y = 2x \pm 3\sqrt{2^2+1}$

$\therefore y = 2x \pm 3\sqrt{5}$

따라서 $m=2$, $n=\pm 3\sqrt{5}$이므로

$m^2 + n^2 = 4 + 45 = 49$

0331 답 ③

기울기가 1인 접선의 방정식을

$y = x + k$, 즉 $x - y + k = 0$ ...... ㉠

으로 놓으면 원의 중심 $(1, -2)$와 직선 ㉠ 사이의 거리는

$\dfrac{|1+2+k|}{\sqrt{1^2+(-1)^2}} = \dfrac{|k+3|}{\sqrt{2}}$

원의 반지름의 길이가 $2\sqrt{2}$이므로 원과 직선 ㉠이 접하려면

$$\frac{|k+3|}{\sqrt{2}}=2\sqrt{2}$$

$|k+3|=4$, $k+3=\pm4$

$\therefore k=-7$ 또는 $k=1$

즉, 두 직선은 $y=x-7$, $y=x+1$이므로 x절편은 각각 7, -1이다.

따라서 구하는 x절편의 차는

$7-(-1)=8$

0332 답 2π

x축의 양의 방향과 이루는 각의 크기가 $45°$인 직선의 기울기는

$\tan 45°=1$이므로 기울기가 1이고 점 $(3, 1)$을 지나는 직선의 방정식은

$y-1=x-3$

$\therefore x-y-2=0$ ······ ❶

원의 중심 $(3, -1)$과 직선 $x-y-2=0$ 사이의 거리는

$$\frac{|3+1-2|}{\sqrt{1^2+(-1)^2}}=\sqrt{2}$$ ······ ❷

따라서 원과 직선이 접하려면 원의 반지름의 길이가 $\sqrt{2}$이어야 하므로 구하는 원의 넓이는

$\pi\times(\sqrt{2})^2=2\pi$ ······ ❸

채점 기준

❶ 접선의 방정식 구하기	40 %
❷ 원의 중심과 접선 사이의 거리 구하기	30 %
❸ 원의 넓이 구하기	30 %

0333 답 ④

$x^2+y^2-2x=0$에서 $(x-1)^2+y^2=1$

직선 $x+2y+3=0$, 즉 $y=-\frac{1}{2}x-\frac{3}{2}$에 수직인 직선의 기울기는 2

이므로 기울기가 2인 접선의 방정식을

$y=2x+k$, 즉 $2x-y+k=0$ ······ ㉠

으로 놓으면 원의 중심 $(1, 0)$과 직선 ㉠ 사이의 거리는

$$\frac{|2+k|}{\sqrt{2^2+(-1)^2}}=\frac{|k+2|}{\sqrt{5}}$$

원의 반지름의 길이는 1이므로 원과 직선 ㉠이 접하려면

$$\frac{|k+2|}{\sqrt{5}}=1$$

$|k+2|=\sqrt{5}$, $k+2=\pm\sqrt{5}$

$\therefore k=-2\pm\sqrt{5}$

따라서 $A(0, -2-\sqrt{5})$, $B(0, -2+\sqrt{5})$ 또는 $A(0, -2+\sqrt{5})$,

$B(0, -2-\sqrt{5})$이므로

$\overline{AB}=|-2+\sqrt{5}-(-2-\sqrt{5})|=2\sqrt{5}$

0334 답 ①

원 $x^2+y^2=20$ 위의 점 $(2, -4)$에서의 접선의 방정식은

$2x-4y=20$ $\therefore y=\frac{1}{2}x-5$

따라서 $m=\frac{1}{2}$, $n=-5$이므로

$4m+n=-3$

0335 답 -3

원 $x^2+y^2=10$ 위의 점 (a, b)에서의 접선의 방정식은

$ax+by=10$ $\therefore y=-\frac{a}{b}x+\frac{10}{b}$

이 직선의 기울기가 3이므로

$-\frac{a}{b}=3$ $\therefore a=-3b$ ······ ㉠

한편 점 (a, b)는 원 $x^2+y^2=10$ 위에 있으므로

$a^2+b^2=10$ ······ ㉡

㉠, ㉡을 연립하여 풀면

$a=-3$, $b=1$ 또는 $a=3$, $b=-1$

$\therefore ab=-3$

0336 답 6

$x^2+y^2-8x+4y+10=0$에서

$(x-4)^2+(y+2)^2=10$

오른쪽 그림과 같이 원의 중심을

$C(4, -2)$라 하면 직선 CP의 기울기는

$\frac{1+2}{3-4}=-3$

이때 원의 접선은 직선 CP와 수직이므로

원의 접선의 기울기는 $\frac{1}{3}$이다. ······ ❶

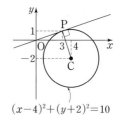

$(x-4)^2+(y+2)^2=10$

따라서 기울기가 $\frac{1}{3}$이고 점 $P(3, 1)$을 지나는 직선의 방정식은

$y-1=\frac{1}{3}(x-3)$ $\therefore y=\frac{1}{3}x$ ······ ❷

이 직선이 점 $(a, 2)$를 지나므로

$2=\frac{1}{3}a$ $\therefore a=6$ ······ ❸

채점 기준

❶ 접선의 기울기 구하기	60 %
❷ 접선의 방정식 구하기	30 %
❸ a의 값 구하기	10 %

0337 답 8

원 $x^2+y^2=25$ 위의 점 $(3, -4)$에서의 접선의 방정식은

$3x-4y=25$ $\therefore 3x-4y-25=0$ ······ ㉠

원 $(x-6)^2+(y-8)^2=r^2$의 중심 $(6, 8)$과 직선 ㉠ 사이의 거리는

$$\frac{|18-32-25|}{\sqrt{3^2+(-4)^2}}=\frac{39}{5}$$

따라서 직선 ㉠이 원 $(x-6)^2+(y-8)^2=r^2$과 만나려면

$r\geq\frac{39}{5}$

즉, 자연수 r의 최솟값은 8이다.

0338 답 ②

접점의 좌표를 (x_1, y_1)이라 하면 접선의 방정식은

$x_1x+y_1y=4$

이 직선이 점 $(4, -2)$를 지나므로

$4x_1-2y_1=4$ $\therefore y_1=2x_1-2$ ······ ㉠

한편 접점 (x_1, y_1)은 원 $x^2+y^2=4$ 위에 있으므로

$x_1^2+y_1^2=4$ ······ ㉡

㉠을 ㉡에 대입하면
$x_1^2+(2x_1-2)^2=4$
$5x_1^2-8x_1=0$, $x_1(5x_1-8)=0$
$\therefore x_1=0$ 또는 $x_1=\dfrac{8}{5}$
이를 ㉠에 대입하면
$x_1=0$, $y_1=-2$ 또는 $x_1=\dfrac{8}{5}$, $y_1=\dfrac{6}{5}$
즉, 접선의 방정식은
$-2y=4$ 또는 $\dfrac{8}{5}x+\dfrac{6}{5}y=4$
$\therefore y+2=0$ 또는 $4x+3y-10=0$
$y+2=0$일 때, $-5y-10=0$이므로 $a=0$, $b=-5$
$4x+3y-10=0$일 때, $a=4$, $b=3$
그런데 $a\neq0$이므로 $a=4$, $b=3$
$\therefore a+b=7$

0339 답 ①

원점을 지나는 접선의 기울기를 m이라 하면 접선의 방정식은
$y=mx$ $\therefore mx-y=0$ …… ㉠
$x^2+y^2-2x-6y+8=0$에서
$(x-1)^2+(y-3)^2=2$
원의 중심의 좌표가 $(1, 3)$이고 반지름의 길이가 $\sqrt{2}$이므로 원과 직선
㉠이 접하려면
$\dfrac{|m-3|}{\sqrt{m^2+(-1)^2}}=\sqrt{2}$
$|m-3|=\sqrt{2}\sqrt{m^2+1}$
양변을 제곱하면
$(m-3)^2=2(m^2+1)$
$m^2+6m-7=0$, $(m+7)(m-1)=0$
$\therefore m=-7$ 또는 $m=1$
따라서 구하는 두 접선의 기울기의 곱은
$-7\times1=-7$

0340 답 ⑤

접점의 좌표를 (x_1, y_1)이라 하면 접선의 방정식은
$x_1x+y_1y=6$
이 직선이 점 $P(6, 0)$을 지나므로
$6x_1=6$ $\therefore x_1=1$
한편 접점 (x_1, y_1), 즉 $(1, y_1)$은 원 $x^2+y^2=6$ 위에 있으므로
$1+y_1^2=6$, $y_1^2=5$ $\therefore y_1=\pm\sqrt{5}$
즉, 점 P에서 원에 그은 접선의 방정식은
$x+\sqrt{5}y=6$ 또는 $x-\sqrt{5}y=6$
두 접선이 y축과 만나는 점의 y좌표는 $\dfrac{6\sqrt{5}}{5}$, $-\dfrac{6\sqrt{5}}{5}$이므로
$\overline{AB}=\left|\dfrac{6\sqrt{5}}{5}-\left(-\dfrac{6\sqrt{5}}{5}\right)\right|=\dfrac{12\sqrt{5}}{5}$
따라서 삼각형 PAB의 넓이는
$\dfrac{1}{2}\times\overline{AB}\times\overline{OP}=\dfrac{1}{2}\times\dfrac{12\sqrt{5}}{5}\times6$
$=\dfrac{36\sqrt{5}}{5}$

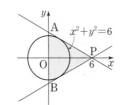

다른 풀이

접선이 y축과 만나는 점의 y좌표를 k라 하면 접선은 x절편이 6, y절편이 k인 직선이므로 접선의 방정식은
$\dfrac{x}{6}+\dfrac{y}{k}=1$ $\therefore kx+6y-6k=0$
원의 중심 $(0, 0)$과 이 직선 사이의 거리는 원의 반지름의 길이 $\sqrt{6}$과 같으므로
$\dfrac{|-6k|}{\sqrt{k^2+6^2}}=\sqrt{6}$
$|6k|=\sqrt{6}\sqrt{k^2+36}$
양변을 제곱하면
$36k^2=6(k^2+36)$
$k^2=\dfrac{36}{5}$ $\therefore k=\pm\dfrac{6\sqrt{5}}{5}$
즉, 두 접선이 y축과 만나는 점의 y좌표는 $\dfrac{6\sqrt{5}}{5}$, $-\dfrac{6\sqrt{5}}{5}$이므로
$\overline{AB}=\dfrac{12\sqrt{5}}{5}$
따라서 삼각형 PAB의 넓이는
$\dfrac{1}{2}\times\dfrac{12\sqrt{5}}{5}\times6=\dfrac{36\sqrt{5}}{5}$

0341 답 3

접선의 기울기를 m이라 하면 기울기가 m이고 점 $(0, a)$를 지나는 직선의 방정식은
$y=mx+a$ $\therefore mx-y+a=0$
원의 중심 $(1, 0)$과 이 직선 사이의 거리는
$\dfrac{|m+a|}{\sqrt{m^2+(-1)^2}}=\dfrac{|m+a|}{\sqrt{m^2+1}}$
원의 반지름의 길이가 $\sqrt{5}$이므로 원과 직선이 접하려면
$\dfrac{|m+a|}{\sqrt{m^2+1}}=\sqrt{5}$
$|m+a|=\sqrt{5}\sqrt{m^2+1}$
양변을 제곱하면
$m^2+2am+a^2=5(m^2+1)$
$\therefore 4m^2-2am-a^2+5=0$ …… ㉠
이때 두 접선이 서로 수직이면 m에 대한 이차방정식 ㉠의 두 근의 곱이 -1이므로 이차방정식의 근과 계수의 관계에 의하여
$\dfrac{-a^2+5}{4}=-1$, $a^2=9$ $\therefore a=\pm3$
따라서 양수 a의 값은 3이다.

다른 풀이

오른쪽 그림과 같이 두 접점을 P, Q라 하고, $A(0, a)$라 하자.
원의 중심을 $C(1, 0)$이라 하면 두 접선이 서로 수직이므로 사각형 $AQCP$는 한 변의 길이가 원의 반지름의 길이와 같은 정사각형이다.
$\therefore \overline{AP}=\overline{CP}=\sqrt{5}$
직각삼각형 ACP에서 $\overline{AC}^2=\overline{AP}^2+\overline{CP}^2$이므로
$1^2+(-a)^2=(\sqrt{5})^2+(\sqrt{5})^2$
$a^2=9$ $\therefore a=\pm3$
따라서 양수 a의 값은 3이다.

0342 답 $x^2+(y-1)^2=2$

$G\left(\dfrac{1+3-4}{3}, \dfrac{2+6-5}{3}\right)$ ∴ $G(0, 1)$

∴ $\overline{AG}=\sqrt{(-1)^2+(1-2)^2}=\sqrt{2}$

따라서 중심의 좌표가 $(0, 1)$이고 반지름의 길이가 $\sqrt{2}$인 원의 방정식은

$x^2+(y-1)^2=2$

0343 답 2π

선분 AB의 중점을 M이라 하면

$M\left(\dfrac{2-10}{2}, \dfrac{-4+8}{2}\right)$ ∴ $M(-4, 2)$

선분 AB를 $1:2$로 내분하는 점을 N이라 하면

$N\left(\dfrac{1\times(-10)+2\times2}{1+2}, \dfrac{1\times8+2\times(-4)}{1+2}\right)$

∴ $N(-2, 0)$

두 점 M, N을 지름의 양 끝 점으로 하는 원의 반지름의 길이는

$\dfrac{1}{2}\overline{MN}=\dfrac{1}{2}\times\sqrt{(-2+4)^2+(-2)^2}=\sqrt{2}$

따라서 구하는 원의 넓이는

$\pi\times(\sqrt{2})^2=2\pi$

0344 답 ④

원의 중심의 좌표를 $(0, a)$, 반지름의 길이를 r라 하면 원의 방정식은

$x^2+(y-a)^2=r^2$ ...... ㉠

원 ㉠이 점 $(4, 0)$을 지나므로

$16+(-a)^2=r^2$

∴ $a^2+16=r^2$ ...... ㉡

원 ㉠이 점 $(3, 7)$을 지나므로

$9+(7-a)^2=r^2$

∴ $a^2-14a+58=r^2$ ...... ㉢

㉡, ㉢을 연립하여 풀면

$a=3, r^2=25$

따라서 원의 방정식은

$x^2+(y-3)^2=25$ ...... ㉣

ㄱ. 중심의 좌표는 $(0, 3)$이다.

ㄴ. 반지름의 길이가 5이므로 지름의 길이는 10이다.

ㄷ. $x=5$를 ㉣에 대입하면

$25+(y-3)^2=25$

$(y-3)^2=0$ ∴ $y=3$

즉, 점 $(5, 3)$을 지난다.

따라서 보기에서 옳은 것은 ㄱ, ㄷ이다.

0345 답 25

$x^2+y^2-8x+6y=0$에서

$(x-4)^2+(y+3)^2=25$

따라서 원의 넓이는 25π이므로

$k=25$

0346 답 $-3<a<2$

$x^2+y^2+2(a-1)y+2a^2-a-5=0$에서

$x^2+\{y+(a-1)\}^2=-a^2-a+6$

이 방정식이 원을 나타내려면

$-a^2-a+6>0$

$a^2+a-6<0, (a+3)(a-2)<0$

∴ $-3<a<2$

0347 답 ①

$x^2+y^2-8x+2y=0$에서

$(x-4)^2+(y+1)^2=17$

이 원의 중심의 좌표가 $(4, -1)$이므로 구하는 원의 반지름의 길이는 1이다.

0348 답 ③

중심이 점 $(3, -3)$이고 x축과 y축에 동시에 접하는 원의 방정식은

$(x-3)^2+(y+3)^2=9$

이 원이 점 $(k, -2)$를 지나므로

$(k-3)^2+(-2+3)^2=9$

∴ $k^2-6k+1=0$

따라서 이차방정식의 근과 계수의 관계에 의하여 모든 k의 값의 합은 6이다.

0349 답 ⑤

$x^2+y^2-2x-4y-11=0$에서

$(x-1)^2+(y-2)^2=16$

점 $A(4, -2)$와 원의 중심 $(1, 2)$ 사이의 거리는

$\sqrt{(1-4)^2+(2+2)^2}=5$

원의 반지름의 길이가 4이므로 $\overline{AP}$의 길이의 최댓값은 $5+4=9$, $\overline{AP}$의 길이의 최솟값은 $5-4=1$이다.

따라서 $1\le l\le9$이므로 l의 값이 될 수 있는 자연수는 $1, 2, 3, ..., 9$의 9개이다.

0350 답 2

원 $x^2+y^2-ax-4y-3=0$이 원 $x^2+y^2-2x-4ay+13=0$의 둘레의 길이를 이등분하려면 두 원의 교점을 지나는 직선이 원 $x^2+y^2-2x-4ay+13=0$의 중심을 지나야 한다.

두 원의 교점을 지나는 직선의 방정식은

$x^2+y^2-ax-4y-3-(x^2+y^2-2x-4ay+13)=0$

∴ $(2-a)x+(4a-4)y-16=0$ ...... ㉠

$x^2+y^2-2x-4ay+13=0$에서

$(x-1)^2+(y-2a)^2=4a^2-12$

직선 ㉠이 이 원의 중심 $(1, 2a)$를 지나야 하므로

$2-a+2a(4a-4)-16=0$

$8a^2-9a-14=0$

$(8a+7)(a-2)=0$

∴ $a=-\dfrac{7}{8}$ 또는 $a=2$

따라서 정수 a의 값은 2이다.

0351 답 ③

두 원의 교점을 지나는 원의 방정식은

$x^2+y^2-4x+2y-3+k(x^2+y^2-2y-5)=0$ (단, $k\neq-1$)

$\cdots\cdots$ ㉠

원 ㉠이 점 $(-1, -1)$을 지나므로

$1-k=0$ $\therefore k=1$

이를 ㉠에 대입하여 정리하면

$x^2+y^2-2x-4=0$

$\therefore (x-1)^2+y^2=5$

따라서 원의 반지름의 길이는 $\sqrt{5}$이므로 구하는 원의 넓이는 5π이다.

0352 답 -1

$y=mx+2$를 $x^2+y^2=2$에 대입하면

$x^2+(mx+2)^2=2$

$\therefore (m^2+1)x^2+4mx+2=0$

이 이차방정식의 판별식을 D라 하면 원과 직선이 만나므로

$\dfrac{D}{4}=(2m)^2-2(m^2+1)\geq0$

$2m^2-2\geq0$, $m^2\geq1$ $\therefore m\leq-1$ 또는 $m\geq1$

따라서 $\alpha=-1$, $\beta=1$이므로

$\alpha\beta=-1$

0353 답 50

직선 $y=x$ 위의 점을 중심으로 하고 x축과 y축에 동시에 접하므로 원의 중심의 좌표를 (r, r)라 하면 원의 반지름의 길이는 $|r|$이다.

원과 직선 $3x-4y+12=0$이 접하므로

$\dfrac{|3r-4r+12|}{\sqrt{3^2+(-4)^2}}=|r|$

$|r-12|=5|r|$, $r-12=\pm5r$

$\therefore r=-3$ 또는 $r=2$

따라서 두 원의 중심 A, B의 좌표는 $(-3, -3)$, $(2, 2)$이므로

$\overline{AB}^2=(2+3)^2+(2+3)^2=50$

0354 답 ⑤

원 $(x-1)^2+(y-3)^2=8$의 중심의 좌표는 $(1, 3)$이고 반지름의 길이는 $2\sqrt{2}$이므로 직선 $x-y+n=0$과 만나지 않으려면

$\dfrac{|1-3+n|}{\sqrt{1^2+(-1)^2}}>2\sqrt{2}$, $|n-2|>4$

$n-2<-4$ 또는 $n-2>4$

$\therefore n<-2$ 또는 $n>6$ $\cdots\cdots$ ㉠

원 $x^2+y^2-8x-6y+7=0$, 즉 $(x-4)^2+(y-3)^2=18$의 중심의 좌표는 $(4, 3)$이고 반지름의 길이는 $3\sqrt{2}$이므로 직선 $x-y+n=0$과 서로 다른 두 점에서 만나려면

$\dfrac{|4-3+n|}{\sqrt{1^2+(-1)^2}}<3\sqrt{2}$

$|n+1|<6$, $-6<n+1<6$

$\therefore -7<n<5$ $\cdots\cdots$ ㉡

㉠, ㉡에서 n의 값의 범위는

$-7<n<-2$

따라서 정수 n의 최솟값은 -6이다.

0355 답 ③

오른쪽 그림과 같이 원의 중심을 $C(-1, 3)$이라 하고 점 C에서 직선 $y=mx+2$에 내린 수선의 발을 H라 하면 직각삼각형 CAH 에서 $\overline{CA}$는 원의 반지름의 길이와 같고, $\overline{AH}=\dfrac{1}{2}\overline{AB}=\sqrt{2}$이므로

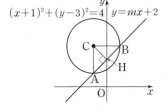

$\overline{CH}=\sqrt{\overline{CA}^2-\overline{AH}^2}=\sqrt{2^2-(\sqrt{2})^2}=\sqrt{2}$

따라서 점 $C(-1, 3)$과 직선 $y=mx+2$, 즉 $mx-y+2=0$ 사이의 거리가 $\sqrt{2}$이므로

$\dfrac{|-m-3+2|}{\sqrt{m^2+(-1)^2}}=\sqrt{2}$

$|m+1|=\sqrt{2}\sqrt{m^2+1}$

양변을 제곱하면

$m^2+2m+1=2(m^2+1)$

$m^2-2m+1=0$, $(m-1)^2=0$ $\therefore m=1$

0356 답 ③

점 $A(4, 3)$과 원의 중심 $O(0, 0)$ 사이의 거리는

$\overline{OA}=\sqrt{4^2+3^2}=5$

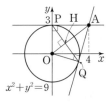

직각삼각형 POA에서 $\overline{OP}$의 길이는 원의 반지름의 길이와 같으므로

$\overline{PA}=\sqrt{\overline{OA}^2-\overline{OP}^2}=\sqrt{5^2-3^2}=4$

$\overline{OA}$와 $\overline{PQ}$의 교점을 H라 하면 $\overline{OA}\perp\overline{PQ}$이므로 직각삼각형 POA 에서

$\overline{PA}\times\overline{OP}=\overline{OA}\times\overline{PH}$

$4\times3=5\times\overline{PH}$ $\therefore \overline{PH}=\dfrac{12}{5}$

$\therefore \overline{PQ}=2\overline{PH}=\dfrac{24}{5}$

0357 답 ②

$x^2+y^2-4x+8y+2=0$에서 $(x-2)^2+(y+4)^2=18$

원의 중심 $(2, -4)$와 직선 $x-y+k=0$ 사이의 거리는

$\dfrac{|2+4+k|}{\sqrt{1^2+(-1)^2}}=\dfrac{|k+6|}{\sqrt{2}}$

원 위의 점과 직선 사이의 거리의 최댓값이 $8\sqrt{2}$이고, 원의 반지름의 길이기 $3\sqrt{2}$이므로

$\dfrac{|k+6|}{\sqrt{2}}+3\sqrt{2}=8\sqrt{2}$, $|k+6|=10$

$k+6=\pm10$ $\therefore k=-16$ 또는 $k=4$

따라서 양수 k의 값은 4이다.

0358 답 49

직선 $y=\dfrac{1}{3}x-1$에 수직인 직선의 기울기는 -3이고 원 $x^2+y^2=4$의 반지름의 길이는 2이므로 접선의 방정식은

$y=-3x\pm2\sqrt{(-3)^2+1}$ $\therefore y=-3x\pm2\sqrt{10}$

따라서 $m=-3$, $n=\pm2\sqrt{10}$이므로

$m^2+n^2=9+40=49$

0359 답 18

접점의 좌표를 (x_1, y_1)이라 하면 접선의 방정식은

$x_1 x + y_1 y = 1$

이 직선이 점 $(0, 3)$을 지나므로

$3y_1 = 1$ $\therefore y_1 = \dfrac{1}{3}$

한편 접점 (x_1, y_1), 즉 $\left(x_1, \dfrac{1}{3}\right)$은 원 $x^2+y^2=1$ 위에 있으므로

$x_1^2 + \dfrac{1}{9} = 1$, $x_1^2 = \dfrac{8}{9}$ $\therefore x_1 = \pm\dfrac{2\sqrt{2}}{3}$

즉, 점 $(0, 3)$에서 원에 그은 접선의 방정식은

$\dfrac{2\sqrt{2}}{3}x + \dfrac{1}{3}y = 1$ 또는 $-\dfrac{2\sqrt{2}}{3}x + \dfrac{1}{3}y = 1$

$\therefore 2\sqrt{2}x + y = 3$ 또는 $2\sqrt{2}x - y = -3$

따라서 두 접선이 x축과 만나는 점의 x좌표는

$\dfrac{3\sqrt{2}}{4}$ 또는 $-\dfrac{3\sqrt{2}}{4}$

따라서 $k = \pm\dfrac{3\sqrt{2}}{4}$이므로 $k^2 = \dfrac{9}{8}$ $\therefore 16k^2 = 18$

다른 풀이

접선은 x절편이 k, y절편이 3인 직선이므로 접선의 방정식은

$\dfrac{x}{k} + \dfrac{y}{3} = 1$ $\therefore 3x + ky - 3k = 0$

원의 중심 $(0, 0)$과 이 직선 사이의 거리는 원의 반지름의 길이 1과 같으므로

$\dfrac{|-3k|}{\sqrt{3^2+k^2}} = 1$, $|3k| = \sqrt{9+k^2}$

양변을 제곱하면 $9k^2 = 9 + k^2$

$8k^2 = 9$ $\therefore k^2 = \dfrac{9}{8}$ $\therefore 16k^2 = 18$

0360 답 -4

$A(0, 2)$, $B(-2, 2)$, $C(0, -4)$라 하고, 원의 중심을 $P(p, q)$라 하면 $\overline{AP} = \overline{BP} = \overline{CP}$

$\overline{AP} = \overline{BP}$에서 $\overline{AP}^2 = \overline{BP}^2$이므로

$p^2 + (q-2)^2 = (p+2)^2 + (q-2)^2$

$p^2 = (p+2)^2$, $4p+4=0$ $\therefore p = -1$

$\overline{AP} = \overline{CP}$에서 $\overline{AP}^2 = \overline{CP}^2$이므로

$p^2 + (q-2)^2 = p^2 + (q+4)^2$

$(q-2)^2 = (q+4)^2$, $-4q+4 = 8q+16$ $\therefore q = -1$

$\therefore P(-1, -1)$ ⋯⋯ ❶

원의 반지름의 길이는

$\overline{AP} = \sqrt{(-1)^2 + (-1-2)^2} = \sqrt{10}$

따라서 원의 방정식은

$(x+1)^2 + (y+1)^2 = 10$ ⋯⋯ ❷

이 원이 점 $(a, -2)$를 지나므로

$(a+1)^2 + (-2+1)^2 = 10$, $(a+1)^2 = 9$

$a+1 = \pm 3$ $\therefore a = -4$ 또는 $a = 2$

따라서 음수 a의 값은 -4이다. ⋯⋯ ❸

채점 기준	
❶ 원의 중심의 좌표 구하기	40 %
❷ 원의 방정식 구하기	30 %
❸ 음수 a의 값 구하기	30 %

0361 답 4π

$P(x, y)$라 하면 $\overline{AP}^2 + \overline{BP}^2 = 10$에서

$(x-3)^2 + (y-1)^2 + (x-3)^2 + (y+1)^2 = 10$

$x^2 + y^2 - 6x + 5 = 0$ $\therefore (x-3)^2 + y^2 = 4$ ⋯⋯ ❶

따라서 점 P가 나타내는 도형은 중심의 좌표가 $(3, 0)$이고 반지름의 길이가 2인 원이므로 그 넓이는

$\pi \times 2^2 = 4\pi$ ⋯⋯ ❷

채점 기준	
❶ 점 P가 나타내는 도형의 방정식 구하기	70 %
❷ 도형의 넓이 구하기	30 %

0362 답 $3x - y = 10$

$2x + y - 5 = 0$, 즉 $y = -2x + 5$를 $x^2 + y^2 = 10$에 대입하면

$x^2 + (-2x+5)^2 = 10$, $x^2 - 4x + 3 = 0$

$(x-1)(x-3) = 0$ $\therefore x = 1$ 또는 $x = 3$

이를 $y = -2x + 5$에 대입하면

$x = 1$일 때 $y = 3$, $x = 3$일 때 $y = -1$

따라서 직선과 원의 교점의 좌표는

$(1, 3)$, $(3, -1)$ ⋯⋯ ❶

점 $(1, 3)$에서의 접선의 방정식은

$x + 3y = 10$

점 $(3, -1)$에서의 접선의 방정식은

$3x - y = 10$ ⋯⋯ ❷

따라서 제2사분면을 지나지 않는 접선의 방정식은

$3x - y = 10$ ⋯⋯ ❸

채점 기준	
❶ 직선과 원의 교점의 좌표 구하기	50 %
❷ 접선의 방정식 구하기	30 %
❸ 제2사분면을 지나지 않는 접선의 방정식 구하기	20 %

C 실력 향상

59쪽

0363 답 4

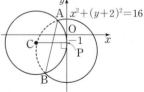

오른쪽 그림과 같이 세 점 A, B, P를 지나는 원은 반지름의 길이가 4이고 y축에 접하므로 이 원의 중심을 C라 하면

$C(-4, -1)$

즉, 세 점 A, B, P를 지나는 원의 방정식은

$(x+4)^2 + (y+1)^2 = 16$ $\therefore x^2 + y^2 + 8x + 2y + 1 = 0$ ⋯⋯ ㉠

$x^2 + (y+2)^2 = 16$에서 $x^2 + y^2 + 4y - 12 = 0$ ⋯⋯ ㉡

이때 직선 AB는 두 원 ㉠, ㉡의 교점을 지나는 직선이므로

$x^2 + y^2 + 8x + 2y + 1 - (x^2 + y^2 + 4y - 12) = 0$

$\therefore y = 4x + \dfrac{13}{2}$

따라서 직선 AB의 기울기는 4이다.

다른 풀이

세 점 A, B, P를 지나는 원의 중심을 $C(-4, -1)$이라 하고 원 $x^2+(y+2)^2=16$의 중심을 $C'(0, -2)$라 하면 직선 AB는 $\overline{CC'}$의 수직이등분선이다.

직선 CC'의 기울기는 $\dfrac{-2+1}{4}=-\dfrac{1}{4}$

따라서 직선 AB의 기울기는 4이다.

0364 답 **80**

$P(a, 0)$이라 하면 원이 x축에 접하고 반지름의 길이가 2이므로 원의 중심을 C라 하면 $C(a, 2)$

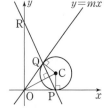

직선 PQ는 직선 OC에 수직이고 직선 OC의 기울기가 $\dfrac{2}{a}$이므로 직선 PQ의 기울기는 $-\dfrac{a}{2}$이다.

즉, 직선 PQ의 방정식은

$y=-\dfrac{a}{2}(x-a)$ ∴ $y=-\dfrac{a}{2}x+\dfrac{a^2}{2}$

∴ $R\left(0, \dfrac{a^2}{2}\right)$

삼각형 ROP의 넓이가 16이므로

$\dfrac{1}{2}\times a\times\dfrac{a^2}{2}=16$, $a^3=64$ ∴ $a=4$

따라서 점 $C(4, 2)$와 직선 $y=mx$, 즉 $mx-y=0$ 사이의 거리는 원의 반지름의 길이와 같으므로

$\dfrac{|4m-2|}{\sqrt{m^2+(-1)^2}}=2$, $|4m-2|=2\sqrt{m^2+1}$

양변을 제곱하면

$(4m-2)^2=4(m^2+1)$, $3m^2-4m=0$

$m(3m-4)=0$ ∴ $m=0$ 또는 $m=\dfrac{4}{3}$

그런데 $m>0$이므로 $m=\dfrac{4}{3}$

∴ $60m=80$

0365 답 **4**

오른쪽 그림과 같이 두 원 C_1, C_2의 중심을 각각 $C_1(0, b)$, $C_2(6, 4)$라 하고, 두 점 C_1, C_2에서 직선 l_2에 내린 수선의 발을 각각 A, B라 하자.

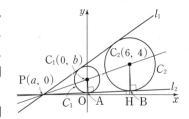

점 C_2에서 x축에 내린 수선의 발을 H라 하면 $H(6, 0)$

두 직각삼각형 C_1PA, C_2PB는 닮음이고 닮음비는

$\overline{C_1A} : \overline{C_2B}=\sqrt{3} : 2\sqrt{3}=1 : 2$

이때 두 직각삼각형 C_1PO, C_2PH도 닮음이고 닮음비는

$\overline{C_1P} : \overline{C_2P}=1 : 2$

$\overline{C_1O} : \overline{C_2H}=1 : 2$에서 $b : 4=1 : 2$이므로

$2b=4$ ∴ $b=2$

∴ $C_1(0, 2)$

따라서 직선 C_1C_2의 방정식은

$y-2=\dfrac{4-2}{6}x$ ∴ $y=\dfrac{1}{3}x+2$

이 직선이 점 $P(a, 0)$을 지나므로

$0=\dfrac{1}{3}a+2$ ∴ $a=-6$

∴ $P(-6, 0)$

점 $P(-6, 0)$에서 원 $C_1 : x^2+(y-2)^2=3$에 그은 접선의 기울기를 m이라 하면 접선의 방정식은

$y=m(x+6)$ ∴ $mx-y+6m=0$

원의 중심 $C_1(0, 2)$와 이 직선 사이의 거리가 원의 반지름의 길이 $\sqrt{3}$과 같으므로

$\dfrac{|-2+6m|}{\sqrt{m^2+(-1)^2}}=\sqrt{3}$, $|-2+6m|=\sqrt{3}\sqrt{m^2+1}$

양변을 제곱하면

$(-2+6m)^2=3(m^2+1)$

∴ $33m^2-24m+1=0$

이 이차방정식의 두 근이 두 직선 l_1, l_2의 기울기이므로 이차방정식의 근과 계수의 관계에 의하여

$c=-\dfrac{-24}{33}=\dfrac{8}{11}$

∴ $a+b+11c=4$

0366 답 **④**

$2\overline{AH}=\overline{HB}$이므로 $\overline{AH}=k$라 하면

$\overline{HB}=2k$

원의 반지름의 길이가 2이므로

$\overline{OH}=\overline{AH}-\overline{AO}=k-2$

오른쪽 그림과 같이 $\overline{OP}$를 그으면 직각삼각형 POB에서

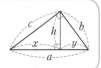

$\overline{PO}^2=\overline{OH}\times\overline{OB}$
$\quad\quad=\overline{OH}\times(\overline{OH}+\overline{HB})$

$2^2=(k-2)\{(k-2)+2k\}$

$3k^2-8k=0$, $k(3k-8)=0$ ∴ $k=0$ 또는 $k=\dfrac{8}{3}$

그런데 $k>2$이므로 $k=\dfrac{8}{3}$

∴ $\overline{HB}=\dfrac{16}{3}$, $\overline{OH}=\dfrac{8}{3}-2=\dfrac{2}{3}$

∴ $\overline{AB}=\overline{AH}+\overline{HB}=\dfrac{8}{3}+\dfrac{16}{3}=8$

직각삼각형 POH에서

$\overline{PH}=\sqrt{\overline{OP}^2-\overline{OH}^2}=\sqrt{2^2-\left(\dfrac{2}{3}\right)^2}=\dfrac{4\sqrt{2}}{3}$

따라서 삼각형 PAB의 넓이는

$\dfrac{1}{2}\times\overline{AB}\times\overline{PH}=\dfrac{1}{2}\times 8\times\dfrac{4\sqrt{2}}{3}=\dfrac{16\sqrt{2}}{3}$

중2 다시보기

오른쪽 그림과 같은 직각삼각형에서
$c^2=ax$, $b^2=ay$, $h^2=xy$

참고 $\overline{AO}=2$이므로 $k=\overline{AH}=\overline{AO}+\overline{OH}>2$

A 개념 확인

0367 답 $(1, -3)$

$(0+1, 0-3)$　∴ $(1, -3)$

0368 답 $(3, 1)$

$(2+1, 4-3)$　∴ $(3, 1)$

0369 답 $(-4, 0)$

$(-5+1, 3-3)$　∴ $(-4, 0)$

0370 답 $(8, -4)$

$(7+1, -1-3)$　∴ $(8, -4)$

0371 답 $(-2, 5)$

$(1-3, 3+2)$　∴ $(-2, 5)$

0372 답 $(1, 2)$

$(4-3, 0+2)$　∴ $(1, 2)$

0373 답 $(3, 1)$

$(6-3, -1+2)$　∴ $(3, 1)$

0374 답 $(-5, -3)$

$(-2-3, -5+2)$　∴ $(-5, -3)$

0375 답 $(-1, 6)$

$x+1=0, y-4=2$이므로

$x=-1, y=6$

∴ $(-1, 6)$

0376 답 $(4, 7)$

$x+1=5, y-4=3$이므로

$x=4, y=7$

∴ $(4, 7)$

0377 답 $(-2, 5)$

$x+1=-1, y-4=1$이므로

$x=-2, y=5$

∴ $(-2, 5)$

0378 답 $(2, 2)$

$x+1=3, y-4=-2$이므로

$x=2, y=2$

∴ $(2, 2)$

0379 답 $x+3y+5=0$

$(x-2)+3(y+3)-2=0$

∴ $x+3y+5=0$

0380 답 $(x-1)^2+(y+1)^2=1$

$(x-2+1)^2+(y+3-2)^2=1$

∴ $(x-1)^2+(y+1)^2=1$

0381 답 $y=(x-3)^2-1$

$y+3=(x-2-1)^2+2$

∴ $y=(x-3)^2-1$

0382 답 $3x-2y+8=0$

$3x-2y+1=0$을 x축의 방향으로 -1만큼, y축의 방향으로 2만큼 평행이동한 도형의 방정식은

$3(x+1)-2(y-2)+1=0$

∴ $3x-2y+8=0$

0383 답 $(x+1)^2+(y-5)^2=4$

$x^2+(y-3)^2=4$를 x축의 방향으로 -1만큼, y축의 방향으로 2만큼 평행이동한 도형의 방정식은

$(x+1)^2+(y-2-3)^2=4$

∴ $(x+1)^2+(y-5)^2=4$

0384 답 $y=(x+3)^2$

$y=(x+2)^2-2$를 x축의 방향으로 -1만큼, y축의 방향으로 2만큼 평행이동한 도형의 방정식은

$y-2=(x+1+2)^2-2$

∴ $y=(x+3)^2$

0385 답 $x+2y-4=0$

$x+2y-5=0$을 x축의 방향으로 -3만큼, y축의 방향으로 1만큼 평행이동한 도형의 방정식은

$(x+3)+2(y-1)-5=0$

∴ $x+2y-4=0$

0386 답 $(x+7)^2+(y-1)^2=9$

$(x+4)^2+y^2=9$를 x축의 방향으로 -3만큼, y축의 방향으로 1만큼 평행이동한 도형의 방정식은

$(x+3+4)^2+(y-1)^2=9$

∴ $(x+7)^2+(y-1)^2=9$

0387 답 $y=-x^2-4x-3$

$y=-x^2+2x-1$을 x축의 방향으로 -3만큼, y축의 방향으로 1만큼 평행이동한 도형의 방정식은

$y-1=-(x+3)^2+2(x+3)-1$　∴ $y=-x^2-4x-3$

다른 풀이

$y=-x^2+2x-1=-(x-1)^2$을 x축의 방향으로 -3만큼, y축의 방향으로 1만큼 평행이동한 도형의 방정식은

$y-1=-(x+3-1)^2$

$y=-(x+2)^2+1$　∴ $y=-x^2-4x-3$

0388 답 $(-5, -1)$　　**0389** 답 $(5, 1)$

0390 답 $(5, -1)$　　**0391** 답 $(1, -5)$

0392 답 $x-4y-1=0$

$x+4(-y)-1=0$ ∴ $x-4y-1=0$

0393 답 $x-4y+1=0$

$-x+4y-1=0$ ∴ $x-4y+1=0$

0394 답 $x+4y+1=0$

$-x+4(-y)-1=0$ ∴ $x+4y+1=0$

0395 답 $4x+y-1=0$

$y+4x-1=0$ ∴ $4x+y-1=0$

0396 답 $(x+3)^2+(y+1)^2=1$

$(x+3)^2+(-y-1)^2=1$
∴ $(x+3)^2+(y+1)^2=1$

0397 답 $(x-3)^2+(y-1)^2=1$

$(-x+3)^2+(y-1)^2=1$
∴ $(x-3)^2+(y-1)^2=1$

0398 답 $(x-3)^2+(y+1)^2=1$

$(-x+3)^2+(-y-1)^2=1$
∴ $(x-3)^2+(y+1)^2=1$

0399 답 $(x-1)^2+(y+3)^2=1$

$(y+3)^2+(x-1)^2=1$
∴ $(x-1)^2+(y+3)^2=1$

0400 답 $y=-x^2-4x-1$

$-y=x^2+4x+1$ ∴ $y=-x^2-4x-1$

0401 답 $y=x^2-4x+1$

$y=(-x)^2+4(-x)+1$ ∴ $y=x^2-4x+1$

0402 답 $y=-x^2+4x-1$

$-y=(-x)^2+4(-x)+1$ ∴ $y=-x^2+4x-1$

0403 답 $(-1, 5)$

점 P는 두 점 $(1, 4)$, $(-3, 6)$을 이은 선분의 중점이므로 그 좌표는
$\left(\dfrac{1-3}{2}, \dfrac{4+6}{2}\right)$ ∴ $(-1, 5)$

0404 답 $(1, -3)$

점 P는 두 점 $(0, -5)$, $(2, -1)$을 이은 선분의 중점이므로 그 좌표는
$\left(\dfrac{2}{2}, \dfrac{-5-1}{2}\right)$ ∴ $(1, -3)$

0405 답 $(3, -5)$

구하는 점의 좌표를 (a, b)라 하면 점 $(1, 1)$은 두 점 $(-1, 7)$, (a, b)를 이은 선분의 중점이므로
$\dfrac{-1+a}{2}=1, \dfrac{7+b}{2}=1$ ∴ $a=3, b=-5$
따라서 구하는 점의 좌표는 $(3, -5)$이다.

0406 답 $(-8, -3)$

구하는 점의 좌표를 (a, b)라 하면 점 $(-2, 0)$은 두 점 $(4, 3)$, (a, b)를 이은 선분의 중점이므로
$\dfrac{4+a}{2}=-2, \dfrac{3+b}{2}=0$ ∴ $a=-8, b=-3$
따라서 구하는 점의 좌표는 $(-8, -3)$이다.

0407 답 ⑴ $(-5, 0)$ ⑵ $(9, 2)$
　　　⑶ $(x-9)^2+(y-2)^2=4$

⑴ 원 C의 중심의 좌표는 $(-5, 0)$
⑵ 구하는 점의 좌표를 (a, b)라 하면 점 $(2, 1)$은 두 점 $(-5, 0)$, (a, b)를 이은 선분의 중점이므로
$\dfrac{-5+a}{2}=2, \dfrac{b}{2}=1$ ∴ $a=9, b=2$
따라서 구하는 점의 좌표는 $(9, 2)$이다.
⑶ 원 C'의 중심의 좌표는 $(9, 2)$이고, 반지름의 길이는 원 C의 반지름의 길이와 같으므로 원 C'의 방정식은
$(x-9)^2+(y-2)^2=4$

0408 답 ⑴ $\left(\dfrac{a+1}{2}, \dfrac{b+3}{2}\right)$ ⑵ 1 ⑶ $(-1, 1)$

⑴ 선분 AB의 중점의 좌표는 $\left(\dfrac{a+1}{2}, \dfrac{b+3}{2}\right)$
⑵ 직선 AB와 직선 $x+y-2=0$, 즉 $y=-x+2$가 서로 수직이므로 직선 AB의 기울기는 1이다.
⑶ 선분 AB의 중점 $\left(\dfrac{a+1}{2}, \dfrac{b+3}{2}\right)$이 직선 $x+y-2=0$ 위에 있으므로
$\dfrac{a+1}{2}+\dfrac{b+3}{2}-2=0$ ∴ $a+b=0$ …… ㉠
직선 AB의 기울기는 1이므로
$\dfrac{b-3}{a-1}=1$ ∴ $a-b=-2$ …… ㉡
㉠, ㉡을 연립하여 풀면 $a=-1, b=1$
따라서 점 B의 좌표는 $(-1, 1)$이다.

B 유형 완성

0409 답 ②

점 $(a, 3)$을 x축의 방향으로 2만큼, y축의 방향으로 -5만큼 평행이동한 점의 좌표는
$(a+2, 3-5)$ ∴ $(a+2, -2)$
이 점이 점 $(3, b)$와 일치하므로
$a+2=3, -2=b$ ∴ $a=1, b=-2$
∴ $a+b=-1$

0410 답 ④

점 $(1, 3)$이 주어진 평행이동에 의하여 옮겨지는 점의 좌표는
$(1-2, 3+a)$ ∴ $(-1, 3+a)$
이 점이 점 $(b, 5)$와 일치하므로
$-1=b, 3+a=5$ ∴ $a=2, b=-1$
∴ $a+b=1$

　정답과 해설

0411 답 (5, −7)

점 $(-1, 2)$를 x축의 방향으로 m만큼, y축의 방향으로 n만큼 평행이동한 점의 좌표가 $(3, -4)$라 하면

$-1+m=3$, $2+n=-4$ $\therefore m=4$, $n=-6$

따라서 점 $(1, -1)$을 x축의 방향으로 4만큼, y축의 방향으로 -6만큼 평행이동한 점의 좌표는

$(1+4, -1-6)$ $\therefore (5, -7)$

0412 답 ⑤

점 $\mathrm{P}(a, a^2)$을 x축의 방향으로 $-\dfrac{1}{2}$만큼, y축의 방향으로 2만큼 평행이동한 점의 좌표는

$\left(a-\dfrac{1}{2}, a^2+2\right)$

이 점이 직선 $y=4x$ 위에 있으므로

$a^2+2=4\left(a-\dfrac{1}{2}\right)$

$a^2-4a+4=0$, $(a-2)^2=0$

$\therefore a=2$

0413 답 7

점 $\mathrm{A}(4, 3)$이 주어진 평행이동에 의하여 옮겨지는 점은

$\mathrm{B}(4+2, 3-2)$ $\therefore \mathrm{B}(6, 1)$ ······ ❶

따라서 삼각형 AOB의 넓이는

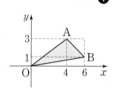

$6\times3-\left(\dfrac{1}{2}\times4\times3+\dfrac{1}{2}\times6\times1+\dfrac{1}{2}\times2\times2\right)$

$=7$ ······ ❷

채점 기준

❶ 점 B의 좌표 구하기	50 %
❷ 삼각형 AOB의 넓이 구하기	50 %

0414 답 ②

직선 $y=-3x+k$를 x축의 방향으로 4만큼, y축의 방향으로 -2만큼 평행이동한 직선의 방정식은

$y+2=-3(x-4)+k$ $\therefore y=-3x+k+10$

이 직선이 직선 $y=-3x+5$와 일치하므로

$k+10=5$ $\therefore k=-5$

0415 답 ③

직선 $y=2x+1$을 x축의 방향으로 -2만큼, y축의 방향으로 1만큼 평행이동한 직선의 방정식은

$y-1=2(x+2)+1$ $\therefore y=2x+6$

따라서 이 직선의 y절편은 6이다.

0416 답 ④

주어진 평행이동은 x축의 방향으로 p만큼, y축의 방향으로 $-p$만큼 평행이동하는 것이므로 직선 $y=4x+2$가 이 평행이동에 의하여 옮겨지는 직선의 방정식은

$y+p=4(x-p)+2$ $\therefore y=4x-5p+2$

이 직선이 직선 $y=4x-8$과 일치하므로

$-5p+2=-8$ $\therefore p=2$

0417 답 ③

직선 $2x+y-1=0$이 주어진 평행이동에 의하여 옮겨지는 직선의 방정식은

$2(x+1)+(y-4)-1=0$ $\therefore 2x+y-3=0$

따라서 $a=1$, $b=-3$이므로 $ab=-3$

0418 답 −1

직선 $y=2x+3$을 x축의 방향으로 1만큼, y축의 방향으로 -2만큼 평행이동한 직선의 방정식은

$y+2=2(x-1)+3$ $\therefore y=2x-1$ ······ ❶

이 직선이 주어진 원의 넓이를 이등분하려면 원의 중심 $(m, -3)$을 지나야 하므로

$-3=2m-1$ $\therefore m=-1$ ······ ❷

채점 기준

❶ 평행이동한 직선의 방정식 구하기	50 %
❷ m의 값 구하기	50 %

0419 답 14

직선 $y=2x+k$를 x축의 방향으로 2만큼, y축의 방향으로 -3만큼 평행이동한 직선의 방정식은

$y+3=2(x-2)+k$ $\therefore 2x-y+k-7=0$

원 $x^2+y^2=5$의 중심의 좌표가 $(0, 0)$이고 반지름의 길이가 $\sqrt{5}$이므로 직선과 원이 한 점에서 만나려면

$\dfrac{|k-7|}{\sqrt{2^2+(-1)^2}}=\sqrt{5}$, $|k-7|=5$

$k-7=\pm5$ $\therefore k=2$ 또는 $k=12$

따라서 모든 상수 k의 값의 합은 $2+12=14$

0420 답 ④

원 $(x-1)^2+(y+b)^2=4$를 x축의 방향으로 a만큼, y축의 방향으로 2만큼 평행이동한 원의 방정식은

$(x-a-1)^2+(y-2+b)^2=4$ ······ ㉠

한편 $x^2+y^2+2x+c-1=0$에서

$(x+1)^2+y^2=2-c$ ······ ㉡

㉠과 ㉡이 일치하므로

$-a-1=1$, $-2+b=0$, $4=2-c$

$\therefore a=-2$, $b=2$, $c=-2$ $\therefore abc=8$

다른 풀이

원 $(x-1)^2+(y+b)^2=4$의 중심의 좌표는

$(1, -b)$ ······ ㉠

원 $x^2+y^2+2x+c-1=0$, 즉 $(x+1)^2+y^2=2-c$의 중심의 좌표는

$(-1, 0)$ ······ ㉡

점 ㉠을 x축의 방향으로 a만큼, y축의 방향으로 2만큼 평행이동한 점의 좌표는

$(1+a, -b+2)$

이 점이 점 ㉡과 일치하므로

$1+a=-1$, $-b+2=0$ $\therefore a=-2$, $b=2$

원은 평행이동하여도 반지름의 길이가 변하지 않으므로

$2-c=4$ $\therefore c=-2$

$\therefore abc=8$

0421 답 ③

주어진 평행이동은 x축의 방향으로 2만큼, y축의 방향으로 -3만큼 평행이동하는 것이다.

$x^2+y^2-2x+4y+4=0$에서

$(x-1)^2+(y+2)^2=1$

이 원이 주어진 평행이동에 의하여 옮겨지는 원의 방정식은

$(x-2-1)^2+(y+3+2)^2=1$ ∴ $(x-3)^2+(y+5)^2=1$

따라서 구하는 원의 중심의 좌표는 $(3, -5)$이다.

다른 풀이

주어진 평행이동은 x축의 방향으로 2만큼, y축의 방향으로 -3만큼 평행이동하는 것이다.

$x^2+y^2-2x+4y+4=0$에서

$(x-1)^2+(y+2)^2=1$

이 원의 중심의 좌표는 $(1, -2)$

따라서 구하는 원의 중심의 좌표는 점 $(1, -2)$가 주어진 평행이동에 의하여 옮겨지는 점의 좌표와 같으므로

$(1+2, -2-3)$ ∴ $(3, -5)$

0422 답 1

원 $x^2+(y-1)^2=9$를 x축의 방향으로 2만큼, y축의 방향으로 -3만큼 평행이동한 원의 방정식은

$(x-2)^2+(y+3-1)^2=9$

∴ $(x-2)^2+(y+2)^2=9$ …… ❶

원의 중심의 좌표가 $(2, -2)$이고 반지름의 길이가 3이므로 이 원이 직선 $3x-4y+k=0$과 만나려면

$\dfrac{|6+8+k|}{\sqrt{3^2+(-4)^2}} \leq 3$, $|14+k| \leq 15$

$-15 \leq 14+k \leq 15$ ∴ $-29 \leq k \leq 1$ …… ❷

따라서 k의 최댓값은 1이다.   …… ❸

채점 기준	
❶ 평행이동한 원의 방정식 구하기	40 %
❷ k의 값의 범위 구하기	50 %
❸ k의 최댓값 구하기	10 %

0423 답 ①

원 $(x-a)^2+(y-b)^2=b^2$을 x축의 방향으로 3만큼, y축의 방향으로 -8만큼 평행이동한 원의 방정식은

$(x-3-a)^2+(y+8-b)^2=b^2$

∴ $\{x-(a+3)\}^2+\{y-(b-8)\}^2=b^2$

이 원이 x축과 y축에 동시에 접하므로

$|a+3|=|b-8|=|b|$

∴ $a+3=|b-8|=b$ $(∵ a>0, b>0)$

$|b-8|=b$에서 $b=\pm(b-8)$

이때 $b=b-8$을 만족시키는 b의 값은 존재하지 않으므로

$b=-(b-8)$

$2b=8$ ∴ $b=4$

이를 $a+3=b$에 대입하면

$a+3=4$ ∴ $a=1$

∴ $a+b=5$

0424 답 ⑤

주어진 평행이동은 x축의 방향으로 -1만큼, y축의 방향으로 2만큼 평행이동하는 것이므로 포물선 $y=x^2+1$이 이 평행이동에 의하여 옮겨지는 포물선의 방정식은

$y-2=(x+1)^2+1$

∴ $y=x^2+2x+4$

이 포물선이 점 $(3, p)$를 지나므로

$p=9+6+4=19$

0425 답 ①

점 $(1, 3)$을 x축의 방향으로 m만큼, y축의 방향으로 n만큼 평행이동한 점의 좌표를 $(-1, 2)$라 하면

$1+m=-1$, $3+n=2$

∴ $m=-2$, $n=-1$

즉, 포물선 $y=x^2+2x-1$을 x축의 방향으로 -2만큼, y축의 방향으로 -1만큼 평행이동한 포물선의 방정식은

$y+1=(x+2)^2+2(x+2)-1$

$y=x^2+6x+6$

∴ $y=(x+3)^2-3$

따라서 이 포물선의 꼭짓점의 좌표는 $(-3, -3)$이므로

$a=-3$, $b=-3$

∴ $a+b=-6$

다른 풀이

주어진 평행이동은 x축의 방향으로 -2만큼, y축의 방향으로 -1만큼 평행이동하는 것이다.

포물선 $y=x^2+2x-1=(x+1)^2-2$의 꼭짓점의 좌표는

$(-1, -2)$

즉, 주어진 평행이동에 의하여 옮겨지는 포물선의 꼭짓점의 좌표는 점 $(-1, -2)$가 주어진 평행이동에 의하여 옮겨지는 점의 좌표와 같으므로

$(-1-2, -2-1)$ ∴ $(-3, -3)$

따라서 $a=-3$, $b=-3$이므로

$a+b=-6$

중3 다시보기

이차함수 $y=ax^2+bx+c$의 그래프의 꼭짓점의 좌표는
$y=a(x-p)^2+q$ 꼴로 변형하여 구한다.
➡ 꼭짓점의 좌표: (p, q)

0426 답 $(0, 8)$

$y=x^2+2x+6a=(x+1)^2+6a-1$

이 포물선을 x축의 방향으로 a만큼, y축의 방향으로 3만큼 평행이동한 포물선의 방정식은

$y-3=(x-a+1)^2+6a-1$

∴ $y=(x-a+1)^2+6a+2$

이 포물선의 꼭짓점의 좌표는 $(a-1, 6a+2)$이고 이 점이 y축 위에 있으므로

$a-1=0$ ∴ $a=1$

따라서 구하는 꼭짓점의 좌표는 $(0, 8)$이다.

0427 답 ⑤

$P(3, -4)$, $Q(4, 3)$이므로

$\overline{PQ} = \sqrt{(4-3)^2 + (3+4)^2} = 5\sqrt{2}$

0428 답 4

점 $(-2, 5)$를 원점에 대하여 대칭이동한 점의 좌표는

$(2, -5)$

따라서 점 $(2, -5)$와 직선 $3x-4y-6=0$ 사이의 거리는

$\dfrac{|6+20-6|}{\sqrt{3^2+(-4)^2}} = 4$

0429 답 ①

점 $(1, a)$를 직선 $y=x$에 대하여 대칭이동한 점은 $A(a, 1)$

점 A를 x축에 대하여 대칭이동한 점의 좌표는 $(a, -1)$

이 점이 점 $(2, b)$와 일치하므로

$a=2$, $b=-1$

$\therefore a+b=1$

0430 답 ④

㈎에서 $\dfrac{3}{1} \times \dfrac{5}{a} = -1$ $\therefore a=-15$

즉, $B(-15, 5)$이므로 점 B를 직선 $y=x$에 대하여 대칭이동한 점의 좌표는

$(5, -15)$

㈏에서 이 점이 점 $C(b, c)$와 일치하므로

$b=5$, $c=-15$

$C(5, -15)$이므로 직선 AC의 방정식은

$y-3 = \dfrac{-15-3}{5-1}(x-1)$

$\therefore y = -\dfrac{9}{2}x + \dfrac{15}{2}$

따라서 직선 AC의 y절편은 $\dfrac{15}{2}$이다.

0431 답 제4사분면

점 (a, b)를 x축에 대하여 대칭이동한 점의 좌표는

$(a, -b)$

이 점이 제3사분면 위에 있으므로

$a<0$, $-b<0$ $\therefore a<0$, $b>0$ ⋯⋯ ❶

점 $(a-b, ab)$를 y축에 대하여 대칭이동한 점의 좌표는

$(-a+b, ab)$

이때 $-a+b>0$, $ab<0$이므로 이 점은 제4사분면 위에 있다.

⋯⋯ ❷

채점 기준

❶ a, b의 부호 구하기	50 %
❷ 점이 있는 사분면 구하기	50 %

0432 답 2

직선 $ax+(2a-1)y+7=0$을 원점에 대하여 대칭이동한 직선의 방정식은

$-ax-(2a-1)y+7=0$

$\therefore ax+(2a-1)y-7=0$

이 직선이 점 $(-1, 3)$을 지나므로

$-a+3(2a-1)-7=0$

$5a-10=0$ $\therefore a=2$

0433 답 ④

직선 $x+3y-5=0$을 y축에 대하여 대칭이동한 직선의 방정식은

$-x+3y-5=0$

이 직선을 직선 $y=x$에 대하여 대칭이동한 직선의 방정식은

$-y+3x-5=0$

$\therefore 3x-y-5=0$

0434 답 ①

직선 $x-2y=9$를 직선 $y=x$에 대하여 대칭이동한 직선의 방정식은

$y-2x=9$ $\therefore 2x-y+9=0$ ⋯⋯ ㉠

원 $(x-3)^2+(y+5)^2=k$의 중심의 좌표가 $(3, -5)$이고 반지름의 길이가 $\sqrt{k}$이므로 직선 ㉠이 이 원에 접하려면

$\dfrac{|6+5+9|}{\sqrt{2^2+(-1)^2}} = \sqrt{k}$, $4\sqrt{5}=\sqrt{k}$

양변을 제곱하면 $k=80$

0435 답 ④

직선 $l: y=4x+2$를 x축, y축, 원점에 대하여 대칭이동한 직선의 방정식은 각각

$m: y=-4x-2$

$n: y=-4x+2$

$o: y=4x-2$

따라서 오른쪽 그림과 같이 네 직선 l, m, n, o로 둘러싸인 도형의 넓이는

$\dfrac{1}{2} \times 1 \times 4 = 2$

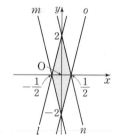

0436 답 -5

원 $x^2+y^2-2ax+6y+a^2=0$을 직선 $y=x$에 대하여 대칭이동한 원의 방정식은

$x^2+y^2+6x-2ay+a^2=0$

$\therefore (x+3)^2+(y-a)^2=9$

이 원의 중심 $(-3, a)$가 직선 $2x-y+1=0$ 위에 있으므로

$-6-a+1=0$ $\therefore a=-5$

0437 답 ②

원 $x^2+y^2-2x+4y-4=0$을 직선 $y=x$에 대하여 대칭이동한 원의 방정식은

$x^2+y^2+4x-2y-4=0$

$\therefore (x+2)^2+(y-1)^2=9$

이 원을 원점에 대하여 대칭이동한 원의 방정식은

$(-x+2)^2+(-y-1)^2=9$

$\therefore (x-2)^2+(y+1)^2=9$

이 원이 점 $(2, a)$를 지나므로

$(a+1)^2=9$, $a+1=\pm3$

$\therefore a=-4$ 또는 $a=2$

따라서 양수 a의 값은 2이다.

0438 답 $y=-x$

원 $(x+1)^2+(y-1)^2=16$을 x축에 대하여 대칭이동한 원 C_1의 방정식은

$(x+1)^2+(-y-1)^2=16$

$\therefore x^2+y^2+2x+2y-14=0$ ...... ❶

원 $(x+1)^2+(y-1)^2=16$을 y축에 대하여 대칭이동한 원 C_2의 방정식은

$(-x+1)^2+(y-1)^2=16$

$\therefore x^2+y^2-2x-2y-14=0$ ...... ❷

두 원 C_1, C_2의 교점을 지나는 직선의 방정식은

$x^2+y^2+2x+2y-14-(x^2+y^2-2x-2y-14)=0$

$4x+4y=0$ $\therefore y=-x$ ...... ❸

채점 기준

❶ 원 C_1의 방정식 구하기	30%	
❷ 원 C_2의 방정식 구하기	30%	
❸ 두 원 C_1, C_2의 교점을 지나는 직선의 방정식 구하기	40%	

0439 답 6

포물선 $y=x^2-4x+k$를 원점에 대하여 대칭이동한 포물선의 방정식은

$-y=x^2+4x+k$ $\therefore y=-x^2-4x-k$

포물선 $y=-x^2-4x-k=-(x+2)^2-k+4$의 꼭짓점의 좌표는

$(-2, -k+4)$

이 점이 점 $(a, -4)$와 일치하므로

$-2=a, -k+4=-4$ $\therefore a=-2, k=8$

$\therefore a+k=6$

다른 풀이

포물선 $y=x^2-4x+k=(x-2)^2+k-4$의 꼭짓점의 좌표는

$(2, k-4)$

이 점을 원점에 대하여 대칭이동한 점의 좌표는

$(-2, -k+4)$

이 점이 점 $(a, -4)$와 일치하므로

$-2=a, -k+4=-4$ $\therefore a=-2, k=8$

$\therefore a+k=6$

0440 답 ③

포물선 $y=x^2+3x-2$를 x축에 대하여 대칭이동한 포물선의 방정식은

$y=x^2+3x-2$ $\therefore y=-x^2-3x+2$

이 포물선이 점 $(1, a)$를 지나므로

$a=-1-3+2=-2$

0441 답 3

포물선 $y=x^2-2x-6$을 원점에 대하여 대칭이동한 포물선의 방정식은

$-y=x^2+2x-6$ $\therefore y=-x^2-2x+6$ ...... ❶

이 포물선을 y축에 대하여 대칭이동한 포물선의 방정식은

$y=-x^2+2x+6=-(x-1)^2+7$ ...... ❷

따라서 이 포물선의 꼭짓점 $(1, 7)$이 직선 $y=4x+a$ 위에 있으므로

$7=4+a$ $\therefore a=3$ ...... ❸

채점 기준

❶ 원점에 대하여 대칭이동한 포물선의 방정식 구하기	40%	
❷ y축에 대하여 대칭이동한 포물선의 방정식 구하기	40%	
❸ a의 값 구하기	20%	

0442 답 ④

점 $(a-2, -a)$를 x축의 방향으로 -1만큼, y축의 방향으로 2만큼 평행이동한 점의 좌표는

$(a-2-1, -a+2)$ $\therefore (a-3, -a+2)$

이 점을 원점에 대하여 대칭이동한 점의 좌표는

$(-a+3, a-2)$

이 점이 직선 $2x-y+4=0$ 위에 있으므로

$2(-a+3)-(a-2)+4=0$

$-3a=-12$ $\therefore a=4$

0443 답 7

원 $(x-2)^2+(y+1)^2=9$를 x축에 대하여 대칭이동한 원의 방정식은

$(x-2)^2+(-y+1)^2=9$ $\therefore (x-2)^2+(y-1)^2=9$

이 원을 x축의 방향으로 -4만큼, y축의 방향으로 3만큼 평행이동한 원의 방정식은

$(x+4-2)^2+(y-3-1)^2=9$

$\therefore x^2+y^2+4x-8y+11=0$

따라서 $a=4, b=-8, c=11$이므로

$a+b+c=7$

0444 답 -4

직선 $y=2x+1$을 x축에 대하여 대칭이동한 직선의 방정식은

$-y=2x+1$ $\therefore y=-2x-1$

이 직선을 x축의 방향으로 3만큼, y축의 방향으로 a만큼 평행이동한 직선의 방정식은

$y-a=-2(x-3)-1$ $\therefore y=-2x+a+5$

이 직선을 y축에 대하여 대칭이동한 직선의 방정식은

$y=2x+a+5$

이 직선과 직선 $y=2x+1$이 일치하므로

$a+5=1$ $\therefore a=-4$

0445 답 $(-3, 0)$

포물선 $y=x^2-2$를 x축의 방향으로 3만큼, y축의 방향으로 2만큼 평행이동한 포물선의 방정식은

$y-2=(x-3)^2-2$ $\therefore y=x^2-6x+9$

이 포물선을 y축에 대하여 대칭이동한 포물선의 방정식은

$y=x^2+6x+9=(x+3)^2$

따라서 이 포물선이 x축과 만나는 점의 좌표는 $(-3, 0)$이다.

0446 답 ⑤

이차함수 $y=-x^2$의 그래프를 x축에 대하여 대칭이동한 그래프의 식은

$-y=-x^2$ $\therefore y=x^2$

이 그래프를 x축의 방향으로 4만큼, y축의 방향으로 m만큼 평행이동한 그래프의 식은

$y-m=(x-4)^2$ $\therefore y=x^2-8x+m+16$

이 그래프가 직선 $y=2x+3$에 접하므로 이차방정식
$x^2-8x+m+16=2x+3$, 즉 $x^2-10x+m+13=0$의 판별식을 D
라 하면
$$\frac{D}{4}=(-5)^2-(m+13)=0 \qquad \therefore m=12$$

0447 답 6

중심이 점 $(0, -3)$이고 반지름의 길이가 $\sqrt{10}$인 원의 방정식은
$$x^2+(y+3)^2=10 \qquad \cdots\cdots \text{❶}$$
이 원을 x축의 방향으로 -1만큼, y축의 방향으로 5만큼 평행이동
한 원의 방정식은
$$(x+1)^2+(y-5+3)^2=10$$
$$\therefore (x+1)^2+(y-2)^2=10 \qquad \cdots\cdots \text{❷}$$
이 원을 직선 $y=-x$에 대하여 대칭이동한 원의 방정식은
$$(-x-2)^2+(-y+1)^2=10$$
$$\therefore (x+2)^2+(y-1)^2=10 \qquad \cdots\cdots \text{❸}$$
$y=0$을 대입하면 $(x+2)^2=9$
$x+2=\pm3 \qquad \therefore x=-5$ 또는 $x=1$
따라서 원이 x축과 만나는 두 점의 좌표는 $(-5, 0)$, $(1, 0)$이므로
두 점 사이의 거리는
$$|1-(-5)|=6 \qquad \cdots\cdots \text{❹}$$

채점 기준

❶ 원의 방정식 구하기	20 %
❷ 평행이동한 원의 방정식 구하기	20 %
❸ 대칭이동한 원의 방정식 구하기	20 %
❹ 두 점 사이의 거리 구하기	40 %

0448 답 $3\sqrt5$

점 $B(5, 2)$를 x축에 대하여 대칭이동한
점을 B'이라 하면 $B'(5, -2)$
$$\therefore \overline{AP}+\overline{BP}=\overline{AP}+\overline{B'P}$$
$$\geq \overline{AB'}$$
$$=\sqrt{3^2+(-6)^2}=3\sqrt5$$
따라서 구하는 최솟값은 $3\sqrt5$이다.

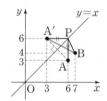

0449 답 ④

점 $A(6, 3)$을 직선 $y=x$에 대하여 대칭이동
한 점을 A'이라 하면
$A'(3, 6)$
$$\therefore \overline{AP}+\overline{BP}=\overline{A'P}+\overline{BP}$$
$$\geq \overline{A'B}$$
$$=\sqrt{4^2+(-2)^2}=2\sqrt5$$
따라서 구하는 최솟값은 $2\sqrt5$이다.

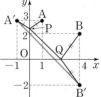

0450 답 $5\sqrt2$

점 A를 y축에 대하여 대칭이동한 점을 A'
이라 하면
$A'(-1, 3)$ $\qquad \cdots\cdots \text{❶}$
점 B를 x축에 대하여 대칭이동한 점을 B'
이라 하면
$B'(4, -2)$ $\qquad \cdots\cdots \text{❷}$

$$\therefore \overline{AP}+\overline{PQ}+\overline{QB}=\overline{A'P}+\overline{PQ}+\overline{QB'}$$
$$\geq \overline{A'B'}$$
$$=\sqrt{5^2+(-5)^2}=5\sqrt2$$
따라서 구하는 최솟값은 $5\sqrt2$이다. $\qquad \cdots\cdots \text{❸}$

채점 기준

❶ 점 A를 y축에 대하여 대칭이동한 점의 좌표 구하기	20 %
❷ 점 B를 x축에 대하여 대칭이동한 점의 좌표 구하기	20 %
❸ $\overline{AP}+\overline{PQ}+\overline{QB}$의 최솟값 구하기	60 %

0451 답 ①

점 $A(0, -5)$를 x축에 대하여 대칭
이동한 점을 A'이라 하면
$A'(0, 5)$
$$\therefore \overline{AQ}+\overline{QP}=\overline{A'Q}+\overline{QP}$$
$$\geq \overline{A'P}$$
즉, $\overline{AQ}+\overline{QP}$의 최솟값은 $\overline{A'P}$의 길이
의 최솟값과 같고, 이때 $\overline{A'P}$의 길이의
최솟값은 원 밖의 점 A'과 원 위의 점
P 사이의 거리의 최솟값이다.

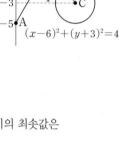

원의 중심을 $C(6, -3)$이라 하면
$$\overline{A'C}=\sqrt{6^2+(-8)^2}=10$$
원의 반지름의 길이가 2이므로 $\overline{A'P}$의 길이의 최솟값은
$10-2=8$
따라서 $\overline{AQ}+\overline{QP}\geq8$이므로 구하는 최솟값은 8이다.

0452 답 ④

점 $A(2, 3)$을 직선 $y=x$에 대하여 대
칭이동한 점을 A'이라 하면
$A'(3, 2)$
점 $B(-3, 1)$을 x축에 대하여 대칭이
동한 점을 B'이라 하면
$B'(-3, -1)$

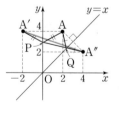

$$\therefore \overline{AD}+\overline{CD}+\overline{BC}=\overline{A'D}+\overline{CD}+\overline{B'C}$$
$$\geq \overline{A'B'}$$
$$=\sqrt{(-6)^2+(-3)^2}=3\sqrt5$$
따라서 구하는 최솟값은 $3\sqrt5$이다.

0453 답 $2\sqrt{10}$

점 A를 y축에 대하여 대칭이동한 점을 A'
이라 하면
$A'(-2, 4)$
점 A를 직선 $y=x$에 대하여 대칭이동한 점
을 A''이라 하면
$A''(4, 2)$
삼각형 APQ의 둘레의 길이는
$$\overline{AP}+\overline{PQ}+\overline{QA}=\overline{A'P}+\overline{PQ}+\overline{QA''}$$
$$\geq \overline{A'A''}$$
$$=\sqrt{6^2+(-2)^2}=2\sqrt{10}$$
따라서 구하는 최솟값은 $2\sqrt{10}$이다.

0454 답 ③

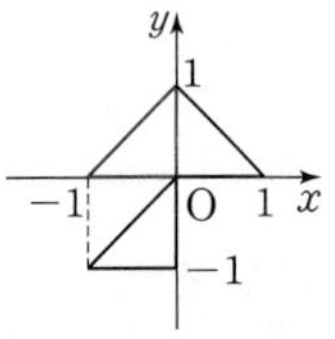

방정식 $f(x, y)=0$이 나타내는 도형을 y축에
대하여 대칭이동한 도형의 방정식은

$f(-x, y)=0$

방정식 $f(-x, y)=0$이 나타내는 도형을 y축의
방향으로 -1만큼 평행이동한 도형의 방정식은

$f(-x, y+1)=0$

따라서 방정식 $f(-x, y+1)=0$이 나타내는 도형은 방정식
$f(x, y)=0$이 나타내는 도형을 y축에 대하여 대칭이동한 후 y축의
방향으로 -1만큼 평행이동한 것이므로 ③이다.

0455 답 ⑤

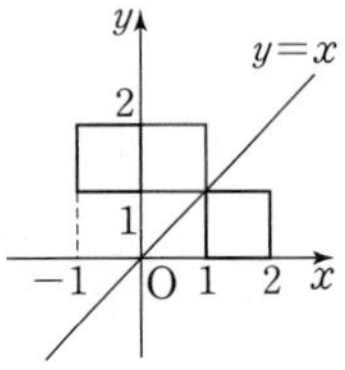

방정식 $f(x, y)=0$이 나타내는 도형을 직선
$y=x$에 대하여 대칭이동한 도형의 방정식은

$f(y, x)=0$

방정식 $f(y, x)=0$이 나타내는 도형을 y축에
대하여 대칭이동한 도형의 방정식은

$f(y, -x)=0$

따라서 방정식 $f(y, -x)=0$이 나타내는 도형은 방정식 $f(x, y)=0$
이 나타내는 도형을 직선 $y=x$에 대하여 대칭이동한 후 y축에 대하
여 대칭이동한 것이므로 ⑤이다.

다른 풀이

방정식 $f(x, y)=0$이 나타내는 도형을 x축에 대하여 대칭이동한 도
형의 방정식은 $f(x, -y)=0$

방정식 $f(x, -y)=0$이 나타내는 도형을 직선 $y=x$에 대하여 대칭
이동한 도형의 방정식은 $f(y, -x)=0$

0456 답 ③

ㄱ. 방정식 $f(x-1, y)=0$이 나타내는 도형은 방정식 $f(x, y)=0$
   이 나타내는 도형을 x축의 방향으로 1만큼 평행이동한 것이므로
   [그림 2]와 같다.

ㄴ. 방정식 $f(-x+1, -y)=0$이 나타내는 도형은 방정식
   $f(x, y)=0$이 나타내는 도형을 원점에 대하여 대칭이동한 후 x
   축의 방향으로 1만큼 평행이동한 것이므로 [그림 2]와 같다.

ㄷ. 방정식 $f(y+1, x)=0$이 나타내는 도형
   은 방정식 $f(x, y)=0$이 나타내는 도형
   을 직선 $y=x$에 대하여 대칭이동한 후 y
   축의 방향으로 -1만큼 평행이동한 것이
   므로 오른쪽 그림과 같다.

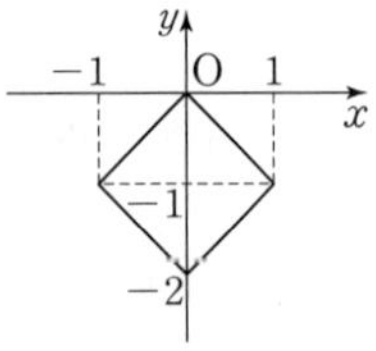

따라서 보기에서 [그림 2]와 같은 도형을 나타내는 방정식인 것은
ㄱ, ㄴ이다.

참고 방정식 $f(x, y)=0$이 나타내는 도형은 x축, y축, 원점, 직선 $y=x$
에 대하여 각각 대칭이동하여도 처음 도형과 일치한다.

0457 답 ④

두 점 $(2a-1, -4)$, $(3, b+1)$을 이은 선분의 중점의 좌표가
$(4, -5)$이므로

$\dfrac{2a-1+3}{2}=4$, $\dfrac{-4+b+1}{2}=-5$

$\therefore a=3, b=-7$　　$\therefore a+b=-4$

0458 답 1

$x^2+y^2-4x-6y+4=0$에서 $(x-2)^2+(y-3)^2=9$

이 원의 중심의 좌표는 $(2, 3)$

$x^2+y^2+8x+14y+56=0$에서 $(x+4)^2+(y+7)^2=9$

이 원의 중심의 좌표는 $(-4, -7)$　　　　●

따라서 점 (a, b)는 두 점 $(2, 3)$, $(-4, -7)$을 이은 선분의 중점
이므로

$a=\dfrac{2-4}{2}=-1$, $b=\dfrac{3-7}{2}=-2$

$\therefore a-b=1$　　　　❷

채점 기준

● 처음 원과 대칭이동한 원의 중심의 좌표 구하기	40%
❷ $a-b$의 값 구하기	60%

0459 답 ①

원 $(x-1)^2+(y-2)^2=4$의 중심 $(1, 2)$를 점 $(-1, 5)$에 대하여
대칭이동한 점의 좌표를 (a, b)라 하면 두 점 $(1, 2)$, (a, b)를 이
은 선분의 중점의 좌표가 $(-1, 5)$이므로

$\dfrac{1+a}{2}=-1$, $\dfrac{2+b}{2}=5$　　$\therefore a=-3, b=8$

즉, 대칭이동한 원은 중심의 좌표가 $(-3, 8)$이고 반지름의 길이가
2이므로 원의 방정식은

$(x+3)^2+(y-8)^2=4$

따라서 이 원 위에 있는 점은 ①이다.

0460 답 -4

포물선 $y=x^2-2x+3=(x-1)^2+2$의 꼭짓점의 좌표는 $(1, 2)$

포물선 $y=-x^2-6x+a=-(x+3)^2+a+9$의 꼭짓점의 좌표는
$(-3, a+9)$

따라서 점 $(b, 4)$는 두 점 $(1, 2)$, $(-3, a+9)$를 이은 선분의 중점
이므로

$\dfrac{1-3}{2}=b$, $\dfrac{2+a+9}{2}=4$　　$\therefore a=-3, b=-1$

$\therefore a+b=-4$

0461 답 ④

직선 $y=2x+3$ 위의 점 (x, y)를 점 $(-2, 4)$에 대하여 대칭이동한
점의 좌표를 (x', y')이라 하면 두 점 (x, y), (x', y')을 이은 선분
의 중점의 좌표가 $(-2, 4)$이므로

$\dfrac{x+x'}{2}=-2$, $\dfrac{y+y'}{2}=4$　　$\therefore x=-x'-4, y=-y'+8$

점 (x, y)는 직선 $y=2x+3$ 위의 점이므로

$-y'+8=2(-x'-4)+3$　　$\therefore y'=2x'+13$

따라서 구하는 직선의 방정식은

$y=2x+13$

0462 답 ①

두 점 $(-3, 1)$, (a, b)를 이은 선분의 중점의 좌표는

$\left(\dfrac{-3+a}{2}, \dfrac{1+b}{2}\right)$

이 점이 직선 $x-y-2=0$ 위에 있으므로

$\dfrac{-3+a}{2}-\dfrac{1+b}{2}-2=0$　　$\therefore a-b=8$　　　　㉠

두 점 $(-3, 1)$, (a, b)를 지나는 직선과 직선 $x-y-2=0$, 즉
$y=x-2$가 서로 수직이므로
$$\frac{b-1}{a+3}\times 1=-1 \qquad \therefore a+b=-2 \quad\cdots\cdots\ \textcircled{\scriptsize L}$$
$\textcircled{\scriptsize ㄱ}$, $\textcircled{\scriptsize L}$을 연립하여 풀면 $a=3$, $b=-5$
$$\therefore ab=-15$$

0463 답 ⑤

$x^2+y^2-2x+6y+9=0$에서 $(x-1)^2+(y+3)^2=1$
이 원의 중심의 좌표는 $(1, -3)$
$x^2+y^2-8x+15=0$에서 $(x-4)^2+y^2=1$
이 원의 중심의 좌표는 $(4, 0)$
두 점 $(1, -3)$, $(4, 0)$을 이은 선분의 중점의 좌표는
$$\left(\frac{1+4}{2}, \frac{-3}{2}\right) \qquad \therefore \left(\frac{5}{2}, -\frac{3}{2}\right)$$
이 점이 직선 $ax+by-1=0$ 위에 있으므로
$$\frac{5}{2}a-\frac{3}{2}b-1=0 \qquad \therefore 5a-3b=2 \quad\cdots\cdots\ \textcircled{\scriptsize ㄱ}$$
두 점 $(1, -3)$, $(4, 0)$을 지나는 직선과 직선 $ax+by-1=0$, 즉
$y=-\dfrac{a}{b}x+\dfrac{1}{b}$이 서로 수직이므로
$$\frac{3}{4-1}\times\left(-\frac{a}{b}\right)=-1 \qquad \therefore a=b \quad\cdots\cdots\ \textcircled{\scriptsize L}$$
$\textcircled{\scriptsize ㄱ}$, $\textcircled{\scriptsize L}$을 연립하여 풀면 $a=1$, $b=1$
$$\therefore a+b=2$$

0464 답 6

직선 $y=3x+a$ 위의 임의의 점 $P(x, y)$를 직선 $y=x-1$에 대하여
대칭이동한 점을 $P'(x', y')$이라 하자.
선분 PP'의 중점의 좌표는 $\left(\dfrac{x+x'}{2}, \dfrac{y+y'}{2}\right)$
이 점이 직선 $y=x-1$ 위의 점이므로
$$\frac{y+y'}{2}=\frac{x+x'}{2}-1$$
$$\therefore x-y=-x'+y'+2 \quad\cdots\cdots\ \textcircled{\scriptsize ㄱ} \qquad\cdots\cdots\ ❶$$
직선 PP'과 직선 $y=x-1$이 서로 수직이므로
$$\frac{y'-y}{x'-x}\times 1=-1$$
$$\therefore x+y=x'+y' \quad\cdots\cdots\ \textcircled{\scriptsize L} \qquad\cdots\cdots\ ❷$$
$\textcircled{\scriptsize ㄱ}$, $\textcircled{\scriptsize L}$을 연립하여 x, y에 대하여 풀면
$x=y'+1$, $y=x'-1$
점 $P(x, y)$는 직선 $y=3x+a$ 위의 점이므로
$$x'-1=3(y'+1)+a \qquad \therefore x'-3y'-a-4=0$$
따라서 직선 $y=3x+a$를 직선 $y=x-1$에 대하여 대칭이동한 직선
의 방정식은
$$x-3y-a-4=0 \qquad\cdots\cdots\ ❸$$
이 직선이 직선 $x-by-6=0$과 일치하므로
$$-3=-b, -a-4=-6 \qquad \therefore a=2, b=3$$
$$\therefore ab=6 \qquad\cdots\cdots\ ❹$$

채점 기준	
❶ 중점 조건을 이용하여 식 세우기	30 %
❷ 수직 조건을 이용하여 식 세우기	30 %
❸ 대칭이동한 직선의 방정식 구하기	30 %
❹ ab의 값 구하기	10 %

0465 답 76

원 C_2의 중심의 좌표를 (a, b)라 하면 두 원 C_1, C_2의 중심
$(3, -1)$, (a, b)를 이은 선분의 중점의 좌표는
$$\left(\frac{3+a}{2}, \frac{-1+b}{2}\right)$$
이 점이 직선 $2x-y+3=0$ 위에 있으므로
$$3+a-\frac{-1+b}{2}+3=0 \qquad \therefore 2a-b=-13 \quad\cdots\cdots\ \textcircled{\scriptsize ㄱ}$$
두 점 $(3, -1)$, (a, b)를 지나는 직선과 직선 $2x-y+3=0$, 즉
$y=2x+3$이 서로 수직이므로
$$\frac{b+1}{a-3}\times 2=-1 \qquad \therefore a+2b=1 \quad\cdots\cdots\ \textcircled{\scriptsize L}$$
$\textcircled{\scriptsize ㄱ}$, $\textcircled{\scriptsize L}$을 연립하여 풀면 $a=-5$, $b=3$
이때 두 원 C_1, C_2의 중심 $(3, -1)$, $(-5, 3)$ 사이의 거리는
$$\sqrt{(-8)^2+4^2}=4\sqrt{5}$$
두 원의 반지름의 길이는 모두 1이므로
$$M=4\sqrt{5}+(1+1)=4\sqrt{5}+2, m=4\sqrt{5}-(1+1)=4\sqrt{5}-2$$
$$\therefore Mm=76$$

만렙 Note

서로 만나지 않는 두 원 C_1, C_2에서 원 C_1
위의 한 점 P와 원 C_2 위의 한 점 Q에 대
하여 두 원 C_1, C_2의 반지름의 길이를 각각
r_1, r_2라 하고, 중심 사이의 거리를 d라 하
면 두 점 P, Q 사이의 거리의 최댓값과 최솟값은
(1) 최댓값 ➡ $d+(r_1+r_2)$
(2) 최솟값 ➡ $d-(r_1+r_2)$

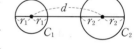

AB 유형 점검
74~76쪽

0466 답 ⑤

점 $(2, k)$가 주어진 평행이동에 의하여 옮겨지는 점의 좌표는
$$(2-4, k+3) \qquad \therefore (-2, k+3)$$
이 점이 직선 $y=-x+6$ 위의 점이므로
$$k+3=2+6 \qquad \therefore k=5$$

0467 답 ③

점 (a, b)를 x축의 방향으로 4만큼, y축의 방향으로 3만큼 평행이
동한 점의 좌표는 $(a+4, b+3)$ $\cdots\cdots\ \textcircled{\scriptsize ㄱ}$
점 (c, d)를 x축의 방향으로 -1만큼, y축의 방향으로 -3만큼 평
행이동한 점의 좌표는 $(c-1, d-3)$ $\cdots\cdots\ \textcircled{\scriptsize L}$
$\textcircled{\scriptsize ㄱ}$과 $\textcircled{\scriptsize L}$이 일치하므로
$$a+4=c-1, b+3=d-3 \qquad \therefore a-c=-5, b-d=-6$$
$$\therefore a-b-c+d=(a-c)-(b-d)=-5-(-6)=1$$

0468 답 -3

직선 $3x+y-1=0$을 x축의 방향으로 a만큼, y축의 방향으로 b만
큼 평행이동한 직선의 방정식은
$$3(x-a)+(y-b)-1=0 \qquad \therefore 3x+y-3a-b-1=0$$
이 직선이 원래의 직선과 일치하므로
$$-1=-3a-b-1, b=-3a \qquad \therefore \frac{b}{a}=-3$$

0469 답 0

$x^2+y^2-4x-2y-4=0$에서 $(x-2)^2+(y-1)^2=9$

이 원을 x축의 방향으로 a만큼, y축의 방향으로 b만큼 평행이동한 원의 방정식은

$(x-a-2)^2+(y-b-1)^2=9$

이 원의 중심의 좌표는 $(a+2, b+1)$이고 반지름의 길이는 3이다.

즉, $r=3$이고, 점 $(a+2, b+1)$과 원점이 일치하므로

$a+2=0,\ b+1=0$ ∴ $a=-2,\ b=-1$

∴ $a+b+r=0$

다른 풀이

원 $(x-2)^2+(y-1)^2=9$의 중심의 좌표는 $(2, 1)$이므로 이 점이 주어진 평행이동에 의하여 옮겨지는 점의 좌표는

$(2+a, 1+b)$

이 점이 원점과 일치하므로

$2+a=0,\ 1+b=0$ ∴ $a=-2,\ b=-1$

원은 평행이동하여도 반지름의 길이가 변하지 않으므로

$r=3$

∴ $a+b+r=0$

0470 답 ③

원 $x^2+(y-1)^2=9$를 x축의 방향으로 m만큼, y축의 방향으로 n만큼 평행이동한 원 C의 방정식은

$(x-m)^2+(y-n-1)^2=9$

∴ $(x-m)^2+\{y-(n+1)\}^2=9$

ㄴ. 원 C가 x축에 접하려면

   $|n+1|=3,\ n+1=\pm3$ ∴ $n=-4$ 또는 $n=2$

   따라서 실수 n의 값은 2개이다.

ㄷ. $m\ne0$일 때, 직선 $y=\dfrac{n+1}{m}x$는 원 C의 중심 $(m, n+1)$을 지나므로 원의 넓이를 이등분한다.

따라서 보기에서 옳은 것은 ㄱ, ㄷ이다.

0471 답 $\dfrac{\sqrt{5}}{5}$

포물선 $y=x^2-4x=(x-2)^2-4$의 꼭짓점의 좌표는

$(2, -4)$

포물선 $y=x^2-6x+6=(x-3)^2-3$의 꼭짓점의 좌표는

$(3, -3)$

점 $(2,\ 4)$를 x축의 방향으로 m만큼, y축의 방향으로 n만큼 평행이동한 점의 좌표를 $(3, -3)$이라 하면

$2+m=3,\ -4+n=-3$ ∴ $m=1,\ n=1$

즉, 주어진 평행이동은 x축의 방향으로 1만큼, y축의 방향으로 1만큼 평행이동하는 것이다.

직선 $l: 2x-y=0$을 x축의 방향으로 1만큼, y축의 방향으로 1만큼 평행이동한 직선 l'의 방정식은

$2(x-1)-(y-1)=0$ ∴ $2x-y-1=0$

평행한 두 직선 l, l' 사이의 거리는 직선 l 위의 점 $(0, 0)$과 직선 l', 즉 $2x-y-1=0$ 사이의 거리와 같으므로

$\dfrac{|-1|}{\sqrt{2^2+(-1)^2}}=\dfrac{\sqrt{5}}{5}$

0472 답 ⑤

직선 $3x+4y-12=0$이 x축, y축과 만나는 점은 각각

$A(4, 0),\ B(0, 3)$

점 P는 선분 AB를 $2:1$로 내분하는 점이므로

$P\left(\dfrac{2\times0+1\times4}{2+1},\ \dfrac{2\times3+1\times0}{2+1}\right)$ ∴ $P\left(\dfrac{4}{3},\ 2\right)$

점 P를 x축에 대하여 대칭이동한 점은 $Q\left(\dfrac{4}{3},\ -2\right)$

점 P를 y축에 대하여 대칭이동한 점은 $R\left(-\dfrac{4}{3},\ 2\right)$

따라서 삼각형 RQP의 무게중심의 좌표는

$\left(\dfrac{1}{3}\times\left(\dfrac{4}{3}+\dfrac{4}{3}-\dfrac{4}{3}\right),\ \dfrac{2-2+2}{3}\right)$ ∴ $\left(\dfrac{4}{9},\ \dfrac{2}{3}\right)$

즉, $a=\dfrac{4}{9},\ b=\dfrac{2}{3}$이므로

$a+b=\dfrac{10}{9}$

0473 답 7

직선 $x+3y-1=0$을 x축에 대하여 대칭이동한 직선의 방정식은

$x-3y-1=0$

이 직선을 직선 $y=x$에 대하여 대칭이동한 직선의 방정식은

$y-3x-1=0$ ∴ $y=3x+1$

이 직선이 점 $(2, p)$를 지나므로

$p=6+1=7$

0474 답 -2

원 $x^2+y^2-2x+2ay-6=0$을 직선 $y=x$에 대하여 대칭이동한 원의 방정식은

$x^2+y^2+2ax-2y-6=0$ ∴ $(x+a)^2+(y-1)^2=a^2+7$

이 원의 중심의 좌표는 $(-a, 1)$ …… ㉠

포물선 $y=x^2-4x+5=(x-2)^2+1$의 꼭짓점의 좌표는

$(2, 1)$ …… ㉡

㉠과 ㉡이 일치하므로

$-a=2$ ∴ $a=-2$

0475 답 -2

포물선 $y=-x^2+2x+1$을 원점에 대하여 대칭이동한 포물선의 방정식은

$-y=-x^2-2x+1$ ∴ $y=x^2+2x-1$

이 포물선이 직선 $y=kx-5$에 접하므로 이차방정식

$x^2+2x-1=kx-5$, 즉 $x^2+(2-k)x+4=0$의 판별식을 D라 하면

$D=(2-k)^2-4\times4=0$

$(2-k)^2=16,\ 2-k=\pm4$ ∴ $k=-2$ 또는 $k=6$

따라서 음수 k의 값은 -2이다.

0476 답 ④

점 $A(-3, 4)$를 직선 $y=x$에 대하여 대칭이동한 점은

$B(4, -3)$

점 $B(4, -3)$을 x축의 방향으로 2만큼, y축의 방향으로 k만큼 평행이동한 점은

$C(4+2, -3+k)$ ∴ $C(6, -3+k)$

세 점 A, B, C가 한 직선 위에 있으려면 직선 AB의 기울기와 직선 BC의 기울기가 같아야 하므로

$$\frac{-3-4}{4+3}=\frac{-3+k+3}{6-4}$$

$$-1=\frac{k}{2}\qquad\therefore k=-2$$

0477 답 (3, 3)

점 $A(4, 1)$을 직선 $y=x$에 대하여 대칭 이동한 점을 A'이라 하면

$A'(1, 4)$

$\overline{AP}+\overline{BP}=\overline{A'P}+\overline{BP}$

$\qquad\qquad\geq\overline{A'B}$

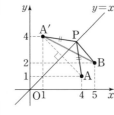

즉, $\overline{AP}+\overline{BP}$가 최솟값을 갖는 점 P는 직선 $A'B$와 직선 $y=x$의 교점이다.

직선 $A'B$의 방정식은

$$y-4=\frac{2-4}{5-1}(x-1)\qquad\therefore y=-\frac{1}{2}x+\frac{9}{2}$$

$-\frac{1}{2}x+\frac{9}{2}=x$에서 $\frac{3}{2}x=\frac{9}{2}\qquad\therefore x=3$

따라서 구하는 점 P의 좌표는 $(3, 3)$이다.

0478 답 ②

방정식 $f(x, y)=0$이 나타내는 도형을 x축에 대하여 대칭이동한 도형의 방정식은

$$f(x, -y)=0$$

방정식 $f(x, -y)=0$이 나타내는 도형을 x축의 방향으로 -1만큼, y축의 방향으로 2만큼 평행이동한 도형의 방정식은

$$f(x+1, -(y-2))=0\qquad\therefore f(x+1, 2-y)=0$$

따라서 방정식 $f(x+1, 2-y)=0$이 나타내는 도형은 방정식 $f(x, y)=0$이 나타내는 도형을 x축에 대하여 대칭이동한 후 x축의 방향으로 -1만큼, y축의 방향으로 2만큼 평행이동한 것이므로 ②이다.

0479 답 ③

선분 PQ의 중점의 좌표가 $(3, -2)$이므로

$$\frac{2+b}{2}=3, \frac{a-3}{2}=-2\qquad\therefore a=-1, b=4$$

따라서 $P(2, -1)$, $Q(4, -3)$이므로

$$\overline{PQ}=\sqrt{2^2+(-2)^2}=2\sqrt{2}$$

0480 답 ①

두 점 $(-4, 2)$, $(12, -2)$를 이은 선분의 중점의 좌표는

$$\left(\frac{-4+12}{2}, \frac{2-2}{2}\right)\qquad\therefore (4, 0)$$

이 점이 직선 $y=mx+n$ 위에 있으므로

$$0=4m+n\qquad\therefore n=-4m\qquad\cdots\cdots\ \boxdot$$

두 점 $(-4, 2)$, $(12, -2)$를 지나는 직선과 직선 $y=mx+n$이 서로 수직이므로

$$\frac{-2-2}{12+4}\times m=-1\qquad\therefore m=4\qquad\cdots\cdots\ \boxminus$$

$\boxminus$을 $\boxdot$에 대입하면 $n=-16$

$$\therefore m+n=-12$$

0481 답 4

직선 $y=-2x+1$ 위의 임의의 점 $P(x, y)$를 직선 $y=x+1$에 대하여 대칭이동한 점을 $P'(x', y')$이라 하자.

선분 PP'의 중점의 좌표는 $\left(\dfrac{x+x'}{2}, \dfrac{y+y'}{2}\right)$

이 점이 직선 $y=x+1$ 위의 점이므로

$$\frac{y+y'}{2}=\frac{x+x'}{2}+1\qquad\therefore x-y=-x'+y'-2\qquad\cdots\cdots\ \boxdot$$

직선 PP'과 직선 $y=x+1$이 서로 수직이므로

$$\frac{y'-y}{x'-x}\times 1=-1\qquad\therefore x+y=x'+y'\qquad\cdots\cdots\ \boxminus$$

$\boxdot$, $\boxminus$을 연립하여 x, y에 대하여 풀면

$$x=y'-1, y=x'+1$$

점 $P(x, y)$는 직선 $y=-2x+1$ 위의 점이므로

$$x'+1=-2(y'-1)+1\qquad\therefore x'+2y'-2=0$$

따라서 직선 $y=-2x+1$을 직선 $y=x+1$에 대하여 대칭이동한 직선의 방정식은

$$x+2y-2=0$$

이 직선이 $x+ay+b=0$과 일치하므로

$$a=2, b=-2$$

$$\therefore a-b=4$$

0482 답 4

직선 $y=-2x$를 x축의 방향으로 a만큼 평행이동한 직선의 방정식은

$$y=-2(x-a)\qquad\therefore 2x+y-2a=0\qquad\cdots\cdots\ \boxdot\qquad\cdots\cdots\ ❶$$

원 $(x-3)^2+(y-1)^2=5$의 중심의 좌표가 $(3, 1)$이고 반지름의 길이가 $\sqrt{5}$이므로 직선 $\boxdot$이 이 원과 서로 다른 두 점에서 만나려면

$$\frac{|6+1-2a|}{\sqrt{2^2+1^2}}<\sqrt{5}$$

$$|7-2a|<5, -5<7-2a<5$$

$$-12<-2a<-2$$

$$\therefore 1<a<6\qquad\cdots\cdots\ ❷$$

따라서 정수 a는 2, 3, 4, 5의 4개이다. $\qquad\cdots\cdots\ ❸$

채점 기준	
❶ 평행이동한 직선의 방정식 구하기	40%
❷ a의 값의 범위 구하기	50%
❸ 정수 a의 개수 구하기	10%

0483 답 14

포물선 $y=x^2-4x+2$를 x축의 방향으로 1만큼, y축의 방향으로 -9만큼 평행이동한 포물선의 방정식은

$$y+9=(x-1)^2-4(x-1)+2$$

$$\therefore y=x^2-6x-2\qquad\cdots\cdots\ ❶$$

이 포물선을 y축에 대하여 대칭이동한 포물선의 방정식은

$$y=x^2+6x-2\qquad\cdots\cdots\ ❷$$

이 포물선이 점 $(2, a)$를 지나므로

$$a=4+12-2=14\qquad\cdots\cdots\ ❸$$

채점 기준	
❶ 평행이동한 포물선의 방정식 구하기	40%
❷ 대칭이동한 포물선의 방정식 구하기	40%
❸ a의 값 구하기	20%

0484 답 $\sqrt{26}$

점 $A(2, 3)$을 직선 $y=x-1$에 대하여 대칭
이동한 점을 $A'(a, b)$라 하자.

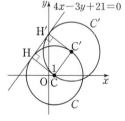

선분 AA'의 중점의 좌표는 $\left(\dfrac{a+2}{2}, \dfrac{b+3}{2}\right)$

이 점이 직선 $y=x-1$ 위의 점이므로

$\dfrac{b+3}{2}=\dfrac{a+2}{2}-1$ $\therefore a-b=3$ ····· ㉠

직선 AA'과 직선 $y=x-1$이 서로 수직이므로

$\dfrac{b-3}{a-2}\times 1=-1$ $\therefore a+b=5$ ····· ㉡

㉠, ㉡을 연립하여 풀면 $a=4$, $b=1$

$\therefore A'(4, 1)$ ····· ❶

$\therefore \overline{AP}+\overline{BP}=\overline{A'P}+\overline{BP}$

$\geq \overline{A'B}=\sqrt{(-5)^2+1^2}=\sqrt{26}$

따라서 구하는 최솟값은 $\sqrt{26}$이다. ····· ❷

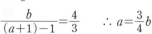

채점 기준	
❶ 점 A를 직선 $y=x-1$에 대하여 대칭이동한 점의 좌표 구하기	50 %
❷ $\overline{AP}+\overline{BP}$의 최솟값 구하기	50 %

C 실력 향상

77쪽

0485 답 12

원 $(x-1)^2+y^2=r^2$을 x축의 방향으로 a만큼, y축의 방향으로 b만큼 평행이동한 원 C'의 방정식은

$(x-a-1)^2+(y-b)^2=r^2$

두 원 C, C'의 중심을 각각 C, C'이라 하면

$C(1, 0)$, $C'(a+1, b)$

(나)에서 직선 $4x-3y+21=0$은 원 C에 접하므로 점 $C(1, 0)$과 직선 $4x-3y+21=0$ 사이의 거리는 원의 반지름의 길이 r와 같다.

$\therefore r=\dfrac{|4+21|}{\sqrt{4^2+(-3)^2}}=5$

따라서 원 C'의 방정식은 $(x-a-1)^2+(y-b)^2=25$

(가)에서 이 원은 점 $C(1, 0)$을 지나므로

$(1-a-1)^2+(-b)^2=25$ $\therefore a^2+b^2=25$ ····· ㉠

오른쪽 그림과 같이 두 점 C, C'에서 직
선 $4x-3y+21=0$에 내린 수선의 발을
각각 H, H'이라 하면 사각형 $CC'H'H$는
정사각형이다.

직선 CC'은 직선 $4x-3y+21=0$, 즉

$y=\dfrac{4}{3}x+7$에 평행하므로

$\dfrac{b}{(a+1)-1}=\dfrac{4}{3}$ $\therefore a=\dfrac{3}{4}b$ ····· ㉡

㉡을 ㉠에 대입하면

$\left(\dfrac{3}{4}b\right)^2+b^2=25$, $b^2=16$ $\therefore b=\pm 4$

그런데 $b>0$이므로 $b=4$

이를 ㉡에 대입하면 $a=3$

$\therefore a+b+r=12$

0486 답 5

주어진 규칙에 따라 옮겨지는 점의 좌표를 차례대로 구해 보면

$A_1(3, 2)$, $B_1(-3, -2)$

$A_2(-2, -3)$, $B_2(2, 3)$

$A_3(3, 2)$, $B_3(-3, -2)$

$A_4(-2, -3)$, $B_4(2, 3)$

⋮

즉, n이 홀수일 때, $A_n(3, 2)$, $B_n(-3, -2)$

n이 짝수일 때, $A_n(-2, -3)$, $B_n(2, 3)$

따라서 $A_{35}(3, 2)$, $B_{30}(2, 3)$이므로

$\alpha=3$, $\beta=2$ $\therefore \alpha+\beta=5$

0487 답 ③

원 C_1을 x축에 대하여 대칭이동한 원을 C_1', 원 C_2를 직선 $y=x$에 대하여 대칭이동한 원을 C_2'이라 하면

C_1': $(x-8)^2+(y+2)^2=4$, C_2': $(x+4)^2+(y-3)^2=4$

점 A를 x축에 대하여 대칭이동한 점을 A', 점 B를 직선 $y=x$에 대하여 대칭이동한 점을 B'이라 하면 두 점 A', B'은 각각 두 원 C_1', C_2' 위의 점이고

$\overline{AP}=\overline{A'P}$, $\overline{BQ}=\overline{B'Q}$

두 원 C_1', C_2'의 중심을 각각 C_1', C_2'이라 하면 오른쪽 그림과 같이 두 점 A', B'이 모두 직선 $C_1'C_2'$ 위에 있을 때 두 점 A', B' 사이의 거리는 최소가 된다.

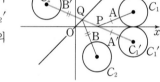

$C_1'(8, -2)$, $C_2'(-4, 3)$이므로

$\overline{C_1'C_2'}=\sqrt{(-12)^2+5^2}=13$

두 원의 반지름의 길이가 모두 2이므로

$\overline{AP}+\overline{PQ}+\overline{QB}=\overline{A'P}+\overline{PQ}+\overline{QB'}$

$\geq \overline{A'B'}=\overline{C_1'C_2'}-(2+2)=13-4=9$

0488 답 $3\sqrt{2}$

오른쪽 그림과 같이 점 R를 변 OA에 대하여 대칭이동한 점을 R_1, 변 OB에 대하여 대칭이동한 점을 R_2라 하면

$\overline{RP}=\overline{R_1P}$, $\overline{QR}=\overline{QR_2}$이므로

($\triangle PQR$의 둘레의 길이)

$=\overline{RP}+\overline{PQ}+\overline{QR}$

$=\overline{R_1P}+\overline{PQ}+\overline{QR_2}$

$\geq \overline{R_1R_2}$ ····· ㉠

이때 $\angle R_1OA=\angle ROA$, $\angle R_2OB=\angle ROB$이므로

$\angle R_1OA+\angle R_2OB=\angle ROA+\angle ROB=\angle AOB=45°$

$\therefore \angle R_1OR_2=45°+45°=90°$

또 $\overline{OR}=\overline{OR_1}$, $\overline{OR}=\overline{OR_2}$이고, $\overline{OR}=3$이므로

$\overline{OR_1}=\overline{OR_2}=3$

$\triangle R_1OR_2$가 직각삼각형이므로

$\overline{R_1R_2}^2=\overline{OR_1}^2+\overline{OR_2}^2=3^2+3^2=18$ $\therefore \overline{R_1R_2}=3\sqrt{2}$

따라서 ㉠에서 삼각형 PQR의 둘레의 길이의 최솟값은 $\overline{R_1R_2}$의 길이와 같으므로 $3\sqrt{2}$이다.

A 개념 확인

80~83쪽

0489 답 ○

0490 답 ×

0491 답 ×

0492 답 ○

0493 답 ×

0494 답 ○

0495 답 1, 2, 3, 4, 6, 12

0496 답 1, 3, 5, 7, 9

0497 답 ∉

0은 10의 양의 약수가 아니므로 $0 \notin A$

0498 답 ∈

2는 10의 양의 약수이므로 $2 \in A$

0499 답 ∈

5는 10의 양의 약수이므로 $5 \in A$

0500 답 ∉

6은 10의 양의 약수가 아니므로 $6 \notin A$

0501 답 (1) $A = \{3, 6, 9, 12, 15\}$

(2) 예 $A = \{x \mid x$는 15 이하의 3의 양의 배수$\}$

(3)

0502 답 무

0503 답 유

0504 답 유, 공

원소가 하나도 없으므로 공집합이고 유한집합이다.

0505 답 무

1 이하의 정수는 1, 0, −1, −2, …이므로 무한집합이다.

0506 답 4

0507 답 20

0508 답 0

$x^2 + 1 = 0$을 만족시키는 실수 x는 존재하지 않으므로 $n(A) = 0$

0509 답 5

$x^2 - 4 \leq 0$에서 $(x+2)(x-2) \leq 0$

$\therefore -2 \leq x \leq 2$

따라서 $A = \{-2, -1, 0, 1, 2\}$이므로

$n(A) = 5$

0510 답 $A \subset B$

0511 답 $A \subset B$

$x^2 = 9$에서 $x = \pm 3$

따라서 $B = \{-3, 3\}$이므로 $A \subset B$

0512 답 $B \subset A$

$A = \{2, 3, 5, 7, 11, 13\}$, $B = \{3, 5, 7\}$이므로

$B \subset A$

0513 답 $B \subset A$

$A = \{3, 6, 9, 12, \ldots\}$, $B = \{6, 12, 18, 24, \ldots\}$이므로

$B \subset A$

0514 답 ∅

0515 답 $\{1\}$, $\{2\}$, $\{3\}$

0516 답 $\{1, 2\}$, $\{1, 3\}$, $\{2, 3\}$

0517 답 $\{1, 2, 3\}$

0518 답 ∅, $\{a\}$, $\{b\}$, $\{a, b\}$

0519 답 ∅, $\{0\}$, $\{1\}$, $\{2\}$, $\{0, 1\}$, $\{0, 2\}$, $\{1, 2\}$, $\{0, 1, 2\}$

0520 답 $A \neq B$

$B = \{1, 3\}$이므로 $A \neq B$

0521 답 $A = B$

$A = \{7, 14, 21, 28, \ldots\}$이므로 $A = B$

0522 답 $A = B$

$x^2 - 5x + 6 = 0$에서 $(x-2)(x-3) = 0$

$\therefore x = 2$ 또는 $x = 3$

따라서 $A = \{2, 3\}$이므로 $A = B$

0523 답 $A \neq B$

$x^2 = 1$에서 $x = \pm 1$

따라서 $A = \{-1, 1\}$, $B = \{-1, 0, 1\}$이므로

$A \neq B$

0524 답 ∅, $\{1\}$, $\{2\}$, $\{4\}$, $\{1, 2\}$, $\{1, 4\}$, $\{2, 4\}$

주어진 집합을 원소나열법으로 나타내면 $\{1, 2, 4\}$이므로 구하는 진부분집합은

∅, $\{1\}$, $\{2\}$, $\{4\}$, $\{1, 2\}$, $\{1, 4\}$, $\{2, 4\}$

0525

답 ∅, {3}, {4}, {5}, {6}, {3, 4}, {3, 5}, {3, 6}, {4, 5}, {4, 6}, {5, 6}, {3, 4, 5}, {3, 4, 6}, {3, 5, 6}, {4, 5, 6}

주어진 집합을 원소나열법으로 나타내면 {3, 4, 5, 6}이므로 구하는 진부분집합은

∅, {3}, {4}, {5}, {6}, {3, 4}, {3, 5}, {3, 6}, {4, 5}, {4, 6}, {5, 6}, {3, 4, 5}, {3, 4, 6}, {3, 5, 6}, {4, 5, 6}

0526 **답** 16

$2^4 = 16$

0527 **답** 15

$2^4 - 1 = 16 - 1 = 15$

0528 **답** 8

$2^{4-1} = 2^3 = 8$

0529 **답** 4

$2^{4-2} = 2^2 = 4$

🅑 유형 완성

84~91쪽

0530 **답** ③

ㄴ, ㄷ. '잘하는', '유명한'은 기준이 명확하지 않아 그 대상을 분명하게 정할 수 없으므로 집합이 아니다.
따라서 보기에서 집합인 것은 ㄱ, ㄹ이다.

0531 **답** ④

④ '좋은'은 기준이 명확하지 않아 그 대상을 분명하게 정할 수 없으므로 집합이 아니다.

0532 **답** 2

ㄱ, ㄴ. '많은', '큰'은 기준이 명확하지 않아 그 대상을 분명하게 정할 수 없으므로 집합이 아니다.
따라서 보기에서 집합인 것은 ㄷ, ㄹ의 2개이다.

0533 **답** ④

집합 A의 원소는 1, 2, 3, 6, 9, 18이므로
① $1 \in A$ ② $4 \notin A$ ③ $6 \in A$ ④ $9 \in A$ ⑤ $18 \in A$
따라서 옳은 것은 ④이다.

0534 **답** ①

$x^3 - x^2 - 2x = 0$에서
$x(x^2 - x - 2) = 0$, $x(x+1)(x-2) = 0$
∴ $x = -1$ 또는 $x = 0$ 또는 $x = 2$
따라서 집합 A의 원소는 -1, 0, 2이므로
① $-2 \notin A$ ② $-1 \in A$ ③ $0 \in A$ ④ $1 \notin A$ ⑤ $2 \in A$
따라서 옳지 않은 것은 ①이다.

0535 **답** ④

① $\sqrt{2}$는 무리수이므로 $\sqrt{2} \notin Q$
② 3은 정수이고, 정수는 유리수에 포함되므로 $3 \in Q$
③ $\dfrac{2}{5}$는 유리수이고, 유리수는 실수에 포함되므로 $\dfrac{2}{5} \in R$
④ $\sqrt{3}$은 무리수이고, 무리수는 실수에 포함되므로 $\sqrt{3} \in R$
⑤ $1+\sqrt{2}$는 무리수이고, 무리수는 실수에 포함되므로 $1+\sqrt{2} \in R$
따라서 옳은 것은 ④이다.

0536 **답** ③

① $A = \{1, 2, 4\}$
② $A = \{1, 2, 4, 8\}$
③ $A = \{1, 2, 4, 8, 16\}$
④ $A = \{2, 4, 6, 8, ..., 16\}$
⑤ $A = \{4, 8, 12, 16, 20\}$
따라서 집합 A를 조건제시법으로 바르게 나타낸 것은 ③이다.

0537 **답** ④

①, ②, ③, ⑤ {1, 2, 3, 4, ..., 10}
④ {1, 2, 3, 4, ..., 9}
따라서 나머지 넷과 다른 하나는 ④이다.

0538 **답** 24

k의 값이 될 수 있는 자연수는 21, 22, 23, 24이므로 k의 최댓값은 24이다.

0539 **답** $C = \{2, 3, 4, 5, 6, 7, 8\}$

$a \in A$, $b \in B$인 a, b에 대하여 $a+b$의 값을 구하면 오른쪽 표와 같으므로 $C = \{2, 3, 4, 5, 6, 7, 8\}$

$a \backslash b$	2	4	6
0	2	4	6
1	3	5	7
2	4	6	8

0540 **답** 4

$a \in A$, $b \in A$인 a, b에 대하여 ab의 값을 구하면 오른쪽 표와 같으므로 $B = \{-2, -1, 0, 1, 2, 4\}$ ······ ❶

$a \backslash b$	-2	-1	0	1
-2	4	2	0	-2
-1	2	1	0	-1
0	0	0	0	0
1	-2	-1	0	1

따라서 집합 B의 모든 원소의 합은
$-2 + (-1) + 0 + 1 + 2 + 4 = 4$ ······ ❷

채점 기준

❶ 집합 B 구하기	80 %
❷ 집합 B의 모든 원소의 합 구하기	20 %

0541 **답** ②

$x = 2^a \times 3^b$에서 a, b는 자연수이므로 x는 2와 3을 모두 인수로 갖는다.
① $6 = 2^1 \times 3^1$ ② $9 = 3^2$ ③ $12 = 2^2 \times 3^1$
④ $18 = 2^1 \times 3^2$ ⑤ $24 = 2^3 \times 3^1$
따라서 집합 B의 원소가 아닌 것은 ②이다.

0542 답 ③

① $\{1\}$ ➡ 유한집합

② $\{10, 12, 14, 16, \ldots, 98\}$ ➡ 유한집합

③ $-1 < x < 1$인 유리수는 무수히 많으므로 무한집합이다.

④ $\varnothing$ ➡ 유한집합

⑤ $\{-1, 3\}$ ➡ 유한집합

따라서 무한집합인 것은 ③이다.

0543 답 ①

ㄱ. $\varnothing$ ➡ 유한집합

ㄴ. $\{0\}$ ➡ 유한집합

ㄷ. $\{4, 8, 12, 16, \ldots\}$ ➡ 무한집합

ㄹ. $\{3, 4, 5, 6, \ldots\}$ ➡ 무한집합

따라서 보기에서 유한집합인 것은 ㄱ, ㄴ이다.

0544 답 ④

① 원소가 1개 있으므로 공집합이 아니다.

② $\{2\}$이므로 공집합이 아니다.

③ $\{-1, 0, 1\}$이므로 공집합이 아니다.

④ $x^2 + 4x + 3 < 0$에서 $(x+3)(x+1) < 0$

∴ $-3 < x < -1$

이때 $-3 < x < -1$을 만족시키는 자연수 x는 존재하지 않으므로 공집합이다.

⑤ $\{ab \mid 0 \le ab \le 1\}$은 무한집합이므로 공집합이 아니다.

따라서 공집합인 것은 ④이다.

공통수학1 다시보기

$\alpha < \beta$일 때

(1) $(x-\alpha)(x-\beta) > 0$ ➡ $x < \alpha$ 또는 $x > \beta$

(2) $(x-\alpha)(x-\beta) < 0$ ➡ $\alpha < x < \beta$

0545 답 20

$A = \{2, 3, 5, 7\}$이므로 $n(A) = 4$

$B = \{3, 6, 9, 12, \ldots, 48\}$이므로 $n(B) = 16$

∴ $n(A) + n(B) = 20$

0546 답 ⑤

⑤ $n(\{1, 2, 3\}) - n(\{1, 2\}) = 3 - 2 = 1$

0547 답 ②

$A = \{(0, 1), (0, -1), (1, 0), (-1, 0)\}$이므로

$n(A) = 4$

0548 답 5

$A = \{1, 2, 3, 6\}$이므로 $n(A) = 4$ ······ ❶

$B = \{1, 2, 3, 4, \ldots, k\}$이므로 $n(B) = k$ ······ ❷

이때 $n(A) + n(B) = 9$이므로

$4 + k = 9$ ∴ $k = 5$ ······ ❸

채점 기준		
❶ $n(A)$ 구하기		30 %
❷ $n(B)$ 구하기		30 %
❸ k의 값 구하기		40 %

0549 답 3

$A = \{i, -1, -i, 1\}$

$z_1 \in A$, $z_2 \in A$인 z_1, z_2에 대하여 $z_1^2 + z_2^2$의 값을 구하면 오른쪽 표와 같으므로

$B = \{-2, 0, 2\}$

∴ $n(B) = 3$

z_1 \ z_2	i	-1	$-i$	1
i	-2	0	-2	0
-1	0	2	0	2
$-i$	-2	0	-2	0
1	0	2	0	2

공통수학1 다시보기

복소수 i에 대하여

$i^2 = -1$, $i^3 = -i$, $i^4 = 1$, $i^5 = i$, $\ldots$

➡ 자연수 n에 대하여 i^n의 값은 i, -1, $-i$, 1이 이 순서대로 반복된다.

0550 답 ②

ㄴ. c는 집합 A의 원소가 아니므로 $c \notin A$

ㄹ. $\{b, c\}$는 집합 A의 원소이므로 $\{b, c\} \in A$

따라서 보기에서 옳은 것은 ㄱ, ㄷ이다.

0551 답 ⑤

$A = \{3, 6, 9, 12\}$, $B = \{1, 2, 3, 4, 6, 12\}$이므로

⑤ $\{1, 2, 4, 8\} \not\subset B$

0552 답 ④

④ $\varnothing$은 집합 A의 원소이므로 $\{\varnothing\} \subset A$

0553 답 ②

② $\varnothing$은 집합 A의 원소가 아니므로 $\{\varnothing\} \not\subset A$

0554 답 ②

$x \in A$, $y \in A$인 x, y에 대하여 $x+y$, xy의 값을 구하면 각각 다음 표와 같다.

x \ y	0	1	2
0	0	1	2
1	1	2	3
2	2	3	4

$[x+y]$

x \ y	0	1	2
0	0	0	0
1	0	1	2
2	0	2	4

$[xy]$

따라서 $B = \{0, 1, 2, 3, 4\}$, $C = \{0, 1, 2, 4\}$이므로

$A \subset C \subset B$

0555 답 $\varnothing$, $\{1\}$, $\{3\}$, $\{9\}$, $\{1, 3\}$, $\{1, 9\}$, $\{3, 9\}$

$\{x \mid x$는 9의 양의 약수$\} = \{1, 3, 9\}$이므로 $\{1, 3, 9\}$의 진부분집합을 구하면

$\varnothing$, $\{1\}$, $\{3\}$, $\{9\}$, $\{1, 3\}$, $\{1, 9\}$, $\{3, 9\}$

0556 답 ④

$B=\{-1,\ 1\}$, $C=\{-1,\ 0,\ 1\}$이므로
$B\subset C\subset A$

0557 답 ②

$A\subset B$이고 $B\subset A$이므로 $A=B$
① $B=\{2,\ 4,\ 6,\ 8,\ \ldots\}$이므로 $A\neq B$
② $B=\{1,\ 2,\ 3,\ 4\}$이므로 $A=B$
③ $A=\{2,\ 3,\ 5,\ 7\}$이므로 $A\neq B$
④ $A=\{0,\ 1\}$, $B=\{-1,\ 0,\ 1\}$이므로 $A\neq B$
⑤ $A=\{1,\ 2,\ 3,\ 6\}$, $B=\{3,\ 6,\ 9,\ 12,\ \ldots\}$이므로 $A\neq B$
따라서 $A\subset B$이고 $B\subset A$인 것은 ②이다.

0558 답 $-4\leq a\leq -3$

$A\subset B$가 성립하도록 두 집합 A, B를
수직선 위에 나타내면 오른쪽 그림과
같으므로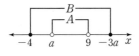
$-4\leq a$, $9\leq -3a$
$9\leq -3a$에서 $a\leq -3$이므로
$-4\leq a\leq -3$

0559 답 10

$A=\{2,\ a\}$, $B=\{1,\ 2,\ 3,\ 6\}$에 대하여 $A\subset B$가 성립하려면
$a=1$ 또는 $a=3$ 또는 $a=6$
따라서 모든 자연수 a의 값의 합은
$1+3+6=10$

0560 답 ②

$A\subset B\subset C$가 성립하도록 세 집합 A, B,
C를 수직선 위에 나타내면 오른쪽 그림
과 같으므로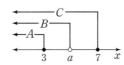
$3<a\leq 7$
따라서 정수 a는 4, 5, 6, 7의 4개이다.

0561 답 ④

$A\subset B$이면 $1\in A$에서 $1\in B$이므로
$a-1=1$ 또는 $2a-1=1$ $\therefore a=2$ 또는 $a=1$
(i) $a=1$일 때
  $A=\{1,\ 3\}$, $B=\{0,\ 1,\ 4\}$이므로 $A\not\subset B$
(ii) $a=2$일 때
  $A=\{1,\ 4\}$, $B=\{1,\ 3,\ 4\}$이므로 $A\subset B$
(i), (ii)에서 $a=2$

0562 답 ①

$A\subset B$가 성립하려면 $8\in A$에서 $8\in B$이므로
$a^2-2a=8$, $a^2-2a-8=0$
$(a+2)(a-4)=0$
$\therefore a=-2$ 또는 $a=4$

(i) $a=-2$일 때
  $A=\{-1,\ 8\}$, $B=\{-1,\ 8,\ 11\}$이므로 $A\subset B$
(ii) $a=4$일 때
  $A=\{8,\ 11\}$, $B=\{-1,\ 8,\ 11\}$이므로 $A\subset B$
(i), (ii)에서 $a=-2$ 또는 $a=4$
따라서 모든 상수 a의 값의 곱은
$-2\times 4=-8$

0563 답 ②

$x^2-5x-6\leq 0$에서 $(x+1)(x-6)\leq 0$
$\therefore -1\leq x\leq 6$
$\therefore A=\{x|-1\leq x\leq 6\}$
$|x-1|\leq a$에서 $-a\leq x-1\leq a$
$\therefore 1-a\leq x\leq 1+a$
$\therefore B=\{x|1-a\leq x\leq 1+a\}$
$A\subset B$가 성립하도록 두 집합 A, B
를 수직선 위에 나타내면 오른쪽 그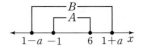
림과 같으므로
$1-a\leq -1$, $6\leq 1+a$
$\therefore a\geq 5$
따라서 양수 a의 최솟값은 5이다.

0564 답 5

$A=B$이면 $1\in B$에서 $1\in A$이므로
$a=1$ 또는 $a+2=1$
$\therefore a=1$ 또는 $a=-1$
그런데 a는 양수이므로 $a=1$
$\therefore A=\{1,\ 3,\ 6,\ 9\}$
또 $A=B$이면 $3\in A$에서 $3\in B$이므로
$b-1=3$ $\therefore b=4$
$\therefore a+b=5$

0565 답 ②

$A=B$이면 $2\in A$, $4\in B$에서 $2\in B$, $4\in A$
$\therefore a=4$, $b=2$
$\therefore a\times b=8$

0566 답 100

$A=B$이면 $b\in B$, $4\in B$에서 $b\in A$, $4\in A$
따라서 b, 4는 이차방정식 $x^2+x+a=0$의 두 근이다. ····· ❶
이차방정식의 근과 계수의 관계에 의하여
$b+4=-1$, $b\times 4=a$
$\therefore a=-20$, $b=-5$ ····· ❷
$\therefore ab=100$ ····· ❸

채점 기준

❶ 집합 B의 원소가 집합 A의 이차방정식의 두 근임을 알기	40 %
❷ a, b의 값 구하기	40 %
❸ ab의 값 구하기	20 %

0567 답 −1

$A \subset B$이고 $B \subset A$이므로 $A = B$

$6 \in B$에서 $6 \in A$이므로

$a^2 - 2a + 3 = 6$, $a^2 - 2a - 3 = 0$

$(a+1)(a-3) = 0$ ∴ $a = -1$ 또는 $a = 3$

(i) $a = -1$일 때

$A = \{2, 6, 9\}$, $B = \{2, 6, 9\}$이므로 $A = B$

(ii) $a = 3$일 때

$A = \{2, 6, 9\}$, $B = \{-7, 6, 10\}$이므로 $A \neq B$

(i), (ii)에서 $a = -1$

0568 답 ④

$A = \{1, 2, 3, 4, 6, 9, 12, 18, 36\}$이므로 $n(A) = 9$

따라서 집합 A의 부분집합의 개수는

$2^9 = 512$

0569 답 ⑤

$A = \{2, 3, 5, 7, 11, 13\}$이므로 $n(A) = 6$

따라서 집합 A의 진부분집합의 개수는

$2^6 - 1 = 64 - 1 = 63$

0570 답 ④

두 집합 A, B의 원소의 개수를 각각 a, b라 하면

$2^a = 128$, $2^b - 1 = 255$

$2^a = 128 = 2^7$에서 $a = 7$

$2^b = 256 = 2^8$에서 $b = 8$

∴ $n(A) + n(B) = a + b = 15$

0571 답 16

$A = \{1, 2, 5, 10, 25, 50\}$이므로 집합 A의 부분집합 중에서 1, 5를 반드시 원소로 갖는 부분집합의 개수는

$2^{6-2} = 2^4 = 16$

0572 답 ①

$A = \{2, 4, 6, 8, 10, 12, 14\}$이므로 집합 A의 진부분집합 중에서 6의 배수인 6, 12를 반드시 원소로 갖는 부분집합의 개수는

$2^{7-2} - 1 = 2^5 - 1 = 32 - 1 = 31$

0573 답 8

집합 A의 부분집합 중에서 a, c는 반드시 원소로 갖고 e는 원소로 갖지 않는 부분집합 X의 개수는

$2^{6-2-1} = 2^3 = 8$

0574 답 11

$n(A) = k$이므로 2, 7은 반드시 원소로 갖고 3, 4, 5는 원소로 갖지 않는 부분집합의 개수는

$2^{k-2-3} = 2^{k-5}$

따라서 $2^{k-5} = 64 = 2^6$이므로

$k - 5 = 6$ ∴ $k = 11$

0575 답 ②

집합 X의 개수는 집합 B의 부분집합 중에서 1, 2를 반드시 원소로 갖는 부분집합의 개수와 같으므로

$2^{5-2} = 2^3 = 8$

0576 답 63

$A = \{1, 2, 3, 4, 6, 8, 12, 24\}$ ⋯⋯ ❶

㈎, ㈏에서 집합 X의 개수는 집합 A의 진부분집합 중에서 1, 2를 반드시 원소로 갖는 부분집합의 개수와 같다.   ⋯⋯ ❷

따라서 구하는 집합 X의 개수는

$2^{8-2} - 1 = 2^6 - 1 = 64 - 1 = 63$ ⋯⋯ ❸

채점 기준

❶ 집합 A 구하기		20 %
❷ 조건을 만족시키는 집합 X의 개수의 의미 파악하기		50 %
❸ 집합 X의 개수 구하기		30 %

0577 답 9

집합 X의 개수는 집합 A의 부분집합 중에서 1, 2, 3, 6을 반드시 원소로 갖는 부분집합의 개수와 같으므로

$2^{n-4} = 32 = 2^5$

따라서 $n - 4 = 5$이므로 $n = 9$

0578 답 ③

$A = \{2, 5, 8, 11, 14, 17, 20\}$이므로 집합 A의 부분집합 중에서 5 또는 8을 원소로 갖는 부분집합은 집합 A의 부분집합에서 집합 $\{2, 11, 14, 17, 20\}$의 부분집합을 제외하면 된다.

따라서 구하는 부분집합의 개수는

$2^7 - 2^5 = 128 - 32 = 96$

0579 답 15

$A = \{1, 2, 3, 4, \ldots, 10\}$이므로 집합 A의 부분집합 중에서 소수인 원소만으로 이루어진 부분집합은 집합 $\{2, 3, 5, 7\}$의 부분집합에서 공집합을 제외하면 된다.

따라서 구하는 부분집합의 개수는

$2^4 - 1 = 16 - 1 = 15$

0580 답 56

$A = \{5, 10, 15, 20, 25, 30\}$이므로 집합 A의 부분집합 중에서 적어도 1개의 홀수를 원소로 갖는 부분집합은 집합 A의 부분집합에서 집합 $\{10, 20, 30\}$의 부분집합을 제외하면 된다.

따라서 구하는 부분집합의 개수는

$2^6 - 2^3 = 64 - 8 = 56$

0581 답 44

구하는 부분집합의 개수는 $A = \{1, 2, 4, 5, 10, 20\}$의 부분집합의 개수에서 짝수가 없거나 1개인 부분집합의 개수를 빼면 된다.

(i) 집합 A의 부분집합의 원소 중에서 짝수가 없는 경우

집합 A의 부분집합 중에서 2, 4, 10, 20을 원소로 갖지 않는 부분집합의 개수는

$2^{6-4} = 2^2 = 4$

(ii) 집합 A의 부분집합의 원소 중에서 짝수가 1개인 경우

    ⓘ 집합 A의 부분집합 중에서 2는 반드시 원소로 갖고 4, 10, 20은 원소로 갖지 않는 부분집합의 개수는
$$2^{6-1-3}=2^2=4$$

    ⓘⓘ 집합 A의 부분집합 중에서 4는 반드시 원소로 갖고 2, 10, 20은 원소로 갖지 않는 부분집합의 개수는
$$2^{6-1-3}=2^2=4$$

    ⓘⓘⓘ 집합 A의 부분집합 중에서 10은 반드시 원소로 갖고 2, 4, 20은 원소로 갖지 않는 부분집합의 개수는
$$2^{6-1-3}=2^2=4$$

    ⓘⓥ 집합 A의 부분집합 중에서 20은 반드시 원소로 갖고 2, 4, 10은 원소로 갖지 않는 부분집합의 개수는
$$2^{6-1-3}=2^2=4$$

    ⓘ~ⓘⓥ에서 집합 A의 부분집합 중에서 짝수가 1개인 부분집합의 개수는
$$4 \times 4 = 16$$

(i), (ii)에서 짝수가 없거나 1개인 부분집합의 개수는
$$4+16=20$$

따라서 구하는 부분집합의 개수는
$$2^6-20=64-20=44$$

AB 유형 점검

92~94쪽

0582 답 ④

④ '못하는'은 기준이 명확하지 않아 그 대상을 분명하게 정할 수 없으므로 집합이 아니다.

0583 답 ⑤

$A=\{4, 8, 12, 16, 20, ...\}$, $B=\{1, 2, 4, 8, 16, 32\}$이므로
⑤ $24 \notin B$

0584 답 ③

① $\{1, 2, 4, 8\}$
② $\{1, 2, 3, 4, 6, 12\}$
③ $\{1, 2, 3, 4, 6, 8, 12, 24\}$
④ $\{2, 4, 6, 8, ..., 24\}$
⑤ $\{4, 8, 12, 16, 20, 24\}$
따라서 조건제시법으로 바르게 나타낸 것은 ③이다.

0585 답 ①

$x^2-2x-3<0$에서 $(x+1)(x-3)<0$
$\therefore -1<x<3$
$\therefore A=\{0, 1, 2\}$
따라서 집합 A의 모든 원소의 합은
$$0+1+2=3$$

0586 답 $C=\{-4, -2, 0, 2, 4\}$

$a \in A$, $b \in B$인 a, b에 대하여 ab의 값을 구하면 오른쪽 표와 같으므로
$C=\{-4, -2, 0, 2, 4\}$

a＼b	1	2
-2	-2	-4
0	0	0
2	2	4

0587 답 ④

ㄱ. $\{1, 2, 4, 5, 10, 20, 25, 50, 100\}$ ➡ 유한집합
ㄴ. $0<x<1$인 실수 x는 무수히 많으므로 무한집합이다.
ㄷ. $\{101, 103, 105, 107, ..., 999\}$ ➡ 유한집합
ㄹ. $\{..., -2, -1, 1, 2, ...\}$ ➡ 무한집합
따라서 보기에서 무한집합인 것은 ㄴ, ㄹ이다.

0588 답 ⑤

⑤ 집합 $\{1, 2, \{3, 4\}\}$의 원소는 1, 2, $\{3, 4\}$의 3개이므로
  $n(\{1, 2, \{3, 4\}\})=3$

0589 답 8

$x \in A$, $y \in B$인 x, y에 대하여 $x+y$의 값을 구하면 오른쪽 표와 같으므로
$X=\{2, 3, 4, 5, 6, 7, 8, 9,$
        $a+1, a+3, a+5\}$
이때 $n(X)=10$이 되려면
$a+1=8$ 또는 $a+1=9$
$\therefore a=7$ 또는 $a=8$
따라서 자연수 a의 최댓값은 8이다.

x＼y	1	3	5
1	2	4	6
2	3	5	7
3	4	6	8
4	5	7	9
a	$a+1$	$a+3$	$a+5$

0590 답 ③

ㄴ. $\{\varnothing\}$은 집합 A의 원소이므로 $\{\varnothing\} \in A$
ㄷ. $\{2, 3\}$은 집합 A의 원소이므로 $\{2, 3\} \in A$
따라서 보기에서 옳은 것은 ㄱ, ㄹ이다.

0591 답 ①

모든 정수는 유리수이고 모든 유리수는 실수이므로
$Z \subset Q \subset R$
따라서 포함 관계를 바르게 나타낸 것은 ①이다.

0592 답 4

$x^2-4x-12<0$에서 $(x+2)(x-6)<0$
$\therefore -2<x<6$
$\therefore C=\{x \mid -2<x<6\}$
이때 $B=\{x \mid 1 \leq x \leq 2\}$이므로
$B \subset A \subset C$가 성립하도록 세 집합
A, B, C를 수직선 위에 나타내면
오른쪽 그림과 같다.
$\therefore 2 \leq a < 6$
따라서 구하는 정수 a는 2, 3, 4, 5의 4개이다.

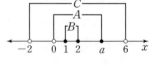

0593 답 ⑤

$A=B$이면 $2\in B$에서 $2\in A$이므로
$a+2=2$ 또는 $a^2-2=2$
$\therefore a=-2$ 또는 $a=0$ 또는 $a=2$
(i) $a=-2$일 때
　　$A=\{0,\ 2\}$, $B=\{2,\ 8\}$이므로 $A\neq B$
(ii) $a=0$일 때
　　$A=\{-2,\ 2\}$, $B=\{2,\ 6\}$이므로 $A\neq B$
(iii) $a=2$일 때
　　$A=\{2,\ 4\}$, $B=\{2,\ 4\}$이므로 $A=B$
(i), (ii), (iii)에서 $a=2$

0594 답 2047

$A=\{2,\ 3,\ 5,\ 7,\ 11,\ 13,\ 17,\ 19,\ 23,\ 29\}$이므로 $n(A)=10$
집합 A의 부분집합의 개수는
$2^{10}=1024$　　$\therefore a=1024$
집합 A의 진부분집합의 개수는
$2^{10}-1=1024-1=1023$　　$\therefore b=1023$
$\therefore a+b=2047$

0595 답 ②

집합 A의 원소의 개수를 n이라 하면
$2^n-1=31$, $2^n=32=2^5$　　$\therefore n=5$
즉, $A=\{2,\ 3,\ 5,\ 7,\ 11\}$이어야 하므로
$11<k\leq13$
$\therefore k=12$ 또는 $k=13$
따라서 모든 k의 값의 합은
$12+13=25$

0596 답 ⑤

$A=\{4,\ 8,\ 12,\ 16,\ 20,\ 24,\ 28,\ 32,\ 36,\ 40\}$이므로 집합 A의 부분집합 중에서 4, 20은 반드시 원소로 갖고 8, 16, 24는 원소로 갖지 않는 부분집합의 개수는
$2^{10-2-3}=2^5=32$

0597 답 8

$A=\{1,\ 2,\ 4\}$, $B=\{1,\ 2,\ 3,\ 4,\ 6,\ 12\}$이므로 집합 X의 개수는 집합 B의 부분집합 중에서 1, 2, 4를 반드시 원소로 갖는 부분집합의 개수와 같다.
따라서 구하는 집합 X의 개수는
$2^{6-3}=2^3=8$

0598 답 56

$A=\{1,\ 2,\ 3,\ 6,\ 9,\ 18\}$이므로 집합 A의 부분집합 중에서 적어도 1개의 짝수를 원소로 갖는 부분집합은 집합 A의 부분집합에서 집합 $\{1,\ 3,\ 9\}$의 부분집합을 제외하면 된다.
따라서 구하는 부분집합의 개수는
$2^6-2^3=64-8=56$

0599 답 4

$n(A)=1$이 되려면 이차방정식 $x^2-4x+k=0$이 중근을 가져야 한다.　　……❶
이차방정식 $x^2-4x+k=0$의 판별식을 D라 하면
$\dfrac{D}{4}=(-2)^2-k=0$
$\therefore k=4$　　……❷

채점 기준

❶ 이차방정식이 중근을 가짐을 알기		50 %
❷ k의 값 구하기		50 %

공통수학1 다시보기

> 계수가 실수인 이차방정식 $ax^2+bx+c=0$의 판별식을 D라 할 때, 이 이차방정식이 중근을 가지면
> 　　$D=b^2-4ac=0$

0600 답 4

$x^2-x-6=0$에서
$(x+2)(x-3)=0$　　$\therefore x=-2$ 또는 $x=3$
$\therefore A=\{-2,\ 3\}$　　……❶
$A\subset B$가 성립하려면 $-2\in A$, $3\in A$에서 $-2\in B$, $3\in B$
$\therefore a>3$　　……❷
따라서 정수 a의 최솟값은 4이다.　　……❸

채점 기준

❶ 집합 A 구하기		30 %
❷ a의 값의 범위 구하기		50 %
❸ 정수 a의 최솟값 구하기		20 %

0601 답 57

$B=\{1,\ 3,\ 5,\ 7,\ 9,\ 11,\ 13,\ 15,\ 17,\ 19\}$이므로 ㈎, ㈏에서 집합 X는 집합 B의 부분집합 중에서 1, 5, 9, 13을 반드시 원소로 갖고 나머지 원소 3, 7, 11, 15, 17, 19 중 2개 이상을 원소로 갖는 집합이다.　　……❶

따라서 구하는 집합 X의 개수는 집합 $\{3,\ 7,\ 11,\ 15,\ 17,\ 19\}$의 부분집합의 개수에서 원소의 개수가 1인 부분집합 6개와 공집합을 제외한 것과 같으므로
$2^6-6-1=64-7=57$　　……❷

채점 기준

❶ 집합 X에 포함되는 원소 찾기		50 %
❷ 집합 X의 개수 구하기		50 %

C 실력 향상

95쪽

0602 답 7

조건을 만족시키려면 집합 A의 원소는 16의 양의 약수이어야 한다.
이때 16의 양의 약수는 1, 2, 4, 8, 16이고, 조건에서 1과 16, 2와 8은 둘 중 하나가 집합 A의 원소이면 나머지 하나도 집합 A의 원소이다.

즉, 집합 A의 원소가 될 수 있는 것은

1, 16 또는 2, 8 또는 4

따라서 구하는 집합 A의 개수는 집합 $\{1, 2, 4\}$의 공집합이 아닌 부분집합의 개수와 같으므로

$2^3-1=8-1=7$

0603 답 ③

원소의 합이 25 이상이려면 원소가 3개 이상이어야 한다.

(i) 원소가 3개인 경우

$\{6, 9, 10\}$, $\{7, 8, 10\}$, $\{7, 9, 10\}$, $\{8, 9, 10\}$의 4개

(ii) 원소가 4개인 경우

$\{6, 7, 8, 9\}$, $\{6, 7, 8, 10\}$, $\{6, 7, 9, 10\}$, $\{6, 8, 9, 10\}$,

$\{7, 8, 9, 10\}$의 5개

(iii) 원소가 5개인 경우

$\{6, 7, 8, 9, 10\}$의 1개

(i), (ii), (iii)에서 구하는 부분집합의 개수는

$4+5+1=10$

0604 답 ②

(i) 집합 X가 6을 원소로 갖는 경우

㉮를 만족시키려면 $\{3, 4, 5, 7\}$의 부분집합 중에서 공집합을 제외하면 되므로 집합 X의 개수는

$2^4-1=16-1=15$

(ii) 집합 X가 6을 원소로 갖지 않는 경우

㉯를 만족시키려면 집합 X는 3, 4를 반드시 원소로 가져야 한다.
즉, 집합 X의 개수는 집합 A의 부분집합 중에서 3, 4는 반드시 원소로 갖고 6은 원소로 갖지 않는 부분집합의 개수와 같으므로

$2^{5-2-1}=2^2=4$

(i), (ii)에서 구하는 집합 X의 개수는

$15+4=19$

0605 답 48

집합 A의 부분집합 중에서 1을 반드시 원소로 갖는 부분집합의 개수는 $2^{4-1}=2^3=8$이므로 집합 A_1, A_2, A_3, ..., A_{15} 중 1을 원소로 갖는 집합은 8개이다.

같은 방법으로 하면 2, 4, 8을 원소로 갖는 집합은 각각 8개이므로

$$\begin{aligned}
f(A_1) \times f(A_2) \times \cdots \times f(A_{15}) &= 1^8 \times 2^8 \times 4^8 \times 8^8\\
&= 1^8 \times 2^8 \times (2^2)^8 \times (2^3)^8\\
&= 2^8 \times 2^{16} \times 2^{24}\\
&= 2^{8+16+24}\\
&= 2^{48}
\end{aligned}$$

$\therefore k=48$

중2 다시보기

m, n이 자연수일 때

(1) $a^m \times a^n = a^{m+n}$

(2) $(a^m)^n = a^{mn}$

A 개념 확인
96~99쪽

0606 답 $\{2, 4, 5, 8, 10, 12\}$

0607 답 $\{a, b, c, d, e, f\}$

0608 답 $\{1, 2, 3, 4, 5, 6, 10, 12\}$

$A=\{1, 2, 5, 10\}$, $B=\{1, 2, 3, 4, 6, 12\}$이므로

$A \cup B=\{1, 2, 3, 4, 5, 6, 10, 12\}$

0609 답 $\{2, 4, 6, 8, ...\}$

$A=\{2, 4, 6, 8, ...\}$, $B=\{4, 8, 12, 16, ...\}$이므로

$A \cup B=\{2, 4, 6, 8, ...\}$

0610 답 $\{3, 9\}$

0611 답 $\varnothing$

0612 답 $\{5, 10\}$

$A=\{1, 2, 3, 4, ..., 10\}$, $B=\{5, 10, 15, 20, ...\}$이므로

$A \cap B=\{5, 10\}$

0613 답 $\{x \,|\, 0 \le x \le 3\}$

0614 답 ○

$A \cap B=\varnothing$이므로 서로소이다.

0615 답 ×

$A \cap B=\{2\} \ne \varnothing$이므로 서로소가 아니다.

0616 답 ○

$A \cap B=\varnothing$이므로 서로소이다.

0617 답 ×

$A=\{3, 6, 9, 12, ...\}$, $B=\{1, 2, 3, 4, 6, 12\}$

따라서 $A \cap B=\{3, 6, 12\} \ne \varnothing$이므로 서로소가 아니다.

0618 답 $\{1, 2, 3, 4, ..., 10\}$

0619 답 $\{3, 5, 6, 7, 9, 10\}$

0620 답 $\{2, 4, 6, 8, 10\}$

$C=\{1, 3, 5, 7, 9\}$이므로

$C^C=\{2, 4, 6, 8, 10\}$

0621 답 $\varnothing$

$D=\{1, 2, 3, 4, ..., 10\}$이므로 $D^C=\varnothing$

0622 답 {*a*, *b*, *d*}   **0623** 답 {2, 4, 6, 8}

0624 답 {3, 15}

$A=\{1, 3, 5, 15\}$, $B=\{1, 2, 4, 5, 10, 20\}$이므로

$A-B=\{3, 15\}$

0625 답 $\varnothing$

$A=\{8, 16, 24, 32, ...\}$, $B=\{4, 8, 12, 16, ...\}$이므로

$A-B=\varnothing$

0626 답 {2, 3, 4, 7, 8}

0627 답 {1, 2, 6, 8}

0628 답 {1, 6}

0629 답 {3, 4, 7}

0630 답 {2, 8}

0631 답 {1, 2, 3, 4, 6, 7, 8}

0632 답 *A*   **0633** 답 $\varnothing$

0634 답 *U*   **0635** 답 *A*

0636 답 *U*   **0637** 답 $\varnothing$

0638 답 {1, 5}

$A\cap B^c=A-B=\{1, 5\}$

0639 답 {6}

$B\cap A^c=B-A=\{6\}$

0640 답 {3}

$A-B^c=A\cap(B^c)^c=A\cap B=\{3\}$

0641 답 {3}

$B-A^c=B\cap(A^c)^c=B\cap A=\{3\}$

0642 답 {2, 3}

$A\cap(B\cap C)=(A\cap B)\cap C=\{2, 3\}$

0643 답 {2, 3, 4, 5, 7}

$(A\cup B)\cap(A\cup C)=A\cup(B\cap C)$
$\qquad\qquad\qquad\qquad=\{2, 3, 4, 5, 7\}$

0644 답 {2, 4}

$A\cup(B\cap C)=(A\cup B)\cap(A\cup C)=\{2, 4\}$

0645 답 {4}

$A\cup B=\{1, 2, 3, 5, 6, 7\}$이므로

$(A\cup B)^c=\{4\}$

0646 답 {4}

$A^c=\{2, 4, 6\}$, $B^c=\{4, 5, 7\}$이므로

$A^c\cap B^c=\{4\}$

0647 답 {2, 4, 5, 6, 7}

$A\cap B=\{1, 3\}$이므로 $(A\cap B)^c=\{2, 4, 5, 6, 7\}$

0648 답 {2, 4, 5, 6, 7}

$A^c=\{2, 4, 6\}$, $B^c=\{4, 5, 7\}$이므로

$A^c\cup B^c=\{2, 4, 5, 6, 7\}$

0649 답 ㉠ 드모르간 법칙, ㉡ 교환법칙, ㉢ 분배법칙

0650 답 10

$n(A\cup B)=n(A)+n(B)-n(A\cap B)$에서

$35=25+20-n(A\cap B)$

$\therefore n(A\cap B)=10$

0651 답 23

$n(A^c)=n(U)-n(A)=50-27=23$

0652 답 18

$n(B-A)=n(B)-n(A\cap B)=30-12=18$

0653 답 15

$n(A\cap B^c)=n(A-B)=n(A)-n(A\cap B)=27-12=15$

0654 답 38

$n(A^c\cup B^c)=n((A\cap B)^c)$
$\qquad\qquad\quad=n(U)-n(A\cap B)$
$\qquad\qquad\quad=50-12=38$

0655 답 10

$n(A^c\cap B^c)=n((A\cup B)^c)$
$\qquad\qquad\quad=n(U)-n(A\cup B)$
$\qquad\qquad\quad=n(U)-\{n(A)+n(B)-n(A\cap B)\}$
$\qquad\qquad\quad=45-(20+22-7)=10$

0656 답 43

$n(A\cup B\cup C)$
$=n(A)+n(B)+n(C)-n(A\cap B)-n(B\cap C)-n(C\cap A)$
$\qquad\qquad\qquad\qquad\qquad\qquad\qquad+n(A\cap B\cap C)$
$=16+18+21-3-6-5+2=43$

B 유형 완성   100~109쪽

0657 답 {1, 2, 3, 5, 6, 7}

$A=\{1, 3, 5, 7\}$, $B=\{1, 2, 3, 6, 9, 18\}$,

$C=\{1, 2, 3, 4, 6, 8, 12, 24\}$이므로

$A\cup(B\cap C)=\{1, 3, 5, 7\}\cup\{1, 2, 3, 6\}=\{1, 2, 3, 5, 6, 7\}$

0658 답 ⑤

$C=\{1, 2, 7, 14\}$이므로
⑤ $A\cup(B\cap C)=\{2, 4, 6, 7\}$

0659 답 3

$a\in A$, $b\in A$인 a, b에 대하여 ab의 값을 구하면 오른쪽 표와 같으므로
$B=\{0, 1, 2, 4\}$
$\therefore A\cap B=\{0, 1, 2\}$
따라서 집합 $A\cap B$의 모든 원소의 합은
$0+1+2=3$

a\\b	0	1	2
0	0	0	0
1	0	1	2
2	0	2	4

0660 답 ②

④ $\{8, 16, 24, 32, \cdots\}$
⑤ $\{1, 3, 5, 7, 9\}$
따라서 집합 $\{1, 2, 4, 8\}$과 서로소인 집합은 ②이다.

0661 답 ③

③ $A\subset B$이므로 $A\cap B\neq\varnothing$
④ $A=\{1, 2, 3, 6\}$, $B=\{4, 8, 12, 16, \cdots\}$이므로 $A\cap B=\varnothing$
⑤ $A=\{-1, 0\}$, $B=\{1, 2\}$이므로 $A\cap B=\varnothing$
따라서 두 집합 A, B가 서로소가 아닌 것은 ③이다.

0662 답 ②

집합 $A=\{a, b, c, d, e\}$의 부분집합 중에서 집합 $B=\{d, e\}$와 서로소인 집합은 원소 d, e를 원소로 갖지 않는 부분집합이다.
따라서 구하는 집합의 개수는
$2^{5-2}=2^3=8$

0663 답 ④

$U=\{1, 2, 3, 4, \cdots, 12\}$, $A=\{1, 2, 3, 4, 6, 12\}$이므로
$A^C=\{5, 7, 8, 9, 10, 11\}$
이때 $B=\{4, 8, 12\}$이므로
$A^C-B=\{5, 7, 9, 10, 11\}$
따라서 집합 A^C-B의 모든 원소의 합은
$5+7+9+10+11=42$

0664 답 ③

$A=\{3, 5, 7, 9\}$, $B=\{2, 5, 8\}$이므로
$A-B=\{3, 7, 9\}$
$\therefore (A-B)^C=\{1, 2, 4, 5, 6, 8, 10\}$
따라서 집합 $(A-B)^C$의 원소의 개수는 7이다.

0665 답 2

$U=\{x\mid -5\leq x\leq 5\}$이므로
$A^C=\{x\mid -5\leq x< -2$ 또는 $3\leq x\leq 5\}$ ...... ❶
$\therefore A^C\cup B=\{x\mid -5\leq x< -2$ 또는 $1< x\leq 5\}$ ...... ❷
따라서 집합 $A^C\cup B$의 원소 중 정수는 -5, -4, -3, 2, 3, 4, 5이므로 정수인 모든 원소의 합은
$-5+(-4)+(-3)+2+3+4+5=2$ ...... ❸

0666 답 ⑤

①

②

③

④

0667 답 ④

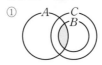
①

②
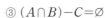
③ $(A\cap B)-C=\varnothing$

⑤

0668 답 ④

ㄱ, ㄷ.
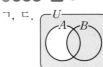
따라서 보기에서 색칠한 부분을 나타내는 집합인 것은 ㄴ, ㄹ이다.

0669 답 {3, 4, 5, 7, 9}

$U=\{1, 2, 3, 4, \cdots, 10\}$이므로 주어진 조건을 벤 다이어그램으로 나타내면 오른쪽 그림과 같다.
$\therefore B=\{3, 4, 5, 7, 9\}$

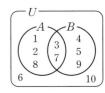

0670 답 {2, 5, 6, 7}

주어진 조건을 벤 다이어그램으로 나타내면 오른쪽 그림과 같으므로
$B=\{2, 5, 6, 7\}$

0671 답 ④

집합 $(A-B)\cup(B-A)$는 오른쪽 벤 다이어그램의 색칠한 부분과 같고,
$A=\{1, 2, 4, 5, 7, 8\}$이므로
$A-B=\{1, 4, 7\}$
$B-A=\{3, 6, 9\}$
$\therefore B=\{2, 3, 5, 6, 8, 9\}$
따라서 집합 B의 모든 원소의 합은
$2+3+5+6+8+9=33$

0672 답 3

$B-A=\{4\}$에서 $2\in(A\cap B)$이므로

$a^2-2a-1=2$, $a^2-2a-3=0$

$(a+1)(a-3)=0$　　∴ $a=-1$ 또는 $a=3$

(i) $a=-1$일 때

　$A=\{2, 3, 5\}$, $B=\{-7, 2, 4\}$이므로

　$B-A=\{-7, 4\}$

　따라서 주어진 조건을 만족시키지 않는다.

(ii) $a=3$일 때

　$A=\{2, 3, 5\}$, $B=\{2, 4, 5\}$이므로

　$B-A=\{4\}$

(i), (ii)에서 $a=3$

0673 답 4

$A\cap B=\{-2, 5\}$에서 $5\in A$, $-2\in B$이므로

$2a+b=5$, $a-b=-2$　　……❶

두 식을 연립하여 풀면

$a=1$, $b=3$　　……❷

∴ $a+b=4$　　……❸

채점 기준

❶ a, b에 대한 식 세우기	60 %
❷ a, b의 값 구하기	30 %
❸ $a+b$의 값 구하기	10 %

0674 답 ⑤

$A\cap B=\{2\}$에서 $2\in A$이므로

$a^3-3a=2$, $a^3-3a-2=0$

$(a+1)^2(a-2)=0$　　∴ $a=-1$ 또는 $a=2$

(i) $a=-1$일 때

　$A=\{1, 2\}$, $B=\{1, 2\}$이므로 $A\cap B=\{1, 2\}$

　따라서 주어진 조건을 만족시키지 않는다.

(ii) $a=2$일 때

　$A=\{1, 2\}$, $B=\{2, 4\}$이므로 $A\cap B=\{2\}$

(i), (ii)에서 $a=2$이고, $A=\{1, 2\}$, $B=\{2, 4\}$

∴ $A\cup B=\{1, 2, 4\}$

따라서 집합 $A\cup B$의 모든 원소의 합은

$1+2+4=7$

0675 답 3

$A\cup B=\{-2, 1, 3, 4\}$에서 $-2\in A$ 또는 $1\in A$이므로

$a-2=-2$ 또는 $a-2=1$　　∴ $a=0$ 또는 $a=3$

(i) $a=0$일 때

　$A=\{-2, 3, 4\}$, $B=\{-3, -2, 1\}$이므로

　$A\cup B=\{-3, -2, 1, 3, 4\}$

　따라서 주어진 조건을 만족시키지 않는다.

(ii) $a=3$일 때

　$A=\{1, 3, 4\}$, $B=\{-2, 3, 4\}$이므로

　$A\cup B=\{-2, 1, 3, 4\}$

(i), (ii)에서 $a=3$

0676 답 ③

$A\cup B=A$이므로 $B\subset A$

ㄱ. $B\subset A$　　　　ㄹ. $A^c-B^c=\varnothing$

따라서 보기에서 항상 옳은 것은 ㄴ, ㄷ이다.

0677 답 ④

③ $U-A^c=(A^c)^c=A$

④ $A-B=A\cap B^c$

따라서 옳지 않은 것은 ④이다.

0678 답 ④

$A-B=A$이므로 두 집합 A, B는 서로소이다.

① $A\cap B=\varnothing$

② $B-A=B$

③, ⑤ $A\subset B^c$, $B\subset A^c$

따라서 항상 옳은 것은 ④이다.

0679 답 ③

② $A-B^c=A\cap(B^c)^c=A\cap B$

③ $A\cup(B\cap B^c)=A\cup\varnothing=A$

④ $(U-A^c)\cap B=\{U\cap(A^c)^c\}\cap B$

　　　　　　　$=(U\cap A)\cap B=A\cap B$

⑤ $(A\cap B)\cap(A\cup A^c)=(A\cap B)\cap U=A\cap B$

따라서 나머지 넷과 다른 하나는 ③이다.

0680 답 ②

$B^c\subset A^c$이므로 $A\subset B$

① $A\cup B=B$

② $B-A^c=B\cap(A^c)^c=B\cap A=A$

③ $B\cap(A\cup B)=B\cap B=B$

④ $B\cup(A\cap B)=B\cup A=B$

⑤ $B\cup(A-B)=B\cup\varnothing=B$

따라서 나머지 넷과 다른 하나는 ②이다.

0681 답 8

$(A\cap B)\cup X=X$에서 $(A\cap B)\subset X$

$(A\cup B)\cap X=X$에서 $X\subset(A\cup B)$

∴ $(A\cap B)\subset X\subset(A\cup B)$

이때 $A\cap B=\{3, 5, 7\}$, $A\cup B=\{1, 2, 3, 5, 7, 9\}$이므로

$\{3, 5, 7\}\subset X\subset\{1, 2, 3, 5, 7, 9\}$

따라서 집합 X는 집합 $\{1, 2, 3, 5, 7, 9\}$의 부분집합 중에서 3, 5, 7을 반드시 원소로 갖는 부분집합이므로 집합 X의 개수는

$2^{6-3}=2^3=8$

0682 답 32

$U=\{1, 2, 3, 4, \cdots, 10\}$, $A=\{2, 4, 6, 8, 10\}$　　……❶

$A\cup X=U$이므로 집합 X는 집합 U의 부분집합 중에서 집합 A^c의 원소 1, 3, 5, 7, 9를 반드시 원소로 갖는 부분집합이다.　　……❷

따라서 구하는 집합 X의 개수는

$2^{10-5}=2^5=32$　　……❸

0683 답 64

$A \cup C = B \cup C$이므로 집합 C는 집합 U의 부분집합 중에서 두 집합 A, B의 공통인 원소 1, 3, 5를 제외한 나머지 원소 2, 4, 7, 9를 반드시 원소로 갖는 부분집합이다.

따라서 구하는 집합 C의 개수는

$2^{10-4} = 2^6 = 64$

0684 답 16

$A = \{6, 12, 18, 24, \dots, 48\}$, $B = \{4, 8, 12, 16, \dots, 48\}$

$A \cup X = A$에서 $X \subset A$이고, $B \cap X = \varnothing$이므로 집합 X는 집합 $A - B$의 부분집합이다.

집합 $A - B$는 6의 배수 중에서 4의 배수가 아닌 수의 집합이므로

$A - B = \{6, 18, 30, 42\}$

따라서 구하는 집합 X의 개수는

$2^4 = 16$

0685 답 16

$A = \{1, 2, 3, 6, 9, 18\}$, $B = \{1, 2, 3, 4, 6, 12\}$이므로 집합 X는 집합 A의 부분집합 중 집합 $A \cap B = \{1, 2, 3, 6\}$의 원소 중에서 3개는 반드시 원소로 갖고 1개는 원소로 갖지 않는 부분집합이다.

(i) 1, 2, 3은 반드시 원소로 갖고 6은 원소로 갖지 않는 집합 X의 개수는

$2^{6-3-1} = 2^2 = 4$

(ii) 1, 2, 6은 반드시 원소로 갖고 3은 원소로 갖지 않는 집합 X의 개수는

$2^{6-3-1} = 2^2 = 4$

(iii) 1, 3, 6은 반드시 원소로 갖고 2는 원소로 갖지 않는 집합 X의 개수는

$2^{6-3-1} = 2^2 = 4$

(iv) 2, 3, 6은 반드시 원소로 갖고 1은 원소로 갖지 않는 집합 X의 개수는

$2^{6-3-1} = 2^2 = 4$

(i)~(iv)에서 구하는 집합 X의 개수는

$4 + 4 + 4 + 4 = 16$

0686 답 ①

$A - B = \{1, 2\}$이고 $(A-B) \cap X = \{2\}$이므로

$2 \in X$, $1 \notin X$

$B \cup X = X$에서 $B \subset X$이므로

$\{5, 10\} \subset X$

따라서 집합 X는 집합 $U = \{1, 2, 4, 5, 10, 20\}$의 부분집합 중에서 2, 5, 10은 반드시 원소로 갖고 1은 원소로 갖지 않는 부분집합이므로 집합 X의 개수는

$2^{6-3-1} = 2^2 = 4$

0687 답 ⑤

$$\begin{aligned}
(A-C)-(B-C) &= (A \cap C^c) - (B \cap C^c) \\
&= (A \cap C^c) \cap (B \cap C^c)^c \\
&= (A \cap C^c) \cap (B^c \cup C) \\
&= (A \cap C^c \cap B^c) \cup (A \cap C^c \cap C) \\
&= \{A \cap (C^c \cap B^c)\} \cup \varnothing \\
&= A \cap (B^c \cap C^c) \\
&= A \cap (B \cup C)^c \\
&= A - (B \cup C)
\end{aligned}$$

0688 답 ⑤

$$\begin{aligned}
\{(A-B) \cup B\}^c &= \{(A \cap B^c) \cup B\}^c \\
&= \{(A \cup B) \cap (B^c \cup B)\}^c \\
&= \{(A \cup B) \cap U\}^c \\
&= (A \cup B)^c
\end{aligned}$$

즉, $(A \cup B)^c = \varnothing$이므로 $A \cup B = U$

따라서 항상 옳은 것은 ⑤이다.

0689 답 ②

① $\begin{aligned}[t] A \cap (A^c \cup B) &= (A \cap A^c) \cup (A \cap B) \\ &= \varnothing \cup (A \cap B) \\ &= A \cap B \end{aligned}$

② $\begin{aligned}[t] (A-B) \cup (A-C) &= (A \cap B^c) \cup (A \cap C^c) \\ &= A \cap (B^c \cup C^c) \\ &= A \cap (B \cap C)^c \\ &= A - (B \cap C) \end{aligned}$

③ $\begin{aligned}[t] A - (B-C) &= A - (B \cap C^c) \\ &= A \cap (B \cap C^c)^c \\ &= A \cap (B^c \cup C) \\ &= (A \cap B^c) \cup (A \cap C) \\ &= (A-B) \cup (A \cap C) \end{aligned}$

④ $(A \cup B) \cap (A^c \cap B^c) = (A \cup B) \cap (A \cup B)^c = \varnothing$

⑤ $\begin{aligned}[t] (A \cap B) - (A \cap C) &= (A \cap B) \cap (A \cap C)^c \\ &= (A \cap B) \cap (A^c \cup C^c) \\ &= (A \cap B \cap A^c) \cup (A \cap B \cap C^c) \\ &= (A \cap A^c \cap B) \cup (A \cap B \cap C^c) \\ &= \varnothing \cup (A \cap B \cap C^c) \\ &= (A \cap B) \cap C^c \\ &= (A \cap B) - C \end{aligned}$

따라서 옳지 않은 것은 ②이다.

0690 답 ③

$$\begin{aligned}
\{(A \cap B) \cup (A-B)\} \cup B &= \{(A \cap B) \cup (A \cap B^c)\} \cup B \\
&= \{A \cap (B \cup B^c)\} \cup B \\
&= (A \cap U) \cup B \\
&= A \cup B
\end{aligned}$$

즉, $A \cup B = B$이므로 $A \subset B$

① $A \subset B$ ② $A \cap B = A$

④ $B \cap A^c = B - A \neq B$ ⑤ $A^c \cup B = U$

따라서 항상 옳은 것은 ③이다.

0691 답 ③

$$(A^c \cap B^c) \cup A = (A^c \cup A) \cap (B^c \cup A)$$
$$= U \cap (B^c \cup A)$$
$$= B^c \cup A$$

즉, $B^c \cup A = U$이므로 $B \subset A$

① $A^c \subset B^c$　　② $A \cap B = B$
④ $B - A = \varnothing$　　⑤ $B^c \cup A = U$

따라서 항상 옳은 것은 ③이다.

0692 답 5

$$\{(A \cup B) \cap (A^c - B^c)^c\} \cap B$$
$$= [(A \cup B) \cap \{A^c \cap (B^c)^c\}^c] \cap B$$
$$= \{(A \cup B) \cap (A^c \cap B)^c\} \cap B$$
$$= \{(A \cup B) \cap (A \cup B^c)\} \cap B$$
$$= \{A \cup (B \cap B^c)\} \cap B$$
$$= (A \cup \varnothing) \cap B$$
$$= A \cap B \qquad \cdots\cdots ❶$$

즉, $A \cap B = A$이므로 $A \subset B$ $\qquad \cdots\cdots ❷$

따라서 오른쪽 그림에서
$a > -3$, $a + 4 < 7$
$\therefore -3 < a < 3 \qquad \cdots\cdots ❸$

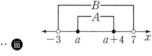

따라서 정수 a는 -2, -1, 0, 1, 2의 5개이다. $\qquad \cdots\cdots ❹$

채점 기준	
❶ 주어진 조건의 좌변을 간단히 하기	40 %
❷ 두 집합 A, B 사이의 포함 관계 구하기	20 %
❸ a의 값의 범위 구하기	20 %
❹ 정수 a의 개수 구하기	20 %

0693 답 3

$$(A \cup B) \cap (A^c \cup B^c) = (A \cup B) \cap (A \cap B)^c$$
$$= (A \cup B) - (A \cap B)$$
$$= \{1, 2, 3\}$$

따라서 주어진 조건을 벤 다이어그램으로 나타내면 오른쪽 그림과 같다.
$\therefore B = \{2, 5, 7\}$
따라서 집합 B의 원소의 개수는 3이다.

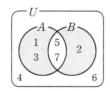

0694 답 ⑤

$U = \{1, 2, 3, 4, 5, 6, 7, 8, 9\}$
$A^c \cap B = B \cap A^c = B - A = \{3, 4, 5\}$
$A^c \cap B^c = (A \cup B)^c = \{8, 9\}$

이때 $A \cap B = \{1, 2\}$이므로 주어진 조건을 벤 다이어그램으로 나타내면 오른쪽 그림과 같다.
$\therefore A = \{1, 2, 6, 7\}$
따라서 집합 A의 모든 원소의 합은
$1 + 2 + 6 + 7 = 16$

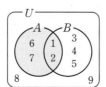

0695 답 36

$A = \{4, 8, 12, 16, 20\}$, $B = \{1, 2, 4, 5, 10, 20\}$이므로
$$(A^c \cup B)^c = (A^c)^c \cap B^c = A \cap B^c = A - B$$
$$= \{8, 12, 16\}$$
따라서 집합 $(A^c \cup B)^c$의 모든 원소의 합은
$8 + 12 + 16 = 36$

0696 답 ③

① $A \star \varnothing = (A - \varnothing) \cup (\varnothing - A) = A \cup \varnothing = A$
② $U \star A = (U - A) \cup (A - U) = A^c \cup \varnothing = A^c$
③ $A \star A^c = (A - A^c) \cup (A^c - A) = A \cup A^c = U$
④ $U \star \varnothing = (U - \varnothing) \cup (\varnothing - U) = U \cup \varnothing = U$
⑤ $A \star B = (A - B) \cup (B - A)$
$\qquad = (B - A) \cup (A - B) = B \star A$

따라서 옳지 않은 것은 ③이다.

0697 답 ②

$$B \odot A = (B \cup A) \cap (B \cup A^c)$$
$$= B \cup (A \cap A^c)$$
$$= B \cup \varnothing = B$$

즉, $B \odot A = B$이므로
$(B \odot A) \odot A = B \odot A = B$

0698 답 ③

ㄱ. $A \triangle B = (A \cup B) - (A \cap B)$
$\qquad = (B \cup A) - (B \cap A) = B \triangle A$

ㄴ. $A^c \triangle B^c = (A^c \cup B^c) - (A^c \cap B^c)$
$\qquad = (A \cap B)^c - (A \cup B)^c$
$\qquad = (A \cap B)^c \cap \{(A \cup B)^c\}^c$
$\qquad = (A \cap B)^c \cap (A \cup B)$
$\qquad = (A \cup B) \cap (A \cap B)^c$
$\qquad = (A \cup B) - (A \cap B)$
$\qquad = A \triangle B \neq (A \triangle B)^c$

ㄷ. $(A \triangle B) \triangle C$를 벤 다이어그램으로 나타내면

$(A \triangle B) \quad \triangle \quad C \quad = (A \triangle B) \triangle C$

$A \triangle (B \triangle C)$를 벤 다이어그램으로 나타내면

$A \quad \triangle \quad (B \triangle C) \quad = A \triangle (B \triangle C)$

$\therefore (A \triangle B) \triangle C = A \triangle (B \triangle C)$

따라서 보기에서 옳은 것은 ㄱ, ㄷ이다.

0699 답 24

$$(A_2 \cap A_3) \cap (A_8 \cup A_{16}) = A_6 \cap A_8 = A_{24}$$
$\therefore n = 24$

0700 답 ④

$A_{16} \cap A_{24} \cap A_{32} = (A_{16} \cap A_{24}) \cap A_{32}$
$\qquad\qquad\qquad\quad = A_8 \cap A_{32} = A_8$
$\qquad\qquad\qquad\quad = \{1, 2, 4, 8\}$

따라서 집합 $A_{16} \cap A_{24} \cap A_{32}$에 속하는 원소가 아닌 것은 ④이다.

0701 답 ③

$A_6 \cap (A_3 \cup A_4) = (A_6 \cap A_3) \cup (A_6 \cap A_4)$
$\qquad\qquad\qquad\quad = A_6 \cup A_{12} = A_6$

따라서 100 이하의 자연수 중에서 6의 배수는 16개이므로 구하는 원소의 개수는 16이다.

0702 답 30

$A_4 \cap A_5 = A_{20}$이므로 $A_p \subset A_{20}$을 만족시키는 자연수 p는 20의 양의 배수이다.
$B_{20} \cap B_{30} = B_{10}$이므로 $B_q \subset B_{10}$을 만족시키는 자연수 q는 10의 양의 약수이다.

따라서 자연수 p의 최솟값은 20, 자연수 q의 최댓값은 10이므로 구하는 합은

$20 + 10 = 30$

0703 답 ①

$x^2 - x - 6 \leq 0$에서
$(x+2)(x-3) \leq 0 \qquad \therefore -2 \leq x \leq 3$
$\therefore A = \{x \mid -2 \leq x \leq 3\}$
이때 $A \cap B = \{x \mid 1 \leq x \leq 3\}$,
$A \cup B = \{x \mid -2 \leq x \leq 5\}$이므로 오른쪽 그림에서

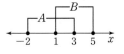

$B = \{x \mid 1 \leq x \leq 5\}$
$\quad = \{x \mid (x-1)(x-5) \leq 0\}$
$\quad = \{x \mid x^2 - 6x + 5 \leq 0\}$
따라서 $a = -6$, $b = 5$이므로
$a - b = -11$

공통수학1 다시보기

$\alpha < \beta$일 때
(1) 해가 $\alpha < x < \beta$이고 x^2의 계수가 1인 이차부등식은
$\quad (x-\alpha)(x-\beta) < 0 \Rightarrow x^2 - (\alpha+\beta)x + \alpha\beta < 0$
(2) 해가 $x < \alpha$ 또는 $x > \beta$이고 x^2의 계수가 1인 이차부등식은
$\quad (x-\alpha)(x-\beta) > 0 \Rightarrow x^2 - (\alpha+\beta)x + \alpha\beta > 0$

0704 답 -1

$x^2 - 5x + 6 = 0$에서
$(x-2)(x-3) = 0 \qquad \therefore x = 2$ 또는 $x = 3$
$\therefore A = \{2, 3\}$ $\qquad\qquad\qquad\qquad$ ······ ❶
이때 $A - B = \{3\}$에서 $2 \in B$
따라서 $x^3 - ax^2 - 4a(x-1) = 0$의 한 근이 2이므로
$8 - 4a - 4a = 0 \qquad \therefore a = 1$ $\qquad$ ······ ❷
$\therefore B = \{x \mid x^3 - x^2 - 4x + 4 = 0\}$

$x^3 - x^2 - 4x + 4 = 0$에서
$(x-1)(x^2-4) = 0$
$(x-1)(x+2)(x-2) = 0$
$\therefore x = -2$ 또는 $x = 1$ 또는 $x = 2$
$\therefore B = \{-2, 1, 2\}$ $\qquad\qquad$ ······ ❸

$$\begin{array}{r|rrrr} 1 & 1 & -1 & -4 & 4 \\ & & 1 & 0 & -4 \\ \hline & 1 & 0 & -4 & 0 \end{array}$$

따라서 $B - A = \{-2, 1\}$이므로 집합 $B - A$의 모든 원소의 합은
$-2 + 1 = -1$ $\qquad\qquad\qquad$ ······ ❹

채점 기준

❶	집합 A 구하기	20 %
❷	a의 값 구하기	30 %
❸	집합 B 구하기	30 %
❹	집합 $B-A$의 모든 원소의 합 구하기	20 %

공통수학1 다시보기

삼차방정식 $f(x) = 0$은 $f(x)$를 인수분해한 후 $ABC = 0$이면 $A = 0$ 또는 $B = 0$ 또는 $C = 0$임을 이용하여 해를 구한다.
이때 $f(x)$는 인수분해 공식을 이용하거나 $f(\alpha) = 0$을 만족시키는 α의 값을 찾은 후 조립제법을 이용하여 $f(x) = (x-\alpha)Q(x)$ 꼴로 인수분해한다.

0705 답 3

$x^2 - 7x + 6 < 0$에서
$(x-1)(x-6) < 0 \qquad \therefore 1 < x < 6$
$\therefore A = \{x \mid 1 < x < 6\}$
$x^2 - 2(k+1)x + 4k < 0$에서
$(x-2)(x-2k) < 0 \qquad \therefore 2 < x < 2k \ (\because k > 1)$
$\therefore B = \{x \mid 2 < x < 2k\}$
이때 $A \cap B = B$이므로 $B \subset A$
따라서 오른쪽 그림에서
$2k \leq 6$
$\therefore 1 < k \leq 3 \ (\because k > 1)$
따라서 실수 k의 최댓값은 3이다.

0706 답 ①

$n(A \cap B^c) = n(A-B) = n(A) - n(A \cap B)$이므로
$5 = 12 - n(A \cap B)$
$\therefore n(A \cap B) = 7$
$\therefore n(A \cup B) = n(A) + n(B) - n(A \cap B)$
$\qquad\qquad\quad = 12 + 15 - 7 = 20$
$\therefore n(A^c \cap B^c) = n((A \cup B)^c)$
$\qquad\qquad\qquad = n(U) - n(A \cup B)$
$\qquad\qquad\qquad = 30 - 20 = 10$

0707 답 20

$n(A-B) = n(A) - n(A \cap B)$에서
$10 = 15 - n(A \cap B)$
$\therefore n(A \cap B) = 5$
$\therefore n(A \cup B) = n(A) + n(B) - n(A \cap B)$
$\qquad\qquad\quad = 15 + 10 - 5 = 20$

0708 답 ②

$n(A^C \cup B^C)=n((A \cap B)^C)=n(U)-n(A \cap B)$이므로

$20=25-n(A \cap B)$ $\therefore n(A \cap B)=5$

$n(A)=n(U)-n(A^C)=25-16=9$이므로

$n(A-B)=n(A)-n(A \cap B)=9-5=4$

0709 답 ④

$n(A^C \cap B^C)=n((A \cup B)^C)=n(U)-n(A \cup B)$이므로

$5=50-n(A \cup B)$ $\therefore n(A \cup B)=45$

$(A-B) \cup (B-A)=(A \cup B)-(A \cap B)$이고

$(A \cap B) \subset (A \cup B)$이므로

$n((A-B) \cup (B-A))=n(A \cup B)-n(A \cap B)$

$\qquad\qquad\qquad\qquad\quad =45-12=33$

0710 답 ②

$A \cap B=\varnothing$이므로 $A \cap B \cap C=\varnothing$

$n(A \cup C)=n(A)+n(C)-n(A \cap C)$에서

$16=8+14-n(A \cap C)$ $\therefore n(A \cap C)=6$

$n(B \cup C)=n(B)+n(C)-n(B \cap C)$에서

$18=9+14-n(B \cap C)$ $\therefore n(B \cap C)=5$

$\therefore n(A \cup B \cup C)=n(A)+n(B)+n(C)-n(A \cap B)$

$\qquad\qquad\qquad\qquad -n(B \cap C)-n(C \cap A)+n(A \cap B \cap C)$

$\qquad\qquad\qquad =8+9+14-0-5-6+0=20$

0711 답 ④

학생 전체의 집합을 U, 축구를 좋아하는 학생의 집합을 A, 농구를 좋아하는 학생의 집합을 B라 하면

$n(U)=35, n(A)=23, n(B)=16, n((A \cup B)^C)=7$

$n((A \cup B)^C)=n(U)-n(A \cup B)$에서

$7=35-n(A \cup B)$ $\therefore n(A \cup B)=28$

축구와 농구를 모두 좋아하는 학생의 집합은 $A \cap B$이므로

$n(A \cap B)=n(A)+n(B)-n(A \cup B)=23+16-28=11$

따라서 구하는 학생 수는 11이다.

0712 답 2

학생 전체의 집합을 U, 수학 참고서를 가지고 있는 학생의 집합을 A, 영어 참고서를 가지고 있는 학생의 집합을 B라 하면

$n(U)=40, n(A)=32, n(B)=24, n(A \cap B)=18$

$\therefore n(A \cup B)=n(A)+n(B)-n(A \cap B)$

$\qquad\qquad\quad =32+24-18=38$

두 참고서 중 어느 것도 가지고 있지 않은 학생의 집합은 $(A \cup B)^C$이므로

$n((A \cup B)^C)=n(U)-n(A \cup B)=40-38=2$

따라서 구하는 학생 수는 2이다.

0713 답 15

학생 전체의 집합을 U, 피자를 좋아하는 학생의 집합을 A, 햄버거를 좋아하는 학생의 집합을 B라 하면

$n(U)=50, n(A)=22, n((A \cup B)^C)=13$ ……❶

$n((A \cup B)^C)=n(U)-n(A \cup B)$에서

$13=50-n(A \cup B)$ $\therefore n(A \cup B)=37$ ……❷

햄버거만 좋아하는 학생의 집합은 $B-A$이므로

$n(B-A)=n(A \cup B)-n(A)$

$\qquad\qquad =37-22=15$

따라서 구하는 학생 수는 15이다.   ……❸

채점 기준

❶ $n(U), n(A), n((A \cup B)^C)$ 구하기	40 %
❷ $n(A \cup B)$ 구하기	30 %
❸ 햄버거만 좋아하는 학생 수 구하기	30 %

0714 답 75

학생 전체의 집합을 U, 문학 체험을 신청한 학생의 집합을 A, 역사 체험을 신청한 학생의 집합을 B, 과학 체험을 신청한 학생의 집합을 C라 하면

$n(U)=212, n(A)=80, n(B)=90, n(A \cap B)=45,$

$n((A \cup B \cup C)^C)=12$

$n((A \cup B \cup C)^C)=n(U)-n(A \cup B \cup C)$에서

$12=212-n(A \cup B \cup C)$ $\therefore n(A \cup B \cup C)=200$

$n(A \cup B)=n(A)+n(B)-n(A \cap B)$

$\qquad\qquad =80+90-45=125$

과학 체험만 신청한 학생의 집합은 $C-(A \cup B)$이므로

$n(C-(A \cup B))=n(A \cup B \cup C)-n(A \cup B)$

$\qquad\qquad\qquad =200-125=75$

따라서 구하는 학생 수는 75이다.

0715 답 ①

$n(A)=n(U)-n(A^C)=50-16=34$

(ⅰ) $n(A \cap B)$가 최대인 경우는 $B \subset A$일 때이므로

$\quad M=n(B)=28$

(ⅱ) $n(A \cap B)$가 최소인 경우는 $n(A \cup B)$가 최대일 때이므로

$\quad A \cup B=U$

$\quad \therefore n(A \cup B)=n(U)=50$

$\quad n(A \cap B)=n(A)+n(B)-n(A \cup B)$에서

$\quad m=34+28-50=12$

(ⅰ), (ⅱ)에서 $M-m=28-12=16$

0716 답 5

$n(B-A)=n(B)-n(A \cap B)$

$\qquad\qquad =25-n(A \cap B)$ ……㉠

따라서 $n(B-A)$가 최소인 경우는 $n(A \cap B)$가 최대일 때이다.

……❶

$n(A \cap B)$가 최대인 경우는 $A \subset B$일 때이므로

$n(A \cap B)=n(A)=20$ ……❷

이를 ㉠에 대입하면

$n(B-A)=25-20=5$

따라서 $n(B-A)$의 최솟값은 5이다.   ……❸

채점 기준

❶ $n(B-A)$가 최소인 경우 찾기	40 %
❷ $n(A \cap B)$의 최댓값 구하기	40 %
❸ $n(B-A)$의 최솟값 구하기	20 %

0717 답 ⑤

고객 전체의 집합을 U, 손거울을 구매한 고객의 집합을 A, 책갈피를 구매한 고객의 집합을 B라 하면

$n(U)=28$, $n(A)=16$, $n(B)=12$

손거울과 책갈피 중 어느 것도 구매하지 않은 고객의 집합은 $(A\cup B)^c$이므로

$n((A\cup B)^c)=n(U)-n(A\cup B)$

$\qquad\qquad\quad =28-n(A\cup B)$ ····· ㉠

에서 $n((A\cup B)^c)$가 최대인 경우는 $n(A\cup B)$가 최소일 때이다.

$n(A\cup B)$가 최소인 경우는 $B\subset A$일 때이므로

$n(A\cup B)=n(A)=16$

이를 ㉠에 대입하면

$n((A\cup B)^c)=28-16=12$

따라서 $n((A\cup B)^c)$의 최댓값은 12이므로 구하는 고객 수의 최댓값은 12이다.

0718 답 ④

$n(A\cap B)$가 최대인 경우는 $A\subset B$일 때이므로

$n(A\cap B)\le n(A)=8$

$\therefore 3\le n(A\cap B)\le 8$ $(\because n(A\cap B)\ge 3)$ ····· ㉠

$n(A\cup B)=n(A)+n(B)-n(A\cap B)=23-n(A\cap B)$이므로

$n(A\cap B)=23-n(A\cup B)$ ····· ㉡

㉠, ㉡에서 $3\le 23-n(A\cup B)\le 8$

$\therefore 15\le n(A\cup B)\le 20$

따라서 $M=20$, $m=15$이므로 $M+m=35$

AB 유형 점검

110~112쪽

0719 답 5

$A=\{2, 3, 5, 7\}$, $B=\{1, 2, 3, 5, 6, 10, 15, 30\}$, $C=\{1, 2, 4\}$

이므로

$(A\cap B)\cup C=\{2, 3, 5\}\cup\{1, 2, 4\}=\{1, 2, 3, 4, 5\}$

따라서 구하는 원소의 개수는 5이다.

0720 답 ①

$B=\{1, 3, 5, 7, 9\}$이므로 집합 A의 부분집합 중에서 집합 B와 서로소인 집합은 1, 3, 5를 원소로 갖지 않는 부분집합이다.

따라서 구하는 집합의 개수는

$2^{5-3}=2^2=4$

0721 답 ⑤

$U=\{1, 2, 3, 4, ..., 8\}$, $B=\{4, 8\}$이므로

$B^c=\{1, 2, 3, 5, 6, 7\}$

이때 $A=\{1, 2, 4, 8\}$이므로

$A-B^c=\{4, 8\}$

따라서 집합 $A-B^c$의 모든 원소의 합은

$4+8=12$

0722 답 ⑤

① ②

③ ④

0723 답 ①

$U=\{1, 2, 3, 4, ..., 9\}$

주어진 조건을 벤 다이어그램으로 나타내면 오른쪽 그림과 같으므로

$A\cap B=\{1, 7\}$

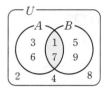

0724 답 ③

$A-B=\{3\}$에서 $7\in B$, $a+b\in B$이므로

$-a+3b=7$, $a+b=5$

두 식을 연립하여 풀면

$a=2$, $b=3$

$\therefore ab=6$

0725 답 ②

$(A^c\cap B)\cup(A\cap B^c)=(B\cap A^c)\cup(A\cap B^c)$

$\qquad\qquad\qquad\qquad\quad =(B-A)\cup(A-B)=\varnothing$

즉, $B-A=\varnothing$, $A-B=\varnothing$이므로

$B\subset A$, $A\subset B$

$\therefore A=B$

0726 답 ④

$U=\{1, 2, 3, 4, ..., 10\}$

$A\cap B=\varnothing$이므로 집합 B는 전체집합 U의 부분집합 중에서 2, 3, 5, 6을 원소로 갖지 않는 부분집합이다.

따라서 구하는 집합의 개수는

$2^{10-4}=2^6=64$

0727 답 ④

ㄱ. $(A\cap B^c)\cup B=(A\cup B)\cap(B^c\cup B)$

$\qquad\qquad\qquad\quad =(A\cup B)\cap U$

$\qquad\qquad\qquad\quad =A\cup B$

ㄴ. $(A-B)^c\cap A=(A\cap B^c)^c\cap A=(A^c\cup B)\cap A$

$\qquad\qquad\qquad\quad =(A^c\cap A)\cup(B\cap A)$

$\qquad\qquad\qquad\quad =\varnothing\cup(A\cap B)$

$\qquad\qquad\qquad\quad =A\cap B$

ㄷ. $(A\cap B)\cup(A^c\cup B)^c=(A\cap B)\cup(A\cap B^c)$

$\qquad\qquad\qquad\qquad\quad =A\cap(B\cup B^c)$

$\qquad\qquad\qquad\qquad\quad =A\cap U=A$

따라서 보기에서 항상 옳은 것은 ㄴ, ㄷ이다.

0728 답 ⑤

$(A-B)^c \cap B^c = (A \cap B^c)^c \cap B^c$
$\qquad\qquad\quad = (A^c \cup B) \cap B^c$
$\qquad\qquad\quad = (A^c \cap B^c) \cup (B \cap B^c)$
$\qquad\qquad\quad = (A \cup B)^c \cup \varnothing$
$\qquad\qquad\quad = (A \cup B)^c$

즉, $(A \cup B)^c = A^c$이므로 $A \cup B = A$
$\therefore B \subset A$

①, ② $B \subset A$　　③ $A \cap B = B$　　④ $A - B \neq A$
따라서 항상 옳은 것은 ⑤이다.

0729 답 ③

$U = \{1, 2, 3, 4, 5\}$, $A^c \cup B^c = (A \cap B)^c = \{1, 2, 4, 5\}$이므로
$A \cap B = \{3\}$
또 $B \cap (A \cap B)^c = B - (A \cap B) = \{5\}$이므로
$B = \{3, 5\}$
$\therefore B^c = \{1, 2, 4\}$

0730 답 ③

$A \triangleright B = (A \cup B) \cap (A^c \cup B)$
$\qquad\quad = (A \cap A^c) \cup B$
$\qquad\quad = \varnothing \cup B = B$
따라서 $A \triangleright B = B$이므로
$(A \triangleright B) \triangleright C = B \triangleright C = C$

0731 답 5

$A_n \cap A_2 = A_{2n}$에서 n과 2는 서로소이므로 n은 홀수이다.
또 $A_n - A_3 = \varnothing$에서 $A_n \subset A_3$이므로 n은 3의 배수이다.
따라서 n은 3의 배수인 홀수이므로 30 이하의 자연수 n은 3, 9, 15, 21, 27의 5개이다.

0732 답 -7

$x^2 - 6x + 8 > 0$에서 $(x-2)(x-4) > 0$
$\therefore x < 2$ 또는 $x > 4$
$\therefore A = \{x \,|\, x < 2$ 또는 $x > 4\}$
$x^2 + 2x + 4 > 0$에서 $(x+1)^2 + 3 > 0$이므로
$C = \{x \,|\, x$는 모든 실수$\}$
이때 $A \cup B = \{x \,|\, x$는 모든 실수$\}$,
$A \cap B = \{x \,|\, -1 \leq x < 2\}$이므로 오른쪽 그림에서
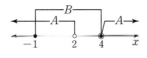
$B = \{x \,|\, -1 \leq x \leq 4\}$
$\quad = \{x \,|\, (x+1)(x-4) \leq 0\}$
$\quad = \{x \,|\, x^2 - 3x - 4 \leq 0\}$
따라서 $a = -3$, $b = -4$이므로
$a + b = -7$

0733 답 14

$n(A^c \cap B) = n(B-A) = 7$이므로
$n(A \cup B) = n(A) + n(B-A) = 21 + 7 = 28$
$\therefore n(A \cap B) = n(A \cup B) - n((A-B) \cup (B-A))$
$\qquad\qquad\quad = 28 - 14 = 14$

다른 풀이

$n(A^c \cap B) = n(B-A) = 7$이므로
$n((A-B) \cup (B-A)) = n(A-B) + n(B-A)$에서
$14 = n(A-B) + 7$　　$\therefore n(A-B) = 7$
$\therefore n(A \cap B) = n(A) - n(A-B) = 21 - 7 = 14$

0734 답 12

학생 전체의 집합을 U, 영화 A를 관람한 학생의 집합을 A, 영화 B를 관람한 학생의 집합을 B라 하면
$n(U) = 36$, $n(A-B) = 20$, $n((A \cup B)^c) = 4$
$n((A \cup B)^c) = n(U) - n(A \cup B)$에서
$4 = 36 - n(A \cup B)$　　$\therefore n(A \cup B) = 32$
$\therefore n(B) = n(A \cup B) - n(A-B) = 32 - 20 = 12$
따라서 구하는 학생 수는 12이다.

0735 답 10

(i) $n(A \cap B)$가 최대인 경우는 $A \subset B$일 때이므로
$\quad n(A \cap B) = n(A) = 14$
(ii) $n(A \cap B)$가 최소인 경우는 $n(A \cup B)$가 최대일 때이므로
$\quad A \cup B = U$
$\quad \therefore n(A \cup B) = n(U) = 28$
$\quad n(A \cap B) = n(A) + n(B) - n(A \cup B)$에서
$\quad n(A \cap B) = 14 + 18 - 28 = 4$
(i), (ii)에서 $n(A \cap B)$의 최댓값은 14, 최솟값은 4이므로 구하는 차는
$14 - 4 = 10$

0736 답 16

$A = \{1, 2, 5, 10\}$, $B = \{1, 2, 4, 8\}$이므로 $A - B = \{5, 10\}$
$(A-B) \cup X = X$에서 $(A-B) \subset X$
$\therefore \{5, 10\} \subset X$　　　　　　　……❶
$B \cup X = X$에서 $B \subset X$
$\therefore \{1, 2, 4, 8\} \subset X$　　　　　……❷
따라서 집합 X는 집합 $U = \{1, 2, 3, 4, \cdots, 10\}$의 부분집합 중에서 1, 2, 4, 5, 8, 10을 반드시 원소로 갖는 부분집합이므로 집합 X의 개수는
$2^{10-6} = 2^4 = 16$　　　　　　　……❸

채점 기준

❶ 두 집합 $A-B$, X 사이의 포함 관계 구하기		30 %
❷ 두 집합 B, X 사이의 포함 관계 구하기		30 %
❸ 집합 X의 개수 구하기		40 %

0737 답 10

$A \cap B = \{1\}$에서 $1 \in A$이므로
$a^2 - 3a + 3 = 1$, $a^2 - 3a + 2 = 0$
$(a-1)(a-2) = 0$　　$\therefore a = 1$ 또는 $a = 2$
(i) $a = 1$일 때
$\quad A = \{0, 1, 3\}$, $B = \{0, 1, 3\}$이므로 $A \cap B = \{0, 1, 3\}$
(ii) $a = 2$일 때
$\quad A = \{0, 1, 3\}$, $B = \{1, 2, 4\}$이므로 $A \cap B = \{1\}$
(i), (ii)에서 $a = 2$이고, $A = \{0, 1, 3\}$, $B = \{1, 2, 4\}$　　……❶

$$\therefore (A \cap B^c) \cup (A^c \cap B^c)^c = (A-B) \cup (A \cup B) = A \cup B$$
$$= \{0, 1, 2, 3, 4\} \quad \cdots\cdots \text{ⓘ}$$

따라서 구하는 모든 원소의 합은

$$0+1+2+3+4=10 \quad \cdots\cdots \text{ⓘⓘⓘ}$$

채점 기준	
ⓘ 두 집합 A, B 구하기	50 %
ⓘⓘ 집합 $(A \cap B^c) \cup (A^c \cap B^c)^c$ 구하기	40 %
ⓘⓘⓘ 모든 원소의 합 구하기	10 %

0738 답 34

$n(A^c \cap B^c) = n((A \cup B)^c) = n(U) - n(A \cup B)$이므로

$24 = 42 - n(A \cup B) \qquad \therefore n(A \cup B) = 18 \quad \cdots\cdots \text{ⓘ}$

$n(A \cup B) = n(A) + n(B) - n(A \cap B)$에서

$18 = n(A) + n(B) - 16$

$\therefore n(A) + n(B) = 34 \quad \cdots\cdots \text{ⓘⓘ}$

채점 기준	
ⓘ $n(A \cup B)$ 구하기	50 %
ⓘⓘ $n(A) + n(B)$의 값 구하기	50 %

C 실력 향상

113쪽

0739 답 ②

㈏에서 집합 X는 두 집합 A, B의 공통인 원소 3, 4, 5를 제외한 집합 $A \cup B$의 나머지 원소 1, 2, 6, 7을 반드시 원소로 가져야 한다.

㈐에서

$$(X-A) \cap (X-B) = (X \cap A^c) \cap (X \cap B^c)$$
$$= X \cap (A^c \cap B^c) = X \cap (A \cup B)^c$$
$$= X - (A \cup B)$$
$$= X - \{1, 2, 3, 4, 5, 6, 7\} \neq \varnothing$$

즉, 집합 X는 원소 8, 9, 10 중 적어도 하나를 원소로 가져야 한다.

이때 ㈎에서 집합 X의 모든 원소의 합이 최소이려면

$3 \in X, 8 \in X, 9 \not\in X, 10 \not\in X$

따라서 집합 X의 모든 원소의 합의 최솟값은

$1+2+3+6+7+8 = 27$

0740 답 ⑤

$B-A = B \cap A^c = A^c \cap B = (A \cup B^c)^c = U - (A \cup B^c)$이므로

$n(B-A) = n(U) - n(A \cup B^c)$

$2 = k-7 \qquad \therefore k = 9$

㈏에서 집합 A의 모든 원소의 합과 집합 B의 모든 원소의 합은 서로 같고 ㈎에서 집합 $B-A$의 모든 원소의 합이 11이므로 집합 $A-B$의 모든 원소의 합도 11이어야 한다.

따라서 집합 A의 모든 원소의 합은 11 이상이어야 한다.

또 $B-A = \{4, 7\}$이므로 자연수 m은 4와 7 중 어느 수도 약수로 갖지 않아야 한다.

따라서 m의 값이 될 수 있는 자연수는 6 또는 9이다.

(i) $m=6$일 때

$A = \{1, 2, 3, 6\}$이므로 $A-B = \{2, 3, 6\}$이면 집합 $A-B$의 모든 원소의 합은 11이다.

(ii) $m=9$일 때

$A = \{1, 3, 9\}$이므로 집합 $A-B$의 모든 원소의 합이 11인 경우는 존재하지 않는다.

(i), (ii)에서 $m=6$이고, $A = \{1, 2, 3, 6\}$

$\therefore A \cup B = A \cup (B-A) = \{1, 2, 3, 4, 6, 7\}$

이때 $U = \{1, 2, 3, 4, ..., 9\}$이므로

$A^c \cap B^c = (A \cup B)^c = U - (A \cup B) = \{5, 8, 9\}$

따라서 집합 $A^c \cap B^c$의 모든 원소의 합은

$5+8+9 = 22$

참고 m이 1, 2, 3, 5인 경우에는 약수의 합이 11 이상일 수 없고, 4, 7, 8인 경우에는 $B-A = \{4, 7\}$을 만족시키지 않는다.

0741 답 $-4 < k \leq -3$ 또는 $3 \leq k < 4$

$A = \{x \mid -2 < x < 2\}$, $B = \{x \mid k-3 < x < k+3\}$이므로 집합 $A \cap B$에 속하는 정수가 1개가 되는 경우는 다음 그림과 같이 2가지가 있다.

(i) 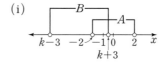 (ii)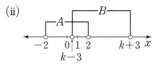

(i) $-1 < k+3 \leq 0$에서 $-4 < k \leq -3$

(ii) $0 \leq k-3 < 1$에서 $3 \leq k < 4$

(i), (ii)에서 상수 k의 값의 범위는

$-4 < k \leq -3$ 또는 $3 \leq k < 4$

0742 답 ①

학생 전체의 집합을 U, 한국사 체험 학습을 신청한 학생의 집합을 A, 과학 체험 학습을 신청한 학생의 집합을 B라 하면

$n(U) = 100$

$n(A) = n(B) + 10 \quad \cdots\cdots \text{㉠}$

$n((A \cup B)^c) = n(A \cup B) - 40 \quad \cdots\cdots \text{㉡}$

㉡에서 $n((A \cup B)^c) = n(U) - n(A \cup B)$이므로

$n(U) - n(A \cup B) = n(A \cup B) - 40$

$100 - n(A \cup B) = n(A \cup B) - 40$

$\therefore n(A \cup B) = 70$

이때 $n(A \cup B) = n(A) + n(B) - n(A \cap B)$에서

$70 = n(B) + 10 + n(B) - n(A \cap B) \ (\because \text{㉠})$

$2 \times n(B) = 60 + n(A \cap B) \qquad \therefore n(B) = 30 + \dfrac{1}{2} \times n(A \cap B)$

과학 체험 학습만 신청한 학생의 집합은 $B-A$이므로

$$n(B-A) = n(B) - n(A \cap B)$$
$$= 30 + \dfrac{1}{2} \times n(A \cap B) - n(A \cap B)$$
$$= 30 - \dfrac{1}{2} \times n(A \cap B)$$

이때 $n(B-A)$가 최대인 경우는 $n(A \cap B)$가 최소일 때이고 $n(A \cap B)$의 최솟값은 0이므로 $n(B-A)$의 최댓값은 30이다.

따라서 구하는 학생 수의 최댓값은 30이다.

A 개념 확인

114~117쪽

0743 답 ○　　　**0744** 답 ×

0745 답 ○　　　**0746** 답 ×

0747 답 $\{2, 3, 5, 7\}$

0748 답 $\{1, 2, 3, 4\}$

$x^2-3x-4\leq0$에서
$(x+1)(x-4)\leq0$　　∴ $-1\leq x\leq4$
따라서 조건 q의 진리집합은
$\{1, 2, 3, 4\}$

0749 답 정수는 유리수가 아니다. (거짓)

0750 답 $\sqrt{9}$는 무리수가 아니다. (참)

0751 답 x는 12의 약수가 아니다., $\{8, 10\}$

$\sim p$: x는 12의 약수가 아니다.
이때 12의 약수는 1, 2, 3, 4, 6, 12이므로 조건 $\sim p$의 진리집합은
$\{8, 10\}$

0752 답 $x^2-10x+24\neq0$, $\{1, 2, 8, 10, 12\}$

$x^2-10x+24=0$에서
$(x-4)(x-6)=0$　　∴ $x=4$ 또는 $x=6$
조건 q의 진리집합을 Q라 하면
$Q=\{4, 6\}$
따라서 조건 $\sim q$의 진리집합은
$Q^C=\{1, 2, 8, 10, 12\}$

0753 답 가정: 6의 배수이다., 결론: 2의 배수이다.

0754 답 가정: x는 소수이다., 결론: x는 홀수이다.

0755 답 거짓

[반례] $x=-5$이면 $|x|=5$이지만 $x\neq5$이다.
따라서 주어진 명제는 거짓이다.

0756 답 참

0757 답 거짓

[반례] $x=0$이면 $|x|=0$이다.
따라서 주어진 명제는 거짓이다.

0758 답 참

$x=0$이면 $\sqrt{x}=0$이므로 주어진 명제는 참이다.

0759 답 어떤 실수 x에 대하여 $3x+5\leq8$이다. (참)

0760 답 모든 실수 x에 대하여 $x^2+4\neq0$이다. (참)

0761 답 역: $x=0$이고 $y=0$이면 $xy=0$이다. (참)
대우: $x\neq0$ 또는 $y\neq0$이면 $xy\neq0$이다. (거짓)

0762 답 역: 이등변삼각형이면 정삼각형이다. (거짓)
대우: 이등변삼각형이 아니면 정삼각형이 아니다. (참)

0763 답 충분조건

$|x|<1$에서 $-1<x<1$
두 조건 p, q의 진리집합을 각각 P, Q라 하면
$P=\{x|-1<x<1\}$, $Q=\{x|-1\leq x\leq1\}$
$P\subset Q$이므로 $p\Longrightarrow q$
따라서 p는 q이기 위한 충분조건이다.

0764 답 필요조건

두 조건 p, q의 진리집합을 각각 P, Q라 하면
$P=\{1, 2, 3, 4, 6, 12\}$, $Q=\{1, 2, 4\}$
$Q\subset P$이므로 $q\Longrightarrow p$
따라서 p는 q이기 위한 필요조건이다.

0765 답 필요충분조건

$x^2-2x-3=0$에서
$(x+1)(x-3)=0$　　∴ $x=-1$ 또는 $x=3$
두 조건 p, q의 진리집합을 각각 P, Q라 하면
$P=\{-1, 3\}$, $Q=\{-1, 3\}$
$P=Q$이므로 $p\Longleftrightarrow q$
따라서 p는 q이기 위한 필요충분조건이다.

0766 답 ㈎ 짝수　㈏ 짝수　㈐ $k+l$

주어진 명제의 대우 '자연수 a, b에 대하여 a, b가 모두 ㈎ 짝수 이면 $a+b$는 ㈏ 짝수 이다.'가 참임을 보이면 된다.
a, b가 모두 ㈎ 짝수 이면
$a=2k$, $b=2l$ (k, l은 자연수)
로 나타낼 수 있으므로
$a+b=2k+2l=2(㈐ k+l)$
이때 ㈐ $k+l$ 은 자연수이므로 $a+b$는 ㈏ 짝수 이다.
따라서 주어진 명제의 대우가 참이므로 주어진 명제도 참이다.

0767 답 ㈎ $b=0$　㈏ $\neq$　㈐ $=$

주어진 명제의 결론을 부정하여 $a\neq0$ 또는 ㈎ $b\neq0$ 이라 가정하면
a^2+b^2 ㈏ $\neq$ 0
그런데 이것은 a^2+b^2 ㈐ $=$ 0이라는 가정에 모순이다.
따라서 실수 a, b에 대하여 $a^2+b^2=0$이면 $a=0$이고 $b=0$이다.

0768 답 ×

[반례] $x=1$이면 $x-2<0$이다.

0769 답 ×

[반례] $x=3$이면 $|x-3|=0$이다.

0770 답 ○   **0771** 답 ○

0772 답 (가) $2\sqrt{ab}$ (나) $\sqrt{a}-\sqrt{b}$ (다) $a=b$

$$\frac{a+b}{2}-\sqrt{ab}=\frac{(\sqrt{a})^2-\boxed{(가)\ 2\sqrt{ab}}+(\sqrt{b})^2}{2}$$

$$=\frac{(\boxed{(나)\ \sqrt{a}-\sqrt{b}})^2}{2}\geq 0$$

$\therefore \dfrac{a+b}{2}\geq\sqrt{ab}$ (단, 등호는 $\boxed{(다)\ a=b}$일 때 성립)

0773 답 2

$x+\dfrac{1}{x}\geq 2\sqrt{x\times\dfrac{1}{x}}=2\left(단,\ 등호는\ x=\dfrac{1}{x},\ 즉\ x=1일\ 때\ 성립\right)$

따라서 구하는 최솟값은 2이다.

0774 답 12

$9x+\dfrac{4}{x}\geq 2\sqrt{9x\times\dfrac{4}{x}}=12\left(단,\ 등호는\ 9x=\dfrac{4}{x},\ 즉\ x=\dfrac{2}{3}일\ 때\ 성립\right)$

따라서 구하는 최솟값은 12이다.

0775 답 (가) $bx-ay$ (나) bx

$(a^2+b^2)(x^2+y^2)-(ax+by)^2$

$=a^2x^2+a^2y^2+b^2x^2+b^2y^2-(a^2x^2+2abxy+b^2y^2)$

$=b^2x^2-2abxy+a^2y^2$

$=(\boxed{(가)\ bx-ay})^2\geq 0$

$\therefore (a^2+b^2)(x^2+y^2)\geq(ax+by)^2$

이때 등호는 $bx-ay=0$, 즉 $ay=\boxed{(나)\ bx}$일 때 성립한다.

B 유형 완성   118~129쪽

0776 답 ③

①, ④ x의 값이 정해져 있지 않아 참, 거짓을 판별할 수 없으므로 명제가 아니다.

②, ⑤ '향기롭다', '크다'는 기준이 명확하지 않아 참, 거짓을 판별할 수 없으므로 명제가 아니다.

③ 거짓인 명제이다.

따라서 명제인 것은 ③이다.

0777 답 ②

①, ③, ⑤ 거짓인 명제이다.

② x의 값이 정해져 있지 않아 참, 거짓을 판별할 수 없으므로 명제가 아니다.

④ 참인 명제이다.

따라서 명제가 아닌 것은 ②이다.

0778 답 ③

ㄱ. x의 값이 정해져 있지 않아 참, 거짓을 판별할 수 없으므로 명제가 아니다.

ㄴ, ㄷ. 거짓인 명제이다.

ㄹ. '차갑다'는 기준이 명확하지 않아 참, 거짓을 판별할 수 없으므로 명제가 아니다.

따라서 보기에서 명제인 것은 ㄴ, ㄷ이다.

0779 답 ④

p: $x^2-3x-4\geq 0$에서

$(x+1)(x-4)\geq 0$ $\therefore x\leq -1$ 또는 $x\geq 4$

q: $x^2-1\leq 0$에서

$(x+1)(x-1)\leq 0$ $\therefore -1\leq x\leq 1$

'p 그리고 $\sim q$'의 부정은 '$\sim p$ 또는 q'이다.

$\sim p$: $-1<x<4$, q: $-1\leq x\leq 1$이므로 '$\sim p$ 또는 q'는

$-1\leq x<4$

0780 답 ㄱ, ㄷ

ㄱ. 부정: $3\leq 5$ (참)

ㄴ. 부정: 2는 소수가 아니다. (거짓)

ㄷ. 부정: 6은 12의 약수이다. (참)

ㄹ. 부정: 정사각형은 평행사변형이 아니다. (거짓)

따라서 보기에서 그 부정이 참인 명제인 것은 ㄱ, ㄷ이다.

0781 답 ①

'$(a-b)^2+(b-c)^2+(c-a)^2\neq 0$'의 부정은

'$(a-b)^2+(b-c)^2+(c-a)^2=0$'이므로

$a-b=0$이고 $b-c=0$이고 $c-a=0$

$\therefore a=b=c$

0782 답 $\{-4, -3, -1, 1, 2, 3, 4\}$

두 조건 p, q의 진리집합을 각각 P, Q라 하면 조건 'p 또는 $\sim q$'의 진리집합은 $P\cup Q^C$이다.

$x^2+2x-8=0$에서 $(x+4)(x-2)=0$

$\therefore x=-4$ 또는 $x=2$

$\therefore P=\{-4, 2\}$

$x^3-4x=0$에서 $x(x+2)(x-2)=0$

$\therefore x=-2$ 또는 $x=0$ 또는 $x=2$

$\therefore Q=\{-2, 0, 2\}$

이때 $U=\{-4, -3, -2, -1, ..., 4\}$이므로

$Q^C=\{-4, -3, -1, 1, 3, 4\}$

$\therefore P\cup Q^C=\{-4, -3, -1, 1, 2, 3, 4\}$

0783 답 ②

조건 p의 진리집합은 $\{1, 3, 5, 7\}$이므로 조건 $\sim p$의 진리집합은 $\{2, 4, 6\}$

따라서 조건 $\sim p$의 진리집합의 원소의 개수는 3이다.

0784 답 ④

$P=\{x|x>2\}$에서 $P^C=\{x|x\leq 2\}$이고, $Q=\{x|x\geq -4\}$이므로 조건 '$-4\leq x\leq 2$'의 진리집합은 $P^C\cap Q$이다.

0785 답 ④

① $x=-\sqrt{2}$이면 $x^2=(-\sqrt{2})^2=2$이므로 주어진 명제는 참이다.

② p: $x<-2$, q: $x^2-4>0$이라 하고 두 조건 p, q의 진리집합을 각각 P, Q라 하면

$P=\{x|x<-2\}$, $Q=\{x|x<-2$ 또는 $x>2\}$

따라서 $P\subset Q$이므로 주어진 명제는 참이다.

④ [반례] $x=10$이면 x는 10의 양의 약수이지만 5의 양의 약수는 아니다.

따라서 거짓인 명제는 ④이다.

0786 답 ①

① $n=2$이면 n은 소수이지만 $n^2=4$이므로 홀수가 아니다.

0787 답 ①

① p: $|x|>2$, q: $x^2>1$이라 하고 두 조건 p, q의 진리집합을 각각 P, Q라 하면

$P=\{x|x<-2$ 또는 $x>2\}$, $Q=\{x|x<-1$ 또는 $x>1\}$

따라서 $P\subset Q$이므로 주어진 명제는 참이다.

② [반례] $x=-1$이면 $x^2=1$이지만 $x\neq1$이다.

③ [반례] $x=0$, $y=1$이면 $xy=0$이지만 $x^2+y^2\neq0$이다.

④ [반례] $x=-1$, $y=2$이면 $x+y>0$이지만 $xy<0$이다.

⑤ [반례] $x=1$, $y=-1$이면 $x^2=y^2$이지만 $x\neq y$이다.

따라서 참인 명제는 ①이다.

0788 답 ⑤

명제 $q \longrightarrow p$가 참이므로 $Q\subset P$

①, ② $P^c\subset Q^c$

③ $P\cap Q=Q$

④ $P\cup Q=P$

⑤ $P^c\cap Q^c=(P\cup Q)^c=P^c$

따라서 항상 옳은 것은 ⑤이다.

0789 답 ②

두 집합 P, Q가 서로소이므로

$P\subset Q^c$, $Q\subset P^c$

따라서 명제 $p \longrightarrow \sim q$와 $q \longrightarrow \sim p$는 항상 참이다.

0790 답 ①

명제 'p이면 $\sim q$이다.'가 거짓임을 보이려면 집합 P의 원소 중에서 Q^c의 원소가 아닌 것을 찾으면 된다.

따라서 구하는 집합은

$P\cap (Q^c)^c=P\cap Q$

0791 답 ㄱ, ㄹ

ㄱ. $P\subset R^c$이므로 명제 $p \longrightarrow \sim r$는 참이다.

ㄴ. $Q\not\subset P^c$이므로 명제 $q \longrightarrow \sim p$는 참이 아니다.

ㄷ. $Q\not\subset R$이므로 명제 $q \longrightarrow r$는 참이 아니다.

ㄹ. $R\subset Q$이므로 명제 $r \longrightarrow q$는 참이다.

따라서 보기에서 항상 참인 명제인 것은 ㄱ, ㄹ이다.

0792 답 16

$U=\{1, 2, 3, 4, ..., 10\}$이므로

$P=\{1, 3, 5, 7, 9\}$, $Q=\{2, 3, 5, 7\}$

명제 'p 또는 q이면 r이다.'가 참이므로

$(P\cup Q)\subset R$ ...... ❶

그런데 R는 전체집합 U의 부분집합이므로

$(P\cup Q)\subset R\subset U$

이때 $P\cup Q=\{1, 2, 3, 5, 7, 9\}$이므로 집합 R는 전체집합 U의 부분집합 중에서 1, 2, 3, 5, 7, 9를 반드시 원소로 갖는 부분집합이다. ...... ❷

따라서 구하는 집합 R의 개수는

$2^{10-6}=2^4=16$ ...... ❸

채점 기준

❶ 주어진 명제의 진리집합 사이의 포함 관계 구하기		40 %
❷ 집합 R가 반드시 포함하는 원소 구하기		40 %
❸ 집합 R의 개수 구하기		20 %

0793 답 3

$|x-1|\leq a$에서 $-a\leq x-1\leq a$ $\therefore 1-a\leq x\leq 1+a$

두 조건 p, q의 진리집합을 각각 P, Q라 하면

$P=\{x|1-a\leq x\leq 1+a\}$, $Q=\{x|x\geq -2\}$

이때 명제 $p \longrightarrow q$가 참이 되려면

$P\subset Q$이어야 하므로 오른쪽 그림에서

$1-a\geq -2$ $\therefore 0<a\leq 3$ ($\because a>0$)

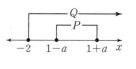

따라서 양수 a의 최댓값은 3이다.

0794 답 ②

p: $a-2\leq x<a+3$, q: $-1<x<5$라 하고 두 조건 p, q의 진리집합을 각각 P, Q라 하면

$P=\{x|a-2\leq x<a+3\}$, $Q=\{x|-1<x<5\}$

이때 명제 $p \longrightarrow q$가 참이 되려면

$P\subset Q$이어야 하므로 오른쪽 그림에서

$a-2>-1$, $a+3\leq 5$

$\therefore 1<a\leq 2$

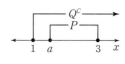

0795 답 1

q: $x<1$에서 $\sim q$: $x\geq 1$

두 조건 p, q의 진리집합을 각각 P, Q라 하면

$P=\{x|a\leq x\leq 3\}$, $Q^c=\{x|x\geq 1\}$

이때 명제 $p \longrightarrow \sim q$가 참이 되려면

$P\subset Q^c$이어야 하므로 오른쪽 그림에서

$a\geq 1$ $\therefore 1\leq a\leq 3$ ($\because a\leq 3$)

따라서 실수 a의 최솟값은 1이다.

0796 답 ④

$\sim p$: $(x+4)(x-5)>0$ $\therefore x<-4$ 또는 $x>5$

$\therefore P^c=\{x|x<-4$ 또는 $x>5\}$

$|x|>a$에서 $x<-a$ 또는 $x>a$

$\therefore Q=\{x|x<-a$ 또는 $x>a\}$

이때 명제 $\sim p \longrightarrow q$가 참이 되려면
$P^C \subset Q$이어야 하므로 오른쪽 그림에서

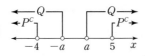

$-a \geq -4$, $a \leq 5$

$\therefore a \leq 4$

따라서 자연수 a는 1, 2, 3, 4의 4개이다.

0797 답 1

$q: x < a$에서 $\sim q: x \geq a$

세 조건 p, q, r의 진리집합을 각각 P, Q, R라 하면

$P = \{x \mid -2 \leq x \leq 1$ 또는 $x \geq 3\}$,

$Q^C = \{x \mid x \geq a\}$, $R = \{x \mid x \geq b\}$ ...... ❶

명제 $\sim q \longrightarrow p$가 참이 되려면 $Q^C \subset P$

명제 $p \longrightarrow r$가 참이 되려면 $P \subset R$

즉, $Q^C \subset P \subset R$이어야 하므로 오른쪽 그림에서

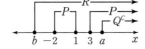

$a \geq 3$, $b \leq -2$ ...... ❷

따라서 $m = 3$, $M = -2$이므로

$m + M = 1$ ...... ❸

채점 기준

❶ 세 조건 p, $\sim q$, r의 진리집합 구하기		40 %
❷ a, b의 값의 범위 구하기		40 %
❸ $m + M$의 값 구하기		20 %

0798 답 ③

ㄱ. $p: x^2 - x < 0$이라 하고 조건 p의 진리집합을 P라 하면 $P = \varnothing$이므로 주어진 명제는 거짓이다.

ㄴ. $p: |x| \geq x$라 하고 조건 p의 진리집합을 P라 하면
$P = \{-2, -1, 0, 1, 2\}$
따라서 $P = U$이므로 주어진 명제는 참이다.

ㄷ. $p: 2x + 1 \geq -3$이라 하고 조건 p의 진리집합을 P라 하면
$P = \{-2, -1, 0, 1, 2\}$
따라서 $P = U$이므로 주어진 명제는 참이다.

ㄹ. $p: x - 2 > 0$이라 하고 조건 p의 진리집합을 P라 하면 $P = \varnothing$이므로 주어진 명제는 거짓이다.

따라서 보기에서 참인 명제인 것은 ㄴ, ㄷ이다.

0799 답 ①

ㄱ. $P = U$이면 $P \neq \varnothing$이므로 명제 '어떤 x에 대하여 p이다.'는 참이다.

ㄴ. $P \neq \varnothing$이고 $P = U$이면 명제 '모든 x에 대하여 p이다.'는 참이다.

ㄷ. $P \neq U$이고 $P = \varnothing$이면 명제 '어떤 x에 대하여 p이다.'는 거짓이다.

따라서 보기에서 항상 옳은 것은 ㄱ이다.

0800 답 ③

① [반례] 2는 소수이지만 짝수이다.

② [반례] $x = 0$이면 $x^2 = 0$이다.

③ $x = \dfrac{1}{2}$이면 $x^2 < x$이므로 주어진 명제는 참이다.

④ 모든 실수 x에 대하여 $x^2 + 2x + 2 = (x+1)^2 + 1 > 0$이므로 주어진 명제는 거짓이다.

⑤ [반례] $x = 1 + \sqrt{2}$는 무리수이지만 $x^2 = 3 + 2\sqrt{2}$는 유리수가 아니다.

따라서 참인 명제는 ③이다.

0801 답 ⑤

주어진 명제의 부정은

'모든 실수 x에 대하여 $x^2 - 8x + k \geq 0$이다.'

이차방정식 $x^2 - 8x + k = 0$의 판별식을 D라 할 때, 주어진 명제의 부정이 참이 되려면

$\dfrac{D}{4} = (-4)^2 - k \leq 0$, $16 - k \leq 0$ $\therefore k \geq 16$

따라서 실수 k의 최솟값은 16이다.

<table>
<tr><td>공통수학1 다시보기</td></tr>
<tr><td>이차방정식 $ax^2 + bx + c = 0\,(a > 0)$의 판별식을 D라 할 때, 모든 실수 x에 대하여 $ax^2 + bx + c \geq 0$이 성립 ➡ $D \leq 0$</td></tr>
</table>

0802 답 ①

ㄱ. 역: $x < 0$이고 $y < 0$이면 $x + y < 0$이다. (참)

ㄴ. 역: $z - x < z - y$이면 $x < y$이다. (거짓)

ㄷ. 역: $xy = 0$이면 $|x| + |y| = 0$이다. (거짓)
[반례] $x = 0$, $y = 1$이면 $xy = 0$이지만 $|x| + |y| \neq 0$이다.

따라서 보기에서 그 역이 참인 명제인 것은 ㄱ이다.

0803 답 ④

명제 $p \longrightarrow \sim q$의 역이 참이므로 $\sim q \longrightarrow p$가 참이다.

따라서 명제 $\sim q \longrightarrow p$의 대우 $\sim p \longrightarrow q$도 참이다.

0804 답 ④

①, ② 주어진 명제가 참이므로 그 대우도 참이다.

③ 대우: $x^2 - 3x + 2 < 0$이면 $1 < x < 2$이다. (참)

④ 대우: $x \leq 0$ 또는 $y \leq 0$이면 $xy \leq 0$이다. (거짓)
[반례] $x = -1$, $y = -2$이면 $x \leq 0$ 또는 $y \leq 0$이지만 $xy > 0$이다.

⑤ 대우: x, y가 유리수이면 $x + y$는 유리수이다. (참)

따라서 그 대우가 거짓인 명제는 ④이다.

0805 답 ⑤

① 역: $x > 1$이면 $x > 0$이다. (참)
대우: $x \leq 1$이면 $x \leq 0$이다. (거짓)
[반례] $x = 1$이면 $x \leq 1$이지만 $x > 0$이다.

② 역: $x = 2$이면 $x^2 = 4$이다. (참)
대우: $x \neq 2$이면 $x^2 \neq 4$이다. (거짓)
[반례] $x = -2$이면 $x \neq 2$이지만 $x^2 = 4$이다.

③ 역: $x^2 = y^2$이면 $x = y$이다. (거짓)
[반례] $x = 1$, $y = -1$이면 $x^2 = y^2$이지만 $x \neq y$이다.
대우: $x^2 \neq y^2$이면 $x \neq y$이다. (참)

④ 역: $x^2 > y^2$이면 $x > y$이다. (거짓)
[반례] $x = -2$, $y = 1$이면 $x^2 > y^2$이지만 $x < y$이다.
대우: $x^2 \leq y^2$이면 $x \leq y$이다. (거짓)
[반례] $x = 1$, $y = -2$이면 $x^2 \leq y^2$이지만 $x > y$이다.

⑤ 역: $x \neq 0$이고 $y \neq 0$이면 $xy \neq 0$이다. (참)
대우: $x = 0$ 또는 $y = 0$이면 $xy = 0$이다. (참)

따라서 그 역과 대우가 모두 참인 명제는 ⑤이다.

0806 답 2

주어진 명제가 참이므로 그 대우 '$a \geq k$이고 $b \geq 3$이면 $a+b \geq 5$이다.'도 참이다.

$a \geq k$, $b \geq 3$에서 $a+b \geq k+3$이므로

$k+3 \geq 5$ $\therefore k \geq 2$

따라서 실수 k의 최솟값은 2이다.

0807 답 ①

주어진 명제가 참이 되려면 그 대우 '$x-a=0$이면 $x^2-6x+5=0$이다.'가 참이 되어야 한다.

$x-a=0$에서 $x=a$를 $x^2-6x+5=0$에 대입하면

$a^2-6a+5=0$

따라서 이차방정식의 근과 계수의 관계에 의하여 모든 a의 값의 합은 6이다.

0808 답 5

명제 $p \longrightarrow q$가 참이 되려면 그 대우 $\sim q \longrightarrow \sim p$가 참이 되어야 한다.

p: $|x-a| \geq 3$에서 $\sim p$: $|x-a| < 3$

$|x-a| < 3$에서 $-3 < x-a < 3$

$\therefore a-3 < x < a+3$

조건 p의 진리집합을 P라 하면

$P^C = \{x | a-3 < x < a+3\}$ ...... ❶

q: $|x-2| \geq 1$에서 $\sim q$: $|x-2| < 1$

$|x-2| < 1$에서 $-1 < x-2 < 1$

$\therefore 1 < x < 3$

조건 q의 진리집합을 Q라 하면

$Q^C = \{x | 1 < x < 3\}$ ...... ❷

이때 명제 $\sim q \longrightarrow \sim p$가 참이 되려면 $Q^C \subset P^C$이어야 하므로 오른쪽 그림에서

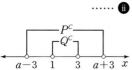

$a-3 \leq 1$, $a+3 \geq 3$

$\therefore 0 \leq a \leq 4$ ...... ❸

따라서 정수 a는 0, 1, 2, 3, 4의 5개이다. ...... ❹

채점 기준	
❶ 조건 $\sim p$의 진리집합 구하기	20 %
❷ 조건 $\sim q$의 진리집합 구하기	20 %
❸ a의 값의 범위 구하기	40 %
❹ 정수 a의 개수 구하기	20 %

0809 답 ②

명제 $r \longrightarrow \sim p$가 참이므로 그 대우 $p \longrightarrow \sim r$도 참이다.

또 명제 $\sim r \longrightarrow q$가 참이므로 그 대우 $\sim q \longrightarrow r$도 참이다.

이때 두 명제 $p \longrightarrow \sim r$, $\sim r \longrightarrow q$가 모두 참이므로 명제 $p \longrightarrow q$가 참이고 그 대우 $\sim q \longrightarrow \sim p$도 참이다.

따라서 반드시 참이라고 할 수 없는 명제는 ②이다.

0810 답 ㄴ, ㄷ

ㄱ. 명제 $p \longrightarrow \sim q$가 참이므로 그 대우 $q \longrightarrow \sim p$도 참이다.

ㄴ. 두 명제 $s \longrightarrow q$, $q \longrightarrow r$가 모두 참이므로 명제 $s \longrightarrow r$가 참이다.

ㄷ. 명제 $s \longrightarrow q$가 참이므로 그 대우 $\sim q \longrightarrow \sim s$도 참이다.

이때 두 명제 $p \longrightarrow \sim q$, $\sim q \longrightarrow \sim s$가 모두 참이므로 명제 $p \longrightarrow \sim s$가 참이다.

따라서 보기에서 항상 참인 명제인 것은 ㄴ, ㄷ이다.

0811 답 ⑤

명제 $r \longrightarrow \sim s$가 참이므로 그 대우 $s \longrightarrow \sim r$도 참이다.

두 명제 $p \longrightarrow q$, $s \longrightarrow \sim r$가 모두 참이므로 명제 $p \longrightarrow \sim r$가 참이 되려면 명제 $q \longrightarrow s$가 참이거나 그 대우 $\sim s \longrightarrow \sim q$가 참이어야 한다.

따라서 명제 $p \longrightarrow \sim r$가 참임을 보이기 위해 필요한 참인 명제는 ⑤이다.

0812 답 ④

세 조건 p, q, r를

p: 축구를 좋아한다.

q: 농구를 좋아한다.

r: 달리기를 좋아한다.

라 하면 명제 $p \longrightarrow q$, $\sim p \longrightarrow \sim r$가 참이므로 각각의 대우

$\sim q \longrightarrow \sim p$, $r \longrightarrow p$도 참이다.

이때 두 명제 $r \longrightarrow p$, $p \longrightarrow q$가 모두 참이므로 명제 $r \longrightarrow q$가 참이고 그 대우 $\sim q \longrightarrow \sim r$도 참이다.

① $p \longrightarrow r$ ② $q \longrightarrow r$ ③ $\sim p \longrightarrow \sim q$

④ $\sim q \longrightarrow \sim r$ ⑤ $r \longrightarrow \sim q$

따라서 항상 참인 명제는 ④이다.

0813 답 ②

① $p \longrightarrow q$와 $q \longrightarrow p$가 모두 참이므로 $p \Longleftrightarrow q$

따라서 p는 q이기 위한 필요충분조건이다.

② $p \longrightarrow q$: 거짓

[반례] $x=1$, $y=-1$이면 $x^2=y^2$이지만 $x \neq y$이다.

$q \longrightarrow p$: 참

따라서 $q \Longrightarrow p$이므로 p는 q이기 위한 필요조건이다.

③ $p \longrightarrow q$: $x^2+y^2=0$이면 $x=0$, $y=0$이므로 $xy=0$이다. (참)

$q \longrightarrow p$: 거짓

[반례] $x=1$, $y=0$이면 $xy=0$이지만 $x^2+y^2 \neq 0$이다.

따라서 $p \Longrightarrow q$이므로 p는 q이기 위한 충분조건이다.

④ $p \longrightarrow q$와 $q \longrightarrow p$가 모두 참이므로 $p \Longleftrightarrow q$

따라서 p는 q이기 위한 필요충분조건이다.

⑤ $p \longrightarrow q$: 참

$q \longrightarrow p$: 거짓

[반례] $x=-1$, $y=-2$이면 $|x+y|=|x|+|y|$이지만 $x<0$, $y<0$이다.

따라서 $p \Longrightarrow q$이므로 p는 q이기 위한 충분조건이다.

따라서 p가 q이기 위한 필요조건이지만 충분조건은 아닌 것은 ②이다.

0814 답 ⑺ 충분 ⑷ 필요

• $ab<0$이면 $a<0$ 또는 $b<0$이다. (참)

$a<0$ 또는 $b<0$이면 $ab<0$이다. (거짓)

[반례] $a=-1$, $b=-2$이면 $a<0$ 또는 $b<0$이지만 $ab>0$이다.

따라서 $ab<0$은 $a<0$ 또는 $b<0$이기 위한 ⑺ 충분 조건이다.

• $ab=0$이면 $|a|+|b|=0$이다. (거짓)

[반례] $a=1$, $b=0$이면 $ab=0$이지만 $|a|+|b|\neq0$이다.

$|a|+|b|=0$이면 $ab=0$이다. (참)

따라서 $ab=0$은 $|a|+|b|=0$이기 위한 ⑷ 필요 조건이다.

0815 답 ②

ㄱ. $p \longrightarrow q$: 거짓

[반례] $x=-1$, $y=-2$이면 $|xy|=xy$이지만 $x<0$, $y<0$이다.

$q \longrightarrow p$: 참

따라서 $q \Longrightarrow p$이므로 p는 q이기 위한 필요조건이다.

ㄴ. $p \longrightarrow q$: 참

$q \longrightarrow p$: 거짓

[반례] $x=1$, $y=-1$이면 $x^2=y^2$이지만 $|x|\neq y$이다.

따라서 $p \Longrightarrow q$이므로 p는 q이기 위한 충분조건이다.

ㄷ. $p \longrightarrow q$와 $q \longrightarrow p$가 모두 참이므로 $p \Longleftrightarrow q$

따라서 p는 q이기 위한 필요충분조건이다.

ㄹ. $p \longrightarrow q$: 참

$q \longrightarrow p$: 거짓

[반례] $x=0$, $y=-1$이면 $x^2+y^2>0$이지만 $x+y<0$이다.

따라서 $p \Longrightarrow q$이므로 p는 q이기 위한 충분조건이다.

따라서 보기에서 p가 q이기 위한 필요충분조건인 것은 ㄷ이다.

0816 답 ㄱ, ㄷ

p는 q이기 위한 충분조건이므로 $p \Longrightarrow q$ ∴ $\sim q \Longrightarrow \sim p$

$\sim r$는 $\sim p$이기 위한 필요조건이므로 $\sim p \Longrightarrow \sim r$ ∴ $r \Longrightarrow p$

이때 $\sim q \Longrightarrow \sim p$, $\sim p \Longrightarrow \sim r$이므로 $\sim q \Longrightarrow \sim r$

따라서 보기에서 항상 참인 명제인 것은 ㄱ, ㄷ이다.

0817 답 ③

q는 p이기 위한 필요조건이므로 $p \Longrightarrow q$ ∴ $\sim q \Longrightarrow \sim p$

r는 $\sim q$이기 위한 충분조건이므로 $r \Longrightarrow \sim q$ ∴ $q \Longrightarrow \sim r$

이때 $p \longrightarrow q$, $q \Longrightarrow \sim r$이므로 $p \Longrightarrow \sim r$ ∴ $r \Longrightarrow \sim p$

① $p \Longrightarrow \sim r$이므로 p는 $\sim r$이기 위한 충분조건이다.

② $q \Longrightarrow \sim r$이므로 q는 $\sim r$이기 위한 충분조건이다.

③ $r \Longrightarrow \sim q$이므로 $r \not\Longrightarrow q$

따라서 q는 r이기 위한 필요조건이 아니다.

④ $\sim q \Longrightarrow \sim p$이므로 $\sim p$는 $\sim q$이기 위한 필요조건이다.

⑤ $r \Longrightarrow \sim p$이므로 $\sim p$는 r이기 위한 필요조건이다.

따라서 옳지 않은 것은 ③이다.

0818 답 ⑤

q는 p이기 위한 필요조건이므로 $p \Longrightarrow q$ ∴ $P \subset Q$

따라서 항상 옳은 것은 ⑤이다.

0819 답 ⑤

p는 q이기 위한 충분조건이므로 $P \subset Q$

$\sim q$는 $\sim r$이기 위한 필요조건이므로 $R^C \subset Q^C$ ∴ $Q \subset R$

∴ $P \subset Q \subset R$

④ $Q \cup R=R$이므로 $P \subset (Q \cup R)$

⑤ $Q \cap R=Q$이므로 $P \subset (Q \cap R)$

따라서 옳지 않은 것은 ⑤이다.

0820 답 ③

ㄱ. $P \subset R^C$이므로 p는 $\sim r$이기 위한 충분조건이다.

ㄴ. $P \subset Q^C$이므로 $\sim q$는 p이기 위한 필요조건이다.

ㄷ. $Q \subset R$에서 $R^C \subset Q^C$이므로 $\sim r$는 $\sim q$이기 위한 충분조건이다.

따라서 보기에서 항상 옳은 것은 ㄱ, ㄴ이다.

0821 답 ⑤

$(P-Q) \cup (Q-R^C)=\varnothing$이므로

$P-Q=\varnothing$, $Q-R^C=\varnothing$ ∴ $P \subset Q$, $Q \cap R=\varnothing$

① $P \subset Q$이므로 p는 q이기 위한 충분조건이다.

② $Q \cap R=\varnothing$이므로 q는 r이기 위한 충분조건이 아니다.

③ $P \subset Q$이고 $Q \cap R=\varnothing$이므로 $P \cap R=\varnothing$

따라서 r는 p이기 위한 필요조건이 아니다.

④ $P \cap R=\varnothing$에서 $R \subset P^C$이므로 $\sim p$는 r이기 위한 필요조건이다.

⑤ $P \cap R=\varnothing$에서 $P \subset R^C$이므로 $\sim r$는 p이기 위한 필요조건이다.

따라서 항상 옳은 것은 ⑤이다.

0822 답 4

$x^2-3x-4 \leq 0$에서 $(x+1)(x-4) \leq 0$ ∴ $-1 \leq x \leq 4$

조건 p의 진리집합을 P라 하면

$P=\{x|-1 \leq x \leq 4\}$

$|x-a|<1$에서 $-1<x-a<1$ ∴ $a-1<x<a+1$

조건 q의 진리집합을 Q라 하면

$Q=\{x|a-1<x<a+1\}$

이때 q가 p이기 위한 충분조건이 되려면

$Q \subset P$이어야 하므로 오른쪽 그림에서

$a-1 \geq -1$, $a+1 \leq 4$

∴ $0 \leq a \leq 3$

따라서 정수 a는 0, 1, 2, 3의 4개이다.

0823 답 -2

$x-2 \neq 0$이 $x^2-ax-8 \neq 0$이기 위한 필요조건이므로 명제

'$x^2-ax-8 \neq 0$이면 $x-2 \neq 0$이다.'가 참이다.

따라서 이 명제의 대우 '$x-2=0$이면 $x^2-ax-8=0$이다.'도 참이다.

$x-2=0$에서 $x=2$를 $x^2-ax-8=0$에 대입하면

$4-2a-8=0$ ∴ $a=-2$

0824 답 ③

$x^2-4x-12=0$에서

$(x+2)(x-6)=0$ ∴ $x=-2$ 또는 $x=6$

조건 p의 진리집합을 P라 하면

$P=\{-2, 6\}$

$q: |x-3|>k$에서 $\sim q: |x-3|\leq k$

$|x-3|\leq k$에서 $-k\leq x-3\leq k$ $\therefore 3-k\leq x\leq 3+k$

조건 q의 진리집합을 Q라 하면

$Q^C=\{x|3-k\leq x\leq 3+k\}$

이때 p가 $\sim q$이기 위한 충분조건이 되려면 $P\subset Q^C$이어야 하므로

$3-k\leq-2$, $3+k\geq6$

$\therefore k\geq5$

따라서 자연수 k의 최솟값은 5이다.

0825 답 3

세 조건 p, q, r의 진리집합을 각각 P, Q, R라 하면

$P=\{x|-2<x<3$ 또는 $x>5\}$,

$Q=\{x|x\geq a\}$,

$R=\{x|x\leq b\}$ ...... **i**

이때 q는 p이기 위한 필요조건이고 $\sim r$는 p이기 위한 충분조건이므로

$P\subset Q$, $R^C\subset P$ $\therefore R^C\subset P\subset Q$

이때 $R^C=\{x|x>b\}$이므로 오른쪽 그

림에서

$a\leq-2$, $b\geq5$ ...... **ii**

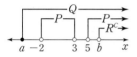

따라서 a의 최댓값은 -2, b의 최솟값은 5이므로 구하는 합은

$-2+5=3$ ...... **iii**

채점 기준

i 세 조건 p, q, r의 진리집합 구하기	20%
ii a, b의 값의 범위 구하기	60%
iii a의 최댓값과 b의 최솟값의 합 구하기	20%

0826 답 (가) $3k-2$ (나) $3k^2-4k+1$ (다) $3k^2-2k$

n이 3의 배수가 아니면

$n=\boxed{\text{(가)}\ 3k-2}$ 또는 $n=3k-1$ (k는 자연수)

로 나타낼 수 있으므로

$n^2=(3k-2)^2=9k^2-12k+4$

  $=3(\boxed{\text{(나)}\ 3k^2-4k+1})+1$

또는

$n^2=(3k-1)^2=9k^2-6k+1$

  $=3(\boxed{\text{(다)}\ 3k^2-2k})+1$

이때 $\boxed{\text{(나)}\ 3k^2-4k+1}$, $\boxed{\text{(다)}\ 3k^2-2k}$는 0 또는 자연수이므로 n^2은 3의 배수가 아니다.

0827 답 ②

주어진 명제의 대우 '자연수 x, y에 대하여 x, y가 모두 $\boxed{\text{(가)}\ \text{홀수}}$이면 xy도 $\boxed{\text{(가)}\ \text{홀수}}$이다.'가 참임을 보이면 된다.

x, y가 모두 $\boxed{\text{(가)}\ \text{홀수}}$이면

$x=2m-1$, $y=\boxed{\text{(나)}\ 2n-1}$ (m, n은 자연수)

로 나타낼 수 있으므로

$xy=(2m-1)(\boxed{\text{(나)}\ 2n-1})$

  $=4mn-2m-2n+1$

  $=2(\boxed{\text{(다)}\ 2mn-m-n})+1$

이때 $\boxed{\text{(다)}\ 2mn-m-n}$은 0 또는 자연수이므로 xy는 $\boxed{\text{(가)}\ \text{홀수}}$이다.

0828 답 (가) 유리수 (나) 짝수 (다) $2k$

$\sqrt{2}$가 $\boxed{\text{(가)}\ \text{유리수}}$라 가정하면

$\sqrt{2}=\dfrac{a}{b}$ (a, b는 서로소인 자연수)

로 나타낼 수 있다.

양변을 제곱하면

$2=\dfrac{a^2}{b^2}$ $\therefore a^2=2b^2$ ...... ㉠

이때 a^2이 $\boxed{\text{(나)}\ \text{짝수}}$이므로 a도 $\boxed{\text{(나)}\ \text{짝수}}$이다.

a가 짝수이면 $a=\boxed{\text{(다)}\ 2k}$ (k는 자연수)로 나타낼 수 있으므로 ㉠에 대입하면

$(\boxed{\text{(다)}\ 2k})^2=2b^2$ $\therefore b^2=2k^2$

이때 b^2이 $\boxed{\text{(나)}\ \text{짝수}}$이므로 b도 $\boxed{\text{(나)}\ \text{짝수}}$이다.

그런데 a, b가 모두 $\boxed{\text{(나)}\ \text{짝수}}$이면 a, b가 서로소라는 가정에 모순이므로 $\sqrt{2}$는 무리수이다.

0829 답 ⑤

이는 $\sqrt{5}$가 $\boxed{\text{(가)}\ \text{무리수}}$라는 사실에 모순이므로 $\boxed{\text{(나)}\ b=0}$이다.

$a+b\sqrt{5}=0$에 $\boxed{\text{(나)}\ b=0}$을 대입하면 $a=0$이다.

따라서 유리수 a, b에 대하여 $a+b\sqrt{5}=0$이면 $\boxed{\text{(다)}\ a=b=0}$이다.

0830 답 (가) $x-y$ (나) $\geq$ (다) 0

$x^2+3y^2-2xy=(\boxed{\text{(가)}\ x-y})^2+2y^2\geq0$

$\therefore x^2+3y^2\ \boxed{\text{(나)}\ \geq}\ 2xy$

이때 등호는 $x=y=\boxed{\text{(다)}\ 0}$일 때 성립한다.

0831 답 ㄴ, ㄷ

ㄱ. $(x^2+16)-8x=x^2-8x+16$

   $=(x-4)^2\geq0$

   $\therefore x^2+16\geq8x$

ㄴ. $x^2-xy+y^2=\left(x-\dfrac{y}{2}\right)^2+\dfrac{3}{4}y^2\geq0$

ㄷ. $x>0$, $y>0$일 때,

   $(x+y)^2-(\sqrt{x^2+y^2})^2=x^2+2xy+y^2-(x^2+y^2)$

   $=2xy>0$

   $\therefore (x+y)^2>(\sqrt{x^2+y^2})^2$

   그런데 $x+y>0$, $\sqrt{x^2+y^2}>0$이므로

   $x+y>\sqrt{x^2+y^2}$

따라서 보기에서 항상 참인 것은 ㄴ, ㄷ이다.

0832 답 (가) $\sqrt{a}-\sqrt{b}$ (나) $a=b$

$\sqrt{ab}-\dfrac{2ab}{a+b}=\dfrac{\sqrt{ab}(a+b)-2ab}{a+b}$

  $=\dfrac{\sqrt{ab}(a+b-2\sqrt{ab})}{a+b}$

  $=\dfrac{\sqrt{ab}(\boxed{\text{(가)}\ \sqrt{a}-\sqrt{b}})^2}{a+b}\geq0$

$\therefore \sqrt{ab}\geq\dfrac{2ab}{a+b}$

이때 등호는 $\boxed{\text{(나)}\ a=b}$일 때 성립한다.

0833 답 ④

$(|a|+|b|)^2-|a+b|^2=|a|^2+2|a||b|+|b|^2-(a+b)^2$
$=a^2+2|ab|+b^2-(a^2+2ab+b^2)$
$=2(\boxed{\text{(가)}\ |ab|-ab})\geq0\ (\because|ab|\geq ab)$

따라서 $(|a|+|b|)^2\geq|a+b|^2$이다.

그런데 $|a|+|b|\geq0$, $|a+b|\geq0$이므로

$|a|+|b|\geq|a+b|$

이때 등호는 $|ab|=ab$, 즉 $\boxed{\text{(나)}\ ab\geq0}$일 때 성립한다.

0834 답 19

$x>0$, $y>0$에서 $3x>0$, $4y>0$이므로 산술평균과 기하평균의 관계
에 의하여

$3x+4y\geq2\sqrt{3x\times4y}=4\sqrt{3xy}$

이때 $3x+4y=24$이므로

$24\geq4\sqrt{3xy},\ \sqrt{3xy}\leq6$

양변을 제곱하면

$3xy\leq36$ $\therefore xy\leq12$

등호는 $3x=4y$일 때 성립하므로 $3x+4y=24$에서

$6x=24$, $8y=24$ $\therefore x=4,\ y=3$

따라서 xy는 $x=4$, $y=3$일 때 최댓값 12를 가지므로

$\alpha=12,\ \beta=4,\ \gamma=3$ $\therefore \alpha+\beta+\gamma=19$

0835 답 ③

$a>0$, $b>0$에서 $2a>0$, $4b>0$이므로 산술평균과 기하평균의 관계
에 의하여

$2a+4b\geq2\sqrt{2a\times4b}=4\sqrt{2ab}$

이때 $ab=8$이므로

$2a+4b\geq4\sqrt{2\times8}=16$ (단, 등호는 $a=2b$일 때 성립)

따라서 구하는 최솟값은 16이다.

0836 답 3

$a>0$, $b>0$에서 $a^2>0$, $4b^2>0$이므로 산술평균과 기하평균의 관계
에 의하여

$a^2+4b^2\geq2\sqrt{a^2\times4b^2}=4ab\ (\because ab>0)$

이때 $a^2+4b^2=8$이므로

$8\geq4ab$ $\therefore ab\leq2$

등호는 $a^2=4b^2$일 때 성립하므로 $a^2+4b^2=8$에서

$4b^2+4b^2=8$, $b^2=1$ $\therefore b=1\ (\because b>0)$

이를 $a^2=4b^2$에 대입하여 풀면 $a=2\ (\because a>0)$

따라서 ab는 $a=2$, $b=1$일 때 최댓값 2를 가지므로

$p=2,\ q=2,\ r=1$ $\therefore p+q-r=3$

0837 답 4

$\dfrac{3}{a}+\dfrac{4}{b}=\dfrac{4a+3b}{ab}=\dfrac{12}{ab}\ (\because 4a+3b=12)$ $\cdots\cdots\text{㉠}$

$a>0$, $b>0$에서 $4a>0$, $3b>0$이므로 산술평균과 기하평균의 관계
에 의하여

$4a+3b\geq2\sqrt{4a\times3b}=4\sqrt{3ab}$

이때 $4a+3b=12$이므로

$12\geq4\sqrt{3ab},\ \sqrt{3ab}\leq3$ (단, 등호는 $4a=3b$일 때 성립)

양변을 제곱하면

$3ab\leq9$ $\therefore ab\leq3$

즉, $\dfrac{1}{ab}\geq\dfrac{1}{3}$이므로 $\dfrac{12}{ab}\geq4$

따라서 ㉠에서 구하는 최솟값은 4이다.

0838 답 ⑤

$a>0$, $b>0$에서 $ab>0$이므로 산술평균과 기하평균의 관계에 의하여

$\left(a+\dfrac{1}{b}\right)\left(b+\dfrac{9}{a}\right)=ab+9+1+\dfrac{9}{ab}$

$\geq2\sqrt{ab\times\dfrac{9}{ab}}+10=16$

이때 등호는 $ab=\dfrac{9}{ab}$일 때 성립하므로

$(ab)^2=9$ $\therefore ab=3\ (\because ab>0)$

따라서 주어진 식은 $ab=3$일 때 최솟값 16을 가지므로

$p=3,\ q=16$ $\therefore p+q=19$

0839 답 12

$x>-2$에서 $x+2>0$이므로 산술평균과 기하평균의 관계에 의하여

$x+\dfrac{16}{x+2}=x+2+\dfrac{16}{x+2}-2$

$\geq2\sqrt{(x+2)\times\dfrac{16}{x+2}}-2=6$

$\therefore m=6$ $\cdots\cdots\text{❶}$

이때 등호는 $x+2=\dfrac{16}{x+2}$일 때 성립하므로

$(x+2)^2=16$, $x+2=4\ (\because x+2>0)$ $\therefore x=2$

$\therefore n=2$ $\cdots\cdots\text{❷}$

$\therefore mn=12$ $\cdots\cdots\text{❸}$

채점 기준

❶ m의 값 구하기	40 %
❷ n의 값 구하기	40 %
❸ mn의 값 구하기	20 %

0840 답 ③

$a>0$, $b>0$, $c>0$이므로 산술평균과 기하평균의 관계에 의하여

$\dfrac{a+b}{c}+\dfrac{b+c}{a}+\dfrac{c+a}{b}=\dfrac{a}{c}+\dfrac{b}{c}+\dfrac{b}{a}+\dfrac{c}{a}+\dfrac{c}{b}+\dfrac{a}{b}$

$=\left(\dfrac{b}{a}+\dfrac{a}{b}\right)+\left(\dfrac{c}{b}+\dfrac{b}{c}\right)+\left(\dfrac{a}{c}+\dfrac{c}{a}\right)$

$\geq2\sqrt{\dfrac{b}{a}\times\dfrac{a}{b}}+2\sqrt{\dfrac{c}{b}\times\dfrac{b}{c}}+2\sqrt{\dfrac{a}{c}\times\dfrac{c}{a}}$

$=6$ (단, 등호는 $a=b=c$일 때 성립)

따라서 구하는 최솟값은 6이다.

0841 답 8

이차방정식 $x^2-2x+a=0$의 판별식을 D라 하면

$\dfrac{D}{4}=1-a<0$ $\therefore a-1>0$

$a-1>0$이므로 산술평균과 기하평균의 관계에 의하여

$4a+\dfrac{1}{a-1}=4(a-1)+\dfrac{1}{a-1}+4$

$\geq2\sqrt{4(a-1)\times\dfrac{1}{a-1}}+4$

$=8\left(\text{단, 등호는}\ 4(a-1)=\dfrac{1}{a-1},\ \text{즉}\ a=\dfrac{3}{2}\text{일 때 성립}\right)$

따라서 구하는 최솟값은 8이다.

0842 답 ①

$x>0$, $a>0$에서 $\dfrac{a}{x}>0$이므로 산술평균과 기하평균의 관계에 의하여

$4x+\dfrac{a}{x}\geq 2\sqrt{4x\times\dfrac{a}{x}}=4\sqrt{a}$ (단, 등호는 $4x=\dfrac{a}{x}$일 때 성립)

이때 최솟값이 2이므로

$4\sqrt{a}=2$, $\sqrt{a}=\dfrac{1}{2}$

$\therefore a=\dfrac{1}{4}$

0843 답 4

$a>b$에서 $a-b>0$이고 $c>0$이므로 산술평균과 기하평균의 관계에 의하여

$$(a-b+c)\left(\dfrac{1}{a-b}+\dfrac{1}{c}\right)=\{(a-b)+c\}\left(\dfrac{1}{a-b}+\dfrac{1}{c}\right)$$
$$=1+\dfrac{a-b}{c}+\dfrac{c}{a-b}+1$$
$$\geq 2\sqrt{\dfrac{a-b}{c}\times\dfrac{c}{a-b}}+2$$
$$=4 \text{ (단, 등호는 } a-b=c \text{일 때 성립)}$$

따라서 구하는 최솟값은 4이다.

0844 답 10

$x>4$에서 $x-4>0$이므로 산술평균과 기하평균의 관계에 의하여

$$\dfrac{x^2-4x+9}{x-4}=\dfrac{x(x-4)+9}{x-4}$$
$$=x+\dfrac{9}{x-4}$$
$$=x-4+\dfrac{9}{x-4}+4$$
$$\geq 2\sqrt{(x-4)\times\dfrac{9}{x-4}}+4$$
$$=10 \left(\text{단, 등호는 } x-4=\dfrac{9}{x-4}, \text{ 즉 } x=7 \text{일 때 성립}\right)$$

따라서 구하는 최솟값은 10이다.

0845 답 13

x, y가 실수이므로 코시-슈바르츠의 부등식에 의하여

$(2^2+3^2)(x^2+y^2)\geq(2x+3y)^2$

이때 $x^2+y^2=13$이므로

$13\times 13\geq(2x+3y)^2$, $(2x+3y)^2\leq 13^2$

$\therefore -13\leq 2x+3y\leq 13$ (단, 등호는 $2y=3x$일 때 성립)

따라서 구하는 최댓값은 13이다.

0846 답 ③

x, y가 실수이므로 코시-슈바르츠의 부등식에 의하여

$$\left\{\left(\dfrac{1}{3}\right)^2+\left(\dfrac{1}{4}\right)^2\right\}(x^2+y^2)\geq\left(\dfrac{x}{3}+\dfrac{y}{4}\right)^2$$

이때 $\dfrac{x}{3}+\dfrac{y}{4}=\dfrac{5}{4}$이므로

$$\dfrac{25}{9\times 16}(x^2+y^2)\geq\left(\dfrac{5}{4}\right)^2$$

$\therefore x^2+y^2\geq\dfrac{25}{16}\times\dfrac{9\times 16}{25}=9$ $\left(\text{단, 등호는 } \dfrac{y}{3}=\dfrac{x}{4} \text{일 때 성립}\right)$

따라서 구하는 최솟값은 9이다.

0847 답 10

$x^2+y^2=5$이므로 $x^2+x+y^2+2y=x+2y+5$

x, y가 실수이므로 코시-슈바르츠의 부등식에 의하여

$(1^2+2^2)(x^2+y^2)\geq(x+2y)^2$

이때 $x^2+y^2=5$이므로

$5\times 5\geq(x+2y)^2$, $(x+2y)^2\leq 5^2$

$\therefore -5\leq x+2y\leq 5$ (단, 등호는 $y=2x$일 때 성립)

$\therefore 0\leq x+2y+5\leq 10$

따라서 구하는 최댓값은 10이다.

0848 답 200 m^2

전체 구역의 가로의 길이를 a m, 세로의 길이를 b m라 하면

$2a+4b=80$ ...... ㉠

구역의 전체 넓이는 $ab \text{ m}^2$

$a>0$, $b>0$에서 $2a>0$, $4b>0$이므로 산술평균과 기하평균의 관계에 의하여

$2a+4b\geq 2\sqrt{2a\times 4b}=4\sqrt{2ab}$ ...... ㉡

㉠, ㉡에서

$80\geq 4\sqrt{2ab}$, $\sqrt{2ab}\leq 20$ (단, 등호는 $a=2b$일 때 성립)

양변을 제곱하면

$2ab\leq 400$ $\therefore ab\leq 200$

따라서 구하는 최댓값은 200 m^2이다.

0849 답 8

직사각형의 가로의 길이를 x, 세로의 길이를 y라 하면

$x^2+y^2=(2\sqrt{2})^2=8$ ...... ㉠ ...... ❶

직사각형의 둘레의 길이는 $2(x+y)$

x, y가 실수이므로 코시-슈바르츠의 부등식에 의하여

$(1^2+1^2)(x^2+y^2)\geq(x+y)^2$ ...... ㉡ ...... ❷

㉠, ㉡에서

$2\times 8\geq(x+y)^2$, $(x+y)^2\leq 4^2$

이때 $x>0$, $y>0$이므로

$0<x+y\leq 4$ (단, 등호는 $x=y$일 때 성립)

$\therefore 0<2(x+y)\leq 8$ ...... ❸

따라서 구하는 최댓값은 8이다. ...... ❹

채점 기준	
❶ x^2+y^2의 값 구하기	20 %
❷ 코시-슈바르츠의 부등식 이용하기	30 %
❸ 둘레의 길이의 범위 구하기	30 %
❹ 둘레의 길이의 최댓값 구하기	20 %

0850 답 ③

$\overline{AC}=x$, $\overline{BC}=y$라 하면 삼각형 ABC의 넓이가 16이므로

$\dfrac{1}{2}xy=16$ $\therefore xy=32$

$\overline{AB}^2=x^2+y^2$이고 $x>0$, $y>0$에서 $x^2>0$, $y^2>0$이므로 산술평균과 기하평균의 관계에 의하여

$x^2+y^2\geq 2\sqrt{x^2y^2}=2xy$ $(\because xy>0)$

$=64$ (단, 등호는 $x=y$일 때 성립)

따라서 구하는 최솟값은 64이다.

0851 답 ①

① x의 값이 정해져 있지 않아 참, 거짓을 판별할 수 없으므로 명제가 아니다.

② $2x+1>2(x-3)$에서 $1>-6$이므로 참인 명제이다.

③, ⑤ 참인 명제이다.

④ 거짓인 명제이다.

따라서 명제가 아닌 것은 ①이다.

0852 답 ③

'$\sim p$ 또는 q'의 부정은 'p 그리고 $\sim q$'이다.

$p: x>1$, $\sim q: x<5$이므로 'p 그리고 $\sim q$'는

$1<x<5$

0853 답 15

$U=\{1, 2, 3, 4, \ldots, 10\}$이므로 두 조건 p, q의 진리집합을 각각 P, Q라 하면

$P=\{2, 3, 5, 7\}$, $Q=\{2, 4, 6, 8, 10\}$

이때 조건 'p 그리고 $\sim q$'의 진리집합은 $P\cap Q^C$이고

$Q^C=\{1, 3, 5, 7, 9\}$이므로

$P\cap Q^C=\{3, 5, 7\}$

따라서 구하는 모든 원소의 합은

$3+5+7=15$

0854 답 ④

ㄱ. $x^2+y^2=0$이면 $x=0$이고 $y=0$이므로 $xy=0$이다.

ㄴ. [반례] $x=y=0$, $z=2$이면 $xy=yz=zx=0$이지만 $x=y=0$, $z\neq0$이다.

ㄷ. $x+y=2$에서 $y=2-x$

이를 $x^2+y^2=2$에 대입하면

$x^2+(2-x)^2=2$, $x^2-2x+1=0$

$(x-1)^2=0$ $\therefore x=1$

$\therefore x=y=1$

즉, 주어진 명제는 참이다.

따라서 보기에서 참인 명제인 것은 ㄱ, ㄷ이다.

0855 답 ③

명제 $p \longrightarrow \sim q$가 참이므로 $P\subset Q^C$

$\therefore P\cap Q=\varnothing$

따라서 항상 옳은 것은 ③이다.

0856 답 ②

② [반례] $x=8$이면 $2x=16$이므로 $2x\notin U$이다.

0857 답 ⑤

① 역: $x=1$이면 $x^2=1$이다. (참)

② 역: x, y가 모두 유리수이면 xy는 유리수이다. (참)

③ 역: xy가 홀수이면 $x+y$는 짝수이다. (참)

④ 역: $x\leq3$이고 $y\leq3$이면 $x+y\leq6$이다. (참)

⑤ 역: $x^2+y^2>0$이면 $x>0$ 또는 $y>0$이다. (거짓)

[반례] $x=-1$, $y=-2$이면 $x^2+y^2>0$이지만 $x<0$, $y<0$이다.

따라서 그 역이 거짓인 명제는 ⑤이다.

0858 답 12

주어진 명제가 참이므로 그 대우 '$x\leq-2$이고 $y\leq a$이면 $x+y\leq10$이다.'도 참이다.

$x\leq-2$, $y\leq a$에서 $x+y\leq a-2$이므로

$a-2\leq10$ $\therefore a\leq12$

따라서 실수 a의 최댓값은 12이다.

0859 답 ④

명제 $p \longrightarrow r$가 참이므로 그 대우 $\sim r \longrightarrow \sim p$도 참이다.

또 명제 $q \longrightarrow \sim r$가 참이므로 그 대우 $r \longrightarrow \sim q$도 참이다.

이때 두 명제 $p \longrightarrow r$, $r \longrightarrow \sim q$가 모두 참이므로 명제 $p \longrightarrow \sim q$가 참이고 그 대우 $q \longrightarrow \sim p$도 참이다.

따라서 반드시 참이라고 할 수 없는 명제는 ④이다.

0860 답 ③

① $p \longrightarrow q$: $x^3=1$이면 $x=1$이므로 $x^2=1$이다. (참)

　$q \longrightarrow p$: 거짓

　　　[반례] $x=-1$이면 $x^2=1$이지만 $x^3\neq1$이다.

　따라서 $p \Longrightarrow q$이므로 p는 q이기 위한 충분조건이다.

② $p \longrightarrow q$: $x^2=9$이면 $x=\pm3$이므로 $|x|=3$이다. (참)

　$q \longrightarrow p$: $|x|=3$이면 $x=\pm3$이므로 $x^2=9$이다. (참)

　따라서 $p \Longleftrightarrow q$이므로 p는 q이기 위한 필요충분조건이다.

③ $p \longrightarrow q$: 거짓

　　　[반례] $x=-3$이면 $x^2>4$이지만 $x\leq2$이다.

　$q \longrightarrow p$: 참

　따라서 $q \Longrightarrow p$이므로 p는 q이기 위한 필요조건이다.

④ $p \longrightarrow q$: $x+2=3$이면 $x=1$이므로 $x^2-2x+1=0$이다. (참)

　$q \longrightarrow p$: $x^2-2x+1=0$이면 $(x-1)^2=0$에서 $x=1$이므로 $x+2=3$이다. (참)

　따라서 $p \Longleftrightarrow q$이므로 p는 q이기 위한 필요충분조건이다.

⑤ $p \longrightarrow q$: 참

　$q \longrightarrow p$: 거짓

　　　[반례] $x=\dfrac{1}{2}$, $y=\dfrac{1}{2}$이면 $x+y$는 정수이지만 x, y는 모두 정수가 아니다.

　따라서 $p \Longrightarrow q$이므로 p는 q이기 위한 충분조건이다.

따라서 p가 q이기 위한 필요조건이지만 충분조건은 아닌 것은 ③이다.

0861 답 ③

명제 $p \longrightarrow \sim q$가 참이므로 그 대우 $q \longrightarrow \sim p$도 참이다.

또 $\sim r \longrightarrow q$가 참이므로 그 대우 $\sim q \longrightarrow r$도 참이다.

ㄱ. 두 명제 $p \longrightarrow \sim q$, $\sim q \longrightarrow r$가 모두 참이므로 명제 $p \longrightarrow r$가 참이다.

　따라서 p는 r이기 위한 충분조건이다.

ㄴ. 명제 $q \longrightarrow \sim p$가 참이므로 q는 $\sim p$이기 위한 충분조건이다.

ㄷ. 명제 $\sim q \longrightarrow r$가 참이므로 r는 $\sim q$이기 위한 필요조건이다.

따라서 보기에서 옳은 것은 ㄱ, ㄷ이다.

0862 답 ④

p는 q이기 위한 필요조건이므로 $Q \subset P$

p는 r이기 위한 충분조건이므로 $P \subset R$

$\therefore Q \subset P \subset R$

0863 답 ④

$|x| \leq n$에서 $-n \leq x \leq n$

조건 p의 진리집합을 P라 하면

$P = \{x \mid -n \leq x \leq n\}$

$x^2 + 2x - 8 \leq 0$에서 $(x+4)(x-2) \leq 0$

$\therefore -4 \leq x \leq 2$

조건 q의 진리집합을 Q라 하면

$Q = \{x \mid -4 \leq x \leq 2\}$

이때 p가 q이기 위한 필요조건이 되

려면 $Q \subset P$이어야 하므로 오른쪽 그

림에서

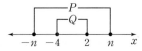

$-n \leq -4$, $n \geq 2$

$\therefore n \geq 4$

따라서 자연수 n의 최솟값은 4이다.

0864 답 (가) $\sqrt{a} - \sqrt{b}$ (나) > (다) >

$(\sqrt{a-b})^2 - (\sqrt{a} - \sqrt{b})^2 = (a-b) - (a - 2\sqrt{ab} + b)$

$\qquad = 2\sqrt{ab} - 2b$

$\qquad = 2\sqrt{b}(\boxed{\text{(가)}\ \sqrt{a} - \sqrt{b}}) > 0\ (\because \sqrt{a} > \sqrt{b} > 0)$

따라서 $(\sqrt{a-b})^2 > (\sqrt{a} - \sqrt{b})^2$이다.

그런데 $\sqrt{a-b} \boxed{\text{(나)}\ >} 0$, $\sqrt{a} - \sqrt{b} \boxed{\text{(다)}\ >} 0$이므로

$\sqrt{a-b} > \sqrt{a} - \sqrt{b}$

0865 답 0

$a > 0$에서 $a^2 > 0$이므로 산술평균과 기하평균의 관계에 의하여

$\left(a - \dfrac{2}{a}\right)\left(2a - \dfrac{1}{a}\right) = 2a^2 - 1 - 4 + \dfrac{2}{a^2}$

$\qquad = 2a^2 + \dfrac{2}{a^2} - 5$

$\qquad \geq 2\sqrt{2a^2 \times \dfrac{2}{a^2}} - 5$

$\qquad = -1$

$\therefore m = -1$

이때 등호는 $2a^2 = \dfrac{2}{a^2}$일 때 성립하므로

$a^4 = 1$ $\quad \therefore a = 1\ (\because a > 0)$

$\therefore a = 1$

$\therefore m + a = 0$

0866 답 20

x, y가 실수이므로 코시-슈바르츠의 부등식에 의하여

$(1^2 + 3^2)\{(2x)^2 + y^2\} \geq (2x + 3y)^2$

$(1^2 + 3^2)(4x^2 + y^2) \geq (2x + 3y)^2$

이때 $4x^2 + y^2 = 10$이므로

$10 \times 10 \geq (2x + 3y)^2$, $(2x + 3y)^2 \leq 10^2$

$\therefore -10 \leq 2x + 3y \leq 10$ (단, 등호는 $y = 6x$일 때 성립)

따라서 $2x + 3y$의 최댓값은 10, 최솟값은 -10이므로 그 차는 20이다.

0867 답 ⑤

$A\left(-2 - \dfrac{3}{m}, 0\right)$, $B(0, 2m+3)$이

므로 오른쪽 그림에서 삼각형 OAB의

넓이는

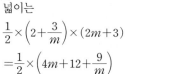

$\dfrac{1}{2} \times \left(2 + \dfrac{3}{m}\right) \times (2m + 3)$

$= \dfrac{1}{2} \times \left(4m + 12 + \dfrac{9}{m}\right)$

$= 2m + \dfrac{9}{2m} + 6$

$m > 0$에서 $2m > 0$이므로 산술평균과 기하평균의 관계에 의하여

$2m + \dfrac{9}{2m} + 6 \geq 2\sqrt{2m \times \dfrac{9}{2m}} + 6$

$\qquad = 12$ (단, 등호는 $2m = \dfrac{9}{2m}$, 즉 $m = \dfrac{3}{2}$일 때 성립)

따라서 삼각형 OAB의 넓이의 최솟값은 12이다.

0868 답 3

$p : |x-1| > k$에서 $\sim p : |x-1| \leq k$

$|x-1| \leq k$에서 $-k \leq x - 1 \leq k$

$\therefore 1 - k \leq x \leq 1 + k$

조건 p의 진리집합을 P라 하면

$P^C = \{x \mid 1 - k \leq x \leq 1 + k\}$ ...... ❶

$|x+1| \leq 5$에서 $-5 \leq x + 1 \leq 5$

$\therefore -6 \leq x \leq 4$

조건 q의 진리집합을 Q라 하면

$Q = \{x \mid -6 \leq x \leq 4\}$ ...... ❷

이때 명제 $\sim p \longrightarrow q$가 참이 되려면

$P^C \subset Q$이어야 하므로 오른쪽 그림에서

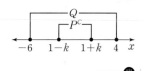

$1 - k \geq -6$, $1 + k \leq 4$

$\therefore 0 < k \leq 3\ (\because k > 0)$ ...... ❸

따라서 양수 k의 최댓값은 3이다. ...... ❹

채점 기준	
❶ 조건 $\sim p$의 진리집합 구하기	30 %
❷ 조건 q의 진리집합 구하기	20 %
❸ k의 값의 범위 구하기	40 %
❹ 양수 k의 최댓값 구하기	10 %

0869 답 풀이 참조

주어진 명제의 대우 '자연수 n에 대하여 n이 짝수이면 n^2도 짝수이

다.'가 참임을 보이면 된다. ...... ❶

n이 짝수이면 $n = 2k$ (k는 자연수)로 나타낼 수 있으므로

$n^2 = (2k)^2 = 4k^2$

$\quad = 2(2k^2)$

이때 $2k^2$이 자연수이므로 n^2은 짝수이다.

따라서 주어진 명제의 대우가 참이므로 주어진 명제도 참이다.

...... ❷

채점 기준	
❶ 주어진 명제의 대우 구하기	40 %
❷ 대우를 이용하여 증명하기	60 %

0870 답 17

$$\frac{x^2+4}{x}+\frac{y^2+4}{y}=x+\frac{4}{x}+y+\frac{4}{y}=x+y+\frac{4(x+y)}{xy}$$
$$=16+\frac{64}{xy}\ (\because\ x+y=16)\quad\cdots\cdots\ \bigcirc\quad\cdots\cdots\ \text{ⓘ}$$

$x>0,\ y>0$이므로 산술평균과 기하평균의 관계에 의하여
$$x+y\ge 2\sqrt{xy}$$
이때 $x+y=16$이므로
$$16\ge 2\sqrt{xy},\ \sqrt{xy}\le 8\ (\text{단, 등호는 } x=y\text{일 때 성립})$$
양변을 제곱하면
$$xy\le 64\qquad\therefore\ \frac{1}{xy}\ge\frac{1}{64}\qquad\qquad\cdots\cdots\ \text{ⓘⓘ}$$
따라서 ㉠에서
$$\frac{x^2+4}{x}+\frac{y^2+4}{y}\ge 16+1=17$$
즉, 구하는 최솟값은 17이다. $\qquad\qquad\cdots\cdots\ \text{ⓘⓘⓘ}$

채점 기준	
ⓘ 주어진 식 간단히 하기	20 %
ⓘⓘ $\dfrac{1}{xy}$의 값의 범위 구하기	50 %
ⓘⓘⓘ 주어진 식의 최솟값 구하기	30 %

C 실력 향상
133쪽

0871 답 ②

$|x-k|\le 2$에서 $-2\le x-k\le 2$
$$\therefore\ k-2\le x\le k+2$$
조건 p의 진리집합을 P라 하면
$$P=\{x\,|\,k-2\le x\le k+2\}$$
$x^2-4x-5\le 0$에서 $(x+1)(x-5)\le 0$
$$\therefore\ -1\le x\le 5$$
조건 q의 진리집합을 Q라 하면
$$Q=\{x\,|\,-1\le x\le 5\}$$
명제 $p\longrightarrow q$가 거짓이 되려면 $P\not\subset Q$이어야 한다.
이때 $k-2\ge -1$이고 $k+2\le 5$, 즉 $1\le k\le 3$이면 $P\subset Q$가 되므로
조건을 만족시키려면 $k<1$ 또는 $k>3$이어야 한다.
또 명제 $p\longrightarrow\ \sim q$가 거짓이 되려면 $P\not\subset Q^C$이어야 하므로
$P\cap Q\ne\varnothing$이어야 한다.

(i) $k<1$일 때
$P\cap Q\ne\varnothing$이어야 하므로 오른쪽
그림에서
$k+2\ge -1$ $\quad\therefore\ k\ge -3$
$\therefore\ -3\le k<1\ (\because\ k<1)$

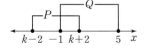

(ii) $k>3$일 때
$P\cap Q\ne\varnothing$이어야 하므로 오른쪽
그림에서
$k-2\le 5$ $\quad\therefore\ k\le 7$
$\therefore\ 3<k\le 7\ (\because\ k>3)$

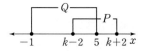

(i), (ii)에서 $-3\le k<1$ 또는 $3<k\le 7$
따라서 모든 정수 k의 값의 합은
$$-3+(-2)+(-1)+0+4+5+6+7=16$$

0872 답 ①

실수 전체의 집합을 U, 두 조건 $p,\ q$의 진리집합을 각각 $P,\ Q$라 하자.
'모든 실수 x에 대하여 p이다.'가 참인 명제가 되려면 $P=U$이어야
하므로 모든 실수 x에 대하여 $x^2+2ax+1\ge 0$이어야 한다.
따라서 이차방정식 $x^2+2ax+1=0$의 판별식을 D_1이라 하면
$$\frac{D_1}{4}=a^2-1\le 0,\ a^2\le 1$$
$$\therefore\ -1\le a\le 1\quad\cdots\cdots\ \bigcirc$$
또 'p는 $\sim q$이기 위한 충분조건이다.'가 참인 명제가 되려면 $P\subset Q^C$
이어야 하고 $P=U$이므로 $Q^C=U$이다.
즉, 모든 실수 x에 대하여 $x^2+2bx+9>0$이어야 하므로 이차방정식
$x^2+2bx+9=0$의 판별식을 D_2라 하면
$$\frac{D_2}{4}=b^2-9<0,\ b^2<9$$
$$\therefore\ -3<b<3\quad\cdots\cdots\ \bigcirc$$
㉠, ㉡에서 정수 a가 될 수 있는 수는 $-1,\ 0,\ 1$의 3개이고 정수 b가
될 수 있는 수는 $-2,\ -1,\ 0,\ 1,\ 2$의 5개이므로 정수 $a,\ b$의 순서쌍
$(a,\ b)$의 개수는
$$3\times 5=15$$

0873 답 ④

$$(\sqrt{2x}+\sqrt{3y})^2=2x+2\sqrt{2x}\sqrt{3y}+3y$$
$$=2x+3y+2\sqrt{6xy}\qquad\qquad\cdots\cdots\ \bigcirc$$
$x>0,\ y>0$에서 $2x>0,\ 3y>0$이므로 산술평균과 기하평균의 관계
에 의하여
$$2x+3y\ge 2\sqrt{2x\times 3y}=2\sqrt{6xy}$$
이때 $2x+3y=8$이므로
$$8\ge 2\sqrt{6xy}\ (\text{단, 등호는 } 2x=3y\text{일 때 성립})\quad\cdots\cdots\ \bigcirc$$
㉠, ㉡에서
$$(\sqrt{2x}+\sqrt{3y})^2=(2x+3y)+2\sqrt{6xy}\le 8+8=16$$
이때 $\sqrt{2x}+\sqrt{3y}>0$이므로
$$0<\sqrt{2x}+\sqrt{3y}\le\sqrt{16}=4$$
따라서 $\sqrt{2x}+\sqrt{3y}$의 최댓값은 4이다.

0874 답 ⑤

$x-y-2z=-3$에서
$$y+2z=x+3\qquad\qquad\cdots\cdots\ \bigcirc$$
$x^2+y^2+z^2=9$에서
$$y^2+z^2=9-x^2\qquad\qquad\cdots\cdots\ \bigcirc$$
$y,\ z$가 실수이므로 코시-슈바르츠의 부등식에 의하여
$$(1^2+2^2)(y^2+z^2)\ge (y+2z)^2\qquad\cdots\cdots\ \boxdot$$
㉠, ㉡을 ㉢에 대입하면
$$5(9-x^2)\ge (x+3)^2,\ 45-5x^2\ge x^2+6x+9$$
$$x^2+x-6\le 0,\ (x+3)(x-2)\le 0$$
$$\therefore\ -3\le x\le 2\ (\text{단, 등호는 } z=2y\text{일 때 성립})$$
따라서 x의 최댓값은 2이다.

A 개념 확인

0875 답 함수이다., 정의역: $\{1, 2, 3\}$,
공역: $\{a, b, c\}$, 치역: $\{a, b, c\}$

0876 답 함수이다., 정의역: $\{1, 2, 3\}$,
공역: $\{a, b, c, d\}$, 치역: $\{a, b, d\}$

0877 답 함수가 아니다.
집합 X의 원소 2에 대응하는 집합 Y의 원소가 없으므로 함수가 아니다.

0878 답 함수가 아니다.
집합 X의 원소 3에 대응하는 집합 Y의 원소가 b, d의 2개이므로 함수가 아니다.

0879 답 $\{-1, 1, 3\}$
$f(-1)=-2\times(-1)+1=3$
$f(0)=-2\times0+1=1$
$f(1)=-2\times1+1=-1$
따라서 치역은 $\{-1, 1, 3\}$

0880 답 $\{1, 2, 3\}$
$f(-1)=(-1)^3+2=1$, $f(0)=0^3+2=2$, $f(1)=1^3+2=3$
따라서 치역은 $\{1, 2, 3\}$

0881 답 $\{y \mid y$는 모든 실수$\}$

0882 답 $\{y \mid y \geq 0\}$

0883 답 $\{y \mid y \leq 2\}$

0884 답 $\{y \mid y \geq -7\}$

0885 답 서로 같은 함수이다.
$f(-1)=g(-1)=1$, $f(1)=g(1)=1$
$\therefore f=g$

0886 답 서로 같은 함수가 아니다.
$f(-1)=g(-1)=-2$
$f(1)=0$, $g(1)=2$이므로 $f(1)\neq g(1)$
$\therefore f\neq g$

0887 답 ㄱ, ㄷ

0888 답 ㄱ, ㄷ

0889 답 ㄱ

0890 답 ㄴ

0891 답 ㄴ, ㄷ

0892 답 ㄴ, ㄷ

0893 답 ㄴ

0894 답 ㄱ

0895 답 5
$(g \circ f)(3)=g(f(3))=g(6)=5$

0896 답 1
$(g \circ f)(7)=g(f(7))=g(4)=1$

0897 답 4
$(f \circ g)(2)=f(g(2))=f(7)=4$

0898 답 2
$(f \circ g)(4)=f(g(4))=f(1)=2$

0899 답 $(f \circ g)(x)=2x+6$
$(f \circ g)(x)=f(g(x))=f(x+3)$
$=2(x+3)$
$=2x+6$

0900 답 $(g \circ h)(x)=x^2+2$
$(g \circ h)(x)=g(h(x))=g(x^2-1)$
$=(x^2-1)+3$
$=x^2+2$

0901 답 $((f \circ g) \circ h)(x)=2x^2+4$
$((f \circ g) \circ h)(x)=(f \circ g)(h(x))=(f \circ g)(x^2-1)$
$=2(x^2-1)+6$
$=2x^2+4$

0902 답 $(f \circ (g \circ h))(x)=2x^2+4$
$(f \circ (g \circ h))(x)=f((g \circ h)(x))=f(x^2+2)$
$=2(x^2+2)$
$=2x^2+4$

0903 답 ㄱ, ㄷ
역함수가 존재하려면 일대일대응이어야 하므로 ㄱ, ㄷ이다.

0904 답 3

0905 답 2

0906 답 7
$f(2)+f^{-1}(5)=6+1=7$

0907 답 2
$f^{-1}(3)=a$에서 $f(a)=3$이므로
$-a+5=3$ $\therefore a=2$

0908 답 7

$f^{-1}(a)=-2$에서 $f(-2)=a$

$-(-2)+5=a$ ∴ $a=7$

0909 답 $y=\dfrac{1}{3}x-2$

$y=3x+6$을 x에 대하여 풀면

$3x=y-6$ ∴ $x=\dfrac{1}{3}y-2$

x와 y를 서로 바꾸면 $y=\dfrac{1}{3}x-2$

0910 답 $y=4x-6$

$y=\dfrac{1}{4}x+\dfrac{3}{2}$ 을 x에 대하여 풀면

$\dfrac{1}{4}x=y-\dfrac{3}{2}$ ∴ $x=4y-6$

x와 y를 서로 바꾸면 $y=4x-6$

0911 답 8

$(f^{-1})^{-1}(1)=f(1)=8$

0912 답 6

$(f^{-1})^{-1}(5)=f(5)=6$

0913 답 3

0914 답 2

B 유형 완성

140~153쪽

0915 답 ③

각 대응을 그림으로 나타내면 다음과 같다.

ㄱ. 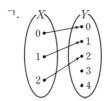   ㄴ.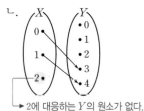
→ 2에 대응하는 Y의 원소가 없다.

ㄷ. 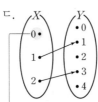   ㄹ.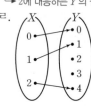
→ 0에 대응하는 Y의 원소가 없다.

따라서 보기에서 함수인 것은 ㄱ, ㄹ이다.

0916 답 ⑤

⑤ 집합 X의 원소 2에 대응하는 집합 Y의 원소가 a, c의 2개이므로 함수가 아니다.

0917 답 ③

정의역의 각 원소 k에 대하여 y축에 평행한 직선 $x=k$와 오직 한 점에서 만나는 그래프는 ③이다.

0918 답 ①

3은 유리수이므로

$f(3)=-3\times3+1=-8$

$\sqrt{5}$는 무리수이므로

$f(\sqrt{5})=(\sqrt{5})^2+4=9$

∴ $f(3)+f(\sqrt{5})=1$

0919 답 4

$2>0$이므로

$f(2)=2\times2-1=3$　　　　　……❶

$-1<0$이므로

$f(-1)=-1$　　　　　……❷

∴ $f(2)-f(-1)=4$　　　　　……❸

채점 기준

❶ $f(2)$의 값 구하기	40 %
❷ $f(-1)$의 값 구하기	40 %
❸ $f(2)-f(-1)$의 값 구하기	20 %

0920 답 ⑤

$f(2)=f(3)=f(5)=f(7)=2$

$f(4)=f(9)=3$

$f(6)=f(8)=f(10)=4$

∴ $f(2)+f(3)+f(4)+\cdots+f(10)=2\times4+3\times2+4\times3$
$=26$

0921 답 ②

(i) $a\geq0$일 때

$f(x)=ax+b$의 공역과 치역이 서로 같으므로

$f(-2)=-3$, $f(3)=2$

$-2a+b=-3$, $3a+b=2$

두 식을 연립하여 풀면 $a=1$, $b=-1$

그런데 $a>b$이므로 조건을 만족시키지 않는다.

(ii) $a<0$일 때

$f(x)=ax+b$의 공역과 치역이 서로 같으므로

$f(-2)=2$, $f(3)=-3$

$-2a+b=2$, $3a+b=-3$

두 식을 연립하여 풀면 $a=-1$, $b=0$

(i), (ii)에서 $a=-1$, $b=0$

∴ $a+b=-1$

0922 답 {0, 1, 2}

$X=\{-3,\,-2,\,-1,\,0,\,1\}$이므로

$f(-3)=2$, $f(-2)=1$, $f(-1)=0$, $f(0)=1$, $f(1)=2$

따라서 함수 f의 치역은 $\{0,\,1,\,2\}$

0923 답 2

$f(-1)=a+1$, $f(0)=1$, $f(1)=a+1$, $f(2)=4a+1$

따라서 치역은 $\{1, a+1, 4a+1\}$ ...... ❶

치역의 모든 원소의 합이 13이므로

$1+(a+1)+(4a+1)=13$ ...... ❷

$5a=10$ ∴ $a=2$ ...... ❸

채점 기준	
❶ 함수 $f(x)$의 치역 구하기	40 %
❷ a에 대한 방정식 세우기	40 %
❸ a의 값 구하기	20 %

0924 답 ⑤

$f(1)=k$, $f(2)=1+k$, $f(3)=2+k$

이때 집합 X의 각 원소에 Y의 원소가 오직 하나씩 대응해야 하므로

$k=3$ 또는 $k=4$

따라서 모든 k의 값의 곱은

$3\times4=12$

0925 답 ①

$y=f(x)$라 하면

(i) $k<0$일 때

$x\leq k$에서 함수 $f(x)$의 최댓값이 $f(k)$이므로 함수 $f(x)$의 치역은 $\{y|y\leq f(k)\}$

이때 함수 $f(x)$의 공역과 치역이 서로 같으므로

$f(k)=k$, $-k^2+6=k$, $k^2+k-6=0$

$(k+3)(k-2)=0$ ∴ $k=-3$ (∵ $k<0$)

(ii) $0\leq k<6$일 때

$x\leq k$에서 함수 $f(x)$의 최댓값이 6이므로 치역은 $\{y|y\leq6\}$

그런데 공역과 치역이 서로 같지 않다.

(i), (ii)에서 $k=-3$

0926 답 -9

주어진 식의 양변에 $x=0$, $y=0$을 대입하면

$f(0+0)=f(0)+f(0)$ ∴ $f(0)=0$

주어진 식의 양변에 $x=-1$, $y=1$을 대입하면

$f(-1+1)=f(-1)+f(1)$

$0=f(-1)+3$ ∴ $f(-1)=-3$

주어진 식의 양변에 $x=-1$, $y=-1$을 대입하면

$f(-1+(-1))=f(-1)+f(-1)$

∴ $f(-2)=-3+(-3)=-6$

∴ $f(-1)+f(-2)=-9$

0927 답 9

주어진 식의 양변에 $x=2$, $y=2$를 대입하면

$f(2\times2)=f(2)+f(2)$

$6=2f(2)$ ∴ $f(2)=3$

주어진 식의 양변에 $x=2$, $y=4$를 대입하면

$f(2\times4)=f(2)+f(4)$

∴ $f(8)=3+6=9$

0928 답 ⑤

ㄱ. 주어진 식의 양변에 $x=2$, $y=1$을 대입하면

$f(2\times1)=f(2)f(1)$, $-4=-4f(1)$

∴ $f(1)=1$

ㄴ. 주어진 식의 양변에 $x=2$, $y=2$를 대입하면

$f(2\times2)=f(2)f(2)$

∴ $f(4)=-4\times(-4)=16$

ㄷ. $f(4)=16$

$f(4^2)=f(4\times4)=f(4)\times f(4)=16^2$

$f(4^3)=f(4^2\times4)=f(4^2)\times f(4)=16^3$

$f(4^4)=f(4^3\times4)=f(4^3)\times f(4)=16^4$

⋮

∴ $f(4^n)=16^n=4^{2n}$ (단, n은 자연수)

따라서 보기에서 옳은 것은 ㄱ, ㄷ이다.

0929 답 ③

$f(-2)=g(-2)$에서

$-2a+b=-2$ ...... ㉠

$f(1)=g(1)$에서

$a+b=7$ ...... ㉡

㉠, ㉡을 연립하여 풀면 $a=3$, $b=4$

∴ $a^2+b^2=9+16=25$

0930 답 ④

ㄱ. $f(-1)=g(-1)=-1$, $f(0)=g(0)=0$, $f(1)=g(1)=1$이므로 $f=g$

ㄴ. $f(-1)=g(-1)=1$, $f(0)=g(0)=0$, $f(1)=g(1)=1$이므로 $f=g$

ㄷ. $f(1)=1$, $g(1)=0$이므로 $f(1)\neq g(1)$

∴ $f\neq g$

따라서 보기에서 $f=g$인 것은 ㄱ, ㄴ이다.

0931 답 2

$f(a)=g(a)$, $f(b)=g(b)$이므로 a, b는 이차방정식 $f(x)=g(x)$의 두 근이다.

$x^2+3x-8=5x+7$에서 $x^2-2x-15=0$ ...... ❶

따라서 이차방정식의 근과 계수의 관계에 의하여

$a+b=2$ ...... ❷

채점 기준	
❶ a, b를 두 근으로 갖는 이차방정식 구하기	60 %
❷ $a+b$의 값 구하기	40 %

0932 답 ㄱ, ㄷ

ㄴ, ㄹ. $-1\neq1$이지만 $f(-1)=f(1)=1$이므로 일대일대응이 아니다.

따라서 보기에서 일대일대응인 것은 ㄱ, ㄷ이다.

0933 답 ③

치역의 각 원소 k에 대하여 x축에 평행한 직선 $y=k$와 오직 한 점에서 만나고, 치역과 공역이 같은 함수의 그래프는 ③이다.

0934 답 ㄴ

ㄱ. 치역의 각 원소 k에 대하여 x축에 평행한 직선 $y=k$와 오직 한 점에서 만나고, 치역과 공역이 같으므로 일대일대응이다.

ㄴ. 치역의 각 원소 k에 대하여 x축에 평행한 직선 $y=k$와 오직 한 점에서 만나므로 일대일함수이지만 치역이 $\{y|y>0\}$이므로 일대일대응은 아니다.

ㄷ. 치역의 각 원소 k에 대하여 x축에 평행한 직선 $y=k$와 2개의 점에서 만나기도 하므로 일대일함수가 아니다.

따라서 일대일함수이지만 일대일대응은 아닌 것은 ㄴ이다.

0935 답 -3

$a>0$이므로 함수 f가 일대일대응이면
$f(1)=-2$, $f(3)=0$
$\therefore a+b=-2$, $3a+b=0$
두 식을 연립하여 풀면
$a=1$, $b=-3$
$\therefore ab=-3$

0936 답 -4

함수 f가 일대일대응이면 $y=f(x)$의 그래프가 오른쪽 그림과 같아야 한다.
즉, 직선 $y=x+a$가 점 $(0, -4)$를 지나야 하므로
$-4=0+a$
$\therefore a=-4$

0937 답 ①

$f(x)=x^2+2x+k=(x+1)^2+k-1$이므로 $x\geq2$일 때 x의 값이 증가하면 $f(x)$의 값도 증가한다.
따라서 함수 f가 일대일대응이면 $f(2)=-1$이므로
$4+4+k=-1$
$\therefore k=-9$

중3 다시보기

이차함수 $y=a(x-p)^2+q\,(a>0)$의 증가와 감소
➡ 그래프의 축 $x=p$를 기준으로 바뀐다.

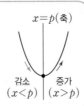

$x=p$(축)

감소 | 증가
$(x<p)$ | $(x>p)$

0938 답 ④

함수 f가 일대일대응이려면 x의 값이 증가할 때, $f(x)$의 값은 항상 증가하거나 항상 감소해야 한다.
즉, $x<0$일 때, $x\geq0$일 때의 직선의 기울기의 부호가 서로 같아야 하므로
$(a+3)(2-a)>0$
$(a+3)(a-2)<0$
$\therefore -3<a<2$
따라서 정수 a는 -2, -1, 0, 1의 4개이다.

0939 답 4

함수 f는 항등함수이므로 $f(x)=x$
$f(3)=3$이므로 $f(3)+g(3)=8$에서
$3+g(3)=8$　$\therefore g(3)=5$
함수 g는 상수함수이므로
$g(x)=g(3)=5$
$\therefore f(-1)+g(-1)=-1+5=4$

0940 답 ④

$f(3)=4$이고 함수 f는 상수함수이므로
$f(x)=4$
따라서 $f(1)=f(2)=f(3)=\cdots=f(10)=4$이므로
$f(1)+f(2)+f(3)+\cdots+f(10)=4\times10=40$

0941 답 ②

함수 f는 항등함수이므로
$f(-3)=-3$, $f(1)=1$
$f(-3)=-3$에서
$-6+a=-3$　$\therefore a=3$
$f(1)=1$에서
$1-2+b=1$　$\therefore b=2$
$\therefore a\times b=6$

0942 답 ③

함수 f가 항등함수가 되려면 $f(x)=x$이어야 하므로
$x^3+2x^2-4x-6=x$에서
$x^3+2x^2-5x-6=0$, $(x+3)(x+1)(x-2)=0$
$\therefore x=-3$ 또는 $x=-1$ 또는 $x=2$
따라서 구하는 집합 X의 개수는 집합 $\{-3, -1, 2\}$의 공집합이 아닌 부분집합의 개수이므로
$2^3-1=7$

0943 답 4

함수 g는 항등함수이므로 $g(x)=x$
$\therefore g(1)=1$ ...... ❶
또 $g(2)=2$이므로 $f(1)=g(2)=h(3)$에서
$f(1)=h(3)=2$
$f(1)=2$이므로 $f(1)+f(3)=f(2)$에서
$2+f(3)=f(2)$
이때 함수 f는 일대일대응이므로
$f(3)=1$, $f(2)=3$ ...... ❷
$h(3)=2$이고 함수 h는 상수함수이므로 $h(x)=2$
$\therefore h(2)=2$ ...... ❸
$\therefore f(3)+g(1)+h(2)=4$ ...... ❹

채점 기준

❶ $g(1)$의 값 구하기	20 %
❷ $f(3)$의 값 구하기	40 %
❸ $h(2)$의 값 구하기	30 %
❹ $f(3)+g(1)+h(2)$의 값 구하기	10 %

0944 답 ⑤

함수의 개수는 $3^3=27$　　∴ $p=27$

일대일대응의 개수는 $3!=6$　　∴ $q=6$

상수함수의 개수는 3　　∴ $r=3$

∴ $p+q+r=36$

0945 답 ②

구하는 f의 개수는 집합 X에서 원소 1, 4를 뺀 집합을 $Y=\{2, 3, 5, 6\}$

이라 할 때, Y에서 Y로의 일대일대응의 개수와 같으므로

$4!=24$

0946 답 6

구하는 함수의 개수는 X에서 Y로의 함수의 개수에서 치역이 $\{a\}$,

$\{b\}$인 함수 2개를 빼면 되므로

$2^3-2=6$

0947 답 ④

공역의 원소 7개 중에서 5개를 택하여 크기가 큰 수부터 순서대로

정의역의 원소 1, 2, 3, 4, 5에 대응시키면 되므로 구하는 함수 f의

개수는

$_7C_5=_7C_2=21$

0948 답 96

$x=1$일 때, $1+f(1)\geq4$에서 $f(1)\geq3$이므로 $f(1)$의 값은

3, 4의 2가지

$x=2$일 때, $2+f(2)\geq4$에서 $f(2)\geq2$이므로 $f(2)$의 값은

2, 3, 4의 3가지

$x=3$일 때, $3+f(3)\geq4$에서 $f(3)\geq1$이므로 $f(3)$의 값은

1, 2, 3, 4의 4가지

$x=4$일 때, $4+f(4)\geq4$에서 $f(4)\geq0$이므로 $f(4)$의 값은

1, 2, 3, 4의 4가지

따라서 구하는 함수 f의 개수는

$2\times3\times4\times4=96$

0949 답 250

$f(2)<f(3)<f(4)$이므로 공역의 원소 5개 중에서 3개를 택하여 크기

가 작은 수부터 순서대로 정의역의 원소 2, 3, 4에 대응시키면 된다.

따라서 그 경우의 수는

$_5C_3=_5C_2=10$　　　　　　　　　　　…… ❶

정의역의 원소 1, 5에 대응되는 공역의 원소를 택하는 경우의 수는

각각 5이다.　　　　　　　　　　　　…… ❷

따라서 구하는 함수 f의 개수는

$10\times5\times5=250$　　　　　　　　　…… ❸

채점 기준

❶ 정의역의 원소 2, 3, 4에 대응되는 공역의 원소를 택하는 경우의 수 구하기	40 %
❷ 정의역의 원소 1, 5에 대응되는 공역의 원소를 택하는 경우의 수 구하기	40 %
❸ 함수 f의 개수 구하기	20 %

0950 답 ①

㈐에서 $f(4)=1$이므로 ㈎를 만족시키려면

$f(1)<f(2)<f(3)<f(4)=1<f(5)$

따라서 집합 Y의 원소 $-3, -2, -1, 0$ 중에서 3개를 택하여 크기

가 작은 수부터 순서대로 집합 X의 원소 1, 2, 3에 대응시키고, 집

합 Y의 원소 2, 3 중에서 1개를 택하여 집합 X의 원소 5에 대응시

키면 되므로 구하는 함수 f의 개수는

$_4C_3\times_2C_1=_4C_1\times_2C_1=4\times2=8$

0951 답 ③

㈎에서 함수 f는 일대일함수이고 ㈐에서 $f(2)=6$이므로 $f(1)$의 값

이 될 수 있는 것은 2, 4, 8, 10의 4개, $f(3)$의 값이 될 수 있는 것은

2, 4, 8, 10 중 $f(1)$의 값을 제외한 3개이다.

따라서 구하는 함수 f의 개수는

$4\times3=12$

0952 답 0

$(f\circ g)(2)+(g\circ f)(-2)=f(g(2))+g(f(-2))$

$=f(0)+g(5)$

$=-3+3=0$

0953 답 8

$f(1)=1$

$(f\circ f)(2)=f(f(2))=f(4)=3$

$(f\circ f\circ f)(4)=f(f(f(4)))=f(f(3))=f(2)=4$

∴ $f(1)+(f\circ f)(2)+(f\circ f\circ f)(4)=8$

0954 답 7

$(f\circ g\circ f)(\sqrt3)=f(g(f(\sqrt3)))=f(g(1))$

$=f(-1)=7$

0955 답 ②

$(f\circ g)(a)=f(g(a))=f(a^2-1)$

$=2(a^2-1)-1=2a^2-3$

$(f\circ g)(a)=5$에서

$2a^2-3=5$, $a^2=4$　　∴ $a=2$ ($\because a>0$)

0956 답 ④

$(f\circ(g\circ h))(-2)=((f\circ g)\circ h)(-2)$

$=(f\circ g)(h(-2))$

$=(f\circ g)(1)=3$

0957 답 16

$(f\circ g)(x)=f(g(x))=f(x-1)$

$=(x-1)^2-2(x-1)-15$

$=x^2-4x-12=(x-2)^2-16$

따라서 함수 $y=(f\circ g)(x)$는 $-1\leq x\leq6$에서 $x=6$일 때 최댓값 0,

$x=2$일 때 최솟값 -16을 가지므로

$M=0$, $m=-16$

∴ $M-m=16$

0958 답 3

㈎에서 $f(2)=3$, ㈏에서 $(f \circ g)(2)=f(g(2))=3$이고 함수 f가 일대일대응이므로 $g(2)=2$ ⟶ ❶

㈎에서 $g(1)=3$, ㈏에서 $(g \circ f)(3)=g(f(3))=3$이고 함수 g가 일대일대응이므로 $f(3)=1$ ⟶ ❷

두 함수 f, g가 일대일대응이므로

$f(1)=2$, $g(3)=1$ ⟶ ❸

$\therefore f(1)+g(3)=3$ ⟶ ❹

채점 기준	
❶ $g(2)$의 값 구하기	30 %
❷ $f(3)$의 값 구하기	30 %
❸ $f(1)$, $g(3)$의 값 구하기	30 %
❹ $f(1)+g(3)$의 값 구하기	10 %

0959 답 ③

$(f \circ g)(x)=f(g(x))=f(-x+2)$
$\qquad =a(-x+2)-4=-ax+2a-4$
$(g \circ f)(x)=g(f(x))=g(ax-4)$
$\qquad =-(ax-4)+2=-ax+6$
$f \circ g=g \circ f$에서 $-ax+2a-4=-ax+6$
$2a-4=6$ $\quad \therefore a=5$

0960 답 ⑤

$(f \circ f)(2)=f(f(2))=f(2a+3)$
$\qquad =a(2a+3)+3=2a^2+3a+3$
$(f \circ f)(2)=12$에서 $2a^2+3a+3=12$
$2a^2+3a-9=0$, $(a+3)(2a-3)=0$
$\therefore a=\dfrac{3}{2}$ ($\because a>0$)

따라서 $f(x)=\dfrac{3}{2}x+3$이므로
$f(4)=6+3=9$

0961 답 $0 \le a < 16$

$(f \circ g)(x)=f(g(x))=f(x^2+3x+2)$
$\qquad =a(x^2+3x+2)+4$
$\qquad =ax^2+3ax+2a+4$
$(f \circ g)(x)>0$에서 $ax^2+3ax+2a+4>0$ ⟶ ㉠
즉, 모든 실수 x에 대하여 부등식 ㉠이 성립해야 한다.
(i) $a=0$일 때
㉠은 $4>0$이므로 이 부등식은 항상 성립한다.
(ii) $a \neq 0$일 때
모든 실수 x에 대하여 ㉠이 성립하려면 $a>0$ ⟶ ㉡
이차방정식 $ax^2+3ax+2a+4=0$의 판별식을 D라 하면
$D=(3a)^2-4a(2a+4)<0$
$a^2-16a<0$, $a(a-16)<0$
$\therefore 0<a<16$ ⟶ ㉢
㉡, ㉢의 공통부분은 $0<a<16$
(i), (ii)에서 구하는 실수 a의 값의 범위는
$0 \le a < 16$

0962 답 4

함수 $g \circ f$가 항등함수이므로
$(g \circ f)(2)=2$, $(g \circ f)(3)=3$
$(g \circ f)(2)=g(f(2))=g(-a)$
$\qquad =a^2-2a+b$
이때 $(g \circ f)(2)=2$에서
$a^2-2a+b=2$
$\therefore a^2-2a+b-2=0$ ⟶ ㉠
$(g \circ f)(3)=g(f(3))=g(0)=b$
이때 $(g \circ f)(3)=3$에서 $b=3$
이를 ㉠에 대입하면
$a^2-2a+1=0$, $(a-1)^2=0$ $\quad \therefore a=1$
$\therefore a+b=4$

0963 답 3

$(f \circ g)(x)=f(g(x))=f(bx+2a)$
$\qquad =a(bx+2a)+2b$
$\qquad =abx+2a^2+2b$
$(g \circ f)(x)=g(f(x))=g(ax+2b)$
$\qquad =b(ax+2b)+2a$
$\qquad =abx+2a+2b^2$ ⟶ ❶
$f \circ g=g \circ f$에서 $abx+2a^2+2b=abx+2a+2b^2$
$a^2+b=a+b^2$, $a^2-b^2-a+b=0$
$(a+b)(a-b)-(a-b)=0$
$(a-b)(a+b-1)=0$
$\therefore a=b$ 또는 $a+b=1$
이때 두 함수 f, g는 서로 다른 함수이므로 $a \neq b$
$\therefore a+b=1$ ⟶ ❷
$\therefore f(1)+g(1)=a+2b+b+2a$
$\qquad =3a+3b=3(a+b)$
$\qquad =3 \times 1=3$ ⟶ ❸

채점 기준	
❶ $f \circ g$, $g \circ f$ 구하기	30 %
❷ $a+b$의 값 구하기	40 %
❸ $f(1)+g(1)$의 값 구하기	30 %

0964 답 ⑤

$(f \circ h)(x)=f(h(x))=h(x)-1$
$(f \circ h)(x)=g(x)$에서 $h(x)-1=2x^2+3$
$\therefore h(x)=2x^2+4$

0965 답 20

$x-3=t$로 놓으면 $x=t+3$이므로
$f(t)=(t+3)^2-5=t^2+6t+4$
$\therefore f(2)=4+12+4=20$

다른 풀이

$x-3=2$일 때 $x=5$이므로 이를 $f(x-3)=x^2-5$에 대입하면
$f(2)=25-5=20$

0966 답 ①

$(h \circ g \circ f)(x) = ((h \circ g) \circ f)(x)$
$\qquad\qquad\quad = (h \circ g)(f(x))$
$\qquad\qquad\quad = 2f(x) - 3$

$(h \circ g \circ f)(x) = 4x + 5$에서

$2f(x) - 3 = 4x + 5$ $\quad \therefore f(x) = 2x + 4$

$\therefore f(-1) = -2 + 4 = 2$

0967 답 $h(x) = -\dfrac{3}{2}x + \dfrac{1}{2}$

$(h \circ f)(x) = h(f(x)) = h(-2x+1)$

$h \circ f = g$에서 $h(-2x+1) = 3x - 1$

$-2x+1 = t$로 놓으면 $x = -\dfrac{1}{2}t + \dfrac{1}{2}$이므로

$h(t) = 3\left(-\dfrac{1}{2}t + \dfrac{1}{2}\right) - 1 = -\dfrac{3}{2}t + \dfrac{1}{2}$

$\therefore h(x) = -\dfrac{3}{2}x + \dfrac{1}{2}$

0968 답 ①

$f(x) = 2x$

$f^2(x) = f(f(x)) = 2(2x) = 2^2 x$

$f^3(x) = f(f^2(x)) = 2(2^2 x) = 2^3 x$

$f^4(x) = f(f^3(x)) = 2(2^3 x) = 2^4 x$

$\qquad\qquad \vdots$

$\therefore f^n(x) = 2^n x$ (단, n은 자연수)

따라서 $f^9(x) = 2^9 x$이므로

$f^9(-2) = 2^9 \times (-2) = -2^{10}$

만렙 Note

일반적으로 합성함수에서 결합법칙이 성립하므로

$f^n \circ f = (f \circ f \circ f \circ \cdots \circ f) \circ f$
$\qquad = f \circ (f \circ f \circ f \circ \cdots \circ f)$
$\qquad = f \circ f^n$

➡ $f^{n+1} = f^n \circ f = f \circ f^n$

0969 답 $\dfrac{1}{2}$

$f\left(\dfrac{1}{2}\right) = -\dfrac{1}{2}$

$f^2\left(\dfrac{1}{2}\right) = f\left(f\left(\dfrac{1}{2}\right)\right) = f\left(-\dfrac{1}{2}\right) = \dfrac{1}{2}$

$f^3\left(\dfrac{1}{2}\right) = f\left(f^2\left(\dfrac{1}{2}\right)\right) = f\left(\dfrac{1}{2}\right) = -\dfrac{1}{2}$

$f^4\left(\dfrac{1}{2}\right) = f\left(f^3\left(\dfrac{1}{2}\right)\right) = f\left(-\dfrac{1}{2}\right) = \dfrac{1}{2}$

$\qquad\qquad \vdots$

$\therefore f^n\left(\dfrac{1}{2}\right) = \begin{cases} -\dfrac{1}{2} & (n\text{은 홀수}) \\ \dfrac{1}{2} & (n\text{은 짝수}) \end{cases}$

$\therefore f^{10}\left(\dfrac{1}{2}\right) + f^{11}\left(\dfrac{1}{2}\right) + f^{12}\left(\dfrac{1}{2}\right) + \cdots + f^{50}\left(\dfrac{1}{2}\right)$

$= \dfrac{1}{2} - \dfrac{1}{2} + \dfrac{1}{2} - \dfrac{1}{2} + \cdots + \dfrac{1}{2} - \dfrac{1}{2} + \dfrac{1}{2}$

$= \dfrac{1}{2}$

0970 답 6

$f(100) = \dfrac{100}{2} = 50$

$f^2(100) = f(f(100)) = f(50) = \dfrac{50}{2} = 25$

$f^3(100) = f(f^2(100)) = f(25) = 25 + 1 = 26$

$f^4(100) = f(f^3(100)) = f(26) = \dfrac{26}{2} = 13$

$f^5(100) = f(f^4(100)) = f(13) = 13 + 1 = 14$

$f^6(100) = f(f^5(100)) = f(14) = \dfrac{14}{2} = 7$

$\therefore n = 6$

0971 답 3

$f(1) = 2$

$f^2(1) = f(f(1)) = f(2) = 3$

$f^3(1) = f(f^2(1)) = f(3) = 1$

$f^4(1) = f(f^3(1)) = f(1) = 2$

$\qquad\qquad \vdots$

즉, $f^n(1)$의 값은 2, 3, 1이 이 순서대로 반복된다. ······ ❶

따라서 $200 = 3 \times 66 + 2$이므로 $f^{200}(1) = 3$ ······ ❷

채점 기준	
❶ $f^n(1)$의 값의 규칙 찾기	70 %
❷ $f^{200}(1)$의 값 구하기	30 %

0972 답 ⑤

$(f \circ f)(x) = f(f(x))$

$\qquad\qquad = \begin{cases} -f(x) & (-1 \le f(x) < 0) \\ -\{f(x)\}^2 & (0 \le f(x) \le 1) \end{cases}$

(i) $-1 \le x < 0$일 때

$\quad 0 < f(x) \le 1$이므로

$\quad (f \circ f)(x) = -\{f(x)\}^2 = -(-x)^2 = -x^2$

(ii) $0 \le x \le 1$일 때

$\quad -1 \le f(x) \le 0$이므로

$\quad (f \circ f)(x) = -f(x) = -(-x^2) = x^2$

(i), (ii)에서

$(f \circ f)(x) = \begin{cases} -x^2 & (-1 \le x < 0) \\ x^2 & (0 \le x \le 1) \end{cases}$

따라서 $y = (f \circ f)(x)$의 그래프는 ⑤이다.

0973 답 ④

주어진 그래프에서

$f(x) = \begin{cases} 2 & (0 \le x < 1) \\ -2x + 4 & (1 \le x \le 2) \end{cases}$

$g(x) = \begin{cases} -x + 1 & (0 \le x < 1) \\ 2x - 2 & (1 \le x \le 2) \end{cases}$

$\therefore (f \circ g)(x) = f(g(x))$

$\qquad\qquad = \begin{cases} 2 & (0 \le g(x) < 1) \\ -2g(x) + 4 & (1 \le g(x) \le 2) \end{cases}$

이때 $g(0)=1$, $g\left(\dfrac{3}{2}\right)=1$이므로 $g(x)$의 값이 1이 되는 x의 값을 기준으로 구간을 나누어 $f \circ g$의 식을 구하면

(i) $x=0$일 때

$g(x)=1$이므로 $(f \circ g)(x)=-2+4=2$

(ii) $0<x<1$일 때

$0<g(x)<1$이므로 $(f \circ g)(x)=2$

(iii) $1 \le x < \dfrac{3}{2}$일 때

$0 \le g(x)<1$이므로 $(f \circ g)(x)=2$

(iv) $\dfrac{3}{2} \le x \le 2$일 때

$1 \le g(x) \le 2$이므로

$(f \circ g)(x)=-2g(x)+4$

$\qquad\qquad\quad=-2(2x-2)+4$

$\qquad\qquad\quad=-4x+8$

(i)~(iv)에서

$(f \circ g)(x)=\begin{cases} 2 & \left(0 \le x < \dfrac{3}{2}\right) \\ -4x+8 & \left(\dfrac{3}{2} \le x \le 2\right) \end{cases}$

따라서 $y=(f \circ g)(x)$의 그래프는 오른쪽 그림과 같으므로 구하는 넓이는

$\dfrac{1}{2} \times \left(\dfrac{3}{2}+2\right) \times 2 = \dfrac{7}{2}$

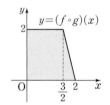

0974 답 7

$f^{-1}(1)=3$, $f^{-1}(-1)=5$에서

$f(3)=1$, $f(5)=-1$

$\therefore 3a+b=1$, $5a+b=-1$

두 식을 연립하여 풀면 $a=-1$, $b=4$

따라서 $f(x)=-x+4$이므로

$f(-3)=3+4=7$

0975 답 ②

$\dfrac{3-x}{4}=t$로 놓으면 $x=-4t+3$이므로

$f(t)=(-4t+3)-2=-4t+1$

$\therefore f(x)=-4x+1$

$f^{-1}(5)=k\,(k$는 상수$)$라 하면 $f(k)=5$이므로

$-4k+1=5$ $\quad \therefore k=-1$

$\therefore f^{-1}(5)=-1$

0976 답 17

$f^{-1}(2)=1$에서 $f(1)=2$

$(f \circ f)(1)=6$에서

$f(f(1))=6$ $\quad \therefore f(2)=6$ ······ ❶

$f(x)=ax+b\,(a, b$는 상수, $a \ne 0)$라 하면

$f(1)=2$에서 $a+b=2$ ······ ㉠

$f(2)=6$에서 $2a+b=6$ ······ ㉡

㉠, ㉡을 연립하여 풀면 $a=4$, $b=-2$

$\therefore f(x)=4x-2$ ······ ❷

$f^{-1}(10)=k\,(k$는 상수$)$라 하면 $f(k)=10$이므로

$4k-2=10$ $\quad \therefore k=3$

$\therefore f(4)+f^{-1}(10)=14+3=17$ ······ ❸

채점 기준

❶ $f(1)$, $f(2)$의 값 구하기		30 %
❷ 함수 $f(x)$ 구하기		30 %
❸ $f(4)+f^{-1}(10)$의 값 구하기		40 %

0977 답 ②

$f^{-1}(7)=k\,(k$는 상수$)$라 하면 $f(k)=7$이므로

$k^2-2k-1=7$, $k^2-2k-8=0$

$(k+2)(k-4)=0$

$\therefore k=-2$ 또는 $k=4$

그런데 함수 f의 정의역이 $\{x \,|\, x \ge 1\}$이므로 $k \ge 1$

$\therefore k=4$ $\quad \therefore f^{-1}(7)=4$

0978 답 ③

$x<2$일 때, $f(x)=x-1<1$

$x \ge 2$일 때, $f(x)=x^2-4x+5=(x-2)^2+1 \ge 1$

$f^{-1}(0)=a\,(a$는 상수$)$라 하면 $f(a)=0<1$이므로

$a<2$

$f(a)=0$에서 $a-1=0$ $\quad \therefore a=1$

$f^{-1}(10)=b\,(b$는 상수$)$라 하면 $f(b)=10 \ge 1$이므로

$b \ge 2$

$f(b)=10$에서 $b^2-4b+5=10$

$b^2-4b-5=0$, $(b+1)(b-5)=0$

$\therefore b=5\,(\because b \ge 2)$

$\therefore f^{-1}(0)+f^{-1}(10)=1+5=6$

0979 답 ⑤

함수 f의 역함수가 존재하면 f는 일대일대응이다.

함수 $y=f(x)$의 그래프의 기울기가 음수이므로

$f(-1)=a$, $f(2)=2$

$3+b=a$, $-6+b=2$ $\quad \therefore a=11$, $b=8$

$\therefore a+b=19$

0980 답 $-1<k<1$

$f(x)=x+k|x-2|+4$에서

(i) $x<2$일 때

$f(x)=x-k(x-2)+4$

$\qquad=(1-k)x+2k+4$

(ii) $x \ge 2$일 때

$f(x)=x+k(x-2)+4$

$\qquad=(k+1)x-2k+4$

(i), (ii)에서

$f(x)=\begin{cases} (1-k)x+2k+4 & (x<2) \\ (k+1)x-2k+4 & (x \ge 2) \end{cases}$

함수 f의 역함수가 존재하려면 f는 일대일대응이어야 하므로 x의 값이 증가할 때, $f(x)$의 값은 항상 증가하거나 항상 감소해야 한다.
즉, $x<2$일 때, $x\geq2$일 때의 직선의 기울기의 부호가 서로 같아야 하므로
$(1-k)(k+1)>0$
$(k+1)(k-1)<0$
$\therefore -1<k<1$

0981 답 9
$f(x)=x^2-4x-36=(x-2)^2-40$이고 함수 f의 역함수가 존재하면 f는 일대일대응이므로
$a\geq2$, $f(a)=a$
$f(a)=a$에서 $a^2-4a-36=a$
$a^2-5a-36=0$, $(a+4)(a-9)=0$
$\therefore a=9$ ($\because a\geq2$)

0982 답 ③
$f(1)=1$, $f(2)=4$, $f(3)=3+a$, $f(4)=4+a$
함수 f의 역함수가 존재하므로 f는 일대일대응이다.
$\therefore f(3)=2$, $f(4)=3$ 또는 $f(3)=3$, $f(4)=2$
(i) $f(3)=2$, $f(4)=3$일 때
    $3+a=2$, $4+a=3$이므로
    $a=-1$
(ii) $f(3)=3$, $f(4)=2$일 때
    $3+a=3$, $4+a=2$
    이를 만족시키는 a의 값은 존재하지 않는다.
(i), (ii)에서 $a=-1$
따라서 $f(1)=1$, $f(2)=4$, $f(3)=2$, $f(4)=3$이므로
$g(1)=1$, $g(2)=3$, $g(3)=4$, $g(4)=2$
$\therefore g^2(2)=g(g(2))=g(3)=4$,
  $g^3(2)=g(g^2(2))=g(4)=2$,
  $g^4(2)=g(g^3(2))=g(2)=3$,
      $\vdots$
즉, $g^n(2)$의 값은 3, 4, 2가 이 순서대로 반복된다.
따라서 $10=3\times3+1$, $11=3\times3+2$이므로
$g^{10}(2)=3$, $g^{11}(2)=4$
$\therefore a+g^{10}(2)+g^{11}(2)=6$

0983 답 ③
$y=ax+3$이라 하면 $ax=y-3$
$\therefore x=\dfrac{1}{a}y-\dfrac{3}{a}$
x와 y를 서로 바꾸면 $y=\dfrac{1}{a}x-\dfrac{3}{a}$
$\therefore f^{-1}(x)=\dfrac{1}{a}x-\dfrac{3}{a}$
따라서 $\dfrac{1}{a}x-\dfrac{3}{a}=\dfrac{1}{3}x+b$이므로
$\dfrac{1}{a}=\dfrac{1}{3}$, $-\dfrac{3}{a}=b$ $\therefore a=3$, $b=-1$
$\therefore a+b=2$

0984 답 $h^{-1}(x)=-\dfrac{1}{3}x+1$
$h(x)=(g\circ f)(x)=g(f(x))=g(3x-1)$
      $=-(3x-1)+2=-3x+3$
즉, $h(x)=-3x+3$이므로 $y=-3x+3$이라 하면
$3x=-y+3$ $\therefore x=-\dfrac{1}{3}y+1$
x와 y를 서로 바꾸면 $y=-\dfrac{1}{3}x+1$
$\therefore h^{-1}(x)=-\dfrac{1}{3}x+1$

0985 답 -1
$y=ax+1$이라 하면 $ax=y-1$
$\therefore x=\dfrac{1}{a}y-\dfrac{1}{a}$
x와 y를 서로 바꾸면 $y=\dfrac{1}{a}x-\dfrac{1}{a}$
$\therefore f^{-1}(x)=\dfrac{1}{a}x-\dfrac{1}{a}$ ······ ❶
$f=f^{-1}$에서 $ax+1=\dfrac{1}{a}x-\dfrac{1}{a}$이므로
$a=\dfrac{1}{a}$, $1=-\dfrac{1}{a}$
$\therefore a=-1$ ······ ❷

채점 기준

❶ 역함수 $f^{-1}(x)$ 구하기		50 %
❷ a의 값 구하기		50 %

0986 답 $f^{-1}(x)=\dfrac{1}{2}x+2$
$2x+3=t$로 놓으면 $x=\dfrac{1}{2}t-\dfrac{3}{2}$
$\therefore f(t)=4\times\left(\dfrac{1}{2}t-\dfrac{3}{2}\right)+2=2t-4$
즉, $f(x)=2x-4$이므로 $y=2x-4$라 하면
$2x=y+4$ $\therefore x=\dfrac{1}{2}y+2$
x와 y를 서로 바꾸면 $y=\dfrac{1}{2}x+2$
$\therefore f^{-1}(x)=\dfrac{1}{2}x+2$

0987 답 -1
$(f^{-1}\circ g)(a)=f^{-1}(g(a))=4$에서 $f(4)=g(a)$이므로
$1=2a+3$
$\therefore a=-1$

0988 답 ②
$(f^{-1}\circ g)(4)=f^{-1}(g(4))=k$ (k는 상수)라 하면
$f(k)=g(4)$
$g(4)=6$이므로 $f(k)=6$
이때 $f(2)=6$이므로 $k=2$
$\therefore (f^{-1}\circ g)(4)=2$

0989 답 ③

$(f \circ g^{-1})(k) = f(g^{-1}(k)) = 7$

$g^{-1}(k) = a\,(a$는 상수$)$라 하면 $f(a) = 7$에서

$4a - 5 = 7$ $\therefore a = 3$

즉, $g^{-1}(k) = 3$이므로

$k = g(3) = 10$

0990 답 2

$(f \circ g^{-1} \circ f)(a) = f(g^{-1}(f(a))) = 5$

$g^{-1}(f(a)) = k\,(k$는 상수$)$라 하면 $f(k) = 5$에서

$2k + 3 = 5$ $\therefore k = 1$

$\therefore g^{-1}(f(a)) = 1$ ······ ❶

따라서 $g(1) = f(a)$이므로

$7 = 2a + 3$ $\therefore a = 2$ ······ ❷

채점 기준	
❶ $g^{-1}(f(a))$의 값 구하기	60 %
❷ a의 값 구하기	40 %

0991 답 ②

$(f^{-1} \circ g)(3) = f^{-1}(g(3)) = k\,(k$는 상수$)$라 하면

$f(k) = g(3)$

$g(3) = 2$이므로 $f(k) = 2$

이때 $x \geq 0$에서 $f(x) = 2x^2 - 2 \geq -2$,

$x < 0$에서 $f(x) = 3x - 2 < -2$이므로

$k \geq 0$

따라서 $f(k) = 2k^2 - 2$이므로 $2k^2 - 2 = 2$

$k^2 = 2$ $\therefore k = \sqrt{2}\,(\because k \geq 0)$

$\therefore (f^{-1} \circ g)(3) = \sqrt{2}$

0992 답 4

$(f \circ (f^{-1} \circ g)^{-1} \circ f^{-1})(6) = (f \circ g^{-1} \circ f \circ f^{-1})(6)$

$\qquad\qquad\qquad\qquad\qquad = (f \circ g^{-1})(6) = f(g^{-1}(6))$

$g^{-1}(6) = k\,(k$는 상수$)$라 하면 $g(k) = 6$이므로

$5k - 4 = 6$ $\therefore k = 2$

$\therefore (f \circ (f^{-1} \circ g)^{-1} \circ f^{-1})(6) = f(g^{-1}(6))$

$\qquad\qquad\qquad\qquad\qquad = f(2) = 4$

0993 답 ②

$(f^{-1} \circ g)(-1) + (f^{-1} \circ g)^{-1}(1) = (f^{-1} \circ g)(-1) + (g^{-1} \circ f)(1)$

$\qquad\qquad\qquad\qquad = f^{-1}(g(-1)) + g^{-1}(f(1))$

$\qquad\qquad\qquad\qquad = f^{-1}(-2) + g^{-1}(3)$

$f^{-1}(-2) = k\,(k$는 상수$)$라 하면 $f(k) = -2$이므로

$4k - 1 = -2$ $\therefore k = -\dfrac{1}{4}$

$g^{-1}(3) = l\,(l$은 상수$)$이라 하면 $g(l) = 3$이므로

$5l + 3 = 3$ $\therefore l = 0$

$\therefore (f^{-1} \circ g)(-1) + (f^{-1} \circ g)^{-1}(1) = f^{-1}(-2) + g^{-1}(3)$

$\qquad\qquad\qquad\qquad = -\dfrac{1}{4} + 0 = -\dfrac{1}{4}$

0994 답 $\dfrac{11}{4}$

$(g^{-1} \circ (f \circ g^{-1})^{-1} \circ g)(x) = (g^{-1} \circ g \circ f^{-1} \circ g)(x)$

$\qquad\qquad\qquad\qquad = (f^{-1} \circ g)(x)$

$\qquad\qquad\qquad\qquad = f^{-1}(g(x))$ ······ ❶

이때 $y = 2x - 5$라 하면 $2x = y + 5$

$\therefore x = \dfrac{1}{2}y + \dfrac{5}{2}$

x와 y를 서로 바꾸면 $y = \dfrac{1}{2}x + \dfrac{5}{2}$

$\therefore g(x) = \dfrac{1}{2}x + \dfrac{5}{2}$ ······ ❷

$\therefore (g^{-1} \circ (f \circ g^{-1})^{-1} \circ g)(x) = f^{-1}(g(x))$

$\qquad\qquad\qquad\qquad = f^{-1}\left(\dfrac{1}{2}x + \dfrac{5}{2}\right)$

$\qquad\qquad\qquad\qquad = \left(\dfrac{1}{2}x + \dfrac{5}{2}\right) + 3$

$\qquad\qquad\qquad\qquad = \dfrac{1}{2}x + \dfrac{11}{2}$ ······ ❸

따라서 $a = \dfrac{1}{2}$, $b = \dfrac{11}{2}$이므로

$ab = \dfrac{11}{4}$ ······ ❹

채점 기준	
❶ 주어진 합성함수 간단히 하기	30 %
❷ 함수 $g(x)$ 구하기	30 %
❸ 주어진 합성함수 구하기	30 %
❹ ab의 값 구하기	10 %

0995 답 $h(x) = \begin{cases} x - 1 & (x < 2) \\ \dfrac{1}{2}x & (x \geq 2) \end{cases}$

$f \circ h = g^{-1}$에서

$f^{-1} \circ f \circ h = f^{-1} \circ g^{-1}$

$\therefore h = (g \circ f)^{-1}$

(i) $x < 1$일 때

$(g \circ f)(x) = g(f(x))$

$\qquad\qquad = g(x) = x + 1$

$y = x + 1$이라 하면 $y < 2$이고 $x = y - 1$

x와 y를 서로 바꾸면 $y = x - 1$

$\therefore (g \circ f)^{-1}(x) = x - 1\,(x < 2)$

(ii) $x \geq 1$일 때

$(g \circ f)(x) = g(f(x))$

$\qquad\qquad = g(2x - 1)$

$\qquad\qquad = (2x - 1) + 1 = 2x$

$y = 2x$라 하면 $y \geq 2$이고 $x = \dfrac{1}{2}y$

x와 y를 서로 바꾸면 $y = \dfrac{1}{2}x$

$\therefore (g \circ f)^{-1}(x) = \dfrac{1}{2}x\,(x \geq 2)$

(i), (ii)에서

$h(x) = \begin{cases} x - 1 & (x < 2) \\ \dfrac{1}{2}x & (x \geq 2) \end{cases}$

0996 답 12

$(f \circ f)(6)=f(f(6))=f(3)=1$
한편 $f^{-1}(6)=k$(k는 상수)라 하면
$f(k)=6$이므로
$k=9$
$f^{-1}(9)=l$(l은 상수)라 하면
$f(l)=9$이므로
$l=11$
$\therefore (f^{-1} \circ f^{-1})(6)=f^{-1}(f^{-1}(6))$
$\qquad\qquad\qquad\quad =f^{-1}(9)=11$
$\therefore (f \circ f)(6)+(f^{-1} \circ f^{-1})(6)=12$

0997 답 ③

$(g \circ f)^{-1}(c)=(f^{-1} \circ g^{-1})(c)=f^{-1}(g^{-1}(c))$
$g^{-1}(c)=k$(k는 상수)라 하면
$g(k)=c$이므로
$k=b$
$f^{-1}(b)=l$(l은 상수)라 하면
$f(l)=b$이므로
$l=c$
$\therefore (g \circ f)^{-1}(c)=(f^{-1} \circ g^{-1})(c)$
$\qquad\qquad\qquad\quad =f^{-1}(g^{-1}(c))$
$\qquad\qquad\qquad\quad =f^{-1}(b)=c$

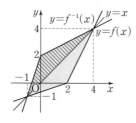

0998 답 2

주어진 함수 $y=f(x)$의 그래프와 그 역함수 $y=f^{-1}(x)$의 그래프의
교점은 함수 $y=f(x)$의 그래프와 직선 $y=x$의 교점과 같으므로
$2x-1=x$에서 $x=1$
따라서 교점의 좌표는 $(1, 1)$이므로
$a=1, b=1$
$\therefore a+b=2$

0999 답 ①

주어진 함수 $y=f(x)$의 그래프와 그 역함수 $y=f^{-1}(x)$의 그래프의
교점은 함수 $y=f(x)$의 그래프와 직선 $y=x$의 교점과 같으므로 방
정식 $3x+a=x$의 해가 $x=2$이어야 한다.
따라서 $6+a=2$이므로 $a=-4$
한편 점 $(2, b)$는 직선 $y=x$ 위의 점이므로
$b=2$
$\therefore a+b=-2$

1000 답 ②

주어진 함수 $y=f(x)$의 그래프와 그 역함수 $y=f^{-1}(x)$의 그래프의
교점은 함수 $y=f(x)$의 그래프와 직선 $y=x$의 교점과 같으므로
$x^2-6x+12=x$에서 $x^2-7x+12=0$
$(x-3)(x-4)=0$
$\therefore x=3$ 또는 $x=4$
따라서 두 교점의 좌표는 $(3, 3), (4, 4)$이므로 두 점 사이의 거리는
$\sqrt{(4-3)^2+(4-3)^2}=\sqrt{2}$

1001 답 10

오른쪽 그림과 같이 함수 $y=f(x)$의
그래프와 그 역함수 $y=f^{-1}(x)$의 그
래프는 직선 $y=x$에 대하여 대칭이므
로 구하는 넓이는 함수 $y=f(x)$의 그
래프와 직선 $y=x$로 둘러싸인 부분의
넓이의 2배이다.

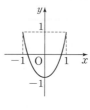

함수 $y=f(x)$의 그래프와 직선 $y=x$의 교점의 x좌표를 구하면
(i) $x<0$일 때
$\quad 3x+2=x$에서 $x=-1$
(ii) $x \geq 0$일 때
$\quad \dfrac{1}{2}x+2=x$에서 $x=4$
(i), (ii)에서 함수 $y=f(x)$의 그래프와 직선 $y=x$의 두 교점의 좌표
는 $(-1, -1), (4, 4)$이므로 구하는 넓이는
$2 \times \left(\dfrac{1}{2} \times 2 \times 1 + \dfrac{1}{2} \times 2 \times 4 \right)=10$

AB 유형 점검   154~156쪽

1002 답 ⑤

$X=\{-2, -1, 0, 1, 2\}, Y=\{\cdots, -1, 0, 1, 2, 3, 4\}$
⑤ 집합 X의 원소 $-2, -1$에 대응하는 집합 Y의 원소가 없으므로
함수가 아니다.

1003 답 ③

$7^1=7, 7^2=49, 7^3=343, 7^4=2401, 7^5=16807, \cdots$
따라서 7^x의 일의 자리의 숫자는 $7, 9, 3, 1$이 이 순서대로 반복된다.
이때 $10=4 \times 2+2$이므로
$f(1)+f(2)+f(3)+\cdots+f(10)=2 \times (7+9+3+1)+7+9$
$\qquad\qquad\qquad\qquad\qquad\qquad =56$

1004 답 5

함수 $y=f(x)$의 그래프는 점 $(0, b)$를 꼭짓점으로 하는 포물선이다.
(i) $a>0$일 때
$\quad f(x)=ax^2+b$의 공역과 치역이 같으므로
$\quad b=-1, f(-1)=f(1)=1$
$\quad$ 즉, $a+b=1$이므로
$\quad a=2$
$\quad \therefore a^2+b^2=4+1=5$

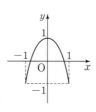

(ii) $a<0$일 때
$\quad f(x)=ax^2+b$의 공역과 치역이 같으므로
$\quad b=1, f(-1)=f(1)=-1$
$\quad$ 즉, $a+b=-1$이므로
$\quad a=-2$
$\quad \therefore a^2+b^2=4+1=5$
(i), (ii)에서 $a^2+b^2=5$

1005 답 $\dfrac{1}{64}$

주어진 식의 양변에 $x=1$, $y=0$을 대입하면

$f(1+0)=f(1)f(0)$

$4=4f(0)$ $\therefore f(0)=1$

주어진 식의 양변에 $x=1$, $y=-1$을 대입하면

$f(1-1)=f(1)f(-1)$

$1=4f(-1)$ $\therefore f(-1)=\dfrac{1}{4}$

주어진 식의 양변에 $x=-1$, $y=-1$을 대입하면

$f(-1-1)=f(-1)f(-1)$

$\therefore f(-2)=\dfrac{1}{4}\times\dfrac{1}{4}=\dfrac{1}{16}$

주어진 식의 양변에 $x=-1$, $y=-2$를 대입하면

$f(-1-2)=f(-1)f(-2)$

$\therefore f(-3)=\dfrac{1}{4}\times\dfrac{1}{16}=\dfrac{1}{64}$

1006 답 ④

$f(0)=g(0)$에서 $3=a+b$ …… ㉠

$f(1)=g(1)$에서 $1=b$

이를 ㉠에 대입하면

$3=a+1$ $\therefore a=2$

$\therefore 2a-b=4-1=3$

1007 답 5

일대일함수의 그래프는 치역의 각 원소 k에 대하여 x축에 평행한 직선 $y=k$와 오직 한 점에서 만나므로

ㄱ, ㄷ, ㄹ

$\therefore a=3$

일대일대응의 그래프는 일대일함수의 그래프 중 치역과 공역이 같은 것이므로

ㄷ, ㄹ

$\therefore b=2$

$\therefore a+b=5$

1008 답 ②

$|y|\le a$에서 $-a\le y\le a$이므로 함수 $f(x)=2x+b$가 일대일대응이면

$f(-3)=-a$, $f(5)=a$

$-6+b=-a$, $10+b=a$

$\therefore a+b=6$, $a-b=10$

두 식을 연립하여 풀면

$a=8$, $b=-2$

$\therefore a^2+b^2=64+4=68$

1009 답 32

함수의 개수는 $4^2=16$ $\therefore a=16$

일대일함수의 개수는 $_4\mathrm{P}_2=4\times3=12$ $\therefore b=12$

상수함수의 개수는 4 $\therefore c=4$

$\therefore a+b+c=32$

1010 답 24

정의역과 치역의 원소의 개수가 같으므로 ㈏를 만족시키려면 함수 f는 일대일대응이어야 한다.

따라서 ㈎, ㈏를 모두 만족시키는 순서쌍 $(f(1), f(2))$는

$(6, 10)$, $(7, 9)$, $(9, 7)$, $(10, 6)$의 4개

그 각각에 대하여 함수 f가 일대일대응이 되도록 집합 X의 원소 3, 4, 5에 집합 Y의 원소를 대응시키는 경우의 수는 $3!=6$

따라서 구하는 함수 f의 개수는

$4\times6=24$

1011 답 ④

$(h\circ(g\circ f))(\sqrt{2})=((h\circ g)\circ f)(\sqrt{2})$

$=(h\circ g)(f(\sqrt{2}))$

$=(h\circ g)(4)$

$=4-2=2$

1012 답 6

$(g\circ f)(x)=g(f(x))=g(2x+3)$

$(g\circ f)(x)=x^2+x$에서 $g(2x+3)=x^2+x$

$2x+3=t$로 놓으면 $x=\dfrac{1}{2}t-\dfrac{3}{2}$이므로

$g(t)=\left(\dfrac{1}{2}t-\dfrac{3}{2}\right)^2+\dfrac{1}{2}t-\dfrac{3}{2}=\dfrac{1}{4}t^2-t+\dfrac{3}{4}$

$\therefore g(-3)=\dfrac{9}{4}+3+\dfrac{3}{4}=6$

다른 풀이

$g(2x+3)=x^2+x$ …… ㉠

$2x+3=-3$일 때 $x=-3$이므로 이를 ㉠에 대입하면

$g(-3)=9-3=6$

1013 답 7

$f^{-1}(3)=4$에서 $f(4)=3$이므로

$f(1)=4$, $f(2)=1$, $f(4)=3$

이때 f가 일대일대응이므로 $f(3)=2$

$f(1)=4$

$f^2(1)=f(f(1))=f(4)=3$

$f^3(1)=f(f^2(1))=f(3)=2$

$f^4(1)=f(f^3(1))=f(2)=1$

$f^5(1)=f(f^4(1))=f(1)=4$

$\vdots$

즉, $f^n(1)$의 값은 4, 3, 2, 1이 이 순서대로 반복된다.

따라서 $2025=4\times506+1$, $2026=4\times506+2$이므로

$f^{2025}(1)+f^{2026}(1)=4+3=7$

1014 답 ②

함수 f의 역함수가 존재하려면 f는 일대일대응이어야 하므로 x의 값이 증가할 때, $f(x)$의 값은 항상 증가하거나 항상 감소해야 한다.

즉, $x<1$일 때, $x\ge1$일 때의 직선의 기울기의 부호가 서로 같아야 하므로

$(a+7)(-a+5)>0$

$(a+7)(a-5)<0$

$\therefore -7<a<5$

따라서 정수 a는 -6, -5, -4, $\cdots$, 4의 11개이다.

1015 답 ①

$y=ax+b$라 하면 $ax=y-b$

$\therefore x=\dfrac{1}{a}y-\dfrac{b}{a}$

x와 y를 서로 바꾸면 $y=\dfrac{1}{a}x-\dfrac{b}{a}$

$\therefore f^{-1}(x)=\dfrac{1}{a}x-\dfrac{b}{a}$

따라서 $\dfrac{1}{a}x-\dfrac{b}{a}=6bx-4ab$이므로

$\dfrac{1}{a}=6b$, $\dfrac{b}{a}=4ab$

$\dfrac{b}{a}=4ab$에서 $a^2=\dfrac{1}{4}$이므로 $a=\dfrac{1}{2}$ $(\because a>0)$

이를 $\dfrac{1}{a}=6b$에 대입하면

$2=6b$ $\quad\therefore b=\dfrac{1}{3}$

$\therefore a-b=\dfrac{1}{6}$

1016 답 ⑤

$f^{-1}(5)=k\,(k$는 상수$)$라 하면 $f(k)=5$이므로

$3k+2=5$ $\quad\therefore k=1$

$\therefore (f\circ g\circ f^{-1})(5)=f(g(f^{-1}(5)))$

$\qquad\qquad\qquad\quad =f(g(1))=f(-2+a)$

$\qquad\qquad\qquad\quad =3(-2+a)+2=3a-4$

$(f\circ g\circ f^{-1})(5)=8$에서

$3a-4=8$ $\quad\therefore a=4$

1017 답 5

$(f^{-1}\circ g)^{-1}(-1)+(g\circ(f\circ g)^{-1})(1)$

$=(g^{-1}\circ f)(-1)+(g\circ g^{-1}\circ f^{-1})(1)$

$=g^{-1}(f(-1))+f^{-1}(1)$

$=g^{-1}(5)+f^{-1}(1)$

$g^{-1}(5)=k\,(k$는 상수$)$라 하면 $g(k)=5$이므로

$3k-1=5$ $\quad\therefore k=2$

$f^{-1}(1)=l\,(l$은 상수$)$라 하면 $f(l)=1$이므로

$-l+4=1$ $\quad\therefore l=3$

$\therefore (f^{-1}\circ g)^{-1}(-1)+(g\circ(f\circ g)^{-1})(1)$

$\quad =g^{-1}(5)+f^{-1}(1)$

$\quad =2+3=5$

1018 답 ①

$(f^{-1}\circ(g^{-1}\circ f)^{-1})(b)$

$=f^{-1}((f^{-1}\circ g)(b))$

$=f^{-1}(f^{-1}(g(b)))$ $\quad$…… ㉠

$g(b)=k\,(k$는 상수$)$라 하면

$g^{-1}(k)=b$이므로

$k=c$

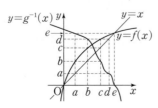

$f^{-1}(c)=l\,(l$은 상수$)$라 하면 $f(l)=c$이므로

$l=b$

$f^{-1}(b)=m\,(m$은 상수$)$라 하면 $f(m)=b$이므로

$m=a$

따라서 ㉠에서

$(f^{-1}\circ(g^{-1}\circ f)^{-1})(b)=f^{-1}(f^{-1}(g(b)))$

$\qquad\qquad\qquad\qquad\qquad\quad =f^{-1}(f^{-1}(c))$

$\qquad\qquad\qquad\qquad\qquad\quad =f^{-1}(b)=a$

1019 답 7

함수 f는 항등함수이므로

$f(x)=x$ $\qquad\qquad\qquad\qquad\qquad$…… ❶

$f(4)=4$이므로 $f(4)=g(-5)$에서

$g(-5)=4$

함수 g는 상수함수이므로

$g(x)=g(-5)=4$ $\qquad\qquad\qquad$…… ❷

따라서 $h(x)=x+4$이므로

$h(2)+h(-3)=6+1=7$ $\qquad\quad$…… ❸

채점 기준

❶ 함수 $f(x)$ 구하기		30 %
❷ 함수 $g(x)$ 구하기		40 %
❸ $h(2)+h(-3)$의 값 구하기		30 %

1020 답 -6

$(f\circ f)(x)=f(f(x))=f(ax+b)$

$\qquad\qquad\quad =a(ax+b)+b$

$\qquad\qquad\quad =a^2x+ab+b$

$(f\circ f)(x)=4x-3$에서

$a^2x+ab+b=4x-3$ $\qquad\qquad$…… ❶

$\therefore a^2=4$, $ab+b=-3$

$a^2=4$에서 $a=-2$ $(\because a<0)$

이를 $ab+b=-3$에 대입하면

$-2b+b=-3$ $\quad\therefore b=3$ $\qquad$…… ❷

$\therefore ab=-6$ $\qquad\qquad\qquad\qquad\quad$…… ❸

채점 기준

❶ 주어진 조건을 이용하여 항등식 세우기		30 %
❷ a, b의 값 구하기		60 %
❸ ab의 값 구하기		10 %

1021 답 $2\sqrt{2}$

주어진 함수 $y=f(x)$의 그래프와 그 역함수 $y=f^{-1}(x)$의 그래프의 교점은 함수 $y=f(x)$의 그래프와 직선 $y=x$의 교점과 같다.

$-2x+6=x$에서 $x=2$

$\therefore P(2, 2)$ $\qquad\qquad\qquad\qquad$…… ❶

$\therefore \overline{OP}=\sqrt{2^2+2^2}=2\sqrt{2}$ $\qquad$…… ❷

채점 기준

❶ 점 P의 좌표 구하기		70 %
❷ 선분 OP의 길이 구하기		30 %

1022 답 ④

$3^1=3$을 4로 나누었을 때의 나머지는 3이므로 $f(1)=3$

$3^2=9$를 4로 나누었을 때의 나머지는 1이므로 $f(2)=1$

$3^3=27$을 4로 나누었을 때의 나머지는 3이므로 $f(3)=3$

$3^4=81$을 4로 나누었을 때의 나머지는 1이므로 $f(4)=1$

$3^5=243$을 4로 나누었을 때의 나머지는 3이므로 $f(5)=3$

$\vdots$

$\therefore f(x)=\begin{cases} 3 \ (x\text{는 홀수}) \\ 1 \ (x\text{는 짝수}) \end{cases}$

따라서 집합 A는 집합 $\{1, 3, 5, \dots, 19\}$의 공집합이 아닌 부분집합이므로 구하는 집합 A의 개수는

$2^{10}-1=1024-1=1023$

1023 답 6

$(f \circ f)(a)=f(a)$에서 $f(a)=t$로 놓으면

$f(t)=t$

(i) $t<2$일 때

$2t+2=t$에서 $t=-2$이므로

$f(a)=-2$

① $a<2$일 때

$2a+2=-2$이므로 $a=-2$

② $a\geq2$일 때

$a^2-7a+16=-2$

$\therefore a^2-7a+18=0$

이 이차방정식의 판별식을 D라 하면

$D=(-7)^2-4\times18=-23<0$

따라서 이를 만족시키는 실수 a의 값은 존재하지 않는다.

(ii) $t\geq2$일 때

$t^2-7t+16=t$에서 $t^2-8t+16=0$

$(t-4)^2=0$ $\therefore t=4$

$\therefore f(a)=4$

① $a<2$일 때

$2a+2=4$이므로 $a=1$

② $a\geq2$일 때

$a^2-7a+16=4$, $a^2-7a+12=0$

$(a-3)(a-4)=0$

$\therefore a=3$ 또는 $a=4$

(i), (ii)에서 $a=-2$ 또는 $a=1$ 또는 $a=3$ 또는 $a=4$

따라서 구하는 합은

$-2+1+3+4=6$

1024 답 16

$S=\{9, 18, 27, 36, 45, 54, 63, 72, 81, 90, 99\}$

9를 7로 나눈 나머지는 2이므로 $f(9)=2$

18을 7로 나눈 나머지는 4이므로 $f(18)=4$

27을 7로 나눈 나머지는 6이므로 $f(27)=6$

$\vdots$

같은 방법으로 구해 보면 n의 값이 9, 18, 27, ..., 99일 때의 $f(n)$의 값은

$f(9)=f(72)=2$,

$f(18)=f(81)=4$,

$f(27)=f(90)=6$,

$f(36)=f(99)=1$,

$f(45)=3$, $f(54)=5$, $f(63)=0$

따라서 $f(n)=0$, $f(n)=3$, $f(n)=5$인 n의 값은 각각 1개이고,

$f(n)=1$, $f(n)=2$, $f(n)=4$, $f(n)=6$인 n의 값은 각각 2개이다.

이때 함수 f의 역함수가 존재하려면 f는 일대일대응이어야 하므로 집합 X는 n의 값이 각각 1개인 것은 반드시 원소로 갖고, 2개씩 있는 것은 그중 1개씩만 원소로 가져야 한다.

따라서 구하는 집합 X의 개수는

$2\times2\times2\times2=16$

1025 답 $6\leq k<\dfrac{25}{4}$

$f(x)=x^2-4x+k=(x-2)^2+k-4 \ (x\geq2)$

함수 $y=f(x)$의 그래프와 그 역함수 $y=f^{-1}(x)$의 그래프는 직선 $y=x$에 대하여 대칭이므로 두 함수 $y=f(x)$, $y=f^{-1}(x)$의 그래프가 서로 다른 두 점에서 만나려면 오른쪽 그림과 같이 함수 $y=f(x)$의 그래프와 직선 $y=x$가 서로 다른 두 점에서 만나야 한다.

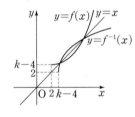

따라서 이차방정식 $x^2-4x+k=x$, 즉 $x^2-5x+k=0$이 2보다 크거나 같은 서로 다른 두 실근을 가져야 하므로 이차방정식 $x^2-5x+k=0$의 판별식을 D라 하면

$D=(-5)^2-4k>0$

$\therefore k<\dfrac{25}{4}$ ...... ㉠

또 $g(x)=x^2-5x+k=\left(x-\dfrac{5}{2}\right)^2+k-\dfrac{25}{4}$라 하면 $g(2)\geq0$이어야 하므로

$4-10+k\geq0$

$\therefore k\geq6$ ...... ㉡

$y=g(x)$의 그래프의 축의 방정식은 $x=\dfrac{5}{2}$이고 $\dfrac{5}{2}>2$이다.

따라서 ㉠, ㉡에서 구하는 실수 k의 값의 범위는

$6\leq k<\dfrac{25}{4}$

공통수학1 **다시보기**

이차함수 $f(x)=ax^2+bx+c \ (a>0)$에 대하여 이차방정식 $f(x)=0$의 서로 다른 두 실근이 모두 p보다 크거나 같으려면 다음을 모두 만족시켜야 한다.

(1) 이차방정식 $f(x)=0$의 판별식을 D라 할 때 ➡ $D>0$

(2) $f(p)\geq0$

(3) 그래프의 축의 방정식이 $x=-\dfrac{b}{2a}$이므로 ➡ $-\dfrac{b}{2a}>p$

09 / 유리함수

A 개념 확인
158~161쪽

1026 답 ㄱ, ㄷ

1027 답 ㄴ, ㄹ, ㅁ, ㅂ

1028 답 $\dfrac{10by}{15a^2b^2x^2}$, $\dfrac{6ax}{15a^2b^2x^2}$

1029 답 $\dfrac{3x(x-2)}{(x+1)(x-1)(x-2)}$, $\dfrac{4(x-1)}{(x+1)(x-1)(x-2)}$

$\dfrac{3x}{x^2-1}=\dfrac{3x}{(x+1)(x-1)}$, $\dfrac{4}{x^2-x-2}=\dfrac{4}{(x+1)(x-2)}$ 를 통분하면

$\dfrac{3x(x-2)}{(x+1)(x-1)(x-2)}$, $\dfrac{4(x-1)}{(x+1)(x-1)(x-2)}$

1030 답 $\dfrac{3yz^2}{2x^2}$

1031 답 $\dfrac{x-4}{(x+3)(x-2)}$

$\dfrac{x^2-5x+4}{x^3-7x+6}=\dfrac{(x-1)(x-4)}{(x+3)(x-1)(x-2)}$
$=\dfrac{x-4}{(x+3)(x-2)}$

1032 답 $\dfrac{6x+8}{(x+3)(x-2)}$

$\dfrac{2}{x+3}+\dfrac{4}{x-2}=\dfrac{2(x-2)+4(x+3)}{(x+3)(x-2)}$
$=\dfrac{6x+8}{(x+3)(x-2)}$

1033 답 $-\dfrac{2}{(x+1)(x-1)}$

$\dfrac{2x}{x^2-1}-\dfrac{2}{x-1}=\dfrac{2x-2(x+1)}{(x+1)(x-1)}$
$=-\dfrac{2}{(x+1)(x-1)}$

1034 답 $\dfrac{x}{(2x+1)(x-4)}$

$\dfrac{x+1}{2x^2+7x+3}\times\dfrac{x^2+3x}{x^2-3x-4}$
$=\dfrac{x+1}{(2x+1)(x+3)}\times\dfrac{x(x+3)}{(x+1)(x-4)}$
$=\dfrac{x}{(2x+1)(x-4)}$

1035 답 $\dfrac{(2x-1)(x-2)}{(x+5)(x-5)}$

$\dfrac{x^2-6x+8}{3x^2+13x-10}\div\dfrac{x^2-9x+20}{6x^2-7x+2}$
$=\dfrac{x^2-6x+8}{3x^2+13x-10}\times\dfrac{6x^2-7x+2}{x^2-9x+20}$
$=\dfrac{(x-2)(x-4)}{(x+5)(3x-2)}\times\dfrac{(2x-1)(3x-2)}{(x-4)(x-5)}$
$=\dfrac{(2x-1)(x-2)}{(x+5)(x-5)}$

1036 답 $\dfrac{6x^2+6}{(x+1)(2x-1)}$

$\dfrac{x-3}{x+1}+\dfrac{4x+3}{2x-1}$
$=\dfrac{(x-3)(2x-1)+(4x+3)(x+1)}{(x+1)(2x-1)}$
$=\dfrac{6x^2+6}{(x+1)(2x-1)}$

1037 답 $\dfrac{-3x^2+2x+15}{(x+3)(x-3)}$

$\dfrac{x^2-6}{x+3}-\dfrac{x^2-3x+1}{x-3}$
$=\dfrac{(x^2-6)(x-3)-(x^2-3x+1)(x+3)}{(x+3)(x-3)}$
$=\dfrac{-3x^2+2x+15}{(x+3)(x-3)}$

1038 답 $\dfrac{2}{(x+2)(x+4)}$

$\dfrac{1}{(x+2)(x+3)}+\dfrac{1}{(x+3)(x+4)}$
$=\left(\dfrac{1}{x+2}-\dfrac{1}{x+3}\right)+\left(\dfrac{1}{x+3}-\dfrac{1}{x+4}\right)$
$=\dfrac{1}{x+2}-\dfrac{1}{x+4}$
$=\dfrac{x+4-(x+2)}{(x+2)(x+4)}$
$=\dfrac{2}{(x+2)(x+4)}$

1039 답 $\dfrac{2}{(x+1)(x+5)}$

$\dfrac{1}{(x+1)(x+3)}+\dfrac{1}{(x+3)(x+5)}$
$=\dfrac{1}{2}\left(\dfrac{1}{x+1}-\dfrac{1}{x+3}\right)+\dfrac{1}{2}\left(\dfrac{1}{x+3}-\dfrac{1}{x+5}\right)$
$=\dfrac{1}{2}\left(\dfrac{1}{x+1}-\dfrac{1}{x+5}\right)$
$=\dfrac{1}{2}\times\dfrac{x+5-(x+1)}{(x+1)(x+5)}$
$=\dfrac{2}{(x+1)(x+5)}$

1040 답 $\dfrac{x}{x-1}$

$$\dfrac{1}{1-\dfrac{1}{x}}=\dfrac{1}{\dfrac{x-1}{x}}=\dfrac{x}{x-1}$$

1041 답 $x(x+1)$

$$\dfrac{x-\dfrac{1}{x}}{\dfrac{x-1}{x^2}}=\dfrac{\dfrac{x^2-1}{x}}{\dfrac{x-1}{x^2}}=\dfrac{(x+1)(x-1)}{x}\times\dfrac{x^2}{x-1}=x(x+1)$$

1042 답 8

$x=3k$, $y=5k\,(k\neq0)$로 놓으면

$$\dfrac{2(x+y)}{y-x}=\dfrac{2(3k+5k)}{5k-3k}=\dfrac{16k}{2k}=8$$

1043 답 $\dfrac{11}{13}$

$\dfrac{a}{3}=\dfrac{b}{2}=k\,(k\neq0)$로 놓으면 $a=3k$, $b=2k$이므로

$$\dfrac{a^2+ab-b^2}{a^2+b^2}=\dfrac{9k^2+6k^2-4k^2}{9k^2+4k^2}=\dfrac{11k^2}{13k^2}=\dfrac{11}{13}$$

1044 답 ㄴ, ㄷ, ㅁ

1045 답 ㄱ, ㄹ, ㅂ

1046 답 $\{x\,|\,x\neq2$인 실수$\}$

$x-2=0$에서 $x=2$

따라서 주어진 함수의 정의역은

$\{x\,|\,x\neq2$인 실수$\}$

1047 답 $\{x\,|\,x\neq-5$인 실수$\}$

$x+5=0$에서 $x=-5$

따라서 주어진 함수의 정의역은

$\{x\,|\,x\neq-5$인 실수$\}$

1048 답 $\{x\,|\,x\neq\pm1$인 실수$\}$

$x^2-1=0$에서 $x^2=1$ $\therefore x=\pm1$

따라서 주어진 함수의 정의역은

$\{x\,|\,x\neq\pm1$인 실수$\}$

1049 답 $\{x\,|\,x$는 모든 실수$\}$

$x^2+3>0$이므로 주어진 함수의 정의역은

$\{x\,|\,x$는 모든 실수$\}$

1050 답

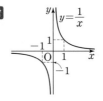

1051 답

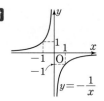

1052 답

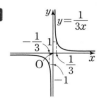

1053 답

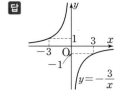

1054 답 $y=\dfrac{1}{x+2}+1$

1055 답 $y=-\dfrac{3}{2x-6}-4$

$$y=-\dfrac{3}{2(x-3)}-4=-\dfrac{3}{2x-6}-4$$

1056 답

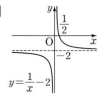

정의역: $\{x\,|\,x\neq0$인 실수$\}$

치역: $\{y\,|\,y\neq-2$인 실수$\}$

점근선의 방정식: $x=0$, $y=-2$

1057 답

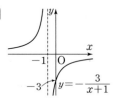

정의역: $\{x\,|\,x\neq-1$인 실수$\}$

치역: $\{y\,|\,y\neq0$인 실수$\}$

점근선의 방정식: $x=-1$, $y=0$

1058 답

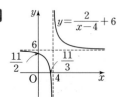

정의역: $\{x\,|\,x\neq4$인 실수$\}$

치역: $\{y\,|\,y\neq6$인 실수$\}$

점근선의 방정식: $x=4$, $y=6$

1059 답 $y=-\dfrac{1}{x+5}-3$

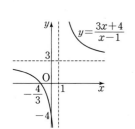

정의역: $\{x\,|\,x\neq-5$인 실수$\}$

치역: $\{y\,|\,y\neq-3$인 실수$\}$

점근선의 방정식: $x=-5$, $y=-3$

1060 답 $y=\dfrac{4}{x+1}+3$

$y=\dfrac{3x+7}{x+1}=\dfrac{3(x+1)+4}{x+1}=\dfrac{4}{x+1}+3$

1061 답 $y=\dfrac{3}{x-3}-2$

$y=\dfrac{9-2x}{x-3}=\dfrac{-2(x-3)+3}{x-3}=\dfrac{3}{x-3}-2$

1062 답 풀이 참조

$y=\dfrac{3x+4}{x-1}=\dfrac{3(x-1)+7}{x-1}=\dfrac{7}{x-1}+3$

따라서 $y=\dfrac{3x+4}{x-1}$의 그래프는 $y=\dfrac{7}{x}$의

그래프를 x축의 방향으로 1만큼, y축의
방향으로 3만큼 평행이동한 것이므로 오른쪽 그림과 같다.

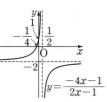

$\therefore$ 정의역: $\{x\,|\,x\neq1$인 실수$\}$,

치역: $\{y\,|\,y\neq3$인 실수$\}$,

점근선의 방정식: $x=1$, $y=3$

1063 답 풀이 참조

$y=\dfrac{-4x-1}{2x-1}=\dfrac{-2(2x-1)-3}{2x-1}=-\dfrac{3}{2\left(x-\frac{1}{2}\right)}-2$

따라서 $y=\dfrac{-4x-1}{2x-1}$의 그래프는 $y=-\dfrac{3}{2x}$

의 그래프를 x축의 방향으로 $\dfrac{1}{2}$만큼, y축
의 방향으로 -2만큼 평행이동한 것이므로 오른쪽 그림과 같다.

$\therefore$ 정의역: $\left\{x\,\middle|\,x\neq\dfrac{1}{2}$인 실수$\right\}$, 치역: $\{y\,|\,y\neq-2$인 실수$\}$,

점근선의 방정식: $x=\dfrac{1}{2}$, $y=-2$

B 유형 완성

162~173쪽

1064 답 ④

$\dfrac{x}{x+y}+\dfrac{y}{x-y}-\dfrac{2xy}{x^2-y^2}=\dfrac{x(x-y)+y(x+y)-2xy}{(x+y)(x-y)}$

$\qquad=\dfrac{x^2+y^2-2xy}{(x+y)(x-y)}$

$\qquad=\dfrac{(x-y)^2}{(x+y)(x-y)}=\dfrac{x-y}{x+y}$

1065 답 ④

① $\dfrac{x+4}{x^2-x-2}-\dfrac{x}{x^2-3x+2}$

$=\dfrac{x+4}{(x+1)(x-2)}-\dfrac{x}{(x-1)(x-2)}$

$=\dfrac{(x+4)(x-1)-x(x+1)}{(x+1)(x-1)(x-2)}$

$=\dfrac{2(x-2)}{(x+1)(x-1)(x-2)}$

$=\dfrac{2}{(x+1)(x-1)}$

② $\dfrac{x-3}{x+2}\times\dfrac{x^2+x-2}{x^2-3x}=\dfrac{x-3}{x+2}\times\dfrac{(x+2)(x-1)}{x(x-3)}=\dfrac{x-1}{x}$

③ $\dfrac{2}{x+1}-\dfrac{1}{x-1}=\dfrac{2(x-1)-(x+1)}{(x+1)(x-1)}=\dfrac{x-3}{(x+1)(x-1)}$

④ $\dfrac{x^2+2x}{x-1}\div\dfrac{x^2-4}{x^2-1}=\dfrac{x(x+2)}{x-1}\times\dfrac{(x+1)(x-1)}{(x+2)(x-2)}$

$\qquad=\dfrac{x(x+1)}{x-2}$

⑤ $\dfrac{x-1}{x-2}+\dfrac{3x}{x^2-2x}=\dfrac{x-1}{x-2}+\dfrac{3x}{x(x-2)}=\dfrac{x(x-1)+3x}{x(x-2)}$

$\qquad=\dfrac{x(x+2)}{x(x-2)}=\dfrac{x+2}{x-2}$

따라서 옳지 않은 것은 ④이다.

1066 답 ④

$\dfrac{x^2-9}{x^2+3x+9}\times\dfrac{x^2+4x+3}{x^2-6x+9}\div\dfrac{x+3}{x^3-27}$

$=\dfrac{(x+3)(x-3)}{x^2+3x+9}\times\dfrac{(x+3)(x+1)}{(x-3)^2}\times\dfrac{(x-3)(x^2+3x+9)}{x+3}$

$=(x+3)(x+1)$

$=x^2+4x+3$

1067 답 -1

주어진 식의 우변을 통분하여 정리하면

$\dfrac{ax-1}{x^2+x+1}+\dfrac{b}{x-1}=\dfrac{(ax-1)(x-1)+b(x^2+x+1)}{(x-1)(x^2+x+1)}$

$\qquad=\dfrac{(a+b)x^2+(-a+b-1)x+1+b}{x^3-1}$

이때 $\dfrac{x+2}{x^3-1}=\dfrac{(a+b)x^2+(-a+b-1)x+1+b}{x^3-1}$가 x에 대한 항등식이므로

$0=a+b$, $1=-a+b-1$, $2=1+b$

$\therefore a=-1$, $b=1$

$\therefore ab=-1$

다른 풀이

주어진 식의 양변에 $(x-1)(x^2+x+1)$을 곱하여 정리하면

$x+2=(ax-1)(x-1)+b(x^2+x+1)$

$\therefore x+2=(a+b)x^2+(-a+b-1)x+1+b$

이 식이 x에 대한 항등식이므로

$0=a+b$, $1=-a+b-1$, $2=1+b$

$\therefore a=-1$, $b=1$

$\therefore ab=-1$

09 유리함수

(1) $ax^2+bx+c=0$이 x에 대한 항등식
$\iff a=b=c=0$

(2) $ax^2+bx+c=a'x^2+b'x+c'$이 x에 대한 항등식
$\iff a=a',\ b=b',\ c=c'$

1068 답 3

주어진 식의 양변에 $(x-1)^3$을 곱하여 정리하면

$(x+1)(x-1)=a(x-1)^2+b(x-1)+c$

$\therefore x^2-1=ax^2-(2a-b)x+a-b+c$ ······ ❶

이 식이 x에 대한 항등식이므로

$1=a,\ 0=2a-b,\ -1=a-b+c$

$\therefore a=1,\ b=2,\ c=0$ ······ ❷

$\therefore a+b-c=3$ ······ ❸

채점 기준	
❶ 식 변형하기	50 %
❷ $a,\ b,\ c$의 값 구하기	40 %
❸ $a+b-c$의 값 구하기	10 %

1069 답 ②

주어진 식의 우변을 통분하여 정리하면

$\dfrac{ax+b}{(x+2)^2}-\dfrac{b}{x-1}=\dfrac{(ax+b)(x-1)-b(x+2)^2}{(x+2)^2(x-1)}$

$\qquad\qquad\qquad=\dfrac{(a-b)x^2-(a+3b)x-5b}{x^3+3x^2-4}$

이때 $\dfrac{x^2-5x-5}{x^3+3x^2-4}=\dfrac{(a-b)x^2-(a+3b)x-5b}{x^3+3x^2-4}$ 가 x에 대한 항등식이므로

$1=a-b,\ 5=a+3b,\ 5=5b$

$\therefore a=2,\ b=1$

$\therefore a+b=3$

1070 답 ⑤

$\dfrac{x+1}{x}-\dfrac{x+2}{x+1}+\dfrac{x-1}{x-2}-\dfrac{x-2}{x-3}$

$=\dfrac{x+1}{x}-\dfrac{(x+1)+1}{x+1}+\dfrac{(x-2)+1}{x-2}-\dfrac{(x-3)+1}{x-3}$

$=\left(1+\dfrac{1}{x}\right)-\left(1+\dfrac{1}{x+1}\right)+\left(1+\dfrac{1}{x-2}\right)-\left(1+\dfrac{1}{x-3}\right)$

$=\left(\dfrac{1}{x}-\dfrac{1}{x+1}\right)+\left(\dfrac{1}{x-2}-\dfrac{1}{x-3}\right)$

$=\dfrac{1}{x(x+1)}-\dfrac{1}{(x-2)(x-3)}$

$=\dfrac{x^2-5x+6-(x^2+x)}{x(x+1)(x-2)(x-3)}$

$=\dfrac{-6x+6}{x(x+1)(x-2)(x-3)}$

따라서 $a=-6,\ b=6$이므로

$b-a=12$

1071 답 $\dfrac{7x-1}{(x-1)(x+2)}$

$\dfrac{3x^2-3x+2}{x-1}-\dfrac{3x^2+6x-5}{x+2}=\dfrac{3x(x-1)+2}{x-1}-\dfrac{3x(x+2)-5}{x+2}$

$\qquad\qquad=\left(3x+\dfrac{2}{x-1}\right)-\left(3x-\dfrac{5}{x+2}\right)$

$\qquad\qquad=\dfrac{2}{x-1}+\dfrac{5}{x+2}$

$\qquad\qquad=\dfrac{2(x+2)+5(x-1)}{(x-1)(x+2)}$

$\qquad\qquad=\dfrac{7x-1}{(x-1)(x+2)}$

1072 답 $f(x)=-3x^3+10x^2-12x$

$\dfrac{x^3+2x^2}{x^2+2x+4}+\dfrac{x^3-2x^2+5x}{x^2-2x+4}-2x$

$=\dfrac{x(x^2+2x+4)-4x}{x^2+2x+4}+\dfrac{x(x^2-2x+4)+x}{x^2-2x+4}-2x$

$=\dfrac{-4x}{x^2+2x+4}+x+\dfrac{x}{x^2-2x+4}+x-2x$

$=\dfrac{-4x}{x^2+2x+4}+\dfrac{x}{x^2-2x+4}$

$=\dfrac{-4x(x^2-2x+4)+x(x^2+2x+4)}{(x^2+2x+4)(x^2-2x+4)}$

$=\dfrac{-3x^3+10x^2-12x}{(x^2+4)^2-(2x)^2}=\dfrac{-3x^3+10x^2-12x}{x^4+4x^2+16}$

$\therefore f(x)=-3x^3+10x^2-12x$

1073 답 6

$\dfrac{1}{x(x+1)}+\dfrac{1}{(x+1)(x+2)}+\dfrac{1}{(x+2)(x+3)}$

$=\left(\dfrac{1}{x}-\dfrac{1}{x+1}\right)+\left(\dfrac{1}{x+1}-\dfrac{1}{x+2}\right)+\left(\dfrac{1}{x+2}-\dfrac{1}{x+3}\right)$

$=\dfrac{1}{x}-\dfrac{1}{x+3}=\dfrac{3}{x(x+3)}$

이때 $\dfrac{3}{x(x+3)}=\dfrac{a}{x(x+b)}$ 가 x에 대한 항등식이므로

$a=3,\ b=3$ $\qquad\therefore a+b=6$

1074 답 ④

$\dfrac{1}{x^2-1}+\dfrac{1}{x^2+4x+3}+\dfrac{1}{x^2+8x+15}$

$=\dfrac{1}{(x-1)(x+1)}+\dfrac{1}{(x+1)(x+3)}+\dfrac{1}{(x+3)(x+5)}$

$=\dfrac{1}{2}\left(\dfrac{1}{x-1}-\dfrac{1}{x+1}\right)+\dfrac{1}{2}\left(\dfrac{1}{x+1}-\dfrac{1}{x+3}\right)+\dfrac{1}{2}\left(\dfrac{1}{x+3}-\dfrac{1}{x+5}\right)$

$=\dfrac{1}{2}\left(\dfrac{1}{x-1}-\dfrac{1}{x+5}\right)$

$=\dfrac{3}{(x+5)(x-1)}$

1075 답 ③

$\dfrac{1}{2\times3}+\dfrac{1}{3\times4}+\dfrac{1}{4\times5}+\cdots+\dfrac{1}{10\times11}$

$=\left(\dfrac{1}{2}-\dfrac{1}{3}\right)+\left(\dfrac{1}{3}-\dfrac{1}{4}\right)+\left(\dfrac{1}{4}-\dfrac{1}{5}\right)+\cdots+\left(\dfrac{1}{10}-\dfrac{1}{11}\right)$

$=\dfrac{1}{2}-\dfrac{1}{11}=\dfrac{9}{22}$

1076 답 $\dfrac{20}{21}$

$f(x)=x^2-1=(x-1)(x+1)$이므로

$\dfrac{2}{f(x)}=\dfrac{2}{(x-1)(x+1)}=\dfrac{1}{x-1}-\dfrac{1}{x+1}$ ⋯⋯ ❶

$\therefore \dfrac{2}{f(2)}+\dfrac{2}{f(4)}+\dfrac{2}{f(6)}+\cdots+\dfrac{2}{f(20)}$

$=\left(1-\dfrac{1}{3}\right)+\left(\dfrac{1}{3}-\dfrac{1}{5}\right)+\left(\dfrac{1}{5}-\dfrac{1}{7}\right)+\cdots+\left(\dfrac{1}{19}-\dfrac{1}{21}\right)$

$=1-\dfrac{1}{21}=\dfrac{20}{21}$ ⋯⋯ ❷

채점 기준

❶ $\dfrac{2}{f(x)}$ 구하기	40 %
❷ $\dfrac{2}{f(2)}+\dfrac{2}{f(4)}+\dfrac{2}{f(6)}+\cdots+\dfrac{2}{f(20)}$의 값 구하기	60 %

1077 답 $\dfrac{1}{x}$

$1-\dfrac{1}{1-\dfrac{1}{1-x}}=1-\dfrac{1}{\dfrac{-x}{1-x}}=1-\dfrac{x-1}{x}=\dfrac{1}{x}$

1078 답 $-x$

$\dfrac{1+\dfrac{x+1}{x-1}}{1-\dfrac{x+1}{x-1}}=\dfrac{\dfrac{x-1+x+1}{x-1}}{\dfrac{x-1-(x+1)}{x-1}}=\dfrac{\dfrac{2x}{x-1}}{\dfrac{-2}{x-1}}=-x$

1079 답 10

$\dfrac{53}{30}=1+\dfrac{23}{30}=1+\dfrac{1}{\dfrac{30}{23}}=1+\dfrac{1}{1+\dfrac{7}{23}}$

$=1+\dfrac{1}{1+\dfrac{1}{\dfrac{23}{7}}}=1+\dfrac{1}{1+\dfrac{1}{3+\dfrac{2}{7}}}$

$=1+\dfrac{1}{1+\dfrac{1}{3+\dfrac{1}{\dfrac{7}{2}}}}=1+\dfrac{1}{1+\dfrac{1}{3+\dfrac{1}{3+\dfrac{1}{2}}}}$

따라서 $a=1$, $b=1$, $c=3$, $d=3$, $e=2$이므로

$a+b+c+d+e=10$

1080 답 ②

$(x+y):(y+z):(z+x)=3:4:5$이므로

$x+y=3k$, $y+z=4k$, $z+x=5k\,(k\neq0)$ ⋯⋯ ㉠

로 놓고 세 식을 변끼리 더하면

$2(x+y+z)=12k$

$\therefore x+y+z=6k$ ⋯⋯ ㉡

㉠, ㉡에서 $x=2k$, $y=k$, $z=3k$이므로

$\dfrac{xy+yz+zx}{x^2+y^2+z^2}=\dfrac{2k\times k+k\times3k+3k\times2k}{(2k)^2+k^2+(3k)^2}$

$=\dfrac{11k^2}{14k^2}=\dfrac{11}{14}$

1081 답 $\dfrac{1}{4}$

$x=2k$, $y=3k$, $z=7k\,(k\neq0)$로 놓으면

$\dfrac{3x-2y+z}{x+4y+2z}=\dfrac{6k-6k+7k}{2k+12k+14k}$

$=\dfrac{7k}{28k}=\dfrac{1}{4}$

1082 답 -2

$\dfrac{x+y}{3}=\dfrac{y+z}{6}=\dfrac{z+x}{5}=k\,(k\neq0)$로 놓으면

$x+y=3k$, $y+z=6k$, $z+x=5k$ ⋯⋯ ㉠

세 식을 변끼리 더하면

$2(x+y+z)=14k$

$\therefore x+y+z=7k$ ⋯⋯ ㉡

㉠, ㉡에서 $x=k$, $y=2k$, $z=4k$이므로

$\dfrac{xy+yz-zx}{x^2-y^2}=\dfrac{k\times2k+2k\times4k-4k\times k}{k^2-(2k)^2}$

$=\dfrac{6k^2}{-3k^2}=-2$

1083 답 ①

$a+b+c=0$에서

$a+b=-c$, $b+c=-a$, $c+a=-b$

$\therefore \dfrac{b+c}{a}+\dfrac{c+a}{b}+\dfrac{a+b}{c}=\dfrac{-a}{a}+\dfrac{-b}{b}+\dfrac{-c}{c}=-3$

1084 답 ①

$\dfrac{1}{ab}+\dfrac{1}{bc}+\dfrac{1}{ca}=0$에서

$\dfrac{a+b+c}{abc}=0$ $\therefore a+b+c=0$

$\therefore \dfrac{a^3+b^3+c^3}{abc}=\dfrac{(a+b+c)(a^2+b^2+c^2-ab-bc-ca)+3abc}{abc}$

$=\dfrac{3abc}{abc}=3$

1085 답 5

$x+2y+z=0$ ⋯⋯ ㉠

$x-y+3z=0$ ⋯⋯ ㉡

㉠$-$㉡을 하면

$3y-2z=0$ $\therefore y=\dfrac{2}{3}z$ ⋯⋯ ❶

이를 ㉠에 대입하면

$x+2\times\dfrac{2}{3}z+z=0$ $\therefore x=-\dfrac{7}{3}z$ ⋯⋯ ❷

$\therefore \dfrac{x+y}{x+2z}=\dfrac{-\dfrac{7}{3}z+\dfrac{2}{3}z}{-\dfrac{7}{3}z+2z}=\dfrac{-\dfrac{5}{3}z}{-\dfrac{1}{3}z}=5$ ⋯⋯ ❸

채점 기준

❶ y를 z에 대한 식으로 나타내기	30 %
❷ x를 z에 대한 식으로 나타내기	30 %
❸ $\dfrac{x+y}{x+2z}$의 값 구하기	40 %

1086 답 ⑤

$\dfrac{x^2-xy+2y^2}{x^2-2xy-y^2}=2$에서

$x^2-xy+2y^2=2x^2-4xy-2y^2$

$x^2-3xy-4y^2=0$, $(x+y)(x-4y)=0$

$\therefore x=-y$ 또는 $x=4y$

그런데 $xy<0$에서 x, y의 부호는 서로 반대이므로

$x=-y$

$\therefore \dfrac{3x-y}{2x+y}=\dfrac{3\times(-y)-y}{2\times(-y)+y}=\dfrac{-4y}{-y}=4$

1087 답 2

$y=\dfrac{6-x}{x-3}=\dfrac{-(x-3)+3}{x-3}=\dfrac{3}{x-3}-1$이므로 $y=\dfrac{6-x}{x-3}$의 그래프는 $y=\dfrac{3}{x}$의 그래프를 x축의 방향으로 3만큼, y축의 방향으로 -1만큼 평행이동한 것이다.

따라서 $a=3$, $b=-1$이므로

$a+b=2$

1088 답 ①

ㄱ. $y=\dfrac{2}{x-2}-3$의 그래프는 $y=\dfrac{2}{x}$의 그래프를 x축의 방향으로 2만큼, y축의 방향으로 -3만큼 평행이동한 것이다.

ㄴ. $y=\dfrac{x+1}{x-1}=\dfrac{(x-1)+2}{x-1}=\dfrac{2}{x-1}+1$이므로 $y=\dfrac{x+1}{x-1}$의 그래프는 $y=\dfrac{2}{x}$의 그래프를 x축의 방향으로 1만큼, y축의 방향으로 1만큼 평행이동한 것이다.

ㄷ. $y=\dfrac{2x-5}{2-x}=\dfrac{5-2x}{x-2}=\dfrac{-2(x-2)+1}{x-2}=\dfrac{1}{x-2}-2$이므로 $y=\dfrac{2x-5}{2-x}$의 그래프는 $y=\dfrac{1}{x}$의 그래프를 x축의 방향으로 2만큼, y축의 방향으로 -2만큼 평행이동한 것이다.

ㄹ. $y=\dfrac{4x+1}{1-2x}=\dfrac{-4x-1}{2x-1}=\dfrac{-2(2x-1)-3}{2x-1}=-\dfrac{3}{2\left(x-\dfrac{1}{2}\right)}-2$

이므로 $y=\dfrac{4x+1}{1-2x}$의 그래프는 $y=-\dfrac{3}{2x}$의 그래프를 x축의 방향으로 $\dfrac{1}{2}$만큼, y축의 방향으로 -2만큼 평행이동한 것이다.

따라서 보기에서 그 그래프가 $y=\dfrac{2}{x}$의 그래프를 평행이동하여 겹쳐지는 함수인 것은 ㄱ, ㄴ이다.

1089 답 -2

$y=-\dfrac{1}{x}$의 그래프를 x축의 방향으로 1만큼, y축의 방향으로 -3만큼 평행이동한 그래프의 식은

$y=-\dfrac{1}{x-1}-3=\dfrac{-3(x-1)-1}{x-1}=\dfrac{-3x+2}{x-1}$

이 식이 함수 $y=\dfrac{ax+2}{x-b}$와 일치하므로

$a=-3$, $b=1$

$\therefore a+b=-2$

1090 답 2

$y=\dfrac{k}{x}$의 그래프를 x축의 방향으로 2만큼, y축의 방향으로 -1만큼 평행이동한 그래프의 식은

$y=\dfrac{k}{x-2}-1$ ····· ❶

이 함수의 그래프가 점 $(3, 1)$을 지나므로

$1=\dfrac{k}{3-2}-1$ $\therefore k=2$ ····· ❷

채점 기준

❶ 평행이동한 그래프의 식 구하기	50 %
❷ k의 값 구하기	50 %

1091 답 ②

$y=\dfrac{1-3x}{x-2}=\dfrac{-3(x-2)-5}{x-2}=-\dfrac{5}{x-2}-3$이므로 주어진 함수의 그래프는 $y=-\dfrac{5}{x}$의 그래프를 x축의 방향으로 2만큼, y축의 방향으로 -3만큼 평행이동한 것이다.

따라서 $-3\le x\le 1$에서 $y=\dfrac{1-3x}{x-2}$의 그래프는 오른쪽 그림과 같으므로 치역은 $\{y\,|-2\le y\le 2\}$

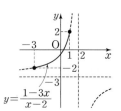

1092 답 6

$y=\dfrac{mx+3}{x+2n}=\dfrac{m(x+2n)-2mn+3}{x+2n}=\dfrac{-2mn+3}{x+2n}+m$

따라서 정의역은 $\{x\,|\,x\ne -2n$인 실수$\}$이고, 치역은 $\{y\,|\,y\ne m$인 실수$\}$이므로

$-2n=6$, $m=-2$ $\therefore m=-2$, $n=-3$

$\therefore mn=6$

1093 답 ①

$y=\dfrac{2x+4}{x-4}=\dfrac{2(x-4)+12}{x-4}=\dfrac{12}{x-4}+2$이므로 주어진 함수의 그래프는 $y=\dfrac{12}{x}$의 그래프를 x축의 방향으로 4만큼, y축의 방향으로 2만큼 평행이동한 것이다.

$y\le 0$ 또는 $y\ge 3$에서 $y=\dfrac{2x+4}{x-4}$의 그래프는 오른쪽 그림과 같으므로 정의역은

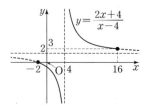

$\{x\,|-2\le x<4$ 또는 $4<x\le 16\}$

따라서 정의역에 속하는 자연수는 1, 2, 3, 5, 6, ..., 16의 15개이다.

1094 답 $\dfrac{1}{4}$

$y=\dfrac{-x+1}{x-2}=\dfrac{-(x-2)-1}{x-2}=-\dfrac{1}{x-2}-1$이므로 주어진 함수의 그래프는 $y=-\dfrac{1}{x}$의 그래프를 x축의 방향으로 2만큼, y축의 방향으로 -1만큼 평행이동한 것이다.

$-2\leq x\leq\frac{3}{2}$에서 $y=\frac{-x+1}{x-2}$의 그래프는 오른쪽 그림과 같으므로 $x=\frac{3}{2}$일 때 최댓값 1, $x=-2$일 때 최솟값 $-\frac{3}{4}$을 갖는다.

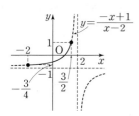

따라서 최댓값과 최솟값의 합은

$1+\left(-\frac{3}{4}\right)=\frac{1}{4}$

1095 답 -2

$y=\frac{kx+2k+5}{x+2}=\frac{k(x+2)+5}{x+2}=\frac{5}{x+2}+k$이므로 주어진 함수의 그래프는 $y=\frac{5}{x}$의 그래프를 x축의 방향으로 -2만큼, y축의 방향으로 k만큼 평행이동한 것이다.

$-1\leq x\leq3$에서 $y=\frac{kx+2k+5}{x+2}$의 그래프는 오른쪽 그림과 같으므로 $x=3$일 때 최솟값 $\frac{3k+2k+5}{3+2}$, 즉 $k+1$을 갖는다.

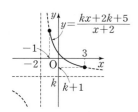

따라서 $k+1=-1$이므로

$k=-2$

1096 답 ①

$y=\frac{4x+3}{x-1}=\frac{4(x-1)+7}{x-1}=\frac{7}{x-1}+4$이므로 주어진 함수의 그래프는 $y=\frac{7}{x}$의 그래프를 x축의 방향으로 1만큼, y축의 방향으로 4만큼 평행이동한 것이다.

$2\leq x\leq a$에서 $y=\frac{4x+3}{x-1}$의 그래프는 오른쪽 그림과 같으므로 $x=2$일 때 최댓값 11, $x=a$일 때 최솟값 $\frac{4a+3}{a-1}$을 갖는다.

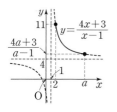

따라서 $\frac{4a+3}{a-1}=5$, $b=11$이므로

$a=8$, $b=11$

$\therefore a-b=-3$

1097 답 ④

$y=\frac{4x-3}{x-a}=\frac{4(x-a)+4a-3}{x-a}=\frac{4a-3}{x-a}+4$이므로 점근선의 방정식은

$x=a$, $y=4$

따라서 $a=2$, $b=4$이므로

$ab=8$

1098 답 27

$y=\frac{3x-5}{1-x}=\frac{-3x+5}{x-1}=\frac{-3(x-1)+2}{x-1}=\frac{2}{x-1}-3$이므로 점근선의 방정식은

$x=1$, $y=-3$ $\qquad\qquad$ ……… ❶

$y=\frac{bx-2}{3x+a}=\frac{\frac{b}{3}(3x+a)-\frac{ab}{3}-2}{3x+a}=\frac{-\frac{ab}{3}-2}{3\left(x+\frac{a}{3}\right)}+\frac{b}{3}$이므로 점근선의 방정식은

$x=-\frac{a}{3}$, $y=\frac{b}{3}$ $\qquad\qquad$ ……… ❷

두 그래프의 점근선의 방정식이 같으므로

$1=-\frac{a}{3}$, $-3=\frac{b}{3}$ $\qquad$ $\therefore a=-3$, $b=-9$

$\therefore ab=27$ $\qquad\qquad$ ……… ❸

채점 기준

❶ $y=\frac{3x-5}{1-x}$의 그래프의 점근선의 방정식 구하기	30 %
❷ $y=\frac{bx-2}{3x+a}$의 그래프의 점근선의 방정식 구하기	40 %
❸ ab의 값 구하기	30 %

1099 답 ①

$y=\frac{-3x+1}{x+k}=\frac{-3(x+k)+3k+1}{x+k}=\frac{3k+1}{x+k}-3$이므로 점근선의 방정식은

$x=-k$, $y=-3$

$y=\frac{kx+1}{x-2}=\frac{k(x-2)+2k+1}{x-2}=\frac{2k+1}{x-2}+k$이므로 점근선의 방정식은

$x=2$, $y=k$

k가 양수이므로 두 함수의 그래프의 점근선은 오른쪽 그림과 같고, 색칠한 부분의 넓이가 30이므로

$(k+2)(k+3)=30$

$k^2+5k-24=0$, $(k+8)(k-3)=0$

$\therefore k=3$ ($\because k>0$)

1100 답 ①

$y=\frac{3x+2}{x+a}=\frac{3(x+a)-3a+2}{x+a}=\frac{-3a-2}{x+a}+3$이므로 점근선의 방정식은

$x=-a$, $y=3$

따라서 주어진 함수의 그래프는 점 $(-a, 3)$에 대하여 대칭이므로

$a=-1$, $b=3$

$\therefore ab=-3$

1101 답 ⑤

함수 $y=\frac{3}{x-5}+k$의 그래프의 점근선의 방정식은

$x=5$, $y=k$

따라서 점 $(5, k)$는 직선 $y=x$ 위의 점이므로

$k=5$

1102 답 ④

$y=\frac{2x-3}{x+2}=\frac{2(x+2)-7}{x+2}=-\frac{7}{x+2}+2$이므로 점근선의 방정식은

$x=-2$, $y=2$

따라서 주어진 함수의 그래프는 점 $(-2, 2)$에 대하여 대칭이므로
$a=-2$, $b=2$
또 점 $(-2, 2)$는 직선 $y=x+c$ 위의 점이므로
$2=-2+c$ $\therefore c=4$
$\therefore a+b+c=4$

1103 답 4

$y=\dfrac{ax+1}{x-b}=\dfrac{a(x-b)+ab+1}{x-b}=\dfrac{ab+1}{x-b}+a$이므로 점근선의 방정
식은
$x=b$, $y=a$ ...... ❶
이때 점 (b, a)는 두 직선 $y=x+3$, $y=-x+5$ 위의 점이므로
$a=b+3$, $a=-b+5$
두 식을 연립하여 풀면 $a=4$, $b=1$ ...... ❷
$\therefore ab=4$ ...... ❸

채점 기준

❶ 점근선의 방정식 구하기	50 %
❷ a, b의 값 구하기	40 %
❸ ab의 값 구하기	10 %

1104 답 ⑤

$y=\dfrac{ax+b}{x+c}=\dfrac{a(x+c)-ac+b}{x+c}=\dfrac{b-ac}{x+c}+a$이므로 점근선의 방정
식은
$x=-c$, $y=a$
이때 주어진 함수의 그래프가 점 $(2, 1)$에 대하여 대칭이므로
$-c=2$, $a=1$ $\therefore a=1$, $c=-2$
따라서 $y=\dfrac{x+b}{x-2}$의 그래프가 점 $(1, 0)$을 지나므로
$0=\dfrac{1+b}{1-2}$ $\therefore b=-1$
$\therefore abc=2$

1105 답 제2사분면

$y=-\dfrac{4x-5}{2x-3}=-\dfrac{2(2x-3)+1}{2x-3}=-\dfrac{1}{2\left(x-\dfrac{3}{2}\right)}-2$이므로 주어진

함수의 그래프는 $y=-\dfrac{1}{2x}$의 그래프를 x축의 방향으로 $\dfrac{3}{2}$만큼, y축
의 방향으로 -2만큼 평행이동한 것이다.

따라서 $y=-\dfrac{4x-5}{2x-3}$의 그래프는 오른쪽
그림과 같으므로 그래프가 지나지 않는
사분면은 제2사분면이다.

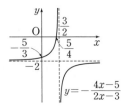

1106 답 ③

$y=\dfrac{3x+k-10}{x+1}=\dfrac{3(x+1)+k-13}{x+1}=\dfrac{k-13}{x+1}+3$ ...... ㉠
이때 $k-13=0$, 즉 $k=13$이면 ㉠은 $y=3$이므로 그래프가 제4사분
면을 지나지 않는다.
$\therefore k\neq13$

㉠의 그래프는 점근선의 방정식이 $x=-1$, $y=3$이고, 점 $(0, k-10)$
을 지난다.

(ⅰ) $k-13>0$, 즉 $k>13$일 때
그래프가 제4사분면을 지나지 않는다.
(ⅱ) $k-13<0$, 즉 $k<13$일 때
$x=0$일 때 $y<0$이어야 하므로
$k-10<0$ $\therefore k<10$

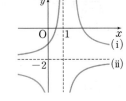

(ⅰ), (ⅱ)에서 $k<10$이므로 자연수 k는
1, 2, 3, ..., 9의 9개이다.

1107 답 $0\le a<2$ 또는 $a>2$

$y=\dfrac{-2x+a}{x-1}=\dfrac{-2(x-1)+a-2}{x-1}=\dfrac{a-2}{x-1}-2$이므로 점근선의 방
정식은 $x=1$, $y=-2$이고, 그래프는 점 $(0, -a)$를 지난다.

(ⅰ) $a-2>0$, 즉 $a>2$일 때
그래프가 제2사분면을 지나지 않는다.
(ⅱ) $a-2<0$, 즉 $a<2$일 때
$x=0$일 때 $y\le0$이어야 하므로
$-a\le0$ $\therefore a\ge0$
그런데 $a<2$이므로 $0\le a<2$

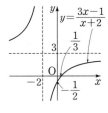

(ⅰ), (ⅱ)에서 $0\le a<2$ 또는 $a>2$

1108 답 ⑤

$y=\dfrac{3x-1}{x+2}=\dfrac{3(x+2)-7}{x+2}=-\dfrac{7}{x+2}+3$
이므로 그래프는 오른쪽 그림과 같다.

① $y=-\dfrac{7}{x}$의 그래프를 x축의 방향으로
-2만큼, y축의 방향으로 3만큼 평행이
동한 것이다.

③ 점근선의 방정식은 $x=-2$, $y=3$이므로 점 $(-2, 3)$에 대하여
대칭이다.

④ $y=\dfrac{3x-1}{x+2}$에 $y=0$을 대입하면 $x=\dfrac{1}{3}$이므로 x축과 점 $\left(\dfrac{1}{3}, 0\right)$
에서 만난다.

⑤ 모든 사분면을 지난다.
따라서 옳지 않은 것은 ⑤이다.

1109 답 ③

$y=\dfrac{k}{x-1}+1$의 그래프는 점근선의 방정식이 $x=1$, $y=1$이고, 점
$(1, 1)$에 대하여 대칭이다.
ㄴ. 점 $(1, 1)$을 지나고 기울기가 1인 직선 $y=x$에 대하여 대칭이다.
ㄷ. $f(x)=\dfrac{k}{x-1}+1$ $(k>0)$이라 하면
(ⅰ) $f(0)>0$일 때
$f(0)=-k+1>0$, 즉 $0<k<1$이면
그래프는 제3사분면을 지나지 않는다.
(ⅱ) $f(0)<0$일 때
$f(0)=-k+1<0$, 즉 $k>1$이면 그
래프는 모든 사분면을 지난다.

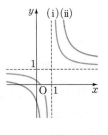

따라서 보기에서 옳은 것은 ㄱ, ㄴ이다.

1110 답 4

점근선의 방정식이 $x=-1$, $y=4$이므로 함수의 식을
$y=\dfrac{k}{x+1}+4\,(k<0)$라 하자.

이 함수의 그래프가 점 $(0,-1)$을 지나므로
$$-1=\dfrac{k}{0+1}+4 \qquad \therefore k=-5$$

따라서 $y=\dfrac{-5}{x+1}+4=\dfrac{4(x+1)-5}{x+1}=\dfrac{4x-1}{x+1}$이므로
$a=4$, $b=-1$, $c=1$ $\qquad \therefore a+b+c=4$

1111 답 5

점근선의 방정식이 $x=3$, $y=1$이므로 $a=3$, $b=1$

따라서 $y=\dfrac{k}{x-3}+1$의 그래프가 점 $(2,0)$을 지나므로
$$0=\dfrac{k}{2-3}+1 \qquad \therefore k=1$$
$$\therefore a+b+k=5$$

1112 답 ③

점근선의 방정식이 $x=2$, $y=2$이므로 함수의 식을
$y=\dfrac{k}{x-2}+2\,(k<0)$라 하자.

이 함수의 그래프가 점 $(0,3)$을 지나므로
$$3=\dfrac{k}{0-2}+2 \qquad \therefore k=-2$$

따라서 보기에서 그 그래프가 $y=-\dfrac{2}{x-2}+2$의 그래프를 평행이동하여 겹쳐지는 함수인 것은 ㄷ이다.

1113 답 −7

㈎에서 점근선의 방정식이 $x=\dfrac{1}{2}$, $y=-3$이므로
$f(x)=\dfrac{k}{2x-1}-3\,(k\ne 0)$이라 하자.

㈏에서 그래프가 점 $(2,-1)$을 지나므로
$f(2)=-1$에서
$$\dfrac{k}{4-1}-3=-1 \qquad \therefore k=6$$
$$\therefore f(x)=\dfrac{6}{2x-1}-3$$

$1\le x\le 5$에서 $y=f(x)$의 그래프는 오른쪽 그림과 같으므로 $x=1$일 때 최댓값 3, $x=5$일 때 최솟값 $-\dfrac{7}{3}$을 갖는다.

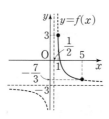

따라서 최댓값과 최솟값의 곱은
$$3\times\left(-\dfrac{7}{3}\right)=-7$$

1114 답 ④

$\dfrac{x-1}{x+1}=mx+1$에서 $x-1=(mx+1)(x+1)$
$$\therefore mx^2+mx+2=0$$

이 이차방정식의 판별식을 D라 하면 $y=\dfrac{x-1}{x+1}$의 그래프와 직선 $y=mx+1$이 한 점에서 만나므로
$$D=m^2-8m=0,\ m(m-8)=0 \qquad \therefore m=8\,(\because m>0)$$

1115 답 2

$$y=\dfrac{2x-1}{x+4}=\dfrac{2(x+4)-9}{x+4}=-\dfrac{9}{x+4}+2$$

따라서 $y=\dfrac{2x-1}{x+4}$의 그래프는 오른쪽 그림과 같고, 직선 $y=ax+2$는 a의 값에 관계없이 항상 점 $(0,2)$를 지난다. $\qquad$ ····· ❶

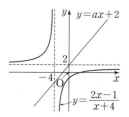

(ⅰ) $a=0$일 때

직선 $y=2$는 점근선이므로 두 그래프는 만나지 않는다.

(ⅱ) $a\ne 0$일 때

$\dfrac{2x-1}{x+4}=ax+2$에서

$2x-1=(ax+2)(x+4)$
$$\therefore ax^2+4ax+9=0$$

이 이차방정식의 판별식을 D라 할 때, $y=\dfrac{2x-1}{x+4}$의 그래프와 직선 $y=ax+2$가 만나지 않으려면
$$\dfrac{D}{4}=4a^2-9a<0$$
$$a(4a-9)<0 \qquad \therefore 0<a<\dfrac{9}{4}$$

(ⅰ), (ⅱ)에서 $0\le a<\dfrac{9}{4}$ $\qquad$ ····· ❷

따라서 정수 a의 최댓값은 2이다. $\qquad$ ····· ❸

채점 기준

❶ $y=\dfrac{2x-1}{x+4}$의 그래프와 직선 $y=ax+2$ 그리기		40%
❷ a의 값의 범위 구하기		50%
❸ 정수 a의 최댓값 구하기		10%

1116 답 $\dfrac{10}{3}$

$$y=\dfrac{x+1}{x-2}=\dfrac{(x-2)+3}{x-2}=\dfrac{3}{x-2}+1$$

이므로 $3\le x\le 5$에서 $y=\dfrac{x+1}{x-2}$의 그래프는 오른쪽 그림과 같고, 직선 $y=mx-2m+1$, 즉 $y=m(x-2)+1$은 m의 값에 관계없이 항상 점 $(2,1)$을 지난다.

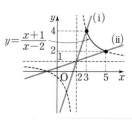

(ⅰ) 직선이 점 $(3,4)$를 지날 때
$4=3m-2m+1$
$$\therefore m=3$$

(ⅱ) 직선이 점 $(5,2)$를 지날 때
$2=5m-2m+1$
$$\therefore m=\dfrac{1}{3}$$

(ⅰ), (ⅱ)에서 $\dfrac{1}{3}\le m\le 3$

따라서 m의 최댓값은 3, 최솟값은 $\dfrac{1}{3}$이므로 구하는 합은
$$3+\dfrac{1}{3}=\dfrac{10}{3}$$

1117 답 ②

$y=\dfrac{x+1}{x-1}$ 이라 하면

$y=\dfrac{x+1}{x-1}=\dfrac{(x-1)+2}{x-1}=\dfrac{2}{x-1}+1$

$2\le x\le 3$에서 $y=\dfrac{x+1}{x-1}$의 그래프는
오른쪽 그림과 같고, 두 직선
$y=ax+1$, $y=bx+1$은 a, b의 값에
관계없이 항상 점 $(0, 1)$을 지난다.

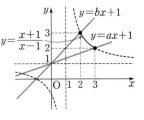

이때 $2\le x\le 3$에서 부등식
$ax+1\le\dfrac{x+1}{x-1}\le bx+1$이 항상 성립
하려면 기울기 a의 값은 직선 $y=ax+1$이 점 $(3, 2)$를 지날 때보다
작거나 같고, 기울기 b의 값은 직선 $y=bx+1$이 점 $(2, 3)$을 지날
때보다 크거나 같아야 한다.

직선 $y=ax+1$이 점 $(3, 2)$를 지날 때,

$2=3a+1$ $\therefore a=\dfrac{1}{3}$

직선 $y=bx+1$이 점 $(2, 3)$을 지날 때,

$3=2b+1$ $\therefore b=1$

$\therefore a\le\dfrac{1}{3}$, $b\ge 1$

따라서 $b-a$의 값이 최소이려면 b의 값은 최소이고 a의 값은 최대
이어야 하므로 구하는 최솟값은

$1-\dfrac{1}{3}=\dfrac{2}{3}$

1118 답 ③

$y=\dfrac{4}{x}$ $(x>0)$의 그래프를 x축의 방향으로 1만큼, y축의 방향으로
2만큼 평행이동한 그래프의 식은

$y=\dfrac{4}{x-1}+2$ $(x>1)$

점 P의 좌표를 $\left(k, \dfrac{4}{k-1}+2\right)(k>1)$라
하면

$\overline{PR}=k$, $\overline{PQ}=\dfrac{4}{k-1}+2$

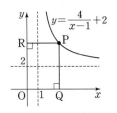

직사각형 ROQP의 둘레의 길이는

$2\left(k+\dfrac{4}{k-1}+2\right)=2\left(k-1+\dfrac{4}{k-1}+3\right)$

이때 $k-1>0$, $\dfrac{4}{k-1}>0$이므로 산술평균과 기하평균의 관계에 의
하여

$k-1+\dfrac{4}{k-1}+3\ge 2\sqrt{(k-1)\times\dfrac{4}{k-1}}+3$

$=4+3=7$

$\left(\text{단, 등호는 } k-1=\dfrac{4}{k-1}, \text{ 즉 } k=3\text{일 때 성립}\right)$

따라서 직사각형 ROQP의 둘레의 길이의 최솟값은

$2\times 7=14$

> 참고 $k-1=\dfrac{4}{k-1}$에서
> $(k-1)^2=4$, $k-1=\pm 2$
> $\therefore k=3$ $(\because k>1)$
> 따라서 등호는 $k=3$일 때 성립한다.

1119 답 6

점 P의 좌표를 $\left(k, \dfrac{1}{k-1}+3\right)(k>1)$이
라 하면 점 Q의 좌표는 $(k, -k)$이므로

$\overline{PQ}=\dfrac{1}{k-1}+3+k$

$=k-1+\dfrac{1}{k-1}+4$ ······ ❶

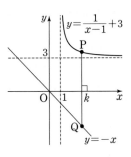

이때 $k-1>0$, $\dfrac{1}{k-1}>0$이므로 산술평
균과 기하평균의 관계에 의하여

$k-1+\dfrac{1}{k-1}+4\ge 2\sqrt{(k-1)\times\dfrac{1}{k-1}}+4$

$=2+4=6$

$\left(\text{단, 등호는 } k-1=\dfrac{1}{k-1}, \text{ 즉 } k=2\text{일 때 성립}\right)$

따라서 선분 PQ의 길이의 최솟값은 6이다. ······ ❷

채점 기준

❶	점 P의 x좌표를 k라 하고 $\overline{PQ}$의 길이를 k에 대한 식으로 나타내기	40 %
❷	$\overline{PQ}$의 길이의 최솟값 구하기	60 %

1120 답 ②

점 P의 좌표를 $\left(a, \dfrac{k}{a-3}+2\right)(a>3)$라 하면

$\overline{PA}=\dfrac{k}{a-3}+2-2=\dfrac{k}{a-3}$, $\overline{PB}=a-3$이므로

$\overline{PA}+\overline{PB}=\dfrac{k}{a-3}+a-3$

이때 $a-3>0$, $\dfrac{k}{a-3}>0$이므로 산술평균과 기하평균의 관계에 의
하여

$a-3+\dfrac{k}{a-3}\ge 2\sqrt{(a-3)\times\dfrac{k}{a-3}}$

$=2\sqrt{k}\left(\text{단, 등호는 } a-3=\dfrac{k}{a-3}\text{일 때 성립}\right)$

이때 $\overline{PA}+\overline{PB}$의 최솟값이 6이므로

$2\sqrt{k}=6$ $\therefore k=9$

1121 답 5

$f^2(x)=(f\circ f)(x)=f(f(x))$

$=\dfrac{\dfrac{x-1}{x}-1}{\dfrac{x-1}{x}}=\dfrac{\dfrac{x-1-x}{x}}{\dfrac{x-1}{x}}$

$=\dfrac{-1}{x-1}$

$f^3(x)=(f\circ f^2)(x)=f(f^2(x))$

$=\dfrac{\dfrac{-1}{x-1}-1}{\dfrac{-1}{x-1}}=\dfrac{\dfrac{-1-(x-1)}{x-1}}{\dfrac{-1}{x-1}}$

$=x$

$\vdots$

따라서 $f^3(x)=f^6(x)=f^9(x)=\cdots=f^{3n}(x)=x$ (n은 자연수)이
므로

$f^{150}(5)=f^{3\times 50}(5)=5$

1122 답 ⑤

$(f \circ f)(k) = f(f(k)) = \dfrac{1}{\dfrac{1}{k-1}-1} = \dfrac{1}{\dfrac{1-(k-1)}{k-1}} = \dfrac{k-1}{2-k}$

$(f \circ f)(k) = -2$에서 $\dfrac{k-1}{2-k} = -2$

$k-1 = -2(2-k)$ ∴ $k=3$

1123 답 $\dfrac{10}{1001}$

$f^2(x) = (f \circ f)(x) = f(f(x))$

$= \dfrac{\dfrac{x}{x+1}}{\dfrac{x}{x+1}+1} = \dfrac{\dfrac{x}{x+1}}{\dfrac{x+x+1}{x+1}}$

$= \dfrac{x}{2x+1}$

$f^3(x) = (f \circ f^2)(x) = f(f^2(x))$

$= \dfrac{\dfrac{x}{2x+1}}{\dfrac{x}{2x+1}+1} = \dfrac{\dfrac{x}{2x+1}}{\dfrac{x+2x+1}{2x+1}}$

$= \dfrac{x}{3x+1}$

⋮

따라서 $f^n(x) = \dfrac{x}{nx+1}$ (n은 자연수)이므로

$f^{100}(x) = \dfrac{x}{100x+1}$

∴ $f^{100}(10) = \dfrac{10}{100 \times 10 + 1} = \dfrac{10}{1001}$

1124 답 ③

주어진 그래프에서 $f(-1)=0$, $f(0)=-1$이므로

$f^2(-1) = (f \circ f)(-1) = f(f(-1)) = f(0) = -1$

$f^3(-1) = (f \circ f^2)(-1) = f(f^2(-1)) = f(-1) = 0$

⋮

즉, $f^n(-1)$의 값은 0, -1이 이 순서대로 반복된다.

따라서 $1029 = 2 \times 514 + 1$이므로

$f^{1029}(-1) = 0$

다른 풀이

주어진 그래프의 점근선의 방정식이 $x=1$, $y=1$이므로

$f(x) = \dfrac{a}{x-1} + 1$ ($a > 0$)이라 하자.

함수의 그래프가 점 $(-1, 0)$, $(0, -1)$을 지나므로

$0 = \dfrac{a}{-1-1} + 1$ ∴ $a=2$

즉, $f(x) = \dfrac{2}{x-1} + 1$이므로

$f^2(x) = (f \circ f)(x) = f(f(x))$

$= \dfrac{2}{\dfrac{2}{x-1}+1-1} + 1 = x$

$f^3(x) = (f \circ f^2)(x) = f(f^2(x)) = f(x)$

따라서 $f^{2n}(x) = x$, $f^{2n+1}(x) = f(x)$ (n은 자연수)이므로

$f^{1029}(-1) = f^{2 \times 514 + 1}(-1) = f(-1) = 0$

1125 답 ③

$y = \dfrac{ax}{2x-3}$라 하면 $(2x-3)y = ax$

$(2y-a)x = 3y$ ∴ $x = \dfrac{3y}{2y-a}$

x와 y를 서로 바꾸면 $y = \dfrac{3x}{2x-a}$ ∴ $f^{-1}(x) = \dfrac{3x}{2x-a}$

$f = f^{-1}$에서 $\dfrac{ax}{2x-3} = \dfrac{3x}{2x-a}$

∴ $a=3$

다른 풀이

$f(f(x)) = \dfrac{af(x)}{2f(x)-3} = \dfrac{a \times \dfrac{ax}{2x-3}}{2 \times \dfrac{ax}{2x-3} - 3}$

$= \dfrac{\dfrac{a^2 x}{2x-3}}{\dfrac{2ax - 3(2x-3)}{2x-3}} = \dfrac{a^2 x}{2(a-3)x + 9}$

$f = f^{-1}$에서 $(f \circ f)(x) = x$이므로

$\dfrac{a^2 x}{2(a-3)x + 9} = x$

∴ $a^2 x = 2(a-3)x^2 + 9x$

이 식이 x에 대한 항등식이므로

$0 = a-3$, $a^2 = 9$ ∴ $a = 3$

1126 답 1

$y = \dfrac{2}{x} + 1$이라 하면 $y - 1 = \dfrac{2}{x}$

$(y-1)x = 2$ ∴ $x = \dfrac{2}{y-1}$

x와 y를 서로 바꾸면 $y = \dfrac{2}{x-1}$

∴ $f^{-1}(x) = \dfrac{2}{x-1}$

따라서 $a=2$, $b=-1$이므로

$a+b=1$

1127 답 -2

주어진 두 함수 $f(x)$, $g(x)$의 그래프가 직선 $y=x$에 대하여 대칭
이므로 $g(x)$는 $f(x)$의 역함수이다. ⋯⋯ ❶

$y = \dfrac{4x-3}{x-a}$이라 하면 $(x-a)y = 4x-3$

$(y-4)x = ay-3$ ∴ $x = \dfrac{ay-3}{y-4}$

x와 y를 서로 바꾸면 $y = \dfrac{ax-3}{x-4}$

∴ $f^{-1}(x) = \dfrac{ax-3}{x-4}$ ⋯⋯ ❷

$g(x) = f^{-1}(x)$에서 $\dfrac{-2x+3}{bx+4} = \dfrac{ax-3}{x-4}$

$\dfrac{2x-3}{-bx-4} = \dfrac{ax-3}{x-4}$ ∴ $a=2$, $b=-1$

∴ $ab = -2$ ⋯⋯ ❸

채점 기준

❶ 두 함수 $f(x)$, $g(x)$의 관계 알기		20 %
❷ $f(x)$의 역함수 구하기		50 %
❸ ab의 값 구하기		30 %

1128 답 ⑤

$y=\dfrac{2x+5}{x+3}$ 라 하면 $(x+3)y=2x+5$

$(y-2)x=5-3y$ $\quad\therefore x=\dfrac{-3y+5}{y-2}$

x와 y를 서로 바꾸면 $y=\dfrac{-3x+5}{x-2}$

$\therefore f^{-1}(x)=\dfrac{-3x+5}{x-2}$

$y=\dfrac{-3x+5}{x-2}=\dfrac{-3(x-2)-1}{x-2}=-\dfrac{1}{x-2}-3$이므로 점근선의 방

정식은

$x=2$, $y=-3$

따라서 함수 $y=f^{-1}(x)$의 그래프는 점 $(2,-3)$에 대하여 대칭이

므로

$p=2$, $q=-3$

$\therefore p-q=5$

1129 답 -2

$f(x)=\dfrac{x+b}{x-a}$의 그래프가 점 $(-1,2)$를 지나므로

$2=\dfrac{-1+b}{-1-a}$ $\quad\therefore 2a+b=-1$ $\quad\cdots\cdots$ ㉠

또 $f(x)$의 역함수의 그래프가 점 $(-1,2)$를 지나므로

$f(x)=\dfrac{x+b}{x-a}$의 그래프는 점 $(2,-1)$을 지난다.

즉, $-1=\dfrac{2+b}{2-a}$이므로 $a-b=4$ $\quad\cdots\cdots$ ㉡

㉠, ㉡을 연립하여 풀면

$a=1$, $b=-3$

$\therefore a+b=-2$

1130 답 ④

$(f^{-1}\circ f\circ f^{-1})(9)=f^{-1}(9)$

$f^{-1}(9)=k\,(k$는 상수$)$라 하면 $f(k)=9$이므로

$\dfrac{2k+1}{k-3}=9$, $2k+1=9(k-3)$ $\quad\therefore k=4$

$\therefore (f^{-1}\circ f\circ f^{-1})(9)=4$

1131 답 $\dfrac{1}{2}$

$(f\circ(f^{-1}\circ g)^{-1}\circ f^{-1})(3)=(f\circ g^{-1}\circ f\circ f^{-1})(3)$

$\qquad\qquad\qquad\qquad\qquad =(f\circ g^{-1})(3)$

$\qquad\qquad\qquad\qquad\qquad =f(g^{-1}(3))$ $\quad\cdots\cdots$ ❶

$g^{-1}(3)=k\,(k$는 상수$)$라 하면 $g(k)=3$이므로

$\dfrac{2k+1}{k}=3$, $2k+1=3k$ $\quad\therefore k=1$

$\therefore g^{-1}(3)=1$ $\quad\cdots\cdots$ ❷

$\therefore (f\circ(f^{-1}\circ g)^{-1}\circ f^{-1})(3)=f(g^{-1}(3))$

$\qquad\qquad\qquad\qquad\qquad\quad =f(1)=\dfrac{1}{2}$ $\quad\cdots\cdots$ ❸

채점 기준	
❶ $(f\circ(f^{-1}\circ g)^{-1}\circ f^{-1})(3)$을 간단히 하기	30 %
❷ $g^{-1}(3)$의 값 구하기	40 %
❸ $(f\circ(f^{-1}\circ g)^{-1}\circ f^{-1})(3)$의 값 구하기	30 %

1132 답 ①

$f(x)=\dfrac{ax-5}{2x+b}$의 그래프가 점 $(1,2)$를 지나므로

$2=\dfrac{a-5}{2+b}$ $\quad\therefore a-2b=9$ $\quad\cdots\cdots$ ㉠

$(f\circ f)(x)=x$에서 $f=f^{-1}$

$y=\dfrac{ax-5}{2x+b}$라 하면 $(2x+b)y=ax-5$

$(2y-a)x=-by-5$ $\quad\therefore x=\dfrac{-by-5}{2y-a}$

x와 y를 서로 바꾸면 $y=\dfrac{-bx-5}{2x-a}$

$\therefore f^{-1}(x)=\dfrac{-bx-5}{2x-a}$

$f=f^{-1}$에서

$\dfrac{ax-5}{2x+b}=\dfrac{-bx-5}{2x-a}$ $\quad\therefore a=-b$

이를 ㉠에 대입하면 $-3b=9$ $\quad\therefore b=-3$

따라서 $a=3$이므로 $ab=-9$

1133 답 ②

$y=\dfrac{a}{x-1}$라 하면 $(x-1)y=a$

$yx=y+a$ $\quad\therefore x=\dfrac{y+a}{y}$

x와 y를 서로 바꾸면 $y=\dfrac{x+a}{x}$

$\therefore f^{-1}(x)=\dfrac{x+a}{x}$

$(f^{-1}\circ f^{-1})(x)=f^{-1}(f^{-1}(x))=\dfrac{\dfrac{x+a}{x}+a}{\dfrac{x+a}{x}}$

$\qquad\qquad =\dfrac{\dfrac{x+a+ax}{x}}{\dfrac{x+a}{x}}=\dfrac{(a+1)x+a}{x+a}$

$f=f^{-1}\circ f^{-1}$에서

$\dfrac{a}{x-1}=\dfrac{(a+1)x+a}{x+a}$

$\therefore a=-1$

AB 유형 점검 174~176쪽

1134 답 ④

$\left(1+\dfrac{1}{x+1}\right)\div\left(1-\dfrac{4}{x^2-x-2}\right)-\dfrac{4}{x^2-2x-3}$

$=\dfrac{x+2}{x+1}\div\dfrac{x^2-x-6}{x^2-x-2}-\dfrac{4}{x^2-2x-3}$

$=\dfrac{x+2}{x+1}\times\dfrac{(x+1)(x-2)}{(x+2)(x-3)}-\dfrac{4}{(x+1)(x-3)}$

$=\dfrac{x-2}{x-3}-\dfrac{4}{(x+1)(x-3)}$

$=\dfrac{(x+1)(x-2)-4}{(x+1)(x-3)}=\dfrac{x^2-x-6}{(x+1)(x-3)}$

$=\dfrac{(x+2)(x-3)}{(x+1)(x-3)}=\dfrac{x+2}{x+1}$

1135 답 ③

주어진 식의 좌변을 통분하여 정리하면

$$\frac{a}{x+2}+\frac{b}{x-4}=\frac{a(x-4)+b(x+2)}{(x+2)(x-4)}$$

$$=\frac{(a+b)x-4a+2b}{x^2-2x-8}$$

이때 $\dfrac{(a+b)x-4a+2b}{x^2-2x-8}=\dfrac{4x-10}{x^2-2x-8}$이 x에 대한 항등식이므로

$a+b=4$, $-4a+2b=-10$

두 식을 연립하여 풀면

$a=3$, $b=1$

$\therefore a-b=2$

다른 풀이

주어진 식의 양변에 $(x+2)(x-4)$를 곱하여 정리하면

$a(x-4)+b(x+2)=4x-10$

$\therefore (a+b)x-4a+2b=4x-10$

이 식이 x에 대한 항등식이므로

$a+b=4$, $-4a+2b=-10$

두 식을 연립하여 풀면

$a=3$, $b=1$

$\therefore a-b=2$

1136 답 $f(x)=4x+6$

$$\frac{x+1}{x}-\frac{2x+3}{x+1}-\frac{x+3}{x+2}+\frac{2x+7}{x+3}$$

$$=\frac{x+1}{x}-\frac{2(x+1)+1}{x+1}-\frac{(x+2)+1}{x+2}+\frac{2(x+3)+1}{x+3}$$

$$=\left(1+\frac{1}{x}\right)-\left(2+\frac{1}{x+1}\right)-\left(1+\frac{1}{x+2}\right)+\left(2+\frac{1}{x+3}\right)$$

$$=\left(\frac{1}{x}-\frac{1}{x+1}\right)-\left(\frac{1}{x+2}-\frac{1}{x+3}\right)$$

$$=\frac{1}{x(x+1)}-\frac{1}{(x+2)(x+3)}$$

$$=\frac{x^2+5x+6-(x^2+x)}{x(x+1)(x+2)(x+3)}$$

$$=\frac{4x+6}{x(x+1)(x+2)(x+3)}$$

$\therefore f(x)=4x+6$

1137 답 $\dfrac{1}{900}$

$$f(x)=\frac{1}{x(x+1)}+\frac{1}{(x+1)(x+2)}+\frac{1}{(x+2)(x+3)}$$

$$\qquad\qquad +\cdots+\frac{1}{(x+9)(x+10)}$$

$$=\left(\frac{1}{x}-\frac{1}{x+1}\right)+\left(\frac{1}{x+1}-\frac{1}{x+2}\right)+\left(\frac{1}{x+2}-\frac{1}{x+3}\right)$$

$$\qquad\qquad +\cdots+\left(\frac{1}{x+9}-\frac{1}{x+10}\right)$$

$$=\frac{1}{x}-\frac{1}{x+10}$$

$\therefore f(90)=\dfrac{1}{90}-\dfrac{1}{100}=\dfrac{1}{900}$

1138 답 ①

$$1-\frac{4}{3-\dfrac{2}{1-x}}=1-\frac{4}{\dfrac{3-3x-2}{1-x}}=1-\frac{4}{\dfrac{1-3x}{1-x}}=1-\frac{4-4x}{1-3x}$$

$$=\frac{1-3x-(4-4x)}{1-3x}=\frac{x-3}{1-3x}=\frac{-x+3}{3x-1}$$

따라서 $a=-1$, $b=3$, $c=-1$이므로

$a+b+c=1$

1139 답 ②

$x+y-z=0$ $\qquad$ ······ ㉠

$x+3y+z=0$ $\qquad$ ······ ㉡

㉠+㉡을 하면

$2x+4y=0$ $\qquad \therefore x=-2y$

이를 ㉠에 대입하면

$-2y+y-z=0$ $\qquad \therefore z=-y$

$$\therefore \frac{x^2+y^2+z^2}{xy+yz+zx}=\frac{(-2y)^2+y^2+(-y)^2}{-2y\times y+y\times(-y)+(-y)\times(-2y)}$$

$$=\frac{6y^2}{-y^2}=-6$$

1140 답 2

$y=\dfrac{4x-3}{x-2}=\dfrac{4(x-2)+5}{x-2}=\dfrac{5}{x-2}+4$의 그래프를 x축의 방향으로 p만큼, y축의 방향으로 q만큼 평행이동한 그래프의 식은

$y=\dfrac{5}{x-p-2}+4+q$ $\qquad$ ······ ㉠

$y=\dfrac{3x-10}{x-5}=\dfrac{3(x-5)+5}{x-5}=\dfrac{5}{x-5}+3$ $\qquad$ ······ ㉡

㉠, ㉡이 일치하므로

$-p-2=-5$, $4+q=3$ $\qquad \therefore p=3$, $q=-1$

$\therefore p+q=2$

1141 답 -1

$y=\dfrac{-2x+3}{x+1}=\dfrac{-2(x+1)+5}{x+1}=\dfrac{5}{x+1}-2$이므로 주어진 함수의

그래프는 $y=\dfrac{5}{x}$의 그래프를 x축의 방향으로 -1만큼, y축의 방향으로 -2만큼 평행이동한 것이다.

$y\geq 3$에서 $y=\dfrac{-2x+3}{x+1}$의 그래프는 오른쪽 그림과 같으므로 정의역은

$\{x\,|\,-1<x\leq 0\}$

따라서 $\alpha=-1$, $\beta=0$이므로

$\alpha+\beta=-1$

1142 답 -2

$y=\dfrac{4x-3}{2x+1}=\dfrac{2(2x+1)-5}{2x+1}=-\dfrac{5}{2\left(x+\dfrac{1}{2}\right)}+2$이므로 주어진 함수

의 그래프는 $y=-\dfrac{5}{2x}$의 그래프를 x축의 방향으로 $-\dfrac{1}{2}$만큼, y축

의 방향으로 2만큼 평행이동한 것이다.

$0 \leq x \leq 2$에서 $y = \dfrac{4x-3}{2x+1}$의 그래프는 오른쪽 그림과 같으므로 $x=2$일 때 최댓값 1, $x=0$일 때 최솟값 -3을 갖는다.

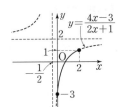

따라서 최댓값과 최솟값의 합은

$1+(-3)=-2$

1143 답 ④

$y = \dfrac{k}{x-2}+1$에 $y=0$을 대입하면 $0 = \dfrac{k}{x-2}+1$

$-(x-2)=k$ ∴ $x=-k+2$ ∴ $A(-k+2,\, 0)$

$y = \dfrac{k}{x-2}+1$에 $x=0$을 대입하면 $y = -\dfrac{k}{2}+1$

∴ $B\left(0,\, -\dfrac{k}{2}+1\right)$

$y = \dfrac{k}{x-2}+1$의 그래프의 점근선의 방정식은 $x=2,\ y=1$

∴ $C(2,\, 1)$

세 점 A, B, C가 한 직선 위에 있으려면 직선 AC와 직선 BC의 기울기가 같아야 하므로

$\dfrac{1-0}{2-(-k+2)} = \dfrac{1-\left(-\dfrac{k}{2}+1\right)}{2-0}$

$k^2=4$ ∴ $k=-2\ (\because k<0)$

1144 답 ①

$y = \dfrac{4x-5}{x-2} = \dfrac{4(x-2)+3}{x-2} = \dfrac{3}{x-2}+4$이므로 점근선의 방정식은 $x=2,\ y=4$

따라서 주어진 함수의 그래프는 점 $(2, 4)$에 대하여 대칭이고, 이 점은 직선 $x+y+k=0$ 위의 점이므로

$2+4+k=0$ ∴ $k=-6$

1145 답 ④

$y = \dfrac{6x+5}{x+2} = \dfrac{6(x+2)-7}{x+2} = -\dfrac{7}{x+2}+6$이므로 주어진 함수의 그래프는 $y = -\dfrac{7}{x}$의 그래프를 x축의 방향으로 -2만큼, y축의 방향으로 6만큼 평행이동한 것이다.

따라서 $y = \dfrac{6x+5}{x+2}$의 그래프는 오른쪽 그림과 같으므로 그래프가 지나지 않는 사분면은 제4사분면이다.

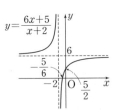

1146 답 ⑤

$y = \dfrac{3x+5}{x+1} = \dfrac{3(x+1)+2}{x+1} = \dfrac{2}{x+1}+3$이므로 그래프는 오른쪽 그림과 같다.

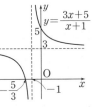

③ 두 점근선의 교점의 좌표가 $(-1, 3)$이므로 그래프는 점 $(-1, 3)$을 지나고 기울기가 각각 1, -1인 두 직선
$y=(x+1)+3,\ y=-(x+1)+3$, 즉 $y=x+4,\ y=-x+2$에 대하여 대칭이다.

⑤ $y = \dfrac{2}{x}$의 그래프를 x축의 방향으로 -1만큼, y축의 방향으로 3만큼 평행이동한 것이다.

따라서 옳지 않은 것은 ⑤이다.

1147 답 -4

점근선의 방정식이 $x=2,\ y=-1$이므로 함수의 식을

$y = \dfrac{k}{x-2}-1\,(k<0)$이라 하자.

이 함수의 그래프가 점 $(-1, 0)$을 지나므로

$0 = \dfrac{k}{-1-2}-1$ ∴ $k=-3$

따라서 $y = \dfrac{-3}{x-2}-1 = \dfrac{-(x-2)-3}{x-2} = \dfrac{-x-1}{x-2}$이므로

$a=-1,\ b=-1,\ c=-2$

∴ $a+b+c=-4$

1148 답 ④

$y = \dfrac{-2x+5}{x-2} = \dfrac{-2(x-2)+1}{x-2} = \dfrac{1}{x-2}-2$

따라서 $y = \dfrac{-2x+5}{x-2}$의 그래프는 오른쪽 그림과 같고, 직선 $y=mx-2$는 m의 값에 관계없이 항상 점 $(0, -2)$를 지난다.

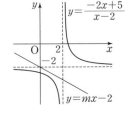

(i) $m=0$일 때

직선 $y=-2$는 점근선이므로 두 그래프는 만나지 않는다.

(ii) $m \neq 0$일 때

$\dfrac{-2x+5}{x-2} = mx-2$에서

$-2x+5 = (mx-2)(x-2)$

∴ $mx^2 - 2mx - 1 = 0$

이 이차방정식의 판별식을 D라 할 때, $y = \dfrac{-2x+5}{x-2}$의 그래프와 직선 $y=mx-2$가 만나지 않으려면

$\dfrac{D}{4} = m^2 + m < 0,\ m(m+1)<0$

∴ $-1 < m < 0$

(i), (ii)에서 $-1 < m \leq 0$

1149 답 ③

점 P의 좌표를 $\left(k,\ \dfrac{2}{k-1}+2\right)(k>1)$라 하면

$\overline{PR} = k-1,\ \overline{PQ} = \dfrac{2}{k-1}+2-2 = \dfrac{2}{k-1}$

사각형 PRSQ는 직사각형이므로 그 둘레의 길이는

$2\left(k-1+\dfrac{2}{k-1}\right)$

이때 $k-1>0,\ \dfrac{2}{k-1}>0$이므로 산술평균과 기하평균의 관계에 의하여

$k-1+\dfrac{2}{k-1} \geq 2\sqrt{(k-1)\times\dfrac{2}{k-1}} = 2\sqrt{2}$

$\left(\text{단, 등호는 } k-1 = \dfrac{2}{k-1}, \text{ 즉 } k=\sqrt{2}+1\text{일 때 성립}\right)$

따라서 사각형 PRSQ의 둘레의 길이의 최솟값은

$2 \times 2\sqrt{2} = 4\sqrt{2}$

1150 답 $-\dfrac{1}{2}$

$(g^{-1}\circ f)(-4)=g^{-1}(f(-4))=g^{-1}(-2)$

$g^{-1}(-2)=k\,(k$는 상수$)$라 하면 $g(k)=-2$이므로

$\dfrac{2k+4}{k-1}=-2,\ 2k+4=-2(k-1)$

$\therefore k=-\dfrac{1}{2}$

$\therefore (g^{-1}\circ f)(-4)=g^{-1}(-2)=-\dfrac{1}{2}$

1151 답 $\dfrac{2}{3}$

$(a+b):(b+c):(c+a)=5:6:7$이므로

$a+b=5k,\ b+c=6k,\ c+a=7k\,(k\neq0)$ ...... ㉠ ...... ❶

로 놓고 세 식을 변끼리 더하면

$2(a+b+c)=18k$

$\therefore a+b+c=9k$ ...... ㉡ ...... ❷

㉠, ㉡에서 $a=3k,\ b=2k,\ c=4k$ ...... ❸

$\therefore \dfrac{ab}{a^2+2bc-c^2}=\dfrac{3k\times2k}{(3k)^2+2\times2k\times4k-(4k)^2}$

$\qquad\qquad\qquad =\dfrac{6k^2}{9k^2}=\dfrac{2}{3}$ ...... ❹

채점 기준

❶ $a+b,\ b+c,\ c+a$를 k에 대한 식으로 나타내기	20 %	
❷ $a+b+c$를 k에 대한 식으로 나타내기	20 %	
❸ $a,\ b,\ c$를 k에 대한 식으로 나타내기	20 %	
❹ $\dfrac{ab}{a^2+2bc-c^2}$의 값 구하기	40 %	

1152 답 $-\dfrac{3}{2}$

$f^2(x)=(f\circ f)(x)=f(f(x))$

$\qquad =-\dfrac{1}{-\dfrac{1}{x+1}+1}=-\dfrac{1}{\dfrac{-1+x+1}{x+1}}$

$\qquad =-\dfrac{x+1}{x}$

$f^3(x)=(f\circ f^2)(x)=f(f^2(x))$

$\qquad =-\dfrac{1}{-\dfrac{x+1}{x}+1}=-\dfrac{-1}{\dfrac{-x-1+x}{x}}$

$\qquad =x$

$f^4(x)=(f\circ f^3)(x)=f(f^3(x))=f(x)=-\dfrac{1}{x+1}$

$\qquad\vdots$ ...... ❶

따라서 $f^3(x)=f^6(x)=f^9(x)=\cdots=f^{3n}(x)=x\,(n$은 자연수$)$이므로

$f^{50}(x)=f^{3\times16+2}(x)=f^2(x)=-\dfrac{x+1}{x}$ ...... ❷

$\therefore f^{50}(2)=-\dfrac{2+1}{2}=-\dfrac{3}{2}$ ...... ❸

채점 기준

❶ $f^2(x),\ f^3(x),\ f^4(x),\ \cdots$ 구하기	40 %	
❷ $f^{50}(x)$ 구하기	40 %	
❸ $f^{50}(2)$의 값 구하기	20 %	

1153 답 12

$y=-\dfrac{k}{x-1}+3$이라 하면 $(x-1)(y-3)=-k$

$(y-3)x=y-k-3$

$\therefore x=\dfrac{y-k-3}{y-3}$

x와 y를 서로 바꾸면 $y=\dfrac{x-k-3}{x-3}$

$\therefore f^{-1}(x)=\dfrac{x-k-3}{x-3}$ ...... ❶

따라서 $\dfrac{x-k-3}{x-3}=\dfrac{ax+1}{x+b}$이므로

$a=1,\ b=-3,\ k=-4$

$\therefore abk=12$ ...... ❷

채점 기준

❶ $f^{-1}(x)$ 구하기	60 %	
❷ abk의 값 구하기	40 %	

C 실력 향상 177쪽

1154 답 16

$y=\dfrac{4x+7}{x+5}=\dfrac{4(x+5)-13}{x+5}=-\dfrac{13}{x+5}+4$이므로 점근선의 방정식은 $x=-5,\ y=4$

즉, 오른쪽 그림과 같이 함수 $y=\dfrac{4x+7}{x+5}$의 그래프가 중심이 점 $(-5,\ 4)$인 원과 만나는 네 점을 각각 A, B, C, D라 하면 두 점근선의 교점과 원의 중심이 일치하므로 두 점 A, C와 두 점 B, D는 각각 점 $(-5,\ 4)$에 대하여 대칭이다.

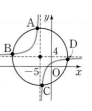

따라서 $\overline{AC}$, $\overline{BD}$의 중점이 모두 점 $(-5,\ 4)$이므로 네 점 A, B, C, D의 y좌표를 각각 $y_1,\ y_2,\ y_3,\ y_4$라 하면

$\dfrac{y_1+y_3}{2}=4,\ \dfrac{y_2+y_4}{2}=4$

$\therefore y_1+y_3=8,\ y_2+y_4=8$

$\therefore y_1+y_2+y_3+y_4=16$

1155 답 ③

두 점 P, Q의 x좌표를 각각 $a,\ b\,(0<a<b)$라 하면

$\mathrm{P}\Big(a,\ \dfrac{k}{a}\Big),\ \mathrm{Q}\Big(b,\ \dfrac{k}{b}\Big)$

두 점 P, Q는 함수 $y=\dfrac{k}{x}$의 그래프와 직선 $y=-x+8$의 교점이므로

$\dfrac{k}{x}=-x+8$에서 $x^2-8x+k=0$

이 이차방정식의 두 근이 $a,\ b$이므로 이차방정식의 근과 계수의 관계에 의하여

$a+b=8$ ...... ㉠

$ab=k$ ...... ㉡

$$\therefore \overline{PQ}=\sqrt{(b-a)^2+\left(\dfrac{k}{b}-\dfrac{k}{a}\right)^2}$$
$$=\sqrt{(b-a)^2+\left\{\dfrac{k(a-b)}{ab}\right\}^2}$$
$$=\sqrt{(b-a)^2+(a-b)^2}\ (\because \text{ⓒ})$$
$$=\sqrt{2(b-a)^2}$$
$$=\sqrt{2}(b-a)\ (\because b-a>0)$$

원점과 직선 $y=-x+8$, 즉 $x+y-8=0$ 사이의 거리는

$$\dfrac{|-8|}{\sqrt{1^2+1^2}}=4\sqrt{2}$$

이때 삼각형 POQ의 넓이가 16이므로

$$\dfrac{1}{2}\times\sqrt{2}(b-a)\times4\sqrt{2}=16$$
$$\therefore b-a=4 \quad\cdots\cdots \text{ⓒ}$$

ⓐ, ⓒ을 연립하여 풀면 $a=2$, $b=6$

ⓑ에서 $k=ab=12$

다른 풀이

직선 $y=-x+8$이 x축, y축과 만나는 점을 각각 A, B라 하면
A$(8, 0)$, B$(0, 8)$

함수 $y=\dfrac{k}{x}$의 그래프는 직선 $y=x$에 대하여 대칭이고, 직선 $y=-x+8$은 직선 $y=x$에 수직이므로 두 점 P, Q는 직선 $y=x$에 대하여 대칭이다.

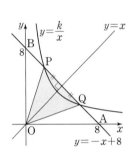

따라서 두 삼각형 OAQ, OPB의 넓이는 서로 같다.

$\triangle OAB=\dfrac{1}{2}\times8\times8=32$, $\triangle OQP=16$이므로

$$\triangle OAQ=\dfrac{1}{2}(\triangle OAB-\triangle OQP)=\dfrac{1}{2}\times(32-16)=8$$

이때 Q$(a, b)\ (a>0)$라 하면

$$\dfrac{1}{2}\times\overline{OA}\times b=8, \dfrac{1}{2}\times8\times b=8 \quad\therefore b=2$$

점 Q$(a, 2)$는 직선 $y=-x+8$ 위의 점이므로

$$2=-a+8 \quad\therefore a=6$$
$$\therefore Q(6, 2)$$

점 Q가 곡선 $y=\dfrac{k}{x}$ 위의 점이므로

$$2=\dfrac{k}{6} \quad\therefore k=12$$

1156 답 **9**

함수 $y=\dfrac{2}{x}$의 그래프는 직선 $y=x$에 대하여 대칭이고, 직선 $y=-x+k$는 직선 $y=x$에 수직이므로 두 점 A, B는 직선 $y=x$에 대하여 대칭이다.

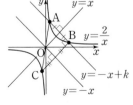

또 함수 $y=\dfrac{2}{x}$의 그래프는 직선 $y=-x$에 대하여 대칭이고, $\angle ABC=90°$이므로 두 점 B, C는 직선 $y=-x$에 대하여 대칭이다.

따라서 A$\left(a, \dfrac{2}{a}\right)\ (a\neq\sqrt{2})$라 하면

$$B\left(\dfrac{2}{a}, a\right), C\left(-a, -\dfrac{2}{a}\right)$$

점 A는 직선 $y=-x+k$ 위의 점이므로

$$\dfrac{2}{a}=-a+k \quad\therefore k=a+\dfrac{2}{a}$$

$\overline{AC}=2\sqrt{5}$에서

$$\sqrt{(-a-a)^2+\left(-\dfrac{2}{a}-\dfrac{2}{a}\right)^2}=2\sqrt{5}$$

양변을 제곱하면

$$4a^2+\dfrac{16}{a^2}=20 \quad\therefore a^2+\dfrac{4}{a^2}=5$$
$$\therefore k^2=\left(a+\dfrac{2}{a}\right)^2=a^2+\dfrac{4}{a^2}+4=5+4=9$$

1157 답 ①

함수 $f(x)=\dfrac{a}{x}+b\ (a\neq0)$에 대하여 곡선 $y=|f(x)|$의 개형은 a, b의 부호에 따라 다음과 같다.

(ⅰ) $a>0$, $b>0$일 때   (ⅱ) $a<0$, $b>0$일 때

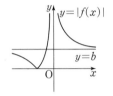 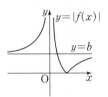

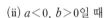

(ⅲ) $a>0$, $b<0$일 때   (ⅳ) $a<0$, $b<0$일 때

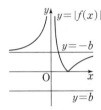 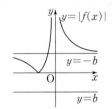

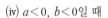

(ⅰ), (ⅱ)일 때 곡선 $y=|f(x)|$는 점근선 $y=b$와 한 점에서만 만나고, (ⅲ), (ⅳ)일 때 곡선 $y=|f(x)|$는 직선 $y=-b$와 한 점에서만 만난다.

따라서 ㈎에서 $b=-2$ 또는 $b=2$

그런데 $b=2$이면 점근선의 방정식이 $y=2$이므로 $f^{-1}(2)$의 값이 존재하지 않는다.

따라서 ㈏를 만족시키려면 $b=-2$

$$\therefore f(x)=\dfrac{a}{x}-2$$

$f^{-1}(2)=k\ (k$는 상수$)$라 하면 $f(k)=2$이므로

$$\dfrac{a}{k}-2=2 \quad\therefore a=4k \quad\cdots\cdots \text{ⓐ}$$

㈏에서 $k=\dfrac{a}{2}-2-1$

ⓐ을 대입하면

$$k=2k-3 \quad\therefore k=3$$

이를 ⓐ에 대입하면 $a=12$

$$\therefore f(x)=\dfrac{12}{x}-2$$
$$\therefore f(8)=\dfrac{12}{8}-2=-\dfrac{1}{2}$$

만렙 Note

함수 $f(x)$에 대하여 $y=|f(x)|$의 그래프는 다음과 같이 그린다.

⑴ $f(x)\geq0$인 부분 ➡ $y=f(x)$의 그래프를 그린다.

⑵ $f(x)<0$인 부분 ➡ $y=f(x)\ (y<0)$의 그래프를 x축에 대하여 대칭이동하여 그린다.

10 / 무리함수

A 개념 확인

178~181쪽

1158 답 $x \geq 2$

$x - 2 \geq 0$에서 $x \geq 2$

1159 답 $x \geq 3$

$x + 1 \geq 0$에서 $x \geq -1$
$2x - 6 \geq 0$에서 $x \geq 3$
$\therefore x \geq 3$

1160 답 $5 \leq x < 7$

$x - 5 \geq 0$에서 $x \geq 5$
$7 - x > 0$에서 $x < 7$
$\therefore 5 \leq x < 7$

1161 답 $1 < x \leq 3$

$3 - x \geq 0$에서 $x \leq 3$
$x - 1 > 0$에서 $x > 1$
$\therefore 1 < x \leq 3$

1162 답 $-2a + 2b$

$b - a > 0$이므로
$$\sqrt{a^2} + \sqrt{b^2} + \sqrt{(b-a)^2} = |a| + |b| + |b-a|$$
$$= -a + b + b - a$$
$$= -2a + 2b$$

1163 답 $2x - 2$

$-2 < x < 4$에서 $x + 2 > 0$, $x - 4 < 0$이므로
$$\sqrt{(x+2)^2} - \sqrt{(x-4)^2} = |x+2| - |x-4|$$
$$= (x+2) + (x-4)$$
$$= 2x - 2$$

1164 답 $x - 1$

$$(\sqrt{x+3}+2)(\sqrt{x+3}-2) = (\sqrt{x+3})^2 - 2^2$$
$$= (x+3) - 4$$
$$= x - 1$$

1165 답 1

$$(\sqrt{x+1}-\sqrt{x})(\sqrt{x+1}+\sqrt{x}) = (\sqrt{x+1})^2 - (\sqrt{x})^2$$
$$= (x+1) - x$$
$$= 1$$

1166 답 4

$$(\sqrt{x+2}-\sqrt{x-2})(\sqrt{x+2}+\sqrt{x-2})$$
$$= (\sqrt{x+2})^2 - (\sqrt{x-2})^2$$
$$= (x+2) - (x-2)$$
$$= 4$$

1167 답 $\dfrac{\sqrt{x+1}-\sqrt{x-2}}{3}$

$$\frac{1}{\sqrt{x+1}+\sqrt{x-2}} = \frac{\sqrt{x+1}-\sqrt{x-2}}{(\sqrt{x+1}+\sqrt{x-2})(\sqrt{x+1}-\sqrt{x-2})}$$
$$= \frac{\sqrt{x+1}-\sqrt{x-2}}{x+1-(x-2)}$$
$$= \frac{\sqrt{x+1}-\sqrt{x-2}}{3}$$

1168 답 $x + \sqrt{x^2-3}$

$$\frac{3}{x-\sqrt{x^2-3}} = \frac{3(x+\sqrt{x^2-3})}{(x-\sqrt{x^2-3})(x+\sqrt{x^2-3})}$$
$$= \frac{3(x+\sqrt{x^2-3})}{x^2-(x^2-3)}$$
$$= x + \sqrt{x^2-3}$$

1169 답 $\sqrt{4x^2+2x}-2x$

$$\frac{\sqrt{2x}}{\sqrt{2x+1}+\sqrt{2x}} = \frac{\sqrt{2x}(\sqrt{2x+1}-\sqrt{2x})}{(\sqrt{2x+1}+\sqrt{2x})(\sqrt{2x+1}-\sqrt{2x})}$$
$$= \frac{\sqrt{2x}\sqrt{2x+1}-2x}{2x+1-2x}$$
$$= \sqrt{4x^2+2x}-2x$$

1170 답 $x + \sqrt{x^2-1}$

$$\frac{\sqrt{x+1}+\sqrt{x-1}}{\sqrt{x+1}-\sqrt{x-1}} = \frac{(\sqrt{x+1}+\sqrt{x-1})^2}{(\sqrt{x+1}-\sqrt{x-1})(\sqrt{x+1}+\sqrt{x-1})}$$
$$= \frac{x+1+2\sqrt{x+1}\sqrt{x-1}+x-1}{x+1-(x-1)}$$
$$= \frac{2x+2\sqrt{x^2-1}}{2}$$
$$= x + \sqrt{x^2-1}$$

1171 답 $\dfrac{12}{4-x}$

$$\frac{3}{2+\sqrt{x}} + \frac{3}{2-\sqrt{x}} = \frac{3(2-\sqrt{x})+3(2+\sqrt{x})}{(2+\sqrt{x})(2-\sqrt{x})}$$
$$= \frac{6-3\sqrt{x}+6+3\sqrt{x}}{4-x}$$
$$= \frac{12}{4-x}$$

1172 답 $\dfrac{2}{3-x}$

$$\frac{1}{1-\sqrt{x-2}} + \frac{1}{1+\sqrt{x-2}} = \frac{1+\sqrt{x-2}+1-\sqrt{x-2}}{(1-\sqrt{x-2})(1+\sqrt{x-2})}$$
$$= \frac{2}{1-(x-2)}$$
$$= \frac{2}{3-x}$$

1173 답 $\dfrac{2\sqrt{x-y}}{y}$

$$\frac{1}{\sqrt{x}-\sqrt{x-y}}-\frac{1}{\sqrt{x}+\sqrt{x-y}}=\frac{\sqrt{x}+\sqrt{x-y}-(\sqrt{x}-\sqrt{x-y})}{(\sqrt{x}-\sqrt{x-y})(\sqrt{x}+\sqrt{x-y})}$$
$$=\frac{2\sqrt{x-y}}{x-(x-y)}$$
$$=\frac{2\sqrt{x-y}}{y}$$

1174 답 $\dfrac{2x}{x-1}$

$$\frac{\sqrt{x}}{\sqrt{x}-1}+\frac{\sqrt{x}}{\sqrt{x}+1}=\frac{\sqrt{x}(\sqrt{x}+1)+\sqrt{x}(\sqrt{x}-1)}{(\sqrt{x}-1)(\sqrt{x}+1)}$$
$$=\frac{x+\sqrt{x}+x-\sqrt{x}}{x-1}$$
$$=\frac{2x}{x-1}$$

1175 답 $-\dfrac{\sqrt{3}}{3}$

$$\frac{\sqrt{2-x}-\sqrt{2+x}}{\sqrt{2-x}+\sqrt{2+x}}=\frac{(\sqrt{2-x}-\sqrt{2+x})^2}{(\sqrt{2-x}+\sqrt{2+x})(\sqrt{2-x}-\sqrt{2+x})}$$
$$=\frac{2-x-2\sqrt{4-x^2}+2+x}{2-x-(2+x)}$$
$$=\frac{\sqrt{4-x^2}-2}{x}$$

이 식에 $x=\sqrt{3}$을 대입하면
$$\frac{\sqrt{4-3}-2}{\sqrt{3}}=-\frac{1}{\sqrt{3}}=-\frac{\sqrt{3}}{3}$$

1176 답 $\sqrt{2}$

$$\frac{1}{1-\sqrt{x}}+\frac{1}{1+\sqrt{x}}=\frac{1+\sqrt{x}+1-\sqrt{x}}{(1-\sqrt{x})(1+\sqrt{x})}=\frac{2}{1-x}$$

이 식에 $x=1-\sqrt{2}$를 대입하면
$$\frac{2}{1-(1-\sqrt{2})}=\frac{2}{\sqrt{2}}=\sqrt{2}$$

1177 답 ㄴ, ㄷ, ㅁ, ㅂ

ㄱ. 다항함수
ㄹ. $y=\sqrt{(x-1)^2}$, 즉 $y=|x-1|$은 무리함수가 아니다.
따라서 보기에서 무리함수인 것은 ㄴ, ㄷ, ㅁ, ㅂ이다.

1178 답 $\left\{x\,\middle|\,x\geq\dfrac{1}{4}\right\}$

$4x-1\geq0$에서 $x\geq\dfrac{1}{4}$
따라서 주어진 함수의 정의역은
$\left\{x\,\middle|\,x\geq\dfrac{1}{4}\right\}$

1179 답 $\{x\,|\,x\leq5\}$

$5-x\geq0$에서 $x\leq5$
따라서 주어진 함수의 정의역은
$\{x\,|\,x\leq5\}$

1180 답 $\{x\,|\,x\geq2\}$

$3x-6\geq0$에서 $x\geq2$
따라서 주어진 함수의 정의역은
$\{x\,|\,x\geq2\}$

1181 답 $\{x\,|\,x\leq3\}$

$9-3x\geq0$에서 $x\leq3$
따라서 주어진 함수의 정의역은
$\{x\,|\,x\leq3\}$

1182 답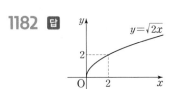

정의역: $\{x\,|\,x\geq0\}$
치역: $\{y\,|\,y\geq0\}$

1183 답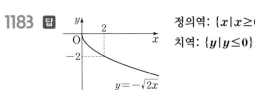

정의역: $\{x\,|\,x\geq0\}$
치역: $\{y\,|\,y\leq0\}$

1184 답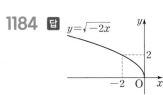

정의역: $\{x\,|\,x\leq0\}$
치역: $\{y\,|\,y\geq0\}$

1185 답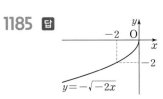

정의역: $\{x\,|\,x\leq0\}$
치역: $\{y\,|\,y\leq0\}$

1186 답 $y=-\sqrt{3x}$

1187 답 $y=\sqrt{-3x}$

1188 답 $y=-\sqrt{-3x}$

1189 답 $y=\sqrt{-x+1}+2$

$y=\sqrt{-(x-1)}+2=\sqrt{-x+1}+2$

1190 답 $y=-\sqrt{5x-1}-3$

$y=-\sqrt{5\left(x-\dfrac{1}{5}\right)}-3=-\sqrt{5x-1}-3$

1191 답 $y=\sqrt{2(x+2)}+3$

1192 답 $y=-\sqrt{-3\left(x-\dfrac{7}{3}\right)}-2$

1193　답　풀이 참조

$y=\sqrt{x-3}+2$의 그래프는 $y=\sqrt{x}$의 그래프를
x축의 방향으로 3만큼, y축의 방향으로 2만큼
평행이동한 것이므로 그래프는 오른쪽 그림과
같다.

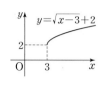

∴ 정의역: $\{x|x\geq3\}$, 치역: $\{y|y\geq2\}$

1194　답　풀이 참조

$y=\sqrt{5-3x}=\sqrt{-3\left(x-\dfrac{5}{3}\right)}$

따라서 $y=\sqrt{5-3x}$의 그래프는 $y=\sqrt{-3x}$의
그래프를 x축의 방향으로 $\dfrac{5}{3}$만큼 평행이동한
것이므로 오른쪽 그림과 같다.

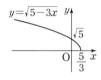

∴ 정의역: $\left\{x\middle|x\leq\dfrac{5}{3}\right\}$, 치역: $\{y|y\geq0\}$

1195　답　풀이 참조

$y=-\sqrt{4x+8}-1=-\sqrt{4(x+2)}-1$
따라서 $y=-\sqrt{4x+8}-1$의 그래프는
$y=-\sqrt{4x}$의 그래프를 x축의 방향으로
-2만큼, y축의 방향으로 -1만큼 평행이
동한 것이므로 오른쪽 그림과 같다.

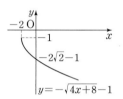

∴ 정의역: $\{x|x\geq-2\}$,
　치역: $\{y|y\leq-1\}$

1196　답　풀이 참조

$y=-\sqrt{-x+1}+1=-\sqrt{-(x-1)}+1$
따라서 $y=-\sqrt{-x+1}+1$의 그래프는
$y=-\sqrt{-x}$의 그래프를 x축의 방향으로 1만큼,
y축의 방향으로 1만큼 평행이동한 것이므로 오
른쪽 그림과 같다.

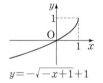

∴ 정의역: $\{x|x\leq1\}$, 치역: $\{y|y\leq1\}$

B 유형 완성

182~190쪽

1197　답　$0\leq x<5$

$\sqrt{x}$에서 $x\geq0$
$10-2x>0$에서 $x<5$
$x+3\geq0$에서 $x\geq-3$
∴ $0\leq x<5$

1198　답　⑤

$-2x^2+11x-14\geq0$에서
$2x^2-11x+14\leq0$
$(x-2)(2x-7)\leq0$
∴ $2\leq x\leq\dfrac{7}{2}$

1199　답　③

$11-2x\geq0$에서 $x\leq\dfrac{11}{2}$
그런데 $x-3\neq0$에서 $x\neq3$이므로 자연수 x는 1, 2, 4, 5이다.
따라서 구하는 합은
$1+2+4+5=12$

1200　답　②

$x+1\geq0$에서 $x\geq-1$
$3-2x\geq0$에서 $x\leq\dfrac{3}{2}$
∴ $-1\leq x\leq\dfrac{3}{2}$
따라서 $-3\leq x-2\leq-\dfrac{1}{2}<0$이므로
$\begin{aligned}\sqrt{x^2-4x+4}&=\sqrt{(x-2)^2}\\&=|x-2|\\&=-x+2\end{aligned}$

1201　답　⑤

$\dfrac{\sqrt{3+x}+\sqrt{3-x}}{\sqrt{3+x}-\sqrt{3-x}}+\dfrac{\sqrt{3+x}-\sqrt{3-x}}{\sqrt{3+x}+\sqrt{3-x}}$
$=\dfrac{(\sqrt{3+x}+\sqrt{3-x})^2+(\sqrt{3+x}-\sqrt{3-x})^2}{(\sqrt{3+x}-\sqrt{3-x})(\sqrt{3+x}+\sqrt{3-x})}$
$=\dfrac{(6+2\sqrt{9-x^2})+(6-2\sqrt{9-x^2})}{3+x-(3-x)}$
$=\dfrac{12}{2x}=\dfrac{6}{x}$

1202　답　④

$\dfrac{1}{1+\sqrt{x+1}}-\dfrac{1}{1-\sqrt{x+1}}$
$=\dfrac{1-\sqrt{x+1}-(1+\sqrt{x+1})}{(1+\sqrt{x+1})(1-\sqrt{x+1})}$
$=\dfrac{-2\sqrt{x+1}}{1-(x+1)}$
$=\dfrac{2\sqrt{x+1}}{x}$

1203　답　②

$\dfrac{4}{\sqrt{3}-\sqrt{2}+1}$
$=\dfrac{4\{\sqrt{3}+(\sqrt{2}-1)\}}{\{\sqrt{3}-(\sqrt{2}-1)\}\{\sqrt{3}+(\sqrt{2}-1)\}}$
$=\dfrac{4(\sqrt{3}+\sqrt{2}-1)}{3-(\sqrt{2}-1)^2}$
$=\dfrac{4(\sqrt{3}+\sqrt{2}-1)}{2\sqrt{2}}$
$=\sqrt{6}-\sqrt{2}+2$
따라서 $a=6$, $b=2$, $c=2$이므로
$a+b+c=10$

1204 답 $\sqrt{2}-1$

$$\frac{\sqrt{2x+1}-\sqrt{2x-1}}{\sqrt{2x+1}+\sqrt{2x-1}}=\frac{(\sqrt{2x+1}-\sqrt{2x-1})^2}{(\sqrt{2x+1}+\sqrt{2x-1})(\sqrt{2x+1}-\sqrt{2x-1})}$$

$$=\frac{2x+1-2\sqrt{4x^2-1}+2x-1}{2x+1-(2x-1)}$$

$$=2x-\sqrt{4x^2-1}$$

$$=2\times\frac{\sqrt{2}}{2}-\sqrt{4\times\frac{1}{2}-1}$$

$$=\sqrt{2}-1$$

1205 답 ③

$$x=\frac{\sqrt{3}+\sqrt{2}}{\sqrt{3}-\sqrt{2}}=\frac{(\sqrt{3}+\sqrt{2})^2}{(\sqrt{3}-\sqrt{2})(\sqrt{3}+\sqrt{2})}$$

$$=\frac{5+2\sqrt{6}}{3-2}=5+2\sqrt{6}$$

$$\therefore \frac{\sqrt{x}+1}{\sqrt{x}-1}+\frac{\sqrt{x}-1}{\sqrt{x}+1}=\frac{(\sqrt{x}+1)^2+(\sqrt{x}-1)^2}{(\sqrt{x}-1)(\sqrt{x}+1)}$$

$$=\frac{x+1+2\sqrt{x}+x+1-2\sqrt{x}}{x-1}$$

$$=\frac{2(x+1)}{x-1}=\frac{2(5+2\sqrt{6}+1)}{5+2\sqrt{6}-1}$$

$$=\frac{6+2\sqrt{6}}{2+\sqrt{6}}=\frac{\sqrt{6}(\sqrt{6}+2)}{\sqrt{6}+2}$$

$$=\sqrt{6}$$

1206 답 $3-\sqrt{6}$

$$\frac{1}{\sqrt{x+1}+\sqrt{x}}+\frac{1}{\sqrt{x+2}+\sqrt{x+1}}+\frac{1}{\sqrt{x+3}+\sqrt{x+2}}$$

$$=\frac{\sqrt{x+1}-\sqrt{x}}{(\sqrt{x+1}+\sqrt{x})(\sqrt{x+1}-\sqrt{x})}$$

$$+\frac{\sqrt{x+2}-\sqrt{x+1}}{(\sqrt{x+2}+\sqrt{x+1})(\sqrt{x+2}-\sqrt{x+1})}$$

$$+\frac{\sqrt{x+3}-\sqrt{x+2}}{(\sqrt{x+3}+\sqrt{x+2})(\sqrt{x+3}-\sqrt{x+2})}$$

$$=\frac{\sqrt{x+1}-\sqrt{x}}{x+1-x}+\frac{\sqrt{x+2}-\sqrt{x+1}}{x+2-(x+1)}+\frac{\sqrt{x+3}-\sqrt{x+2}}{x+3-(x+2)}$$

$$=(\sqrt{x+1}-\sqrt{x})+(\sqrt{x+2}-\sqrt{x+1})+(\sqrt{x+3}-\sqrt{x+2})$$

$$=\sqrt{x+3}-\sqrt{x}$$

$$=\sqrt{6+3}-\sqrt{6}$$

$$=3-\sqrt{6}$$

1207 답 ①

$\sqrt{6-x}=2$의 양변을 제곱하면

$6-x=4$ $\therefore x=2$

$$\therefore \frac{1}{\sqrt{x}-\dfrac{1}{\sqrt{x}+1}}=\frac{1}{\sqrt{2}-\dfrac{1}{\sqrt{2}+1}}$$

$$=\frac{1}{\sqrt{2}-\dfrac{\sqrt{2}-1}{(\sqrt{2}+1)(\sqrt{2}-1)}}$$

$$=\frac{1}{\sqrt{2}-(\sqrt{2}-1)}=1$$

1208 답 $\sqrt{21}-1$

$$f(x)=\frac{1}{\sqrt{x+1}+\sqrt{x}}$$

$$=\frac{\sqrt{x+1}-\sqrt{x}}{(\sqrt{x+1}+\sqrt{x})(\sqrt{x+1}-\sqrt{x})}$$

$$=\frac{\sqrt{x+1}-\sqrt{x}}{x+1-x}$$

$$=\sqrt{x+1}-\sqrt{x} \qquad \cdots\cdots\text{ⓘ}$$

$$\therefore f(1)+f(2)+f(3)+\cdots+f(20)$$

$$=(\sqrt{2}-\sqrt{1})+(\sqrt{3}-\sqrt{2})+(\sqrt{4}-\sqrt{3})+\cdots+(\sqrt{21}-\sqrt{20})$$

$$=\sqrt{21}-1 \qquad \cdots\cdots\text{ⓘⓘ}$$

채점 기준

ⓘ $f(x)$의 분모를 유리화하기	50 %
ⓘⓘ $f(1)+f(2)+f(3)+\cdots+f(20)$의 값 구하기	50 %

1209 답 ④

$x+y=2\sqrt{5}$, $xy=2$이므로

$$\frac{\sqrt{y}}{\sqrt{x}}+\frac{\sqrt{x}}{\sqrt{y}}=\frac{x+y}{\sqrt{xy}}=\frac{2\sqrt{5}}{\sqrt{2}}=\sqrt{10}$$

1210 답 ②

$$x=\frac{2}{\sqrt{2}+1}=\frac{2(\sqrt{2}-1)}{(\sqrt{2}+1)(\sqrt{2}-1)}=2\sqrt{2}-2$$

$$y=\frac{2}{\sqrt{2}-1}=\frac{2(\sqrt{2}+1)}{(\sqrt{2}-1)(\sqrt{2}+1)}=2\sqrt{2}+2$$

따라서 $x+y=4\sqrt{2}$, $x-y=-4$이므로

$$x^3+x^2y-xy^2-y^3=x^2(x+y)-y^2(x+y)$$

$$=(x^2-y^2)(x+y)$$

$$=(x+y)^2(x-y)$$

$$=(4\sqrt{2})^2\times(-4)$$

$$=-128$$

1211 답 $2\sqrt{2}$

$$x=\frac{\sqrt{3}+\sqrt{2}}{\sqrt{3}-\sqrt{2}}=\frac{(\sqrt{3}+\sqrt{2})^2}{(\sqrt{3}-\sqrt{2})(\sqrt{3}+\sqrt{2})}=5+2\sqrt{6}$$

$$y=\frac{\sqrt{3}-\sqrt{2}}{\sqrt{3}+\sqrt{2}}=\frac{(\sqrt{3}-\sqrt{2})^2}{(\sqrt{3}+\sqrt{2})(\sqrt{3}-\sqrt{2})}=5-2\sqrt{6} \qquad \cdots\cdots\text{ⓘ}$$

$$\therefore x+y=10,\ xy=1 \qquad \cdots\cdots\text{ⓘⓘ}$$

$$\therefore (\sqrt{x}-\sqrt{y})^2=x+y-2\sqrt{xy}$$

$$=10-2\times1$$

$$=8$$

이때 $x>y>0$에서 $\sqrt{x}>\sqrt{y}$이므로

$\sqrt{x}-\sqrt{y}>0$

$$\therefore \sqrt{x}-\sqrt{y}=2\sqrt{2} \qquad \cdots\cdots\text{ⓘⓘⓘ}$$

채점 기준

ⓘ x, y의 분모를 유리화하기	40 %
ⓘⓘ $x+y$, xy의 값 구하기	20 %
ⓘⓘⓘ $\sqrt{x}-\sqrt{y}$의 값 구하기	40 %

1212 답 −1

$y=\sqrt{-2x+10}-4=\sqrt{-2(x-5)}-4$이므로 $y=\sqrt{-2x+10}-4$의 그래프는 $y=\sqrt{-2x}$의 그래프를 x축의 방향으로 5만큼, y축의 방향으로 −4만큼 평행이동한 것이다.

따라서 $a=-2$, $p=5$, $q=-4$이므로

$a+p+q=-1$

1213 답 ②

$y=\sqrt{ax}$의 그래프를 x축의 방향으로 1만큼, y축의 방향으로 −2만큼 평행이동한 그래프의 식은

$y=\sqrt{a(x-1)}-2$

이 그래프가 원점을 지나므로

$0=\sqrt{-a}-2$

$\sqrt{-a}=2$, $-a=4$

$\therefore a=-4$

1214 답 ②

ㄱ. $y=\sqrt{x}$의 그래프는 $y=-\sqrt{x}$의 그래프를 x축에 대하여 대칭이동한 것이다.

ㄷ. $y=\sqrt{-x-2}=\sqrt{-(x+2)}$의 그래프는 $y=-\sqrt{x}$의 그래프를 원점에 대하여 대칭이동한 후 x축의 방향으로 −2만큼 평행이동한 것이다.

따라서 보기에서 그 그래프가 함수 $y=-\sqrt{x}$의 그래프를 평행이동 또는 대칭이동하여 겹쳐지는 함수인 것은 ㄱ, ㄷ이다.

1215 답 $\left(\dfrac{8}{3},\ 0\right)$

$y=-\sqrt{3x+2}$의 그래프를 x축에 대하여 대칭이동한 그래프의 식은

$y=\sqrt{3x+2}$

이 함수의 그래프를 x축의 방향으로 3만큼, y축의 방향으로 −1만큼 평행이동한 그래프의 식은

$y=\sqrt{3(x-3)+2}-1$

$\therefore y=\sqrt{3x-7}-1$

이 식에 $y=0$을 대입하면

$0=\sqrt{3x-7}-1$, $\sqrt{3x-7}=1$

양변을 제곱하면

$3x-7=1$ $\therefore x=\dfrac{8}{3}$

따라서 구하는 점의 좌표는 $\left(\dfrac{8}{3},\ 0\right)$이다.

1216 답 13

$5x+a\geq0$에서 $x\geq-\dfrac{a}{5}$이므로 정의역은

$\left\{x\ \middle|\ x\geq-\dfrac{a}{5}\right\}$

즉, $-\dfrac{a}{5}=2$이므로 $a=-10$

또 치역은 $\{y\,|\,y\leq3\}$이므로 $b=3$

$\therefore b-a=13$

1217 답 ④

$3x-a\geq0$에서 $x\geq\dfrac{a}{3}$이므로 정의역은

$\left\{x\ \middle|\ x\geq\dfrac{a}{3}\right\}$

즉, $\dfrac{a}{3}=2$이므로 $a=6$

또 치역은 $\{y\,|\,y\geq b\}$이므로 $b=1$

따라서 함수 $y=\sqrt{3x-6}+1$의 그래프가 점 $(5,\ p)$를 지나므로

$p=\sqrt{3\times5-6}+1=4$

$\therefore a-b+p=9$

1218 답 ①

$y=-\sqrt{x-a}+a+2$의 그래프가 점 $(a,\ -a)$를 지나므로

$-a=a+2$ $\therefore a=-1$

$\therefore y=-\sqrt{x+1}+1$

따라서 구하는 함수의 치역은

$\{y\,|\,y\leq1\}$

1219 답 정의역: $\{x\,|\,x\leq1\}$, 치역: $\{y\,|\,y\geq-2\}$

$y=\dfrac{3x+10}{x+3}=\dfrac{3(x+3)+1}{x+3}=\dfrac{1}{x+3}+3$의 그래프의 점근선의 방정식은

$x=-3$, $y=3$

$\therefore a=-3$, $b=3$ ······ ❶

즉, $f(x)=\sqrt{-3x+3}+c$이므로 $f(1)=-2$에서

$c=-2$

$\therefore f(x)=\sqrt{-3x+3}-2$ ······ ❷

이때 $-3x+3\geq0$에서 $x\leq1$이므로 정의역은 $\{x\,|\,x\leq1\}$, 치역은 $\{y\,|\,y\geq-2\}$이다. ······ ❸

채점 기준

❶ a, b의 값 구하기	40 %
❷ $f(x)$ 구하기	30 %
❸ $f(x)$의 정의역과 치역 구하기	30 %

1220 답 ⑤

$y=\sqrt{2x+k}+3=\sqrt{2\left(x+\dfrac{k}{2}\right)}+3$이므로 주어진 함수의 그래프는

$y=\sqrt{2x}$의 그래프를 x축의 방향으로 $-\dfrac{k}{2}$만큼, y축의 방향으로 3만큼 평행이동한 것이다.

$3\leq x\leq15$에서 $y=\sqrt{2x+k}+3$의 그래프는 오른쪽 그림과 같으므로 $x=15$일 때 최댓값 $\sqrt{30+k}+3$을 갖는다.

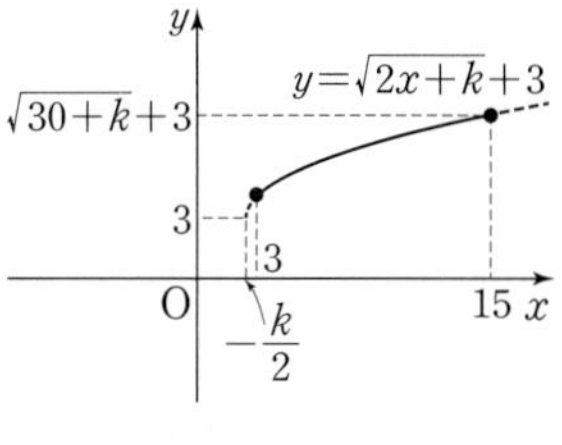

즉, $\sqrt{30+k}+3=8$이므로

$\sqrt{30+k}=5$

양변을 제곱하면

$30+k=25$ $\therefore k=-5$

따라서 $y=\sqrt{2x-5}+3$은 $x=3$일 때 최솟값 4를 갖는다.

1221 답 ④

$y=\sqrt{x-2}+1$의 그래프는 $y=\sqrt{x}$의 그래프를 x축의 방향으로 2만큼, y축의 방향으로 1만큼 평행이동한 것이다.

$4\le x\le 10$에서 $y=\sqrt{x-2}+1$의 그래프는 오른쪽 그림과 같으므로 $x=10$일 때 최댓값 $2\sqrt{2}+1$, $x=4$일 때 최솟값 $\sqrt{2}+1$을 갖는다.

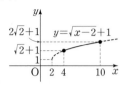

따라서 최댓값과 최솟값의 합은
$2\sqrt{2}+1+\sqrt{2}+1=3\sqrt{2}+2$

1222 답 ①

$y=\sqrt{-2x+b}-3=\sqrt{-2\left(x-\dfrac{b}{2}\right)}-3$이므로 주어진 함수의 그래프는 $y=\sqrt{-2x}$의 그래프를 x축의 방향으로 $\dfrac{b}{2}$만큼, y축의 방향으로 -3만큼 평행이동한 것이다.

$-4\le x\le a$에서 $y=\sqrt{-2x+b}-3$의 그래프는 오른쪽 그림과 같으므로 $x=-4$일 때 최댓값 $\sqrt{8+b}-3$, $x=a$일 때 최솟값 $\sqrt{-2a+b}-3$을 갖는다.

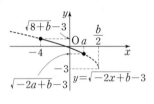

따라서 $\sqrt{8+b}-3=1$, $\sqrt{-2a+b}-3=-1$이므로
$\sqrt{8+b}=4$, $\sqrt{-2a+b}=2$
각각의 양변을 제곱하면
$8+b=16$, $-2a+b=4$
$\therefore a=2$, $b=8$
$\therefore a-b=-6$

1223 답 4

$(f\circ g)(x)=f(g(x))$
$\qquad\qquad =-\sqrt{2(x-2)-6}+a$
$\qquad\qquad =-\sqrt{2(x-5)}+a$ ...... ❶

따라서 $y=(f\circ g)(x)$의 그래프는 $y=-\sqrt{2x}$의 그래프를 x축의 방향으로 5만큼, y축의 방향으로 a만큼 평행이동한 것이다.

$7\le x\le 13$에서 $y=(f\circ g)(x)$의 그래프는 오른쪽 그림과 같으므로 $x=7$일 때 최댓값 $-2+a$를 갖는다.

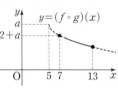

즉, $-2+a=6$이므로
$a=8$ ...... ❷
따라서 $y=-\sqrt{2(x-5)}+8$은 $x=13$일 때 최솟값 4를 가지므로
$b=4$ ...... ❸
$\therefore a-b=4$ ...... ❹

채점 기준

❶ $(f\circ g)(x)$ 구하기	20 %
❷ a의 값 구하기	30 %
❸ b의 값 구하기	30 %
❹ $a-b$의 값 구하기	20 %

1224 답 ⑤

$y=\sqrt{-x+1}+2=\sqrt{-(x-1)}+2$이므로 주어진 함수의 그래프는 $y=\sqrt{-x}$의 그래프를 x축의 방향으로 1만큼, y축의 방향으로 2만큼 평행이동한 것이다.

따라서 $y=\sqrt{-x+1}+2$의 그래프는 오른쪽 그림과 같으므로 제3, 4사분면을 지나지 않는다.

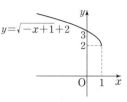

1225 답 2

$y=-\sqrt{-x+2}+k=-\sqrt{-(x-2)}+k$이므로 주어진 함수의 그래프는 $y=-\sqrt{-x}$의 그래프를 x축의 방향으로 2만큼, y축의 방향으로 k만큼 평행이동한 것이다.

$y=-\sqrt{-x+2}+k$의 그래프가 제4사분면을 지나지 않으려면 오른쪽 그림과 같이 $x=0$일 때 $y\ge 0$이어야 하므로
$-\sqrt{2}+k\ge 0$ $\therefore k\ge \sqrt{2}$

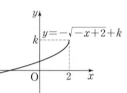

따라서 자연수 k의 최솟값은 2이다.

1226 답 제1, 4사분면

주어진 유리함수의 그래프의 점근선의 방정식이 $x=2$, $y=4$이므로 함수의 식을 $y=\dfrac{k}{x-2}+4\,(k>0)$라 하자.

이 함수의 그래프가 점 $(0, 2)$를 지나므로
$2=\dfrac{k}{0-2}+4$ $\therefore k=4$
$\therefore y=\dfrac{4}{x-2}+4=\dfrac{4(x-2)+4}{x-2}=\dfrac{4x-4}{x-2}$

이 식이 $y=\dfrac{ax+b}{x+c}$와 일치하므로
$a=4$, $b=-4$, $c=-2$
$\therefore y=\sqrt{a(x+b)}+c=\sqrt{4(x-4)}-2$

이 함수의 그래프는 $y=\sqrt{4x}$의 그래프를 x축의 방향으로 4만큼, y축의 방향으로 -2만큼 평행이동한 것이다.

따라서 $y=\sqrt{4(x-4)}-2$의 그래프는 오른쪽 그림과 같으므로 제1, 4사분면을 지난다.

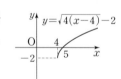

1227 답 ⑤

$y=\sqrt{3x-9}-2=\sqrt{3(x-3)}-2$이므로 주어진 함수의 그래프는 $y=\sqrt{3x}$의 그래프를 x축의 방향으로 3만큼, y축의 방향으로 -2만큼 평행이동한 것이다.

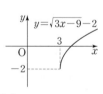

ㄱ. 정의역은 $\{x|x\ge 3\}$, 치역은 $\{y|y\ge -2\}$이다.

ㄴ. 제2사분면을 지나지 않는다.

ㄷ. $y=\sqrt{3x-9}-2$의 그래프를 x축의 방향으로 -3만큼, y축의 방향으로 2만큼 평행이동한 후 x축에 대하여 대칭이동하면 $y=-\sqrt{3x}$의 그래프와 겹쳐진다.

ㄹ. $y=\sqrt{3x-9}-2$에 $y=0$을 대입하면
$0=\sqrt{3x-9}-2$, $\sqrt{3x-9}=2$
양변을 제곱하면
$3x-9=4$ $\therefore x=\dfrac{13}{3}$

즉, x축과 점 $\left(\dfrac{13}{3},\ 0\right)$에서 만난다.
따라서 보기에서 옳은 것은 ㄷ, ㄹ이다.

1228 답 ②

$y=\sqrt{a(x-2)}-1\ (a\neq 0)$의 그래프의 개형은 다음 그림과 같다.

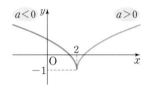

① $y=\sqrt{a(x-2)}-1$의 그래프와 x축에 대하여 대칭인 그래프의 식은
$y=-\sqrt{a(x-2)}+1$
② $a>0$일 때, 정의역은 $\{x|x\geq 2\}$, 치역은 $\{y|y\geq -1\}$이다.
③ $a<0$일 때, 정의역은 $\{x|x\leq 2\}$, 치역은 $\{y|y\geq -1\}$이다.
④ $a<0$이고 $x=0$에서 $y>0$이면 제1사분면을 지난다.
⑤ $a=-\dfrac{1}{2}$일 때에만 원점을 지난다.
따라서 항상 옳은 것은 ②이다.

1229 답 ⑤

주어진 그래프는 $y=-\sqrt{ax}\ (a>0)$의 그래프를 x축의 방향으로 -5만큼, y축의 방향으로 2만큼 평행이동한 것이므로
$y=-\sqrt{a(x+5)}+2$ ······ ㉠
㉠의 그래프가 점 $(-1,\ -2)$를 지나므로
$-2=-\sqrt{a(-1+5)}+2$
$2\sqrt{a}=4$, $\sqrt{a}=2$ $\therefore a=4$
이를 ㉠에 대입하면
$y=-\sqrt{4(x+5)}+2=-\sqrt{4x+20}+2$
따라서 $a=4$, $b=20$, $c=2$이므로
$a+b+c=26$

1230 답 ③

주어진 그래프는 $y=\sqrt{-x}$의 그래프를 x축의 방향으로 2만큼, y축의 방향으로 1만큼 평행이동한 것이므로
$y=\sqrt{-(x-2)}+1=\sqrt{-x+2}+1$
따라서 $a=2$, $b=1$이므로
$a+b=3$

1231 답 8

주어진 그래프는 $y=a\sqrt{bx}\ (a>0,\ b>0)$의 그래프를 x축의 방향으로 2만큼, y축의 방향으로 2만큼 평행이동한 것이므로
$y=a\sqrt{b(x-2)}+2=a\sqrt{bx-2b}+2$
즉, $-2b=-4$, $c=2$이므로 $b=2$, $c=2$

따라서 주어진 함수의 식은
$y=a\sqrt{2x-4}+2$
이 함수의 그래프가 점 $(4,\ 6)$을 지나므로
$6=a\sqrt{2\times 4-4}+2$
$6=2a+2$ $\therefore a=2$
$\therefore abc=8$

1232 답 $-2\leq k<-\dfrac{7}{4}$

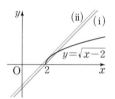

$y=\sqrt{x-2}$의 그래프는 $y=\sqrt{x}$의 그래프를 x축의 방향으로 2만큼 평행이동한 것이고, 직선 $y=x+k$는 기울기가 1이고 y절편이 k이다.
(i) 직선 $y=x+k$가 점 $(2,0)$을 지날 때
$0=2+k$ $\therefore k=-2$
(ii) $y=\sqrt{x-2}$의 그래프와 직선 $y=x+k$가 접할 때
$\sqrt{x-2}=x+k$의 양변을 제곱하면
$x-2=x^2+2kx+k^2$
$\therefore x^2+(2k-1)x+k^2+2=0$
이 이차방정식의 판별식을 D라 하면
$D=(2k-1)^2-4(k^2+2)=0$
$-4k-7=0$ $\therefore k=-\dfrac{7}{4}$
(i), (ii)에서 구하는 실수 k의 값의 범위는
$-2\leq k<-\dfrac{7}{4}$

1233 답 ①

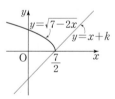

$y=\sqrt{7-2x}=\sqrt{-2\left(x-\dfrac{7}{2}\right)}$이므로 주어진 함수의 그래프는 $y=\sqrt{-2x}$의 그래프를 x축의 방향으로 $\dfrac{7}{2}$만큼 평행이동한 것이고, 직선 $y=x+k$는 기울기가 1이고 y절편이 k이다.
직선 $y=x+k$가 점 $\left(\dfrac{7}{2},\ 0\right)$을 지날 때,
$0=\dfrac{7}{2}+k$ $\therefore k=-\dfrac{7}{2}$
따라서 $y=\sqrt{7-2x}$의 그래프와 직선 $y=x+k$가 만나지 않으려면 $k<-\dfrac{7}{2}$이어야 하므로 실수 k의 값이 될 수 있는 것은 ①이다.

1234 답 ④

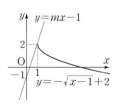

$y=-\sqrt{x-1}+2$의 그래프는 $y=-\sqrt{x}$의 그래프를 x축의 방향으로 1만큼, y축의 방향으로 2만큼 평행이동한 것이고, 직선 $y=mx-1$은 기울기가 m이고 y절편이 -1이다.
직선 $y=mx-1$이 점 $(1, 2)$를 지날 때,
$2=m-1$ $\therefore m=3$
따라서 $y=-\sqrt{x-1}+2$의 그래프와 직선 $y=mx-1$이 만나지 않으려면 $m>3$이어야 하므로 구하는 자연수 m의 최솟값은 4이다.

1235 답 $k<\dfrac{1}{2}$ 또는 $k=1$

$n(A\cap B)=1$이므로 $y=\sqrt{-x+1}$의 그래프와 직선 $y=-\dfrac{1}{2}x+k$
가 한 점에서 만나야 한다. ...... ❶

$y=\sqrt{-x+1}=\sqrt{-(x-1)}$이므로
$y=\sqrt{-x+1}$의 그래프는 $y=\sqrt{-x}$의 그래프를 x축의 방향으로 1만큼 평행이동한 것이고, 직선 $y=-\dfrac{1}{2}x+k$는 기울기가 $-\dfrac{1}{2}$이고 y절편이 k이다.

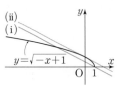

(i) 직선 $y=-\dfrac{1}{2}x+k$가 점 $(1, 0)$을 지날 때

$$0=-\dfrac{1}{2}+k \qquad \therefore k=\dfrac{1}{2} \qquad \cdots\cdots ❷$$

(ii) $y=\sqrt{-x+1}$의 그래프와 직선 $y=-\dfrac{1}{2}x+k$가 접할 때

$\sqrt{-x+1}=-\dfrac{1}{2}x+k$의 양변을 제곱하면

$$-x+1=\dfrac{1}{4}x^2-kx+k^2$$

$$\therefore x^2-4(k-1)x+4k^2-4=0$$

이 이차방정식의 판별식을 D라 하면

$$\dfrac{D}{4}=\{-2(k-1)\}^2-(4k^2-4)=0$$

$$-8k+8=0 \qquad \therefore k=1 \qquad \cdots\cdots ❸$$

(i), (ii)에서 구하는 실수 k의 값 또는 범위는

$k<\dfrac{1}{2}$ 또는 $k=1$ ...... ❹

채점 기준	
❶ $n(A\cap B)=1$인 조건 구하기	20 %
❷ 직선 $y=-\dfrac{1}{2}x+k$가 점 $(1, 0)$을 지날 때 k의 값 구하기	30 %
❸ $y=\sqrt{-x+1}$의 그래프와 직선 $y=-\dfrac{1}{2}x+k$가 접할 때 k의 값 구하기	30 %
❹ 실수 k의 값 또는 범위 구하기	20 %

1236 답 ②

$y=\sqrt{8-4x}=\sqrt{-4(x-2)}$이므로
$y=\sqrt{8-4x}$의 그래프는 $y=\sqrt{-4x}$의 그래프를 x축의 방향으로 2만큼 평행이동한 것이고, 직선 $y=-x+k$는 기울기가 -1이고 y절편이 k이다.

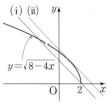

(i) 직선 $y=-x+k$가 점 $(2, 0)$을 지날 때
$$0=-2+k \qquad \therefore k=2$$

(ii) $y=\sqrt{8-4x}$의 그래프와 직선 $y=-x+k$가 접할 때
$\sqrt{8-4x}=-x+k$의 양변을 제곱하면
$$8-4x=x^2-2kx+k^2$$
$$\therefore x^2-2(k-2)x+k^2-8=0$$
이 이차방정식의 판별식을 D라 하면
$$\dfrac{D}{4}=\{-(k-2)\}^2-(k^2-8)=0$$
$$-4k+12=0 \qquad \therefore k=3$$

(i), (ii)에서

$$f(k)=\begin{cases} 0 & (k>3) \\ 1 & (k=3 \text{ 또는 } k<2) \\ 2 & (2\leq k<3) \end{cases}$$

$$\therefore f\left(\dfrac{1}{2}\right)+f(2)+f(3)+f\left(\dfrac{7}{2}\right)=1+2+1+0=4$$

1237 답 $0<k<\dfrac{1}{4}$

$y=\sqrt{x+|x|}$에서
$x\geq 0$일 때, $y=\sqrt{x+x}=\sqrt{2x}$
$x<0$일 때, $y=\sqrt{x-x}=0$
따라서 $y=\sqrt{x+|x|}$의 그래프는 오른쪽 그림과 같고, 직선 $y=2x+k$는 기울기가 2이고 y절편이 k이다.

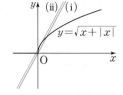

(i) 직선 $y=2x+k$가 원점을 지날 때
$$k=0$$

(ii) $y=\sqrt{2x}$의 그래프와 직선 $y=2x+k$가 접할 때
$\sqrt{2x}=2x+k$의 양변을 제곱하면
$$2x=4x^2+4kx+k^2$$
$$\therefore 4x^2+2(2k-1)x+k^2=0$$
이 이차방정식의 판별식을 D라 하면
$$\dfrac{D}{4}=(2k-1)^2-4k^2=0$$
$$-4k+1=0 \qquad \therefore k=\dfrac{1}{4}$$

(i), (ii)에서 구하는 실수 k의 값의 범위는

$$0<k<\dfrac{1}{4}$$

1238 답 $\dfrac{3}{2}$

두 점 $P(a, b)$, $Q(c, d)$가 $y=3\sqrt{x}$의 그래프 위의 점이므로
$b=3\sqrt{a}$, $d=3\sqrt{c}$
$b+d=6$에서 $3\sqrt{a}+3\sqrt{c}=6$
$$\therefore \sqrt{a}+\sqrt{c}=2$$
따라서 직선 PQ의 기울기는

$$\dfrac{d-b}{c-a}=\dfrac{3\sqrt{c}-3\sqrt{a}}{c-a}=\dfrac{3(\sqrt{c}-\sqrt{a})}{(\sqrt{c}+\sqrt{a})(\sqrt{c}-\sqrt{a})}$$

$$=\dfrac{3}{\sqrt{a}+\sqrt{c}}=\dfrac{3}{2}$$

1239 답 $\dfrac{13}{2}$

오른쪽 그림과 같이 점 A의 좌표를 (a, b)라 하면 직사각형 OBAC의 둘레의 길이는
$$2(a+b) \qquad \cdots\cdots ❶$$

점 A는 $y=\sqrt{3-x}$의 그래프 위의 점이므로
$$b=\sqrt{3-a}$$
양변을 제곱하면 $b^2=3-a$
$$\therefore a=3-b^2$$

이때 점 A는 제1사분면 위의 점이므로

$0 < b < \sqrt{3}$

$$\therefore 2(a+b) = 2\{(3-b^2)+b\}$$
$$= -2b^2 + 2b + 6$$
$$= -2\left(b - \frac{1}{2}\right)^2 + \frac{13}{2} \quad \cdots\cdots \ \text{ⅱ}$$

$0 < b < \sqrt{3}$에서 $b = \frac{1}{2}$일 때 $2(a+b)$의 최댓값은 $\frac{13}{2}$이므로 직사각형 OBAC의 둘레의 길이의 최댓값은 $\frac{13}{2}$이다. $\quad \cdots\cdots \ \text{ⅲ}$

채점 기준

❶	직사각형 OBAC의 둘레의 길이를 점 A의 좌표를 이용하여 나타내기	30 %
❷	직사각형 OBAC의 둘레의 길이를 이차함수로 나타내기	50 %
❸	직사각형 OBAC의 둘레의 길이의 최댓값 구하기	20 %

1240 답 ②

$y = \sqrt{a(6-x)} = \sqrt{-a(x-6)}$이므로 $y = \sqrt{a(6-x)}$의 그래프는 $y = \sqrt{-ax}$의 그래프를 x축의 방향으로 6만큼 평행이동한 것이다.

오른쪽 그림과 같이 점 A의 좌표를 $(k, \sqrt{k})$라 하면 삼각형 AOB의 넓이가 6이므로

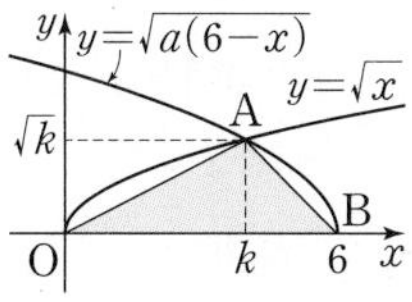

$$\frac{1}{2} \times 6 \times \sqrt{k} = 6$$

$\sqrt{k} = 2 \quad \therefore k = 4$

따라서 A$(4, 2)$이고 이 점은 $y = \sqrt{a(6-x)}$의 그래프 위의 점이므로

$2 = \sqrt{a(6-4)}$

$\sqrt{2a} = 2, \ 2a = 4$

$\therefore a = 2$

1241 답 $f^{-1}(x) = \frac{1}{2}x^2 - 4x + \frac{17}{2} \ (x \geq 4)$

함수 $y = f(x)$의 치역이 $\{y \,|\, y \geq 4\}$이므로 그 역함수 $y = f^{-1}(x)$의 정의역은 $\{x \,|\, x \geq 4\}$이다.

$y = \sqrt{2x-1} + 4$라 하면

$y - 4 = \sqrt{2x-1}$

양변을 제곱하면

$y^2 - 8y + 16 = 2x - 1$

$$\therefore x = \frac{1}{2}y^2 - 4y + \frac{17}{2}$$

x와 y를 서로 바꾸면

$$y = \frac{1}{2}x^2 - 4x + \frac{17}{2}$$

$$\therefore f^{-1}(x) = \frac{1}{2}x^2 - 4x + \frac{17}{2} \ (x \geq 4)$$

1242 답 27

$f^{-1}(7) = k$ (k는 상수)라 하면 $f(k) = 7$이므로

$\sqrt{k-2} + 2 = 7, \ \sqrt{k-2} = 5$

양변을 제곱하면

$k - 2 = 25 \quad \therefore k = 27$

$\therefore f^{-1}(7) = 27$

1243 답 ⑤

$f(x) = \sqrt{ax+b}$의 그래프가 점 $(2, 3)$을 지나므로

$3 = \sqrt{2a+b}$

양변을 제곱하면

$2a + b = 9 \quad \cdots\cdots \ \text{㉠}$

또 $f(x)$의 역함수의 그래프가 점 $(2, 3)$을 지나므로 $f(x) = \sqrt{ax+b}$의 그래프는 점 $(3, 2)$를 지난다.

즉, $2 = \sqrt{3a+b}$이므로 양변을 제곱하면

$3a + b = 4 \quad \cdots\cdots \ \text{㉡}$

㉠, ㉡을 연립하여 풀면

$a = -5, \ b = 19$

$\therefore a + b = 14$

1244 답 ①

함수 $y = f(x)$의 그래프와 그 역함수 $y = f^{-1}(x)$의 그래프는 직선 $y = x$에 대하여 대칭이므로 두 그래프의 교점은 $y = f(x)$의 그래프와 직선 $y = x$의 교점과 같다.

$\sqrt{x-2} + 2 = x$에서 $\sqrt{x-2} = x - 2$

양변을 제곱하면 $x - 2 = x^2 - 4x + 4$

$x^2 - 5x + 6 = 0, \ (x-2)(x-3) = 0$

$\therefore x = 2 \ 또는 \ x = 3$

따라서 두 교점의 좌표는 $(2, 2)$, $(3, 3)$이므로 두 점 사이의 거리는

$\sqrt{(3-2)^2 + (3-2)^2} = \sqrt{2}$

1245 답 ③

함수 $y = f(x)$의 그래프와 그 역함수 $y = f^{-1}(x)$의 그래프는 직선 $y = x$에 대하여 대칭이므로 두 그래프의 교점은 $y = f(x)$의 그래프와 직선 $y = x$의 교점과 같다.

$\sqrt{2x+3} = x$의 양변을 제곱하면

$2x + 3 = x^2, \ x^2 - 2x - 3 = 0$

$(x+1)(x-3) = 0$

$\therefore x = -1 \ 또는 \ x = 3$

그런데 함수 $y = f(x)$의 치역이 $\{y \,|\, y \geq 0\}$이므로 역함수 $y = f^{-1}(x)$의 정의역은 $\{x \,|\, x \geq 0\}$이다.

$\therefore x = 3$

따라서 교점의 좌표는 $(3, 3)$이므로 $a = 3, \ b = 3$

$\therefore a + b = 6$

1246 답 10

함수 $y = f(x)$의 그래프와 그 역함수의 그래프는 직선 $y = x$에 대하여 대칭이므로 두 그래프의 교점은 $y = f(x)$의 그래프와 직선 $y = x$의 교점과 같다.

$\sqrt{x} + 2 = x$에서 $\sqrt{x} = x - 2$

양변을 제곱하면 $x = x^2 - 4x + 4$

$x^2 - 5x + 4 = 0, \ (x-1)(x-4) = 0$

$\therefore x = 1 \ 또는 \ x = 4$

그런데 함수 $y = f(x)$의 치역이 $\{y \,|\, y \geq 2\}$이므로 역함수의 정의역은 $\{x \,|\, x \geq 2\}$이다.

$\therefore x = 4$

따라서 P(4, 4)이므로 △PAB는 오른쪽 그림과 같고, 점 P에서 y축에 내린 수선의 발을 C라 하면

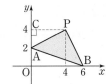

$$\triangle PAB = \square COBP - \triangle PCA - \triangle AOB$$
$$= \frac{1}{2} \times (4+6) \times 4 - \frac{1}{2} \times 4 \times 2$$
$$\qquad\qquad - \frac{1}{2} \times 6 \times 2$$
$$= 20 - 4 - 6 = 10$$

1247 답 ③

$$(f \circ (g \circ f)^{-1} \circ f)(4) = (f \circ f^{-1} \circ g^{-1} \circ f)(4)$$
$$= (g^{-1} \circ f)(4)$$
$$= g^{-1}(f(4))$$
$$= g^{-1}(3)$$

$g^{-1}(3) = k \,(k$는 상수)라 하면 $g(k) = 3$이므로
$$\sqrt{3k-6} = 3$$
양변을 제곱하면
$$3k - 6 = 9 \qquad \therefore k = 5$$
$$\therefore (f \circ (g \circ f)^{-1} \circ f)(4) = 5$$

1248 답 $\frac{1}{2}$

$g(3) = k \,(k$는 상수)라 하면 $f(k) = 3$이므로
$$\sqrt{-2k+17} = 3$$
양변을 제곱하면
$$-2k + 17 = 9 \qquad \therefore k = 4$$
$$\therefore g(3) = 4 \qquad\qquad\qquad \cdots\cdots \text{❶}$$
$g(4) = l \,(l$은 상수)라 하면 $f(l) = 4$이므로
$$\sqrt{-2l+17} = 4$$
양변을 제곱하면
$$-2l + 17 = 16 \qquad \therefore l = \frac{1}{2}$$
$$\therefore g(4) = \frac{1}{2} \qquad\qquad\qquad \cdots\cdots \text{❷}$$
$$\therefore (g \circ g)(3) = g(g(3)) = g(4) = \frac{1}{2} \quad \cdots\cdots \text{❸}$$

채점 기준

❶ $g(3)$의 값 구하기	40 %
❷ $g(4)$의 값 구하기	40 %
❸ $(g \circ g)(3)$의 값 구하기	20 %

1249 답 ③

$(f \circ g)^{-1}\left(\frac{3}{4}\right) = k \,(k$는 상수)라 하면
$$(f \circ g)(k) = \frac{3}{4}$$
$$(f \circ g)(k) = f(g(k)) = f(\sqrt{k}) = \frac{\sqrt{k}}{\sqrt{k}+1}$$이므로
$$\frac{\sqrt{k}}{\sqrt{k}+1} = \frac{3}{4}$$에서 $4\sqrt{k} = 3\sqrt{k} + 3$
$$\sqrt{k} = 3 \qquad \therefore k = 9$$
$$\therefore (f \circ g)^{-1}\left(\frac{3}{4}\right) = 9$$

1250 답 0

$(f^{-1} \circ f^{-1})(a) = -6$에서 $(f \circ f)^{-1}(a) = -6$이므로
$$(f \circ f)(-6) = a$$
$-6 < 0$이므로
$$f(-6) = \sqrt{4 - 2 \times (-6)} = 4$$
$4 > 0$이므로
$$f(4) = 2 - \sqrt{4} = 0$$
$$\therefore a = f(f(-6)) = f(4) = 0$$

1251 답 ①

$-2x^2 - 7x + 4 \geq 0$에서 $2x^2 + 7x - 4 \leq 0$
$$(x+4)(2x-1) \leq 0$$
$$\therefore -4 \leq x \leq \frac{1}{2} \qquad \cdots\cdots \text{㉠}$$
$4 - x^2 > 0$에서 $x^2 < 4$
$$\therefore -2 < x < 2 \qquad \cdots\cdots \text{㉡}$$
㉠, ㉡에서 $-2 < x \leq \frac{1}{2}$
따라서 정수 x는 -1, 0의 2개이다.

1252 답 ③

$\sqrt{\{x(x-3)\}^2} = -x(x-3)$에서
$$x(x-3) \leq 0 \qquad \therefore 0 \leq x \leq 3$$
따라서 $x - 4 < 0$, $x + 1 > 0$이므로
$$\sqrt{(x-4)^2} + \sqrt{(x+1)^2} = |x-4| + |x+1|$$
$$= -(x-4) + x + 1$$
$$= 5$$

1253 답 $2x+2$

$$\frac{\sqrt{x+2}+\sqrt{x}}{\sqrt{x+2}-\sqrt{x}} + \frac{\sqrt{x+2}-\sqrt{x}}{\sqrt{x+2}+\sqrt{x}}$$
$$= \frac{(\sqrt{x+2}+\sqrt{x})^2 + (\sqrt{x+2}-\sqrt{x})^2}{(\sqrt{x+2}-\sqrt{x})(\sqrt{x+2}+\sqrt{x})}$$
$$= \frac{(2x+2\sqrt{x^2+2x}+2) + (2x-2\sqrt{x^2+2x}+2)}{x+2-x}$$
$$= \frac{4x+4}{2} = 2x+2$$

1254 답 ②

$$\frac{\sqrt{1-x}}{\sqrt{1+x}} - \frac{\sqrt{1+x}}{\sqrt{1-x}} = \frac{(\sqrt{1-x})^2 - (\sqrt{1+x})^2}{\sqrt{1+x}\sqrt{1-x}}$$
$$= \frac{1-x-(1+x)}{\sqrt{1-x^2}} = \frac{-2x}{\sqrt{1-x^2}}$$
$$= \frac{-2 \times \frac{2\sqrt{2}}{3}}{\sqrt{1-\frac{8}{9}}} = \frac{-\frac{4\sqrt{2}}{3}}{\frac{1}{3}} = -4\sqrt{2}$$

1255 답 $\dfrac{4\sqrt{3}}{3}$

$x-y=2\sqrt{3}$, $xy=4$이므로

$$\dfrac{\sqrt{x}+\sqrt{y}}{\sqrt{x}-\sqrt{y}}-\dfrac{\sqrt{x}-\sqrt{y}}{\sqrt{x}+\sqrt{y}}=\dfrac{(\sqrt{x}+\sqrt{y})^2-(\sqrt{x}-\sqrt{y})^2}{(\sqrt{x}-\sqrt{y})(\sqrt{x}+\sqrt{y})}$$

$$=\dfrac{x+2\sqrt{xy}+y-(x-2\sqrt{xy}+y)}{x-y}$$

$$=\dfrac{4\sqrt{xy}}{x-y}=\dfrac{4\times\sqrt{4}}{2\sqrt{3}}=\dfrac{4\sqrt{3}}{3}$$

1256 답 -24

$y=\sqrt{3x-5}+2$의 그래프를 x축의 방향으로 -1만큼, y축의 방향으로 2만큼 평행이동한 그래프의 식은

$y=\sqrt{3(x+1)-5}+2+2=\sqrt{3x-2}+4$

이 함수의 그래프를 원점에 대하여 대칭이동한 그래프의 식은

$-y=\sqrt{-3x-2}+4$ $\therefore y=-\sqrt{-3x-2}-4$

따라서 $a=-3$, $b=-2$, $c=-4$이므로

$abc=-24$

1257 답 -1

$f(2)=4$에서

$4=\sqrt{8+k}+2$, $\sqrt{8+k}=2$

양변을 제곱하면

$8+k=4$ $\therefore k=-4$

$\therefore f(x)=\sqrt{4x-4}+2=\sqrt{4(x-1)}+2$

따라서 정의역은 $\{x\,|\,x\geq1\}$, 치역은 $\{y\,|\,y\geq2\}$이므로

$a=1$, $b=2$

$\therefore k+a+b=-1$

1258 답 3

$f(x)=\sqrt{-ax+1}=\sqrt{-a\left(x-\dfrac{1}{a}\right)}$이므로 주어진 함수의 그래프는

$y=\sqrt{-ax}$의 그래프를 x축의 방향으로 $\dfrac{1}{a}$만큼 평행이동한 것이다.

$-5\leq x\leq-1$에서 $y=f(x)$의 그래프는 오른쪽 그림과 같으므로 $x=-5$일 때 최댓값 $\sqrt{5a+1}$을 갖는다.

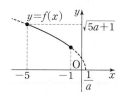

따라서 $\sqrt{5a+1}=4$이므로 양변을 제곱하면

$5a+1=16$ $\therefore a=3$

1259 답 ⑤

$y=\sqrt{-3x+3}-2=\sqrt{-3(x-1)}-2$

③, ④ $y=\sqrt{-3x+3}-2$의 그래프는 $y=\sqrt{-3x}$의 그래프를 x축의 방향으로 1만큼, y축의 방향으로 -2만큼 평행이동한 것이므로 오른쪽 그림과 같다.

즉, 제1사분면을 지나지 않는다.

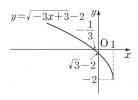

⑤ $y=-\sqrt{-3x+3}+2$의 그래프와 x축에 대하여 대칭이다.

따라서 옳지 않은 것은 ⑤이다.

1260 답 ②

주어진 그래프는 $y=\sqrt{ax}\,(a<0)$의 그래프를 x축의 방향으로 1만큼, y축의 방향으로 -2만큼 평행이동한 것이므로

$y=\sqrt{a(x-1)}-2$ ······ ㉠

㉠의 그래프가 점 $(-3,\,0)$을 지나므로

$0=\sqrt{-4a}-2$, $\sqrt{-4a}=2$

양변을 제곱하면

$-4a=4$ $\therefore a=-1$

이를 ㉠에 대입하면

$y=\sqrt{-(x-1)}-2=\sqrt{-x+1}-2$

따라서 $a=-1$, $b=1$, $c=-2$이므로 $a+b+c=-2$

1261 답 ⑤

$y=\sqrt{cx+b}+a=\sqrt{c\left(x+\dfrac{b}{c}\right)}+a$이므로 $y=\sqrt{cx+b}+a$의 그래프는

$y=\sqrt{cx}$의 그래프를 x축의 방향으로 $-\dfrac{b}{c}$만큼, y축의 방향으로 a만큼 평행이동한 것이다.

주어진 이차함수 $y=ax^2+bx+c$의 그래프에서

(i) 아래로 볼록하므로 $a>0$

(ii) 축의 방정식은 $x=-\dfrac{b}{2a}$

이때 축이 y축의 오른쪽에 위치하므로 $-\dfrac{b}{2a}>0$

그런데 (i)에서 $a>0$이므로 $b<0$

(iii) y축과 만나는 점의 위치가 x축보다 아래쪽이므로 $c<0$

(i), (ii), (iii)에서 $c<0$, $-\dfrac{b}{c}<0$, $a>0$이므로 $y=\sqrt{cx+b}+a$의 그래프의 개형은 ⑤이다.

중3 다시보기

이차함수 $y=ax^2+bx+c$의 그래프가

(1) ① 아래로 볼록 ➡ $a>0$
　② 위로 볼록 ➡ $a<0$

(2) 축의 위치가
　① y축의 왼쪽 ➡ $ab>0$
　② y축과 일치 ➡ $b=0$
　③ y축의 오른쪽 ➡ $ab<0$

(3) y축과 만나는 점의 위치가
　① x축보다 위쪽 ➡ $c>0$
　② 원점 ➡ $c=0$
　③ x축보다 아래쪽 ➡ $c<0$

1262 답 ④

$n(A\cap B)=2$이므로 $y=\sqrt{2x-3}$의 그래프와 직선 $y=x+k$가 서로 다른 두 점에서 만나야 한다.

$y=\sqrt{2x-3}=\sqrt{2\left(x-\dfrac{3}{2}\right)}$이므로

$y=\sqrt{2x-3}$의 그래프는 $y=\sqrt{2x}$의 그래프를 x축의 방향으로 $\dfrac{3}{2}$만큼 평행이동한 것이고, 직선 $y=x+k$는 기울기가 1이고 y절편이 k이다.

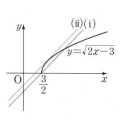

(ⅰ) 직선 $y=x+k$가 점 $\left(\dfrac{3}{2},\,0\right)$을 지날 때

$\qquad 0=\dfrac{3}{2}+k$ $\quad\therefore k=-\dfrac{3}{2}$

(ⅱ) $y=\sqrt{2x-3}$의 그래프와 직선 $y=x+k$가 접할 때

$\qquad \sqrt{2x-3}=x+k$의 양변을 제곱하면

$\qquad 2x-3=x^2+2kx+k^2$

$\qquad \therefore x^2+2(k-1)x+k^2+3=0$

이 이차방정식의 판별식을 D라 하면

$\qquad \dfrac{D}{4}=(k-1)^2-(k^2+3)=0$

$\qquad -2k-2=0$ $\quad\therefore k=-1$

(ⅰ), (ⅱ)에서 실수 k의 값의 범위는

$\qquad -\dfrac{3}{2}\le k<-1$

따라서 $\alpha=-\dfrac{3}{2}$, $\beta=-1$이므로 $\alpha\beta=\dfrac{3}{2}$

1263 답 ④

함수 $y=f(x)$의 치역이 $\{y\,|\,y\ge 1\}$이므로 그 역함수 $y=f^{-1}(x)$의 정의역은 $\{x\,|\,x\ge 1\}$이다.

$y=\sqrt{4x+5}+1$이라 하면 $y-1=\sqrt{4x+5}$

양변을 제곱하면 $y^2-2y+1=4x+5$

$\therefore x=\dfrac{1}{4}y^2-\dfrac{1}{2}y-1$

x와 y를 서로 바꾸면 $y=\dfrac{1}{4}x^2-\dfrac{1}{2}x-1$

$\therefore f^{-1}(x)=\dfrac{1}{4}x^2-\dfrac{1}{2}x-1\ (x\ge 1)$

따라서 $a=-\dfrac{1}{2}$, $b=-1$, $c=1$이므로

$abc=\dfrac{1}{2}$

1264 답 5

$y=2\sqrt{x}+4$의 그래프를 x축의 방향으로 p만큼 평행이동한 그래프의 식은

$\qquad y=2\sqrt{x-p}+4$ $\quad\therefore f(x)=2\sqrt{x-p}+4$

함수 $y=f(x)$의 그래프와 그 역함수 $y=f^{-1}(x)$의 그래프는 직선 $y=x$에 대하여 대칭이므로 두 함수 $y=f(x)$, $y=f^{-1}(x)$의 그래프가 접하면 $y=f(x)$의 그래프와 직선 $y=x$도 접한다.

$2\sqrt{x-p}+4=x$에서 $2\sqrt{x-p}=x-4$

양변을 제곱하면

$\qquad 4(x-p)=x^2-8x+16$

$\qquad \therefore x^2-12x+4p+16=0$

이 이차방정식의 판별식을 D라 하면

$\qquad \dfrac{D}{4}=(-6)^2-(4p+16)=0$

$\qquad -4p+20=0$ $\quad\therefore p=5$

1265 답 $\dfrac{5}{2}$

$(g^{-1}\circ f)(5)=g^{-1}(f(5))=g^{-1}(2)$

$g^{-1}(2)=k$(k는 상수)라 하면 $g(k)=2$이므로

$\sqrt{2k-1}=2$

양변을 제곱하면

$2k-1=4$ $\quad\therefore k=\dfrac{5}{2}$

$\therefore (g^{-1}\circ f)(5)=\dfrac{5}{2}$

1266 답 7

$y=\sqrt{-x+2k}+2=\sqrt{-(x-2k)}+2$이므로 주어진 함수의 그래프는 $y=\sqrt{-x}$의 그래프를 x축의 방향으로 $2k$만큼, y축의 방향으로 2만큼 평행이동한 것이다.　……❶

$k-7\le x\le k+2$에서 $y=\sqrt{-x+2k}+2$의 그래프는 오른쪽 그림과 같으므로 $x=k+2$일 때 최솟값 $\sqrt{-(k+2)+2k}+2$, 즉 $\sqrt{k-2}+2$를 갖는다.

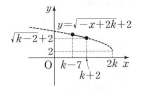

즉, $\sqrt{k-2}+2=6$이므로 $\sqrt{k-2}=4$

양변을 제곱하면

$k-2=16$ $\quad\therefore k=18$　……❷

따라서 $k-7\le x\le k+2$, 즉 $11\le x\le 20$에서 함수 $y=\sqrt{-x+36}+2$는 $x=11$일 때 최댓값 7을 갖는다.　……❸

채점 기준

❶ $y=\sqrt{-x+2k}+2$의 그래프의 평행이동 파악하기		30 %
❷ k의 값 구하기		40 %
❸ 함수의 최댓값 구하기		30 %

1267 답 -1

$y=\sqrt{-x+1}+k=\sqrt{-(x-1)}+k$이므로 주어진 함수의 그래프는 $y=\sqrt{-x}$의 그래프를 x축의 방향으로 1만큼, y축의 방향으로 k만큼 평행이동한 것이다.　……❶

$y=\sqrt{-x+1}+k$의 그래프가 제3사분면을 지나지 않으려면 오른쪽 그림과 같이 $x=0$일 때 $y\ge 0$이어야 하므로

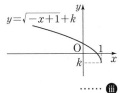

$1+k\ge 0$ $\quad\therefore k\ge -1$　……❷

따라서 정수 k의 최솟값은 -1이다.　……❸

채점 기준

❶ $y=\sqrt{-x+1}+k$의 그래프의 평행이동 파악하기		30 %
❷ k의 값의 범위 구하기		60 %
❸ 정수 k의 최솟값 구하기		10 %

1268 답 4

두 함수 $y=\sqrt{x+1}$, $y=\sqrt{x}$의 그래프가 직선 $x=k$와 만나는 점의 좌표는 각각

$\qquad \mathrm{P}_k(k,\ \sqrt{k+1})$, $\mathrm{Q}_k(k,\ \sqrt{k})$

$\qquad \therefore \overline{\mathrm{P}_k\mathrm{Q}_k}=\sqrt{k+1}-\sqrt{k}$　……❶

$\therefore \overline{\mathrm{P}_1\mathrm{Q}_1}+\overline{\mathrm{P}_2\mathrm{Q}_2}+\overline{\mathrm{P}_3\mathrm{Q}_3}+\cdots+\overline{\mathrm{P}_{49}\mathrm{Q}_{49}}$

$\qquad =(\sqrt{2}-1)+(\sqrt{3}-\sqrt{2})+(\sqrt{4}-\sqrt{3})$

$\qquad\qquad\qquad +\cdots+(\sqrt{49}-\sqrt{48})+(\sqrt{50}-\sqrt{49})$

$\qquad =-1+\sqrt{50}=-1+5\sqrt{2}$　……❷

따라서 $a=-1$, $b=5$이므로

$a+b=4$ ...... ⓘⓘⓘ

C 실력 향상
194쪽

1269 탑 $\dfrac{1}{2}$

직선 OA와 평행하고 $y=\sqrt{2x}$의 그래프에 접하는 직선의 접점이 P 일 때 삼각형 OAP의 넓이는 최대이다.

직선 OA의 방정식은 $y=x$이므로 직선 OA와 평행한 접선의 방정식을 $y=x+k$ (k는 실수)라 하면

$\sqrt{2x}=x+k$

양변을 제곱하면 $2x=x^2+2kx+k^2$

$\therefore x^2+2(k-1)x+k^2=0$

이 이차방정식의 판별식을 D라 하면

$\dfrac{D}{4}=(k-1)^2-k^2=0$

$-2k+1=0$ $\therefore k=\dfrac{1}{2}$

두 직선 $y=x$, $y=x+\dfrac{1}{2}$ 사이의 거리는 직선 $y=x$ 위의 점 $(0, 0)$

과 직선 $y=x+\dfrac{1}{2}$, 즉 $2x-2y+1=0$ 사이의 거리와 같으므로

$\dfrac{|1|}{\sqrt{2^2+(-2)^2}}=\dfrac{\sqrt{2}}{4}$

이때 $\overline{OA}=\sqrt{2^2+2^2}=2\sqrt{2}$이므로 삼각형 OAP의 넓이의 최댓값은

$\dfrac{1}{2}\times2\sqrt{2}\times\dfrac{\sqrt{2}}{4}=\dfrac{1}{2}$

1270 탑 10

함수 $y=\sqrt{x}$ ($x\geq0$)의 그래프는 함수 $y=x^2$ ($x<0$)의 그래프를 y축에 대하여 대칭이동한 후 직선 $y=x$에 대하여 대칭이동한 것이다.

또 점 $A(-2, 4)$를 y축에 대하여 대칭이동한 후 직선 $y=x$에 대하여 대칭이동한 점의 좌표는 $(4, 2)$, 즉 점 B가 된다.

따라서 오른쪽 그림의 빗금 친 부분의 넓이가 같으므로 구하는 넓이는 삼각형 OBA의 넓이와 같다.

$\overline{AB}=\sqrt{(4+2)^2+(2-4)^2}$
$=2\sqrt{10}$

원점과 직선 $x+3y-10=0$ 사이의 거리는

$\dfrac{|-10|}{\sqrt{1^2+3^2}}=\sqrt{10}$

따라서 구하는 넓이는

$\triangle OBA=\dfrac{1}{2}\times2\sqrt{10}\times\sqrt{10}=10$

다른 풀이

직선 $x+3y-10=0$이 y축과 만나는 점을 C라 하면

$C\left(0, \dfrac{10}{3}\right)$

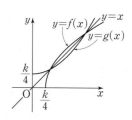

또 $D(4, 0)$, $E(0, 4)$라 하면 오른쪽 그림에서 빗금 친 부분의 넓이가 같으므로 구하는 넓이는 사각형 CODB 의 넓이에서 삼각형 ACE의 넓이를 뺀 것과 같다.

따라서 구하는 넓이는

$\dfrac{1}{2}\times\left(\dfrac{10}{3}+2\right)\times4-\dfrac{1}{2}\times\left(4-\dfrac{10}{3}\right)\times2=\dfrac{32}{3}-\dfrac{2}{3}=10$

1271 탑 4

함수 $y=f(x)$의 치역이 $\{y|y\geq0\}$이므로 그 역함수 $y=g(x)$의 정의역은 $\{x|x\geq0\}$이다.

함수 $y=f(x)$의 그래프와 그 역함수 $y=g(x)$의 그래프는 오른쪽 그림과 같이 직선 $y=x$에 대하여 대칭이므로 두 함수 $y=f(x)$, $y=g(x)$의 그래프의 교점은 $y=f(x)$의 그래프와 직선 $y=x$의 교점과 같다.

$\sqrt{4x-k}=x$에서 양변을 제곱하면

$4x-k=x^2$ $\therefore x^2-4x+k=0$

두 그래프가 서로 다른 두 점에서 만나려면 이 이차방정식이 음이 아닌 서로 다른 두 실근을 가져야 한다.

$f(x)=x^2-4x+k$라 할 때, 이차방정식 $f(x)=0$의 판별식을 D라 하면

$\dfrac{D}{4}=(-2)^2-k>0$ $\therefore k<4$

또 $f(0)\geq0$이어야 하므로 $k\geq0$

$\therefore 0\leq k<4$

따라서 정수 k는 0, 1, 2, 3의 4개이다.

1272 탑 ②

함수 $f(x)$가 역함수를 가지려면 일대일대응이어야 하므로

$2a+b=\sqrt{2-2}+c$

$\therefore 2a+b=c$ ...... ㉠

주어진 함수 $y=f(x)$의 그래프와 그 역함수 $y=f^{-1}(x)$의 그래프의 교점은 $y=f(x)$의 그래프와 직선 $y=x$의 교점과 같으므로 두 그래프의 교점은 직선 $y=x$ 위에 있다.

따라서 교점의 좌표는 $(-2, -2)$, $(6, 6)$이다.

$-2<2$이므로 $-2a+b=-2$ ...... ㉡

$6>2$이므로 $\sqrt{6-2}+c=6$

$2+c=6$ $\therefore c=4$

이를 ㉠에 대입하면

$2a+b=4$ ...... ㉢

㉡, ㉢을 연립하여 풀면

$a=\dfrac{3}{2}$, $b=1$

$\therefore abc=6$

01 / 평면좌표

2~7쪽

중단원 기출 문제 1회

1 답 3

$\overline{AB}=7$이므로

$|x-4|=7$, $x-4=\pm7$

$\therefore x=-3$ 또는 $x=11$

그런데 $x<0$이므로 $x=-3$

$\therefore \overline{OA}=|0-(-3)|=3$

2 답 ③

$\overline{AB}=\overline{BC}$에서 $\overline{AB}^2=\overline{BC}^2$이므로

$(a-1-1)^2+(1-3)^2=(3-a+1)^2+(-3-1)^2$

$4a=24$ $\therefore a=6$

3 답 ③

점 P가 직선 $y=x-2$ 위의 점이므로 점 P의 좌표를 $(a, a-2)$라 하자.

$\overline{AP}=\overline{BP}$에서 $\overline{AP}^2=\overline{BP}^2$이므로

$(a+4)^2+(a-2)^2=(a-6)^2+(a-2+2)^2$

$16a=16$ $\therefore a=1$

따라서 점 P의 좌표는 $(1, -1)$이다.

4 답 ①

점 $P(-1, 1)$이 삼각형 ABC의 외심이므로

$\overline{AP}=\overline{BP}=\overline{CP}$

$\therefore \overline{AP}^2=\overline{BP}^2=\overline{CP}^2$

$\overline{CP}^2=(-1+2)^2+(1+1)^2=5$이므로

$\overline{AP}^2=\overline{CP}^2$에서

$(-1-a)^2+(1-2)^2=5$

$a^2+2a-3=0$

$(a+3)(a-1)=0$

$\therefore a=1 \ (\because a>0)$

$\overline{BP}^2=\overline{CP}^2$에서

$(-1-1)^2+(1-b)^2=5$

$b^2-2b=0$, $b(b-2)=0$

$\therefore b=2 \ (\because b>0)$

$\therefore a+b=3$

5 답 ②

$\overline{AB}=\sqrt{(5-2)^2+(-4-1)^2}=\sqrt{34}$

$\overline{BC}=\sqrt{(-5)^2+(-1+4)^2}=\sqrt{34}$

$\overline{CA}=\sqrt{2^2+(1+1)^2}=\sqrt{8}=2\sqrt{2}$

따라서 삼각형 ABC는 $\overline{AB}=\overline{BC}$인 이등변삼각형이다.

6 답 9

삼각형 ABP가 $\overline{AB}$를 빗변으로 하는 직각삼각형이 되려면

$\overline{AP}^2+\overline{BP}^2=\overline{AB}^2$이어야 하므로

$(p-2)^2+(-5)^2+(p-7)^2+(-1)^2=(7-2)^2+(1-5)^2$

$\therefore p^2-9p+19=0$

따라서 이차방정식의 근과 계수의 관계에 의하여 모든 p의 값의 합은 9이다.

7 답 ②

$P(0, a)$라 하면

$$\overline{AP}^2+\overline{BP}^2=2^2+(a-1)^2+(-3)^2+(a+3)^2$$
$$=2a^2+4a+23$$
$$=2(a+1)^2+21$$

따라서 $a=-1$일 때 주어진 식의 최솟값은 21이다.

8 답 $5\sqrt{2}$

$A(-1, -3)$, $B(4, 2)$, $P(a, b)$라 하면

$$\sqrt{(a+1)^2+(b+3)^2}+\sqrt{(a-4)^2+(b-2)^2}$$
$$=\overline{AP}+\overline{BP}$$
$$\geq\overline{AB}$$
$$=\sqrt{(4+1)^2+(2+3)^2}=5\sqrt{2}$$

따라서 구하는 최솟값은 $5\sqrt{2}$이다.

9 답 ②

오른쪽 그림과 같이 직선 BC를 x축, 점 P를 지나고 직선 BC에 수직인 직선을 y축으로 하는 좌표평면을 잡으면 점 P는 원점이 된다.

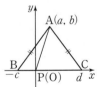

이때 $A(a, b)$, $B(-c, 0)$, $C(d, 0)$이라 하면

$\overline{AB}^2=\overline{AC}^2$에서

$(-c-a)^2+(-b)^2=(d-a)^2+(-b)^2$

$(a+c)^2=(\boxed{(가) \ a-d})^2$

$a+c=\pm(a-d)$

$\therefore d=-c$ 또는 $d=\boxed{(나) \ 2a+c}$

그런데 $d\neq-c$이므로 $C(\boxed{(나) \ 2a+c}, 0)$이다.

$\therefore \overline{AP}^2=\boxed{(다) \ a^2+b^2}$, $\overline{BP}=c$, $\overline{CP}=\boxed{(나) \ 2a+c}$,

$\overline{AB}^2=(-c-a)^2+(-b)^2=(a+c)^2+b^2$

$\therefore \overline{AP}^2+\overline{BP}\times\overline{CP}=\overline{AB}^2$

10 답 $(-1, 2)$

$P\left(\dfrac{2\times(-5)+3\times5}{2+3}, \dfrac{2\times3+3\times(-2)}{2+3}\right)$ $\therefore P(1, 0)$

$Q\left(\dfrac{1\times1+2\times(-5)}{1+2}, \dfrac{1\times6+2\times3}{1+2}\right)$ $\therefore Q(-3, 4)$

따라서 선분 PQ의 중점의 좌표는

$\left(\dfrac{1-3}{2}, \dfrac{4}{2}\right)$ $\therefore (-1, 2)$

11 답 ④

$A(a, b)$, $B(c, d)$라 하면 선분 AB의 중점의 좌표가 $(-1, 3)$이므로

$\dfrac{a+c}{2}=-1$, $\dfrac{b+d}{2}=3$

$\therefore a+c=-2$ ······ ㉠, $b+d=6$ ······ ㉡

선분 AB를 2 : 1로 내분하는 점의 좌표가 $(1, 2)$이므로

$\dfrac{2\times c+1\times a}{2+1}=1$, $\dfrac{2\times d+1\times b}{2+1}=2$

$\therefore a+2c=3$ ······ ㉢, $b+2d=6$ ······ ㉣

㉠, ㉢을 연립하여 풀면 $a=-7$, $c=5$

㉡, ㉣을 연립하여 풀면 $b=6$, $d=0$

따라서 $A(-7, 6)$, $B(5, 0)$이므로

$\overline{AB}=\sqrt{(5+7)^2+(-6)^2}=6\sqrt{5}$

12 답 ③

선분 AB를 a : 1로 내분하는 점의 좌표는

$\left(\dfrac{a\times(-1)+1\times 2}{a+1}, \dfrac{a\times 7+1\times 3}{a+1}\right)$

$\therefore \left(\dfrac{-a+2}{a+1}, \dfrac{7a+3}{a+1}\right)$

이 점이 직선 $4x-y+7=0$ 위에 있으므로

$\dfrac{4(-a+2)}{a+1}-\dfrac{7a+3}{a+1}+7=0$

$-4a=-12$ $\therefore a=3$

13 답 5

선분 AB를 m : n으로 내분하는 점의 좌표는

$\left(\dfrac{6m-4n}{m+n}, \dfrac{2m-3n}{m+n}\right)$

이 점이 x축 위에 있으므로

$\dfrac{2m-3n}{m+n}=0$, $2m=3n$

$\therefore m : n=3 : 2$

이때 m, n은 서로소인 자연수이므로

$m=3$, $n=2$

$\therefore m+n=5$

14 답 27

$3\overline{AB}=2\overline{BC}$에서 $\overline{AB} : \overline{BC}=2 : 3$

이때 $a>0$이므로 점 B는 $\overline{AC}$를 2 : 3으로 내분하는 점이다.

따라서 $\dfrac{2\times a+3\times(-2)}{2+3}=0$,

$\dfrac{2\times b+3\times 4}{2+3}=6$이므로

$2a-6=0$, $2b+12=30$

$\therefore a=3$, $b=9$

$\therefore ab=27$

15 답 ③

대각선 AC의 중점의 좌표는

$\left(\dfrac{3+3}{2}, \dfrac{6-3}{2}\right)$ $\therefore \left(3, \dfrac{3}{2}\right)$ ······ ㉠

$D(a, b)$라 하면 대각선 BD의 중점의 좌표는

$\left(\dfrac{-1+a}{2}, \dfrac{3+b}{2}\right)$ ······ ㉡

㉠, ㉡이 일치하므로

$3=\dfrac{-1+a}{2}$, $\dfrac{3}{2}=\dfrac{3+b}{2}$

$\therefore a=7$, $b=0$

따라서 점 D의 좌표는 $(7, 0)$이다.

16 답 14

두 대각선 AC, BD의 중점이 일치하므로

$\dfrac{a+7}{2}=\dfrac{3+b}{2}$

$\therefore a-b=-4$ ······ ㉠

$\overline{AB}=\overline{BC}$에서 $\overline{AB}^2=\overline{BC}^2$이므로

$(3-a)^2+(5-1)^2=(7-3)^2+(3-5)^2$

$a^2-6a+5=0$, $(a-1)(a-5)=0$

$\therefore a=1$ 또는 $a=5$

그런데 $a>3$이므로 $a=5$

이를 ㉠에 대입하면

$5-b=-4$ $\therefore b=9$

$\therefore a+b=14$

17 답 ③

$\overline{AB}=\sqrt{(-3)^2+(-3-1)^2}=5$

$\overline{AC}=\sqrt{(11-3)^2+(-5-1)^2}=10$

이때 $\overline{AD}$는 $\angle A$의 이등분선이므로

$\overline{BD} : \overline{CD}=\overline{AB} : \overline{AC}$

$=5 : 10$

$=1 : 2$

즉, 점 D는 $\overline{BC}$를 1 : 2로 내분하는 점이므로

$D\left(\dfrac{1\times 11+2\times 0}{1+2}, \dfrac{1\times(-5)+2\times(-3)}{1+2}\right)$

$\therefore D\left(\dfrac{11}{3}, -\dfrac{11}{3}\right)$

따라서 $a=\dfrac{11}{3}$, $b=-\dfrac{11}{3}$이므로

$a+b=0$

18 답 ①

삼각형 ABC의 무게중심의 좌표는

$\left(\dfrac{-2+a-2b+4}{3}, \dfrac{3+b+a-1}{3}\right)$

$\therefore \left(\dfrac{a-2b+2}{3}, \dfrac{a+b+2}{3}\right)$

이 점이 점 $(-2, 2)$와 일치하므로

$\dfrac{a-2b+2}{3}=-2$, $\dfrac{a+b+2}{3}=2$

$\therefore a-2b=-8$, $a+b=4$

두 식을 연립하여 풀면

$a=0$, $b=4$

$\therefore a-b=-4$

19 답 ④

삼각형 DEF의 무게중심은 삼각형 ABC의 무게중심과 일치하므로 그 좌표는

$$\left(\frac{-2+1+4}{3}, \frac{6-3+9}{3}\right) \qquad \therefore (1, 4)$$

따라서 $a=1$, $b=4$이므로

$$b-a=3$$

다른 풀이

$$D\left(\frac{1\times1+2\times(-2)}{1+2}, \frac{1\times(-3)+2\times6}{1+2}\right) \qquad \therefore D(-1, 3)$$

$$E\left(\frac{1\times4+2\times1}{1+2}, \frac{1\times9+2\times(-3)}{1+2}\right) \qquad \therefore E(2, 1)$$

$$F\left(\frac{1\times(-2)+2\times4}{1+2}, \frac{1\times6+2\times9}{1+2}\right) \qquad \therefore F(2, 8)$$

삼각형 DEF의 무게중심의 좌표는

$$\left(\frac{-1+2+2}{3}, \frac{3+1+8}{3}\right) \qquad \therefore (1, 4)$$

따라서 $a=1$, $b=4$이므로

$$b-a=3$$

20 답 $x+3y-5=0$

$P(x, y)$라 하면 $\overline{AP}^2-\overline{BP}^2=6$에서

$$(x-3)^2+(y+2)^2-\{(x-4)^2+(y-1)^2\}=6$$

$$2x+6y-10=0$$

$$\therefore x+3y-5=0$$

중단원 기출 문제 2회

1 답 5

$\overline{AB}=5\sqrt{2}$이므로

$$\sqrt{(b-a)^2+(-a+b)^2}=5\sqrt{2}$$

양변을 제곱하면

$$2(a-b)^2=50, \ (a-b)^2=25$$

$$\therefore a-b=\pm5$$

그런데 $a>b$이므로 $a-b=5$

2 답 ③

$\overline{AB}\le3$에서 $\overline{AB}^2\le3^2$이므로

$$(t-2)^2+(5-t)^2\le9$$

$$t^2-7t+10\le0, \ (t-2)(t-5)\le0$$

$$\therefore 2\le t\le5$$

따라서 t의 최댓값은 5이다.

3 답 $-2, 0$

$\overline{AB}=\overline{OB}$에서 $\overline{AB}^2=\overline{OB}^2$이므로

$$(-1-a)^2+(1-2)^2=(-1)^2+1^2$$

$$a^2+2a=0, \ a(a+2)=0$$

$$\therefore a=-2 \ \text{또는} \ a=0$$

4 답 4

$\overline{AP}=\overline{BP}$에서 $\overline{AP}^2=\overline{BP}^2$이므로

$$(a-1)^2+(b-1)^2=(a-3)^2+(b-7)^2$$

$$\therefore a+3b=14$$

이때 $a+3b=14$를 만족시키는 자연수 a, b의 순서쌍 (a, b)는

$$(2, 4), (5, 3), (8, 2), (11, 1)$$

따라서 구하는 점 P의 개수는 4이다.

5 답 ①

삼각형 OAB가 정삼각형이 되려면

$$\overline{OA}=\overline{OB}=\overline{AB}$$

$\overline{OA}=\overline{OB}$에서 $\overline{OA}^2=\overline{OB}^2$이므로

$$1^2+(\sqrt{3})^2=(-1)^2+a^2$$

$$a^2=3 \qquad \therefore a=\pm\sqrt{3} \qquad \cdots\cdots \ \text{㉠}$$

$\overline{OA}=\overline{AB}$에서 $\overline{OA}^2=\overline{AB}^2$이므로

$$1^2+(\sqrt{3})^2=(-1-1)^2+(a-\sqrt{3})^2$$

$$(a-\sqrt{3})^2=0 \qquad \therefore a=\sqrt{3} \qquad \cdots\cdots \ \text{㉡}$$

㉠, ㉡에서 $a=\sqrt{3}$

6 답 30

$$\overline{AB}=\sqrt{(2+1)^2+(1-10)^2}=\sqrt{90}=3\sqrt{10}$$

$$\overline{BC}=\sqrt{(8-2)^2+(3-1)^2}=\sqrt{40}=2\sqrt{10}$$

$$\overline{CA}=\sqrt{(-1-8)^2+(10-3)^2}=\sqrt{130}$$

$\overline{AB}^2+\overline{BC}^2=\overline{CA}^2$이므로 삼각형 ABC는 $\angle B=90°$인 직각삼각형이다.

따라서 삼각형 ABC의 넓이는

$$\frac{1}{2}\times\overline{AB}\times\overline{BC}=\frac{1}{2}\times3\sqrt{10}\times2\sqrt{10}$$

$$=30$$

7 답 ③

$P(a, 0)$이라 하면

$$\overline{AP}^2+\overline{BP}^2=(a+2)^2+(-1)^2+(a-4)^2+(-k)^2$$

$$=2a^2-4a+k^2+21$$

$$=2(a-1)^2+k^2+19$$

따라서 $a=1$일 때 $\overline{AP}^2+\overline{BP}^2$의 최솟값이 k^2+19이므로

$$k^2+19=35, \ k^2=16$$

$$\therefore k=\pm4$$

따라서 양수 k의 값은 4이다.

8 답 ③

$$\sqrt{x^2+y^2-6y+9}+\sqrt{x^2+8x+16+y^2}$$

$$=\sqrt{x^2+(y-3)^2}+\sqrt{(x+4)^2+y^2}$$

$A(0, 3)$, $B(-4, 0)$, $P(x, y)$라 하면

$$\sqrt{x^2+(y-3)^2}+\sqrt{(x+4)^2+y^2}=\overline{AP}+\overline{PB}$$

$$\ge\overline{AB}$$

$$=\sqrt{(-4)^2+(-3)^2}=5$$

따라서 구하는 최솟값은 5이다.

9 답 풀이 참조

오른쪽 그림과 같이 직선 BC를 x축, 점 D를 지나고 직선 BC에 수직인 직선을 y축으로 하는 좌표평면을 잡으면 점 D는 원점이 된다.

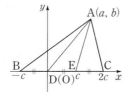

이때 $A(a, b)$, $B(-c, 0)$이라 하면
$C(2c, 0)$, $E(c, 0)$이므로
$$\overline{AB}^2+\overline{AC}^2=\{(-c-a)^2+(-b)^2\}+\{(2c-a)^2+(-b)^2\}$$
$$=2a^2+2b^2+5c^2-2ac$$
$$\overline{AD}^2+\overline{AE}^2+4\overline{DE}^2$$
$$=\{(-a)^2+(-b)^2\}+\{(c-a)^2+(-b)^2\}+4c^2$$
$$=2a^2+2b^2+5c^2-2ac$$
$$\therefore \overline{AB}^2+\overline{AC}^2=\overline{AD}^2+\overline{AE}^2+4\overline{DE}^2$$

10 답 ②

선분 AB에 대하여 세 점 P, Q, R를 나타내면 오른쪽 그림과 같다.

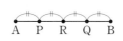

ㄱ. 점 P는 선분 AR의 중점이다.
ㄷ. 점 R는 선분 AQ를 $2 : 1$로 내분하는 점이다.
따라서 보기에서 옳은 것은 ㄴ이다.

11 답 ⑤

선분 AB를 $1 : 2$로 내분하는 점의 좌표가 $(2, 2)$이므로
$$\frac{1\times a+2\times(-4)}{1+2}=2,\ \frac{1\times b+2\times 0}{1+2}=2$$
$a-8=6$, $b=6$ $\therefore a=14$, $b=6$
$$\therefore a-b=8$$

12 답 $\dfrac{5}{8}<t<1$

$1-t>0$, $t>0$이므로 $0<t<1$ ······ ㉠
선분 AB를 $(1-t) : t$로 내분하는 점의 좌표는
$$\left(\frac{(1-t)\times 5+t\times(-3)}{(1-t)+t},\ \frac{(1-t)\times(-2)+t\times 6}{(1-t)+t}\right)$$
$$\therefore (-8t+5,\ 8t-2)$$
이 점이 제2사분면 위에 있으므로
$$-8t+5<0,\ 8t-2>0$$
$$\therefore t>\frac{5}{8}$$ ······ ㉡
㉠, ㉡의 공통부분을 구하면
$$\frac{5}{8}<t<1$$

13 답 ②

선분 AB를 $1 : k$로 내분하는 점의 좌표는
$$\left(\frac{1\times 0+k\times(-2)}{1+k},\ \frac{1\times 7+k\times 0}{1+k}\right)$$
$$\therefore \left(\frac{-2k}{1+k},\ \frac{7}{1+k}\right)$$
이 점이 직선 $x+y=1$ 위에 있으므로
$$\frac{-2k}{1+k}+\frac{7}{1+k}=1,\ -2k+7=1+k$$
$-3k=-6$ $\therefore k=2$

14 답 ⑤

선분 AB를 $m : n$으로 내분하는 점의 좌표는
$$\left(\frac{m\times(-1)+n\times a}{m+n},\ \frac{m\times 1+n\times b}{m+n}\right)$$
$$\therefore \left(\frac{-m+an}{m+n},\ \frac{m+bn}{m+n}\right)$$
㈏에서 이 점이 y축 위의 점이므로
$$\frac{-m+an}{m+n}=0\quad \therefore \frac{m}{n}=a$$ ······ ㉠
선분 AC를 $m : n$으로 내분하는 점의 좌표는
$$\left(\frac{m\times 3+n\times a}{m+n},\ \frac{m\times(-3)+n\times b}{m+n}\right)$$
$$\therefore \left(\frac{3m+an}{m+n},\ \frac{-3m+bn}{m+n}\right)$$
㈐에서 이 점이 x축 위의 점이므로
$$\frac{-3m+bn}{m+n}=0\quad \therefore \frac{m}{n}=\frac{b}{3}$$ ······ ㉡
㉠, ㉡에서
$$a=\frac{b}{3}\quad \therefore b=3a$$
㈎에서 a, b는 20 이하의 자연수이므로 $b=3a$를 만족시키는 a, b의
순서쌍 (a, b)는
$$(1, 3), (2, 6), (3, 9), (4, 12), (5, 15), (6, 18)$$
따라서 구하는 점 A의 개수는 6이다.

15 답 12

$4\overline{AB}=\overline{BP}$에서 $\overline{AB} : \overline{BP}=1 : 4$
점 P의 x좌표를 a라 하면
(ⅰ) $a>6$일 때
점 B는 $\overline{AP}$를 $1 : 4$로 내분하는 점이므로

$$\frac{1\times a+4\times 2}{1+4}=6$$
$a+8=30$ $\therefore a=22$
(ⅱ) $a<2$일 때
점 A는 $\overline{BP}$를 $1 : 3$으로 내분하는 점이므로

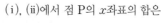

$$\frac{1\times a+3\times 6}{1+3}=2$$
$a+18=8$ $\therefore a=-10$
(ⅰ), (ⅱ)에서 점 P의 x좌표의 합은
$$22+(-10)=12$$

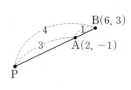

16 답 ⑤

대각선 AC의 중점의 좌표는
$$\left(\frac{-1+2}{2},\ \frac{a+4}{2}\right)\quad \therefore \left(\frac{1}{2},\ \frac{a+4}{2}\right)$$ ······ ㉠
대각선 BD의 중점의 좌표는
$$\left(\frac{3+b}{2},\ \frac{5+6}{2}\right)\quad \therefore \left(\frac{3+b}{2},\ \frac{11}{2}\right)$$ ······ ㉡
㉠, ㉡이 일치하므로
$$1=3+b,\ a+4=11$$
$$\therefore a=7,\ b=-2$$
$$\therefore ab=-14$$

17 답 ②

$\overline{AB}=\sqrt{(-7-5)^2+(-4-1)^2}=13$

$\overline{AC}=\sqrt{(2-5)^2+(5-1)^2}=5$

이때 점 I가 삼각형 ABC의 내심이므로 직선 AI는 ∠A의 이등분선이다.

$\therefore \overline{BD}:\overline{CD}=\overline{AB}:\overline{AC}=13:5$

즉, 점 D는 $\overline{BC}$를 13 : 5로 내분하는 점이므로

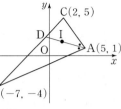

$D\left(\dfrac{13\times2+5\times(-7)}{13+5}, \dfrac{13\times5+5\times(-4)}{13+5}\right)$

$\therefore D\left(-\dfrac{1}{2}, \dfrac{5}{2}\right)$

따라서 $a=-\dfrac{1}{2}$, $b=\dfrac{5}{2}$이므로

$a+b=2$

18 답 ⑤

삼각형 ABC의 무게중심의 좌표는

$\left(\dfrac{-2+1+4}{3}, \dfrac{k-10+1}{3}\right)$ $\therefore \left(1, \dfrac{k-9}{3}\right)$

이 점이 직선 $y=-2x$ 위에 있으므로

$\dfrac{k-9}{3}=-2$ $\therefore k=3$

19 답 $(-3, 7)$

$B(a, b)$, $C(c, d)$라 하면 삼각형 ABC의 무게중심의 좌표가 $(-1, 4)$이므로

$\dfrac{3+a+c}{3}=-1$, $\dfrac{-2+b+d}{3}=4$

$\therefore a+c=-6$, $b+d=14$ ...... ㉠

선분 BC의 중점의 좌표는 $\left(\dfrac{a+c}{2}, \dfrac{b+d}{2}\right)$

㉠을 대입하면 $\left(\dfrac{-6}{2}, \dfrac{14}{2}\right)$ $\therefore (-3, 7)$

다른 풀이

삼각형 ABC의 무게중심을 $G(-1, 4)$, 선분 BC의 중점을 $D(a, b)$라 하면 $\overline{AG}:\overline{GD}=2:1$이다.

즉, 점 G는 $\overline{AD}$를 2 : 1로 내분하는 점이므로

$\dfrac{2\times a+1\times3}{2+1}=-1$, $\dfrac{2\times b+1\times(-2)}{2+1}=4$

$2a+3=-3$, $2b-2=12$

$\therefore a=-3$, $b=7$

따라서 선분 BC의 중점의 좌표는 $(-3, 7)$이다.

20 답 7

$P(a, b)$라 하면 점 P가 직선 $y=-2x+1$ 위의 점이므로

$b=-2a+1$ ...... ㉠

$Q(x, y)$라 하면 점 Q는 선분 AP의 중점이므로

$x=\dfrac{a}{2}$, $y=\dfrac{b+2}{2}$ $\therefore a=2x$, $b=2y-2$ ...... ㉡

㉡을 ㉠에 대입하면

$2y-2=-2\times2x+1$ $\therefore 4x+2y-3=0$

따라서 $m=4$, $n=-3$이므로

$m-n=7$

중단원 기출 문제 1회

1 답 $x=1$

두 점 $(4, 1)$, $(-2, 9)$를 이은 선분의 중점의 좌표는

$\left(\dfrac{4-2}{2}, \dfrac{1+9}{2}\right)$ $\therefore (1, 5)$

따라서 점 $(1, 5)$를 지나고 y축에 평행한 직선의 방정식은

$x=1$

2 답 ⑤

두 점 $(1, -5)$, $(5, 7)$을 지나는 직선의 기울기는

$\dfrac{7+5}{5-1}=3$

따라서 기울기가 3이고 점 $(-3, 4)$를 지나는 직선의 방정식은

$y-4=3(x+3)$

$\therefore y=3x+13$

3 답 ①

두 점 $(3, -2)$, $(1, -1)$을 지나는 직선의 방정식은

$y+2=\dfrac{-1+2}{1-3}(x-3)$

$\therefore y=-\dfrac{1}{2}x-\dfrac{1}{2}$

두 점 $(5, a)$, $\left(b, \dfrac{1}{2}\right)$이 직선 $y=-\dfrac{1}{2}x-\dfrac{1}{2}$ 위의 점이므로

$a=-\dfrac{5}{2}-\dfrac{1}{2}$, $\dfrac{1}{2}=-\dfrac{1}{2}b-\dfrac{1}{2}$

$\therefore a=-3$, $b=-2$

$\therefore a+b=-5$

4 답 ④

x절편이 -2이고 y절편이 -4인 직선의 방정식은

$\dfrac{x}{-2}+\dfrac{y}{-4}=1$

이 직선이 점 $(4, a)$를 지나므로

$\dfrac{4}{-2}+\dfrac{a}{-4}=1$

$\therefore a=-12$

5 답 ③

세 점 A, B, C가 한 직선 위에 있으려면 직선 AC와 직선 BC의 기울기가 같아야 하므로

$\dfrac{1+k}{2-1}=\dfrac{1-3}{2-(2k+1)}$

$k+1=\dfrac{2}{2k-1}$, $(k+1)(2k-1)=2$

$2k^2+k-3=0$, $(2k+3)(k-1)=0$

$\therefore k=-\dfrac{3}{2}$ 또는 $k=1$

따라서 모든 k의 값의 합은

$-\dfrac{3}{2}+1=-\dfrac{1}{2}$

6 답 7

직선 $y=ax+b$가 삼각형 ABC의 넓이를 이등분하려면 선분 BC의 중점을 지나야 한다.

선분 BC의 중점의 좌표는

$\left(\dfrac{4+2}{2}, \dfrac{-2-4}{2}\right)$ ∴ $(3, -3)$

두 점 $(2, 2)$, $(3, -3)$을 지나는 직선의 방정식은

$y-2=\dfrac{-3-2}{3-2}(x-2)$

∴ $y=-5x+12$

따라서 $a=-5$, $b=12$이므로

$a+b=7$

7 답 ③

$b \neq 0$이므로 $ax+by+c=0$에서

$y=-\dfrac{a}{b}x-\dfrac{c}{b}$ ……㉠

$ab>0$에서 $-\dfrac{a}{b}<0$이므로 직선 ㉠의 기울기는 음수이다.

$bc<0$에서 $-\dfrac{c}{b}>0$이므로 직선 ㉠의 y절편은 양수이다.

따라서 직선 $ax+by+c=0$의 개형은 오른쪽 그림과 같으므로 제3사분면을 지나지 않는다.

8 답 7

주어진 식을 k에 대하여 정리하면

$(3x-y-5)+k(x+2y-11)=0$

이 식이 k의 값에 관계없이 항상 성립해야 하므로

$3x-y-5=0$, $x+2y-11=0$

두 식을 연립하여 풀면

$x=3$, $y=4$

따라서 항상 점 $(3, 4)$를 지나므로

$a=3$, $b=4$

∴ $a+b=7$

9 답 ③

$ax-y+3a-1=0$을 a에 대하여 정리하면

$a(x+3)-(y+1)=0$ ……㉠

이므로 직선 ㉠은 a의 값에 관계없이 항상 점 $(-3, -1)$을 지난다.

오른쪽 그림과 같이 직선 ㉠을 선분 AB와 한 점에서 만나도록 움직여 보면

(i) 직선 ㉠이 점 $A(0, 3)$을 지날 때

$3a-4=0$ ∴ $a=\dfrac{4}{3}$

(ii) 직선 ㉠이 점 $B(2, 1)$을 지날 때

$5a-2=0$ ∴ $a=\dfrac{2}{5}$

(i), (ii)에서 a의 값의 범위는

$\dfrac{2}{5} \leq a \leq \dfrac{4}{3}$

따라서 a의 값이 될 수 있는 것은 ③이다.

10 답 ③

두 직선 $x+y+1=0$, $3x+2y-1=0$의 교점을 지나는 직선의 방정식은

$x+y+1+k(3x+2y-1)=0$ (단, k는 실수) ……㉠

직선 ㉠이 점 $(1, 2)$를 지나므로

$4+6k=0$

∴ $k=-\dfrac{2}{3}$

이를 ㉠에 대입하여 정리하면

$3x+y-5=0$

다른 풀이

$x+y+1=0$, $3x+2y-1=0$을 연립하여 풀면

$x=3$, $y=-4$

따라서 두 직선의 교점의 좌표는

$(3, -4)$

두 점 $(3, -4)$, $(1, 2)$를 지나는 직선의 방정식은

$y-2=\dfrac{2+4}{1-3}(x-1)$

∴ $3x+y-5=0$

11 답 -4

두 점 $A(-2, 1)$, $B(3, 4)$를 지나는 직선의 기울기는

$\dfrac{4-1}{3+2}=\dfrac{3}{5}$

따라서 이 직선과 수직인 직선의 기울기는 $-\dfrac{5}{3}$이다.

기울기가 $-\dfrac{5}{3}$이고 점 A를 지나는 직선의 방정식은

$y-1=-\dfrac{5}{3}(x+2)$

∴ $y=-\dfrac{5}{3}x-\dfrac{7}{3}$

따라서 $m=-\dfrac{5}{3}$, $n=-\dfrac{7}{3}$이므로

$m+n=-4$

12 답 ②

두 직선 $(k+3)x+2y-4=0$, $kx-2y+3=0$이 서로 평행하려면

$\dfrac{k+3}{k}=\dfrac{2}{-2} \neq \dfrac{-4}{3}$

$\dfrac{k+3}{k}=\dfrac{2}{-2}$에서 $k+3=-k$

∴ $k=-\dfrac{3}{2}$

∴ $a=-\dfrac{3}{2}$

두 직선이 서로 수직이 되려면

$k(k+3)+2 \times (-2)=0$

$k^2+3k-4=0$

$(k+4)(k-1)=0$

∴ $k=-4$ 또는 $k=1$

그런데 $\beta>0$이므로 $\beta=1$

∴ $a+\beta=-\dfrac{1}{2}$

13 답 ⑤

두 점 $A(-3, a)$, $B(b, 0)$을 지나는 직선의 기울기는
$$\frac{-a}{b+3}$$
직선 AB가 직선 $2x-y=0$, 즉 $y=2x$와 서로 수직이므로
$$\frac{-a}{b+3} \times 2 = -1$$
$$\therefore 2a-b=3 \quad \cdots\cdots \text{㉠}$$
선분 AB의 중점의 좌표는
$$\left(\frac{-3+b}{2}, \frac{a}{2}\right)$$
이 점이 직선 $y=2x$ 위에 있으므로
$$\frac{a}{2} = 2 \times \frac{-3+b}{2}$$
$$\therefore a-2b=-6 \quad \cdots\cdots \text{㉡}$$
㉠, ㉡을 연립하여 풀면
$$a=4, b=5$$
$$\therefore ab=20$$

14 답 ⑤

마름모의 두 대각선은 서로 다른 것을 수직이등분하므로 직선 BD는 선분 AC의 수직이등분선이다.
직선 AC의 기울기는 $\frac{1-3}{5+1} = -\frac{1}{3}$이므로 직선 AC와 수직인 직선 BD의 기울기는 3이다.
선분 AC의 중점의 좌표는
$$\left(\frac{-1+5}{2}, \frac{3+1}{2}\right) \quad \therefore (2, 2)$$
즉, 직선 BD의 방정식은
$$y-2=3(x-2) \quad \therefore 3x-y-4=0$$
따라서 $a=3$, $b=-4$이므로
$$a-b=7$$

15 답 -3

$2x-y=3$, $x+2y=-1$을 연립하여 풀면
$$x=1, y=-1$$
따라서 점 $(1, -1)$이 직선 $2x+ay=5$ 위에 있으므로
$$2-a=5 \quad \therefore a=-3$$

16 답 -22

직선 $3x-y+5=0$, 즉 $y=3x+5$에 평행한 직선의 기울기는 3이므로 직선의 방정식을 $y=3x+k$라 하자.
$x+4y-8=0$, $x+y-5=0$을 연립하여 풀면
$$x=4, y=1$$
점 $(4, 1)$과 직선 $y=3x+k$, 즉 $3x-y+k=0$ 사이의 거리가 $\sqrt{10}$이므로
$$\frac{|3 \times 4 - 1 + k|}{\sqrt{3^2+(-1)^2}} = \sqrt{10}$$
$$|11+k|=10, \ 11+k=\pm 10$$
$$\therefore k=-21 \ \text{또는} \ k=-1$$
즉, 두 직선의 방정식은
$$y=3x-21, \ y=3x-1$$

따라서 구하는 y절편의 합은
$$-21+(-1)=-22$$

17 답 ④

$x+3y+10+k(2x+y)=0$에서
$$(1+2k)x+(3+k)y+10=0$$
원점과 이 직선 사이의 거리는
$$\frac{|10|}{\sqrt{(1+2k)^2+(3+k)^2}} \quad \cdots\cdots \text{㉠}$$
$f(k)=(1+2k)^2+(3+k)^2$이라 하면 $f(k)$가 최소일 때 ㉠의 값이 최대가 된다.
$$\begin{aligned} f(k) &= (1+2k)^2+(3+k)^2 \\ &= 5k^2+10k+10 \\ &= 5(k+1)^2+5 \end{aligned}$$
따라서 $k=-1$일 때, $f(k)$의 최솟값은 5이고 이때 ㉠의 값은
$$\frac{10}{\sqrt{5}} = 2\sqrt{5}$$이다.
즉, $a=-1$, $b=2\sqrt{5}$이므로
$$a^2+b^2=1+20=21$$

18 답 ②

두 직선 $x+2y+3=0$, $x+2y-7=0$이 서로 평행하므로 두 직선 사이의 거리는 직선 $x+2y+3=0$ 위의 한 점 $(-3, 0)$과 직선 $x+2y-7=0$ 사이의 거리와 같다.
따라서 구하는 거리는
$$\frac{|-3-7|}{\sqrt{1^2+2^2}} = 2\sqrt{5}$$

19 답 ①

$$\overline{AB}=\sqrt{(3+2)^2+(-1-1)^2}=\sqrt{29}$$
직선 AB의 방정식은
$$y-1=\frac{-1-1}{3+2}(x+2)$$
$$\therefore 2x+5y-1=0$$
점 $C(1, 3)$과 직선 AB 사이의 거리는
$$\frac{|2+5\times 3-1|}{\sqrt{2^2+5^2}} = \frac{16\sqrt{29}}{29}$$
따라서 삼각형 ABC의 넓이는
$$\frac{1}{2} \times \sqrt{29} \times \frac{16\sqrt{29}}{29} = 8$$

20 답 $3x-y+4=0$

두 직선이 이루는 각의 이등분선 위의 임의의 점을 $P(x, y)$라 하면 점 P에서 두 직선에 이르는 거리가 같으므로
$$\frac{|x-2y+3|}{\sqrt{1^2+(-2)^2}} = \frac{|2x+y+1|}{\sqrt{2^2+1^2}}$$
$$|x-2y+3|=|2x+y+1|$$
$$x-2y+3=\pm(2x+y+1)$$
$$\therefore x+3y-2=0 \ \text{또는} \ 3x-y+4=0$$
따라서 제4사분면을 지나지 않는 직선의 방정식은
$$3x-y+4=0$$

1 답 $y=x-7$

구하는 직선의 기울기는 $\tan 45°=1$

따라서 기울기가 1이고 점 $(5, -2)$를 지나는 직선의 방정식은

$y+2=x-5$

$\therefore y=x-7$

2 답 ④

$A\left(\dfrac{2\times 4+1\times(-5)}{2+1}, \dfrac{2\times(-1)+1\times 2}{2+1}\right)$

$\therefore A(1, 0)$

$B\left(\dfrac{3\times(-3)+1\times 1}{3+1}, \dfrac{3\times 7+1\times 3}{3+1}\right)$

$\therefore B(-2, 6)$

두 점 A, B를 지나는 직선의 방정식은

$y=\dfrac{6}{-2-1}(x-1)$

$\therefore y=-2x+2$

따라서 구하는 직선의 y절편은 2이다.

3 답 ①

직선 $\dfrac{x}{2}-\dfrac{y}{6}=1$의 x절편은 2이므로 $A(2, 0)$

직선 $\dfrac{x}{3}+\dfrac{y}{4}=1$의 y절편은 4이므로 $B(0, 4)$

따라서 직선 AB는 x절편이 2이고 y절편이 4인 직선이므로 구하는 직선의 방정식은

$\dfrac{x}{2}+\dfrac{y}{4}=1$

4 답 $-2, 6$

서로 다른 세 점 A, B, C가 삼각형을 이루지 않으려면 세 점이 한 직선 위에 있어야 한다.

즉, 직선 AB와 직선 AC의 기울기가 같아야 하므로

$\dfrac{(k+1)-3}{3-5}=\dfrac{-5-3}{(k+3)-5}$

$\dfrac{k-2}{-2}=\dfrac{-8}{k-2}$

$(k-2)^2=16, k-2=\pm 4$

$\therefore k=-2$ 또는 $k=6$

5 답 $\dfrac{7}{3}$

직선 $y=mx+n$은 직사각형과 정사각형의 넓이를 동시에 이등분하므로 직사각형의 두 대각선의 교점과 정사각형의 두 대각선의 교점을 모두 지난다.

오른쪽 그림과 같이 직사각형 AOCB와 정사각형 DOFE의 두 대각선의 교점을 각각 M, M′이라 하자.

점 M은 두 점 B$(-2, 6)$, O$(0, 0)$을 이은 선분의 중점이므로

M$\left(\dfrac{-2}{2}, \dfrac{6}{2}\right)$ $\therefore$ M$(-1, 3)$

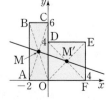

점 M′은 두 점 O$(0, 0)$, E$(4, 4)$를 이은 선분의 중점이므로

M′$\left(\dfrac{4}{2}, \dfrac{4}{2}\right)$ $\therefore$ M′$(2, 2)$

두 점 M, M′을 지나는 직선의 방정식은

$y-3=\dfrac{2-3}{2+1}(x+1)$

$\therefore y=-\dfrac{1}{3}x+\dfrac{8}{3}$

따라서 $m=-\dfrac{1}{3}, n=\dfrac{8}{3}$이므로

$m+n=\dfrac{7}{3}$

6 답 ④

$a\neq 0, b\neq 0$이므로 직선 $ax+by+c=0$의 x절편은 $-\dfrac{c}{a}$, y절편은 $-\dfrac{c}{b}$이다.

$ac>0$에서 $-\dfrac{c}{a}<0$

$bc>0$에서 $-\dfrac{c}{b}<0$

따라서 주어진 직선은 x절편과 y절편이 모두 음수이므로 그 개형은 ④이다.

다른 풀이

$b\neq 0$이므로 $ax+by+c=0$에서

$y=-\dfrac{a}{b}x-\dfrac{c}{b}$ …… ㉠

$ac>0, bc>0$이므로

$a>0, b>0, c>0$ 또는 $a<0, b<0, c<0$

$\therefore ab>0$

$ab>0$에서 $-\dfrac{a}{b}<0$이므로 직선 ㉠의 기울기는 음수이다.

$bc>0$에서 $-\dfrac{c}{b}<0$이므로 직선 ㉠의 y절편은 음수이다.

따라서 직선 $ax+by+c=0$의 개형은 ④이다.

7 답 ④

주어진 식을 m에 대하여 정리하면

$(x+2)+m(2x+y-1)=0$ …… ㉠

ㄱ. ㉠이 m의 값에 관계없이 항상 성립해야 하므로

$x+2=0, 2x+y-1=0$

$\therefore x=-2, y=5$

따라서 항상 점 $(-2, 5)$를 지난다.

ㄴ. $m=-\dfrac{1}{2}$을 ㉠에 대입하면

$(x+2)-\dfrac{1}{2}(2x+y-1)=0$

$\therefore y=5$

따라서 x축에 평행한 직선이다.

ㄷ. $m=0$을 ㉠에 대입하면

$x+2=0$

$\therefore x=-2$

따라서 y축에 평행한 직선이다.

따라서 보기에서 옳은 것은 ㄱ, ㄴ이다.

8 답 ⑤

$y=mx+m+1$을 m에 대하여 정리하면

$(x+1)m-(y-1)=0$ ...... ㉠

이므로 직선 ㉠은 m의 값에 관계없이 항상 점 $(-1, 1)$을 지난다.

오른쪽 그림과 같이 직선 ㉠을 직선 $y=-x+2$와 제1사분면에서 만나도록 움직여 보면

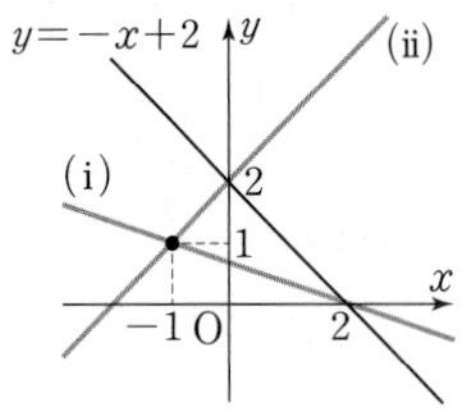

(i) 직선 ㉠이 점 $(2, 0)$을 지날 때

$\quad 3m+1=0$

$\quad \therefore m=-\dfrac{1}{3}$

(ii) 직선 ㉠이 점 $(0, 2)$를 지날 때

$\quad m-1=0 \quad \therefore m=1$

(i), (ii)에서 m의 값의 범위는

$-\dfrac{1}{3}<m<1$

9 답 1

두 직선 $3x+y+4=0$, $x-2y+3=0$의 교점을 지나는 직선 l의 방정식은

$3x+y+4+k(x-2y+3)=0$ (단, k는 실수) ...... ㉠

직선 ㉠이 점 $(1, -1)$을 지나므로

$6+6k=0 \quad \therefore k=-1$

이를 ㉠에 대입하여 정리하면 직선 l의 방정식은

$2x+3y+1=0$

점 $(-2, a)$가 직선 l 위의 점이므로

$-4+3a+1=0$

$\therefore a=1$

10 답 $x-3y-7=0$

삼각형 ABC의 무게중심의 좌표는

$\left(\dfrac{2+3+7}{3}, \dfrac{7-2-8}{3}\right) \quad \therefore (4, -1)$

직선 $2x-6y+1=0$, 즉 $y=\dfrac{1}{3}x+\dfrac{1}{6}$에 평행한 직선의 기울기는 $\dfrac{1}{3}$

이므로 점 $(4, -1)$을 지나고 기울기가 $\dfrac{1}{3}$인 직선의 방정식은

$y+1=\dfrac{1}{3}(x-4)$

$\therefore x-3y-7=0$

11 답 -2

직선 AB의 기울기는

$\dfrac{a+3}{3-1}=\dfrac{a+3}{2}$

$a\neq0$이므로 직선 $4x-ay=1$, 즉 $y=\dfrac{4}{a}x-\dfrac{1}{a}$의 기울기는 $\dfrac{4}{a}$이다.

두 직선이 수직이므로

$\dfrac{a+3}{2}\times\dfrac{4}{a}=-1$

$2(a+3)=-a$, $3a=-6$

$\therefore a=-2$

12 답 ⑤

직선 $ax-y-1=0$이 직선 $3x+2y-1=0$에 수직이므로

$3\times a+(-1)\times2=0 \quad \therefore a=\dfrac{2}{3}$ ...... ㉠

직선 $ax-y-1=0$이 직선 $2x+by+1=0$에 평행하므로

$\dfrac{a}{2}=\dfrac{-1}{b}\neq\dfrac{-1}{1} \quad \therefore ab=-2$ ...... ㉡

㉠을 ㉡에 대입하면

$\dfrac{2}{3}b=-2 \quad \therefore b=-3$

$\therefore 3a-b=3\times\dfrac{2}{3}-(-3)=5$

참고 $\dfrac{a}{2}\neq\dfrac{-1}{1}$, $\dfrac{-1}{b}\neq\dfrac{-1}{1}$에서 $a\neq-2$, $b\neq1$

이때 $a=\dfrac{2}{3}$, $b=-3$은 이를 만족시킨다.

13 답 ②

두 점 $A(2, 1)$, $B(4, -3)$을 지나는 직선의 기울기는

$\dfrac{-3-1}{4-2}=-2$이므로 선분 AB의 수직이등분선의 기울기는 $\dfrac{1}{2}$이다.

선분 AB의 중점의 좌표는

$\left(\dfrac{2+4}{2}, \dfrac{1-3}{2}\right) \quad \therefore (3, -1)$

따라서 기울기가 $\dfrac{1}{2}$이고 점 $(3, -1)$을 지나는 직선의 방정식은

$y+1=\dfrac{1}{2}(x-3)$

$\therefore x-2y-5=0$

14 답 ③

주어진 세 직선이 삼각형을 이루지 않는 경우는 다음과 같다.

(i) 두 직선 $2x-y=0$, $ax-y+4=0$이 서로 평행할 때

$\quad \dfrac{2}{a}=\dfrac{-1}{-1}\neq\dfrac{0}{4} \quad \therefore a=2$

(ii) 두 직선 $x+y-2=0$, $ax-y+4=0$이 서로 평행할 때

$\quad \dfrac{1}{a}=\dfrac{1}{-1}\neq\dfrac{-2}{4} \quad \therefore a=-1$

(iii) 직선 $ax-y+4=0$이 두 직선 $2x-y=0$, $x+y-2=0$의 교점을 지날 때

$\quad 2x-y=0$, $x+y-2=0$을 연립하여 풀면

$\quad x=\dfrac{2}{3}$, $y=\dfrac{4}{3}$

직선 $ax-y+4=0$이 점 $\left(\dfrac{2}{3}, \dfrac{4}{3}\right)$를 지나야 하므로

$\quad \dfrac{2}{3}a-\dfrac{4}{3}+4=0 \quad \therefore a=-4$

(i), (ii), (iii)에서 모든 상수 a의 값의 합은

$2+(-1)+(-4)=-3$

15 답 ⑤

$(1-k)x+(2+k)y+4k-1=0$을 k에 대하여 정리하면

$(x+2y-1)+k(-x+y+4)=0$

이 식이 k의 값에 관계없이 항상 성립해야 하므로

$x+2y-1=0$, $-x+y+4=0$

두 식을 연립하여 풀면

$x=3$, $y=-1$

$\therefore$ A$(3, -1)$

점 A와 직선 $2x-y+m=0$ 사이의 거리가 $\sqrt{5}$이므로

$\dfrac{|2\times3-(-1)+m|}{\sqrt{2^2+(-1)^2}}=\sqrt{5}$

$|7+m|=5$, $7+m=\pm5$

$\therefore m=-12$ 또는 $m=-2$

따라서 모든 상수 m의 값의 곱은

$-12\times(-2)=24$

16 답 49

점 P에서 마름모 위의 한 점까지의 거리의 최솟값은 점 P와 직선 AD 사이의 거리와 같다.

직선 AD의 방정식은

$\dfrac{x}{4}+\dfrac{y}{-3}=1$

$\therefore 3x-4y-12=0$

점 P$(2, 1)$과 직선 AD 사이의 거리는

$\dfrac{|3\times2-4-12|}{\sqrt{3^2+(-4)^2}}=2$ $\therefore m=2$

점 P에서 마름모 위의 한 점까지의 거리의 최댓값은 $\overline{PB}$의 길이와 $\overline{PC}$의 길이 중 큰 값과 같다.

$\overline{PB}=\sqrt{(4-2)^2+(-6-1)^2}=\sqrt{53}$

$\overline{PC}=\sqrt{(8-2)^2+(-3-1)^2}=\sqrt{52}$

$\therefore M=\sqrt{53}$

$\therefore M^2-m^2=53-4=49$

17 답 36

두 점 B, C를 지나는 직선의 방정식은

$\dfrac{x}{15}+\dfrac{y}{20}=1$ $\therefore 4x+3y-60=0$

$\overline{OP}$의 길이는 원점과 직선 BC 사이의 거리와 같으므로

$\overline{OP}=\dfrac{|-60|}{\sqrt{4^2+3^2}}=12$

$\overline{AQ}$의 길이는 점 A와 직선 BC 사이의 거리와 같으므로

$\overline{AQ}=\dfrac{|3\times10-60|}{\sqrt{4^2+3^2}}=6$

오른쪽 그림의 직각삼각형 COP에서

$\overline{CP}=\sqrt{\overline{CO}^2-\overline{OP}^2}$

$\quad=\sqrt{20^2-12^2}=16$

이때 $\overline{CQ}:\overline{CP}=\overline{CA}:\overline{CO}=1:2$이므로

$\overline{QP}=\dfrac{1}{2}\overline{CP}=\dfrac{1}{2}\times16=8$

따라서 사각형 AOPQ의 둘레의 길이는

$\overline{AO}+\overline{OP}+\overline{QP}+\overline{AQ}=10+12+8+6=36$

18 답 ④

두 직선 $kx+y-2=0$, $2x+(2k-3)y+3=0$이 서로 평행하므로

$\dfrac{k}{2}=\dfrac{1}{2k-3}\neq\dfrac{-2}{3}$

$\dfrac{k}{2}=\dfrac{1}{2k-3}$에서 $k(2k-3)=2$

$2k^2-3k-2=0$

$(2k+1)(k-2)=0$

$\therefore k=-\dfrac{1}{2}$ 또는 $k=2$

그런데 $k>0$이므로 $k=2$

즉, 두 직선의 방정식은

$2x+y-2=0$, $2x+y+3=0$

따라서 두 직선 사이의 거리는 직선 $2x+y-2=0$ 위의 한 점 $(1, 0)$과 직선 $2x+y+3=0$ 사이의 거리와 같으므로

$\dfrac{|2+3|}{\sqrt{2^2+1^2}}=\sqrt{5}$

19 답 5

오른쪽 그림과 같이 두 점 O, A에서 $\overline{AB}$, $\overline{OB}$에 내린 수선의 발을 각각 M, N이라 하자.

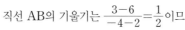

직선 AB의 기울기는 $\dfrac{3-6}{-4-2}=\dfrac{1}{2}$이므로 직선 OM의 기울기는 -2이다.

즉, 기울기가 -2이고 원점을 지나는 직선 OM의 방정식은

$y=-2x$ ······ ㉠

직선 OB의 기울기는 $-\dfrac{3}{4}$이므로 직선 AN의 기울기는 $\dfrac{4}{3}$이다.

즉, 기울기가 $\dfrac{4}{3}$이고 점 A$(2, 6)$을 지나는 직선 AN의 방정식은

$y-6=\dfrac{4}{3}(x-2)$

$\therefore 4x-3y+10=0$ ······ ㉡

㉠, ㉡을 연립하여 풀면

$x=-1$, $y=2$

$\therefore$ P$(-1, 2)$

직선 OA의 방정식은

$y=\dfrac{6}{2}x$ $\therefore 3x-y=0$

점 P와 직선 OA 사이의 거리는

$\dfrac{|3\times(-1)-2|}{\sqrt{3^2+(-1)^2}}=\dfrac{\sqrt{10}}{2}$

이때 $\overline{OA}=\sqrt{2^2+6^2}=2\sqrt{10}$이므로 삼각형 POA의 넓이는

$\dfrac{1}{2}\times2\sqrt{10}\times\dfrac{\sqrt{10}}{2}=5$

20 답 $3x-9y+1=0$

x축과 직선이 이루는 각의 이등분선 위의 임의의 점을 P(x, y)라 하면 점 P에서 x축과 직선에 이르는 거리는 같으므로

$|y|=\dfrac{|3x-4y+1|}{\sqrt{3^2+(-4)^2}}$

$5|y|=|3x-4y+1|$

$5y=\pm(3x-4y+1)$

$\therefore 3x-9y+1=0$ 또는 $3x+y+1=0$

따라서 기울기가 양수인 직선의 방정식은

$3x-9y+1=0$

03 / 원의 방정식

중단원 기출 문제 1회

1 답 ④

원 $(x+2)^2+(y-3)^2=4$의 중심의 좌표가 $(-2, 3)$이므로 원의 반지름의 길이를 r라 하면 원의 방정식은

$(x+2)^2+(y-3)^2=r^2$

이 원이 점 $(0, 1)$을 지나므로

$2^2+(1-3)^2=r^2$, $r^2=8$ ∴ $r=\pm 2\sqrt{2}$

그런데 $r>0$이므로 $r=2\sqrt{2}$

따라서 구하는 원의 둘레의 길이는

$2\pi \times 2\sqrt{2}=4\sqrt{2}\pi$

2 답 -12

원의 중심의 좌표는

$\left(\dfrac{-4-6}{2}, \dfrac{2+4}{2}\right)$ ∴ $(-5, 3)$

직선 $y=-3x+k$에 의하여 원의 넓이가 이등분되려면 이 직선이 원의 중심 $(-5, 3)$을 지나야 하므로

$3=-3\times(-5)+k$ ∴ $k=-12$

3 답 ③

원의 중심 (a, b)가 직선 $y=2x-1$ 위의 점이므로

$b=2a-1$

따라서 원의 중심의 좌표가 $(a, 2a-1)$이므로 반지름의 길이를 r라 하면 원의 방정식은

$(x-a)^2+(y-2a+1)^2=r^2$ ······ ㉠

원 ㉠이 점 $(3, 2)$를 지나므로

$(3-a)^2+(3-2a)^2=r^2$ ······ ㉡

원 ㉠이 점 $(5, -2)$를 지나므로

$(5-a)^2+(-1-2a)^2=r^2$ ······ ㉢

㉡, ㉢에서

$(3-a)^2+(3-2a)^2=(5-a)^2+(-1-2a)^2$

∴ $a=-\dfrac{2}{3}$

이를 $b=2a-1$에 대입하면 $b=-\dfrac{7}{3}$

∴ $a+b=-3$

4 답 9π

$x^2+y^2-4x+6y+4=0$에서 $(x-2)^2+(y+3)^2=9$

따라서 이 방정식이 나타내는 도형은 중심의 좌표가 $(2, -3)$이고 반지름의 길이가 3인 원이므로 구하는 도형의 넓이는

$\pi \times 3^2=9\pi$

5 답 ②

주어진 식을 변형하면

ㄱ. $(x+1)^2+y^2=1$ ㄴ. $x^2+(y-3)^2=-2$

ㄷ. $(x+2)^2+(y+1)^2=4$ ㄹ. $(x+2)^2+(y+2)^2=0$

따라서 보기에서 원의 방정식인 것은 ㄱ, ㄷ이다.

6 답 ①

원의 방정식을 $x^2+y^2+Ax+By+C=0$으로 놓으면 이 원이 원점을 지나므로 $C=0$

∴ $x^2+y^2+Ax+By=0$ ······ ㉠

원 ㉠이 점 $(0, 4)$를 지나므로

$16+4B=0$ ∴ $B=-4$

원 ㉠이 점 $(3, -3)$을 지나므로

$9+9+3A-3B=0$, $A-B=-6$

$A-(-4)=-6$ ∴ $A=-10$

따라서 구하는 원의 방정식은

$x^2+y^2-10x-4y=0$

7 답 ③

$x^2+y^2-8x+ky+9=0$에서

$(x-4)^2+\left(y+\dfrac{k}{2}\right)^2=\dfrac{k^2}{4}+7$ ······ ㉠

원 ㉠의 중심 $\left(4, -\dfrac{k}{2}\right)$가 제4사분면 위에 있으므로

$-\dfrac{k}{2}<0$ ∴ $k>0$

원 ㉠이 y축에 접하므로 $\sqrt{\dfrac{k^2}{4}+7}=|4|$

양변을 제곱하면 $\dfrac{k^2}{4}+7=16$

$k^2=36$ ∴ $k=\pm 6$

그런데 $k>0$이므로 $k=6$

8 답 ④

점 $(8, 4)$를 지나고 x축과 y축에 동시에 접하므로 원의 중심이 제1사분면 위에 있어야 한다.

원의 반지름의 길이를 r라 하면 원의 중심의 좌표는 (r, r)이므로 원의 방정식은

$(x-r)^2+(y-r)^2=r^2$

이 원이 점 $(8, 4)$를 지나므로

$(8-r)^2+(4-r)^2=r^2$

$r^2-24r+80=0$, $(r-4)(r-20)=0$

∴ $r=4$ 또는 $r=20$

따라서 두 원의 둘레의 길이의 합은

$2\pi \times 4+2\pi \times 20=48\pi$

9 답 2

점 $A(3, -4)$와 원의 중심 $(0, 0)$ 사이의 거리는

$\sqrt{(-3)^2+4^2}=5$

원의 반지름의 길이는 r이고 선분 AP의 길이의 최댓값이 7이므로

$5+r=7$ ∴ $r=2$

10 답 $x^2+y^2-12x=0$

$\overline{AP} : \overline{BP}=3 : 2$이므로

$2\overline{AP}=3\overline{BP}$ ∴ $4\overline{AP}^2=9\overline{BP}^2$

따라서 $P(x, y)$라 하면 점 P가 나타내는 도형의 방정식은

$4\{(x+3)^2+y^2\}=9\{(x-2)^2+y^2\}$

∴ $x^2+y^2-12x=0$

11 답 ⑤

두 원의 교점을 지나는 직선의 방정식은
$x^2+y^2+x-5y+1-(x^2+y^2-2x-4y-4)=0$
$3x-y+5=0$ ∴ $y=3x+5$
따라서 구하는 직선의 기울기는 3이다.

12 답 ⑤

두 원의 교점을 지나는 원의 방정식은
$x^2+y^2-2x+2y-3+k(x^2+y^2-5)=0$ (단, $k≠-1$) ...... ㉠
원 ㉠이 점 $(-1, 3)$을 지나므로
$15+5k=0$ ∴ $k=-3$
이를 ㉠에 대입하여 정리하면
$x^2+y^2+x-y-6=0$
따라서 $a=-1$, $b=-6$이므로 $a-b=5$

13 답 $k<-2$ 또는 $k>2$

$x^2+y^2+2y-4=0$에서 $x^2+(y+1)^2=5$
원의 중심 $(0, -1)$과 직선 $kx-y+4=0$ 사이의 거리는
$$\frac{|1+4|}{\sqrt{k^2+(-1)^2}}=\frac{5}{\sqrt{k^2+1}}$$
원의 반지름의 길이가 $\sqrt5$이므로 원과 직선이 서로 다른 두 점에서 만나려면
$$\frac{5}{\sqrt{k^2+1}}<\sqrt5, \sqrt{k^2+1}>\sqrt5$$
양변을 제곱하면
$k^2+1>5$, $k^2>4$ ∴ $k<-2$ 또는 $k>2$

14 답 $(x+2)^2+y^2=8$

원의 중심 $(-2, 0)$과 직선 $x+y-2=0$ 사이의 거리는
$$\frac{|-2-2|}{\sqrt{1^2+1^2}}=2\sqrt2$$
원과 직선이 접하려면 원의 반지름의 길이가 $2\sqrt2$이어야 한다.
따라서 구하는 원의 방정식은
$(x+2)^2+y^2=8$

15 답 ④

오른쪽 그림과 같이 원의 중심을 $C(1, 2)$라 하고, 점 C에서 직선 $y=kx$에 내린 수선의 발을 H라 하면 $\overline{AB}=2\overline{AH}$이므로 $\overline{AH}$의 길이가 최소일 때 $\overline{AB}$의 길이가 최소이다.

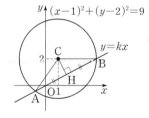

직각삼각형 CAH에서 $\overline{CA}$의 길이는 원의 반지름의 길이와 같으므로
$$\overline{AH}=\sqrt{\overline{CA}^2-\overline{CH}^2}=\sqrt{3^2-\overline{CH}^2} \quad ...... ㉠$$
즉, $\overline{CH}$의 길이가 최대일 때, $\overline{AH}$의 길이가 최소이다.
$\overline{CH}$의 길이가 최대일 때는 오른쪽 그림과 같이 점 H가 원점 O와 일치할 때이므로 $\overline{CH}$의 길이의 최댓값은
$$\overline{OC}=\sqrt{1^2+2^2}=\sqrt5$$

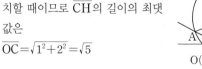

따라서 $\overline{AH}$의 길이의 최솟값은 ㉠에서 $\sqrt{3^2-(\sqrt5)^2}=2$이므로 $\overline{AB}$의 길이의 최솟값은
$2×2=4$
이때 직선 OC의 기울기는 2이고 직선 AB, 즉 $y=kx$는 직선 OC에 수직이므로
$$k=-\frac12$$
따라서 구하는 합은 $4+\left(-\frac12\right)=\frac72$

16 답 ④

$x^2+y^2-2x+4y-20=0$에서 $(x-1)^2+(y+2)^2=25$
오른쪽 그림과 같이 원의 중심을 C, 점 P에서 원에 그은 한 접선의 접점을 A라 하자.
$C(1, -2)$이므로
$$\overline{PC}=\sqrt{(1+4)^2+(-2-4)^2}=\sqrt{61}$$

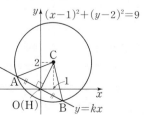

직각삼각형 PCA에서 $\overline{AC}$의 길이는 원의 반지름의 길이와 같으므로 점 P에서 접점까지의 거리는
$$\overline{AP}=\sqrt{\overline{PC}^2-\overline{AC}^2}=\sqrt{(\sqrt{61})^2-5^2}=6$$

17 답 2

원의 중심 $(3, -1)$과 직선 $4x+3y+1=0$ 사이의 거리는
$$\frac{|12-3+1|}{\sqrt{4^2+3^2}}=2$$
원의 반지름의 길이는 $\sqrt2$이므로
$M=2+\sqrt2$, $m=2-\sqrt2$
∴ $Mm=2$

18 답 25

원의 반지름의 길이는 $2\sqrt5$이므로 기울기가 2인 접선의 방정식은
$y=2x±2\sqrt5×\sqrt{2^2+1}$ ∴ $y=2x±10$
$y=2x+10$일 때, $A(-5, 0)$, $B(0, 10)$
$y=2x-10$일 때, $A(5, 0)$, $B(0, -10)$
∴ $\overline{OA}=5$, $\overline{OB}=10$
따라서 삼각형 OAB의 넓이는
$$\frac12×\overline{OA}×\overline{OB}=\frac12×5×10=25$$

19 답 ⑤

원 $x^2+y^2=17$ 위의 점 $(4, 1)$에서의 접선의 방정식은
$4x+y=17$

20 답 ②

접점의 좌표를 (x_1, y_1)이라 하면 접선의 방정식은
$x_1x+y_1y=5$
이 직선이 점 $(3, -1)$을 지나므로
$3x_1-y_1=5$ ∴ $y_1=3x_1-5$ ...... ㉠
한편 접점 (x_1, y_1)은 원 $x^2+y^2=5$ 위에 있으므로
$x_1^2+y_1^2=5$ ...... ㉡

㉠을 ㉡에 대입하면
$x_1^2+(3x_1-5)^2=5$, $x_1^2-3x_1+2=0$
$(x_1-1)(x_1-2)=0$ ∴ $x_1=1$ 또는 $x_1=2$
이를 ㉠에 대입하면
$x_1=1$, $y_1=-2$ 또는 $x_1=2$, $y_1=1$
즉, 접선의 방정식은 $x-2y=5$ 또는 $2x+y=5$
∴ $y=\dfrac{1}{2}x-\dfrac{5}{2}$ 또는 $y=-2x+5$
따라서 구하는 두 접선의 기울기의 합은
$\dfrac{1}{2}+(-2)=-\dfrac{3}{2}$

다른 풀이

점 $(3, -1)$을 지나는 접선의 기울기를 m이라 하면 접선의 방정식은
$y+1=m(x-3)$ ∴ $mx-y-3m-1=0$
원의 중심의 좌표가 $(0, 0)$이고 반지름의 길이가 $\sqrt{5}$이므로 원과 이 직선이 접하려면
$\dfrac{|-3m-1|}{\sqrt{m^2+(-1)^2}}=\sqrt{5}$, $|3m+1|=\sqrt{5}\sqrt{m^2+1}$
양변을 제곱하면
$(3m+1)^2=5(m^2+1)$, $2m^2+3m-2=0$
$(m+2)(2m-1)=0$ ∴ $m=-2$ 또는 $m=\dfrac{1}{2}$
따라서 구하는 두 접선의 기울기의 합은
$-2+\dfrac{1}{2}=-\dfrac{3}{2}$

중단원 기출 문제 2회

1 답 $(x-2)^2+y^2=40$

직선 $y=-3x+6$이 x축, y축과 만나는 점의 좌표는 각각
$(2, 0)$, $(0, 6)$
중심의 좌표가 $(2, 0)$이므로 원의 반지름의 길이를 r라 하면 원의 방정식은
$(x-2)^2+y^2=r^2$
이 원이 점 $(0, 6)$을 지나므로
$(-2)^2+6^2=r^2$ ∴ $r^2=40$
따라서 구하는 원의 방정식은
$(x-2)^2+y^2=40$

2 답 ②

선분 BC의 중점을 M이라 하면
$M\left(\dfrac{-1+3}{2}, \dfrac{3-5}{2}\right)$ ∴ $M(1, -1)$
구하는 원의 방정식은 두 점 A, M을 지름의 양 끝 점으로 하는 원의 방정식이다.
원의 중심의 좌표는
$\left(\dfrac{1+1}{2}, \dfrac{3-1}{2}\right)$ ∴ $(1, 1)$
원의 반지름의 길이는
$\dfrac{1}{2}\overline{AM}=\dfrac{1}{2}\times|-1-3|=2$
따라서 구하는 원의 방정식은
$(x-1)^2+(y-1)^2=4$

3 답 ②

원의 중심의 좌표를 $(a, 0)$, 반지름의 길이를 r라 하면 원의 방정식은
$(x-a)^2+y^2=r^2$ ……㉠
원 ㉠이 점 $(1, 0)$을 지나므로
$(1-a)^2=r^2$ ∴ $a^2-2a+1=r^2$ ……㉡
원 ㉠이 점 $(-2, 3)$을 지나므로
$(-2-a)^2+9=r^2$ ∴ $a^2+4a+13=r^2$ ……㉢
㉡, ㉢을 연립하여 풀면
$a=-2$, $r^2=9$
따라서 원의 넓이는 9π이다.

4 답 ②

$x^2+y^2-6x+2y+k=0$에서
$(x-3)^2+(y+1)^2=10-k$ ……㉠
원 ㉠의 중심의 좌표가 $(3, -1)$이므로
$a=3$, $b=-1$
원 ㉠이 점 $(1, 2)$를 지나므로
$(1-3)^2+(2+1)^2=10-k$ ∴ $k=-3$
∴ $a+b+k=-1$

5 답 $k<-1$ 또는 $k>2$

$x^2+y^2+4kx-2y+4k+9=0$에서
$(x+2k)^2+(y-1)^2=4k^2-4k-8$
이 방정식이 원을 나타내려면
$4k^2-4k-8>0$, $k^2-k-2>0$
$(k+1)(k-2)>0$ ∴ $k<-1$ 또는 $k>2$

6 답 ③

x축, y축 및 직선 $y=2x+4$로 둘러싸인 삼각형의 외접원은 세 점 $(0, 0)$, $(-2, 0)$, $(0, 4)$를 지나는 원이다.
원의 방정식을 $x^2+y^2+Ax+By+C=0$으로 놓으면 이 원이 점 $(0, 0)$을 지나므로
$C=0$
∴ $x^2+y^2+Ax+By=0$ ……㉠
원 ㉠이 점 $(-2, 0)$을 지나므로
$4-2A=0$ ∴ $A=2$
원 ㉠이 점 $(0, 4)$를 지나므로
$16+4B=0$ ∴ $B=-4$
따라서 구하는 원의 방정식은
$x^2+y^2+2x-4y=0$

7 답 $12\sqrt{2}$

원의 중심의 좌표를 $(a, a+1)$이라 하면 x축에 접하는 원의 방정식은
$(x-a)^2+(y-a-1)^2=(a+1)^2$
이 원이 점 $(5, 3)$을 지나므로
$(5-a)^2+(3-a-1)^2=(a+1)^2$
$a^2-16a+28=0$, $(a-2)(a-14)=0$
∴ $a=2$ 또는 $a=14$

따라서 두 원의 중심의 좌표는 $(2, 3)$, $(14, 15)$이므로 두 원의 중심 사이의 거리는

$$\sqrt{(14-2)^2+(15-3)^2}=12\sqrt{2}$$

8 답 4

x축과 y축에 동시에 접하는 원의 중심은 직선 $y=x$ 또는 직선 $y=-x$ 위에 있다.

(ⅰ) 원의 중심이 두 직선 $y=2x-3$, $y=x$의 교점일 때

$2x-3=x$에서 $x=3$ ∴ $y=3$

즉, 원의 중심의 좌표는 $(3, 3)$이고 반지름의 길이는 3이다.

(ⅱ) 원의 중심이 두 직선 $y=2x-3$, $y=-x$의 교점일 때

$2x-3=-x$에서 $x=1$ ∴ $y=-1$

즉, 원의 중심의 좌표는 $(1, -1)$이고 반지름의 길이는 1이다.

(ⅰ), (ⅱ)에서 구하는 두 원의 반지름의 길이의 합은

$3+1=4$

다른 풀이

원의 중심의 좌표를 $(a, 2a-3)$이라 하면 이 원이 x축과 y축에 동시에 접하므로

(반지름의 길이)$=$|(중심의 x좌표)|$=$|(중심의 y좌표)|

즉, $|a|=|2a-3|$이므로

$2a-3=\pm a$ ∴ $a=1$ 또는 $a=3$

따라서 두 원의 반지름의 길이는 각각 1, 3이므로 구하는 반지름의 길이의 합은

$1+3=4$

9 답 ①

$x^2+y^2-8x=0$에서 $(x-4)^2+y^2=16$

이 원과 중심이 같은 원의 중심을 C$(4, 0)$이라 하고 반지름의 길이를 r라 하면 원의 방정식은

$(x-4)^2+y^2=r^2$

이 원이 점 $(2, 2)$를 지나므로

$(2-4)^2+2^2=r^2$, $r^2=8$

∴ $r=\pm 2\sqrt{2}$

그런데 $r>0$이므로 $r=2\sqrt{2}$

점 A$(-3, 1)$과 원의 중심 C 사이의 거리는

$\overline{AC}=\sqrt{(4+3)^2+(-1)^2}=5\sqrt{2}$

따라서 선분 AP의 길이의 최솟값은

$\overline{AC}-r=5\sqrt{2}-2\sqrt{2}=3\sqrt{2}$

10 답 $(x-1)^2+(y-2)^2=1$

P(a, b), G(x, y)라 하면

$x=\dfrac{-2+5+a}{3}=\dfrac{a+3}{3}$, $y=\dfrac{4+2+b}{3}=\dfrac{b+6}{3}$

∴ $a=3x-3$, $b=3y-6$ …… ㉠

점 P(a, b)는 원 $x^2+y^2=9$ 위의 점이므로

$a^2+b^2=9$

㉠을 대입하면 무게중심 G가 나타내는 도형의 방정식은

$(3x-3)^2+(3y-6)^2=9$

∴ $(x-1)^2+(y-2)^2=1$

11 답 ⑤

원 C의 반지름의 길이를 r라 하면 원의 방정식은

$(x-1)^2+(y-3)^2=r^2$

∴ $x^2+y^2-2x-6y+10-r^2=0$

두 원의 교점을 지나는 직선의 방정식은

$x^2+y^2-2x-6y+10-r^2-(x^2+y^2-10)=0$

∴ $2x+6y+r^2-20=0$

이 직선이 원점을 지나므로

$r^2=20$ ∴ $r=\pm 2\sqrt{5}$

그런데 $r>0$이므로 $r=2\sqrt{5}$

12 답 ②

중심이 점 $(3, 2)$이고 y축에 접하는 원의 방정식은

$(x-3)^2+(y-2)^2=9$

원의 중심 $(3, 2)$와 직선 $3x-4y+k=0$ 사이의 거리는

$$\dfrac{|9-8+k|}{\sqrt{3^2+(-4)^2}}=\dfrac{|k+1|}{5}$$

원의 반지름의 길이가 3이므로 원과 직선이 서로 다른 두 점에서 만나려면

$$\dfrac{|k+1|}{5}<3, \ |k+1|<15$$

$-15<k+1<15$ ∴ $-16<k<14$

따라서 정수 k는 -15, -14, -13, $\cdots$, 13의 29개이다.

13 답 -1

$x^2+y^2-4x+2y+4=0$에서

$(x-2)^2+(y+1)^2=1$

이 원과 중심이 같은 원의 중심의 좌표는 $(2, -1)$

이때 원의 넓이가 5π이므로 원의 반지름의 길이는 $\sqrt{5}$이고, 원과 직선 $x+ky-5=0$이 접하려면

$$\dfrac{|2-k-5|}{\sqrt{1^2+k^2}}=\sqrt{5}, \ |k+3|=\sqrt{5}\sqrt{k^2+1}$$

양변을 제곱하면

$(k+3)^2=5(k^2+1)$

$2k^2-3k-2=0$, $(2k+1)(k-2)=0$

∴ $k=-\dfrac{1}{2}$ 또는 $k=2$

따라서 모든 실수 k의 값의 곱은

$-\dfrac{1}{2}\times 2=-1$

14 답 ②

$y=x+2k$를 $(x-1)^2+y^2=2$에 대입하면

$(x-1)^2+(x+2k)^2=2$

∴ $2x^2+2(2k-1)x+4k^2-1=0$

이 이차방정식의 판별식을 D라 하면 원과 직선이 만나지 않으므로

$$\dfrac{D}{4}=(2k-1)^2-2(4k^2-1)<0$$

$4k^2+4k-3>0$, $(2k+3)(2k-1)>0$

∴ $k<-\dfrac{3}{2}$ 또는 $k>\dfrac{1}{2}$

따라서 실수 k의 값이 아닌 것은 ②이다.

15 답 ③

오른쪽 그림과 같이 원
$(x-1)^2+(y-1)^2=25$와 직선 $y=x+k$의
두 교점을 A, B라 하자.
또 원의 중심을 C(1, 1)이라 하고, 점 C에
서 직선 $y=x+k$, 즉 $x-y+k=0$에 내린
수선의 발을 H라 하면

$$\overline{CH}=\frac{|1-1+k|}{\sqrt{1^2+(-1)^2}}=\frac{|k|}{\sqrt{2}}$$

$\overline{AB}=8$이므로 $\overline{AH}=\frac{1}{2}\overline{AB}=4$

직각삼각형 CAH에서 $\overline{AC}$의 길이는 원의 반지름의 길이와 같으므로
$\overline{AC}^2=\overline{AH}^2+\overline{CH}^2$에서

$$5^2=4^2+\left(\frac{|k|}{\sqrt{2}}\right)^2,\ k^2=18$$

$$\therefore k=\pm3\sqrt{2}$$

따라서 양수 k의 값은 $3\sqrt{2}$이다.

16 답 4

$x^2+y^2+4x-2y=11$에서
$(x+2)^2+(y-1)^2=16$
오른쪽 그림과 같이 원의 중심을
C(-2, 1)이라 하면

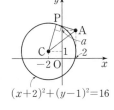

$$\overline{AC}=\sqrt{(-2-2)^2+(1-a)^2}$$
$$=\sqrt{a^2-2a+17}$$

직각삼각형 CAP에서 $\overline{AP}=3$이고, $\overline{PC}$의
길이는 원의 반지름의 길이와 같으므로
$\overline{AC}^2=\overline{AP}^2+\overline{PC}^2$에서

$a^2-2a+17=3^2+4^2,\ a^2-2a-8=0$
$(a+2)(a-4)=0$ $\quad\therefore a=-2$ 또는 $a=4$
따라서 양수 a의 값은 4이다.

17 답 ④

오른쪽 그림에서 삼각형 APB의 넓이가 최
소일 때는 삼각형의 높이, 즉 원 위의 점 P
와 직선 AB 사이의 거리가 최소일 때이다.
두 점 A(0, 2), B(1, 0)을 지나는 직선 AB
의 방정식은

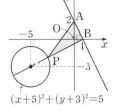

$$y-2=\frac{-2}{1}x\quad\therefore 2x+y-2=0$$

원의 중심 $(-5, -3)$과 직선 AB 사이의 거리는

$$\frac{|-10-3-2|}{\sqrt{2^2+1^2}}=3\sqrt{5}$$

원의 반지름의 길이가 $\sqrt{5}$이므로 점 P와 직선 AB 사이의 거리의 최
솟값은

$$3\sqrt{5}-\sqrt{5}=2\sqrt{5}$$

이때 $\overline{AB}=\sqrt{1^2+(-2)^2}=\sqrt{5}$이므로 구하는 삼각형 ABP의 넓이의
최솟값은

$$\frac{1}{2}\times\sqrt{5}\times2\sqrt{5}=5$$

18 답 $3x-y+11=0$

$x^2+y^2-2x-8y+7=0$에서
$(x-1)^2+(y-4)^2=10$
기울기가 3이고 y절편이 양수인 직선의 방정식을
$y=3x+k$, 즉 $3x-y+k=0\ (k>0)$ ······ ㉠
으로 놓으면 원의 중심 (1, 4)와 직선 ㉠ 사이의 거리는

$$\frac{|3-4+k|}{\sqrt{3^2+(-1)^2}}=\frac{|k-1|}{\sqrt{10}}$$

원의 반지름의 길이는 $\sqrt{10}$이므로 원과 직선 ㉠이 접하려면

$$\frac{|k-1|}{\sqrt{10}}=\sqrt{10},\ |k-1|=10$$

$k-1=\pm10$ $\quad\therefore k=11\ (\because k>0)$
따라서 구하는 직선의 방정식은
$3x-y+11=0$

19 답 16

$P(x_1, y_1)\ (x_1>0, y_1>0)$이라 하면 점 P는 원 $x^2+y^2=16$ 위에 있
으므로

$$x_1^2+y_1^2=16\quad\therefore y_1^2=16-x_1^2\ \cdots\cdots\ \text{㉠}$$

한편 원 위의 점 P에서의 접선의 방정식은

$$x_1x+y_1y=16\quad\therefore y=\frac{-x_1x+16}{y_1}\ (\because y_1\neq0)$$

$$\therefore f(x)=\frac{-x_1x+16}{y_1}$$

$$\therefore f(-4)f(4)=\frac{4x_1+16}{y_1}\times\frac{-4x_1+16}{y_1}$$

$$=\frac{(16+4x_1)(16-4x_1)}{y_1^2}$$

$$=\frac{16^2-16x_1^2}{y_1^2}$$

$$=\frac{16(16-x_1^2)}{16-x_1^2}\ (\because\ \text{㉠})$$

$$=16$$

20 답 ①

점 $(-2, 1)$을 지나는 접선의 기울기를 m이라 하면 접선의 방정식은
$y-1=m(x+2)$
$\therefore mx-y+2m+1=0$ ······ ㉠
원의 중심의 좌표가 (2, -1)이고 반지름의 길이가 $\sqrt{2}$이므로 원과 직
선 ㉠이 접하려면

$$\frac{|2m+1+2m+1|}{\sqrt{m^2+(-1)^2}}=\sqrt{2}$$

$$|4m+2|=\sqrt{2}\sqrt{m^2+1}$$

양변을 제곱하면
$(4m+2)^2=2(m^2+1)$
$7m^2+8m+1=0,\ (m+1)(7m+1)=0$

$$\therefore m=-1\ \text{또는}\ m=-\frac{1}{7}$$

이를 ㉠에 대입하면 접선의 방정식은
$x+y+1=0$ 또는 $x+7y-5=0$
따라서 $a=1, b=1, c=7, d=-5$ 또는 $a=7, b=-5, c=1,$
$d=1$이므로
$abcd=-35$

04 / 도형의 이동

중단원 기출 문제 1회

1 답 **15**

점 $(3, 1)$을 x축의 방향으로 a만큼, y축의 방향으로 4만큼 평행이동한 점의 좌표는

$(3+a, 1+4)$ $\therefore (a+3, 5)$

이 점이 점 $(6, b)$와 일치하므로

$a+3=6, 5=b$ $\therefore a=3, b=5$

$\therefore ab=15$

2 답 **③**

점 $(4, 2)$를 x축의 방향으로 a만큼, y축의 방향으로 b만큼 평행이동한 점의 좌표가 $(2, 3)$이라 하면

$4+a=2, 2+b=3$ $\therefore a=-2, b=1$

x축의 방향으로 -2만큼, y축의 방향으로 1만큼 평행이동하여 점 $(-1, -1)$로 옮겨지는 점의 좌표를 (x, y)라 하면

$x-2=-1, y+1=-1$ $\therefore x=1, y=-2$

따라서 구하는 점의 좌표는 $(1, -2)$이다.

3 답 **⑤**

x축의 방향으로 2만큼, y축의 방향으로 -3만큼 옮기는 평행이동에 의하여 직선 l이 직선 $4x-3y-18=0$으로 옮겨지므로 직선 $4x-3y-18=0$을 x축의 방향으로 -2만큼, y축의 방향으로 3만큼 평행이동하면 직선 l과 일치한다.

따라서 직선 l의 방정식은

$4(x+2)-3(y-3)-18=0$

$\therefore 4x-3y-1=0$

다른 풀이

직선 l의 방정식을 $ax+by+c=0$이라 하면 주어진 평행이동에 의하여 옮겨지는 직선의 방정식은

$a(x-2)+b(y+3)+c=0$

$\therefore ax+by-2a+3b+c=0$

이 직선과 직선 $4x-3y-18=0$이 일치하므로

$\dfrac{a}{4}=\dfrac{b}{-3}=\dfrac{-2a+3b+c}{-18}$

$\dfrac{a}{4}=\dfrac{b}{-3}$에서 $b=-\dfrac{3}{4}a$ ...... ㉠

$\dfrac{b}{-3}=\dfrac{-2a+3b+c}{-18}$에서 $b=\dfrac{-2a+3b+c}{6}$

$\therefore c=2a+3b$

㉠을 대입하면

$c=2a-\dfrac{9}{4}a=-\dfrac{1}{4}a$ ...... ㉡

㉠, ㉡을 $ax+by+c=0$에 대입하면

$ax-\dfrac{3}{4}ay-\dfrac{1}{4}a=0$ $\therefore 4x-3y-1=0$ ($\because a\neq 0$)

참고 직선은 평행이동하여도 기울기가 변하지 않으므로 직선 $ax+by+c=0$과 직선 $4x-3y-18=0$은 서로 평행하다.

따라서 $a\neq 0$이다.

4 답 **④**

$x^2+y^2+6x+2y-6=0$에서 $(x+3)^2+(y+1)^2=16$ ...... ㉠

보기의 원을 평행이동하여 원 ㉠과 겹쳐지려면 반지름의 길이가 4로 같아야 한다.

ㄱ. 원 $x^2+y^2=16$의 반지름의 길이는 4이다.

ㄴ. 원 $(x+1)^2+(y-1)^2=9$의 반지름의 길이는 3이다.

ㄷ. $x^2+y^2-4x-12=0$에서 $(x-2)^2+y^2=16$이므로 이 원의 반지름의 길이는 4이다.

따라서 보기에서 평행이동하여 원 ㉠과 겹쳐지는 것은 ㄱ, ㄷ이다.

5 답 **①**

원 $(x-3)^2+(y-1)^2=9$를 x축의 방향으로 a만큼, y축의 방향으로 b만큼 평행이동한 원의 방정식은

$(x-a-3)^2+(y-b-1)^2=9$ ...... ㉠

한편 $x^2+y^2-4y+c=0$에서

$x^2+(y-2)^2=4-c$ ...... ㉡

㉠과 ㉡이 일치하므로

$-a-3=0, -b-1=-2, 9=4-c$

$\therefore a=-3, b=1, c=-5$

$\therefore a+b+c=-7$

다른 풀이

원 $(x-3)^2+(y-1)^2=9$의 중심의 좌표는

$(3, 1)$ ...... ㉠

원 $x^2+y^2-4y+c=0$, 즉 $x^2+(y-2)^2=4-c$의 중심의 좌표는

$(0, 2)$ ...... ㉡

점 ㉠을 x축의 방향으로 a만큼, y축의 방향으로 b만큼 평행이동한 점의 좌표는

$(3+a, 1+b)$

이 점이 점 ㉡과 일치하므로

$3+a=0, 1+b=2$ $\therefore a=-3, b=1$

원은 평행이동하여도 반지름의 길이가 변하지 않으므로

$4-c=9$ $\therefore c=-5$

$\therefore a+b+c=-7$

6 답 **17**

원 $(x-1)^2+y^2=10$을 x축의 방향으로 1만큼, y축의 방향으로 n만큼 평행이동한 원의 방정식은

$(x-1-1)^2+(y-n)^2=10$ $\therefore (x-2)^2+(y-n)^2=10$

원의 중심의 좌표가 $(2, n)$이고 반지름의 길이가 $\sqrt{10}$이므로 이 원이 직선 $y=3x+1$, 즉 $3x-y+1=0$에 접하려면

$\dfrac{|6-n+1|}{\sqrt{3^2+(-1)^2}}=\sqrt{10}$, $|n-7|=10$

$n-7=\pm 10$ $\therefore n=-3$ 또는 $n=17$

따라서 양수 n의 값은 17이다.

7 답 **⑤**

주어진 평행이동은 x축의 방향으로 a만큼, y축의 방향으로 $-2a$만큼 평행이동하는 것이다.

$y=3x^2-6x-1=3(x-1)^2-4$

이 포물선이 주어진 평행이동에 의하여 옮겨지는 포물선의 방정식은
$y+2a=3(x-a-1)^2-4$
$\therefore y=3(x-a-1)^2-2a-4$
이 포물선의 꼭짓점의 좌표는 $(a+1, -2a-4)$이고 이 점이 직선
$y=-3x+4$ 위에 있으므로
$-2a-4=-3(a+1)+4$
$-2a-4=-3a+1$ $\therefore a=5$

8
$A(1, -2)$, $B(-1, 2)$이므로
$\overline{AB}=\sqrt{(-2)^2+4^2}=2\sqrt{5}$

9 답 **8**
$B(a, -b)$, $C(-a, b)$이고 삼각형
ABC의 넓이가 6이므로
$\dfrac{1}{2}\times 2|a|\times 2|b|=6$
$2|ab|=6$, $|ab|=3$
$\therefore ab=\pm 3$
그런데 a, b가 정수이므로 점 A가 될 수 있는 점은 $(1, 3)$, $(-1, 3)$, $(1, -3)$, $(-1, -3)$, $(3, 1)$, $(-3, 1)$, $(3, -1)$, $(-3, -1)$의 8개이다.

10 답 ③
직선 $y=ax+1$을 원점에 대하여 대칭이동한 직선의 방정식은
$-y=-ax+1$ $\therefore y=ax-1$
이 직선이 점 $(1, 2)$를 지나므로
$2=a-1$ $\therefore a=3$

11 답 ⑤
직선 $ax-3y+5=0$을 x축에 대하여 대칭이동한 직선의 방정식은
$ax+3y+5=0$ ...... ㉠
직선 $ax-3y+5=0$을 원점에 대하여 대칭이동한 직선의 방정식은
$-ax+3y+5=0$
$\therefore ax-3y-5=0$ ...... ㉡
두 직선 ㉠과 ㉡이 서로 수직이려면
$a\times a+3\times(-3)=0$
$a^2=9$ $\therefore a=\pm 3$
따라서 모든 상수 a의 값의 곱은
$-3\times 3=-9$

12 답 **0**
$x^2+y^2+4x-2y-4=0$에서 $(x+2)^2+(y-1)^2=9$
이 원을 y축에 대하여 대칭이동한 원 C_1의 방정식은
$(-x+2)^2+(y-1)^2=9$ $\therefore (x-2)^2+(y-1)^2=9$
원 C_1을 원점에 대하여 대칭이동한 원 C_2의 방정식은
$(-x-2)^2+(-y-1)^2=9$ $\therefore (x+2)^2+(y+1)^2=9$
따라서 원 C_2의 중심의 좌표는 $(-2, -1)$, 반지름의 길이는 3이므로
$a=-2$, $b=-1$, $c=3$
$\therefore a+b+c=0$

13 답 ①
$x^2+y^2-4x+2y+3=0$에서 $(x-2)^2+(y+1)^2=2$
이 원을 원점에 대하여 대칭이동한 원의 방정식은
$(-x-2)^2+(-y+1)^2=2$
$\therefore (x+2)^2+(y-1)^2=2$
$y=2$를 대입하면
$(x+2)^2+(2-1)^2=2$ $\therefore x^2+4x+3=0$
따라서 이차방정식의 근과 계수의 관계에 의하여 구하는 두 점의 x좌표의 합은 -4이다.

14 답 ③
포물선 $y=-x^2+2ax-2$를 x축에 대하여 대칭이동한 포물선의 방정식은
$-y=-x^2+2ax-2$ $\therefore y=x^2-2ax+2$
포물선 $y=x^2-2ax+2=(x-a)^2+2-a^2$의 꼭짓점의 좌표는
$(a, 2-a^2)$
이 점이 직선 $y=-3x+2$ 위에 있으므로
$2-a^2=-3a+2$, $a^2-3a=0$
$a(a-3)=0$ $\therefore a=0$ 또는 $a=3$
따라서 양수 a의 값은 3이다.

15 답 **5**
점 $(-6, 2)$를 직선 $y=x$에 대하여 대칭이동한 점의 좌표는
$(2, -6)$
이 점을 x축의 방향으로 -3만큼, y축의 방향으로 1만큼 평행이동한 점의 좌표는
$(2-3, -6+1)$ $\therefore (-1, -5)$
따라서 $a=-1$, $b=-5$이므로
$ab=5$

16 답 **11**
주어진 평행이동은 x축의 방향으로 2만큼, y축의 방향으로 -1만큼 평행이동하는 것이므로 이 평행이동에 의하여 직선 $3x-y+a+1=0$이 옮겨지는 직선의 방정식은
$3(x-2)-(y+1)+a+1=0$ $\therefore 3x-y+a-6=0$
이 직선을 y축에 대하여 대칭이동한 직선의 방정식은
$-3x-y+a-6=0$ $\therefore 3x+y-a+6=0$ ...... ㉠
$x^2+y^2-4x+2y=0$에서 $(x-2)^2+(y+1)^2=5$ ...... ㉡
직선 ㉠이 원 ㉡의 넓이를 이등분하려면 원의 중심 $(2, -1)$을 지나야 하므로
$6-1-a+6=0$ $\therefore a=11$

17 답 $2\sqrt{10}$
점 $B(1, 4)$를 직선 $y=x$에 대하여 대칭이동한 점을 B'이라 하면
$B'(4, 1)$
$\therefore \overline{AP}+\overline{BP}=\overline{AP}+\overline{B'P}$
$\geq \overline{AB'}$
$=\sqrt{6^2+(-2)^2}=2\sqrt{10}$
따라서 구하는 최솟값은 $2\sqrt{10}$이다.

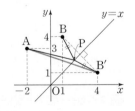

18 답 ④

방정식 $f(-x, -y)=0$이 나타내는 도형은 방정식 $f(x, y)=0$이 나타내는 도형을 원점에 대하여 대칭이동한 것이다.

따라서 방정식 $f(-x, -y)=0$이 나타내는 도형은 ④이다.

19 답 1

$x^2+y^2+2kx-2y-2=0$에서

$(x+k)^2+(y-1)^2=k^2+3$

이 원의 중심 $(-k, 1)$을 점 $(2, -3)$에 대하여 대칭이동한 점의 좌표를 (a, b)라 하면 점 $(2, -3)$은 두 점 $(-k, 1)$, (a, b)를 이은 선분의 중점이므로

$\dfrac{-k+a}{2}=2$, $\dfrac{1+b}{2}=-3$

$\therefore a=4+k$, $b=-7$

따라서 대칭이동한 원의 중심의 좌표는 $(4+k, -7)$이고, 원은 대칭이동하여도 반지름의 길이가 변하지 않으므로 그 방정식은

$(x-4-k)^2+(y+7)^2=k^2+3$

이 원이 점 $(5, -5)$를 지나므로

$(5-4-k)^2+(-5+7)^2=k^2+3$

$-2k+2=0$ $\therefore k=1$

20 답 ⑤

두 점 $(-3, 2)$, $(b, 4)$를 이은 선분의 중점의 좌표는

$\left(\dfrac{-3+b}{2}, \dfrac{2+4}{2}\right)$ $\therefore \left(\dfrac{b-3}{2}, 3\right)$

이 점이 직선 $y=-3x+a$ 위에 있으므로

$3=-3\times\dfrac{b-3}{2}+a$ $\therefore 2a-3b=-3$ ...... ㉠

두 점 $(-3, 2)$, $(b, 4)$를 지나는 직선과 직선 $y=-3x+a$가 서로 수직이므로

$\dfrac{2}{b+3}\times(-3)=-1$ $\therefore b=3$

이를 ㉠에 대입하면

$2a-9=-3$ $\therefore a=3$

$\therefore a+b=6$

중단원 기출 문제 2회

1 답 $(4, -3)$

점 P의 좌표를 (a, b)라 하면 점 P를 x축의 방향으로 -3만큼, y축의 방향으로 2만큼 평행이동한 점의 좌표는

$(a-3, b+2)$

이 점이 점 $(1, -1)$과 일치하므로

$a-3=1$, $b+2=-1$

$\therefore a=4$, $b=-3$

따라서 점 P의 좌표는 $(4, -3)$이다.

2 답 21

도형을 평행이동하여도 그 모양은 변하지 않으므로 삼각형 O′P′Q′이 정삼각형이면 삼각형 OPQ도 정삼각형이다.

따라서 오른쪽 그림과 같이 점 Q에서 x축에 내린 수선의 발을 H라 하면 $\overline{OP}=4$이므로

$\overline{OH}=\dfrac{1}{2}\overline{OP}=2$, $\overline{QH}=\dfrac{\sqrt{3}}{2}\overline{OP}=2\sqrt{3}$

$\therefore Q(2, 2\sqrt{3})$

점 Q를 x축의 방향으로 m만큼, y축의 방향으로 n만큼 평행이동한 점의 좌표는

$(2+m, 2\sqrt{3}+n)$

이 점이 점 Q′$(5, 4\sqrt{3})$과 일치하므로

$2+m=5$, $2\sqrt{3}+n=4\sqrt{3}$ $\therefore m=3$, $n=2\sqrt{3}$

$\therefore m^2+n^2=9+12=21$

3 답 ④

직선 $y=3x+n-1$을 x축의 방향으로 -1만큼, y축의 방향으로 3만큼 평행이동한 직선의 방정식은

$y-3=3(x+1)+n-1$ $\therefore y=3x+n+5$

이 직선이 직선 $y=3x+9$와 일치하므로

$n+5=9$ $\therefore n=4$

4 답 ②

포물선 $y=x^2+4x+5$를 x축의 방향으로 m만큼, y축의 방향으로 n만큼 평행이동한 포물선의 방정식은

$y-n=(x-m)^2+4(x-m)+5$

$\therefore y=x^2+(-2m+4)x+m^2-4m+5+n$

이 포물선과 포물선 $y=x^2+6x+13$이 일치하므로

$-2m+4=6$, $m^2-4m+5+n=13$

$\therefore m=-1$, $n=3$

$x^2+y^2-4y-9=0$에서 $x^2+(y-2)^2=13$

이 원을 x축의 방향으로 -1만큼, y축의 방향으로 3만큼 평행이동한 원의 방정식은

$(x+1)^2+(y-3-2)^2=13$ $\therefore (x+1)^2+(y-5)^2=13$

따라서 C$(-1, 5)$이므로

$\overline{OC}=\sqrt{(-1)^2+5^2}=\sqrt{26}$

다른 풀이

포물선 $y=x^2+4x+5=(x+2)^2+1$의 꼭짓점의 좌표는 $(-2, 1)$

포물선 $y=x^2+6x+13=(x+3)^2+4$의 꼭짓점의 좌표는 $(-3, 4)$

즉, 주어진 평행이동은 점 $(-2, 1)$을 점 $(-3, 4)$로 옮기는 평행이동이다.

점 $(-2, 1)$을 x축의 방향으로 m만큼, y축의 방향으로 n만큼 평행이동한 점의 좌표가 $(-3, 4)$라 하면

$-2+m=-3$, $1+n=4$ $\therefore m=-1$, $n=3$

$x^2+y^2-4y-9=0$에서 $x^2+(y-2)^2=13$

이 원의 중심 $(0, 2)$를 x축의 방향으로 -1만큼, y축의 방향으로 3만큼 평행이동한 점이 점 C이므로

C$(0-1, 2+3)$ $\therefore C(-1, 5)$

$\therefore \overline{OC}=\sqrt{(-1)^2+5^2}=\sqrt{26}$

5 답 16

원 $x^2+y^2=4$의 중심은 $O(0, 0)$이므로 오른쪽 그림과 같이 점 O에서 직선 $3x+4y-6=0$에 내린 수선의 발을 H라 하면

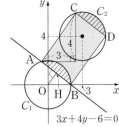

$$\overline{OH}=\frac{|-6|}{\sqrt{3^2+4^2}}=\frac{6}{5}$$

직각삼각형 OBH에서

$$\overline{BH}=\sqrt{2^2-\left(\frac{6}{5}\right)^2}=\frac{8}{5}$$

$$\therefore \overline{AB}=2\overline{BH}=\frac{16}{5}$$

$x^2+y^2-6x-8y+21=0$에서 $(x-3)^2+(y-4)^2=4$

즉, 원 C_2의 중심의 좌표는 $(3, 4)$이므로 원 C_2는 원 C_1을 x축의 방향으로 3만큼, y축의 방향으로 4만큼 평행이동한 것이고, 점 C는 점 A가 이 평행이동에 의하여 옮겨진 점이다.

$$\therefore \overline{AC}=\sqrt{3^2+4^2}=5$$

또 직선 AC의 기울기는 $\frac{4}{3}$이므로 직선 $3x+4y-6=0$, 즉 $y=-\frac{3}{4}x+\frac{3}{2}$에 수직이다.

이때 선분 AB와 호 AB로 둘러싸인 부분의 넓이와 선분 CD와 호 CD로 둘러싸인 부분의 넓이가 서로 같으므로 구하는 넓이는 직사각형 ABDC의 넓이와 같다.

따라서 구하는 넓이는

$$\overline{AB}\times\overline{AC}=\frac{16}{5}\times5=16$$

6 답 $y=x-2$

$P(-1, -3)$, $Q(3, 1)$이므로 두 점 P, Q를 지나는 직선의 방정식은

$$y+3=\frac{1+3}{3+1}(x+1)$$

$$\therefore y=x-2$$

7 답 ①

점 $(a+3, 4)$를 직선 $y=x$에 대하여 대칭이동한 점의 좌표는 $(4, a+3)$

이 점을 원점에 대하여 대칭이동한 점의 좌표는 $(-4, -a-3)$

이 점이 점 $(b, -4)$와 일치하므로

$$-4=b, -a-3=-4 \quad \therefore a=1, b=-4$$

$$\therefore ab=-4$$

8 답 $(2, 3)$

$Q(6, -3)$, $R(3, 6)$이므로 삼각형 PQR의 무게중심의 좌표는

$$\left(\frac{-3+6+3}{3}, \frac{6-3+6}{3}\right) \quad \therefore (2, 3)$$

9 답 ③

ㄱ. 직선 $y=-x$를 원점에 대하여 대칭이동한 직선의 방정식은
$$-y=x \quad \therefore y=-x$$

ㄴ. 포물선 $y=x^2+1$을 원점에 대하여 대칭이동한 포물선의 방정식은
$$-y=x^2+1 \quad \therefore y=-x^2-1$$

ㄷ. 원 $x^2+y^2+4x=0$을 원점에 대하여 대칭이동한 원의 방정식은
$$x^2+y^2-4x=0$$

ㄹ. 도형 $|x+y|=4$를 원점에 대하여 대칭이동한 도형의 방정식은
$$|-x-y|=4 \quad \therefore |x+y|=4$$

따라서 보기에서 대칭이동한 도형이 처음 도형과 일치하는 것은 ㄱ, ㄹ이다.

10 답 24

직선 $3x-2y+p=0$을 직선 $y=x$에 대하여 대칭이동한 직선의 방정식은

$$3y-2x+p=0 \quad \therefore 2x-3y-p=0 \quad\cdots\cdots ㉠$$

원 $(x-1)^2+(y+3)^2=13$의 중심의 좌표가 $(1, -3)$이고 반지름의 길이가 $\sqrt{13}$이므로 직선 ㉠이 이 원에 접하려면

$$\frac{|2+9-p|}{\sqrt{2^2+(-3)^2}}=\sqrt{13}$$

$$|p-11|=13, p-11=\pm13$$

$$\therefore p=-2 \text{ 또는 } p=24$$

따라서 양수 p의 값은 24이다.

11 답 ①

중심이 점 $(-1, k)$이고 반지름의 길이가 2인 원의 방정식은

$$(x+1)^2+(y-k)^2=4$$

이 원을 x축에 대하여 대칭이동한 원의 방정식은

$$(x+1)^2+(-y-k)^2=4$$

$$\therefore (x+1)^2+(y+k)^2=4$$

이 원이 점 $(-3, -4)$를 지나므로

$$(-3+1)^2+(-4+k)^2=4$$

$$(-4+k)^2=0 \quad \therefore k=4$$

12 답 ④

포물선 $y=x^2+ax+b$를 원점에 대하여 대칭이동한 포물선의 방정식은

$$-y=x^2-ax+b \quad \therefore y=-x^2+ax-b$$

포물선 $y=-x^2+ax-b=-\left(x-\frac{a}{2}\right)^2+\frac{a^2}{4}-b$의 꼭짓점의 좌표는

$$\left(\frac{a}{2}, \frac{a^2}{4}-b\right)$$

이 점이 점 $(5, 8)$과 일치하므로

$$\frac{a}{2}=5, \frac{a^2}{4}-b=8 \quad \therefore a=10, b=17$$

$$\therefore b-a=7$$

13 답 $a<\frac{3}{4}$

포물선 $y=x^2$을 x축에 대하여 대칭이동한 포물선의 방정식은

$$-y=x^2 \quad \therefore y=-x^2$$

이 포물선을 y축의 방향으로 a만큼 평행이동한 포물선의 방정식은

$$y-a=-x^2 \quad \therefore y=-x^2+a$$

이 포물선이 직선 $y=x+1$과 만나지 않으려면 이차방정식

$$-x^2+a=x+1, \text{ 즉 } x^2+x-a+1=0$$의 판별식을 D라 할 때,

$$D=1^2-4(-a+1)<0$$

$$4a-3<0 \quad \therefore a<\frac{3}{4}$$

14 답 $(0, 5)$

점 A$(3, 2)$를 y축에 대하여 대칭이동한 점을
A′이라 하면
A′$(-3, 2)$
$\therefore \overline{AP}+\overline{BP}=\overline{A'P}+\overline{BP}\geq\overline{A'B}$
즉, $\overline{AP}+\overline{BP}$가 최솟값을 갖는 점 P는 직선
A′B와 y축의 교점이다.
직선 A′B의 방정식은
$y-2=\dfrac{6-2}{1+3}(x+3)$ $\therefore y=x+5$
따라서 구하는 점 P의 좌표는 $(0, 5)$이다.

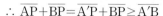

15 답 $4\sqrt{2}$

점 A를 y축에 대하여 대칭이동한 점을 A′
이라 하면
A′$(-1, -3)$
점 B를 x축에 대하여 대칭이동한 점을 B′
이라 하면
B′$(3, 1)$
$\therefore \overline{AP}+\overline{PQ}+\overline{QB}=\overline{A'P}+\overline{PQ}+\overline{QB'}$
$\geq\overline{A'B'}$
$=\sqrt{4^2+4^2}=4\sqrt{2}$
따라서 구하는 최솟값은 $4\sqrt{2}$이다.

16 답 ③

방정식 $f(x, y)=0$이 나타내는 도형을 x축의 방향으로 5만큼, y축
의 방향으로 1만큼 평행이동한 도형의 방정식은
$f(x-5, y-1)=0$
이 도형을 x축에 대하여 대칭이동한 도형의 방정식은
$f(x-5, -y-1)=0$

$\therefore g(x, y)=f(x-5, -y-1)$

17 답 0

두 점 $(a, 2)$, $(4, b)$를 이은 선분의 중점의 좌표가 $(1, 2)$이므로
$\dfrac{a+4}{2}=1, \dfrac{2+b}{2}=2$
$\therefore a=-2, b=2$
$\therefore a+b=0$

18 답 ③

포물선 $y=x^2+2x-3=(x+1)^2-4$의 꼭짓점의 좌표는
$(-1, -4)$
포물선 $y=-x^2+6x-1=-(x-3)^2+8$의 꼭짓점의 좌표는
$(3, 8)$

따라서 점 (α, β)는 두 점 $(-1, -4)$, $(3, 8)$을 이은 선분의 중점
이므로
$\alpha=\dfrac{-1+3}{2}=1, \beta=\dfrac{-4+8}{2}=2$
$\therefore \alpha-\beta=-1$

19 답 ③

$x^2+y^2+2x-6y+1=0$에서
$(x+1)^2+(y-3)^2=9$
이 원의 중심의 좌표는 $(-1, 3)$
원 $(x-2)^2+(y-2)^2=9$의 중심의 좌표는 $(2, 2)$
두 점 $(-1, 3)$, $(2, 2)$를 이은 선분의 중점의 좌표는
$\left(\dfrac{-1+2}{2}, \dfrac{3+2}{2}\right)$ $\therefore \left(\dfrac{1}{2}, \dfrac{5}{2}\right)$
두 점 $(-1, 3)$, $(2, 2)$를 지나는 직선의 기울기는
$\dfrac{2-3}{2+1}=-\dfrac{1}{3}$
이 직선과 직선 l은 서로 수직이므로 직선 l의 기울기는 3이다.
따라서 점 $\left(\dfrac{1}{2}, \dfrac{5}{2}\right)$를 지나고 기울기가 3인 직선 l의 방정식은
$y-\dfrac{5}{2}=3\left(x-\dfrac{1}{2}\right)$
$\therefore 3x-y+1=0$

20 답 $\dfrac{15}{2}$

점 Q의 좌표를 (a, b)라 하면 선분 OQ의 중점의 좌표는
$\left(\dfrac{a}{2}, \dfrac{b}{2}\right)$
이 점이 직선 $y=x-1$ 위에 있으므로
$\dfrac{b}{2}=\dfrac{a}{2}-1$ $\therefore b=a-2$ ······ ㉠
직선 OQ와 직선 $y=x-1$은 서로 수직이므로
$\dfrac{b}{a}\times 1=-1$ $\therefore b=-a$ ······ ㉡
㉠, ㉡을 연립하여 풀면
$a=1, b=-1$
$\therefore Q(1, -1)$
점 R의 좌표를 (c, d)라 하면 선분 PR의 중점의 좌표는
$\left(\dfrac{c}{2}, \dfrac{3+d}{2}\right)$
이 점이 직선 $y=x-1$ 위에 있으므로
$\dfrac{3+d}{2}=\dfrac{c}{2}-1$ $\therefore c-d=5$ ······ ㉢
직선 PR와 직선 $y=x-1$은 서로 수직이므로
$\dfrac{d-3}{c}\times 1=-1$ $\therefore c+d=3$ ······ ㉣
㉢, ㉣을 연립하여 풀면
$c=4, d=-1$
$\therefore R(4, -1)$
따라서 오른쪽 그림에서 사각형 OQRP의
넓이는
$\dfrac{1}{2}\times 4\times 4-\dfrac{1}{2}\times 1\times 1=\dfrac{15}{2}$

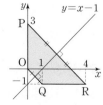

05 / 집합의 뜻과 집합 사이의 포함 관계
26~31쪽

중단원 기출 문제 1회

1 답 ②

①, ③, ④, ⑤ '착한', '소질이 있는', '잘하는', '큰'은 기준이 명확하지 않아 그 대상을 분명하게 정할 수 없으므로 집합이 아니다.

2 답 ⑤

집합 A의 원소는 2, 3, 5, 7이므로
⑤ $9 \not\in A$

3 답 ③

4 답 14

$x \in A$, $x \not\in B$를 만족시키는 x는 2, 4이다.
$x = 2$이면 $2x + 1 = 5$
$x = 4$이면 $2x + 1 = 9$
$\therefore C = \{5, 9\}$
따라서 집합 C의 모든 원소의 합은
$5 + 9 = 14$

5 답 ④

① $\{1, 2, 3, 4, \ldots\}$ ➡ 무한집합
② $\{1, 3, 5, 7, \ldots\}$ ➡ 무한집합
③ $\{2, 4, 6, 8, \ldots\}$ ➡ 무한집합
④ $\{5, 10, 15, 20, \ldots, 95\}$ ➡ 유한집합
⑤ $\{3, 6, 9, 12, \ldots\}$ ➡ 무한집합
따라서 유한집합인 것은 ④이다.

6 답 ①

$A = \{-2, -1, 0, 1, 2\}$, $B = \{2, 3, 5, 7, 11, 13\}$이므로
$n(A) = 5$, $n(B) = 6$
$\therefore n(A) + n(B) = 11$

7 답 6

$x \in A$, $y \in A$인 x, y에 대하여 xy의 값을 구하면 오른쪽 표와 같으므로
$B = \{1, 3, 5, 9, 15, 25\}$
$\therefore n(B) = 6$

x＼y	1	3	5
1	1	3	5
3	3	9	15
5	5	15	25

8 답 ③

$A = \{1, 3, 7, 21\}$이므로
① $4 \not\in A$ ② $7 \in A$ ④ $\{3, 7\} \subset A$ ⑤ $\{7, 14, 21\} \not\subset A$
따라서 옳은 것은 ③이다.

9 답 ③

③ $\{1, 2\}$는 집합 A의 원소이므로 $\{1, 2\} \in A$

10 답 ②

$B = \{2, 3, 4, 5, 6, 7\}$, $C = \{2, 3, 5, 7\}$이므로
$A \subset C \subset B$

11 답 0

$A \subset B$가 성립하도록 두 집합 A, B를 수직선 위에 나타내면 오른쪽 그림과 같으므로

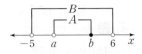

$a \geq -5$, $b < 6$
따라서 정수 a의 최솟값은 -5, 정수 b의 최댓값은 5이므로 구하는 합은
$-5 + 5 = 0$

12 답 1

$A \subset B$이면 $-2 \in A$에서 $-2 \in B$이므로
$a - 3 = -2$ 또는 $a = -2$ 또는 $a + 1 = -2$
$\therefore a = -3$ 또는 $a = -2$ 또는 $a = 1$
(ⅰ) $a = -3$일 때
　$A = \{-2, 1, 8\}$, $B = \{-6, -3, -2, 0\}$이므로 $A \not\subset B$
(ⅱ) $a = -2$일 때
　$A = \{-2, 1, 3\}$, $B = \{-5, -2, -1, 0\}$이므로 $A \not\subset B$
(ⅲ) $a = 1$일 때
　$A = \{-2, 0, 1\}$, $B = \{-2, 0, 1, 2\}$이므로 $A \subset B$
(ⅰ), (ⅱ), (ⅲ)에서 $a = 1$
따라서 $B = \{-2, 0, 1, 2\}$이므로 집합 B의 모든 원소의 합은
$-2 + 0 + 1 + 2 = 1$

13 답 ③

$A = B$이면 $2 \in B$에서 $2 \in A$이므로
$a = 2$ 또는 $3a + 1 = 2$
$\therefore a = 2$ 또는 $a = \dfrac{1}{3}$
그런데 a는 자연수이므로 $a = 2$
$\therefore A = \{2, 4, 7, 9\}$
또 $A = B$이면 $7 \in A$에서 $7 \in B$이므로
$3b - 2 = 7$ $\therefore b = 3$
$\therefore ab = 6$

14 답 ③

$A \subset B$이고 $B \subset A$이므로 $A = B$
$5 \in B$에서 $5 \in A$이므로 $a = 5$
$20 \in A$에서 $20 \in B$이므로
$a + b = 20$ $\therefore b = 15$
$\therefore a - b = -10$

15 답 ④

$A = \{1, 3, 5, 9, 15, 45\}$이므로 $n(A) = 6$
따라서 집합 A의 부분집합의 개수는
$2^6 = 64$

16 답 255

집합 X의 개수는 집합 A의 부분집합의 개수와 같으므로
$$2^3=8$$
따라서 집합 $P(A)$의 원소의 개수가 8이므로 진부분집합의 개수는
$$2^8-1=256-1=255$$

17 답 ④

집합 A의 부분집합 중에서 a, b는 반드시 원소로 갖고 f는 원소로 갖지 않는 부분집합의 개수는
$$2^{7-2-1}=2^4=16$$

18 답 ④

$x^2-4x+3=0$에서 $(x-1)(x-3)=0$
$\therefore$ $x=1$ 또는 $x=3$
$\therefore$ $A=\{1,\ 3\}$
이때 $B=\{1,\ 3,\ 5,\ 15,\ 25,\ 75\}$이고, 집합 X의 개수는 집합 B의 부분집합 중에서 1, 3을 반드시 원소로 갖는 부분집합의 개수와 같으므로
$$2^{6-2}=2^4=16$$

19 답 31

㈎, ㈏에서 집합 A의 원소는 36의 양의 약수이어야 한다.
이때 36의 양의 약수는 1, 2, 3, 4, 6, 9, 12, 18, 36이고, ㈏에서 1과 36, 2와 18, 3과 12, 4와 9는 둘 중 하나가 집합 A의 원소이면 나머지 하나도 집합 A의 원소이다.
즉, 집합 A의 원소가 될 수 있는 것은
1, 36 또는 2, 18 또는 3, 12 또는 4, 9 또는 6
따라서 구하는 집합 A의 개수는 집합 $\{1,\ 2,\ 3,\ 4,\ 6\}$의 공집합이 아닌 부분집합의 개수와 같으므로
$$2^5-1=32-1=31$$

20 답 9

모든 원소의 합이 짝수이려면 부분집합의 원소 중 홀수는 2개이어야 한다.
홀수 1, 3, 5 중에서 2개를 택하는 경우는
1, 3 또는 1, 5 또는 3, 5

(ⅰ) 1, 3을 택하는 경우
집합 A의 부분집합 중에서 1, 3은 반드시 원소로 갖고 5는 원소로 갖지 않는 부분집합의 개수는
$$2^{5-2-1}=2^2=4$$
이때 원소가 2개 이하인 부분집합 $\{1,\ 3\}$을 제외해야 하므로
$$4-1=3$$

(ⅱ) 1, 5를 택하는 경우
집합 A의 부분집합 중에서 1, 5는 반드시 원소로 갖고 3은 원소로 갖지 않는 부분집합의 개수는
$$2^{5-2-1}=2^2=4$$
이때 원소가 2개 이하인 부분집합 $\{1,\ 5\}$를 제외해야 하므로
$$4-1=3$$

(ⅲ) 3, 5를 택하는 경우
집합 A의 부분집합 중에서 3, 5는 반드시 원소로 갖고 1은 원소로 갖지 않는 부분집합의 개수는
$$2^{5-2-1}=2^2=4$$
이때 원소가 2개 이하인 부분집합 $\{3,\ 5\}$를 제외해야 하므로
$$4-1=3$$
(ⅰ), (ⅱ), (ⅲ)에서 구하는 부분집합의 개수는
$$3+3+3=9$$

중단원 기출 문제 2회

1 답 ④

④ '좋아하는'은 기준이 명확하지 않아 그 대상을 분명하게 정할 수 없으므로 집합이 아니다.

2 답 ③

① 2는 정수이고, 정수는 유리수에 포함되므로 $2\in Q$
② $i^2=-1$이고, -1은 자연수가 아니므로 $i^2\notin N$
③ $\dfrac{1}{5}$은 유리수이고, 유리수는 실수에 포함되므로 $\dfrac{1}{5}\in R$
④ $\dfrac{1}{2}$은 정수가 아닌 유리수이므로 $\dfrac{1}{2}\notin Z$
⑤ $\sqrt2+\sqrt3$은 무리수이고, 무리수는 실수에 포함되므로 $\sqrt2+\sqrt3\in R$
따라서 옳은 것은 ③이다.

3 답 56

k의 값이 될 수 있는 자연수는 26, 27, 28, 29, 30이므로 자연수 k의 최댓값은 30, 최솟값은 26이다.
따라서 구하는 합은
$$30+26=56$$

4 답 0

$A=\{i,\ -1,\ -i,\ 1\}$
$z_1\in A$, $z_2\in A$인 z_1, z_2에 대하여 $z_1 z_2$의 값을 구하면 오른쪽 표와 같으므로
$B=\{i,\ -1,\ -i,\ 1\}$

z_1＼z_2	i	-1	$-i$	1
i	-1	$-i$	1	i
-1	$-i$	1	i	-1
$-i$	1	i	-1	$-i$
1	i	-1	$-i$	1

따라서 집합 B의 모든 원소의 합은
$$i+(-1)+(-i)+1=0$$

5 답 ②

① $\{1,\ 2,\ 3,\ 6\}$ ➡ 유한집합
② $\{2,\ 4,\ 6,\ 8,\ \cdots\}$ ➡ 무한집합
③ $\{11,\ 13,\ 15,\ 17,\ \cdots,\ 99\}$ ➡ 유한집합
④ $\{-2,\ 4\}$ ➡ 유한집합
⑤ $\{-2,\ -1,\ 0,\ 1,\ 2\}$ ➡ 유한집합
따라서 무한집합인 것은 ②이다.

6 답 ⑤

$A=\{1, 2, 4, 8\}$이므로 $n(A)=4$

$B=\{1, 2, 3, 4, \ldots, k-1\}$이므로 $n(B)=k-1$

이때 $n(A)+n(B)=12$이므로

$4+(k-1)=12$ $\therefore k=9$

7 답 ②

$x\in A$, $y\in B$인 x, y에 대하여 $x+y$의 값을 구하면 오른쪽 표와 같으므로

$C=\{2, 3, 4, 5, a+1, a+2\}$

이때 $n(C)=5$가 되려면

$a+1=5$ $\therefore a=4$

x \ y	1	2
1	2	3
2	3	4
3	4	5
a	$a+1$	$a+2$

8 답 ⑤

⑤ $\{a, b\}$는 집합 A의 원소이므로 $\{a, b\}\in A$

9 답 ④

$x\in A$, $y\in A$인 x, y에 대하여 $x+y$의 값을 구하면 오른쪽 표와 같으므로

$B=\{0, 1, 2, 3, 4\}$

이때 $C=\{0\}$이므로

$C\subset A\subset B$

x \ y	0	1	2
0	0	1	2
1	1	2	3
2	2	3	4

10 답 $-3\leq a<-2$

$A\subset B$가 성립하도록 두 집합 A, B를 수직선 위에 나타내면 오른쪽 그림과 같으므로

$a\geq -3$, $4<-2a$

$\therefore -3\leq a<-2$

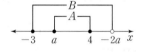

11 답 2

$A\subset B$이면 $0\in A$에서 $0\in B$이므로

$a-2=0$ 또는 $a=0$ 또는 $a+1=0$

$\therefore a=-1$ 또는 $a=0$ 또는 $a=2$

(i) $a=-1$일 때

  집합 A에서 $a^2-1=0$이므로 성립하지 않는다.

(ii) $a=0$일 때

  $A=\{-1, 0, 2\}$, $B=\{-2, -1, 0, 1\}$이므로 $A\not\subset B$

(iii) $a=2$일 때

  $A=\{0, 2, 3\}$, $B=\{-1, 0, 2, 3\}$이므로 $A\subset B$

(i), (ii), (iii)에서 $a=2$

12 답 ⑤

$A=B$이면 $7\in A$, $4\in B$에서 $7\in B$, $4\in A$이므로

$3a-2b=7$, $a+b=4$

두 식을 연립하여 풀면

$a=3$, $b=1$

$\therefore a-b=2$

13 답 -1

$A\subset B$이고 $B\subset A$이므로 $A=B$

$-2\in A$, $a\in A$에서 $-2\in B$, $a\in B$

따라서 -2, a는 이차방정식 $x^2+x+b=0$의 두 근이므로 이차방정식의 근과 계수의 관계에 의하여

$-2+a=-1$, $-2a=b$

$\therefore a=1$, $b=-2$

$\therefore a+b=-1$

14 답 15

$A=\{2, 4, 6, 8\}$이므로 집합 A의 진부분집합의 개수는

$2^4-1=16-1=15$

15 답 20

집합 A의 부분집합 중에서 0을 반드시 원소로 갖는 부분집합의 개수는

$2^{5-1}=2^4=16$ $\therefore a=16$

집합 A의 부분집합 중에서 1, 2는 반드시 원소로 갖고 4는 원소로 갖지 않는 부분집합의 개수는

$2^{5-2-1}=2^2=4$ $\therefore b=4$

$\therefore a+b=20$

16 답 ③

② 원소가 1개인 집합 A의 부분집합은 $\{2\}$, $\{3\}$, $\{4\}$, $\{5\}$의 4개이다.

③ 원소가 2개인 집합 A의 부분집합은 $\{2, 3\}$, $\{2, 4\}$, $\{2, 5\}$, $\{3, 4\}$, $\{3, 5\}$, $\{4, 5\}$의 6개이다.

④ 원소가 3개인 집합 A의 부분집합은 $\{2, 3, 4\}$, $\{2, 3, 5\}$, $\{2, 4, 5\}$, $\{3, 4, 5\}$의 4개이다.

⑤ 원소가 4개인 집합 A의 부분집합은 $\{2, 3, 4, 5\}$의 1개이다.

따라서 옳지 않은 것은 ③이다.

17 답 9

집합 A_k 중에서 2를 반드시 원소로 갖는 집합은 $\{2, 3\}$, $\{2, 5\}$, $\{2, 6\}$, $\{2, n\}$의 4개이다.

같은 방법으로 하면 3, 5, 6, n을 반드시 원소로 갖는 집합도 각각 4개이므로

$a_1+a_2+a_3+\cdots+a_{10}=4(2+3+5+6+n)$
$=4n+64$

즉, $4n+64=100$이므로

$n=9$

18 답 ②

$A=\{1, 2, 3, 4, \ldots, 10\}$, $B=\{2, 3, 5, 7\}$이므로 (가), (나)에서 집합 X는 집합 A의 부분집합 중 2, 3, 5, 7을 반드시 원소로 갖는 부분집합에서 두 집합 A, B를 제외하면 된다.

따라서 구하는 집합 X의 개수는

$2^{10-4}-2=2^6-2=64-2=62$

19 답 56

집합 A의 부분집합 중에서 적어도 1개의 소수를 원소로 갖는 부분집합은 집합 A의 부분집합에서 집합 $\{1, 4, 6\}$의 부분집합을 제외하면 된다.

따라서 구하는 부분집합의 개수는

$2^6 - 2^3 = 64 - 8 = 56$

20 답 230

원소가 3개 이상인 부분집합에서 가장 큰 원소가 될 수 있는 것은 3, 4, 5, 6이다.

(i) 가장 큰 원소가 3일 때

  $\{1, 2, 3\}$의 1개

(ii) 가장 큰 원소가 4일 때

  집합 A의 부분집합 중에서 4는 반드시 원소로 갖고 5, 6은 원소로 갖지 않는 부분집합의 개수는

  $2^{6-1-2} = 2^3 = 8$

  이때 원소가 2개 이하인 부분집합 $\{4\}$, $\{1, 4\}$, $\{2, 4\}$, $\{3, 4\}$를 제외해야 하므로

  $8 - 4 = 4$

(iii) 가장 큰 원소가 5일 때

  집합 A의 부분집합 중에서 5는 반드시 원소로 갖고 6은 원소로 갖지 않는 부분집합의 개수는

  $2^{6-1-1} = 2^4 = 16$

  이때 원소가 2개 이하인 부분집합 $\{5\}$, $\{1, 5\}$, $\{2, 5\}$, $\{3, 5\}$, $\{4, 5\}$를 제외해야 하므로

  $16 - 5 = 11$

(iv) 가장 큰 원소가 6일 때

  집합 A의 부분집합 중에서 6을 반드시 원소로 갖는 부분집합의 개수는

  $2^{6-1} = 2^5 = 32$

  이때 원소가 2개 이하인 부분집합 $\{6\}$, $\{1, 6\}$, $\{2, 6\}$, $\{3, 6\}$, $\{4, 6\}$, $\{5, 6\}$을 제외해야 하므로

  $32 - 6 = 26$

(i)~(iv)에서 구하는 값은

$3 \times 1 + 4 \times 4 + 5 \times 11 + 6 \times 26 = 230$

06 / 집합의 연산

32~37쪽

중단원 기출 문제 1회

1 답 7

$A \cup B = \{1, 2, 3, 5, 6, 7, 8\}$이므로 집합 $A \cup B$의 원소의 개수는 7이다.

2 답 ④

② $\{2, 4, 6, 8\}$

③ $\{2, 3, 5, 7\}$

④ $\{1, 3, 5, 15\}$

⑤ $\{1, 4\}$

따라서 집합 $\{2, 4, 6, 8\}$과 서로소인 집합은 ④이다.

3 답 ⑤

$A = \{1, 2, 4, 8\}$, $B = \{2, 4, 6, 8\}$이므로

⑤ $A - B = \{1\}$

4 답 ②

①   ③

④   ⑤

5 답 $\{c, d, e\}$

주어진 조건을 벤 다이어그램으로 나타내면 오른쪽 그림과 같으므로

$B = \{c, d, e\}$

6 답 ①

$A - B = \{6\}$에서 $3 \in B$, $2a + b \in B$이므로

$a + b = 3$, $2a + b = 7$

두 식을 연립하여 풀면

$a = 4$, $b = -1$

$\therefore a - b = 5$

7 답 2

$A \cap B = \{1, 2\}$에서 $2 \in A$이므로

$a^2 - a = 2$, $a^2 - a - 2 = 0$

$(a+1)(a-2) = 0$ $\therefore a = -1$ 또는 $a = 2$

(i) $a = -1$일 때

  $A = \{1, 2, 4\}$, $B = \{-2, 2, 4\}$이므로

  $A \cap B = \{2, 4\}$

  따라서 주어진 조건을 만족시키지 않는다.

(ii) $a = 2$일 때

  $A = \{1, 2, 4\}$, $B = \{1, 2, 7\}$이므로

  $A \cap B = \{1, 2\}$

(i), (ii)에서 $a = 2$

8 답 ③

③ $B - A = \varnothing$

9 답 16

$A\cup X=X$에서 $A\subset X$

$B\cap X=X$에서 $X\subset B$

$\therefore A\subset X\subset B$

따라서 집합 X는 집합 B의 부분집합 중에서 2, 4, 6을 반드시 원소로 갖는 부분집합이므로 집합 X의 개수는

$2^{7-3}=2^4=16$

10 답 ③

$$\begin{aligned}(A^c-B)^c\cap B^c&=(A^c\cap B^c)^c\cap B^c\\&=(A\cup B)\cap B^c\\&=(A\cap B^c)\cup(B\cap B^c)\\&=(A-B)\cup\varnothing\\&=A-B\end{aligned}$$

11 답 ⑤

$$\begin{aligned}(A-B^c)\cup(B^c-A^c)&=\{A\cap(B^c)^c\}\cup\{B^c\cap(A^c)^c\}\\&=(A\cap B)\cup(B^c\cap A)\\&=(A\cap B)\cup(A\cap B^c)\\&=A\cap(B\cup B^c)\\&=A\cap U\\&=A\end{aligned}$$

즉, $A=A\cap B$이므로 $A\subset B$

① $B^c\subset A^c$

② $A\cap B=A$

③ $A\cup B=B$

④ $B-A\ne B$

⑤ $A\cap B^c=A-B=\varnothing$

따라서 항상 옳은 것은 ⑤이다.

12 답 25

$A\cap B^c=A-B=\{1,\ 5\}$

$(A\cap B)^c=U-(A\cap B)=\{1,\ 2,\ 4,\ 5,\ 6,\ 8,\ 10\}$이므로

$A\cap B=\{3,\ 7,\ 9\}$

$\therefore A=(A-B)\cup(A\cap B)=\{1,\ 3,\ 5,\ 7,\ 9\}$

따라서 집합 A의 모든 원소의 합은

$1+3+5+7+9=25$

13 답 ③

$$\begin{aligned}A\diamondsuit B&=(A\cup B)\cap(A\cap B)^c\\&=(A\cup B)-(A\cap B)\end{aligned}$$

ㄱ. $A\diamondsuit A=(A\cup A)-(A\cap A)=A-A=\varnothing$

ㄴ. $(A\diamondsuit B)\diamondsuit B$를 벤 다이어그램으로 나타내면

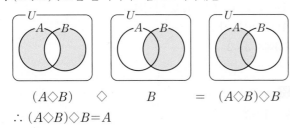

$(A\diamondsuit B)\quad\diamondsuit\quad B\quad=\quad(A\diamondsuit B)\diamondsuit B$

$\therefore(A\diamondsuit B)\diamondsuit B=A$

ㄷ. $(A\diamondsuit B)\diamondsuit A$를 벤 다이어그램으로 나타내면

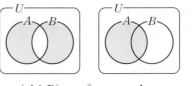

$(A\diamondsuit B)\quad\diamondsuit\quad A\quad=\quad(A\diamondsuit B)\diamondsuit A$

$A\diamondsuit(B\diamondsuit A)$를 벤 다이어그램으로 나타내면

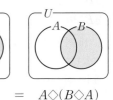

$A\quad\diamondsuit\quad(B\diamondsuit A)\quad=\quad A\diamondsuit(B\diamondsuit A)$

$\therefore(A\diamondsuit B)\diamondsuit A=A\diamondsuit(B\diamondsuit A)$

따라서 보기에서 옳은 것은 ㄱ, ㄷ이다.

14 답 ⑤

$(A_3\cup A_6)\cap(A_4\cup A_{12})=A_3\cap A_4=A_{12}$

15 답 {0}

$x^2-3x+2=0$에서 $(x-1)(x-2)=0$

$\therefore x=1$ 또는 $x=2$ $\therefore A=\{1,\ 2\}$

이때 $A-B=\{2\}$에서 $1\in B$

따라서 $x^2-ax-a+1=0$의 한 근이 1이므로

$1-a-a+1=0,\ 2a=2$ $\therefore a=1$

$\therefore B=\{x\,|\,x^2-x=0\}$

$x^2-x=0$에서 $x(x-1)=0$

$\therefore x=0$ 또는 $x=1$ $\therefore B=\{0,\ 1\}$

$\therefore B-A=\{0\}$

16 답 2

$n(A^c\cap B^c)=n((A\cup B)^c)=n(U)-n(A\cup B)$이므로

$4=18-n(A\cup B)$ $\therefore n(A\cup B)=14$

$n(A\cup B)=n(A-B)+n(B-A)+n(A\cap B)$에서

$14=5+7+n(A\cap B)$ $\therefore n(A\cap B)=2$

17 답 ②

$$\begin{aligned}n((A\cup B)-(A\cap B))&=n(A-B)+n(B-A)\\&=n(A)-n(A\cap B)+n(B)-n(A\cap B)\end{aligned}$$

이므로

$35=28+37-2\times n(A\cap B)$ $\therefore n(A\cap B)=15$

$$\begin{aligned}\therefore n(A\cup B)&=n(A)+n(B)-n(A\cap B)\\&=28+37-15=50\end{aligned}$$

18 답 ①

야구를 좋아하는 학생의 집합을 A, 배구를 좋아하는 학생의 집합을 B라 하면

$n(A)=11,\ n(B)=8,\ n(A\cap B)=4$

야구 또는 배구를 좋아하는 학생의 집합은 $A\cup B$이므로

$n(A\cup B)=n(A)+n(B)-n(A\cap B)=11+8-4=15$

따라서 구하는 학생 수는 15이다.

19 답 7

선우네 반 학생 전체의 집합을 U, 속초에 가 본 학생의 집합을 A, 부산에 가 본 학생의 집합을 B, 광주에 가 본 학생의 집합을 C라 하면
$n(U)=40$, $n(A)=15$, $n(B)=16$, $n(C)=22$,
$n(A \cap B \cap C)=3$
이때 한 곳도 가 보지 않은 학생은 없으므로
$n(A \cup B \cup C)=n(U)=40$
$n(A \cup B \cup C)=n(A)+n(B)+n(C)-n(A \cap B)-n(B \cap C)$
$\qquad\qquad\qquad -n(C \cap A)+n(A \cap B \cap C)$
에서
$40=15+16+22-n(A \cap B)-n(B \cap C)-n(C \cap A)+3$
$\therefore n(A \cap B)+n(B \cap C)+n(C \cap A)=16$
따라서 세 곳 중 두 곳만 가 본 학생 수는
$n(A \cap B)+n(B \cap C)+n(C \cap A)-3 \times n(A \cap B \cap C)$
$=16-3 \times 3=7$

20 답 ④

(i) $n(A \cap B)$가 최대인 경우는 $B \subset A$일 때이므로
$\quad M=n(B)=12$
(ii) $n(A \cap B)$가 최소인 경우는 $n(A \cup B)$가 최대일 때이므로
$\quad A \cup B=U$ $\quad \therefore n(A \cup B)=n(U)=24$
$\quad n(A \cap B)=n(A)+n(B)-n(A \cup B)$에서
$\quad m=16+12-24=4$
(i), (ii)에서 $M-m=12-4=8$

중단원 기출 문제 2회

1 답 ④

$A=\{1, 2, 3, 4, 5, 6, 8, 9\}$
$B=\{1, 2, 4, 5, 6, 7, 9\}$
$\therefore A \cap B=\{1, 2, 4, 5, 6, 9\}$
따라서 집합 $A \cap B$의 원소의 개수는 6이다.

2 답 ③

$A=\{1, 3, 9\}$이므로 집합 U의 부분집합 중에서 집합 A와 서로소인 집합은 1, 3, 9를 원소로 갖지 않는 부분집합이다.
따라서 구하는 집합의 개수는
$2^{6-3}=2^3=8$

3 답 15

$A^C=\{1, 3, 5\}$이므로 집합 A^C의 모든 원소의 곱은
$1 \times 3 \times 5=15$

4 답 8

$A=\{2, 4, 6, 8, \dots, 50\}$, $B=\{3, 6, 9, 12, \dots, 48\}$
$\therefore A-(A-B)=A \cap B=\{6, 12, 18, 24, 30, 36, 42, 48\}$
따라서 구하는 원소의 개수는 8이다.

5 답 ⑤

따라서 보기에서 색칠한 부분을 나타내는 집합인 것은 ㄷ, ㄹ이다.

6 답 ④

주어진 조건을 벤 다이어그램으로 나타내면 오른쪽 그림과 같으므로
$A=\{1, 3, 5\}$

7 답 ⑤

$A-B=\{2\}$에서 $2 \in A$이므로
$a=2$ 또는 $a+2=2$ $\quad \therefore a=0$ 또는 $a=2$
(i) $a=0$일 때
$\quad A=\{0, 2, 3\}$, $B=\{3, 5, 6\}$이므로 $A-B=\{0, 2\}$
$\quad$ 따라서 주어진 조건을 만족시키지 않는다.
(ii) $a=2$일 때
$\quad A=\{2, 3, 4\}$, $B=\{3, 4, 5\}$이므로 $A-B=\{2\}$
(i), (ii)에서 $a=2$
따라서 $B=\{3, 4, 5\}$이므로 집합 B의 모든 원소의 합은
$3+4+5=12$

8 답 ⑤

$(A-B) \cup (B-A)=\{5, 9\}$이고, $a+2 \neq a+7$, $a^2+1 \neq a^2$이므로
$a+2=a^2$ 또는 $a^2+1=a+7$
$a^2-a-2=0$에서 $(a+1)(a-2)=0$
$\therefore a=-1$ 또는 $a=2$
$a^2-a-6=0$에서 $(a+2)(a-3)=0$
$\therefore a=-2$ 또는 $a=3$
$\therefore a=-2$ 또는 $a=-1$ 또는 $a=2$ 또는 $a=3$
(i) $a=-2$일 때
$\quad A=\{0, 5\}$, $B=\{4, 5\}$이므로 $(A-B) \cup (B-A)=\{0, 4\}$
$\quad$ 따라서 주어진 조건을 만족시키지 않는다.
(ii) $a=-1$일 때
$\quad A=\{1, 2\}$, $B=\{1, 6\}$이므로 $(A-B) \cup (B-A)=\{2, 6\}$
$\quad$ 따라서 주어진 조건을 만족시키지 않는다.
(iii) $a=2$일 때
$\quad A=\{4, 5\}$, $B=\{4, 9\}$이므로 $(A-B) \cup (B-A)=\{5, 9\}$
(iv) $a=3$일 때
$\quad A=\{5, 10\}$, $B=\{9, 10\}$이므로 $(A-B) \cup (B-A)=\{5, 9\}$
(i)~(iv)에서 $a=2$ 또는 $a=3$
따라서 모든 상수 a의 값의 합은
$2+3=5$

9 답 ③

$A \cap B=A$이므로 $A \subset B$
③ $A-B=\varnothing$

10 답 ④

$A^c \cap B = B - A = \varnothing$이므로 $B \subset A$

ㄴ. $B - A = \varnothing$

따라서 보기에서 항상 옳은 것은 ㄱ, ㄷ, ㄹ이다.

11 답 ②

$A - X = \varnothing$이므로 $A \subset X$

$B \cap X^c = B - X = B$이므로 $B \cap X = \varnothing$

따라서 집합 X는 집합 U의 부분집합 중에서 1, 3, 5, 7은 반드시 원소로 갖고 4, 8은 원소로 갖지 않는 부분집합이므로 집합 X의 개수는

$2^{8-4-2} = 2^2 = 4$

12 답 ⑤

$$
\begin{aligned}
A - \{(A-B) \cup (B^c - A)\} &= A - \{(A \cap B^c) \cup (B^c \cap A^c)\} \\
&= A - \{(A \cap B^c) \cup (A^c \cap B^c)\} \\
&= A - \{(A \cup A^c) \cap B^c\} \\
&= A - (U \cap B^c) \\
&= A - B^c \\
&= A \cap B
\end{aligned}
$$

13 답 ③

$$
\begin{aligned}
(A \cap B) \cup (A^c \cup B)^c &= (A \cap B) \cup (A \cap B^c) \\
&= A \cap (B \cup B^c) \\
&= A \cap U \\
&= A
\end{aligned}
$$

즉, $A = A \cup B$이므로 $B \subset A$

① $B - A = \varnothing$ ② $A \cup B = A$
④ $A \cup B^c = U$ ⑤ $(A \cap B)^c = B^c$

따라서 항상 옳은 것은 ③이다.

14 답 12

$$
\begin{aligned}
(A^c \cap B)^c &= A \cup B^c \\
&= \{2, 3, 6\} \cup \{1, 2\} \\
&= \{1, 2, 3, 6\}
\end{aligned}
$$

따라서 집합 $(A^c \cap B)^c$의 모든 원소의 합은

$1 + 2 + 3 + 6 = 12$

15 답 ③

① $A * A = (A \cup A) - (A \cap A) = A - A = \varnothing$
② $A * \varnothing = (A \cup \varnothing) - (A \cap \varnothing) = A - \varnothing = A$
③ $A * U = (A \cup U) - (A \cap U) = U - A = A^c$
④ $A * A^c = (A \cup A^c) - (A \cap A^c) = U - \varnothing = U$
⑤ $A^c * B^c = (A^c \cup B^c) - (A^c \cap B^c)$
$\qquad = (A^c \cup B^c) \cap (A^c \cap B^c)^c$
$\qquad = (A \cap B)^c \cap (A \cup B)$
$\qquad = (A \cup B) \cap (A \cap B)^c$
$\qquad = (A \cup B) - (A \cap B) = A * B$

따라서 옳지 않은 것은 ③이다.

16 답 3

$$
\begin{aligned}
A_{12} \cap A_{18} \cap A_{27} &= (A_{12} \cap A_{18}) \cap A_{27} \\
&= A_6 \cap A_{27} = A_3
\end{aligned}
$$

따라서 구하는 k의 값은 3이다.

17 답 ②

$x^2 - 3x - 4 > 0$에서 $(x+1)(x-4) > 0$

$\therefore x < -1$ 또는 $x > 4$

$\therefore A = \{x \mid x < -1$ 또는 $x > 4\}$

이때 $A \cup B = \{x \mid x$는 모든 실수$\}$,

$A \cap B = \{x \mid 4 < x \leq 5\}$이므로 오른쪽 그림에서

$B = \{x \mid -1 \leq x \leq 5\}$
$\quad = \{x \mid (x+1)(x-5) \leq 0\}$
$\quad = \{x \mid x^2 - 4x - 5 \leq 0\}$

따라서 $a = -4$, $b = -5$이므로

$b - a = -1$

18 답 ④

$$
\begin{aligned}
n(A \cup B) &= n(A) + n(B-A) \\
&= 31 + 25 = 56
\end{aligned}
$$

$$
\begin{aligned}
\therefore n((A \cup B)^c) &= n(U) - n(A \cup B) \\
&= 70 - 56 = 14
\end{aligned}
$$

19 답 1

학생 전체의 집합을 U, 연극을 좋아하는 학생의 집합을 A, 뮤지컬을 좋아하는 학생의 집합을 B라 하면

$n(U) = 30$, $n(A) = 14$, $n(B) = 12$, $n((A \cup B)^c) = 5$

$n((A \cup B)^c) = n(U) - n(A \cup B)$에서

$5 = 30 - n(A \cup B)$

$\therefore n(A \cup B) = 25$

연극과 뮤지컬을 모두 좋아하는 학생의 집합은 $A \cap B$이므로

$$
\begin{aligned}
n(A \cap B) &= n(A) + n(B) - n(A \cup B) \\
&= 14 + 12 - 25 = 1
\end{aligned}
$$

따라서 구하는 학생 수는 1이다.

20 답 150

학생 전체의 집합을 U, 수학 문제 A를 푼 학생의 집합을 A, 수학 문제 B를 푼 학생의 집합을 B라 하면

$n(U) = 400$, $n(A \cap B) = 50$, $n(A) = \dfrac{1}{2} \times n(B)$

이때 $n(A) = x$라 하면

$$
\begin{aligned}
n(A \cup B) &= n(A) + n(B) - n(A \cap B) \\
&= x + 2x - 50 \\
&= 3x - 50
\end{aligned}
$$

$n(A)$가 최대인 경우는 $A \cup B = U$일 때이므로

$3x - 50 = 400$

$\therefore x = 150$

따라서 수학 문제 A를 푼 학생 수의 최댓값은 150이다.

07 / 명제

중단원 기출 문제 1회

1 답 ①

① x의 값이 정해져 있지 않아 참, 거짓을 판별할 수 없으므로 명제가
아니다.
②, ③, ⑤ 참인 명제이다.
④ 거짓인 명제이다.
따라서 명제가 아닌 것은 ①이다.

2 답 ③

'$(a-b)(b-c)=0$'의 부정은 '$(a-b)(b-c)\neq 0$'이므로
$a\neq b$이고 $b\neq c$

3 답 ④

$U=\{1, 2, 3, 4, 5, 6\}$이므로 조건 p의 진리집합은
$\{1, 2, 3, 4, 6\}$
따라서 조건 p의 진리집합의 원소의 개수는 5이다.

4 답 ④

① $x=-1$이면 $(-1)^2+(-1)=0$이므로 주어진 명제는 참이다.
② $p: |x|=1$, $q: x^2=1$이라 하고 두 조건 p, q의 진리집합을 각각 P,
  Q라 하면
  $P=\{-1, 1\}$, $Q=\{-1, 1\}$
  따라서 $P=Q$이므로 주어진 명제는 참이다.
③ $p: |x|<1$, $q: x^2<1$이라 하고 두 조건 p, q의 진리집합을 각각 P,
  Q라 하면
  $P=\{x|-1<x<1\}$, $Q=\{x|-1<x<1\}$
  따라서 $P=Q$이므로 주어진 명제는 참이다.
④ [반례] $x=9$이면 x는 3의 배수이지만 6의 배수는 아니다.
⑤ '$p: x$가 4의 양의 약수이다.', '$q: x$가 8의 양의 약수이다.'라 하고
  두 조건 p, q의 진리집합을 각각 P, Q라 하면
  $P=\{1, 2, 4\}$, $Q=\{1, 2, 4, 8\}$
  따라서 $P\subset Q$이므로 주어진 명제는 참이다.
따라서 거짓인 명제는 ④이다.

5 답 ①

$P\cup Q=Q$에서 $P\subset Q$이므로 $P\cap Q=P$
$(P\cap Q)-R=P-R=P$이므로 $P\cap R=\varnothing$
① $P\cap R=\varnothing$에서 $P\subset R^C$이므로 명제 $p \longrightarrow \sim r$는 참이다.

6 답 $a<-2$

$q: x\leq a$에서 $\sim q: x>a$
두 조건 p, q의 진리집합을 각각 P, Q라 하면
$P=\{x|-2\leq x<3\}$, $Q^C=\{x|x>a\}$
이때 명제 $p \longrightarrow \sim q$가 참이 되려면
$P\subset Q^C$이어야 하므로 오른쪽 그림에서
$a<-2$

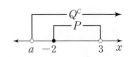

7 답 ②

$U=\{-1, 0, 1\}$에 대하여
① [반례] $x=0$이면 $x^2=0$이다.
② $p: x^2=x$라 하고 조건 p의 진리집합을 P라 하면
  $P=\{0, 1\}$
  따라서 $P\neq\varnothing$이므로 주어진 명제는 참이다.
③ [반례] $x=0$이면 $|x|=x$이다.
④ [반례] $x=1$이면 $x+2=3$이다.
⑤ $p: x-1\geq 1$이라 하고 조건 p의 진리집합을 P라 하면 $P=\varnothing$이
  므로 주어진 명제는 거짓이다.
따라서 참인 명제는 ②이다.

8 답 ⑤

'$a+b+c>0$'의 부정은 '$a+b+c\leq 0$'
'a, b, c 중 적어도 하나는 양수이다.'의 부정은
'a, b, c는 모두 양수가 아니다.'
따라서 주어진 명제의 대우는
'a, b, c가 모두 양수가 아니면 $a+b+c\leq 0$이다.'

9 답 -5

주어진 명제가 참이므로 그 대우 '$x=1$이면 $x^2+ax+4=0$이다.'도
참이다.
$x=1$을 $x^2+ax+4=0$에 대입하면
$1+a+4=0$ $\therefore a=-5$

10 답 ③

명제 $p \longrightarrow q$가 참이므로 그 대우 $\sim q \longrightarrow \sim p$도 참이다.
또 명제 $r \longrightarrow \sim q$가 참이므로 그 대우 $q \longrightarrow \sim r$도 참이다.
이때 두 명제 $r \longrightarrow \sim q$, $\sim q \longrightarrow \sim p$가 모두 참이므로 명제
$r \longrightarrow \sim p$가 참이고 그 대우 $p \longrightarrow \sim r$도 참이다.
따라서 항상 참인 명제는 ③이다.

11 답 ②

① $p \longrightarrow q$: 거짓
   [반례] $x=-1$이면 $x^2=1$이지만 $x\neq 1$이다.
  $q \longrightarrow p$: 참
  따라서 $q \Longrightarrow p$이므로 p는 q이기 위한 필요조건이다.
② $p \longrightarrow q$: 참
  $q \longrightarrow p$: 거짓
   [반례] $x=-1$이면 $x\geq -1$이지만 $-1<x<2$가
   아니다.
  따라서 $p \Longrightarrow q$이므로 p는 q이기 위한 충분조건이다.
③ $p \longrightarrow q$: 거짓
   [반례] $x=-6$이면 $x^2+5x-6=0$이지만 $x\neq 1$이다.
  $q \longrightarrow p$: 참
  따라서 $q \Longrightarrow p$이므로 p는 q이기 위한 필요조건이다.
④ $p \longrightarrow q$: 거짓
   [반례] $x=1$, $y=-1$이면 $x+y=0$이지만 $x\neq 0$,
   $y\neq 0$이다.

$q \longrightarrow p$: 참

따라서 $q \Longrightarrow p$이므로 p는 q이기 위한 필요조건이다.

⑤ $p \longrightarrow q$: 거짓

[반례] $x=1$, $y=-1$이면 $|x|=|y|$이지만 $x \neq y$이다.

$q \longrightarrow p$: 참

따라서 $q \Longrightarrow p$이므로 p는 q이기 위한 필요조건이다.

따라서 p가 q이기 위한 충분조건인 것은 ②이다.

12 답 ①

p는 q이기 위한 필요조건이므로 $q \Longrightarrow p$

$\therefore \sim p \Longrightarrow \sim q$

q는 $\sim r$이기 위한 충분조건이므로 $q \Longrightarrow \sim r$

$\therefore r \Longrightarrow \sim q$

따라서 반드시 참이라고 할 수 없는 명제는 ①이다.

13 답 ④

p는 $\sim q$이기 위한 충분조건이므로

$p \Longrightarrow \sim q$ $\therefore P \subset Q^C$

따라서 항상 옳은 것은 ④이다.

14 답 −4

$x^2-4x+3=0$에서 $(x-1)(x-3)=0$ $\therefore x=1$ 또는 $x=3$

조건 p의 진리집합을 P라 하면

$P=\{1, 3\}$

$x+a=0$에서 $x=-a$

조건 q의 진리집합을 Q라 하면

$Q=\{-a\}$

이때 p가 q이기 위한 필요조건이 되려면 $Q \subset P$이어야 하므로

$-a=1$ 또는 $-a=3$ $\therefore a=-3$ 또는 $a=-1$

따라서 모든 상수 a의 값의 합은

$-3+(-1)=-4$

15 답 ㈎ 유리수 ㈏ 유리수 ㈐ 무리수

$\sqrt{2}+1$이 유리수라 가정하면

$\sqrt{2}+1=a$ (a는 ㈎ 유리수)

로 나타낼 수 있다.

이때 $\sqrt{2}=a-1$이고 a, 1은 모두 유리수이므로 $a-1$은 ㈏ 유리수 이다.

이는 $\sqrt{2}$가 ㈐ 무리수 라는 사실에 모순이다.

16 답 ㈎ $\dfrac{3}{4}b^2$ ㈏ 0

$a^2+b^2-ab=\left(a-\dfrac{b}{2}\right)^2+\boxed{㈎ \dfrac{3}{4}b^2}$

이때 a, b가 실수이므로

$\left(a-\dfrac{b}{2}\right)^2 \geq 0$, $\boxed{㈎ \dfrac{3}{4}b^2} \geq 0$

따라서 $a^2+b^2-ab \geq 0$이므로

$a^2+b^2 \geq ab$

이때 등호는 $a-\dfrac{b}{2}=0$, $\dfrac{3}{4}b^2=0$, 즉 $a=b=\boxed{㈏ 0}$일 때 성립한다.

17 답 ②

$x>0$, $y>0$에서 $5x>0$, $2y>0$이므로 산술평균과 기하평균의 관계에 의하여

$5x+2y \geq 2\sqrt{5x \times 2y}=2\sqrt{10xy}$

이때 $5x+2y=10$이므로

$10 \geq 2\sqrt{10xy}$, $\sqrt{10xy} \leq 5$ (단, 등호는 $5x=2y$일 때 성립)

양변을 제곱하면

$10xy \leq 25$ $\therefore xy \leq \dfrac{5}{2}$

따라서 구하는 최댓값은 $\dfrac{5}{2}$이다.

18 답 ①

$x \neq 0$이므로 $\dfrac{x}{x^2+2x+25}$의 분모와 분자를 각각 x로 나누면

$\dfrac{x}{x^2+2x+25}=\dfrac{1}{x+2+\dfrac{25}{x}}$

이때 $x>0$에서 $\dfrac{25}{x}>0$이므로 산술평균과 기하평균의 관계에 의하여

$x+2+\dfrac{25}{x} \geq 2\sqrt{x \times \dfrac{25}{x}}+2$

$=12$ (단, 등호는 $x=\dfrac{25}{x}$, 즉 $x=5$일 때 성립)

따라서 $x+2+\dfrac{25}{x}$의 최솟값은 12이고, $\dfrac{1}{x+2+\dfrac{25}{x}}$은 분모가 최소

일 때 최대이므로 구하는 최댓값은 $\dfrac{1}{12}$이다.

19 답 5

x, y가 실수이므로 코시-슈바르츠의 부등식에 의하여

$\{2^2+(-1)^2\}(x^2+y^2) \geq (2x-y)^2$

이때 $2x-y=-5$이므로

$5(x^2+y^2) \geq 25$

$\therefore x^2+y^2 \geq 5$ (단, 등호는 $2y=-x$일 때 성립)

따라서 구하는 최솟값은 5이다.

20 답 36 m²

직각삼각형의 빗변이 아닌 두 변의 길이를 x m, y m라 하면

$x^2+y^2=144$

$x>0$, $y>0$이므로 산술평균과 기하평균의 관계에 의하여

$x^2+y^2 \geq 2\sqrt{x^2y^2}=2xy$ ($\because xy>0$)

$144 \geq 2xy$ $\therefore xy \leq 72$ (단, 등호는 $x=y$일 때 성립)

이때 직각삼각형의 넓이를 S m²라 하면

$S=\dfrac{1}{2}xy \leq 36$

따라서 구하는 밭의 넓이의 최댓값은 36 m²이다.

중단원 기출 문제 2회

1 답 0

보기에서 명제는 ㄱ, ㄹ이고, 조건은 ㄷ, ㅁ이므로

$a=2$, $b=2$ $\therefore a-b=0$

2 답 $\{-2\}$

$x^2-x-6=0$에서 $(x+2)(x-3)=0$

$\therefore x=-2$ 또는 $x=3$

조건 p의 진리집합을 P라 하면

$P=\{-2, 3\}$

$x^2-4\le0$에서 $(x+2)(x-2)\le0$

$\therefore -2\le x\le2$

조건 q의 진리집합을 Q라 하면

$Q=\{-2, -1, 0, 1, 2\}$

따라서 조건 'p 그리고 q'의 진리집합은 $P\cap Q$이므로

$P\cap Q=\{-2\}$

3 답 3

p: $xy<0$에서 $\sim p$: $xy\ge0$

$\sim p \longrightarrow q$: 거짓

　　[반례] $x=0$, $y=0$이면 $xy\ge0$이지만 $x^2+y^2=0$이다.

$\therefore f(\sim p, q)=1$

조건 p, r의 진리집합을 각각 P, R라 하면

$P=\{(x, y)|x>0, y<0$ 또는 $x<0, y>0\}$

$R=\{(x, y)|x>0, y<0$ 또는 $x<0, y>0\}$

따라서 $P=R$이므로 명제 $p \longrightarrow r$는 참이다.

$\therefore f(p, r)=2$

$\therefore f(\sim p, q)+f(p, r)=3$

4 답 ⑤

$\sim p \longrightarrow q$가 참이므로 $P^C\subset Q$

①, ② $P^C\subset Q$, $Q^C\subset P$　　③ $P^C\cap Q=P^C$　　④ $P\cap Q^C=Q^C$

따라서 항상 옳은 것은 ⑤이다.

5 답 3

$x^2\le2x+15$에서 $x^2-2x-15\le0$

$(x+3)(x-5)\le0$　　$\therefore -3\le x\le5$

조건 p의 진리집합을 P라 하면

$P=\{x|-3\le x\le5\}$

q: $|x-a|>5$에서 $\sim q$: $|x-a|\le5$

$|x-a|\le5$에서 $-5\le x-a\le5$　　$\therefore a-5\le x\le a+5$

조건 q의 진리집합을 Q라 하면

$Q^C=\{x|a-5\le x\le a+5\}$

명제 $p \longrightarrow \sim q$가 참이 되려면 $P\subset Q^C$이

어야 하므로 오른쪽 그림에서

$a-5\le-3$, $a+5\ge5$

$\therefore 0\le a\le2$

따라서 정수 a는 0, 1, 2의 3개이다.

6 답 ①

주어진 명제가 거짓이 되려면 모든 실수 x에 대하여

$x^2+8x+2k-3>0$이어야 한다.

이차방정식 $x^2+8x+2k-3=0$의 판별식을 D라 하면

$\dfrac{D}{4}=4^2-(2k-3)<0$

$-2k+19<0$　　$\therefore k>\dfrac{19}{2}$

따라서 정수 k의 최솟값은 10이다.

7 답 ⑤

① 역: x가 4의 배수이면 x는 2의 배수이다. (참)

② 역: $1<x<2$이면 $x^2-x-2<0$이다. (참)

③ 역: $x=0$이면 $x^2=3x$이다. (참)

④ 역: $x^2<1$이면 $x<1$이다. (참)

⑤ 역: xy가 홀수이면 x 또는 y는 짝수이다. (거짓)

　　[반례] $x=1$, $y=3$이면 xy는 홀수이지만 x, y가 모두 홀수

　　이다.

따라서 그 역이 거짓인 명제는 ⑤이다.

8 답 6

주어진 명제가 참이므로 그 대우 '$x>-1$이고 $y>a$이면 $x+y>5$이

다.'도 참이다.

$x>-1$, $y>a$에서 $x+y>a-1$이므로

$a-1\ge5$　　$\therefore a\ge6$

따라서 실수 a의 최솟값은 6이다.

9 답 ⑤

명제 $p \longrightarrow r$가 참이므로 그 대우 $\sim r \longrightarrow \sim p$도 참이다.

또 명제 $\sim p \longrightarrow q$가 참이므로 그 대우 $\sim q \longrightarrow p$도 참이다.

이때 두 명제 $\sim r \longrightarrow \sim p$, $\sim p \longrightarrow q$가 모두 참이므로 명제

$\sim r \longrightarrow q$가 참이고 그 대우 $\sim q \longrightarrow r$도 참이다.

따라서 반드시 참이라고 할 수 없는 명제는 ⑤이다.

10 답 ④

ㄱ. $p \longrightarrow q$: 거짓

　　[반례] $x=0$이면 $x^2-3x=0$이지만 $x\ne3$이다.

　$q \longrightarrow p$: 참

　따라서 $q \Longrightarrow p$이므로 p는 q이기 위한 필요조건이다.

ㄴ. $p \longrightarrow q$와 $q \longrightarrow p$가 모두 참이므로 $p \Longleftrightarrow q$

　따라서 p는 q이기 위한 필요충분조건이다.

ㄷ. $p \longrightarrow q$: 거짓

　　[반례] $A=\{1, 2\}$, $B=\{1\}$, $C=\{2\}$이면

　　$A\cup C=B\cup C$이지만 $(A\cup B)\not\subset C$이다.

　$q \longrightarrow p$: 참

　따라서 $q \Longrightarrow p$이므로 p는 q이기 위한 필요조건이다.

따라서 보기에서 p가 q이기 위한 필요조건이지만 충분조건은 아닌

것은 ㄱ, ㄷ이다.

11 답 ④

$Q-P=\varnothing$에서 $Q\subset P$

$P^C\cup R=P^C$에서 $R\subset P^C$　　$\therefore P\subset R^C$

ㄱ. $Q\subset P$이므로 p는 q이기 위한 필요조건이다.

ㄴ. $P\subset R^C$이므로 p는 $\sim r$이기 위한 충분조건이다.

ㄷ. $Q\subset P$, $P\subset R^C$에서 $Q\subset R^C$

　즉, $R\subset Q^C$이므로 $\sim q$는 r이기 위한 필요조건이다.

따라서 보기에서 항상 옳은 것은 ㄴ, ㄷ이다.

12 답 2

$x^2+x-2\leq0$에서 $(x+2)(x-1)\leq0$

$\therefore -2\leq x\leq1$

두 조건 p, q의 진리집합을 각각 P, Q라 하면

$P=\{x|-2\leq x\leq1\}$, $Q=\{x|x<a\}$

이때 p가 q이기 위한 충분조건이 되려면

$P\subset Q$이어야 하므로 오른쪽 그림에서

$a>1$

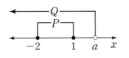

따라서 정수 a의 최솟값은 2이다.

13 답 풀이 참조

주어진 명제의 대우 '자연수 x, y, z에 대하여 x, y, z가 모두 홀수 이면 $x^2+y^2\neq z^2$이다.'가 참임을 보이면 된다.

x, y가 모두 홀수이면 $x=2k-1$, $y=2l-1$(k, l은 자연수)로 나타 낼 수 있으므로

$x^2+y^2=(2k-1)^2+(2l-1)^2$
$\qquad =4k^2-4k+4l^2-4l+2$
$\qquad =2(2k^2-2k+2l^2-2l+1)$

이때 $2k^2-2k+2l^2-2l+1$은 자연수이므로 x^2+y^2은 짝수이다.

또 z가 홀수이면 $z=2m-1$(m은 자연수)로 나타낼 수 있으므로

$z^2=(2m-1)^2=4m^2-4m+1=2(2m^2-2m)+1$

이때 $2m^2-2m$은 0 또는 자연수이므로 z^2은 홀수이다.

따라서 x^2+y^2은 짝수이고, z^2은 홀수이므로 $x^2+y^2\neq z^2$이다.

따라서 주어진 명제의 대우가 참이므로 주어진 명제도 참이다.

14 답 ⑤

ㄱ. [반례] $x=y$이면 $x(x-y)=y(x-y)$

ㄴ. $(|x|+|y|)^2-|x-y|^2$
$\qquad =(|x|^2+2|x||y|+|y|^2)-(x-y)^2$
$\qquad =(x^2+2|xy|+y^2)-(x^2-2xy+y^2)$
$\qquad =2(|xy|+xy)\geq0\ (\because |xy|\geq-xy)$

그런데 $|x|+|y|\geq0$, $|x-y|\geq0$이므로

$|x|+|y|\geq|x-y|$ (단, 등호는 $|xy|=-xy$일 때 성립)

ㄷ. $x^2+y^2+z^2-(xy+yz+zx)$
$\qquad =\dfrac{1}{2}\{(x-y)^2+(y-z)^2+(z-x)^2\}\geq0$
$\qquad \therefore x^2+y^2+z^2\geq xy+yz+zx$

따라서 보기에서 절대부등식인 것은 ㄴ, ㄷ이다.

15 답 ④

$a>0$, $b>0$에서 $3a>0$이므로 산술평균과 기하평균의 관계에 의하여

$3a+b\geq2\sqrt{3a\times b}=2\sqrt{3ab}$

이때 $ab=27$이므로

$3a+b\geq2\sqrt{3\times27}=18$ (단, 등호는 $3a=b$일 때 성립)

따라서 구하는 최솟값은 18이다.

16 답 ②

$\dfrac{1}{a}+\dfrac{1}{b}=\dfrac{a+b}{ab}=\dfrac{6}{ab}\ (\because a+b=6)$ ...... ㉠

$a>0$, $b>0$이므로 산술평균과 기하평균의 관계에 의하여

$a+b\geq2\sqrt{ab}$

이때 $a+b=6$이므로

$6\geq2\sqrt{ab}$, $\sqrt{ab}\leq3$ (단, 등호는 $a=b$일 때 성립)

양변을 제곱하면 $ab\leq9$이므로

$\dfrac{1}{ab}\geq\dfrac{1}{9}$ $\qquad \therefore \dfrac{6}{ab}\geq\dfrac{2}{3}$

따라서 ㉠에서 구하는 최솟값은 $\dfrac{2}{3}$이다.

17 답 ④

$a>0$, $b>0$에서 $ab>0$이므로 산술평균과 기하평균의 관계에 의하여

$\left(a+\dfrac{2}{b}\right)\left(b+\dfrac{8}{a}\right)=ab+8+2+\dfrac{16}{ab}$
$\qquad\qquad\qquad \geq2\sqrt{ab\times\dfrac{16}{ab}}+10$
$\qquad\qquad\qquad =18$ (단, 등호는 $ab=4$일 때 성립)

따라서 구하는 최솟값은 18이다.

18 답 ⑤

$x>5$에서 $x-5>0$이므로 산술평균과 기하평균의 관계에 의하여

$x+4+\dfrac{25}{x-5}=x-5+\dfrac{25}{x-5}+9$
$\qquad\qquad\qquad \geq2\sqrt{(x-5)\times\dfrac{25}{x-5}}+9=19$

$\therefore m=19$

이때 등호는 $x-5=\dfrac{25}{x-5}$일 때 성립하므로

$(x-5)^2=25$, $x-5=5\ (\because x-5>0)$ $\qquad \therefore x=10$

$\therefore n=10$

$\therefore m+n=29$

19 답 ①

a, b가 실수이므로 코시-슈바르츠의 부등식에 의하여

$\left\{\left(\dfrac{1}{2}\right)^2+2^2\right\}(a^2+b^2)\geq\left(\dfrac{a}{2}+2b\right)^2$

이때 $a^2+b^2=4$이므로

$\dfrac{17}{4}\times4\geq\left(\dfrac{a}{2}+2b\right)^2$, $\left(\dfrac{a}{2}+2b\right)^2\leq17$

$\therefore -\sqrt{17}\leq\dfrac{a}{2}+2b\leq\sqrt{17}$ $\left(\text{단, 등호는 }\dfrac{b}{2}=2a\text{일 때 성립}\right)$

따라서 최댓값은 $\sqrt{17}$, 최솟값은 $-\sqrt{17}$이므로 그 곱은

$-\sqrt{17}\times\sqrt{17}=-17$

20 답 20

직사각형의 대각선의 길이가 $2\sqrt{5}$이므로

$(2a)^2+b^2=(2\sqrt{5})^2$ $\qquad \therefore 4a^2+b^2=20$

사각기둥의 모든 모서리의 길이의 합은 $4a+4b$

a, b가 실수이므로 코시-슈바르츠의 부등식에 의하여

$(2^2+4^2)\{(2a)^2+b^2\}\geq(4a+4b)^2$

이때 $4a^2+b^2=20$이므로

$20\times20\geq(4a+4b)^2$, $(4a+4b)^2\leq20^2$

$\therefore -20\leq4a+4b\leq20$ (단, 등호는 $b=4a$일 때 성립)

이때 $a>0$, $b>0$이므로

$0<4a+4b\leq20$

따라서 구하는 최댓값은 20이다.

08 / 함수

중단원 기출 문제 1회

1 답 ㄱ, ㄴ, ㄹ

정의역의 각 원소 k에 대하여 y축에 평행한 직선 $x=k$와 오직 한 점에서 만나는 그래프는 ㄱ, ㄴ, ㄹ이다.

2 답 ③

$x^2+4x-2=0$을 풀면 $x=-2\pm\sqrt{6}$

이때 α, β는 무리수이고, $\alpha\beta$는 유리수이므로

$f(\alpha)=\alpha^2$, $f(\beta)=\beta^2$, $f(\alpha\beta)=\alpha\beta$

이차방정식의 근과 계수의 관계에 의하여

$\alpha+\beta=-4$, $\alpha\beta=-2$

$\therefore f(\alpha)+f(\beta)+f(\alpha\beta)=\alpha^2+\beta^2+\alpha\beta$
$=(\alpha+\beta)^2-\alpha\beta$
$=(-4)^2-(-2)=18$

3 답 {1, 3, 5}

$X=\{-2, -1, 0, 1, 2, 3\}$이므로

$f(-2)=5$, $f(-1)=3$, $f(0)=1$, $f(1)=1$, $f(2)=3$, $f(3)=5$

따라서 함수 f의 치역은 {1, 3, 5}

4 답 −1

주어진 식의 양변에 $a=0$, $b=0$을 대입하면

$f(0+0)=f(0)+f(0)$

$\therefore f(0)=0$

주어진 식의 양변에 $a=-2$, $b=2$를 대입하면

$f(-2+2)=f(-2)+f(2)$

$0=f(-2)+1$

$\therefore f(-2)=-1$

5 답 −1

$f(0)=g(0)$에서 $b=-1$

$f(1)=g(1)$에서 $a+b=0$ $\therefore a=1$

$\therefore ab=-1$

6 답 ④

① 상수함수이므로 일대일대응이 아니다.

② $-1\ne1$이지만 $f(-1)=f(1)=0$이므로 일대일대응이 아니다.

③ $-1\ne0$이지만 $f(-1)=f(0)=0$이므로 일대일대응이 아니다.

⑤ $-1\ne0$이지만 $f(-1)=f(0)=-1$이므로 일대일대응이 아니다.

따라서 일대일대응인 것은 ④이다.

7 답 −6

함수 f가 일대일대응이려면 x의 값이 증가할 때, $f(x)$의 값은 항상 증가하거나 항상 감소해야 한다.

즉, $x\le2$일 때, $x>2$일 때의 직선의 기울기의 부호가 서로 같아야 하므로

$a<0$

또 직선 $y=ax+a^2-21$이 점 $(2, f(2))$, 즉 $(2, 3)$을 지나야 하므로

$3=2a+a^2-21$, $a^2+2a-24=0$

$(a+6)(a-4)=0$

$\therefore a=-6$ $(\because a<0)$

8 답 ③

함수 f는 항등함수이므로 $f(x)=x$

$f(1)=1$이므로 $f(1)=g(5)$에서 $g(5)=1$

함수 g는 상수함수이므로 $g(x)=g(5)=1$

$\therefore f(2)+3g(1)=2+3\times1=5$

9 답 281

$p=4^4=256$, $q=4!=4\times3\times2\times1=24$, $r=1$

$\therefore p+q+r=281$

10 답 ③

정의역의 원소 a, c, d에 대응시킬 수 있는 공역의 원소가 각각 a, b, c, d의 4개이므로 구하는 함수 f의 개수는

$4^3=64$

11 답 4

(ⅰ) x가 홀수일 때

$x+f(x)$가 짝수이려면 $f(x)$가 홀수이어야 하므로

$f(1)=1$, $f(3)=3$ 또는 $f(1)=3$, $f(3)=1$

(ⅱ) x가 짝수일 때

$x+f(x)$가 짝수이려면 $f(x)$가 짝수이어야 하므로

$f(2)=2$, $f(4)=4$ 또는 $f(2)=4$, $f(4)=2$

(ⅰ), (ⅱ)에서 구하는 함수 f의 개수는

$2\times2=4$

12 답 ①

$(g\circ f)(-1)=g(f(-1))=g(4)=-13$

13 답 −1

$(f\circ g)(x)=f(g(x))=f(ax+2)$
$=2(ax+2)-1$
$=2ax+3$

$(g\circ f)(x)=g(f(x))=g(2x-1)$
$=a(2x-1)+2$
$=2ax-a+2$

$f\circ g=g\circ f$에서

$2ax+3=2ax-a+2$

따라서 $3=-a+2$이므로 $a=-1$

14 답 ④

$(g\circ h)(x)=g(h(x))=-h(x)+2$

$(g\circ h)(x)=f(x)$에서

$-h(x)+2=3x^2-1$

$\therefore h(x)=-3x^2+3$

중단원 기출 문제 159

15 답 ②

$f(1)=2$
$f^2(1)=f(f(1))=f(2)=4$
$f^3(1)=f(f^2(1))=f(4)=3$
$f^4(1)=f(f^3(1))=f(3)=1$
⋮
따라서 $f^n(1)=1$을 만족시키는 자연수 n의 최솟값은 4이다.
같은 방법으로 하면 $f^n(2)=2$, $f^n(3)=3$, $f^n(4)=4$를 만족시키는
자연수 n의 최솟값은 모두 4이므로 구하는 자연수 n의 최솟값은 4
이다.

16 답 ⑤

$f(2)=-5$에서
$2a+b=-5$ ······ ㉠
$f^{-1}(1)=4$에서 $f(4)=1$이므로
$4a+b=1$ ······ ㉡
㉠, ㉡을 연립하여 풀면 $a=3$, $b=-11$
∴ $a-b=14$

17 답 6

함수 f의 역함수가 존재하면 f는 일대일대응이다.
함수 $y=f(x)$의 그래프의 기울기가 양수이므로
$f(-2)=a$, $f(3)=5$
$-4-b=a$, $6-b=5$ ∴ $a=-5$, $b=1$
∴ $b-a=6$

18 답 ②

$y=2x+a$라 하면 $2x=y-a$
∴ $x=\frac{1}{2}y-\frac{a}{2}$
x와 y를 서로 바꾸면 $y=\frac{1}{2}x-\frac{a}{2}$
∴ $f^{-1}(x)=\frac{1}{2}x-\frac{a}{2}$
따라서 $\frac{1}{2}x-\frac{a}{2}=bx+2$이므로
$\frac{1}{2}=b$, $-\frac{a}{2}=2$ ∴ $a=-4$, $b=\frac{1}{2}$
∴ $ab=-2$

19 답 ②

$(f \circ g)(x)=f(g(x))=f(2x+b)$
$\qquad =a(2x+b)+3=2ax+ab+3$
$(f \circ g)(x)=-2x+12$에서
$2ax+ab+3=-2x+12$
따라서 $2a=-2$, $ab+3=12$이므로 $a=-1$, $b=-9$
∴ $f(x)=-x+3$, $g(x)=2x-9$
$(f^{-1} \circ g)(6)=f^{-1}(g(6))=k$ (k는 상수)라 하면
$f(k)=g(6)$
$g(6)=3$이므로 $f(k)=3$
$-k+3=3$ ∴ $k=0$
∴ $(f^{-1} \circ g)(6)=0$

20 답 ④

$(f \circ f)(a)=f(f(a))=f(b)=c$
한편 $f^{-1}(c)=k$ (k는 상수)라 하면
$f(k)=c$이므로
$k=b$
$f^{-1}(b)=l$ (l은 상수)이라 하면
$f(l)=b$이므로
$l=a$
∴ $(f^{-1} \circ f^{-1})(c)=f^{-1}(f^{-1}(c))$
$\qquad\qquad\qquad =f^{-1}(b)=a$
∴ $(f \circ f)(a)+(f^{-1} \circ f^{-1})(c)=c+a$

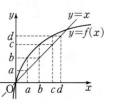

중단원 기출 문제 2회

1 답 ④

각 대응을 그림으로 나타내면 다음과 같다.

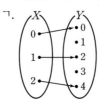

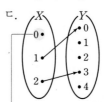
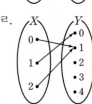

→ 0에 대응하는 Y의 원소가 없다.

따라서 보기에서 함수인 것은 ㄱ, ㄴ, ㄹ이다.

2 답 7

$-2<1$이므로 $f(-2)=-(-2)+2=4$
$3>1$이므로 $f(3)=3$
∴ $f(-2)+f(3)=7$

3 답 ④

(i) $a>0$일 때
  $f(x)=ax+b$의 공역과 치역이 서로 같으므로
  $f(0)=0$, $f(4)=4$
  $b=0$, $4a+b=4$
  ∴ $a=1$, $b=0$
  그런데 $ab=0$이므로 조건을 만족시키지 않는다.
(ii) $a<0$일 때
  $f(x)=ax+b$의 공역과 치역이 서로 같으므로
  $f(0)=4$, $f(4)=0$
  $b=4$, $4a+b=0$
  ∴ $a=-1$, $b=4$
(i), (ii)에서 $a=-1$, $b=4$
∴ $a+b=3$

4 답 ⑤

ㄱ. 주어진 식의 양변에 $x=1$을 대입하면
$f(1 \times y)=f(1)+f(y)$　　$\therefore f(1)=0$

ㄴ. 주어진 식의 양변에 $x=3$, $y=3$을 대입하면
$f(3 \times 3)=f(3)+f(3)$, $2=2f(3)$　　$\therefore f(3)=1$
주어진 식의 양변에 $x=3$, $y=\dfrac{1}{3}$을 대입하면
$f\left(3 \times \dfrac{1}{3}\right)=f(3)+f\left(\dfrac{1}{3}\right)$
$0=1+f\left(\dfrac{1}{3}\right)$　　$\therefore f\left(\dfrac{1}{3}\right)=-1$

ㄷ. $f\left(x \times \dfrac{1}{x}\right)=f(x)+f\left(\dfrac{1}{x}\right)$이므로
$0=f(x)+f\left(\dfrac{1}{x}\right)$　　$\therefore f(x)=-f\left(\dfrac{1}{x}\right)$
$\therefore f(x^2)=f(x \times x)=f(x)+f(x)=f(x)-f\left(\dfrac{1}{x}\right)$

따라서 보기에서 옳은 것은 ㄱ, ㄴ, ㄷ이다.

5 답 $\{-2\}$, $\{5\}$, $\{-2, 5\}$

$f(x)=g(x)$이어야 하므로
$x^2-2x=x+10$에서 $x^2-3x-10=0$
$(x+2)(x-5)=0$　　$\therefore x=-2$ 또는 $x=5$
따라서 집합 X는 집합 $\{-2, 5\}$의 공집합이 아닌 부분집합이므로
$\{-2\}$, $\{5\}$, $\{-2, 5\}$

6 답 ③

치역의 각 원소 k에 대하여 x축에 평행한 직선 $y=k$와 오직 한 점에서 만나고, 치역과 공역이 같은 함수의 그래프는 ③이다.

7 답 0, 8

(i) $a>0$일 때
$f(2)=2$, $f(4)=6$이므로
$2a+b=2$, $4a+b=6$
두 식을 연립하여 풀면 $a=2$, $b=-2$
(ii) $a<0$일 때
$f(2)=6$, $f(4)=2$이므로
$2a+b=6$, $4a+b=2$
두 식을 연립하여 풀면 $a=-2$, $b=10$
(i), (ii)에서
$a+b=0$ 또는 $a+b=8$

8 답 ④

함수 g는 항등함수이므로 $g(x)=x$
$g(2)=2$이므로 ㈎에서 $f(0)=h(-1)=2$
함수 h는 상수함수이므로 $h(x)=h(-1)=2$
㈏에서 $f(1)=h(2)-f(0)=2-2=0$
이때 함수 f는 일대일대응이므로
$f(-1)=-1$, $f(2)=1$ 또는 $f(-1)=1$, $f(2)=-1$
㈐에서 $f(-1)>f(2)$이므로 $f(-1)=1$, $f(2)=-1$
$\therefore f(2)+g(0)+h(1)=-1+0+2=1$

9 답 18

$f(n+2)=f(n)+4$이므로
$f(n)=0$, $f(n+2)=4$
$n=0$일 때, $f(0)=0$, $f(2)=4$이고 일대일대응인 함수 f의 개수는
$3!=6$
$n=1$일 때, $f(1)=0$, $f(3)=4$이고 일대일대응인 함수 f의 개수는
$3!=6$
$n=2$일 때, $f(2)=0$, $f(4)=4$이고 일대일대응인 함수 f의 개수는
$3!=6$
따라서 구하는 함수 f의 개수는
$6+6+6=18$

10 답 ②

$(f \circ f)(2)=f(f(2))=f(1)=0$
$(f \circ f \circ f)(1)=f(f(f(1)))$
$\qquad\qquad\qquad =f(f(0))=f(3)=4$
$\therefore (f \circ f)(2)+(f \circ f \circ f)(1)=4$

11 답 ④

$(f \circ g)(x)=f(g(x))=f(x+2)$
$\qquad\qquad =(x+2)^2+6(x+2)+k$
$\qquad\qquad =x^2+10x+k+16$
$\qquad\qquad =(x+5)^2+k-9$
따라서 함수 $y=(f \circ g)(x)$는 $-3 \leq x \leq 2$에서 $x=-3$일 때 최솟값 $k-5$, $x=2$일 때 최댓값 $k+40$을 갖는다.
즉, $k-5=12$이므로 $k=17$
$\therefore M=k+40=17+40=57$
$\therefore k+M=74$

12 답 $h(x)=2x-7$

$(h \circ f)(x)=h(f(x))=h\left(\dfrac{1}{2}x+3\right)$
$(h \circ f)(x)=g(x)$에서
$h\left(\dfrac{1}{2}x+3\right)=x-1$
$\dfrac{1}{2}x+3=t$로 놓으면 $x=2t-6$이므로
$h(t)=(2t-6)-1=2t-7$
$\therefore h(x)=2x-7$

13 답 3

$f(1)=2$
$f^2(1)=f(f(1))=f(2)=3$
$f^3(1)=f(f^2(1))=f(3)=4$
$f^4(1)=f(f^3(1))=f(4)=1$
$f^5(1)=f(f^4(1))=f(1)=2$
$\qquad\qquad\qquad\qquad \vdots$
즉, $f^n(1)$의 값은 2, 3, 4, 1이 이 순서대로 반복된다.
따라서 $150=4 \times 37+2$이므로
$f^{150}(1)=3$

14 답 2

주어진 그래프에서

$$f(x)=\begin{cases} 2x & \left(0\le x<\dfrac{3}{2}\right) \\ -2x+6 & \left(\dfrac{3}{2}\le x\le 3\right) \end{cases}$$

$$g(x)=\begin{cases} 2x & (0\le x<1) \\ \dfrac{1}{2}x+\dfrac{3}{2} & (1\le x\le 3) \end{cases}$$

$$\begin{aligned} \therefore (g\circ f)(x)&=g(f(x)) \\ &=\begin{cases} 2f(x) & (0\le f(x)<1) \\ \dfrac{1}{2}f(x)+\dfrac{3}{2} & (1\le f(x)\le 3) \end{cases} \end{aligned}$$

이때 $f\left(\dfrac{1}{2}\right)=1$, $f\left(\dfrac{3}{2}\right)=3$, $f\left(\dfrac{5}{2}\right)=1$이므로 $f(x)$의 값이 1, 3이 되는 x의 값을 기준으로 구간을 나누어 $g\circ f$의 식을 구하면

(ⅰ) $0\le x<\dfrac{1}{2}$일 때

$0\le f(x)<1$이므로

$(g\circ f)(x)=2f(x)=2\times 2x=4x$

(ⅱ) $\dfrac{1}{2}\le x\le \dfrac{3}{2}$일 때

$1\le f(x)\le 3$이므로

$\begin{aligned}(g\circ f)(x)&=\dfrac{1}{2}f(x)+\dfrac{3}{2}=\dfrac{1}{2}\times 2x+\dfrac{3}{2}\\&=x+\dfrac{3}{2}\end{aligned}$

(ⅲ) $\dfrac{3}{2}<x\le \dfrac{5}{2}$일 때

$1\le f(x)<3$이므로

$\begin{aligned}(g\circ f)(x)&=\dfrac{1}{2}f(x)+\dfrac{3}{2}\\&=\dfrac{1}{2}(-2x+6)+\dfrac{3}{2}\\&=-x+\dfrac{9}{2}\end{aligned}$

(ⅳ) $\dfrac{5}{2}<x\le 3$일 때

$0\le f(x)<1$이므로

$\begin{aligned}(g\circ f)(x)&=2f(x)=2(-2x+6)\\&=-4x+12\end{aligned}$

(ⅰ)~(ⅳ)에서 $y=(g\circ f)(x)$의 그래프는 오른쪽 그림과 같으므로 이 그래프와 직선 $y=-x+3$의 교점은 2개이다.

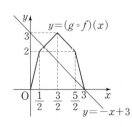

15 답 ⑤

$\dfrac{2x+3}{4}=t$로 놓으면 $x=2t-\dfrac{3}{2}$이므로

$f(t)=-2\left(2t-\dfrac{3}{2}\right)=-4t+3$

$\therefore f(x)=-4x+3$

$f^{-1}(7)=k$ (k는 상수)라 하면 $f(k)=7$이므로

$-4k+3=7$ $\therefore k=-1$

$\therefore f^{-1}(7)=-1$

16 답 $a<-1$ 또는 $a>1$

$f(x)=ax+|x-1|$에서

(ⅰ) $x<1$일 때

$f(x)=ax-(x-1)=(a-1)x+1$

(ⅱ) $x\ge 1$일 때

$f(x)=ax+x-1=(a+1)x-1$

(ⅰ), (ⅱ)에서

$$f(x)=\begin{cases} (a-1)x+1 & (x<1) \\ (a+1)x-1 & (x\ge 1) \end{cases}$$

함수 f의 역함수가 존재하려면 f는 일대일대응이어야 하므로 x의 값이 증가할 때, $f(x)$의 값은 항상 증가하거나 항상 감소해야 한다.

즉, $x<1$일 때, $x\ge 1$일 때의 직선의 기울기의 부호가 서로 같아야 하므로

$(a-1)(a+1)>0$

$\therefore a<-1$ 또는 $a>1$

17 답 $a=-\dfrac{1}{4}$, $b=-\dfrac{1}{2}$

$y=-4x-2$에서 $-4x=y+2$

$\therefore x=-\dfrac{1}{4}y-\dfrac{1}{2}$

x와 y를 서로 바꾸면 $y=-\dfrac{1}{4}x-\dfrac{1}{2}$

따라서 $-\dfrac{1}{4}x-\dfrac{1}{2}=ax+b$이므로

$a=-\dfrac{1}{4}$, $b=-\dfrac{1}{2}$

18 답 8

$(f\circ g^{-1})(a)=f(g^{-1}(a))=2$

$g^{-1}(a)=k$ (k는 상수)라 하면 $f(k)=2$에서

$\dfrac{k-1}{2}=2$ $\therefore k=5$

즉, $g^{-1}(a)=5$이므로

$a=g(5)=8$

19 답 ③

$(f^{-1}\circ (g\circ f^{-1})^{-1})(0)=(f^{-1}\circ f\circ g^{-1})(0)=g^{-1}(0)$

즉, $g^{-1}(0)=-3$이므로 $g(-3)=0$

$g(3)=4$, $g(-3)=0$에서

$3a+b=4$, $-3a+b=0$

두 식을 연립하여 풀면 $a=\dfrac{2}{3}$, $b=2$

$\therefore 3a+2b=2+4=6$

20 답 -1

방정식 $f(x)=f^{-1}(x)$의 실근은 함수 $y=f(x)$의 그래프와 그 역함수 $y=f^{-1}(x)$의 그래프의 교점의 x좌표와 같고, 이는 함수 $y=f(x)$의 그래프와 직선 $y=x$의 교점의 x좌표와 같다.

$x^2+2x=x$에서 $x^2+x=0$

$x(x+1)=0$ $\therefore x=-1$ 또는 $x=0$

따라서 모든 실근의 합은 -1이다.

09 / 유리함수

중단원 기출 문제 1회

1 답 $\dfrac{5}{x^3+1}$

$\dfrac{2}{x^3+1}+\dfrac{1}{x+1}-\dfrac{x-2}{x^2-x+1}$

$=\dfrac{2+(x^2-x+1)-(x+1)(x-2)}{(x+1)(x^2-x+1)}$

$=\dfrac{2+(x^2-x+1)-(x^2-x-2)}{x^3+1}$

$=\dfrac{5}{x^3+1}$

2 답 ④

주어진 식의 우변을 통분하여 정리하면

$\dfrac{ax+b}{x^2-x+1}-\dfrac{b}{x+1}=\dfrac{(ax+b)(x+1)-b(x^2-x+1)}{(x^2-x+1)(x+1)}$

$\qquad\qquad\qquad\qquad =\dfrac{(a-b)x^2+(a+2b)x}{x^3+1}$

이때 $\dfrac{x^2+4x}{x^3+1}=\dfrac{(a-b)x^2+(a+2b)x}{x^3+1}$ 가 x에 대한 항등식이므로

$a-b=1$, $a+2b=4$

두 식을 연립하여 풀면 $a=2$, $b=1$

$\therefore a+b=3$

3 답 ①

$\dfrac{x+2}{x+1}-\dfrac{x+3}{x+2}-\dfrac{x+4}{x+3}+\dfrac{x+5}{x+4}$

$=\dfrac{(x+1)+1}{x+1}-\dfrac{(x+2)+1}{x+2}-\dfrac{(x+3)+1}{x+3}+\dfrac{(x+4)+1}{x+4}$

$=\left(1+\dfrac{1}{x+1}\right)-\left(1+\dfrac{1}{x+2}\right)-\left(1+\dfrac{1}{x+3}\right)+\left(1+\dfrac{1}{x+4}\right)$

$=\left(\dfrac{1}{x+1}-\dfrac{1}{x+2}\right)-\left(\dfrac{1}{x+3}-\dfrac{1}{x+4}\right)$

$=\dfrac{1}{(x+1)(x+2)}-\dfrac{1}{(x+3)(x+4)}$

$=\dfrac{x^2+7x+12-(x^2+3x+2)}{(x+1)(x+2)(x+3)(x+4)}$

$=\dfrac{4x+10}{(x+1)(x+2)(x+3)(x+4)}$

따라서 $a=4$, $b=10$이므로

$a-b=-6$

4 답 $\dfrac{3}{x(x+6)}$

$\dfrac{1}{x(x+2)}+\dfrac{1}{(x+2)(x+4)}+\dfrac{1}{(x+4)(x+6)}$

$=\dfrac{1}{2}\left(\dfrac{1}{x}-\dfrac{1}{x+2}\right)+\dfrac{1}{2}\left(\dfrac{1}{x+2}-\dfrac{1}{x+4}\right)+\dfrac{1}{2}\left(\dfrac{1}{x+4}-\dfrac{1}{x+6}\right)$

$=\dfrac{1}{2}\left(\dfrac{1}{x}-\dfrac{1}{x+6}\right)$

$=\dfrac{1}{2}\times\dfrac{x+6-x}{x(x+6)}$

$=\dfrac{3}{x(x+6)}$

5 답 ④

$1+\dfrac{1}{1+\dfrac{1}{1+\dfrac{1}{x+1}}}=1+\dfrac{1}{1+\dfrac{1}{\frac{x+2}{x+1}}}=1+\dfrac{x+1}{x+2}=\dfrac{2x+3}{x+2}$

6 답 ④

$a=3k$, $b=2k$, $c=5k\,(k\neq 0)$로 놓으면

$\dfrac{4a+3b-2c}{2a-4b+c}=\dfrac{12k+6k-10k}{6k-8k+5k}=\dfrac{8k}{3k}=\dfrac{8}{3}$

7 답 -2

$x-\dfrac{3}{z}=1$에서 $\dfrac{3}{z}=x-1$, $\dfrac{z}{3}=\dfrac{1}{x-1}$ $\quad\therefore z=\dfrac{3}{x-1}$

$\dfrac{1}{x}-y=1$에서 $y=\dfrac{1}{x}-1=\dfrac{1-x}{x}$

$\therefore xyz=x\times\dfrac{1-x}{x}\times\dfrac{3}{x-1}=-3$

$\therefore \dfrac{6}{xyz}=\dfrac{6}{-3}=-2$

8 답 -5

$y=-\dfrac{2}{x}$의 그래프를 x축의 방향으로 -3만큼, y축의 방향으로 b만큼 평행이동한 그래프의 식은

$y=-\dfrac{2}{x+3}+b=\dfrac{-2+b(x+3)}{x+3}=\dfrac{bx-2+3b}{x+3}$

이 식이 $y=\dfrac{-2x-8}{x+a}$과 일치하므로

$b=-2$, $-2+3b=-8$, $a=3$

$\therefore b-a=-5$

9 답 -8

$y=\dfrac{bx-6}{x+a}=\dfrac{b(x+a)-ab-6}{x+a}=\dfrac{-ab-6}{x+a}+b$이므로 정의역은 $\{x\,|\,x\neq -a$인 실수$\}$이고, 치역은 $\{y\,|\,y\neq b$인 실수$\}$이다.

따라서 $a=4$, $b=-2$이므로

$ab=-8$

10 답 ②

$x^2-5x+4\geq 0$에서 $(x-1)(x-4)\geq 0$

$\therefore x\leq 1$ 또는 $x\geq 4$

즉, 주어진 함수의 정의역은 $\{x\,|\,x\leq 1$ 또는 $x\geq 4\}$

$y=\dfrac{x+4}{x-3}=\dfrac{(x-3)+7}{x-3}=\dfrac{7}{x-3}+1$이므로 주어진 함수의 그래프는 $y=\dfrac{7}{x}$의 그래프를 x축의 방향으로 3만큼, y축의 방향으로 1만큼 평행이동한 것이다.

$x\leq 1$ 또는 $x\geq 4$에서 $y=\dfrac{x+4}{x-3}$의 그래프는 오른쪽 그림과 같으므로 $x=4$일 때 최댓값 8, $x=1$일 때 최솟값 $-\dfrac{5}{2}$를 갖는다.

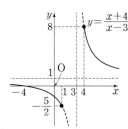

따라서 $M=8$, $m=-\dfrac{5}{2}$이므로

$M+m=\dfrac{11}{2}$

11 답 ⑤

$y=\dfrac{-3x-3}{x+a}=\dfrac{-3(x+a)+3a-3}{x+a}=\dfrac{3a-3}{x+a}-3$이므로 점근선의

방정식은 $x=-a$, $y=-3$

따라서 $a=-1$, $b=-3$이므로 $a-b=2$

12 답 4

$y=\dfrac{ax+4}{x-1}=\dfrac{a(x-1)+a+4}{x-1}=\dfrac{a+4}{x-1}+a$이므로 점근선의 방정식

은 $x=1$, $y=a$

따라서 주어진 함수의 그래프는 점 $(1,\ a)$에 대하여 대칭이므로

$a=3$, $b=1$ ∴ $a+b=4$

13 답 ⑤

$y=\dfrac{-3x-a}{2-x}=\dfrac{3x+a}{x-2}=\dfrac{3(x-2)+6+a}{x-2}=\dfrac{a+6}{x-2}+3$이므로 점근

선의 방정식은 $x=2$, $y=3$이고, 그래프는 점 $\left(0,\ -\dfrac{a}{2}\right)$를 지난다.

(i) $a+6>0$, 즉 $a>-6$일 때

   $x=0$일 때 $y\geq0$이어야 하므로

   $-\dfrac{a}{2}\geq0$ ∴ $a\leq0$

   그런데 $a>-6$이므로 $-6<a\leq0$

(ii) $a+6<0$, 즉 $a<-6$일 때

   그래프가 제3사분면을 지나지 않는다.

(i), (ii)에서 $a<-6$ 또는 $-6<a\leq0$

따라서 a의 값이 될 수 없는 것은 ⑤이다.

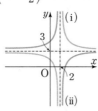

14 답 ③

$y=\dfrac{2x+1}{x+1}=\dfrac{2(x+1)-1}{x+1}=-\dfrac{1}{x+1}+2$

이므로 그래프는 오른쪽 그림과 같다.

③ 점 $(-1,\ 2)$에 대하여 대칭이다.

15 답 ⑤

점근선의 방정식이 $x=1$, $y=-2$이므로 함수의 식을

$y=\dfrac{k}{x-1}-2\ (k>0)$라 하자.

이 함수의 그래프가 점 $(0,\ -4)$를 지나므로

$-4=\dfrac{k}{0-1}-2$ ∴ $k=2$

따라서 $y=\dfrac{2}{x-1}-2=\dfrac{-2(x-1)+2}{x-1}=\dfrac{-2x+4}{x-1}$이므로

$a=-2$, $b=4$, $c=-1$ ∴ $abc=8$

16 답 8

$\dfrac{x+2}{5-x}=x+a$에서 $x+2=(x+a)(5-x)$

∴ $x^2+(a-4)x-5a+2=0$

이 이차방정식의 판별식을 D라 할 때, $y=\dfrac{x+2}{5-x}$의 그래프와 직선

$y=x+a$가 한 점에서 만나려면

$D=(a-4)^2-4(-5a+2)=0$ ∴ $a^2+12a+8=0$

따라서 이차방정식의 근과 계수의 관계에 의하여 구하는 곱은 8이다.

17 답 $2\sqrt{2}$

$y=\dfrac{x-3}{x+1}=\dfrac{(x+1)-4}{x+1}=-\dfrac{4}{x+1}+1$이므로 점근선의 방정식은

$x=-1$, $y=1$

즉, 점 $A(-1,\ 1)$은 두 점근선의 교점이므로 두 점 A, P 사이의 거리가 최소일 때의 점 P는 오른쪽 그림과 같이 P_1, P_2의 2개가 존재한다.

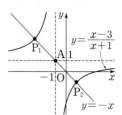

이때 두 점 P_1, P_2는 점 A를 지나고 기울기가 -1인 직선 $y=-x$ 위의 점이다.

$\dfrac{x-3}{x+1}=-x$에서 $x-3=-x(x+1)$

$x^2+2x-3=0$, $(x+3)(x-1)=0$

∴ $x=-3$ 또는 $x=1$

따라서 두 점 P_1, P_2의 좌표는 각각 $(-3,\ 3)$, $(1,\ -1)$이고

$\overline{AP_1}=\overline{AP_2}$이므로 구하는 거리의 최솟값은

$\overline{AP_1}=\sqrt{(-3+1)^2+(3-1)^2}=2\sqrt{2}$

18 답 ③

$f^2(x)=(f\circ f)(x)=f(f(x))$

$=\dfrac{\dfrac{x+1}{x-1}+1}{\dfrac{x+1}{x-1}-1}=\dfrac{\dfrac{x+1+x-1}{x-1}}{\dfrac{x+1-(x-1)}{x-1}}=x$

$f^3(x)=(f\circ f^2)(x)=f(f^2(x))=\dfrac{x+1}{x-1}$

$\vdots$

∴ $f^n(x)=\begin{cases}\dfrac{x+1}{x-1}&(n\text{은 홀수})\\ x&(n\text{은 짝수})\end{cases}$

∴ $f^{2025}(3)+f^{2026}(3)=\dfrac{3+1}{3-1}+3=5$

19 답 14

$y=\dfrac{bx-7}{3x+a}$이라 하면 $(3x+a)y=bx-7$

$(3y-b)x=-7-ay$ ∴ $x=\dfrac{-ay-7}{3y-b}$

x와 y를 서로 바꾸면 $y=\dfrac{-ax-7}{3x-b}$

∴ $f^{-1}(x)=\dfrac{-ax-7}{3x-b}$

$\dfrac{-ax-7}{3x-b}=\dfrac{-x+c}{3x-6}$에서

$a=1$, $b=6$, $c=-7$

∴ $a+b-c=14$

20 답 $\dfrac{6}{5}$

$(f\circ f^{-1}\circ f^{-1})(4)=f^{-1}(4)$

$f^{-1}(4)=k\ (k\text{는 상수})$라 하면 $f(k)=4$이므로

$\dfrac{-k+2}{k-1}=4$, $-k+2=4(k-1)$ ∴ $k=\dfrac{6}{5}$

∴ $(f\circ f^{-1}\circ f^{-1})(4)=\dfrac{6}{5}$

중단원 기출 문제 2회

1 답 $\dfrac{x+3}{2x+1}$

$A=\dfrac{x+3}{x-2}\div\dfrac{2x^2+5x+2}{x^3-8}\times\dfrac{x^3+8}{x^4+4x^2+16}$

$=\dfrac{x+3}{x-2}\times\dfrac{(x-2)(x^2+2x+4)}{(x+2)(2x+1)}\times\dfrac{(x+2)(x^2-2x+4)}{(x^2-2x+4)(x^2+2x+4)}$

$=\dfrac{x+3}{2x+1}$

2 답 ③

주어진 식의 양변에 $(x-1)(x-2)(x-3)\times\cdots\times(x-7)$을 곱하여 정리하면

$1=a_1(x-2)(x-3)(x-4)(x-5)(x-6)(x-7)$
$\quad\quad +a_2(x-1)(x-3)(x-4)(x-5)(x-6)(x-7)$
$\quad\quad +\cdots+a_7(x-1)(x-2)(x-3)(x-4)(x-5)(x-6)$

이 식이 x에 대한 항등식이고 우변에서 x^6의 계수가
$a_1+a_2+a_3+\cdots+a_7$이므로
$a_1+a_2+a_3+\cdots+a_7=0$

3 답 $f(x)=16x+64$

$\dfrac{x+2}{x+1}-\dfrac{x+4}{x+3}-\dfrac{x+6}{x+5}+\dfrac{x+8}{x+7}$

$=\dfrac{(x+1)+1}{x+1}-\dfrac{(x+3)+1}{x+3}-\dfrac{(x+5)+1}{x+5}+\dfrac{(x+7)+1}{x+7}$

$=\left(1+\dfrac{1}{x+1}\right)-\left(1+\dfrac{1}{x+3}\right)-\left(1+\dfrac{1}{x+5}\right)+\left(1+\dfrac{1}{x+7}\right)$

$=\dfrac{1}{x+1}-\dfrac{1}{x+3}-\left(\dfrac{1}{x+5}-\dfrac{1}{x+7}\right)$

$=\dfrac{2}{(x+1)(x+3)}-\dfrac{2}{(x+5)(x+7)}$

$=\dfrac{2(x^2+12x+35)-2(x^2+4x+3)}{(x+1)(x+3)(x+5)(x+7)}$

$=\dfrac{16x+64}{(x+1)(x+3)(x+5)(x+7)}$

$\therefore f(x)=16x+64$

4 답 ③

$\dfrac{1}{1^2+2}+\dfrac{1}{3^2+6}+\dfrac{1}{5^2+10}+\cdots+\dfrac{1}{49^2+98}$

$=\dfrac{1}{1^2+2\times1}+\dfrac{1}{3^2+2\times3}+\dfrac{1}{5^2+2\times5}+\cdots+\dfrac{1}{49^2+2\times49}$

$=\dfrac{1}{1(1+2)}+\dfrac{1}{3(3+2)}+\dfrac{1}{5(5+2)}+\cdots+\dfrac{1}{49(49+2)}$

$=\dfrac{1}{1\times3}+\dfrac{1}{3\times5}+\dfrac{1}{5\times7}+\cdots+\dfrac{1}{49\times51}$

$=\dfrac{1}{2}\left\{\left(1-\dfrac{1}{3}\right)+\left(\dfrac{1}{3}-\dfrac{1}{5}\right)+\left(\dfrac{1}{5}-\dfrac{1}{7}\right)+\cdots+\left(\dfrac{1}{49}-\dfrac{1}{51}\right)\right\}$

$=\dfrac{1}{2}\left(1-\dfrac{1}{51}\right)$

$=\dfrac{25}{51}$

따라서 $p=25$, $q=51$이므로
$p+q=76$

5 답 -5

$1-\dfrac{2}{4-\dfrac{3}{2-x}}=1-\dfrac{2}{\dfrac{4(2-x)-3}{2-x}}=1-\dfrac{2}{\dfrac{5-4x}{2-x}}$

$\quad\quad\quad\quad\quad\quad =1-\dfrac{4-2x}{5-4x}=\dfrac{5-4x-(4-2x)}{5-4x}$

$\quad\quad\quad\quad\quad\quad =\dfrac{1-2x}{5-4x}$

$\dfrac{1-2x}{5-4x}=\dfrac{bx+c}{5+ax}$에서

$a=-4$, $b=-2$, $c=1$

$\therefore a+b+c=-5$

6 답 ⑤

$\dfrac{a+2b}{3}=\dfrac{2b+c}{2}=\dfrac{2c+a}{4}=t\,(t\neq0)$로 놓으면

$a+2b=3t$ ······ ㉠
$2b+c=2t$ ······ ㉡
$2c+a=4t$ ······ ㉢

㉠+㉡+㉢×2를 하면
$3a+4b+5c=13t$ ······ ㉣

$\dfrac{3a+4b+5c}{k}=t$이므로 ㉣을 대입하면

$\dfrac{13t}{k}=t$ $\therefore k=13$

7 답 -3

$a+2b+3c=0$에서
$a+2b=-3c$, $2b+3c=-a$, $a+3c=-2b$

$\therefore a\left(\dfrac{1}{2b}+\dfrac{1}{3c}\right)+2b\left(\dfrac{1}{3c}+\dfrac{1}{a}\right)+3c\left(\dfrac{1}{a}+\dfrac{1}{2b}\right)$

$=\dfrac{a}{2b}+\dfrac{a}{3c}+\dfrac{2b}{3c}+\dfrac{2b}{a}+\dfrac{3c}{a}+\dfrac{3c}{2b}$

$=\dfrac{2b+3c}{a}+\dfrac{a+3c}{2b}+\dfrac{a+2b}{3c}$

$=\dfrac{-a}{a}+\dfrac{-2b}{2b}+\dfrac{-3c}{3c}=-3$

8 답 ③

① $y=\dfrac{-x+1}{x-2}=\dfrac{-(x-2)-1}{x-2}=\dfrac{-1}{x-2}-1$

② $y=\dfrac{2x+3}{x+2}=\dfrac{2(x+2)-1}{x+2}=\dfrac{-1}{x+2}+2$

③ $y=\dfrac{2x+1}{x}=\dfrac{1}{x}+2$

④ $y=\dfrac{-2x+5}{x-3}=\dfrac{-2(x-3)-1}{x-3}=\dfrac{-1}{x-3}-2$

⑤ $y=\dfrac{x-2}{x-1}=\dfrac{(x-1)-1}{x-1}=\dfrac{-1}{x-1}+1$

따라서 평행이동하여 서로 겹쳐질 수 없는 것은 ③이다.

9 답 4

$y=\dfrac{3x-7}{x-3}=\dfrac{3(x-3)+2}{x-3}=\dfrac{2}{x-3}+3$이므로 주어진 함수의 그래프는 $y=\dfrac{2}{x}$의 그래프를 x축의 방향으로 3만큼, y축의 방향으로 3만큼 평행이동한 것이다.

$y \leq 2$ 또는 $y \geq 4$에서 $y = \dfrac{3x-7}{x-3}$의 그래프는 오른쪽 그림과 같으므로 정의역은 $\{x \mid 1 \leq x < 3$ 또는 $3 < x \leq 5\}$ 따라서 정의역에 속하는 정수는 1, 2, 4, 5 의 4개이다.

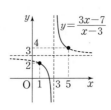

10 답 ②

$y = \dfrac{5x-7}{x-3} = \dfrac{5(x-3)+8}{x-3} = \dfrac{8}{x-3} + 5$이므로 주어진 함수의 그래프는 $y = \dfrac{8}{x}$의 그래프를 x축의 방향으로 3만큼, y축의 방향으로 5만큼 평행이동한 것이다.

$-1 \leq x \leq a$에서 $y = \dfrac{5x-7}{x-3}$의 그래프는 오른쪽 그림과 같으므로 $x = -1$일 때 최댓값 3, $x = a$일 때 최솟값 $\dfrac{5a-7}{a-3}$을 갖는다.

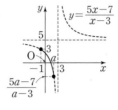

따라서 $M = 3$이고, $\dfrac{5a-7}{a-3} = -3$에서 $a = 2$ $\quad \therefore a + M = 5$

참고 $a > 3$이면 주어진 함수는 최댓값을 갖지 않으므로 $-1 < a < 3$이다.

11 답 3

$y = \dfrac{-4x-5}{x+k} = \dfrac{-4(x+k)+4k-5}{x+k} = \dfrac{4k-5}{x+k} - 4$이므로 점근선의 방정식은 $x = -k$, $y = -4$

$y = \dfrac{kx-7}{x-3} = \dfrac{k(x-3)+3k-7}{x-3} = \dfrac{3k-7}{x-3} + k$이므로 점근선의 방정식은 $x = 3$, $y = k$

k가 양수이므로 두 함수의 그래프의 점근선은 오른쪽 그림과 같고, 색칠한 부분의 넓이가 42이므로

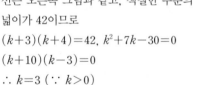

$(k+3)(k+4) = 42$, $k^2 + 7k - 30 = 0$
$(k+10)(k-3) = 0$
$\therefore k = 3$ ($\because k > 0$)

12 답 -3

$y = \dfrac{x+1}{x+2} = \dfrac{(x+2)-1}{x+2} = -\dfrac{1}{x+2} + 1$이므로 점근선의 방정식은 $x = -2$, $y = 1$

이때 점 $(-2, 1)$은 두 직선 $y = -x+a$, $y = x+b$ 위의 점이므로
$1 = 2 + a$, $1 = -2 + b$ $\quad \therefore a = -1$, $b = 3$
$\therefore ab = -3$

13 답 ①

$y = \dfrac{-3x+k+10}{x-2} = \dfrac{-3(x-2)+k+4}{x-2} = \dfrac{k+4}{x-2} - 3$이므로 점근선의 방정식은 $x = 2$, $y = -3$이고, 그래프는 점 $\left(0, -\dfrac{k}{2} - 5\right)$를 지난다.

(ⅰ) $k+4 > 0$, 즉 $k > -4$일 때
그래프가 제2사분면을 지나지 않는다.

(ⅱ) $k+4 < 0$, 즉 $k < -4$일 때
$x = 0$일 때 $y > 0$이어야 하므로
$-\dfrac{k}{2} - 5 > 0$ $\quad \therefore k < -10$

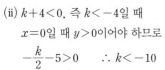

(ⅰ), (ⅱ)에서 $k < -10$
따라서 정수 k의 최댓값은 -11이다.

14 답 ③

ㄱ. 정의역은 $\{x \mid x \neq 1$인 실수$\}$이다.

ㄴ. [반례] $k = 3$이면 함수 $y = \dfrac{2}{x-1} + 3$의 그래프는 오른쪽 그림과 같으므로 제3사분면을 지나지 않는다.

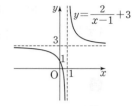

ㄷ. $k = 2$이면 $y = \dfrac{2}{x-1} + 2$의 그래프의 점근선의 방정식은 $x = 1$, $y = 2$
따라서 주어진 함수의 그래프는 점 $(1, 2)$를 지나고 기울기가 -1인 직선 $y = -(x-1) + 2$, 즉 $y = -x + 3$에 대하여 대칭이다.

따라서 보기에서 옳은 것은 ㄷ이다.

15 답 -5

점근선의 방정식이 $x = \dfrac{5}{2}$, $y = -1$이므로 함수의 식을 $y = \dfrac{k}{2x-5} - 1 \, (k < 0)$이라 하자.

이 함수의 그래프가 점 $(1, 0)$을 지나므로
$0 = \dfrac{k}{2-5} - 1$ $\quad \therefore k = -3$

따라서 $y = \dfrac{-3}{2x-5} - 1 = \dfrac{-(2x-5)-3}{2x-5} = \dfrac{-2x+2}{2x-5}$이므로
$a = -2$, $b = 2$, $c = -5$
$\therefore a + b + c = -5$

16 답 ②

$\dfrac{-x+2}{x-1} = mx - 1$에서 $-x + 2 = (mx-1)(x-1)$
$\therefore mx^2 - mx - 1 = 0$

이 이차방정식의 판별식을 D라 하면 $y = \dfrac{-x+2}{x-1}$의 그래프와 직선 $y = mx - 1$이 한 점에서 만나므로
$D = m^2 + 4m = 0$
$m(m+4) = 0$ $\quad \therefore m = -4$ ($\because m < 0$)

17 답 ⑤

$y = \dfrac{9}{x} \, (x > 0)$의 그래프를 x축의 방향으로 2만큼, y축의 방향으로 1만큼 평행이동한 그래프의 식은
$y = \dfrac{9}{x-2} + 1 \, (x > 2)$

점 P의 좌표를 $\left(k, \dfrac{9}{k-2} + 1\right)(k > 2)$이라 하면

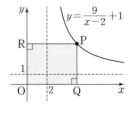

$\overline{PR} = k$, $\overline{PQ} = \dfrac{9}{k-2} + 1$

직사각형 ROQP의 넓이는
$k \times \left(\dfrac{9}{k-2} + 1\right) = \dfrac{9k}{k-2} + k$
$\qquad\qquad = k - 2 + \dfrac{18}{k-2} + 11$

이때 $k-2>0$, $\dfrac{18}{k-2}>0$이므로 산술평균과 기하평균의 관계에 의하여

$$k-2+\dfrac{18}{k-2}+11\geq 2\sqrt{(k-2)\times\dfrac{18}{k-2}}+11$$
$$=11+6\sqrt{2}$$

$\left(\text{단, 등호는 } k-2=\dfrac{18}{k-2}, \text{ 즉 } k=3\sqrt{2}+2 \text{일 때 성립}\right)$

따라서 직사각형 ROQP의 넓이의 최솟값은 $11+6\sqrt{2}$이다.

18 답 ②

$f^2(x)=(f\circ f)(x)=f(f(x))$
$$=\dfrac{\dfrac{x}{1-x}}{1-\dfrac{x}{1-x}}=\dfrac{\dfrac{x}{1-x}}{\dfrac{1-x-x}{1-x}}=\dfrac{x}{1-2x}$$

$f^3(x)=(f\circ f^2)(x)=f(f^2(x))$
$$=\dfrac{\dfrac{x}{1-2x}}{1-\dfrac{x}{1-2x}}=\dfrac{\dfrac{x}{1-2x}}{\dfrac{1-2x-x}{1-2x}}=\dfrac{x}{1-3x}$$

$\vdots$

$\therefore f^{100}(x)=\dfrac{x}{1-100x}$

따라서 $\dfrac{x}{1-100x}=\dfrac{ax+b}{cx+1}$에서

$a=1$, $b=0$, $c=-100$

$\therefore a+b+c=-99$

19 답 ①

$y=\dfrac{2x-1}{x+a}$이라 하면 $(x+a)y=2x-1$

$(y-2)x=-ay-1$　　$\therefore x=\dfrac{-ay-1}{y-2}$

x와 y를 서로 바꾸면 $y=\dfrac{-ax-1}{x-2}$

$\therefore f^{-1}(x)=\dfrac{-ax-1}{x-2}$

$f=f^{-1}$에서 $\dfrac{2x-1}{x+a}=\dfrac{-ax-1}{x-2}$

$\therefore a=-2$

20 답 10

$y=\dfrac{4x+a}{3x-b}$라 하면 $(3x-b)y=4x+a$

$(3y-4)x=by+a$　　$\therefore x=\dfrac{by+a}{3y-4}$

x와 y를 서로 바꾸면 $y=\dfrac{bx+a}{3x-4}$

$\therefore f^{-1}(x)=\dfrac{bx+a}{3x-4}$

$g(x)=f^{-1}(x)$에서

$\dfrac{2x+5}{cx-4}=\dfrac{bx+a}{3x-4}$

$\therefore a=5$, $b=2$, $c=3$

$\therefore a+b+c=10$

중단원 기출 문제 1회

1 답 ③

$x+4\geq 0$에서 $x\geq -4$

$3-x>0$에서 $x<3$

$\therefore -4\leq x<3$

따라서 정수 x는 -4, -3, -2, $\cdots$, 2의 7개이다.

2 답 $x+7$

$-3<x<1$에서 $x-1<0$, $x+3>0$이므로

$\sqrt{x^2-2x+1}+\sqrt{4x^2+24x+36}=\sqrt{(x-1)^2}+\sqrt{4(x+3)^2}$
$$=|x-1|+2|x+3|$$
$$=-x+1+2(x+3)$$
$$=x+7$$

3 답 ⑤

$\dfrac{\sqrt{x+2}}{\sqrt{x+2}-\sqrt{x}}-\dfrac{\sqrt{x}}{\sqrt{x+2}+\sqrt{x}}$

$=\dfrac{\sqrt{x+2}(\sqrt{x+2}+\sqrt{x})-\sqrt{x}(\sqrt{x+2}-\sqrt{x})}{(\sqrt{x+2}-\sqrt{x})(\sqrt{x+2}+\sqrt{x})}$

$=\dfrac{x+2+\sqrt{x^2+2x}-\sqrt{x^2+2x}+x}{x+2-x}$

$=\dfrac{2x+2}{2}=x+1$

4 답 ②

$\dfrac{1}{f(n)}=\dfrac{1}{\sqrt{2n+1}+\sqrt{2n-1}}$

$=\dfrac{\sqrt{2n+1}-\sqrt{2n-1}}{(\sqrt{2n+1}+\sqrt{2n-1})(\sqrt{2n+1}-\sqrt{2n-1})}$

$=\dfrac{\sqrt{2n+1}-\sqrt{2n-1}}{2n+1-(2n-1)}$

$=\dfrac{\sqrt{2n+1}-\sqrt{2n-1}}{2}$

$\therefore \dfrac{1}{f(1)}+\dfrac{1}{f(2)}+\dfrac{1}{f(3)}+\cdots+\dfrac{1}{f(24)}$

$=\dfrac{1}{2}\{(\sqrt{3}-\sqrt{1})+(\sqrt{5}-\sqrt{3})+(\sqrt{7}-\sqrt{5})+\cdots+(\sqrt{49}-\sqrt{47})\}$

$=\dfrac{1}{2}(\sqrt{49}-\sqrt{1})=3$

5 답 $\dfrac{\sqrt{5}-1}{2}$

$\dfrac{\sqrt{x+2}-\sqrt{x-2}}{\sqrt{x+2}+\sqrt{x-2}}=\dfrac{(\sqrt{x+2}-\sqrt{x-2})^2}{(\sqrt{x+2}+\sqrt{x-2})(\sqrt{x+2}-\sqrt{x-2})}$

$=\dfrac{x+2-2\sqrt{x^2-4}+x-2}{x+2-(x-2)}$

$=\dfrac{2x-2\sqrt{x^2-4}}{4}=\dfrac{x-\sqrt{x^2-4}}{2}$

$=\dfrac{\sqrt{5}-\sqrt{5-4}}{2}=\dfrac{\sqrt{5}-1}{2}$

6 답 ②

$y-x=-2\sqrt{2}$, $xy=4$이므로

$$\frac{\sqrt{y}}{\sqrt{x}}-\frac{\sqrt{x}}{\sqrt{y}}=\frac{y-x}{\sqrt{xy}}=\frac{-2\sqrt{2}}{2}=-\sqrt{2}$$

7 답 2

$y=\sqrt{ax}$의 그래프를 x축의 방향으로 -3만큼, y축의 방향으로 4만큼
평행이동한 그래프의 식은

$y=\sqrt{a(x+3)}+4$

이 그래프가 점 $(-1,6)$을 지나므로

$6=\sqrt{2a}+4$, $\sqrt{2a}=2$

양변을 제곱하면

$2a=4$　　∴ $a=2$

8 답 -4

$y=\sqrt{2x-3}+a$의 그래프를 x축의 방향으로 -1만큼, y축의 방향으로 2만큼 평행이동한 그래프의 식은

$y=\sqrt{2(x+1)-3}+a+2$

이 함수의 그래프를 y축에 대하여 대칭이동한 그래프의 식은

$y=\sqrt{2(-x+1)-3}+a+2$

∴ $y=\sqrt{-2x-1}+a+2$

이 식이 $y=\sqrt{bx+c}+1$과 일치하므로

$b=-2$, $c=-1$

또 $a+2=1$이므로

$a=-1$

∴ $a+b+c=-4$

9 답 ②

$-2x+6\geq0$에서 $x\leq3$이므로 정의역은 $\{x\,|\,x\leq3\}$

∴ $a=3$

치역은 $\{y\,|\,y\geq1\}$이므로 $b=1$

∴ $a+b=4$

10 답 ④

$y=-\sqrt{x+1}-1$의 그래프는 $y=-\sqrt{x}$의 그래프를 x축의 방향으로
-1만큼, y축의 방향으로 -1만큼 평행이동한 것이나.

$3\leq x\leq8$에서 $y=-\sqrt{x+1}-1$의 그래프
는 오른쪽 그림과 같으므로 $x=3$일 때
최댓값 -3, $x=8$일 때 최솟값 -4를 갖
는다.

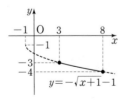

따라서 최댓값과 최솟값의 곱은

$-3\times(-4)=12$

11 답 ⑤

$y=\sqrt{-x+k}+4=\sqrt{-(x-k)}+4$이므로 주어진 함수의 그래프는
$y=\sqrt{-x}$의 그래프를 x축의 방향으로 k만큼, y축의 방향으로 4만큼
평행이동한 것이다.

$-3\leq x\leq2$에서 $y=\sqrt{-x+k}+4$의
그래프는 오른쪽 그림과 같고,
$x=-3$일 때 최댓값 $\sqrt{3+k}+4$를 갖
는다.

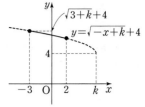

즉, $\sqrt{3+k}+4=7$이므로

$\sqrt{3+k}=3$

양변을 제곱하면

$3+k=9$　　∴ $k=6$

따라서 $y=\sqrt{-x+6}+4$는 $x=2$일 때 최솟값 6을 갖는다.

12 답 제1, 2사분면

$y=\sqrt{2x+5}+1=\sqrt{2\left(x+\frac{5}{2}\right)}+1$이므로 주어진 함수의 그래프는

$y=\sqrt{2x}$의 그래프를 x축의 방향으로 $-\frac{5}{2}$만큼, y축의 방향으로 1만
큼 평행이동한 것이다.

따라서 $y=\sqrt{2x+5}+1$의 그래프는 오른쪽
그림과 같으므로 제1, 2사분면을 지난다.

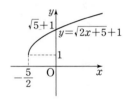

13 답 ⑤

$y=-\sqrt{6-3x}+2$
　$=-\sqrt{-3(x-2)}+2$

이므로 주어진 함수의 그래프는
$y=-\sqrt{-3x}$의 그래프를 x축의 방향
으로 2만큼, y축의 방향으로 2만큼 평
행이동한 것이다.

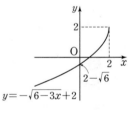

① 정의역은 $\{x\,|\,x\leq2\}$이다.

② 치역은 $\{y\,|\,y\leq2\}$이다.

③ 평행이동하면 $y=-\sqrt{-3x}$의 그래프와 겹쳐진다.

④ $y=-\sqrt{6-3x}+2$에 $y=0$을 대입하면

　$0=-\sqrt{6-3x}+2$, $\sqrt{6-3x}=2$

　양변을 제곱하면

　$6-3x=4$　　∴ $x=\frac{2}{3}$

　즉, x축과 점 $\left(\frac{2}{3},\,0\right)$에서 만난다.

⑤ 제2사분면을 지나지 않는다.

따라서 옳은 것은 ⑤이다.

14 답 ④

주어진 그래프는 $y=\sqrt{ax}\,(a>0)$의 그래프를 x축의 방향으로 -2만
큼, y축의 방향으로 -2만큼 평행이동한 것이므로

$y=\sqrt{a(x+2)}-2$　　…… ㉠

㉠의 그래프가 점 $(0,0)$을 지나므로

$0=\sqrt{2a}-2$, $\sqrt{2a}=2$

양변을 제곱하면

$2a=4$　　∴ $a=2$

이를 ㉠에 대입하면
$$y=\sqrt{2(x+2)}-2=\sqrt{2x+4}-2$$
따라서 $b=4$, $c=-2$이므로
$$a+b+c=4$$

15 답 $2 \le k < \dfrac{9}{4}$

$y=\sqrt{-x+2}=\sqrt{-(x-2)}$이므로 주어진 함수의 그래프는 $y=\sqrt{-x}$의 그래프를 x축의 방향으로 2만큼 평행이동한 것이고, 직선 $y=-x+k$는 기울기가 -1이고 y절편이 k이다.

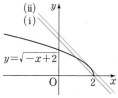

(i) 직선 $y=-x+k$가 점 $(2, 0)$을 지날 때
$$0=-2+k \qquad \therefore k=2$$
(ii) $y=\sqrt{-x+2}$의 그래프와 직선 $y=-x+k$가 접할 때
$\sqrt{-x+2}=-x+k$의 양변을 제곱하면
$$-x+2=x^2-2kx+k^2$$
$$\therefore x^2-(2k-1)x+k^2-2=0$$
이 이차방정식의 판별식을 D라 하면
$$D=\{-(2k-1)\}^2-4(k^2-2)=0$$
$$-4k+9=0 \qquad \therefore k=\dfrac{9}{4}$$
(i), (ii)에서 구하는 실수 k의 값의 범위는
$$2 \le k < \dfrac{9}{4}$$

16 답 ⑤

$A \cap B = \varnothing$이므로 $y=-\sqrt{x-3}$의 그래프와 직선 $y=-2x+k$가 만나지 않아야 한다.
$y=-\sqrt{x-3}$의 그래프는 $y=-\sqrt{x}$의 그래프를 x축의 방향으로 3만큼 평행이동한 것이고, 직선 $y=-2x+k$는 기울기가 -2이고 y절편이 k이다.
$-\sqrt{x-3}=-2x+k$의 양변을 제곱하면

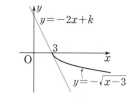

$$x-3=4x^2-4kx+k^2$$
$$\therefore 4x^2-(4k+1)x+k^2+3=0$$
이 이차방정식의 판별식을 D라 하면
$$D=\{-(4k+1)\}^2-16(k^2+3)<0$$
$$8k-47<0 \qquad \therefore k<\dfrac{47}{8}$$
따라서 구하는 정수 k의 최댓값은 5이다.

17 답 3

$y=\sqrt{|x|+1}$에서
$x \ge 0$일 때, $y=\sqrt{x+1}$
$x<0$일 때, $y=\sqrt{-x+1}$
즉, $y=\sqrt{|x|+1}$의 그래프는 오른쪽 그림과 같다.

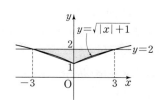

이 함수는 $x=0$에서 최솟값 1을 가지므로
A$(0, 1)$
$y=\sqrt{|x|+1}$에 $y=2$를 대입하면
$$2=\sqrt{|x|+1}$$
양변을 제곱하면
$$4=|x|+1, \ |x|=3$$
$$\therefore x=\pm 3$$
따라서 두 점 B, C의 좌표는 $(3, 2)$, $(-3, 2)$이므로 삼각형 ABC의 넓이는
$$\dfrac{1}{2} \times |3-(-3)| \times 1=3$$

18 답 ①

$f(x)=\sqrt{ax+b}$의 그래프가 점 $(1, 4)$를 지나므로
$$4=\sqrt{a+b}$$
양변을 제곱하면
$$a+b=16 \qquad \cdots\cdots ㉠$$
또 $f(x)$의 역함수의 그래프가 점 $(1, 4)$를 지나므로
$f(x)=\sqrt{ax+b}$의 그래프는 점 $(4, 1)$을 지난다.
따라서 $1=\sqrt{4a+b}$이므로 양변을 제곱하면
$$4a+b=1 \qquad \cdots\cdots ㉡$$
㉠, ㉡을 연립하여 풀면
$$a=-5, \ b=21$$
$$\therefore b-a=26$$

19 답 $\sqrt{2}$

함수 $y=f(x)$의 그래프와 그 역함수 $y=f^{-1}(x)$의 그래프는 직선 $y=x$에 대하여 대칭이므로 두 그래프의 교점은 $y=f(x)$의 그래프와 직선 $y=x$의 교점과 같다.
$\sqrt{3x+4}-2=x$에서 $\sqrt{3x+4}=x+2$
양변을 제곱하면
$$3x+4=x^2+4x+4$$
$$x^2+x=0, \ x(x+1)=0$$
$$\therefore x=-1 \ 또는 \ x=0$$
따라서 두 교점의 좌표는 $(-1, -1)$, $(0, 0)$이므로 두 점 사이의 거리는
$$\sqrt{(-1)^2+(-1)^2}=\sqrt{2}$$

20 답 3

$$(f \circ (g \circ f)^{-1} \circ f)(5)=(f \circ f^{-1} \circ g^{-1} \circ f)(5)$$
$$=(g^{-1} \circ f)(5)$$
$$=g^{-1}(f(5))$$
$$=g^{-1}(3)$$
$g^{-1}(3)=k$(k는 상수)라 하면 $g(k)=3$이므로
$$\sqrt{2k+3}=3$$
양변을 제곱하면
$$2k+3=9 \qquad \therefore k=3$$
$$\therefore (f \circ (g \circ f)^{-1} \circ f)(5)=3$$

1 답 $\sqrt{3}$

모든 실수 x에 대하여 $x^2+2kx+3\geq0$이 성립해야 하므로 이차방정식 $x^2+2kx+3=0$의 판별식을 D라 하면

$\dfrac{D}{4}=k^2-3\leq0$

$k^2\leq3$ $\therefore -\sqrt{3}\leq k\leq\sqrt{3}$

따라서 실수 k의 최댓값은 $\sqrt{3}$이다.

2 답 ④

$\dfrac{\sqrt{x+2}}{\sqrt{x-3}}=-\sqrt{\dfrac{x+2}{x-3}}$에서 $x+2\geq0$, $x-3<0$이므로

$\sqrt{x^2-6x+9}+\sqrt{x^2+4x+4}=\sqrt{(x-3)^2}+\sqrt{(x+2)^2}$

$=|x-3|+|x+2|$

$=-(x-3)+x+2$

$=5$

3 답 ③

$\dfrac{1}{\sqrt{2x}+\sqrt{y}}-\dfrac{1}{\sqrt{2x}-\sqrt{y}}=\dfrac{\sqrt{2x}-\sqrt{y}-(\sqrt{2x}+\sqrt{y})}{(\sqrt{2x}+\sqrt{y})(\sqrt{2x}-\sqrt{y})}$

$=-\dfrac{2\sqrt{y}}{2x-y}$

4 답 $4+2\sqrt{3}$

$\dfrac{\sqrt{x}-1}{\sqrt{x}+1}+\dfrac{\sqrt{x}+1}{\sqrt{x}-1}=\dfrac{(\sqrt{x}-1)^2+(\sqrt{x}+1)^2}{(\sqrt{x}+1)(\sqrt{x}-1)}$

$=\dfrac{x-2\sqrt{x}+1+x+2\sqrt{x}+1}{x-1}$

$=\dfrac{2(x+1)}{x-1}$

$=\dfrac{2(\sqrt{3}+1)}{\sqrt{3}-1}$

$=\dfrac{2(\sqrt{3}+1)^2}{(\sqrt{3}-1)(\sqrt{3}+1)}$

$=4+2\sqrt{3}$

5 답 ⑤

$\sqrt{2x+3}=3$의 양변을 제곱하면

$2x+3=9$ $\therefore x=3$

$\therefore \dfrac{1}{4-\dfrac{1}{2-\sqrt{x}}}=\dfrac{1}{4-\dfrac{1}{2-\sqrt{3}}}=\dfrac{1}{4-\dfrac{2+\sqrt{3}}{(2-\sqrt{3})(2+\sqrt{3})}}$

$=\dfrac{1}{4-\dfrac{2+\sqrt{3}}{4-3}}=\dfrac{1}{4-(2+\sqrt{3})}$

$=\dfrac{1}{2-\sqrt{3}}=\dfrac{2+\sqrt{3}}{(2-\sqrt{3})(2+\sqrt{3})}$

$=\dfrac{2+\sqrt{3}}{4-3}=2+\sqrt{3}$

6 답 $\sqrt{10}$

$x=\dfrac{\sqrt{5}-\sqrt{3}}{\sqrt{5}+\sqrt{3}}=\dfrac{(\sqrt{5}-\sqrt{3})^2}{(\sqrt{5}+\sqrt{3})(\sqrt{5}-\sqrt{3})}=4-\sqrt{15}$

$y=\dfrac{\sqrt{5}+\sqrt{3}}{\sqrt{5}-\sqrt{3}}=\dfrac{(\sqrt{5}+\sqrt{3})^2}{(\sqrt{5}-\sqrt{3})(\sqrt{5}+\sqrt{3})}=4+\sqrt{15}$

따라서 $x+y=8$, $xy=1$이므로

$(\sqrt{x}+\sqrt{y})^2=x+y+2\sqrt{xy}$

$=8+2=10$

이때 $x>0$, $y>0$이므로 $\sqrt{x}+\sqrt{y}>0$

$\therefore \sqrt{x}+\sqrt{y}=\sqrt{10}$

7 답 44

$y=\sqrt{2x-4}+11=\sqrt{2(x-2)}+11$이므로 $y=\sqrt{2x-4}+11$의 그래프는 $y=\sqrt{2x}$의 그래프를 x축의 방향으로 2만큼, y축의 방향으로 11만큼 평행이동한 것이다.

따라서 $a=2$, $p=2$, $q=11$이므로

$apq=44$

8 답 ③

$y=\sqrt{4x-2}+3=\sqrt{4\left(x-\dfrac{1}{2}\right)}+3$이므로 주어진 함수의 그래프는 $y=\sqrt{4x}$의 그래프를 x축의 방향으로 $\dfrac{1}{2}$만큼, y축의 방향으로 3만큼 평행이동한 것이다.

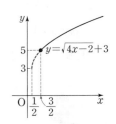

$x=\dfrac{3}{2}$일 때 $y=5$이므로 정의역이

$\left\{x\,\middle|\,x\geq\dfrac{3}{2}\right\}$일 때 치역은 $\{y|y\geq5\}$이다.

9 답 0

$y=\dfrac{ax-5}{x+b}=\dfrac{a(x+b)-ab-5}{x+b}=\dfrac{-ab-5}{x+b}+a$의 그래프의 점근선의 방정식은

$x=-b$, $y=a$

$\therefore a=-3$, $b=-2$

따라서 $y=\sqrt{-3x+2}=\sqrt{-3\left(x-\dfrac{2}{3}\right)}$의 정의역은 $\left\{x\,\middle|\,x\leq\dfrac{2}{3}\right\}$이므로 정수 x의 최댓값은 0이다.

10 답 4

$y=2\sqrt{x+2}+k$의 그래프는 $y=2\sqrt{x}$의 그래프를 x축의 방향으로 -2만큼, y축의 방향으로 k만큼 평행이동한 것이다.

$2\leq x\leq7$에서 $y=2\sqrt{x+2}+k$의 그래프는 오른쪽 그림과 같으므로 $x=7$일 때 최댓값 $6+k$, $x=2$일 때 최솟값 $4+k$를 갖는다.

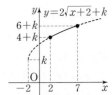

$\therefore M=6+k$, $m=4+k$

이때 $M+m=18$이므로

$(6+k)+(4+k)=18$

$10+2k=18$, $2k=8$

$\therefore k=4$

11 답 ④

① $y=\sqrt{x+2}+1$의 그래프는 오른쪽 그림과 같으므로 제1, 2사분면을 지난다.

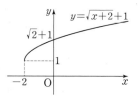

② $y=\sqrt{-x+3}-1=\sqrt{-(x-3)}-1$의 그래프는 오른쪽 그림과 같으므로 제1, 2, 4사분면을 지난다.

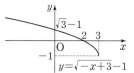

③ $y=-\sqrt{x+1}+2$의 그래프는 오른쪽 그림과 같으므로 제1, 2, 4사분면을 지난다.

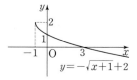

④ $y=-\sqrt{2x+4}+1=-\sqrt{2(x+2)}+1$의 그래프는 오른쪽 그림과 같으므로 제2, 3, 4사분면을 지난다.

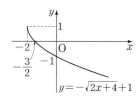

⑤ $y=\sqrt{3x+6}-2=\sqrt{3(x+2)}-2$의 그래프는 오른쪽 그림과 같으므로 제1, 2, 3사분면을 지난다.

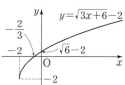

따라서 제1사분면을 지나지 않는 것은 ④이다.

12 답 ㄱ, ㄴ, ㄹ

$y=-\sqrt{-3x+5}+1=-\sqrt{-3\left(x-\dfrac{5}{3}\right)}+1$의 그래프는 $y=-\sqrt{-3x}$의 그래프를 x축의 방향으로 $\dfrac{5}{3}$만큼, y축의 방향으로 1만큼 평행이동한 것이다.

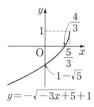

ㄱ. $-3x+5\geq0$에서 $x\leq\dfrac{5}{3}$이므로 정의역은 $\left\{x\,\middle|\,x\leq\dfrac{5}{3}\right\}$이고, 치역은 $\{y\,|\,y\leq1\}$이다.

ㄴ. $y=-\sqrt{-3x+5}+1$에 $y=0$을 대입하면
$0=-\sqrt{-3x+5}+1,\ \sqrt{-3x+5}=1$
양변을 제곱하면
$-3x+5=1$ ∴ $x=\dfrac{4}{3}$
즉, x축과 점 $\left(\dfrac{4}{3},\,0\right)$에서 만난다.

ㄹ. 제1, 3, 4사분면을 지난다.
따라서 보기에서 옳은 것은 ㄱ, ㄴ, ㄹ이다.

13 답 ①

$y=\sqrt{-ax-b}-c=\sqrt{-a\left(x+\dfrac{b}{a}\right)}-c$이므로 $y=\sqrt{-ax-b}-c$의 그래프는 $y=\sqrt{-ax}$의 그래프를 x축의 방향으로 $-\dfrac{b}{a}$만큼, y축의 방향으로 $-c$만큼 평행이동한 것이다.

주어진 유리함수의 그래프에서
$a<0$
$y=\dfrac{a}{x+b}+c$의 그래프의 점근선의 방정식은 $x=-b$, $y=c$이므로
$-b<0,\ c>0$
즉, $a<0,\ b>0,\ c>0$이므로
$-a>0,\ -\dfrac{b}{a}>0,\ -c<0$
따라서 $y=\sqrt{-ax-b}-c$의 그래프의 개형은 ①이다.

14 답 ①

$y=\sqrt{2x-4}=\sqrt{2(x-2)}$이므로 주어진 함수의 그래프는 $y=\sqrt{2x}$의 그래프를 x축의 방향으로 2만큼 평행이동한 것이고, 직선 $y=x+k$는 기울기가 1이고 y절편이 k이다.

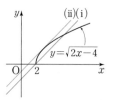

(i) 직선 $y=x+k$가 점 $(2,\,0)$을 지날 때
$0=2+k$ ∴ $k=-2$

(ii) $y=\sqrt{2x-4}$의 그래프와 직선 $y=x+k$가 접할 때
$\sqrt{2x-4}=x+k$의 양변을 제곱하면
$2x-4=x^2+2kx+k^2$
∴ $x^2+2(k-1)x+k^2+4=0$
이 이차방정식의 판별식을 D라 하면
$\dfrac{D}{4}=(k-1)^2-(k^2+4)=0$
$-2k-3=0$ ∴ $k=-\dfrac{3}{2}$

(i), (ii)에서 구하는 실수 k의 값의 범위는
$-2\leq k<-\dfrac{3}{2}$

15 답 ②

$y=\sqrt{2x-4}-2=\sqrt{2(x-2)}-2$이므로 $y=\sqrt{2x-4}-2$의 그래프는 $y=\sqrt{2x}$의 그래프를 x축의 방향으로 2만큼, y축의 방향으로 -2만큼 평행이동한 것이고, 직선 $y=mx-4$는 기울기가 m이고 y절편이 -4이다.

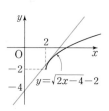

$y=\sqrt{2(x-2)}-2$의 그래프와 직선 $y=mx-4$가 접할 때,
$\sqrt{2(x-2)}-2=mx-4$에서
$\sqrt{2(x-2)}=mx-2$
양변을 제곱하면
$2(x-2)=m^2x^2-4mx+4$
∴ $m^2x^2-2(2m+1)x+8=0$
이 이차방정식의 판별식을 D라 하면
$\dfrac{D}{4}=\{-(2m+1)\}^2-8m^2=0$
$4m^2-4m-1=0$
∴ $m=\dfrac{1+\sqrt{2}}{2}\ (∵\ m>0)$

따라서 $y=\sqrt{2x-4}-2$의 그래프와 직선 $y=mx-4$가 만나지 않으려면 $m>\dfrac{1+\sqrt{2}}{2}$이어야 하므로 구하는 자연수 m의 최솟값은 2이다.

16 답 $\dfrac{1}{4}$

두 점 $P(a, b)$, $Q(c, d)$가 $y=\sqrt{x}$의 그래프 위의 점이므로
$b=\sqrt{a}$, $d=\sqrt{c}$
$b+d=4$에서
$\sqrt{a}+\sqrt{c}=4$
따라서 직선 PQ의 기울기는

$$\dfrac{d-b}{c-a}=\dfrac{\sqrt{c}-\sqrt{a}}{c-a}$$
$$=\dfrac{\sqrt{c}-\sqrt{a}}{(\sqrt{c}+\sqrt{a})(\sqrt{c}-\sqrt{a})}$$
$$=\dfrac{1}{\sqrt{a}+\sqrt{c}}$$
$$=\dfrac{1}{4}$$

17 답 9

두 점 A, B의 x좌표가 a이므로
$A(a, \sqrt{a})$, $B(a, \sqrt{5a})$
점 C의 y좌표는 점 B의 y좌표와 같으므로
$y=\sqrt{x}$에 $y=\sqrt{5a}$를 대입하면
$\sqrt{5a}=\sqrt{x}$ $\therefore x=5a$
$\therefore C(5a, \sqrt{5a})$, $D(5a, 5\sqrt{a})$
두 점 A, D를 지나는 직선의 기울기는

$$\dfrac{5\sqrt{a}-\sqrt{a}}{5a-a}=\dfrac{\sqrt{a}}{a}$$

즉, $\dfrac{\sqrt{a}}{a}=\dfrac{1}{3}$이므로
$3\sqrt{a}=a$
양변을 제곱하면
$9a=a^2$, $a^2-9a=0$
$a(a-9)=0$
$\therefore a=9$ ($\because a>0$)

18 답 $f^{-1}(x)=x^2+2x+4 \; (x\geq-1)$

함수 $y=f(x)$의 치역이 $\{y\,|\,y\geq-1\}$이므로 그 역함수 $y=f^{-1}(x)$의 정의역은 $\{x\,|\,x\geq-1\}$이다.
$y=\sqrt{x-3}-1$이라 하면
$y+1=\sqrt{x-3}$
양변을 제곱하면
$y^2+2y+1=x-3$
$\therefore x=y^2+2y+4$
x와 y를 서로 바꾸면
$y=x^2+2x+4$
$\therefore f^{-1}(x)=x^2+2x+4 \; (x\geq-1)$

19 답 ⑤

함수 $y=f(x)$의 그래프와 그 역함수 $y=f^{-1}(x)$의 그래프는 직선 $y=x$에 대하여 대칭이므로 두 그래프의 교점은 $y=f(x)$의 그래프와 직선 $y=x$의 교점과 같다.

$\sqrt{3x-a}+1=x$에서
$\sqrt{3x-a}=x-1$
양변을 제곱하면
$3x-a=x^2-2x+1$
$\therefore x^2-5x+a+1=0$ ······ ㉠
이 이차방정식의 두 근을 α, β라 하면 두 교점의 좌표는
(α, α), (β, β)
두 교점 사이의 거리가 $\sqrt{2}$이므로
$\sqrt{(\alpha-\beta)^2+(\alpha-\beta)^2}=\sqrt{2}$
$\sqrt{2(\alpha-\beta)^2}=\sqrt{2}$, $(\alpha-\beta)^2=1$
$\therefore \alpha-\beta=\pm1$ ······ ㉡
이차방정식 ㉠에서 근과 계수의 관계에 의하여
$\alpha+\beta=5$ ······ ㉢
$\alpha\beta=a+1$ ······ ㉣
㉡, ㉢에서
$\alpha=3$, $\beta=2$ 또는 $\alpha=2$, $\beta=3$
따라서 ㉣에서
$a=\alpha\beta-1=6-1=5$

20 답 ②

$f^{-1}(4)=a$에서 $f(a)=4$이므로
$\dfrac{a+2}{a-1}=4$, $a+2=4(a-1)$
$\therefore a=2$
$\therefore (f\circ(g\circ f)^{-1})(2)=(f\circ f^{-1}\circ g^{-1})(2)$
$\qquad\qquad\qquad\qquad\qquad =g^{-1}(2)$
즉, $g^{-1}(2)=b$에서 $g(b)=2$이므로
$\sqrt{2b-1}=2$
양변을 제곱하면
$2b-1=4$ $\therefore b=\dfrac{5}{2}$
$\therefore ab=5$

유형 **만렙** 다양한 유형 문제가 가득 찬(滿) 만렙으로 수학 실력 Level up

대표전화 1544-0554
주소 경기도 과천시 과천대로2길 54(갈현동, 그라운드브이)
협의 없는 무단 복제는 법으로 금지되어 있습니다.